人类有史以来最伟大的励志经典

改变千万人命运的传世之作

卡耐基成功学

人类出版史上继《圣经》之后的第二大畅销书

借助巨人的思想之光，指引我们踏上成功之路

张俊雅◎编著

北方妇女儿童出版社

·长春·

图书在版编目（CIP）数据

卡耐基成功学/张俊雅编著．—长春：北方妇女儿童出版社，2014.11
ISBN978－7－5385－8781－4

Ⅰ.①卡…　Ⅱ.①张…　Ⅲ.①成功心理—通俗读物
Ⅳ.①B848.4—49

中国版本图书馆CIP数据核字（2014）第265126号

卡耐基成功学
KANAIJI CHENGGONG XUE

出版人　刘　刚
策　划　师晓晖
编　著　张俊雅
责任编辑　王天明
开　本　787mm×1125mm　1/10
印　张　60.8
字　数　510千字
印　刷　北京一鑫印务有限责任公司
版　次　2014年11月第1版
印　次　2014年11月第1次印刷

出　版　北方妇女儿童出版社
发　行　北方妇女儿童出版社
地　址　长春市人民大街4646号
邮　编：130021
电　话　总编办：0431－85644803
发行科：0431－85640624

定　价　78.00元

前 言

在那所名叫玫瑰园的学校里，他那双又宽又大的耳朵经常成为同学们课后取笑逗乐的谈资。一名叫山姆·怀特的大男孩在和他争吵后大放厥词：有朝一日，一定要割掉他那双硕大的耳朵！因为这句话，他好几个晚上都在战战兢兢中辗转难眠。

但谁会知道，这个“胆小”的家伙在学校却是一个调皮鬼、恶作剧专家，有几次都差点进入学校开除的黑名单之列。

他就是我们所熟知的戴尔·卡耐基，世界著名的成功学大师。一个和我们大多数人一样，有着童年“捣蛋记录”的人。

几十年之后，他的作品《友谊的秘密》和《圣经》、《瓦尔登湖》、《富兰克林自传》等一同被美国国会图书馆评为“塑造读者的 25 本书”。一个世纪以来，他的思想光辉伴随着《人性的弱点》、《人性的优点》等书深入世界的每一个角落。

1888 年 11 月 4 日，卡耐基出生于密苏里州一个贫穷的农家。他先后做过教师、工人、推销员、演员等工作，但这些都没有成为他钟爱的职业。他白天写书，夜间去夜校教书，以赚取生活费，并说服了纽约基督教青年会的会长，同意他晚上为商业界人士开设一个公开演讲班。从此，他踏上了教育事业的征途。

20 世纪上半叶的世界，处于一个极其动荡的年代。战乱频仍、经济动荡，社会弥漫着萧条的气息。人们内心的迷茫、困惑、欲望、忧虑杂陈一起，产生了剧烈的化学反应。此时的卡耐基正处于事业的巅峰，他从人类心理层面为大众提供了拨云见日的心灵鸡汤，以其卓越的演讲才能、感人的励志故事、深刻的心理点拨，重新唤醒了无数在低谷中挣扎、在十字路口徘徊的人。

经典经岁月的打磨，历久弥香。

在卡耐基逝世后的半个多世纪里，他的成功学智慧传遍世界各地，不分肤色，不分种族，不分年龄，人们不断地从他的思想中汲取智慧的精华。今天的我们处在人类历史上最高速飞奔的年代。每天无法计算的信息量，强烈地刺激着人们的眼球；无处不在的诱惑，没有一个不刺激着人类自我克制的底线。故而，我们有青春的迷惘、选择的无奈、被无限引燃的欲望、挥之不去的彷徨、漂泊的愁苦……每个时代都有属于自己的演绎方式和故事情节，但心灵的万千沟壑都源自内心的裂痕。

心理疾患唯有智慧的良药才能医治，即撷其精华，慢火久炖，方能熬出思想沉淀，再闻香，便有了醍醐灌顶的妙感。故本书囊括了卡耐基一生的成功学精粹：《人性的弱点》、《人性的优点》、《影响力的本质》、《快乐人生》、《语言的突破》等，以最原汁原味的方式完整全面地向读者呈现他关于克服人性弱点、激发潜能、挖掘优点、为人处世、追寻幸福等多方面的内容，博而有序。愿这一方百年处方，在喧嚣的尘世里能给您带来醇厚清香，使您明心启智、常读常新。

目　录

第一篇　《人性的弱点》

第二篇 《人性的优点》

第三篇 《影响力的本质》

第四篇 《快乐人生》

第五篇　《语言的突破》

第六篇　《卡耐基写给女人一生幸福的忠告》

第一篇

人性的弱点

做情绪的最佳掌控者

◎操之在我

有的人爱发脾气，容易愤怒，稍不如意，便火冒三丈，发怒时极易丧失理智，轻则出言不逊，影响人际关系，重则伤人毁物，有时还会造成难以挽回的损失，事后让易怒者追悔莫及。

愤怒是一种常见的消极情绪，它是当人对客观现实的某些方面不满，或者个人的意愿一再受到阻碍时产生的一种身心紧张状态。在人的需要得不到满足，遭到失败、遇到不平、个人自由受限制、言论遭人反对、无端受人侮辱、隐私被人揭穿、上当受骗等多种情形下人都会产生愤怒情绪，愤怒的程度会因诱发原因和个人气质不同而有不满、生气、恼怒、愤怒、大怒、暴怒等不同层次。发怒是一种短暂的情绪紧张状态，往往像暴风骤雨一样来得猛、去得快，但在短时间里会有较强的紧张情绪和行为反应。

易怒者主要与其个性特点有关，大都属于气质类型中的胆汁质。胆汁质的人直率热情，容易冲动，情绪变化快，脾气急躁，容易发怒。易怒还与年龄有关，青年人年轻气盛，情绪冲动而不稳定，自我控制力差，比成年人更易发怒。

愤怒的情绪对人的身心健康是不利的。人在愤怒时，由于交感神经兴奋，心跳加快，血压上升，呼吸急促，经常发怒的人易患高血压、冠心病等疾病，愤怒还会使人缺乏食欲、消化不良，导致消化系统疾病。而对一些已有疾病的患者，愤怒会使病情加重，甚至导致死亡，这一点古人早有认识，如中医认为“怒伤肝”、“气大伤身”等。

一般而言，生气时刻可归类为下列几种：

（1）当你因某种因素感到受挫、受胁迫或被他人轻蔑时；当你朝着既定目标前进，却可能由于某人的行为而受到阻碍时。

（2）当我们着实受到严重伤害，但为了掩饰自己的脆弱，于是代之以愤怒，以求自卫。

（3）当某种情境或某人的行为勾起我们昔日某种不堪的回忆时。

（4）当我们觉得自己的权利受到剥夺或遭到某人误解时。

（5）当我们受到惊吓或处事不当时自己生自己的气。

我们的确有时免不了会生气，但却鲜少有人知道该如何来处理这种情绪。为了了解其中的原因，也为了探究愤怒产生的缘由，现在就让我们概要地来看一看一些可能伴随愤怒而来的情绪。

1. 自以为是

当我们对某件事感到愤怒时，容易坚信自己是站在正义的一方——而别人则是错得离谱。在此种情况下，你不妨先问一问自己，事实真是如此吗？如果我们仍旧深信不疑，继之选择了表示自己的愤怒，如此一来，你表现的，极可能就是一副得理不饶人、气焰高涨的样子。你不妨扪心自问一下，你真的想给对方一点颜色瞧瞧吗？

如果你有一丝一毫这种感觉，那么原因可能是你太看重自己了，抑或将他人的所作所为均看成和自己有利害关系，而非仅是他人的因素。举例来说，如果有个朋友答应你，要在星期一之前打电话给你，让你知道她是否能够帮你处理宴会事宜，但现在已经星期三了，而她依然没打电话过来——假使如此让你感到生气且义愤填膺，不要认为她一点都不尊重你，也许她只是临时有其他事耽搁了，所以无法打电话给你。纵使这样并不能让愤怒消失无踪，但起码可以将它导向正轨。

2. 自尊受损

关于这方面的应对之道已多所论及。事实上，如果我们觉得自尊心受损，我们可能就会把事情看得过于个人化，认为他人的行为均是针对你的攻击或侮辱，即使他们并未存心如此。

3. 好下结论

此项与前两项，尤其是“自以为是”，有着相当密切的关系。有人做了我们无法苟同的事，因此“他一定是错的”。如果你是个好下结论的人，你的思考一定倾向于这种方式："他绝对是个笨蛋加三级的人"等等。

倘若我们存有这种想法与感觉，往往就会在我们和相关者谈话时，于不知不觉中显露无遗。毕竟，很少人会真的直接明白地表达出自己的愤怒。

愤怒是一种极具毁灭力量的情绪，它不仅能够摧毁你的健康，而且可以扰乱你的思考，给你的工作和事业带来不良的影响。既然愤怒对我们的生活毫无用处，我们应该怎么做才能克制自己的愤怒情绪呢?

首先，可以通过意志力控制愤怒，使愤怒情绪少产生，或使愤怒不发作。当愤怒时多想想盛怒之下失去理智可能引起的种种不良后果，心中不断提醒自己："不要发怒"，努力控制自己的情绪表现，这样可以起到控制愤怒的作用。

其次，可以主动释放愤怒情绪，将心中的愤懑、不平向人倾诉，从亲朋好友处得到规劝和安慰，可以缓解怒气。还可以在工作、学习中向使自己愤怒的人说明自己的不满，说出自己的意见，使矛盾得以调和，不满得以消除。

另外，易怒的人还可以尽量避免接触使自己发怒的环境，减少愤怒情绪，或者在即将发怒时通过转移注意力而减轻愤怒，尽快离开当时的环境，避免进一步的刺激，使愤怒情绪消退。发怒时可以看电影、逛公园、听音乐、散步，使注意力转向其他与愤怒无关的活动中，新的活动内容伴发新的情绪，可使愤怒的程度降低。

具体而言，我们可以采取以下方法来控制自己的愤怒：

1. 正面行动

愤怒提醒了我们，世事并非都如人所愿。不满是一件极富正面意义的事，少了它，人们就只会接受现状，而不会为了迈向自己的目标，采取任何行动。举例来说，如果本世纪初的女性未曾因自己被掠夺公权而感到愤怒，那么她们也就不会为了投票权而抗争了。

2. 纾解压力

表达愤怒可以纾解压力，否则压抑的情绪可能会导致焦虑，甚至疾病，这些症状均可借由愤怒的宣泄得到纾解。然而这并不意味着，我们必须将愤怒直接发泄在生气的对象身上。

3. 更为开诚布公

愤怒可以使得双方关系更开诚布公，进而互相信赖。如果你知道某人愿意和你谈谈最为棘手的核心，而非只是将其含糊带过，假装好像不存在似的，那么一股崇敬之情便会油然而生。

4. 情感疏通

倘若我们在情绪产生时，能够确实触及自己真正的感受（包括愤怒在内），并加以适当处理，那么我们则较不可能将那些未表达或封闭的情绪囤积起来，以避免巨大的内在压力或严重的沟通不良。

5. 实现目标

不容忽略的是，存在愤怒情绪中的能量，同样是一股实现目标的动力。如果运用得当，它将能够帮助我们成为一个有自信、坚定的人，能够适切地表达自己的内在感受，并且得到自己生命中梦寐以求的事物，但请务必谨慎处理。

◎不让悲伤四处蔓延

每一种心态都是每个人对人生的不同看法。在如铁般的现实里，每个人都不可避免遭受这样或那样的打击和挫折：因为高考落榜而精神萎靡或是因为失恋而痛苦忧伤，因为无法适应快节奏的工作而丧失斗志……这些心理多半是人们意志薄弱、心态不成熟的一种表现。而这些异常的心理、悲观的心态往往导致痛苦的人生，往往影响对环境的正确看法。悲观者实际上是以自己悲观消极的想法看待客观世界，在悲观者心中，现实是或多或少被丑化了的。现在社会上，许多人对未来和生活常常持有一种悲观的迷茫心理。对自己的过去，不管有无成败，不管有无辉煌，都一概加以否定，心理上充满了自责与痛苦，嘴上有说不完的遗憾。对未来缺乏信心，一片迷茫，以为自己一无是处，什么事都干不好，认知上否定自己的优势与能力，无限放大自己的缺陷。

戴高乐曾经说过：“困难，特别吸引坚强的人。因为他只有在拥抱困难时，才会真正认识自己。”这句话一点也没错，有时，我们需要把困难当成机遇。

你自己努力过吗？你愿意发挥你的能力吗？对于你所遭遇的困难，你愿意努力去尝试，而且不止一次地尝试吗？只试一次是绝对不够的，需要多次尝试。那样你会发现自己心中缊藏着巨大能量。许多人之所以失败，只是因为未能竭尽所能去尝试，而这些努力正是成功的必备条件。仔细查看列出的失败清单，看看过去你是否已竭尽所能，像约翰·托马斯那样努力争取胜利！如果答案是否定的话，试试克服困难的第二个重要步骤，这就是学会真正思考，认真积极的思考。我确信积极思维的力量是惊人的，任何失败均能通过积极思维来解决，你能以积极思维来解决任何问题。

有一个14岁的男孩在报上看到应征启事，正好是适合他的工作。第二天早上，当他准时到达应征地点时，发现应征队伍已排了20个男孩。

如果换成另一个意志薄弱、不太聪明的男孩，可能会因此而打退堂鼓。但是这个小伙子却完全不一样。他认为自己应动脑筋，他不往消极面思考，而是认真用脑子去想，看看是否有法子解决。于是，一个绝妙方法便产生了！

他拿出一张纸，写了几行字，然后走出行列，并要求后面的男孩为他保留位子。他走到负责招聘的女秘书面前，很有礼貌地说："小姐，请你把这张便条交给老板，这件事很重要。谢谢你！"

这位秘书对他的印象很深刻，因为他看起来神情愉悦、文质彬彬。如果是别人，她可能不会放在心上，但是这个男孩不一样，他有一股强有力的吸引力，令人难以忘记。所以，她将这张纸条交给了老板。

老板打开纸条，看后笑笑交还给秘书；她也把上面的字看了一遍，同样笑了起来，上面是这样写的：

"先生，我是排在第21号的男孩。请不要在见到我之前做出任何决定。"

你想他得到这份工作了吗？你认为呢？像他这样会思考的男孩无论到什么地方一定会有所作为。虽然他年纪很轻，但是他知道如何去想，认真思考。他已经有能力在短时间内抓住问题核心，然后全力解决它，并尽力做好。实际上，你一生中会遇到很多诸如此类的问题。当你遇到问题时，一旦认真进行思考，便很容易找到解决办法。

要想克服失败的思维方式，学会积极思考非常关键。人必须调整心态，直到否定思维转变成肯定思维为止。

让每天都有一个愉快的开始，则一天里所有的事都会变好。

◎为信心耕种一方福田

每天早晨给自己打气并不是一件很傻、很肤浅、很孩子气的事，相反，这从心理学的角度来看是非常重要的。

以下是拳击手杰克·丹普先生远离忧虑的故事：

“在我的拳击生涯中，我发现最强劲的敌人不是那些重量级的选手，而是自己内在的情绪困扰，因为情绪上的忧虑不但会消耗体力，还会影响拳击的进行。所以，我为自己制定了一套原则借以保持充沛的体力与旺盛的精力。这一套原则就是：

“第一，为了让自己有充分的勇气，每当拳赛开始前我都会自我鼓励一番，反复地对自己说：‘不要怕，没有什么可以伤得了我的，他击不倒我。’这种积极的鼓舞确实产生了不少作用。

“例如，在我和佛波比赛的时候，我不断地对自己说：‘没有人敌得过我，他伤不了我，他的拳头伤不了我，我不会受伤，不管发生什么事，我一定要勇往直前。’像这样为自己打气，使想法趋向积极，对我帮助很大，甚至使我不觉得对方的拳头在攻击。在我的拳击生涯中，我的嘴唇曾被打破，我的眼睛被打伤，肋骨被打断，而佛波的一拳将我打得飞出场外，摔在一位记者的打字机上，把打字机压坏了，但我对佛波的拳头却并无感觉。只有一次，那天晚上李斯特·强森一拳打断了我的三根肋骨，那一拳虽不致让我倒下，但影响到了我的呼吸。我可以坦白地说，除此之外，我在比赛中未对任何一拳有过知觉。

“第二，我一再地提醒自己，忧虑不但于事无补，反而还会产生相反效果。我的大部分忧虑，都出现在我参加重大比赛之前，也就是接受训练期间。我经常在半夜醒来，一连好几个钟头，心里十分忧虑，辗转反侧，无法成眠。我担心会在第一回合中被对方打断手，或扭了脚踝，或眼睛被严重打伤，如果是这样的话我就不能充分发挥攻势。所以，每次我因为担心第二天的赛程而睡不着觉时，就会下床对着镜子中的自己说：‘你真是个傻瓜，何必为了尚未发生的事或根本不会发生的事而担忧呢？人生如此短暂，应该好好把握、享受生命才是啊，还有什么比健康更重要呢？’这样日复一日、年复一年地提醒自己，久而久之，这些话好像印到了我的大脑里，经常不自觉地就浮现在脑海中，帮助我克服了许多情绪上的困扰。

“最后一项也是最重要的一项就是祷告。一天中我有好几次与雇主交谈的机会，拳击赛中每次回合的铃响前、每餐吃饭前、每晚入睡前，我都会虔诚地祷告，祈求上帝赐给我力量与勇气，让我打好每一场人生战役。我的祈祷获得了回应吗？当然，上帝对我的回报远远超过我的付出！”

每天早晨给自己打气，是不是一件很傻、很肤浅、很孩子气的事呢？不是的，这在心理学上是非常重要的。

世界上不是每个人都要面临着十分巨大的困难，但是每个人都存在着若干问题。每个人都能通过暗示或自我暗示让激励标记产生作用。一种最有效的形式就是有意记住一句自我激励语句，以便在需要的时候，这句话能从下意识心理闪现到有意识心理，如：“我激励你！”

阿廉·方索斯是美国密苏里州东南地区某农场的一个病孩子。他在小学遇到了一位优秀老师，这位老师鼓励小阿廉·方索斯去改变自己的世界。老师用挑战的方式鼓励他：“我激励你！”“我激励你成为学校中最健康的孩子！”“我激励你”成了阿廉·方索斯一生自我激励的语句。

他果真变成了学校中最健康的孩子。他在85岁逝世之前，帮助了数以千计的青年获得良好的健康，他还帮助他们立志高远，做事刚勇，服务周到。

“我激励你！”激励着他建立了美国最大的公司之一——若尔斯通培里拉公司；“我激励你！”激励他从事创造性的思考，把负债转化为资产；“我激励你！”激励着他组织美国青年基金会——它的目的是训练男女青年独立生活的能力。

“我激励你！”激励着阿廉·方索斯写了一本书，名叫《我激励你》。今天这本书正在激励着男子和妇女们勇敢地把这个世界改造为更好的社会。

阿廉·方索斯作了多么好的一个证明啊！一句自我激励语有力地帮助人们发挥积极的心态！

说到此不禁让人想起那些在兴旺的1920年里取得经济成功的人。那时他们是以极好的态度开始他们的事业的。可是当1930年经济萧条袭来的时候，他们便遭到了失败。他们破产了。他们的态度便从积极的变为消极的。他们的法宝被翻到了“消极的心态”那一面。他们停止了努力。他们像那些抱持消极心态的人一样变成了一蹶不振的失败者了。

有些人似乎在任何时候都能充分使用积极的心态。有些人开始时使用，然后就停止使用了。但是，另一些人——我们中的大多数人——并没真正地开始使用对于我们很有用的巨大力量。消极心态包括以下几个方面：

1. 惰性导致愚昧无知

一件事对于不知事实或缺乏实际知识的人来说，似乎是合乎逻辑的；对于知道事实或具有实际知识的人来说，就可能是不合乎逻辑的了。当你在做决定的时候，如果你不肯保持开朗的心胸和学习真理，那就是愚昧无知。消极的心态会在愚昧无知的基础上不断地生长。

具有积极心态的人可能不知道事实，也缺乏实际知识。他可以不了解情况，然而他认识基本的前提——真理就是真理。因此，他就力图保持开朗的心胸，努力学习。他必须把他的结论奠基在他所知道的事情上，并且准备在他认识更多些时，就改变这些结论。

现在让我再审视一下我们心理上的蛛网，这些似乎还存留在你的脑中：

（1）消极的感情、情绪、激情、习惯、信条和偏见。

（2）只看到别人眼中的“横梁”。

（3）由于语义上的误解所产生的争论和误解。

（4）由于虚假的前提而做出的虚假结论。

（5）把概括一切的限制性的词或词组作为基本或次要的前提。

（6）“需要”有可能迫使人产生不诚实的想法。

（7）不清洁的思想和习惯。

（8）担心应用心理的力量。

这样，你就可看到蛛网有许多种——有些是细小的，有些是巨大的；有些是脆弱的，有些是结实的。然而，如果你把你自己的蛛网再列一张表，然后仔细检查每个蛛网的各条蛛丝，你就会发现它们都是由消极的心态织成的。

你把它们考虑一会儿，然后你会发现由消极的心态所织成的最强有力的蛛网就是惰性蛛网。惰性会使你无所作为；如果你转向错误的方向，它就会使你不去抵抗或不思停止。你就会继续前进，向下滑去。

2. 警惕潜意识的误导

一个人的潜意识通常是难以改变的，它经常会配合你本身的才能或曾犯过的错误，而把这些不愉快的经历返还给你。换言之，当你在潜意识中制造消极的观念后，潜意识便会将制造过的差错想法，不分时候地任意归还于你，因此在你的思绪过程中，极可能将你误导。

为避免遭受原有潜意识的误导，最好的方法莫过于以积极性的立场灌注于潜意识中，并努力培养积极的想法，如此你无异是在向你的潜意识灌输真理，而不久之后，你的潜意识也将开始把这些真理归还于你。

使潜意识变得积极的最佳方法便是摒除存在于你思想或言谈间的消极想法。例如，每当人们意识到消极想法存在时，便会对自己的说话方式作一番分析，而且结果往往令人感到十分惊异。

因为许多人都存有类似如下的想法："我担心也许会来不及"、"轮胎是不是磨损了"、"我想，我办不到那件事"、"这个工作我大概无法胜任，因为我会忙不过来"等。此外，遇到事情有不好的发展结果时，他们就会说道："哦！果然不出我所料。"又如，在抬头望见天空布满乌云时，心情会变得忧虑起来，并说："我原本就知道会下雨！"

这些都属于"消极心态"。我们千万不可忽略"积少成多"的道理。当你的言谈中充满"消极心态"时，它会不知不觉地渗入你的思想深处，并积存它的影响力量，而这种力量往往会滋长到令人惊异的地步，甚至会在不久之后使你陷入"无能症"的泥沼中。

所以，你要下定决心，要从自己的言谈间根除这种"消极心态"。因为对于这种消极的心态，最好的消除办法是，不论对任何事都要表示积极肯定的主张，如事情将有顺利的结果、能够胜任工作、不会招致失败、必会准时到达等。由于这种把积极想法说出来的做法具有相当于在内心中呼应的积极力量，因此它能使你感到一切都将顺利地进行。

曾经有一幅引擎油的广告，上面写着："洁净的引擎经常是力量的供应源泉。"这个广告的作者就一定有一个积极心态，这对他的事业必定产生积极影响。换言之，洁净的心会是力量的供应来源。因此，请洗净你的思想，赋予你自身一颗洁净的心吧！

为了克服障碍，你不妨采用"不相信失败"的哲学之道。通常人们处理障碍的结果往往决定于其本身所持的心态，因为人们的障碍大多数是源于心理上的问题。

也许你对此有所怀疑，但是任何人对于障碍的态度却绝对是心理方面的事。试想，当一件事从考虑到决定的过程中，是否即是心理的活动？你对于障碍的想法如何，是否会决定你对它所采取的行动或态度？事实上，如果你面对障碍之初便在心中断言绝对无法克服它，你便会在自认为"反正做不到"的心理下真正无法克服了。相反的，如果你拥有克服障碍的信心，情况自然不同。

因此，请你牢牢记住：障碍绝对没有你想象中的那般困难，而是可以设法克服的。

无论在培养这种积极想法之初，你的信心是多么微小，只要持续保持这种想法，你必能获得成功。

◎让积极态度生根发芽

很多情况下，我们无法改变现实，但是可以改变自己对现实的看法。

乐观态度或悲观态度，是人类典型的也是最基本的两种倾向，它影响着我们的生活方式。曾有美国医生做过这样一个实验：他们让患者服用安慰剂。安慰剂呈粉状，是用水和糖加上某种色配制的。当患者相信药力，就是说，当他们对安慰剂的效力持乐观态度时，治疗效果就显著。如果医生自己也确信这个处方，疗效就更为显著了。这一点已用实验得到了证实。悲观态度是由精神引起而又会影响到组织器官，有一个意外的事故证明了这一点。一位铁路工人意外地被锁在一个冷冻车厢里，他清楚地意识到他是在冷冻车厢里，如果出不去，就会冻死。不到 20 个小时，冷冻车厢被打开时人已死了，医生证实是冻死的。可是，仔细检查了车厢，冷气开关并没有打开。那位工人确实死了，因为他确信，在冷冻的情况下是不能活命的。所以，在极端的情况下，极度悲观会导致死亡。一位乐观主义者却总是假设自己是成功的，就是说，他在行动之前，已经有了 85％的成功把握。而悲观主义者在行动之前，却已经确认自己是无可挽救的了。

一个积极者就是一个这样的人：当他的鞋子穿破了的时候，他只是认为他回到了光脚走路的时代。消极者说："我只有看见了才会相信。"积极者说："只要我相信我就会看见。"积极者采取行动，消极者静止不动。积极者看见半杯水会说它满了一半，消极者看见同样的半杯水会说它有一半是空的。原因很简单，积极者往杯子里倒水，而消极者却从杯子里取水。

在生活中，成功和失败之间仅仅只有毫厘之差。

例如，骏马奈斯华在不到一小时的赛跑中赢得了第一，得到了 100 万美元。在这仅有一小时的赛跑后面却藏着上千个小时的艰苦训练。显然，奈斯华这匹至少值 100 万美元的马一定是一匹罕见的好马。你可以用 100 万美元买 100 匹值 1 万美元的赛马，这是一个简单的算术问题。一匹值 100 万美元的马比一匹值 1 万美元的马跑得要快 100 倍，对吗？错了！它能跑得比那匹马快 2 倍，对吗？还是错了！实际上，它只能比那匹马快25%，或是只有10%或是1%，对吗？还是错了！

那么究竟一匹值100万美元的马比值1万美元的马跑得快多少呢？几年以前，在阿林顿·福特瑞蒂，第一名和第二名的奖金差额是10万美元。这次比赛的跑程是1.25英里。第一名和第二名的差距仅有1/71280英里，而我们要重申的是仅仅这点差距就值10万美元。

1974年在肯塔基的德比所举行的赛马比赛中，第1名骑手赢得了2.7万美元。不到2秒钟后，另一名骑手也骑着马冲过了终点线，他是第4名，只得到30美元。

生活就像一场比赛，我们无法改变它的规则。我们能够并且必须去做的是掌握这些规则，利用这些规则来发挥我们最大的潜能。

米歇尔曾经是一个不幸的人。

一次意外事故，把他身上65%以上的皮肤都烧坏了，为此他动了16次手术。手术后，他无法拿起叉子，无法拨电话，也无法一个人上厕所，但以前曾是海军陆战队员的米歇尔从不认为他被打败了。他说："我完全可以掌握我自己的人生之船，我可以选择把目前的状况看成倒退或是一个起点。"六个月之后，他又能开飞机了！

米歇尔为自己在科罗拉多州买了一幢维多利亚式的房子，另外也买了房地产、一架飞机及一家酒吧。后来他和两个朋友合资开了一家公司，专门生产以木材为燃料的炉子，这家公司后来变成佛蒙特州第二大私人公司。

在米歇尔开办公司后的第四年，他开飞机在起飞时又摔回跑道，把他的十二块脊椎骨压得粉碎，腰部以下永远瘫痪！"我不解的是为何这些事老是发生在我身上，我到底是造了什么孽？要遭到这样的报应？"

米歇尔仍选择不屈不挠，丝毫不放弃，还日夜努力使自己能达到最高限度的独立自主，他被选为科罗拉多州孤峰顶镇的镇长，以保护小镇的美景及环境，使之不因矿产的开采而遭受破坏。米歇尔后来也竞选国会议员，他用一句"不只是另一张小白脸"的口号，将自己难看的脸转化成一项有利的资产。

尽管面貌骇人、行动不便，米歇尔却坠入爱河，且完成终身大事，也拿到了公共行政硕士证书，并坚持他的飞行活动、环保运动及公共演说。

米歇尔说："我瘫痪之前可以做一万件事，现在我只能做九千件，我可以把注意力放在我无法再做的一千件事上，或是把目光放在我还能做的九千件事上，告诉大家说我的人生曾遭受过两次重大的挫折，如果我能选择不把挫折拿来当成放弃努力的借口，那么，或许你们可以用一个新的角度，来看待一些一直让你们裹足不前的经历。你可以退一步，想开一点，然后你就有机会说：‘或许那也没什么大不了的！’”

由此可见，积极的人生态度是一个人获得成功的一项重要原则，你可将此原则运用到你所做的任何工作上。如果你不了解如何应用积极的人生态度，就无法从工作中得到最大的效益。

事实上，如果你掌握你的思想，并引导它为你的目标服务，你就能享受：

（1）为你带来成功环境的成功意识；

（2）生理和心理的健康；

（3）独立的经济；

（4）出于爱心而且能表达自我的工作；

（5）内心的平静；

（6）驱除恐惧的信心；

（7）长久的友谊；

（8）长寿而且各方面都能取得平衡的生活；

（9）免于自我限定；

（10）了解自己和他人的智慧。

而如果你所抱持的是消极的人生态度，你将会尝到苦果：

（1）生命中的贫穷和凄惨；

（2）生理和心理疾病；

（3）使你变得平庸的自我限定；

（4）恐惧和所有具有破坏性的结果；

（5）痛恨你帮助自己的方法；

（6）敌人多、朋友少的处境；

（7）人类所知的各种烦恼；

（8）成为所有负面影响的牺牲品；

（9）屈服在他人意志之下；

（10）对人类没有贡献的颓废生活。

通过比较，到底应该树立什么样的人生态度，应该是显而易见的了！

◎引爆热忱的能量

如果两个人各方面条件都相近，那么，更热忱的那一位会更快达到成功。一个能力平庸但是很热忱的人，往往会胜过能力杰出却缺乏热忱的人。

热忱的威力是不容被低估的。爱默生曾经说过：“每一个伟大的时刻，都是热忱凯旋的时候。”“没有一桩丰功伟业能缺乏热忱。”

许多人失败并不是因为他们缺乏才智、能力、机会或天分，而是因为他们并没有尽力去处理问题。

热忱的重要性绝不亚于卓越的能力与努力的工作。我们都认识一些聪明但一无所成的人，也总认识一些辛勤工作但一事无成的人。青年人应该记住，只有热爱工作、投入工作且满怀热忱的人才能有所成就。

热忱有一种特性，那就是它是具有感染力的，并且能令人有反应。不论在教室里或其他活动中，都是一样的。就算是冰上曲棍球比赛，也同样需要热忱。如果你自己对一个想法或计划不够热忱，别人更不可能有热忱。如果公司领导人自己不能全心热忱地相信公司的目标与方向，就不要指望员工或顾客或股市会相信它。想使任何人对一个想法——或是一个计划、一个活动——兴奋起劲的最好办法，就是你自己要先兴奋起来，而且要把你的兴奋表现出来。

汤姆·德尔夫最近在加州一家进口公司——考尔佛电子销售公司找到了一份业务员的工作。按照公司历来的做法：公司会交给汤姆·德尔夫一份很难缠的潜力客户名单。其中有一家公司以前是汤姆·德尔夫公司的大客户，但是却在多年前停止往来了。

汤姆·德尔夫说：“我决定把跟他们做成生意当做是我个人的一项挑战。这表示我得先说服老板我可以把这家公司扳回来。他本来不太肯定，但是他不想浇我的冷水。于是他允许我去拜访那家客户。”

汤姆·德尔夫既已把赢回这家客户当做自己的使命。于是他提供了保证价，缩短交货期，并允诺更好的服务。他向那位采购处长表示考尔佛公司“将会做一切令你们满意的事”。

当汤姆·德尔夫第一次与采购处长面对面谈话时，他的热忱就扮演了重要的角色。他面带微笑地走进会客室，并说道：“很高兴能再回来，让我们一起来共同合作。”

汤姆·德尔夫从来没有想过他可能无法成交。他完全忽略他的公司已经丢掉了这个客户的事实。他以最高昂热忱的态度说服他的客户，考尔佛公司已准备好再为他们服务。

“后来，采购处长告诉我们老板，他们考虑我们的唯一理由是因为我的热忱。他们的订单后来一年有50万美元的余额。”

热忱，可以保养灵魂，培养并发挥热忱的特性，我们就可以对我们所做的每件事情，加上火花和趣味。

我有一次请教一位友人，问他如何挑选管理人员，他事业的成败奋斗要靠这些人的能力。这位友人的回答听起来可能蛮令人惊奇的。“这些成功者与失败者，他们的能力与聪明才智其实差异不大，”纽约中央铁路公司总裁佛多利·威尔森说，“如果两个人各方面条件都相近，那么，更热忱的那一位一定更快达到成功。一个能力平庸但是很热忱的人，往往会胜过能力杰出却缺乏热忱的人。”

热忱是一把火，它可燃烧起成功的希望。要想获得这个世界上的最大奖赏，你必须像过去最伟大的开拓者那样将梦想转化为全部有价值的献身热情，来发展和销售自己的才能。

有一次，我在加州一家饭店投宿时，点了客房服务，侍者是一位墨西哥人，他说着一口吞吞吐吐不流畅的英语：“早安！早安！早安!”奇怪的是，他重复了三次问安，却不显得啰唆，反而让人觉得很舒心。

他用他那种墨西哥人独有的热情深深地感染了我，他满面春光地告诉我，他有一份好工作，而且身在美国。接着他满怀热情地为我倒咖啡，同时又很友好地同我谈论天气：“对啊！不过下雨也很好，雨水可以让草地青翠，而且花草树木也都需要雨水，不是吗?”

在他离开房间之时，我深深地被他打动了。我对自己说，我知道为什么他有一份工作。

最聪明和最热忱的人会得到30天后即将有分别的工作。要满怀着热忱，将你自己奉献给积极的人生，你将会惊讶人们有多么想要雇用你。

我曾不止一次地在课堂上告诉我的学员们，促使一个人成功的因素很多，而居于首位的就是热忱，一个人、一个团队只要有热忱，其结果必然是积极的行动、成功和幸福。

激情增加一盎司，我们的人生就会大不一样。著名人寿保险推销员弗兰克·贝特格在他的自传中，向我们充分诠释了这一点：

“在我刚转入职业棒球界不久，我就遇到了有生以来最大的打击——我被开除了。理由是我打球无精打采。老板对我说：‘弗兰克，离开这儿后，无论你去哪儿，都要振作起来，工作中要有生气和热情。’这是一个重要的忠告，虽然代价惨重，但还不算太迟。于是，当我进入纽黑文队时，我下定决心在这次联赛中一定要成为最有激情的球员。

“从此以后，我在球场上就像一个充足了电的勇士。掷球是如此之快、如此有力，以至于几乎要震落内场接球同伴的手套。在烈日炎炎下，为了赢得至关重要的一分，我在球场上奔来跑去，完全忘了这样会很容易中暑。第二天早晨的报纸上赫然登着我们的消息，上面是这样写的：‘这个新手充满了激情并感染了我们的小伙子们。他们不但赢得了比赛，而且看来情绪比任何时候都好。’那家报纸还给我起了个绰号叫‘锐气’，称我是队里的‘灵魂’。三个星期以前我还被人骂作‘懒惰的家伙’，可现在我的绰号竟然是‘锐气’。

“于是我的月薪从25美元涨到185美元。这并不是我球技出众或是有很强的能力，在投入热情打球以前，我对棒球所知甚少。除了‘激情’，还有什么能使我的月薪在10天内竟上升700％呢？

“退出职业棒球队之后，我去做人寿保险推销工作。在十个月令人沮丧的推销之后，我被卡耐基先生一语惊破。他说：‘贝特格，你毫无生气的言谈怎么能使大家感兴趣呢？’我决定以我加入纽黑文队打球的激情投入到做推销员的工作中来。有一天，我进了一家店铺，鼓起我的全部热情试图说服店铺的主人买保险。他大概从未遇到过如此热情的推销员，只见他挺直了身子，睁大眼睛，一直听我把话说完，最终他没有拒绝我的推销，买了一份保险。从那天开始，我真正地展开推销工作了。在12年的推销生涯中，我目睹了许多的推销员靠激情成倍地增加收入，同样也目睹了更多人由于缺少热情而一事无成。”

弗兰克·贝特格在事业上有所成就，与其说是取决于他的才能，不如说是取决于他的激情。凭借激情，他在烈日当空的酷热中超常发挥；凭借激情，他说服了自己的客户，最终创出不凡的成就。

◎拯救情绪的自我疗法

我的肉体疲倦了，我的精神也随之得到休息。当你烦恼时，多用肌肉，少用脑筋，其结果将会令你惊讶不已。

我若发现自己有了烦恼，或是精神上像埃及骆驼寻找水源那样地猛绕着圈子转个不停，我就利用激烈的体能练习活动，来帮助我驱逐这些烦恼。

那些活动可能是跑步，或是徒步远足到乡下，或是打半小时的沙袋，或是到体育场打网球。不管是什么，体育活动使我的精神为之一振。每到周末，我都从事多项运动，例如绕高尔夫球场跑一圈，打一场激烈的网球，或到阿第伦达克山滑雪。等到我的肉体疲倦了，我的精神也随之得到休息，因此当我再度回去工作时，我精神清爽，充满活力。在我工作地点的纽约，我经常有机会到俱乐部健身院去，待上一个小时；没有人在滑雪或做激烈运动的时候还烦恼。因为他忙得没时间烦恼。烦恼的大山很快就变成微不足道的小丘，一项新念头和新行动很容易能将它“摆平”。

我发现，烦恼的最佳“解毒剂”就是运动。当你烦恼时，多用肌肉，少用脑筋，其结果将会令你惊讶不已。这种方法对我极为有效——当我开始运动时，烦恼就消失。

有位专门研究快乐如何影响心理的科学家曾整理出了几个快乐的技巧，方法简单而且效果神速，让人能立刻就变得乐观起来，这就是运动和听音乐。

首先，经常运动，抬头挺胸。

楚安尼曾强调说，要矫正头脑之前，请先校正身体。为什么呢？因为生理及心理是息息相关的。相信你也应该有过这样的体验，当心情处于低潮的时候，我们往往也是无精打采、垂头丧气；而心情快乐时，自然是抬头挺胸、昂首阔步了。所以，身体的姿势的确与心理的状态密不可分。

再从另一角度来看，当一个人抬头挺胸的时候，呼吸会比较顺畅，而深呼吸则是释放压力的妙方。所以当抬头挺胸时，我们会觉得比较能够应付压力，当然也就容易产生“这没什么大不了”的乐观态度。

另外，与肌肉状态有关的信息也会通过神经系统传回大脑去。当我们抬头挺胸的时候，大脑会收到这样的信息，四肢自在，呼吸顺畅，看来是处于很轻松的状态，心情应该是不错的。

在大脑也做出心情愉悦的判决后，自己的心情于是乎就更轻松了。

因此，身体的状态和姿势的确会影响心情状态。运动能推动快乐，而要是垂头，就容易感到丧气，而如果挺胸，则容易觉得有生气。

所以这个简单得令人不可置信的方法，请千万别小看它，下次若头脑中悲观的念头又再冒出来时，赶快调整一下姿势，抬头挺胸地带出乐观心境吧！或者运动几下，要么不妨听听音乐，这是第三种让身体快乐的方法。

心情低潮时要怎么办？曾有个女孩说：“简单，就开始大声唱歌嘛！”接着她就“红豆、大红豆、芋头……”唱起了锉冰歌。没料到歌声一停，她旁边的男朋友立即开口：“是啊，每次唱完你的心情是好了，我的心情也跟着挺好的！”看来，歌声还是挺重要的。你也会在心情低落时唱歌自娱吗？

引吭高歌，是否真的对情绪舒解有益？其实早在几百年前，人类就已经懂得利用音乐与情绪之间的密切关系。例如几世纪前，欧洲有些国家就把音乐和歌唱拿来当成治疗忧郁症的一种方法，很有意思吧！

在当时，如果一个人感到郁郁寡欢，情绪低迷不振，他就会被安排在固定的时间听音乐，并且被要求开口大声高歌。这个不用药物，既经济又简单的做法，在当年是一个另类方法，然而后来心理学家们发现，唱歌的确可以唱走郁闷。这是因为在我们发声歌唱时，就好像是把自己的身体当成了乐器来使用，声音在体内上上下下地振动着，因此有着体内按摩的功效。

还记得当你尽情高歌、浑然忘我时，你是否感觉到体内的声音能量，从头到脚是在振动着的？这个感觉令人身体舒畅而心情飞扬的原因，就是因为音振在体内按摩五脏六腑，放松了肌肉紧绷的不适，焦虑感也随之得到舒解。

此外，在你嘶吼的同时，体内因负面情绪而累积的能量也得以向外宣泄，不再压抑，当然感到轻松许多。有些心理医师更进一步地说明，唱歌能帮助我们在情感层次上做调整的工作，甚至感受到“美”的感觉，因此是极佳的心情疗法。所以，没事多哼哼歌绝对有益无害。

要是没把握别人会跟你一起陶醉于自己的歌喉，浴室及窗门紧闭的车内都可以是你大展身手的好地方。

自己的心情自己救，快乐是你的权利。

不与他人过不去

◎把错误留给自己

我住的地方，几乎是在大纽约的地理中心点上，但是从我家步行一分钟，就可到达一片森林。春天，黑草莓丛的野花白茫茫一片，松鼠在林间筑巢育子，野草长到高过马头。这块没有被破坏的林地，叫做森林公园——它的确是一片森林，也许与哥伦布发现美洲那天下午所看到的没有什么不同。我常常带雷斯到公园散步，它是我的小波士顿斗牛犬。它是一只友善而不伤人的小猎狗，因为我们在公园里很少碰到人，我常常不给雷斯系狗链或戴口罩。

有一天，我们在公园遇见一位骑马的警察，他好像迫不及待地要表现出他的权威。

“你为什么让你的狗跑来跑去，却不给它系上链子或戴上口罩，”他申斥我道，“难道你不晓得这是违法的吗?”

“是的，我晓得，”我轻柔地回答，“不过我认为它不至于在这儿咬人。”

“你认为！你认为！法律是不管你怎么认为的。它可能在这里咬死松鼠或咬伤小孩。这次我不追究，但假如下回让我看到这只狗没有系上链子或套上口罩在公园里的话，你就必须去跟法官解释啦。”

我客客气气地答应照办。

我的确照办了，而且是好几回。可是雷斯不喜欢戴口罩，我也不喜欢那样，因此我们决定碰碰运气。事情很顺利，但接着我们撞上了暗礁。一天下午雷斯和我在一座小山坡上赛跑，突然间——很不幸地——我看到那位执法大人，跨在一匹红棕色的马上。雷斯跑在前头，径直向那位警察冲去。

我这下栽定了。明白这点，我决定不等警察开口就先发制人。我说："警官先生，这下您逮了我一个正着。我有罪，我无话可说。你上星期警告过我，若是再带小狗出来而不替它戴口罩就要罚我。"

"好说，好说，"警察回答的声调很柔和，"我知道在没有人的时候，谁都忍不住要带这么一条小狗出来溜达。"

"你这样的小狗大概不会咬伤别人吧。"警察反而为我开脱。

"不，它可能会咬死松鼠。"我说。

"哦，你大概把事情看得太严重了，"他告诉我，"我们这样办吧：你只要让它跑过小山，到我看不到的地方，事情就算了。"

那位警察也是一个人，他要的是一种重要人物的感觉。因此当我责怪自己的时候，唯一能增强他自尊心的方法，就是以宽容的态度表现慈悲。

但如果我有意为自己辩护的话，嗯，你是否跟警察争辩过呢？

我没有和他正面交锋，我承认他绝对没错，我绝对错了，我爽快地、坦白地、热诚地承认这点。因为我站在他那边说话，他反而为我说话，整个事情就在和谐的气氛中结束了。查士德·斐尔爵士也不会比这位骑马的警察更和蔼，仅仅一个星期以前他还打算用法律来威吓我呢！

如果我们知道免不了会遭受责备，何不抢先一步，自己先认错呢？听自己谴责自己不比挨人家的批评好受得多吗？

你要是知道有人想要或准备责备你，就自己先把对方要责备你的话说出来，那他就拿你没有办法了。十之八九他会以宽大、谅解的态度对待你，忽视你的错误，正如那位警察对待我和雷斯那样。

费丁南·华伦是一个卖艺术品的商人，他曾使用这个办法，使一位暴躁的顾客化干戈为玉帛。

"精确而严谨的态度，在制作商业广告和出版品中是最重要的。"华伦先生事后说，"一些艺术编辑要求别人立刻实现他们的设想，这样难免会发生一些偏差。我服务的某位艺术编辑就很挑剔，我从他的办公室出来时，心里总是很不舒服，倒不是因为他批评我，而是因为他对待我的方式。最近，我交了一件急件给他，他打电话说要我立刻到他办公室去，稿件有误。我到他办公室后，果然，他很高兴有了挑剔我的机会，而且满怀敌意。正在他滔滔不绝地数落我时，我运用了自我批评的方法。我说：'某某先生，你说得对，我的错误确实不可原谅，我为你工作了这么多年，还不知道怎么做，我真是不好意思。'

"于是他开始为我说话了：'你说得对，不过还没有那么严重。只是——'我马上插嘴道：‘任何错误，都可能导致严重的后果，我怎么没看到呢？’我绝不让他为我开脱。这是我第一次因为批评自己而感到高兴。

“我说：‘我应该更加细心，你给了我这么多的活，我却不能令你满意，我一定要重新做。’于是，他说不用那样麻烦，并夸奖起我的作品来，还说他再改一改就可以了，这点小错也不会让他的公司费几个钱。总之，小事一桩，不值一提。

“我的这种自我批评，不但使他没了脾气，而且他还请我吃了午饭，他又给我一张支票，让我再干别的活。”

当你坦然面对自己的错误时，会感到某种意义上的满足。因为这消除了自己的罪恶感，也在某种紧张的气氛下保护了自己，更有利于迅速准确地解决错误。

新墨西哥州阿布库克市某公司的一位负责人布鲁士·哈威，有一次批准向一位请病假的员工支付整月的工资。随后，他发现了这个错误，要在这位员工下次的工资中减去多发的金额。那位员工不同意，因为这样会给自己造成严重的财务问题，他请求分期扣回他多领的钱。哈威必须先征求上级的同意才能决定。“如果直接去向老板请求的话，”哈威说，“一定会使他很不高兴。要更好地解决这个问题，应找到合适的方法。我意识到一切混乱都是我造成的，必须在老板面前自我检讨。”

“进了他的办公室，我告诉他我办了件错事，然后说了事情经过。他开始发火，先说这应该由人事部门来负责，又大声指责会计部门的疏忽，我一再地坚持这是我的错误，应该由我来负责。可他又开始批评办公室的另外两个同事，我还在解释这是我的错误。终于他看了看我说：‘好吧，是你的错。交给你解决吧。’错误被改过来了，也没有造成其他的麻烦。我觉得很高兴，因为我有勇气不去找借口，妥当地处理了一件棘手的事情。而且，我的老板对我更加器重了。”

即使傻瓜也会为自己的错误辩护，但能承认自己错误的人，却会凌驾于其他人，而有一种高贵怡然的感觉。比方说，历史上对南北战争时的李将军有一笔极美好的记载，就是他把毕克德进攻盖茨堡的失败完全归咎在自己身上。

毕克德那次的进攻，无疑是西方世界最显赫、最辉煌的一场战斗。毕克德本身就很辉煌。他长发披肩，而且跟拿破仑在意大利战役中一样，他几乎每天都在战场上写情书。在那悲剧性的七月的一个午后，当他的军帽斜戴在右耳上方，轻盈地放马冲刺北军时，他那群效忠的部队不禁为他喝彩起来。他们喝彩着，跟随他向前冲刺。队伍密集，军旗翻飞，军刀闪耀，阵容威武、骁勇、壮大，北军也不禁发出喃喃的赞赏。

毕克德的队伍轻松地向前冲锋，穿过果园和玉米田，踏过花草，翻过小山。

同时，北军大炮一直没有停止向他们轰击。但他们继续挺进，毫不退缩。

突然，北军步兵从隐伏的基地山脊后面窜出，对着毕克德那毫无防备的军队，一阵又一阵地开枪。山间硝烟四起，惨烈有如屠场，火山爆发。几分钟之内，毕克德所有的旅长，除一个人之外，全部阵亡，五千士兵折损五分之四。毕克德统率其余部队拼死冲刺，奔上石墙，把军帽顶在指挥刀上挥动，高喊："弟兄们，宰了他们!"

他们做到了。他们跳过石墙，用枪把、刺刀拼死肉搏，终于把南军军旗竖立在基地山脊的北方阵地上。

军旗只在那儿飘扬了一会儿。虽然那只是短暂的一会儿，但却是南军战功的辉煌记录。

毕克德的冲刺——勇猛、光荣，然而却是结束的开始。李将军失败了。他没办法突破北方战线，而他也知道这点。

南方的命运决定了。

李将军大感懊丧，震惊不已，他将辞呈呈送南方的戴维斯总统，请求改派"一个更年轻有为之士"。如果李将军要把毕克德的进攻所造成的惨败归咎于任何人的话，他可以找出数十个借口：有些师长失职啦，骑兵到得太晚不能接应步兵啦；这也不对，那也错了。

但是李将军太高明，不愿意责备别人。当残兵从前线退回南方战线时，李将军亲自出迎，自我谴责起来。"这是我的过失，"他承认说，"我，我一个人，败了这场战斗。"

历史上很少有将军有这种勇气和情操，承认自己独负战争失败的责任。

在香港卡耐基课程任教的麦克·庄告诉我们，中国文化所带来的一些特别的问题以及某些时候应用某一项原则，可能比遵守一项古老的传统更为有益。他班上有一位中年同学，多年来他的儿子都不理他。这位做父亲的以前是个鸦片鬼，但是现在已经戒除了烟瘾。根据中国传统，年长的人不能够先承认错误。他认为他们父子要和好，必须由他的儿子采取主动。在这个课程刚开始的时候，他和班上同学谈到他从来没有见过的孙子孙女以及他是如何地渴望和他的儿子团聚。他的同学都是中国人，了解他的欲望和古老传统之间的冲突。这位父亲觉得年轻人应该尊敬长者，并且认为他不让步是对的，而要等他的儿子来找他。

等到这个课程快结束的时候，这位做父亲的却改变了看法。"我仔细考虑了这个问题。"他说，"戴尔·卡耐基说，'如果你错了，你就应该马上并且明白地承认你的错误。'我现在要很快地承认错误已经太晚了，但是我还可以明白地承认我的错误。我错怪了我的儿子。他不来看我以及把我赶出他生活之外，是完全正确的。我去请求年幼的人原谅我，固然使我很没面子，但是犯错误的是我，我有责任承认错误。”全班都为他鼓掌，并且完全支持他。在下一堂课中，他讲述他怎样到他儿子家里，请求并且得到了原谅，并且开始和他的儿子、媳妇以及终于见到面的孙子孙女建立起新的关系。

艾柏·赫巴是会闹得满城风雨的最具独特风格的作家之一，他那尖酸的笔触经常惹起对手强烈的不满。但是赫巴那少见的做人处世技巧，常常将他的敌人变成朋友。

例如，当一些愤怒的读者写信给他，表示对他的某些文章不以为然，结尾又痛骂他一顿时，赫巴就如此回复：

> 回想起来，我也不完全同意自己。我昨天所写的东西，今天不见得全部满意。我很高兴知道你对这件事的看法。下回你在附近时，欢迎驾临，我们可以交换意见。遥致诚意。
>
> 赫巴谨上

面对一个这样对待你的人，你还能说什么呢。

当我们对的时候，我们就要试着温和地、技巧性地使对方同意我们的看法。而当我们错了——若是对自己诚实，这种情形十分普遍——就要迅速而热诚地承认。这种技巧不但能产生惊人的效果，而且，信不信由你，任何情形下，都要比为自己争辩还有用得多。

◎争论毫无意义

第二次世界大战结束后不久的一个晚上，我在伦敦得到了一个无价的教训。我当时是史密斯爵士的私人助理。在战争期间，他曾在巴勒斯坦做奥国的航空领袖，而在宣布和平不久之后，他因在30天内环绕地球半周而轰动了世界，因为向来未曾有人有过这样惊人的举动。这件事轰动一时，奥国政府奖给他5万先令，英国国王封他为爵士，此时，他成了在英国国旗下被谈论得最多的一个人。有一个晚上，我参加一个欢迎罗斯爵士的宴会，在席间，坐在我旁边的一个人讲了一个幽默的故事，这故事与这一句话有些关联："无论我们如何粗俗，有一位神，就是我们的目的。"

这位讲述故事的人提到这句话系出自《圣经》。他错了，我知道的，我确实知道，绝对肯定。所以，为了得到自重感并显示我的优越，我委任自己为一个未经请求、不受欢迎的人去矫正他。他坚持他的阵地：什么？出自莎士比亚？不可能！不近情理！那句话出自《圣经》！

这位讲故事的人坐在我右边，我的一位老朋友加蒙坐在我左边。加蒙先生曾用多年的工夫专心研究莎士比亚，所以我们同意由加蒙先生来解答这一问题。加蒙先生静听着，在桌下用脚碰碰我，然后说道："戴尔，你错了，这位先生是对的，是出自《圣经》。"

当晚回家的时候，我对加蒙先生说："老实说，你知道那句话是来自莎士比亚的。"

"是的，当然，"他回答说，"是在《哈姆莱特》第五幕第二场。但我是一个盛会的客人，为什么要证明一个人是错的？那能使他喜欢你吗？为什么不让他保住面子？他并没有征求你的意见，他也不要你的意见。那你为什么同他争辩？要永远避免正面的冲突。"

"永远避免正面的冲突。"说这句话的人现在已死了，但他所给我的教训却一直留在我的记忆中，而且这一教训极其重要，因为我向来是一个执拗的辩论者。在我少年的时候，我曾同我弟兄辩论天下一切的事。当到大学的时候，我研究逻辑及辩论术，并加入辩论比赛。后来我在纽约教授辩论术。我羞于承认，我有一次曾计划写一本关于辩论的书，从那时以后，我曾静听、批评，从事数千次的辩论，并注意它们的影响。从这些结果中，我得出了一个结论：天下只有一种方法能得到辩论的最大利益——那就是避免辩论。

10 次中有 9 次辩论结束之后，每个争论的人都比以前更坚信他是绝对正确的。

你不能辩论得胜。你不能，因为如果你辩论失败，那你当然失败了；如果你得胜了，你还是失败的。为什么？假定你胜过对方，将他的理由击得漏洞百出，并证明他是神经错乱，那又怎样？你觉得很好，但他怎样？你使他觉得脆弱无援，你伤了他的自尊，他要反对你的胜利。

有这样一个例子。几年前，我的学员中，有一个叫欧·亨利的爱尔兰人。他受的教育不多，却总是喜欢争论。他给别人开过车，又做过汽车推销，但做得不好，于是来我这儿求教。经过简短的交谈，我知道他总是习惯于和顾客争论，如果对方说他的汽车哪儿不好，他立即会急躁地和顾客吵起来。他在这样的争论中取得了不少的胜利，但是，他的汽车却没卖出去几部。后来，他对我说："在离开他们的办公室时，我总是说：'我这次毕竟把那个驴给治了。'他的确被我治了一次，可他也没买我的东西。"

于是我明白，首要的不是让欧·亨利学怎样说话，而是教会他学会克制，不和别人吵架。

现在，欧·亨利已成为纽约怀特汽车公司的推销明星。

他是如何走向成功的呢？听听他的话："假如我现在去向客户推销，但他说：'什么？怀特的汽车？不好！不要钱我都不要，何西公司的汽车才是我想要的。'我会说：'何西的东西确实好，买他们的货是不会错的，何西的车都是著名厂家生产的，而且业务员也很棒。'于是，在这点上他就没什么可说的了，因为我认同了他的看法，也就不用再谈论什么何西了。于是，我就开始说明怀特公司的好处。

"但是，要是当年我听到他这种话，我早就生气了。我就会开始说何西公司的毛病，结果是，我越挑何西的毛病，他就越说它好。越是争论，他就越喜欢我的竞争对手的东西。

"一想起那时候，真不知道我当初的推销是怎么做的。过去我用了那么多的时间在抬杠上，现在我懂得了自制，收到了效果。"

充满智慧的老富兰克林常说：如果你辩论、争强、反对，你或许有时获得胜利；但这种胜利是空洞的，因为你永远得不到对方的好感了。

所以你自己打算打算。你宁愿要什么：一种暂时的、口头的、表演式的胜利，还是一个人的长期好感？你很少能二者兼得。

在你进行辩论的时候，你也许是对的，绝对是对的。但在改变对方的思想上说来，你大概毫无所得，一如你错了一样。

我认为，我们绝不可能对任何人——无论其智力的高低——用口头的争斗改变他的思想。

有一位所得税顾问巴森士与一位政府税收稽查员因为一项 9000 元的账单发生的问题争辩了一个小时之久。巴森士先生声称这 9000 元确实是一笔死账，永远收不回来，当然不应纳税。"死账，胡说！"稽查员反对说，"那也必须纳税。"

"这位稽查员冷淡、傲慢、固执，"巴森士先生在班讲述事情的经过时说，"理由对他是毫无用处的，事实也没有用——我们辩论得越久，他越固执。所以我决定避免辩论，改变题目，给他赞赏。

"我说：'我想这事与你必须做出的决定相比，应该算是一件很小的事情。我也曾研究过税收问题，但我只是从书本中得到知识，而你是从经验中获得知识，我有时愿意从事像你这样的工作，这种工作可以教我许多。’我每句话都是出于真意。

“于是，那稽查员在椅子上挺起身来，向后一倚，讲了许多关于他工作的话，告诉我所发现的巧妙舞弊的方法。他的声调渐渐地变为友善，片刻后他又讲起他的孩子来。当他走的时候，他告诉我他要再考虑我的问题，在几天之内，给我答复。

“三天之后，他到我的办公室告诉我，他已经决定按照所填报的税目办理。”

这位稽查员表现的正是一种最普通的人性特点，他需要一种自重感。巴森士先生越是与他辩论，他越想扩大自己的权力，得到他的自重感。但一旦承认他的重要，辩论便立即停止，因为他的自尊心得到了满足，他立即变成了一个同情和友善的人。

拿破仑家中的管家常与约瑟芬打台球。这位管家在他所著的《拿破仑私生活的回忆》第 1 卷第 71 页中说：“我虽有相当的技艺，但我始终要设法使她胜我，这样她会非常欢喜。”我们要从这一故事里学到一个有用的教训。要使我们的顾客、情人、丈夫、妻子在偶然发生的细小讨论上胜过我们。

释迦牟尼说：“恨不止恨，爱能止恨。”而误会永远不能用辩论停止，而需用手段、外交、和解来看对方观点以使对方产生同情的欲望。

林肯有一次责罚一个青年军官，因为他与同僚激烈争执。“凡决意成功的人，”林肯说，“不能费时于个人的成见，更不能费时去承受结果，包括他损坏自己的脾气，丧失自制。你不能过分显示你自己，要放弃，虽然明白是你的小事，也要放弃。与其为争路权而被狗咬，不如给狗让路。即使将狗杀死，也不能治好受伤的伤口。”

《点滴》一书中的一篇文章，建议持不同意见者这样避免争论：

1. 欢迎异见

有这样一句话：“人们不需要意见总是相同的伙伴。”如果有人提出了你没想到的东西，你就应该衷心感谢。不同的意见可以使你避免犯重大错误。

2. 不要盲信直觉

当有人提出不同意见的时候，你最开始的自然反应是自我保护。你要谨慎，心平气和，注意你的直觉反应，因为这可能是你特别不好的地方。

3. 控制情绪

记住，可以根据一个人在什么情况下会发脾气，可以判定这个人的气度以及作为。

4. 首先倾听

给予你的不同意见者表达的机会。不要打断他，让他把他的意思完整地表达出来。用心地倾听，增加沟通和了解。

5. 寻找相同点

在你听完了持不同意见者的话以后，首先去寻找你和他意见相同或相近的地方。

6. 诚实为本

发现自己的错误，就要勇于向对方承认，并为此而道歉。这有助于沟通和减轻对方的敌对心理。

7. 答应认真考虑不同的意见

要真心地承认，他的不同意见可能是对的。因此，答应考虑他们的意见是比较聪明的做法。不要等对方对你说："我早就对你说了，但是你却不听。"而让你感到难堪。

8. 感谢持不同意见者的关心

因为关心同一件事情，所以才产生不同的意见。把他们看作能给你带来帮助的人，也许他们会成为你的朋友。

9. 不急于行动，给双方时间

适当地停下来，把事情更仔细地考虑一下，再举行会谈。在准备期间，想一想："他们的意见，会不会是对的，或者部分是对的呢？他们的立场或理由是不是有道理呢？我的反应是基于客观问题本身还是自己的主观感受呢？对方因此和我的分歧是更大还是更小呢？我的反应会不会让别人对我的看法更好呢？我将会胜利还是失败呢？假如我胜利了，会让我付出什么样的代价呢？假如我保持沉默，分歧就会不存在了吗？这个难题是我的一次机会吗？”

◎没有人会踢一只死狗

1929年，美国发生了一件震动全国教育界的大事，美国各地的学者都赶到芝加哥去看热闹。在几年之前，有个名叫罗勃·郝金斯的年轻人，半工半读地从耶鲁大学毕业，做过作家、伐木工人、家庭教师和卖成衣的售货员。现在，只经过了八年，他就被任命为美国第四有钱的大学——芝加哥大学的校长。他有多大？30岁！真叫人难以相信。老一辈的教育人士都大摇其头。人们对他的批评就像山崩落石一样一齐打在这位“神童”的头上，说他这样，说他那样——太年轻了，经验不够——说他的教育观念很不成熟，甚至各大报纸也参与了攻击。

在罗勃·郝金斯就任的那一天，有一个朋友对他的父亲说：“今天早上我看见报上的社论攻击你的儿子，真把我吓坏了。”

“不错，”郝金斯的父亲回答说，“话说得很凶。可是请记住，从来没有人会踢一只死了的狗。”

不错，这只狗愈重要，踢它的人愈能够感到满足。后来成为英王爱德华八世的温莎王子（即温莎公爵），他的屁股也被人狠狠地踢过。当时他在帝文夏的达特莫斯学院读书——这个学校相当于美国安那波里市的海军官校。温莎王子那时候才14岁，有一天，一位海军军官发现他在哭，就问他有什么事情。他起先不肯说，可是终于说了真话：他被官校的学生踢了。指挥官把所有的学生召集起来，向他们解释王子并没有告状，可是他想知道为什么这些人要这样虐待温莎王子。

大家推诿拖延又支吾了半天之后，这些学生终于承认说：等他们自己将来成了皇家海军的指挥官或舰长的时候，他们希望能够告诉人家，他们曾经踢过国王的屁股。

大概很少有人会认为耶鲁大学的校长是一个庸俗的人，可是有一位担任过耶鲁大学校长的摩太·道特，竟然能够责骂一个竞选了总统的人。“我们就会看见我们的妻子和女儿，成为合法卖淫的牺牲者。我们会大受羞辱，受到严重的损害。我们的自尊和德行都会消失殆尽，使人神共愤。”

这听起来很像对希特勒的痛责，是吗？其实不然，这是对托马斯·杰斐逊的公开抨击，也许你会问，是哪一个杰斐逊？难道是那个《独立宣言》的起草者，民主政体的守护圣徒托马斯·杰斐逊？不错，那人攻击的正是这位杰斐逊。

你知道哪一个美国人被骂为“伪善者”、“骗子”或“比杀人凶手稍微好一点的人”？有份报纸的漫画描述这个人站在断头台前，台上的大刀正预备砍下他的头。当他被载往行刑的时候，群众对着他叫骂。这个人是谁？是乔治·华盛顿。

但这都是很久以前的事了，也许现在人性已改进不少。让我们看看下面的皮尔利将军的例子。皮尔利是个探险家，1899 年 4 月 6 日，他用狗拉着雪车到达北极，举世震惊。几个世纪以来，北极探险一直是各路英雄的目标，却无人写下纪录，反而因受伤、饥饿而丧生的人不少。皮尔利本人也差点死于严寒和断粮，他有 8 个脚趾因冻坏而不得不被锯掉，另有好几次因无法克服气候上的骤变而几乎精神崩溃。由于皮尔利声名大噪，广受群众欢迎，导致在华盛顿的几个海军高级长官对他不满而排挤他。他们指控皮尔利为科学研究募集捐款是“招摇撞骗、一事无成”的勾当。这些人可能相信皮尔利真如他们所指控的，人一旦想相信某事，就很难再让他们不信。他们极力诽谤皮尔利，阻止他的研究工作。最后还是麦肯利总统直接过问，才使皮尔利的工作得以继续下去。

假如皮尔利当时只在华盛顿的海军部办公，他会遭到如此无情的攻击吗？当然不会，因为他的重要性还不足以引起旁人的妒忌。

格兰特将军（后成为美国第十八任总统）的遭遇更坏。1862 年南北战争时，格兰特的军队在北方赢得第一次大胜利——那一次大胜利使格兰特一夕之间成为全美崇拜的偶像；那一次大胜利使远方的欧洲都震惊不已；而且使得缅因州到密西西比河岸边的教堂钟声和庆祝营火不断。可是 6 个星期还不到，这位北方英雄格兰特将军就成了阶下囚，军队也解散了，他只有带着羞辱和绝望空自悲叹。

为什么格兰特将军会在胜利的高潮时期被逮捕？大概因为他的胜利引起某些长官的妒忌吧！

◎宽容待之，留下台阶

西奥多·罗斯福承认说，当他入主白宫时，如果他的决策能有 75%的正确率，就达到他预期的最高标准了。像罗斯福这么一位杰出人物，最高希望也只有如此。

如果你肯定别人弄错了，而率直地告诉他，可知结果会如何？沙斯先生是一位年轻的纽约律师，最近在最高法庭内参加一个重要案子的辩论。案子牵涉了一大笔钱和一项重要的法律问题。

在辩论中，一位最高法院的法官对沙斯先生说："海事法追诉期限是 6 年，对吗?"沙斯先生说："不对，法官先生，海事法没有追诉期限。"

"庭内顿时静默下来，"沙斯先生后来在讲述他的经验时说，"似乎气温一下就降到冰点。我是对的。法官是错的。我也据实地告诉了他。但那样就使他变得友善了吗？没有。我仍然相信法律站在我这一边。我也知道我讲得比过去都精彩。但我并没有使用外交辞令。我铸成大错，当众指出一位声望卓著、学识丰富的人错了。"

没有几个人具有逻辑性的思考。我们多数人都犯有武断、偏见的毛病。我们多数人都具有固执、嫉妒、猜忌、恐惧和傲慢的缺点。因此，如果你很想指出别人犯的错误时，请在每天早餐前坐下来读一读下面的这段文字。这是摘自詹姆士·哈维·罗宾森教授那本很有启示性的《下决心的过程》中的一段话：

"我们有时会在毫无抗拒或热情淹没的情形下改变自己的想法，但是如果有人说我们错了，反而会使我们迁怒对方，更固执己见。我们会毫无根据地形成自己的想法，但如果有人不同意我们的想法时，反而会全心全意维护我们的想法。显然不是那些想法对我们珍贵，而是我们的自尊心受到了威胁……'我的'这个简单的词，是做人处世的关系中最重要的，妥善运用这两个字才是智慧之源。不论说'我的'晚餐、'我的'狗、'我的'房子、'我的'父亲、'我的'国家或'我的'上帝，都具备相同的力量。我们不但不喜欢说我的表不准，或我的车太破旧，也讨厌别人纠正我们对火车的知识、水杨素的药效或亚述王沙冈一世生卒年月的错误……我们愿意继续相信以往惯于相信的事，而如果我们所相信的事遭到了怀疑，我们就会找尽借口为自己的信念辩护。结果呢，多数我们所谓的推理，变成找借口来继续相信我们早已相信的事物。"

有时候，一句或两句体谅的话，对他人态度作宽大的谅解，这些都可以减少对别人的伤害，保住他的面子。

几年以前，通用电气公司面临一项需要慎重处理的工作：免除查尔斯·史坦因梅兹担任某一部门的主管。史坦因梅兹在电器方面是第一等的天才，但担任计算部门主管却彻底的失败。然而公司却不敢冒犯他。公司绝对奈何不了他——而他又十分敏感。于是他们给了他一个新头衔。他们让他担任"通用电气公司顾问工程师"——工作还是和以前一样，只是换了一项新头衔——并让其他人担任部门主管。

史坦因梅兹十分高兴。

通用公司的高级人员也很高兴。他们已温和地调动了这位最暴躁的大牌明星职员，而且他们这样并没有引起一场大风暴——因为他们让他保住了他的面子。

让他有面子！这是多么重要，多么极端重要呀，而我们却很少有人想到这一点！我们残酷地抹杀了他人的感觉，又自以为是，我们在其他人面前批评一位小孩或员工，找差错，发出威胁，甚至不去考虑是否伤害到别人的自尊。然而，一两分钟的思考，一句或两句体谅的话，对他人态度作宽大的谅解，都可以减少对别人伤害。

下一次，我们在辞退一个佣人或员工时，应该记住这一点。

以下，我引用会计师马歇尔·格兰格写给我的一封信的内容：

“开除员工并不是很有趣。被开除更是没趣。我们的工作是有季节性的，因此，在3月份，我们必须让许多人离开。

“没有人乐于动斧头，这已成了我们这一行业的格言。因此，我们演变成一种习俗，尽可能快点把这件事处理掉，通常是依照下列方式进行：‘请坐，史密斯先生，这一季已经过去了，我们似乎再也没有更多的工作交给你处理。当然，毕竟你也明白，你只是受佣在最忙的季节里帮忙而已’等等。

“这些话为他们带来失望以及‘受遗弃’的感觉。他们之中大多数一生皆从事会计工作，对于这么快就抛弃他们的公司，当然不会怀有特别的爱心。

“我最近决定以稍微圆滑和体谅的方式，来遣散我们公司的多余人员，因此，我在仔细考虑他们每人在冬天里的工作表现之后，一一把他们叫进来，而我就说出下列的话：‘史密斯先生，你的工作表现很好（如果他真是如此）。那次我们派你到纽约华克去，真是一项很艰苦的任务。你遭遇了一些困难，但处理得很妥当，我们希望你知道，公司很以你为荣。你对这一行业懂得很多——不管你到哪里工作，都会有很光明远大的前途。公司对你有信心，支持你，我们希望你不要忘记！’

“结果呢？他们走后，对于自己被解雇的感觉好多了。他们不会觉得‘受遗弃’。他们知道，如果我们有工作给他们的话，我们会把他们留下来。而当我们再度需要他们时，他们将带着深厚的私人感情，再来投效我们。”

在我们课程内有一个学期，两位学员讨论挑剔错误的负面效果和让人保留面子的正面效果。宾夕法尼亚州哈里斯堡的弗瑞·克拉克提供了一件发生在他公司里的事：“在我们的一次生产会议中，一位副董事以一个非常尖锐的问题，质问一位生产监督，这位监督是管理生产过程的。他的语调充满攻击的味道，而且明显的就是要指责那位监督的处置不当。为了不愿在他攻击的面前被羞辱，这位监督的回答含混不清。这一来使得副董事发起火来，严斥这位监督，并说他说谎。

“这次遭遇之前所有的工作成绩，都毁于这一刻。这位监督，本来是位很好的雇员，从那一刻起，对我们的公司来说已经没有用了。几个月后，他离开了我们公司，为另一家竞争对手的公司工作。据我所知，他在那儿还非常的称职。”

另一位学员，安娜·马佐尼提供了在她工作上非常相似的一件事，所不同的是处理方式和结果。马佐尼小姐是一位食品包装业的市场行销专家，她的第一份工作是一项新产品的市场测试。她告诉班上说：“当结果出来时，我可真惨了。我在计划中犯了一个极大的错误。整个测试都必须重来一遍。更糟的是，在下次开会我要提出这次计划的报告之前，我没有时间去跟我的老板讨论。

“轮到我报告时，我真是怕得发抖。我尽了全力不使自己崩溃，因为我知道我决不能哭，而让那些人以为女人太情绪化而无法担任行政业务。我的报告很简短，只说是因为发生了一个错误，我在下次会议，会重新再研究。我坐下后，心想老板一定会批评我一顿。

“但是，他只谢谢我的工作，并强调在一个新计划中犯错并不是很稀奇的事。而且他相信，第二次的普查会更确实，对公司更有意义。

“散会之后，我思想纷乱，我下定决心，我决不会再让我的老板失望。”

假如我们是对的，别人绝对是错的，我们也会让别人丢脸而毁了他的自我。传奇性的法国飞行先锋和作家安托安娜·德·圣苏荷依写过：“我没有权利去做或说任何事以贬抑一个人的自尊。重要的并不是我觉得他怎么样，而是他觉得他自己如何，伤害人的自尊是一种罪行。”

一位真正的领导者会遵行……

已故的德怀特·摩洛，拥有让好战分子双方和解的神奇能力。他怎么办得到呢？他小心翼翼地找出两方面对的地方——他对这点加以赞扬，加以强调，小心地把它表现出来——不管他做何种处理，他从未指出任何人做错了。

每一个公证人都知道这一点——让人们留住面子。

世界上任何一位真正伟大的人，绝不浪费时间满足于他个人的胜利。我举一个例子来说明：

1922年，土耳其在经过几世纪的敌对之后，终于决定把希腊人逐出土耳其领土。

穆斯塔法·凯墨尔，对他的士兵发表了一篇拿破仑式的演说，他说：“你们的目的地是地中海。”于是近代史上最惨烈的一场战争终于展开了。最后土耳其获胜。而当希腊两位将领——的黎科皮斯和迪欧尼斯前往凯墨尔总部投降时，土耳其人对他们击败的敌人加以辱骂。

但凯墨尔丝毫没有显出胜利的骄气。

“请坐，两位先生，”他说，握住他们的手，“你们一定走累了。”然后，在讨论了投降的细节之后，他安慰他们失败的痛苦。他以军人对军人的口气说：“战争这种东西，最佳的人有时也会打败仗。”

即使是像罗斯福总统这样伟大的人物也难免会犯错误，所以，对待别人错误的讥评，我们应当怀着一颗宽容平静的心态来看待，即使对方错了，也要尊重他们，让他们保住面子。

◎让批评随风而去

有一次我去访问史密德里·柏特勒少将——就是绰号叫做“老锥子眼”、“老地狱恶魔”的柏特勒将军。还记得他吗？他是所有统帅过美国海军陆战队的人里最多彩多姿、最会摆派头的将军。

他告诉我，他年轻的时候拼命想成为最受欢迎的人物，想使每一个人都对他有好印象。在那段日子里，一点点的小批评都会让他觉得非常难过。可是他承认，在海军陆战队里的 30 年使他变得坚强多了。“我被人家责骂和羞辱过，”他说，“骂我是黄狗，是毒蛇，是臭鼬。我被那些骂人专家骂过，会不会让我觉得难过呢？哈！我现在要是听到有人在我后面讲什么的话，甚至于不会调转头去看是什么人在说这些话。”

也许是“老锥子眼”柏特勒对批评太不在乎，可是有一件事情是肯定的：我们大多数人对这种不值一提的小事情都看得太过认真。我还记得在很多年以前，有一个从纽约《太阳报》来的记者，参加了我办的成人教育班的示范教学会，在会上攻击我和我的工作。我当时真是气坏了，认为这是他对我个人的一种侮辱。我打电话给《太阳报》执行委员会主席委尔·何吉斯，特别要求他刊登一篇文章，说明事实的真相，而不能这样嘲弄我。我当时下定决心要让犯罪的人受到适当的处罚。

现在我却对我当时的作为感到非常惭愧。我现在才了解，买那份报的人大概有一半不会看到那篇文章；看到的人里面又有一半只会把它当做一件小事情来看，而真正注意到这篇文章的人里面，又有一半在几个礼拜之后就把这件事整个忘记。

我现在才了解，一般人根本就不会想到你我，或是关心别人批评我们什么话，他们只会想他们自己——在早饭前，早饭后，一直到半夜12点过10分。他们对自己的小问题的关心程度，要比能置你或我于死地的大消息更关心一千倍。

即使你和我被人家说了无聊的闲话，被人当做笑柄，被人骗了，被人从后面刺了一刀，或者被某一个我们最亲密的朋友给出卖了——也千万不要纵容自己只知道自怜，应该提醒我们，想想耶稣基督所碰到的那些事情。他12个最亲密的友人里，有一个背叛了他，而他所贪图的赏金，如果折合我们现在的钱来算的话，也不过19块美金；他最亲密的友人里另外还有一个，在他惹上麻烦的时候公开背弃了他，还3次表白他根本不认得耶稣，一面说还一面发誓。出卖他的人占了1/6，这就是耶稣所碰到的，为什么你跟我希望我们能力比他更好呢？

我在很多年前就已经发现，虽然我不能阻止别人对我做任何不公正的批评，我却可以做一件更重要的事：我可以决定是否要让我们自己受到那些不公正批评的干扰。

让我把这一点说得更清楚些，我并不赞成完全不理会所有的批评，正相反，我所说的只是不理会那些不公正的批评。有一次，我问埃莉诺·罗斯福，她如何处理那些不公正的批评——老天知道，她所受到的可真不少。她有过热心的朋友和凶猛的敌人，大概比任何一个在白宫住过的女人都要多得多。

她告诉我她小时候非常害羞，很怕别人说她什么。她对批评害怕得不得不去向她的姨妈——也就是老罗斯福的姐姐求助，她说："姨妈，我想做一件这样的事，可是我怕会受到批评。"

老罗斯福的姐姐正视着她说："不要管别人怎么说，只要你自己心里知道你是对的就行。"埃莉诺·罗斯福告诉我，当她在多年后住进白宫时，这一个小小的忠告，还一直是她行事的原则。她告诉我，避免所有批评的唯一方法，就是"只要做你心里认为是对的事——因为你反正是会受到批评的。'做也该死，不做也该死'"。这就是她对我的忠告。

逝去的马修当年还在华尔街四十号美国国际公司任总裁，我问过他是否对别人的批评很敏感？他回答说，是的，我早年对这种事情特别敏感，当时急于要使公司里的每一个人都觉得我特别完美。要是他们不这样想的话，就会使我忧虑。只要哪一个人对我有些怨言，我就会想法子去取悦他。可是我所做的讨好他的事情，总会使另外一些人生气。然后等我想要补足这个人的时候，又会惹恼了其他的，最后我发觉，我越想去讨好别人，以避免别人对我的批评，就越会使我的敌人增加，因此最后我对自己说：只要你超群出众，你就肯定会受到批评，所以还是趁早适应这种情况的好。这一点对我帮助很大。从那以后，我就决定只尽我最大能力去做，而把我那把破伞收起来。让批评我的雨水从我身上流下去，而不是滴在我的脖子里。”

狄姆士·泰勒再进一步，他让批评的雨水流下他的脖子，而对这件事情大笑一番——而且当众这样。有一段时间，他在每个礼拜天下午纽约爱乐交响乐团举行的空中音乐会休息时间，发表音乐方面的评论。有一个女人写信给他，说他是“骗子、叛徒、毒蛇和白痴”。泰勒先生在他那本叫做《人与音乐》的书里说：“我猜她只喜欢听音乐，不喜欢听讲话。”在第二个礼拜的广播节目里，泰勒先生把这封信宣读给好几百万听众听了几天后，他又收到这位太太写来的另外一封信，“表达她一点没有改变她的意见，”泰勒先生说，“她仍然觉得，我是一个骗子、叛徒、毒蛇和白痴。”我们实在不能不佩服用这种态度来接受批评的人，我们佩服他的沉着，他毫不动摇的态度和他的幽默感。

查尔斯·舒维伯对普林斯顿大学学生发表演讲的时候表示，他所学到的最重要的一课，是一个在他钢铁厂里做事的德国老者教给他的。那个德国老者和别的一些人为战事问题发生了争执，被那些人丢到了河里。

“当他走到我的办公室时，”舒维伯先生说，“满身都是泥和水。我问他对那些把他丢进河里的人怎样说？他回答说：‘我只是报之一笑。’”

舒维伯先生说，最后他就把这个德国老者的话当做他的座右铭：“只报之一笑。”当你成为不公正批评的受害者时，这个座右铭特别管用。别人骂你的时候，你可以回骂他，但是对那些报之一笑的人，你能说什么呢？

林肯要不是学会了对那些谴责他的话置之不理，那恐怕他早就承受不住内战的压力而崩溃了。他写下的怎样处理别人批评自己的方法，已经成为一篇文学意义上的经典之作。在第二次大战期间，麦克阿瑟将军曾经把这些话抄写下来，挂在他总部写字桌的墙上，而英国首相丘吉尔也把这段话镶了边框，挂在他书房的墙上。这段话是这样的：“假如我只是试着要去读——更不用说去回答所有对我的攻击，这店不如关了门，去做别的生意。我尽我所知的最好办法去做——也尽我所能去做，而我计划一直这样把事情做完。如果结果证明我是错的，那么即便花十倍的力来说我是对的，也没有什么用。”

成熟，从现在开始

◎敢于翻开傻事的卷宗

在我的私人档案柜里，有一卷宗夹，上面写着“我所做过的傻事”。我把自己做过的所有傻事都记了下来，存在这个夹子里。有时我会用口述方式让我的秘书记录下来。但这些问题有时候太富于个性化，或者太愚蠢，使我不好意思口述，就只好由我自己动手写下来。

我现在还记得我于 15 年前放在这个夹子里的一些事情，如果我能够一直对我自己保持绝对诚实的话，那么我所做过的这种傻事恐怕会挤破我的档案柜了。我可以在此重复索罗王 1300 年前所说过的：“我曾经做过傻事，做过很多傻事。”

每当我拿出“我所做过的傻事”卷宗，重读我对自己的批评时，它们都能帮我解决我所面临的最困难的问题，即如何控制自我。

我以前常常把碰到的麻烦推到别人头上，可是随着年岁渐长，我发现我所有的不幸几乎都应该怪我自己。很多人在年纪大了之后都会发现这一点。“除了我自己，再也没有别人。”拿破仑在被放逐的时候说，“除了我之外，没有任何人应该为我的失败承担责任。我是我自己最大的敌人——也是我不幸命运的根源。”

就让我告诉你一个我熟悉的人的事情吧：每当他在自我评价和自我控制的时候，可以称得上一个艺术家。他叫 H. P. 霍华，当他 1944 年 7 月 31 日在纽约大使酒店突然去世的消息传遍全美国的时候，整个华尔街都异常震惊，因为他是美国财金领域的领袖——美国商业银行和信托投资公司的董事长，同时也是好几个大公司的董事。他小的时候没有受过多少正规教育，只在一个乡村小店里当店员，后来成为美国钢铁公司贷款部经理——然后，他的职位越来越高，权力也愈来愈大。

“多年来，我一直在一个记事本上记下当天所有的约会，”在我请他解释他的成功原因时，霍华先生对我说，“我的家人也从来不在礼拜天晚上给我安排什么活动，因为他们都知道我每个礼拜天晚上都要花一些时间自我反省，重新回顾和检讨我这一星期所做的工作。晚饭之后，我就一个人关在房里，打开我那个记事本，回想周一早上以来所有的会谈、讨论和会议。我会问自己‘我那一次犯了什么错误’、‘哪些事情我做对了——怎样才能改进我的做法’、‘我能从中学到些什么’？有时我发现这种每周一次的检讨让自己很不高兴，甚至会为自己所犯的过错而吃惊。当然，时间一年年地过去，这些错误也就渐渐减少了。这种自我分析持续了一年又一年，是我曾经做过的事情中最有意义的。”

也许霍华的这种做法是从老富兰克林那里学来的，只不过富兰克林不会等到星期天的晚上。他会在每天晚上把当天的事情重新回顾一遍。他发现他有13个很严重的错误，下面只是其中的3项——浪费时间、为小事烦恼、和别人争论冲突。睿智的富兰克林发现，除非他能减少这类错误，否则他就不可能获得大成就。因此，他每星期都会挑出一项缺点来改正，然后把每一天的情况做成记录。到下个星期，他会再挑出另一个坏毛病，准备好了之后，再接下去进行另一场“战斗”。富兰克林这种奋斗持续了两年多时间。难怪他会成为美国有史以来最受人敬爱、也最具影响力的人。

阿尔伯特·赫伯德说：“每个人在每天当中至少有5分钟是个大笨蛋。所谓智慧，就是如何不超过这5分钟的限制。”

如果有人骂你愚蠢不堪，你会生气吗？会愤愤不平吗？我们来看看林肯如何处理。林肯的军务部长爱德华·史丹顿就曾经这样骂过总统。史丹顿是因为林肯的干扰而生气。为了取悦一些自私自利的政客，林肯签署了一次调动兵团的命令。史丹顿不但拒绝执行林肯的命令，而且还指责林肯签署这项命令是愚不可及的。有人告诉林肯这件事，林肯平静地回答：“史丹顿如果骂我愚蠢，我多半是真的笨，因为他几乎总是对的。我会亲自去跟他谈一谈。”

林肯真的去看史丹顿。史丹顿指出他这项命令是错误的，林肯就此收回成命。林肯很有接受批评的雅量，只要他相信对方是真诚的，有意帮忙的。

一般人常因他人的批评而愤怒，有智慧的人却想办法从中学习。诗人惠特曼曾说：“你以为只能向喜欢你、仰慕你、赞同你的人学习吗？从反对你的人、批评你的人那儿，不是可以得到更多的教训吗？”

与其等待敌人来攻击我们或我们的工作，倒不如自己动手。我们可以是自己最严苛的批评家。在别人抓到我们的弱点之前，我们应该自己认清并处理这些弱点。达尔文就是这样做的。当达尔文完成其不朽的著作——《物种起源》时，他已意识到这一革命性的学说一定会震撼整个宗教界及学术界。因此，他主动开始自我评论，并耗时 15 年，不断查证资料，向自己的理论挑战，批评自己所下的结论。

我认识一个以前推销肥皂的人，他甚至常常请人来批评他。他刚开始为柯盖公司推销肥皂的时候，订单非常少，这使他很担心会失去这份工作。他知道他的肥皂和价格都没有什么问题，所以他想问题一定出在他自己这里。因此，每次他没有做成业务的时候，就在街上散步，希望弄清楚问题究竟出在哪里：是不是他说话太含糊？是不是他的态度不够热诚？有时他会回去找客户说："我这次回来，不是向你推销肥皂，我希望能得到你的建议和你的批评。可不可以麻烦你告诉我，我在几分钟以前向你推销肥皂的时候，有什么地方做得不对？你的经验比我丰富，也比我成功，请你给我批评，请你坦诚地、不加掩饰地告诉我。"

这种诚恳的态度使他赢得了很多朋友和许多宝贵的忠告。

你猜他后来如何了？现在他已经是 CPP 肥皂公司的董事长——这是全世界最大的肥皂公司，他的名字叫 E. H. 李特，去年，全美国只有 14 个人的收入超过他的。

福特公司也希望找出他们在管理和业务方面存在什么缺点。于是公司最近对全体员工做了一次意见调查，请他们来批评公司。

只有非常了不起的人才能做到 H. P. 霍华、富兰克林、E. H. 李特所做的事情。现在，既然没有人看着你，你何不自己照照镜子，问问自己到底是哪一种人？

因为我们不可能达到完美的程度，就让我们按照 E. H. 李特的办法去做，请别人给我们坦诚的、有益的、建设性的批评。

◎走出失败的阴影

事业失败者失败的一个原因在于他们在潜意识里把自己当做是一个永远的失败者，不能走出这个阴影。他们根本就无法正视自己并且为改善付出努力。

一个叫南茜的女学生，原来最大的愿望是成为一名女演员。在她的房间里塞满了戏剧方面的书籍；墙上贴满好莱坞伟大传奇人物的海报；那些登载有明星秘闻的期刊杂志南茜更是多不胜数。然而她的愿望却没有实现。她说："我痛恨办公室的工作，可是我没有别的选择。我知道我是个失败者，可是我已无力挽回什么，我感到到处都是失败的气味！"

我们来看看南茜的父母和朋友的态度，他们也只把她的梦想视为是不可理喻的、根本不可能实现的幻想。于是南茜现在的文书工作，成为她倾泻生活中各种不满的容器。她自己认为，也许她乐于做个失败者，并且在一事无成中找寻自怨自艾的满足。

这个女学生的遭遇中有意义的是：南茜自认在事业上"一败涂地"，而她自己却没有做到这几点：

1. 找出自己真正想要的是什么；
2. 认清自己真正的长处与短处；
3. 没有有计划地发展自己的优势；
4. 没有有计划地改正错误，改善短处；
5. 没有努力为理想寻找机会；
6. 没有全心全力追求成功；
7. 没有建立自己的信心；
8. 没有协调希望与现实。

南茜对理想的态度是消极的，她只是一个命运的接受者，而不是一个挑战者。

美国南方的一个州，一直用烧木柴的壁炉作为冬天取暖的主要工具。在那里住着一个樵夫，他给某一人家供应木柴已经两年多了。这位樵夫知道木柴的直径不能大于 18 厘米，否则就不适合那家人的壁炉。可是，一次这位樵夫给这家人送去的木柴直径却大部分都超过了 18 厘米。当主顾发现后，打电话要求调换或重新把那些不合标准的木柴拿回去加工，但樵夫却没有答应主顾的要求。

这个主顾只好亲自来做劈柴的工作。他卷起袖子，开始劳动。大概在这项工作进行了一半的时候，他发现了一根非常特别的木头。这根木头有一个很大的节疤，节疤明显地被凿开又塞住了。这是什么人干的呢？他掂量了一下这根木头，觉得它很轻，仿佛是空的。他就用斧头把它劈开了。一个发黑的白铁卷掉了出来。他蹲下去，拾起这个白铁卷，把它打开。他吃惊地发现里面包有一些 50 美元和 100 美元的钞票。他数了数恰好有 2250 美元。

很明显，这些钞票藏在这个树节里面已有许多年了。这个人唯一的想法是使这些钱回到它真正的主人那里。他拿起电话找那位樵夫，问他从哪里砍的这些木头。这位樵夫的消极心态让他采取一种排斥态度。他回答道："那是我自己的事，没有人会出卖自己的秘密。”然后他不问个究竟就把电话挂断了。那位主顾无法知道钱的来历，只好无可奈何地接受这份“礼物”了。

这个故事并不是为了讽刺，而是让人们认识到机会在每个人生活中都存在的，然而以消极的心态对待生活却会阻止佳运造福于他。只有具有积极心态的人才能抓住机会，甚至从厄运中获得利益。

从许多事例中我们可以得出这样一个结论：“凡是把自己的事业列为成绩平平或不成功的人，都是早就把成功的理由，置于他们控制力之外的人。他们觉得自己是永远的失败者，而这种逆来顺受的心态是不成功的主要原因。”

不少家庭为了谦虚，当别人夸奖自己孩子聪明时，经常反驳：“哪里，哪里，这孩子笨得很。”这些谦虚的父母不知道这种美德也许会使自己孩子的自我观向畸形方向发展，最终真的如父母“所愿”变得毫无斗志。

人们给自己下定义的方式可以称之为自我观，自我观对于从个人角度去解释“成”与“败”非常重要。而人给自己下定义当然是极富于主观性的。有的人认为自己富于智慧与能力，有的人则认为自己智力平平无所作为，而这种自我感觉即使与事实不符，却大多数与结果相符。曾经有一位大学教授做过这样的试验，他教的两个班中学生的智力水平基本上一样，但是他在甲班上课时，不断称赞甲班学生聪明。而在乙班时则不时讽刺、嘲笑乙班学生。结果受到鼓励、自信心大增的甲班在成绩上大大超过了自信心受到打击的乙班。事实上这也是一种自我感觉的影响作用。

◎学会自爱

史迈利·布兰敦在一本书中写道：“适当程度的‘自爱’对每一个正常人来说，是很健康的表现。为了从事工作或达到某种目标，适度关心自己是绝对必要的。”

布兰敦医师讲得很对。要想活得健康、成熟，“喜欢你自己”是必要条件之一。但这是表示“充满私欲”的自我满足吗？不是的。这应该是意味着“自我接受”——一种清醒地、实际地接受自己的本来面目，并伴以自重和人性的尊严。

心理学家马斯洛在其著作《动机与个性》中也曾提到“自我接受”。他如此写道：“新近心理学上的主要概念是：自发性、解除束缚、自然、自我接受、敏感和满足。”

成熟的人不会在晚间躺在床上比较自己和别人不同的地方——不会担忧自己不像比尔·史密斯那样有信心，或是像吉姆·琼斯那么积极进取。他可能有时会批评自己的表现，或觉察到自己的过错，但他知道自己的目标和动机是对的，他仍愿意继续克服自己的弱点，而不是自悔自叹。

成熟的人会适度地忍耐自己，正如他适度地忍耐别人一样。他不会因自己的一些弱点而感到活得很痛苦。

喜欢自己，是否会像喜欢别人一样重要呢？我们可以这么说：憎恨每件事或每个人的人，只是显示出他们的沮丧和自我厌恶。

哥伦比亚大学教育学院的亚瑟·贾西教授，坚信教育应该帮助孩童及成人了解自己，并且培养出健康的自我接受态度。他在其著作《面对自我的教师》中指出：教师的生活和工作充满了辛劳、满足、希望和心痛，因此，“自我接受”对每名教师来说，是同等重要的。

今日，全美国医院里的病床，有半数以上是被情绪或精神出了问题的人所占据。据报道，这些病人都不喜欢自己，都不能与自己和谐地相处下去。

我并不想在此处分析导致这种情况的各种因素。我只是认为，在这个充满竞争的社会，我们往往以物质上的成就来衡量人的价值。再加上名望的追求、枯燥乏味的工作，处处都使我们的灵魂容易生病。我还坚信，由于普遍缺乏一种有力、持续的宗教信念，更是人们精神迷乱的重要因素。

哈佛大学的教授怀特在《进步：性格自然成长的分析》中谈起了目前社会很流行的一种观念：人应该调整自己去适应环境。怀特反驳说：“这种观念认为一个人的理想状态就是能成功地压抑自己与适应狭窄的生活方程式，而不问这样做的结果是使人失去个性、目标和方向，遮蔽了人创造与发展的潜能。”

我非常赞同怀特博士的观点。很少有人有勇气特立独行或明白我们的真实处境。我们在行动之前就被社会文化和经济观念限制住了。从吃饭、穿着、生活方式和观念，我们和邻居如此相似。一旦我们某个不一样的行为与这种环境相异时，我们就会变得精神紧张或神经过敏，甚至于厌恶自己。

我认识的一位女性嫁给了一位野心勃勃、很有进取心、独断专行的政治家，于是，夫妇两人的社交圈就是所谓的名流圈子，里面横竖着以社会地位和金钱数量来权衡人的标准。这位女性温柔贤淑，有谦虚的性格。在这种环境中她的优点都被别人认为的缺点所取代。她越来越自卑，直到讨厌自己。

在我看来，这个女人的问题的关键不在于她无法适应环境，而在于她无法适应和接受自己，无法心平气和、快快乐乐地接受自己。她没有彻底明白一个人只能按照自己的性格而不可能按照别人的性格来行事。

她要做的第一件事就是不能用别人的标准来权衡自己。她必须明确自己的价值观，然后自信地生活，并且善于和自己相处，消除厌恶自己的情绪。

夸大自己错误的程度和范围是讨厌自己的人经常做的事情之一，适当的自我批评是好事，有利于一个人的成长。但是演变为一种强迫性的观念时，就会使我们变得瘫痪，不能聚集力量做积极正面的事。

班上有一位女学员，她在班上说："我总是感到胆怯和自卑。别人好像都很沉着、自信。我一想到自己的缺点就感到泄气，于是就无法自如地说话了。"

每个人都有自己的缺点，但问题的关键不在于你的缺点，而在于你有多少优点。

决定一件艺术品和一个人的最终因素不是缺点。莎士比亚的作品中充满了历史和地理的基本常识的错误，狄更斯则尽力在小说中渲染伤感的气氛。但是谁计较呢？缺点并不妨碍他们成为一流的文学大师，因为优点才是最终的决定因素。我们在交朋友的时候也会感到对方缺点的存在，但是我们喜欢和他们交往是因为我们喜欢他们身上的优点。

对以前和当前错误的过分计较会导致一个人的罪恶感和自卑感快速滋长，不用很久，我们就不再尊重自己，习惯性地对自己痛打五十大板。所以，我们一定要让以前的事情沉到水底，然后游到水面上来重新呼吸新鲜的空气。

要学会喜欢和接受自己，首先必须挖掘自己对缺点的包容之心。包容不代表我们要降低对自己的要求，然后躺在床上睡大觉，而是明白人无完人。对别人求全责备是不公平的，要求自己完美则是一种极端的自我本位。

我认识的一个女人是个绝对的完美主义者。她要求自己做什么事情都没有疏漏。但在别人眼里，她是个失败的人。一个简单的报告她需要折腾几个小时，耽误了自己和别人的时间；一篇主题演讲她什么都要涉及和讲解，结果让听众百无聊赖。她绝不接待临时到访的客人，因为她没有任何准备。她绞尽脑汁追求完美，事实上，她的确做到了一种形式意义上的完美，但直接的代价是毁掉了生活中的理解、自然和乐趣。其实，完美并非完美本身，她是想超越别人，因为她不想自己在优点方面和别人处在同一水平线上。她想成为人群的焦点。所以，她做事并不是出于发挥自己已有的才能，她并不能享受工作和生活的欢乐，只是为了超过别人，让自己在高高的完美的架子上昂起头。

人没有完美的，强迫性的对完美的追求一旦不成功，这个人就会变得讨厌甚至憎恨自己。

人不能时时刻刻都处在特别认真的状态中，学着喜欢自己的前提之一就是能偶尔放慢行进的脚步欣赏自己。

马里兰州的精神病协会董事巴缔梅尔说："过去的人习惯在睡觉之前回想一下当天的活动，做一下反省。现在的人好像已经很少用了，实际上，这仍然是一个有用的办法。"

除非我们能与自己好好相处，否则很难期待别人会喜欢与我们在一起。哈里·佛斯迪克曾经观察那些不能独处的人，形容他们好像"被风吹袭的池水一样，无法反映出美丽的风景来"。

独处能使我们发现内在的休息港口，能有参详的对象，是我们与外界接触的基础。安妮·马萝·林柏在其著作《来自海洋的礼物》中曾说过："我们只有在与自己内心相沟通的时候，才能与他人沟通。对我来说，我的内心就像幽静的泉水，只有在独处时才能发现其美。"

独处能使我们更客观地透视自己的生命。《圣经》的诗篇里有一句忠言："要安静，便可知道我就是神。"这话至今仍是忠言。独处的确对我们的灵魂十分有益，就好像新鲜空气对我们的身体极有帮助一样。

如果你想让自己远离情绪化的泥潭，就请做到了解并喜欢你自己吧！

◎别为打翻的牛奶哭泣

就在我写这句话的时候，我可以望望窗外，看见我院子里一些恐龙的足迹——一些留在大石板和石头上的恐龙的足迹。这些恐龙的足迹，是我从耶鲁大学的皮博迪博物馆买来的。我还有一封由皮博迪博物馆馆长写来的信，说这些足迹是一亿八千万年前留下来的。就连白痴也不会想追溯到一亿八千万年前去改变这些足迹。而一个人的忧虑就正如这种想法一样愚蠢：因为就算是 180 秒钟以前所发生的事情，我们也不可能再回头去纠正它——可是我们有很多的人却正在做这样的事情。说得更确切一点，我们可以想办法来改变 180 秒钟以前发生的事情所产生的影响，但是我们不可能去改变当时所发生的事情。

唯一可以使过去的错误有价值的方法，就是平静地分析我们过去的错误，并从错误中得到教训——然后再把错误忘掉。

我知道这句话是有道理的，可我是不是一直有勇气、有脑筋去这样做呢？要回答这个问题，让我先告诉你几年前我有过的一次奇妙经历吧。我让三十几元钱从大拇指缝里溜过，没有得到一分钱的利润。事情的经过是这样的：

我开办了一个很大的成人教育补习班，在很多城市里都有分部，在组织费和广告费上，我也花了很多的钱。我当时因为忙于教课，所以既没有时间、也没有心情去管理财务问题，而且当时也太天真，不知道我应该有一个很好的业务经理来支配各项支出。

最后，过了差不多一年，我发现了一件清楚明白，而且很惊人的事实：我发现虽然我们的收入非常多，却没有得到一点利润。在发现了这点之后，我应该马上做两件事情：

第一，我应该有那个脑筋，去做黑人科学家乔治·华盛顿·卡佛尔在银行没收了他的 5 万元——也就是他毕生的积蓄——时所做的那件事。当别人问他是不是知道他已经破产了的时候，他回答说："是的，我听说过了。"然后继续教书。他把这笔损失从他的脑子里抹去，以后再也没有提起过。

我应该做的第二件事是，应该分析自己的错误，然后从中得到教训。

可以坦白地说，这两件事我一样也没有做。相反的，我却开始大大发愁起来。一连好几个月我都恍恍惚惚的，睡不好，体重减轻了很多，不但没有从这次大错误里得到教训，反而接着犯了一个只是规模小了一点的同样的错误。

对我来说，要承认以前这种愚蠢的行为，实在是一件很窘迫的事。可是我很早就发现："去教 20 个人怎么做，比自己一个人去做，要容易得多了。"

我真希望我也能够到纽约的乔治·华盛顿高中去做保罗·布兰德威尔的学生。这位老师曾经教过住在纽约市布朗士区的艾伦·桑德斯。

桑德斯先生告诉我，他生理卫生课的老师保罗·布兰德威尔博士教给他最有价值的一课。

当时我只有十几岁，可是那时候我已经常为很多事情发愁。我常常为我自己犯过的错误自怨自艾；交完考试卷以后，我常常会半夜里睡不着；咬着我的指甲，怕我没办法考及格；我老是在想我做过的那些事情，希望当初没有这样做；我老是在想我说过的那些话，希望我当时把那些话说得更好。

有一天早上，我们全班到了科学实验室。老师保罗·布兰德威尔博士把一瓶牛奶放在桌子边上。我们都坐了下来，望着那瓶牛奶，不知道跟他那所教的生理卫生课有什么关系。然后，保罗·布兰德威尔博士突然站了起来，一掌把那瓶牛奶打碎在水槽里——一面大声叫道："不要为打翻的牛奶而哭泣。"

然后他叫我们所有的人都到水槽边去，好好地看看那瓶打碎的牛奶。“好好地看一看，”他告诉我们，“因为我要你们这一辈子都记住这一课，这瓶牛奶已经没有了——你们可以看到它都漏光了，无论你怎么着急，怎么抱怨，都没有办法再救回一滴。只要先用一点思想，先加以预防，那瓶牛奶就可以保住。可是现在已经太迟了——我们现在所能做到的，只是把它忘掉，丢开这件事情，只注意下一件事。”

这次小小的表演，在我忘了我所学到的几何和拉丁文以后很久都还让我记得。事实上，这件事在实际生活中所教给我的，比我在高中读了那么多年所学到的任何东西都好。它教我要可能的话，就不要打翻牛奶；万一牛奶打翻、整个漏光的时候，就要彻底把这件事情给忘掉。

有些读者大概会觉得，花这么大力气来讲那么一句老话：“不要为打翻了的牛奶而哭泣”，未免有点无聊。我知道这句话很普通，也可以说很陈旧。可是像这样的老生常谈，却饱含了多年来所积聚的智慧，这是人类经验的结晶，是世世代代传下来的。如果你能读尽各个时代很多伟大学者所写的有关忧虑的书，你也不会看到比“船到桥头自然直”和“不要为打翻的牛奶而哭泣”更基本、更有用的老生常谈了。只要我们能应用这两句老话，不轻视它们，我们就根本用不到这本书了。然而，如果不加以应用，知识就不是力量。

本书的目的并不在于告诉你什么新的东西，而是要提醒你那些你已经知道的事，鼓励你把已经学到的东西加以应用。

我一直很佩服已故的佛雷德·福勒·夏德，他有一种能把老的事例用又新又吸引人的方法说出来的天分。他是一家报社的编辑。有一次大学毕业班讲演的时候，他问道：“有多少人曾经锯过木头？请举手。”大部分的学生都曾经锯过。然后他又问道：“有多少人曾经锯过木屑？”没有一个人举手。

“当然，你们不可能锯木屑，”夏德先生说道，“因为那些都是已经锯下来的。过去的事也是一样，当你开始为那些已经做完的和过去的事忧虑的时候，你不过是在锯一些木屑。”

棒球老将康尼·麦克81岁的时候，我问他有没有为输了的比赛忧虑过。

“噢，有的。我以前常这样，”康尼·麦克告诉我说，“可是多年以前我就不干这种傻事了。我发现这样做对我完全没有好处，磨完的粉子不能再磨，”他说，“水已经把它们冲到底下去了。”

当我读历史和传记并观察一般人如何度过艰苦的环境时，我一直觉得吃惊，并羡慕那些能够把他们的忧虑和不幸忘掉并继续过快乐生活的人。

我曾经到辛辛监狱去看过，那里最令我吃惊的是，囚犯们看起来都和外面的人一样快乐。我当即把我的看法告诉了刘易士·路易斯——当时辛辛监狱的狱长——他告诉我，这些罪犯刚到辛辛监狱的时候，都心怀怨恨且脾气很坏。可是经过几个月之后，大部分聪明一点的人都能忘掉他们的不幸，安定下来承受他们的监狱生活，尽量过好。路易斯狱长告诉我，有一个辛辛监狱的犯人——一个在园子里工作的人——在监狱围墙里种菜种花的时候，还能一面唱歌。

歌词是这样唱的：

事实已经注定，事实已沿着一定的路线前进，
痛苦、悲伤并不能改变既定的情势，
也不能删减其中任何一段情节，
当然，眼泪也无补于事，它无法使你创造奇迹。
那么，让我们停止流无用的眼泪吧！
既然谁也无力使时光倒转，因此不如抬头往前看。

所以，为什么要浪费眼泪呢？当然，犯了过错和疏忽都是我们的不对，可是又怎么样呢？谁没有犯过错？就连拿破仑，在他所有重要的战役中也输过1/3。也许我们的平均纪录并不会坏过拿破仑，谁知道呢？

◎既成之事，只需欣然接受

当我还是一个小孩的时候，有一天，我和几个朋友一起在密苏里州西北部的一间荒废的老木屋的阁楼上玩。当我从阁楼爬下来的时候，先在窗栏上站了一会，然后往下跳。我左手的食指上带着一个戒指。当我跳下去的时候，那个戒指钩住了一根钉子，把我整根手指拉脱了下来。

我尖声地叫着，吓坏了，还以为自己死定了，可是在我的手好了之后，我就再也没有为这个烦恼过。再烦恼又有什么用呢？我接受了这个不可避免的事实。

现在，我几乎根本就不会去想，我的左手只有四根手指头。

几年之前，我碰到一个在纽约市中心一家办公大楼里开货梯的人。我注意到他的左手齐腕砍断了。我问他少了那只手会不会觉得难过，他说：“噢，不会，我

根本就不会想到它。只有在要穿针的时候，才会想起这件事情来。”

令人惊讶的是，在不得不如此的情况下，我们差不多都能很快接受任何一种情形，如使自己适应，或者整个忘了它。

我常常想起在荷兰首都阿姆斯特丹的一家15世纪的老教堂，它的废墟上留有一行字：

事情既然如此，就不会另有他样。

在漫长的岁月中，你我一定会碰到一些令人不快的情况，它们既是这样，就不可能是他样。我们也可以有所选择。我们可以把它们当做一种不可避免的情况加以接受，并且适应它，或者我们可以用忧虑来毁了我们的生活，甚至最后可能会弄得精神崩溃。

下面是我最喜欢的心理学家、哲学家威廉·詹姆斯所提出的忠告：

要乐于接受必然发生的情况，接受所发生的事实，是克服随之而来的任何不幸的第一步。

住在俄勒冈州波特兰的伊丽莎白·康奈利，却经过很多困难才学到这一点。下面是一封她最近写给我的信：

“在美国庆祝陆军在北非获胜的那一天，我接到国防部送来的一封电报，我的侄儿——我最爱的一个人——在战场上失踪了。过了不久，又来了一封电报，说他已经死了。

“我悲伤得无以复加。在那件事发生以前，我一直觉得生命对我来说多么美好，我有一份自己喜欢的工作，努力带大了这个侄儿。在我看来，他代表了年轻人美好的一切。我觉得我以前的努力，现在都有很好的收获……然后却收到了这些电报，我的整个世界都粉碎了，觉得再也没有什么值得我活下去。我开始忽视自己的工作，忽视朋友，我抛开了一切，既冷淡又怨恨。为什么我最疼爱的侄儿会离我而去？为什么一个这么好的孩子——还没有真正开始他的生活——就死在战场上？我没有办法接受这个事实。我悲痛欲绝，决定放弃工作，离开我的家乡，把自己藏在眼泪和悔恨之中。

“就在我清理桌子、准备辞职的时候，突然看到一封我已经忘了的信——一封从我这个已经死了的侄儿那里寄来的信。是几年前我母亲去世的时候，他写来给我的一封信。‘当然我们都会想念她的，’那封信上说，‘尤其是你。不过我知道你会撑过去的，以你个人对人生的看法，就能让你撑得过去。我永远也不会忘记那些你教我的美丽的真理：不论活在哪里，不论我们分离得有多么远，我永远都会记得你教我要微笑，要像一个男子汉承受所发生的一切。’

“我把那封信读了一遍又一遍，觉得他似乎就在我的身边，正在向我说话。他好像在对我说：‘你为什么不照你教给我的办法去做呢？撑下去，不论发生什么事情，把你个人的悲伤藏在微笑底下，继续过下去。’

“于是，我重新回去开始工作。我不再对人冷淡无礼。我一再对我自己说：“事情到了这个地步，我没有能力去改变它，不过我能够像他所希望的那样继续活下去。”我把所有的思想和精力都用在工作上，我写信给前方的士兵——给别人的儿子们。晚上，我参加成人教育班——要找出新的兴趣，结交新的朋友。我几乎不敢相信发生在我身上的种种变化。我不再为已经永远过去的那些事悲伤，我现在每天的生活都充满了快乐——就像我的侄儿要我做到的那样。”

伊丽莎白·康奈利学到了我们所有人迟早都要学到的东西——我们必须接受和适应那些不可避免的事情。这不是很容易学会的一课，就连那些在位的帝王也要常常提醒他们自己这样做。已故乔治五世在他白金汉宫的房里墙上挂着下面的这句话：“教我不要为月亮哭泣，也不要为过去的事后悔。”叔本华也曾说过：“能够顺从，就是你在踏上人生旅途中最重要的一件事。”

很显然，环境本身并不能使我们快乐或不快乐，只有我们对周围环境的反应才能决定我们的感觉。必要时我们都能忍受灾难和悲剧，甚至战胜它们。我们也许会以为我们办不到，但我们内在的力量却坚强得惊人，只要我们肯加以利用，就能帮助我们克服一切。

“当我们不再反抗那些不可避免的事实之后，”爱尔西·迈克密克在《读者文稿》的一篇文章里说，“我们就能节省下精力，创造出一个更丰富的生活。”没有人能有足够的情感和精力，既抗拒不可避免的事实，又创造一个新的生活。你只能在这两个中间选择一个。你可以在生活中那些无可避免的暴风雨之下弯下身子，或者你可以因抗拒它们而被摧折。

“对某些必然之事，要轻快承受。”这几句话是在耶稣基督出生前399年说的。但是在这个充满忧虑的世界，今天的人比以往更需要这几句话：“对必然的事，要轻快地去承受。”

办事的尺度

◎没话可说，最好别说

大卫的父母离婚后，协议规定他和母亲一起生活。由于手头拮据，母子二人只好搬到另一个城市去。大卫于是也要到一所新的学校去上课，结交新的朋友。这种种变化叫他伤透了心。他开始对那些父母没有离婚的孩子感到反感，而且经常因为很小的缘故或无缘无故跟人打架。在这种痛苦的生活中，他养成了对人过分苛求的习惯。他几乎对谁都没有一句好话。

一天，有个对大卫的情况十分了解的同学走到他身边。“我父母也离婚啦，”他轻声地说，“我知道你心里难受。不过，你得抛弃你的怒气和痛苦。你跟别人过不去，这只能伤害你自己。要是你没法说点儿什么好话，那你最好什么也别说。”

由于痛苦，大卫最初的确很难接受这位同学的建议。但既然情况似乎变得越来越糟，他就对自己的谈吐变得比较谨慎了。他经常把马上就要冲口而出的话咽回去；若是在以前，他的这些伤害人、挖苦人的话简直是没遮没拦的。他开始意识到他从前对身边同学的关心是多么不够。随着理解的扩大，他开始明白，像他一样遭受家庭变故的不只他一个人，许多其他孩子也经历过令人难堪的家庭解体。大卫开始想办法去鼓励他们，帮助他们处理好自己的痛苦与茫然。到学期结束时，大卫的态度产生了180度的根本转变，并获得了那些当初由于他管不住自己的脾气而与他疏远了的同学的好感。

我们无论是谁，在家里、学校里或工作中，都可能经历过精神上受到压抑的情形。当事情进展不顺利时，我们就往往忍不住责怪别人，我们或许认为，找别人的错，能使我们对自己所处的状况觉得好受点儿。但也可能是这样想的：我不好过，你也别想好过。

在我们每个人都曾经历过的“沮丧”时刻里，如果我们不能说对人有益的好话，那我们最好还是什么也别说。破坏性的语言，往往会产生破坏性的结果。除了会给周围的人造成不必要的痛苦之外，从我们口中说出的那些消极性的话语往往只会使问题变得复杂起来。

在生活中遇到了难于应付的挑战，我们就可能认为，说些粗野和伤人的话是有道理的。上文提到的那个父母离了婚的孩子，受着许许多多他无法理解、无法解决的感情和情绪的折磨。但他终于还是发现，贬低和伤害他人并不是解决问题的办法。通过客气和富于理解的言辞，或干脆怀着同情听别人说话，他终于学会了帮助他人；反过来，他又受到了周围人们的帮助，而他终于在自己身上找回了生活的勇气。

当我们遇到灾难或烦心的事儿，倘若我们还记着应与面前的事物保持一定距离，直至能够看清与之相联系的背景为止；倘若我们学会了“管住自己的舌头”，那么，我们也许就能避免说出许多具有破坏性的话。在生活的各个方面，倘若人们背着沉重的思想包袱，这对他们自己和其他人，都会产生致命的影响，因为这些思想问题所强调的是否定的而不是积极的方面。因此，重要的是我们要懂得，创造性的思想产生于不断寻找答案的过程之中。

有句久经时间考验的名言：“你如果没有好话可说，那就什么也别说。”这实在是你在一天之中该说些什么话的座右铭。倘若你出于某种原因而感到沮丧，如有必要，可以找朋友或师长谈谈。每个人都有不顺心的时候。当你感到情绪有些不对头时，千万别发作，以免伤害别人，因为别人也同样需要听到些表示理解和支持的话。对自己要说出的话，要时刻保持警惕。要记住，不愉快的时刻迟早会过去，如果我们的舌头没有闯祸，就不会留下需要医治的创伤。

◎如要采蜜，不可弄翻蜂巢

人就是这样，做错事的时候只会怨天尤人，就是不去责怪自己。

善解人意和宽恕他人，需要有修养自制的功夫。

美国鼎鼎有名的黑社会头子，后来在芝加哥被处决的阿尔·卡庞说：“我把一生当中最好的岁月用来为别人带来快乐，让大家有个好时光。可是我得到的却只是辱骂，这就是我变成亡命之徒的原因。”卡庞不曾自责过。事实上他自认为造福人民——只是社会误解他，不接受他而已。达奇·舒兹的情形也是一样，他是恶名昭彰的“纽约之鼠”，后来因江湖恩怨被歹徒杀死。他生前接受报社记者访问时，也自认为造福群众。

我曾和在纽约辛辛监狱担任过好几年的典狱长的路易·罗斯就关于罪犯不曾自责的问题通过几次信，他表示：牢里的犯人很少自认为是坏蛋。他们和你一样，都是人，都会为自己辩解。他们告诉你，为什么要打破保险箱，为什么要开枪杀人。大多数人都能为自己的动机提出理由，不管有理无理，总要为自己破坏社会的行为辩解一番。因此，他们的结论是：他们根本不应该被关进牢里。

假如阿尔·卡庞这帮歹徒以及许多关在监狱里的亡命男女，他们从不为自己的行为自责过，我们又如何强求日常所见的一般人？

心理学家史金诺经通过动物实验证明：因好行为受到奖赏的动物，其学习速度快，持续力也更久；因坏行为而受处罚的动物，则不论速度或持续力都比较差。研究显示，这个原则用在人身上也有同样的结果。批评不但不会改变事实，反而只有招致愤恨。

另一位心理学家汉斯·希尔也说：“更多的证据显示，我们都害怕受人指责。”

因批评而引起的羞愤，常常使雇员、亲人和朋友的情绪大为低落，并且对应该矫正的事实状况，一点也没有好处。

西奥多·罗斯福和塔夫脱总统之间有段广为人知的争论——他们的不和睦导致共和党的分裂，而将伍德洛·威尔逊送进了白宫。让我们简单地回忆一下这段历史：1908 年，罗斯福搬出白宫，共和党的塔夫脱当选为总统，然后，罗斯福到非洲去猎狮子。当他回到美国后，看到塔夫脱的保守作风，很是震怒。罗斯福除了公然抨击塔夫脱，还准备再度出来竞选总统，并打算另组“进步党”，这几乎导致老共和党的瓦解。果然，紧接而来的那次选举，塔夫脱和共和党只赢得了两个区的选票——佛蒙特州和犹他州，这是共和党有史以来遭受的最大失败。

罗斯福谴责塔夫脱，但是塔夫脱承认自己有错吗？他曾含着眼泪说道：“我不知道所做的一切有什么不对。”

俄克拉荷马州的乔治·约翰逊是一家营建公司的安全检查员，检查工地上的工人有没有戴上安全帽是约翰逊的职责之一。据他报告，每当发现工人在工作时不戴安全帽，他便用职位上的权威要求工人改正，其结果是：受指正的工人常显得不悦，而且等他一离开，便又常常把帽子拿掉。

后来约翰逊决定改变方式。第二回他看见有工人不戴安全帽时，便问是否帽子戴起来不舒服，或是帽子尺寸不合适。并且用愉快的声调提醒工人戴安全帽的重要性，然后要求他们在工作时最好戴上。这样的效果果然比以前好得多，也没有工人显得不高兴了。

人就是这样，做错事的时候只会怨天尤人，就是不去责怪自己。明天你若是想责怪某人，请记住阿尔·卡庞等人的例子。让我们认清：批评就像家鸽，最后总会飞回家里。也让我们认清：我们想指责或纠正的对象，他们会为自己辩解，甚至反过来攻击我们，或是像塔夫脱所说："我不知道所做的一切有什么不对。"

当林肯咽下最后一口气时，陆军部长史丹顿说道："这里躺着的是人类有史以来最完美的统治者。"

为什么这么说呢！因为林肯找到了与人相处的秘诀——不为任何事指责任何人。而且，这个秘诀是林肯在差点丢了性命后获得的。

年轻时的林肯特别喜欢批评他人。林肯喜欢批评人吗？不错。他住在印第安纳州湾谷的时候，年纪尚轻，不仅喜欢评论是非，还写信写诗讽刺别人。他常把写好的信丢在乡间路上，使当事人很容易发现。

1842 年秋天，林肯写文章讽刺一位自视甚高的政客詹姆士·席尔斯，并在《春田日报》上发表了一封匿名信嘲弄席尔斯，全镇哄然引为笑料。自负而敏感的席尔斯当然愤怒不已，终于查出写信的人，他跃马追踪林肯，下战书要求决斗，林肯本不喜欢决斗，但迫于情势和为了维持荣誉，只好接受挑战。他有选择武器的权利，由于手臂长，他选择了骑兵的腰刀，并且向一位西点军校毕业生学习剑术。到了约定日期，林肯和席尔斯在密西西比河岸碰面，准备一决生死。幸好在最后一刻有人阻止他们，才终止了决斗。

这是林肯终生最惊心动魄的一桩事，也让他懂得了如何与人相处的艺术。从此以后，他不再写信骂人，也不再任意嘲弄人了。也正是从那时起，他不再为任何事指责任何人。

1863 年 7 月 1 日到 3 日，"盖茨堡战役"展开，到了 7 月 4 日晚上，李将军开始向南方撤退。当时乌云密布，随即暴雨倾盆而至。李将军带着败兵逃到波多马克河边，只见前方是高涨的河水，后方是乘胜追击的政府军，李将军进退无据，真是陷入了绝境。林肯见了，知道是天降的大好良机，只要打败李将军的军队，战争很快就可以结束。于是，他满怀希望地下了一道命令给米地将军，让米地立刻出击李将军，不用通知"紧急军事会议"。林肯不但用电报下令，并且另派专差传讯，要米地马上行动。

米地将军有没有马上行动呢？正好相反。他完全违背林肯的命令，先行通知

“紧急军事会议”。他迟疑不决，故意拖延时间，用尽了各种借口，拒绝攻打李将军。最后，水退了，李将军和军队越过波多马克河，顺利南逃。

林肯勃然大怒。“这是怎么一回事？”林肯对着儿子罗伯特咆哮，“老天，这究竟是怎么回事？他们就在触手可及的地方，只要我们伸出手，他们必定跑不掉的。难道我说的话不能让军队移动半步？像这种情况，什么人都可以打败李将军，就是我也可以让李将军俯首就擒。”

极端失望之余，林肯坐下来给米地写了一封信。记住，这时的林肯，言论措辞都比以前保守自制。所以，这封写于1863年的信，已相当表达了林肯内心的极端不满。

亲爱的将军：

我不相信你对李将军逃走一事会深感遗憾。他就在我们伸手可及之处，而且，只要他一就擒，加上我们最近获得的胜利，战争即可结束。现在，战争势必延续下去，上星期一你不能顺利擒得李将军，如今他逃到波多马克河之南，你又如何能保证成功呢？期盼你会成功是不智的，而我也并不期盼你现在会做得更好。良机一去不再，我实在深感遗憾。

你以为米地将军读了这封信之后，会有什么表示？

米地将军从没有见过这封信，因为林肯并没有把这封信寄出去，这是他死去后别人在一堆文件中发现的。

我们的猜测是，林肯在写完这封信之后，望着窗外，左思右想，把信搁到一边。惨痛的经验告诉他：尖锐的批评和攻击，所得到的效果都是零。

西奥多·罗斯福说，在他当总统的时候，凡是遭遇到难解的问题，就会望着挂在墙上的林肯像自问：“如果林肯处于我的现况，会如何解决这个问题？”

我年轻时，总喜欢让别人留下深刻的印象，所以写了一封可笑的信给理查·哈定·戴维斯。他当时方出在现美国文坛，颇引人注意。那时，我正好帮一家杂志社撰文介绍作家，便写信给戴维斯，请他谈谈他的工作方式。在这之前，我收到某人寄来的信，信后附注：“此信乃口授，并未过目。”这话留给我极深印象，显示此人忙碌又具重要性。于是，我在给戴维斯的信后也加了这么一个附注：“此信乃口授，并未过目。”虽然，我当时一点也不忙，只是想给戴维斯留下较深刻的印象。

他根本不劳心费力写信给我，只把我寄给他的信退回来，并在信后潦草地写了一行字："你恶劣的风格，只会更增添原本就恶劣的风格。"的确，我是弄巧成拙了，受这样的指责并没有错。但是，身为一个人，我觉得很恼羞成怒，甚至10年后我获悉戴维斯去世的消息时，第一个念头仍然是——"我实在羞于承认——我受到的伤害"。

假如你想引起一场令人至死难忘的怨恨，只要发表一点刻薄的批评即可。

让我们记住：我们所相处的对象，并不是绝对理性的动物，而是充满了情绪变化、成见、自负和虚荣的东西。

本杰明·富兰克林年轻的时候并不圆滑，但后来却变得富有外交手腕，善与人应对，因而成了美国驻法大使。他的成功秘诀是："我不说别人的坏话，只说大家的好处。"

只有不够聪明的人才批评、指责和抱怨别人——的确，很多愚蠢的人都这么做。

但是，善解人意和宽恕他人，需要修养和自制的功夫。

卡来尔说过："伟人是从对待小人物的行为中，显示其伟大。"

鲍伯·胡佛是个有名的试飞驾驶员，时常表演空中特技。有一次，他从圣地亚哥表演完后，准备飞回洛杉矶。根据《飞行作业杂志》所描述，胡佛在300英尺高的地方时，刚好有两个引擎同时出故障。幸亏他反应灵敏，控制得当，飞机才得以降落。虽然无人伤亡，飞机却已面目全非。

胡佛在紧急降落之后，第一个工作是检查飞机用油。正如所料，那架第二次世界大战的螺旋桨飞机，装的是喷射机用油。

回到机场，胡佛要见那位负责保养的机械工。年轻的机械工早为自己犯下的错误痛苦不堪，一见到胡佛，眼泪便沿着面颊流下。他不但毁了一架昂贵的飞机，甚至差点造成3人死亡。

你可以想象出胡佛的愤怒。这位自负、严格的飞行员，显然要对不慎的维护工大发雷霆，痛责一番。但是，胡佛并没有责备那个机械工人，只是伸出手臂，围住工人的肩膀说道："为了证明你不会再犯错，我要你明天帮我的F—51飞机做修护工作。"

记住："如要采蜜，不可弄翻蜂巢。"让我们尽量去了解别人，而不要用责骂的方式吧！让我们尽量设身处地去想——他们为什么要这样做。这比起批评责怪还要有益、有趣得多，而且让人心生同情、忍耐和仁慈。

约翰博士也说过："上帝本身也不愿论断人，直到末日审判的来临。"

◎切忌直说“你错了”

歌剧男高音真·皮尔士的婚姻差不多有五十年之久了。一次他说：“我太太和我在很久以前就订下了协议，不论我们对对方如何的愤怒不满，我们都一直遵守着这项协议。这项协议是：当一个人大吼的时候，另一个人就应该静听——因为当两个人都大吼的时候，就没有沟通可言了，有的只是噪音和震动。”

承认自己也许会弄错，就能避免争论，而且，可以使对方跟你一样宽宏大度：承认他也可能有错。

如果你有55%的胜算把握，大可以到华尔街证券市场一天赚个一百万元；如果没这个把握，你凭什么说别人错了？

不论你用什么方式指责别人——你可以用一个眼神，一种说话的声调，一个手势，就像用话语那么明显地告诉别人他错了——而如果你告诉他错了，你以为他会同意你吗？绝不会！因为你直接打击了他的智慧、判断力、荣耀和自尊心。这会使他想反击，但绝不会使他改变心意。即使你搬出所有柏拉图或康德的逻辑，也改变不了他的已见，因为你伤了他的感情。

永远不要这样开场：“好，我证明给你看。”这句话大错特错，等于是说：“我比你更聪明。我要告诉你一些事，使你改变看法。”

那是一种挑战，那样会挑起争端。在你尚未开始之前，对方已经准备迎战了。

即使在最温和的情况下，要改变别人的主意都不容易。那为什么要使它更不容易呢？

为什么要使你自己的困难更加一层呢？如果你要证明什么，不要让任何人看出来。技巧要到家，使对方察觉不出来。

“必须用若无其事的方式教导别人。提醒他不知道的好像是他忘记的。”三百多年前意大利天文学家伽利略说。

“你不可能教会一个人任何事情；你只能帮助他自己学会这件事情。”正如英国19世纪政治家查士德·斐尔爵士对他的儿子所说的：“如果可能的话，要比别人聪明，却不要告诉人家你比他聪明。”苏格拉底在雅典一再告诫门徒：“我只知道一件事，就是我一无所知。”我不能奢望比苏格拉底更高明，因此我不用告诉别人他们错了。我发现，这么做会有收获。

如果有人说了一句你认为错误的话——是的，即使你知道是错的——你若这么说不更好吗？“啊，是这样的！我倒另有一种想法，但也许不对。我常常会弄错，如果我弄错了，我很愿意被纠正过来。我们来看看问题的所在吧。”

用这种句子“我也许不对，我常常会弄错，我们来看看问题的所在”确实会得到神奇的效果。

无论什么场合，没有人会反对你说：“我也许不对。我们来看看问题的所在。”

有个学员就曾用这种方式处理顾客纠纷，他是“道奇汽车”在蒙大拿州的代理商哈洛·雷恩克。雷恩克在报告时指出，由于汽车市场的竞争压力，在处理顾客投诉案件时，常常显得冷漠，不带感情。这很容易引起愤怒，甚至做不成生意或造成许多不快。

他告诉班上的其他学员：“后来我想清楚这样于事无补，便改变方法。我转而向顾客这么说，‘我们公司犯下了不少错误，我实在深以为憾。请把你碰到的情形告诉我。’

“这种方法显然消除了顾客的敌意。情绪一放松，顾客在处理事情的过程中就容易讲道理了。许多顾客对我的谅解态度表示感谢，其中有两个人甚至后来还带了朋友来买车。在竞争激烈的市场上，我们很需要这样的顾客。而我相信尊重顾客意见，对待顾客周到有理，都是赢得竞争的本钱。”

你永远不会因认错而导致麻烦。只有如此才能平息争论，促使对方也能同你一样公正宽大，甚至也承认他或许错了。

杰出的心理学家卡尔·罗吉斯在他的《如何做人》一书中写着：

“当我尝试去了解别人的时候，我发现这真是太有价值了。我这样说，你或许会觉得很奇怪。我们真的有必要这样做吗？我认为这是必要的。在我们听别人说话的时候，大部分的反应是评价或判断，而不是试着了解这些话。在别人述说某种感觉、态度或信念的时候，我们几乎立刻倾向于判定‘说得不错’，或‘真是好笑’，‘这不正常嘛’，‘这不合道理’，‘这不正确’，‘这不太好’。我们很少让自己确实地去了解这些话对其他人具有什么样的意义。

“有一次，我请一位室内设计师为我家布置一些窗帘。当账单送来时，我大吃一惊。过了几天，一位朋友来看我，看到了那些窗帘。她问起价钱，而后得意地说：‘什么？太过分了，我看他占了你的便宜。’

“真的吗？不错，她说的是实话。可是没有人肯听别人羞辱自己判断力的实话。因此，身为一个凡人，我开始为自己辩护。我说贵的东西终究有贵的价值，你不可能以便宜的价钱买到高品质又有艺术品位的东西，等等。

“第二天另一位朋友也来拜访，开始赞扬那些窗帘，表现得很热心，说她希望家里负担得起那些精美的窗帘。我的反应完全不一样了。‘说句老实话，’我说，‘我自己也负担不起。我付的价钱太高了，我后悔订了它们。’”

当我们错的时候，也许会对自己承认。而如果对方处理得很巧妙而且和善可亲，我们也会对别人承认，甚至以自己的坦白率直而自豪。但如果有人想把难以下咽的事实硬塞进我们的食道……

赫雷斯·葛雷利是美国内战期间最有名的评论记者。他极力反对林肯的某些政策，他相信，只要通过一连串的争论、嘲讽或辱骂，定可迫使林肯同意他的观点。月复一月，年复一年，葛雷利继续不断对林肯发动攻击。事实上，在林肯被刺的当天晚上，他还写了一封极其粗鲁的讽刺信件给林肯。

但是，林肯会因种种难堪而同意葛雷利的意见吗？绝不，嘲笑和谩骂永远不会有这种效果。

假如你想在处理人事和自我改进这方面得到一些好意见，不妨阅读本杰明·富兰克林的自传——这本书可说是有史以来最精彩的生活故事。本杰明·富兰克林告诉我们，他如何改掉喜欢争辩的坏习惯，而变成美国历史上最有能力、最亲切有礼，并最具外交手腕的政治人物之一。

当本杰明还是涉世未深的青年时，有个老贵格派教友用话刺激他：

“本，你真是无可救药。对意见与你相左的人，你总是粗鲁地加以侮辱，致使他们也不得不起来奋力反击。你的朋友认为，若是你不在身旁，他们会更快乐自在。你懂得太多，所以他们觉得已没有什么话可对你说。的确，没有人想尝试与你相处，因为任何努力可能只是白费力气。所以，从今以后，你不可能再多懂什么东西了。虽然，其实你现在也只是懂得一点皮毛而已。”

就我所知，本杰明·富兰克林有个长处，就是能接受言之有理的指责。他够大度，也够聪明，能够理解对方所言不差。他也意识到失败和某种社会悲剧正等着他，于是幡然觉悟，马上改掉自大、独断的习性。

“我立下规则，”富兰克林说道，“我不再直接反对而伤害别人，也不过于申张自己的意见。我甚至不使用太没有弹性的字眼，如‘当然’、‘没有疑问’等。相反的，我尽量用‘我认为’、‘我理解’或‘我猜想某件事是如此如此’、‘截至目前为止，它看起来是如此’等。假如有人提出某些主张，而我以为错了，我也不再粗鲁地与他们争辩。相反的，我先找出某些特定案例或状况，证明对方的意见也可能是对的，只是在目前的状况，这些意见‘似乎’或‘看起来’有一点不同等等。经过这样的改变之后，我发觉获益颇多。和别人交谈的时候，气氛显得愉快多了。由于采取比较谦和的态度，别人比较能够接受我的意见，不会发生争论；就算有时犯了错，也比较不会招致受辱的情境；而在‘我对，别人错’的状况下，就更容易说服对方认错，转而同意我的看法。”

◎不与小人比输赢

“没有敌人的人生太寂寞。”这位先哲真是好大的口气，试想谁希望以敌人的存在来充实自己的人生经历？其实，如果仔细想想，你的敌人是谁呢？是不是从出生开始就有敌人存在或存在的仅仅只是你的假想敌人？敌人本来并不存在，只是由于某种原因才出现。或者是原来的朋友反目成现在的敌人，也许将来还会变成朋友。不打不相识，你们为什么不能彼此间成为朋友呢？把你的敌人看作你的朋友，如果你这样做了，说明你每天在一点点地提高自己，开阔自己。

但是，礼让并不是无原则的一味退让，并不是对所有的事都保持沉默。不要以为这样你才有深度、有内涵，是一个襟怀博大、有容人之量的人。事实恰恰相反，如果你这么做，别人只会把你看作懦弱无能、愚笨无知的代名词，绝对不会正视你的存在。在某些时候，你不得不去争取、去辩论，去实现自己存在的价值，去批评、反击自己认为是忍无可忍的事情，别人绝对不会说你肤浅狭隘，有些事情，如果你不去做，别人又怎么会知道？

一个人的口才十分厉害，人人对他退避三舍，唯恐被他当众取笑一番。碰上这种人，不管你反唇相讥或沉默不语，别人只会含笑欣赏这一幕闹剧。最难缠的人物，莫如那些生性浅薄而缺乏自知之明的人，他们以攻击人家的弱点为乐事，得理不饶人，叫你丢尽面子才肯罢休。如果在你的周围刚好出现这样一个人物，他说话的声音特别嘹亮，每句话像飞刀一样直插听者的心中，令人又惊又怒，你应该如何做出适当的反应，让对方晓得你并不好欺负，而又不失自己的风度？

喜欢图一时之快、嘲笑别人、以求达到伤害对方自尊心目的的人，都有一个通病——欺善怕恶。由于缺乏涵养，认为别人无言以对，把对方踩在脚下，自己便会升高一级，增加自我的价值，结果慢慢地便形成一种暴戾习气，对人对事一味挑剔，还自认为具有非凡的洞察力、见识过人。别人越是显出畏惧，他们越是得意洋洋，尖酸刻薄的话，一吐为快，毫不知道收敛。

面对这种自以为口才很好，却是令人讨厌的人时，你既不要随便示弱，也无须自我降格，跟他针锋相对。你应该这样做：

（1）在对方说得起劲，更难听的话也冲口而出的时候，你实在不必再忍受这样肤浅的人，你可以站起来礼貌地说：“对不起，请继续你的演说。我先走了。”如果对方还有一点自尊的话，他应该感到羞耻。

（2）当他正在心情兴奋地把你的弱点一一挑出来取笑时，你只需平静地定睛看着他，像一个旁观者，兴味盎然地欣赏眼前这个小丑的每一个表情，对方便会难以再唱独角戏。

（3）当他实在太惹人讨厌，总是找你的麻烦，每句话都是针对着你时，你要尽量抑制怒气，装听不见，切勿中了对方的诡计，跟他唇枪舌剑。如果你根本不理会他，他便无法再独白下去，他的弱点会因此而暴露无遗，有目共睹，同时显出你的涵养，非比寻常。

有些人是天生的“疯子”，你对他的所作所为非常厌恶，但又无可奈何，你只能用“不可理喻”四字来形容他。如果他特别针对你，像一只疯狗似的到处吠你，穷追不舍，你的烦恼自然大大增加，他甚至可能做出损人不利己的行为，后果更是不堪设想。你既没有足够的精力与时间跟他周旋到底，以牙还牙，看看鹿死谁手，又不愿与这种人纠缠下去，以免降低人格。面对这种矛盾的情形，什么才是最明智的处理方法？

或者，你会说：“我不会跟这种人计较，不愿为他浪费我的宝贵光阴，我想他疯够了便会停下来，永远对这个人敬而远之才是。”你也可能会说：“我会找他出来当大家面说清楚。请其他朋友主持公道，看看谁是谁非，我不要自己蒙上不白之冤。”其实这种人之所以可恶可恨，完全是因为他们心术不正，满脑子是害人的歪念，以致面目也变得奸险狰狞，看见受害者摊上麻烦、心绪不宁，他们便乐不可支。对付这种卑鄙小人，你不能动真气、讲道理，或妄想以情义打动他们的心。

对方故意跟你过不去，除了自叹遇上恶人，你所能做的，便是对着镜子做一下深呼吸，长吁一口气，承认你交错这样一个朋友。尽管内心隐隐作痛，还是要努力控制情绪，表面上不动声色，从此对这个人不存半点希望，不让他再有机会影响自己的生活，任由他到处乱吠好了。既然他已失去了常性，你又何必跟一个疯子苦苦理论？

如果你对某些不可理喻的人已经束手无策，无奈之余只得说一声“我不生气”的时候，你有没有想过要掌握一些技巧来正确地提出自己的要求呢？你肯定有这个愿望，那么你又该如何表达自己的意愿呢？

在公共场合里，我们时常会遇到一些不受欢迎的人物。例如，在电影院里，年轻人忘情地大叫大笑，高谈阔论；在音乐会中，邻座的观众不停地讲话，令你十分苦恼，你想出声请他们安静下来，却碍于礼貌，不愿当众指责对方，只有强自忍受。这样，你会变得越来越内向怕事，不敢据理力争，凡事得过且过。

你不要欺负人，也不可随便让别人踩到你的头上，这才是正确的人生观。一味迁就自私自利的人，容忍对方对自己造成的间接伤害，没有人会因你的仁慈而心存感谢；相反，懦弱无能或许是人家对你的形容。其实，一个真正有涵养的人，面对上述情形的时候，他会有这些表现：当对方的行为实在太过分，令人忍无可忍之际，他不害怕挺身而出，告诉对方他带给他人的不良影响，由于其态度是诚恳而义正词严的，对方会感到惭愧。

如果你出言不逊，大声怒斥道："你这个自私的人，知不知道你说话的声音太大，惹人讨厌。"对方的反应必然是怒目而视，反唇相讥，不但不会合作，反而故意跟你作对，引起激烈的争执。你应该这样说："先生，请你说话小声一点好吗?"或者"请你保持安静，谢谢"。与其直斥其非，不如清楚地告诉对方你要他们怎样做，更能使他明白自己带给人家的不良影响，乐意与你合作。

培养说话技巧，在不伤害他人自尊心的情况下，达到你心目中的效果，何乐而不为？一个人在愤怒的时候，他的言行通常会出错，无论何时何地，你必须切记这一点。

◎无事也登三宝殿

所谓的路子，是指遇紧急情况或需要某种情报时，可以灵活动用的东西，如果在这种万一的情况下不能为自己的利益发挥作用，则缺乏拥有路子的意义。

尽管如此，只有遇上求助场合才会打电话的行为，未免太自私，鲜少打电话来的人一旦打电话来时，心里正想着不知有何贵干，不料闲聊30分钟后，对方忽然说："你能否替我要几张演奏会的入场券?"这种情形时常可见。这绝对不是令人愉快的事情。有事相托才会打电话来的人，不免令人怀疑对方只是在利用自己。至少，这种情形无法发展成健全的人际关系。

自己与他人联络时，如果突然向平常疏于招呼的对象提出恳求时，由于明白对方心里感觉"遭到利用"，因此自己也会变成愈来愈不好意思打电话给对方。

对方万一是自己想请求帮忙的对象，即使是平常无事相托时，也有必要认真地保持联络。倘若是平时保持着联系的对象，即使是困难的请求也容易开口提出，而对方也必定不会觉得自己遭利用，并能轻快应允协助。

反过来说，所谓路子，如能保持无事相求时也能轻松相互联络的关系，才是最理想的状态。为了联络，必须一一捏造出理由才能打电话的关系，在万一的情况下无法发挥作用。

即使是男女之间，夜里心血来潮拨电话给对方时，“有什么事?”再也没有比对方提出这种问题更令人伤心的了。由于不是工作上的电话，如果被问及这样的问题，大致可以确定是无希望可言。如果不能成为没事也能通电话的对象，绝对无法建立恋爱关系。

路子的情形亦相同，所谓真正可以亲密往来的对象，愈是无事相求时愈能尽情通电话。反之，遇上有事相托时，即使三言两语，彼此也能明白对方想说的话，“OK，你不用多说。”通话时间也相对缩短。遇上有事相求时，可以开门见山地提出请求。

为了让路子发挥作用，你应尽量储备许多这种对象。在万一状态下，可以当做网络加以活用，是完全取决于“无事也登三宝殿”的功夫。

◎掌握好告别的时间点

以前曾参加我课程训练班的学员詹姆斯感到自己学到的东西还不够用，就又一次进了我的课程训练班，要求再进行学习。我对他表示欢迎之后，问他：

“你认为自己目前最大的问题是什么?”

詹姆斯老老实实地回答道：

“说实在的，我自己也不知道。从你那儿我确实学会了热忱、自信、勇气以及如何赞扬别人……这一切都使我获益匪浅。”

我也奇怪了，就继续问他：

“你一定赢得了许多朋友吧?”

“是的，确实如此，但朋友们往往不欢迎我第二次上他们家做客。”

“这是为什么呢?”

“我不知道。”詹姆斯接着往下说，没想到他从朋友的性格一直说到阿拉斯加的天气、风土人情……口若悬河地讲了近三个小时。

我早已满脸倦意，不过这下我可知道詹姆斯的朋友不欢迎他的原因了。詹姆斯太健谈了，毫无休止，根本不懂告别的艺术，于是我打断詹姆斯的话说：

“詹姆斯先生，我已经明白你的朋友不欢迎你的原因了。”

“噢，那太好了，你赶快教教我吧。”詹姆斯兴奋地叫道。

我不忍当场说出他的缺点，使他没面子，就婉转地说：“明天你来上培训课吧，看看其他学员怎么做，你就会明白的。”

詹姆斯急切地问道：

“你能今天就告诉我吗？我实在是太想知道了。”

我微笑着劝道：

“不要着急，明天知道对你有好处，反正也不在乎一天半天的了。”

詹姆斯见我把话说到这个份上，只好恋恋不舍地戴好帽子，遗憾地说：

“唉，要等到明天才能知道。”

第二天，詹姆斯来到班上。我给学员们布置任务，让他们训练说话的艺术，互相赞美对方。

詹姆斯见我一直没有说他的事，就有点坐不住了。但我微笑着示意他不要动。他只好耐着性子在那儿看其他学员们练习。

下课的时间到了，有些学员站起来向我告别，有些学员仍留在教室里：其中有一位女学员走过来问一个问题。

我仔细地倾听着，一边给那位学员做解释，我已经把她当成屋子里最重要的人了。

女学员离去后，又有几位学员过来把我围住向我请教问题。我一一做了简明扼要的回答，给他们留下很深的印象。

詹姆斯实在熬不住了，就走过来对我说：

“您可以告诉我我的问题了吧？”

我说：“你的谈话很有魅力，充满了艺术性，是个很容易赢得他人喜欢的人。”

詹姆斯听了这话，非常高兴。

我继续赞扬地说：

“你充分运用了热忱和勇气的原理，并且极其富有绅士风度，令所有人都对你着迷。”

詹姆斯被我说糊涂了，忙不迭地问道：

“那我的问题究竟出在哪儿？”

我慢悠悠地说：

“难道你刚才没有注意到那些学员是如何向我告别的吗？”

“没有。”

“这正是你的缺点所在，你从不观察别人是如何告别，你不懂告别的艺术。”

“难道问题在这里？”詹姆斯若有所思地说。

我这才向他谈到，聪明的人晓得如何用时机提出告别，他们的告别往往会给对方留下深刻的印象，同时又达到交际的目的。并详详细细地讲述了告别的艺术。詹姆斯虚心地听着，心里越来越认识到自己的问题所在。詹姆斯后来成为一名受人欢迎的社交家。

由此可见，掌握告别的技巧在你的交际中意义重大。

首先，和友人谈话，要注意把握时间。拜访一般朋友，时间不宜超过半个小时，如果有重要的事，那就应该约个时间做一次长谈。拜访老相识，如果对方有空，不妨多坐会儿，但也要切记不能把一件事反反复复地说了一遍又一遍，那样会让人觉得讨厌。

即使是关系较好的朋友，也要控制好交谈的时间，要为对方考虑，掌握好告别的时间，以免影响他人的生活、工作，日久必会令人厌烦，而不愿继续交往。

另外，可以在谈兴正浓的时候告别，这会令对方留下深刻的印象，这无疑是一种明智的交际手段。

◎投入社交，推销自己

你需时时鞭策自己，设法找机会展现自己的能力，多让人了解自己，进而建立互相尊敬、信赖的关系。这是交朋友的理想步骤。

关于个人交际，我想说的是，“不要以为漫无目的地出外寻找，就可以找到对自己有益的朋友。交际通常是发生在存有某种目的的时候。当你向自己的目标前进时，所走的路与旁人的交错，才会产生交际，也才会交到有实际助益的朋友，于是成功的机会才会显现。”

交际对于任何人来说都一样重要。伊丽莎白十分了解这个道理。她是特拉华州唯一的女性眼科医生，在该州是相当有名望的人物。

这位女医生是如何建立自己的声望的呢？一名知识上班族若想建立声望，除了积极参与社会活动外，别无他法。伊丽莎白就是如此获得既有活力又有爱心的评价的，而这种评价使她成为极受信赖的眼科医生。

她知道由于工作之故，无法借报纸、广播做自我推销，于是，她便选择了为公众服务的方式来提高自己的声望。果然，这种方法使她深得人心，也将她的事业推向成功。

伊丽莎白23岁时在特拉华州的乔治城开业。开业后，她的第一份工作就是整理出所有曾经交往过的朋友名单，同时参加该城的妇女团体。不久，她便当上了妇女会会长，并且连任两届。稍后，她又当上职业妇女组织州联合会会长。

她曾一度在主妇学校及业余剧团中十分活跃。她还经常参加宗教、妇女及其他各类聚会。她抽空把到国外旅游时的所见所闻制作成幻灯片展示给大家看，这个举动使她与大家的心更接近。

她的社会生活多彩而忙碌，但她仍然能抽出时间扩大自己的交际范围。她曾出任视力鉴定协会会长，另外，她还被州长两次任命为特拉华州的视力鉴定考试委员。目前，她是特拉华州残疾人协会干事，并且也是州长直属高速公路委员会中的三名女性之一。

那么，她对于参与社交活动的看法又如何呢？她说："能多参与社会性的工作，被人们信赖的机会就较高，随时有可能把自己推销出去。"

就是这样，伊丽莎白在极短的时间内得到了大众的尊敬与信赖，不但生活更为丰富，也为工作带来了便利。她的声望可以说，就是不断扩大交际范围的成果。

另外，在企业界，愈成功的人愈受重视。人们想加入"成功者俱乐部"很难，但一旦加入，以后便是坦荡的大道。因为若活跃于其间，便能轻易获得同类的成功意识，同时，对方的知识与经验，都能使你的脚步更稳健、更扎实。

这里，我建议所有有雄心、有抱负的年轻人，多与前辈、有成就者接触是非常重要的。他们丰富的生活经验是年轻人创业的最好范本。对于他们来说，看到对未来充满雄心、憧憬的年轻人就好像看到当年的自己，他们通常会特别有好感。所以，相信他们很乐意为年轻人提供自己的见解与经验。

◎五大法则扩大交际圈

善于交际的人，总是在不停地扩大自己的交际范围，认识一个新的朋友，等于进入他的社交圈，从而又认识一批人，不断地产生倍数效应。我经常鼓励我的学员这样做，并给了他们相应的一些建议：

1. 广泛参加各种团体活动

对于参加联谊会、集训、研讨会或志趣相同者的夏令营、冬令营等活动，都是许多人在一起的集体活动，即便你兴趣不浓也还是积极参加为好。

因为，此类活动所创造的交际机会是非常多的。比如，有些不喝酒的人，稍微喝了一点，就把心里话全都倒了出来，从此与这些人结成了好朋友。如果你总是说“乱哄哄的有什么意思”之类的拒绝之辞，那么以后就不会有人再邀请你了。

各类社团组织、学术团体聚集着各种人才，大家志趣、爱好相投，有共同语言，可以相互切磋技艺，研究学问。定期举办的各种活动可为其成员提供充分的交往机会，所以，不要放弃你感兴趣的任何团体。

2. 好好利用与人合作的机遇

与人合作的过程也是交友的过程，为扩大交际范围提供了良好的机遇，因为共同的事业是寻觅知心朋友的前提条件。

不可错过与人合作的项目，而且还要积极寻找共同完成的事业，才可广交朋友。

3. 培养自己的好奇心

爱好、兴趣广泛的人，易于同各种人交朋友。一个人如果会打桥牌、跳舞、游泳、滑冰、打球、下棋等，爱好一多，与大家“凑趣”的机会就多，结交朋友的机会也就多了。

即使自己并不擅长某一方面，但若表现出浓厚的兴趣，博得对方的欢心，肯定了他的特点，也能引发共鸣。

抱有好奇心，集体活动时，不管谁邀请都一起活动。自己感兴趣的要去，不感兴趣的也要去，不管男性和女性都要兴致勃勃地活动。只有这样才能让人感受你的魅力，并让人感受快乐的气氛。当大家聚到一起时，不要忘了这一点。

此外，要关心各种问题。常关心大家所关心的事，特别是关心你结交的人们所感兴趣的事情。

4. 不要让性格差异成为障碍

常言说，物以类聚，人以群分。志趣相投的人容易接近，反之，则容易疏远。

但要记住，社交与选择朋友不完全是一回事。社交圈中，更多的不是朋友，或者只是普普通通的朋友。因此，在社交过程中，不要用选择朋友甚至是知心朋友的条件来作标准，凡是志趣不符、性格不合的人一概拒之门外。

在社交圈中认识的新朋友应是与你有较大差别的人才好。朋友之间在知识结构、兴趣爱好、生活经历、气质性格等方面存在差别，有助于双方广泛地了解形形色色的社会生活层面。新朋友的见解即使与你大相径庭、迥然不同，也是一大幸事，这可以补充、丰富你的思想。

5. 积极参加集体活动

有些人不喜欢参加集体活动，这些人老埋怨自己没有朋友，实际就是缺少热情。无论大家做什么，需要多少时间，就知道做自己喜欢的事情，绝不与大家一起干。什么都是自己决定，自己能领会的才想做，像这样个性很强的人是很难交到朋友的。

创造奇迹的一封信

看到这个标题之后，我知道你心里一定在想："创造奇迹的一封信，故弄玄虚地为自己做广告，这太可笑了。"你一定是这样想的，不信咱们可以打赌。

如果是在15年前，我看见这样一个标题，我也会产生和你同样的想法。你不相信我说的话？这很好，怀疑使人进步。我相信人类的进步是因为怀疑开始，从而产生思考、提问，最终开始挑战。我在20岁的时候就喜欢怀疑，那时候我在密苏里州居住。所以我不会怪你有这样的想法。

我一直在想，我用"创造奇迹的一封信"做标题是否准确。我很坦诚地说，这是不确定的。

因为这封信的效果，甚至比"奇迹"这一词还要多一倍。这个结论不是我说的，而是美国最著名的推销大师、曾担任敏威尔公司的销售经理、现任彼得公司广告主管、全美广告联合会会长坦可先生说的。

坦可先生从前做销售的时候，会同时给多家客户邮寄信函，这些信函的回复率一般都在8%以内；如果收到15%的回信，那就已经非常好了；如果回复率能够达到21%的话，可以说这就是一个奇迹。

而坦可先生有一封信，就是本章中这封"创造奇迹的一封信"，它的回复率竟然高达42%，比"奇迹"还要高出一倍。别吃惊，不仅仅这一封，坦可先生有许多信件都获得了同样的效果。当人们问到坦可先生是如何做到这些的时候，坦可先生如是说："我所发出的信函，之所以回复率倍增，是因为我参加了卡耐基先生的培训班。他让我知道我过去所做的事情是多么幼稚。我按照卡耐基先生的每一个原则写信，结果就是你看到的。"

这里是这封信的原信，在这封信中的用词和语气，都使收信人有一种被尊重的感觉，让他们很有意向为写信者做点什么。

我在括号里详细分析了一下这封信。

亲爱的伯莱克先生：

我不知道您愿不愿意帮我解决一个小小的难题？

（让我们试想一下当时的情景：一个远在亚利桑那州的木材商，突然接到纽约敏威尔公司一位高级职员的来信；而这封信一开头就说，那位纽约的高级职员，要请对方帮助他解决一项困难。我们可以想象到亚利桑那州的那位木材商，会对自己这样说："好吧！如果纽约那位先生，真遇到什么困难，那他是找对人了。我一向愿意帮助人家，我看看他到底遇到了什么难题。"）

去年，我曾使我们公司相信各家木材代理商销售增加的原因，是由于我们"敏威尔公司"举办了直接通讯的效果。

最近，我寄出各商家的询问函件有1600封，使我感到兴奋的是，已收到他们复函数百封，那表示他们赞成这项合作有显著的效果。

因此，我们又完成了一项直接通讯的新计划，相信你也会喜欢的。

可是，今天早晨我们公司总经理和我讨论到关于去年所实施计划的报告，并问我关于营业额方面的情形如何，究竟有多少买卖成交？所以，我必须请你帮助我，让我能获得这项资料。

（"请你帮助我获得这项资料"，这是一句很好的措辞，那位纽约大商人说了实在话，而他也给远在亚利桑那州的一个代理商诚实而恳切的重视。可是需要注意的是：坦可并没有说出一句他公司如何重视的话。可是，他使对方立即知道，他是如何需要对方的赐予和帮助。

坦可又向对方承认极需要对方帮这个忙；不然无法向总经理做一圆满的报告。亚利桑那州那商人，也具有普通的人性，当然喜欢听这些话。）

我请求你帮助的是：一、在来函附上的明信片上，请你告诉我，去年你所成交的生意，有哪些是由直接通讯获得成功的。二、请你告诉我，那些买卖的总额是多少。如果你肯赐下复函，我非常感激。我对你所提供的资料，极是珍惜，而且感谢你的好意。

推销部主任坦可谨启

这是很简单的一封信，是不是？但它却能产生奇迹……因为请对方帮忙，使对方有了自尊、自重的感觉。那种心理学是有效的，不论你是销售海绵屋顶材料，或者是坐福特汽车去欧洲旅行。

现在有这样一个例子：我和卡鲁，有一次去法国内地做汽车旅行的时候，突然迷了路。我们把那部"老爷车"停下，问当地的村民，我们如何可以驶去一个大镇。

这问路的效果，就像通了电流一样……这些人穿的是木鞋，以为所有美国人都是有钱的，而汽车在那一带，更少见到。驾着汽车游览法国的美国人，一定是百万富翁，也许就是汽车大王"福特"的堂兄堂弟。

可是他们知道的事，有些是我们不知道的。我们比他们有钱，但我们把帽子脱下，恭敬有礼地向他们问路，就给了他们一种自重感。他们立刻开始说话，其中有一个，似乎觉得这是一个难得的机会，叫旁边的人都安静下来，他想要一个人享受这种指出我们迷途的快感。

你不妨自己试一试！当你下次到一个陌生的地方，把一个看来经济、社会阶层比你低的人拦住，问他说："不知你肯不肯帮我解决一点困难，请你告诉我如何到某某路、某某巷，好吗?"

富兰克林就用这种方法，把一个对手，变成一个终生的朋友。富兰克林年轻的时候，他把所有的积蓄，都投资在一家小型的印刷厂中。他设法让自己被选举为费城议会的书记，由于那个职务，能使他做到公家的印刷生意。那位置对他来讲，是很有利的，他希望能够达到这个目的。可是，在他的前方，却有个很大的障碍，议会中有个最富有、最有能力的人，他极不喜欢富兰克林，不但不喜欢，他在演讲中还公开毁谤富兰克林。

这件事对富兰克林非常的危险。所以，富兰克林决心要使那个人喜欢他！

可是，他要如何进行呢？这是个难题……他为那人做些有好处的事？不，那会引起对方的怀疑，说不定更会轻视富兰克林！

富兰克林喜欢思考，并且有很强的能力，他决不会这样做，他做了一件正巧相反的事，他让他的对手帮他一个忙。

富兰克林向那人借十块钱？不，不是的……富兰克林所求于那人的，是触动他的虚荣、一桩使对方认为高兴的事。那是很巧妙的表示，富兰克林对他的智识和成就表示赞赏。

这是富兰克林自传中的一则故事。

"我听说他的图书室里，有一本极少见到的奇书。我就写了一封信给他，表示很希望能看到他所收藏的那一本书。

"我请他借我观阅数天，他很快地叫人把我所希求的书送来。一星期后，我如期还给他，同时还附上一封信，表示我很感激他的帮忙。

"几天后，我们见面时，他开口跟我讲话——这是从来没有过的事——并且很客气，就从那次以后，他表示愿意帮助我任何一件事，继而我们成了很好的朋友，直到他去世的时候。"

富兰克林去世迄今已有一百多年了，可是他所应用的心理学，这种请人帮助的心理学，仍然是人们所重视的。

我讲习班里有个学员叫爱姆赛尔，他运用这种心理学，获得了很大的成效。爱姆赛尔推销铅管和热气用品已经很多年了。他费尽脑筋，想要跟勃洛克林的一个铅管技师做买卖。

这个铅管技师，生意做得很大，同时信用也非常好，可是爱姆赛尔一开始就受到了打击。这个铅管技师，是个粗线条的人，是个蛮横、粗暴的人物。他坐在办公桌椅上，嘴上叼着一支浑粗的雪茄，每次见到爱姆赛尔就这样说："我今天什么也不要，别浪费我的时间，你走吧！"

后来有一天，爱姆赛尔尝试了一个新方法，这个方法，使他获得了一个朋友和很多的订货合同。

爱姆赛尔的公司，打算在长岛的皇后村买一栋房子，开设分公司。那房子正好跟那铅管技师的房子为邻，因此他很熟悉房子的情形。所以，这一次他去见那技师时，就这样说："某先生，今天我不是来跟你谈买卖的，我是想请你帮一个小忙。如果你方便的话，那只需要一分钟的时间就够了。"

那铅管匠嘴上叼着一支浑粗的雪茄，一副财大气粗的模样，说："嗯，好吧。你有什么话？快说吧！"

爱姆赛尔说："我的公司想在皇后村开一家分公司，你对这里的情形，相信比任何人都清楚，所以我来讨教你一点意见……你看这是不是一个很好的计划！"

这是过去从没有发生过的情况！这些年来这个铅管技师对推销员都是咆哮怒喝，使他获得一种高贵感。

可是现在，有个大公司的推销员来请教他、征求他的意见。

他拉过一张椅子，指了指说："你坐下。"这次，他花了一小时的时间，详细告诉爱姆赛尔关于皇后村铅业方面的情形。

他不但赞成在这里开设分公司，同时替爱姆赛尔计划出购置地产的程序和购买货物、开业的一切情形。他为一家有规模的铅业公司指示营业方针……从这方面他获得了高贵感。从公事谈到私事，他变得十分友善，同时还告诉爱姆赛尔关于他家庭中困扰的事和冲突。

爱姆赛尔说："那天晚上，我临走的时候，我口袋里不但装进大批订货合同，而且还建立了巩固的商业友谊的基础。我现在和这个过去对我狂吠、咆哮的人，一起打高尔夫球，过去那种态度已完全改变，这是由于我请他帮了一件使他感到重要的事。"

让我们瞧瞧坦可的另一封信，再看他如何巧妙运用这种"帮我一个忙"的心理学。

数年前，坦可先生由于得不到商人、包工和建筑师回答他询问的信，使他感到非常苦恼。那时候，他发给建筑师、工程师的信，常常收不到1%的复函。他认为有2%的复函，已算不错了，如果是3%的话，那就更好了。10%如何呢？那该是一项奇迹了。

可是下面的信，差不多得到50％的效果……也就是说，已超过他认为是奇迹的五倍。那是些什么样的回信呢？两三页满含友善的建议与合作的回信。

这里是原信，你要注意他所用的心理学和有些地方措辞上的技巧……这封信，跟上次那封大致相同。

当你看这封信时，要注意字里行间，尽量分析收信人心理上的感受，找出它何以会有高出奇迹五倍的效果。

亲爱的社先生：

我不知道你肯不肯，帮助我解决一点困难？

一年前，我曾向我们公司建议：建筑师们最需要的，是一本商品目录——详列本公司所有的建筑材料，并且说明它的用途。

现在附函寄上一本，这是我们公司第一次提供的服务。

只是目前存书不多，本公司并不反对我再版的建议，但是需要有充分的资料，证明再版的书，能完成一次满意的任务。

所以，这件事希望能获得你的帮助，我请你，还有全国其他四十九位建筑师做我的评判员。

为了不敢使你有太多的麻烦，我在信后附上几个简短的问题，如蒙赐答，感激不尽；并附上回邮，敬希不吝示下。只是这件事不敢对你有所勉强，可是在我来讲，是否将这本目录停止再版，那完全依你的经验、建议为原则。

无论如何，你可确信我很感激你的合作，谢谢你。

坦可谨启

在这里需要提出一点重要的警示，根据我的判断，很多人在读过这封信之后，会机械地运用其中的心理学。我们所需要的是尊重对方，而不是虚伪地献媚，伪善是不会成功的。

必须记住：我们每一个人，都是希望得到别人的尊重，为此，甚至会不惜代价。可是，没有人会接受不真诚的、虚伪的奉承。

我需要重申一遍：

这本书中向你传授的所有原则，必须用心去做才能有效。我不希望人们用狡诈的骗局，去欺骗他人；这种不欺骗的世界，将是今后我们全新的生活方式。

第二篇

《人性的优点》

忧虑的五宗罪

◎忧虑是心灵的垃圾

如果你一直觉得不满，那么即使你拥有了整个世界，也会觉得伤心。在我们的生活中，大概有90%的事还不错，只有10%的不太好。如果我们要快乐，就要多想想90%的好，而不是去理会10%的不好。

众所周知，情绪可以影响甚至主宰人的心理及生理的健康，而厌烦更是许多心理失调和生活病症产生的根源。呼吸急促、头痛、睡眠不佳、眩晕、性无能、皮肤瘙痒等都是一些常见的生理症状。而更令人担忧的是厌烦对人们心理上的影响，厌烦磨平了人们生活的锐气，浇灭了人们生活的热情，也夺去了人们生活的目标。

人们常认为，容易为厌烦所折磨的往往是那些没有工作、无所事事、游手好闲的人，然而实际上工作的人也同样不能避免。不管是工作还是休闲，厌烦最可能侵袭的人往往有这样一些特征：

（1）渴望安全感和物质的保障；

（2）对别人的评价非常敏感；

（3）随波逐流；

（4）忧心忡忡；

（5）缺乏自信；

（6）没有创造力。

爱默生有一句很精辟的话："当你觉得安全时，厌烦也会随着滋生，它是一种不安全的征兆。"因为那些在生活中选择了比较安全、没有风险的道路的人，其实也是选择了平庸。他们的生活缺乏冒险与激情，缺乏创造与新意，因而他们也就很难获得成功与满足作为回报。

而对于那些选择了不断进取和攀登的生活道路的人来说，生活永远充满了挑战与刺激，几乎任何一件事都可以焕发生活的热情与创造的欲望。他们总有很多事可做，每件事又有很多方法可以选择。他们是如此充实忙碌、乐观开朗，面对他们充满韧性与朝气的生命力，厌烦永远找不到潜入他们内心的突破口。

对每个人来说，生活中总会有或多或少感到厌烦的时候。尤其可能的是，许多平时为我们所不懈追求的事情，最终却可能使我们厌烦。一份好不容易才得到的工作却带来无尽的压力；原本与女友甜蜜温馨的关系变得乏味厌倦；苦苦盼来的宝贵的休闲时间却因无所事事而成为一潭死水。于是我们往往开始指责周围的事物、社会、朋友、肮脏的城市、阴沉的天气、品质低劣的电视节目、丑陋而又多嘴的女同事乃至邻居家的笨狗。这实在是最容易又最普遍的一种反应。随心所欲地指责外在的影响既获得了自我心理膨胀的满足，也不负责任地为自己找到了种种理由。

心理学家曾经分析过很多引起厌烦的原因，其中一些常见的因素是：

(1) 期望落空；

(2) 工作没有挑战性；

(3) 缺少运动；

(4) 气量狭小；

(5) 缺乏投入的热情；

(6) 感情脆弱；

(7) 生活单调乏味。

然而问题是：是谁使我们的希望未能实现？是什么使我们的生活一成不变？是什么让我们变得如此冷漠？为什么我们不能心胸宽广些？如果这些问题得不到解决，这些心情就会在生活中一再出现，我们也将陷于厌烦的感情漩涡中不能自拔。

所以，归根结底，厌烦时我们没有理由也没有必要指责任何人、任何事。厌烦其实是我们自己造成的。一味地抱怨什么改变不了也不能解决任何问题，如果想使生活多彩多姿、丰富有趣，我们一定得靠自己。没有人能帮我们解决自己的问题。要想消除厌烦，完全取决于你是否有勇气承担责任，有信心战胜困难，有决心直面痛苦，有行动改变现状。当我们做到这些时，厌烦就不再是问题了。

◎谁在瓦解我们的健康

很多年以前的一个晚上，一个邻居来按我的门铃，要我和家人去种牛痘，预防天花。他是整个纽约市几千名志愿者中去按门铃的人之一。很多吓坏了的人都排了好几个小时的队接种牛痘。在所有的医院、消防队、派出所和大工厂里都设有接种站。大约有 2000 名医生和护士夜以继日地替大家种痘。怎么会这么热闹呢？因为纽约市有 8 个人得了天花——其中 2 人死了——800 万纽约市民中死了 2 人。

我在纽约市已经住了 37 年，可是还没有一个人来按我的门铃，并警告我预防精神上的忧郁症——这种病症，在过去 37 年里所造成的损害，至少比天花要大 1 万倍。

从来没有人来按门铃警告我：目前生活在这个世界上的人中，每 10 个人就有一个会精神崩溃，而大部分都是因为忧虑和感情冲突而引起的。所以我现在写本章，就等于来按你的门铃向你发出警告。

曾经获得诺贝尔医学奖的亚历克西斯·卡锐尔博士说：

"不知道抗拒忧虑的商人都会短命而死。"

其实不止商人，家庭主妇、兽医和泥水匠……都是如此。

几年前，我在度假的时候，跟戈伯尔博士一起坐车经过得克萨斯州和新墨西哥州。戈伯尔博士是圣塔菲铁路的医务负责人，他的正式头衔是海湾一科罗拉多和圣塔菲联合医院的主治医师。当我们谈到忧虑对人的影响时，他说：

"在医生接触的病人中，有 70%的人只要能够消除他们的恐惧和忧虑，病自然就会好起来。不要误以为他们都是生了病，他们的病都像你有一颗蛀牙一样实在，有时候还严重 100 倍。我说的这种病就像神经性的消化不良，某些胃溃疡、心脏病、失眠症、一些头痛症和麻痹症等等。

"这些病都是真病，我这些话也不是乱说的，因为我自己就得过 12 年的胃溃疡。

"恐惧使你忧虑，忧虑使你紧张，并影响到你胃部的神经，使胃里的胃液由正常变为不正常。因此就容易产生胃溃疡。"

约瑟夫·蒙塔格博士曾写过一本《神经性胃病》的书，他也说过同样的话：

“胃溃疡的产生，不是因为你吃了什么而导致的，而是因为你忧愁些什么。”

梅奥诊所的阿尔凡莱兹博士说：“胃溃疡通常根据你情绪紧张的高低而发作或消失。”

他的这种说法在对梅奥诊所的15000名胃病患者进行研究后得到了证实。每5个人中，有4个并不是因为生理原因而得胃病。恐惧、忧虑、憎恨、极端自私以及无法适应现实生活，才是他们得胃病和胃溃疡的原因……胃溃疡可以让你丧命。

我最近和梅奥诊所的哈罗德·哈贝恩博士通过几次信。他在全美工业界医师协会的年会上读过一篇论文，说他研究了176位平均年龄在44.3岁的工商界负责人。他报道说：大约有1/3多的人因为生活过度紧张而引起下列三种病症之一——心脏病、消化系统溃疡和高血压。想想看，在我们工商界的负责人中，有1/3的人都患有心脏病、溃疡和高血压，而他们都还不到45岁，成功的代价是多么高啊！而他们甚至都不是在争取成功，一个身患胃溃疡和心脏病的人能算是成功之人吗？就算他能赢得全世界，却损失了自己的健康，对他个人来说，又有什么好处？即使他拥有全世界，每次也只能睡在一张床上，每天也只能吃三顿饭。就是一个挖水沟的人，也能做到这一点，而且还可能比一个很有权力的公司负责人睡得更安稳，吃得更香。我情愿做一个在阿拉巴马州租田耕种的农夫，在膝盖上放一把五弦琴，也不愿意在自己不到45岁的时候，就为了管理一个铁路公司，或者是一家香烟公司而毁了自己的健康。

说到香烟，一位世界最知名的香烟制造商，最近在加拿大森林里想轻松一下的时候，因为心脏病发作而死了。他拥有几百万元的财产，却在61岁时就离世了。他也许是牺牲了好几年的生命换取了所谓的“生意上的成功”。

在我看来，这个有几百万财产的香烟大王，其成功还不及我爸爸的一半。我爸爸是密苏里州的农夫，一文不名，却活到了89岁。

心脏病是美国的第一号凶手。在二次大战期间，大约有三十几万人死在战场上，可是在同一段时间里，心脏病却杀死了200万平民——其中有100万人的心脏病是由于忧虑和过度紧张的生活引起的。中国人和美国南方的黑人却很少患这种因忧虑而引起的心脏病，因为他们处事沉着。死于心脏病的医生比农夫多20倍。因为医生过的是紧张的生活，所以才有这样的结果。

“上帝可能原谅我们所犯的罪，”威廉·詹姆斯说，“可是我们的神经系统却不会。”

这是一个令人吃惊而难以相信的事实：每年死于自杀的人，比死于种种常见的传染病的人还要多。

为什么呢？答案通常都是“因为忧虑”。

古时候，残忍的将军要折磨他们的俘虏时，常常把俘虏的手脚绑起来，放在一个不停往下滴水的袋子下面……水滴着……滴着……夜以继日，最后，这些不停滴落在头上的水，变得好像是用槌子敲击的声音，使那些人精神失常。这种折磨人的方法，以前西班牙宗教法庭和希特勒手下的德国集中营都曾经使用过。

忧虑就像不停往下滴、滴、滴的水，而那不停地往下滴、滴、滴的忧虑，通常会使人心神不宁而自杀。

当我还是密苏里州一个乡下孩子的时候，礼拜天听牧师形容地狱的烈火，吓得我半死。可是他从来没有提到，我们此时此地由忧虑所带来的重重痛苦的地狱烈火。比方说，如果你长期忧虑下去的话，你有一天就很可能会患最痛苦的病症：狭心症。

这种病要是发作起来，会让你痛得尖叫，跟你的尖叫比起来，但丁的《地狱篇》听来都像是“娃娃游玩具国”了。到时候，你就会跟你自己说：“噢，上帝啊！噢，上帝啊！要是我能好的话，我永远也不会再为任何事情忧虑——永远也不会了。”如果你认为我这话说得太夸张的话，不妨去问问你的家庭医生。

你爱生命吗？你想健康、长寿吗？下面就是你能做到的方法。我再引用一次亚历西斯·卡瑞尔博士的话：“在纷繁复杂的现代城市中，只有能保持内心平静的人，才不会变成神经病。”

你是否可以在现代城市的混乱中保持内心的平静呢？如果你是一个正常人，答案应该是：“可以的”，“绝对可以”。我们大多数人实际上都比我们所认为的要坚强得多。我们有很多也许从来没有发现的内在力量，就像梭罗在他不朽的名著《狱卒》里所说的：“我不知道有什么比一个人能下定决心改善他的生活能力更令人振奋了……要是一个人，能充满信心地朝他理想的方向去做，下定决心过他所想过的生活，他就一定会得到意外的成功。”

◎忧虑引发的病症

著名的梅奥兄弟宣布，我们有一半以上的病床上，躺着患有神经病的人。可是，在强力的显微镜下，以最现代的方法来检查他们的神经时，却发现大部分人都非常健康。他们“神经上的毛病”都不是因为神经本身有什么异常的地方，而是因为情绪上有悲观、烦躁、焦急、忧虑、恐惧、挫败、颓丧等等的情形。

柏拉图说过：

医生所犯的最大错误是，他们想治疗身体，却不想医治思想。可是精神和肉体是一体的，不能分开处置。

医药科学界花了2300年的时间才认清这个真理。我们刚刚才开始发展一种新的医学，称之为“心理生理医学”，用来同时治疗精神和肉体。现在正是做这件事的最好时机，因为医学已经大量消除了可怕的、由细菌所引起的疾病——比方说天花、霍乱、黄热病以及其他种种曾把数以百万计的人埋进坟墓的传染病症。可是，医学界一直还不能治疗精神和身体上那些不是由细菌所引起，而是由于情绪上的忧虑、恐惧、憎恨、烦躁以及绝望所引起的病症。这种情绪性疾病所引起的灾难正日渐增加，日渐广泛，而速度又快得惊人。

医生们估计说：现在活着的美国人中，每20人中就有1人在某一段时期得过精神病。第二次世界大战期间被征召的美国年轻人，每6人中就有1人因为精神失常而不能服役。

精神失常的原因何在？没有人知道全部的答案。可是在大多数情况下，极可能是由恐惧和忧虑造成的。焦虑和烦躁不安的人，多半不能适应现实的世界，而跟周围的环境隔断了所有的关系，缩到自己的梦想世界，以此解决他所忧虑的问题。

在我写这一章时，我书桌上就有一本书，是爱德华·波多尔斯基博士所写的《停止忧虑，换来健康》。书中谈到了几个问题：

（1）忧虑对心脏的影响。

（2）忧虑造成高血压。

（3）风湿症可能因忧虑而起。

（4）为了保护你的胃，请少忧虑些。

（5）忧虑如何使你感冒。

（6）忧虑与甲状腺。

（7）忧虑与糖尿病患者。

另外一本忧虑的好书，是卡尔·明格尔博士所写的《与己作对》。它没告诉你怎样避免忧虑的规则，却告诉你一些很可怕的事实，让你看清楚我们怎样通过焦虑、烦躁、憎恨、后悔、反叛和恐惧情绪来伤害我们的身心健康。

忧虑甚至会使最强壮的人生病。在美国南北战争的最后几天里，格兰特将军发现了这一点。故事是这样的：

格兰特围攻里奇蒙德有9个月之久，李将军的衣衫不整、饥饿不堪的部队被打败了。有一次，好几个兵团的人开了小差。其余的人在他们的帐篷中开会祈祷，叫着、哭着，看到了种种幻象。眼看战争就快结束了，李将军手下的人放火烧了里奇蒙德的棉花以及烟草仓库，也烧了兵工厂，然后在烈焰升腾的黑夜里弃城逃走了。格兰特乘胜追击，从左右两侧和后方夹攻南部联军，而由骑兵从正面截击，拆毁铁路线，俘虏了运送补给的车辆。

由于剧烈头痛而使眼睛半瞎的格兰特无法跟上队伍，就停在了一个农家。“我在那里过了一夜，”他在回想录里写道，“把我的两脚泡在了加了芥末的冷水里，还把芥末药膏贴在我的两个手腕和后颈上，希望第二天早上能恢复。”

第二天清早，他果然复原了。可是使他复原的，不是芥末药膏，而是一个带回李将军降书的骑兵。

“当那个军官来到我面前的时候，”格兰特写道，“我的头痛得很厉害，可是我一看到那封信的内容，我就好了。”

显然，格兰特是由于忧虑、紧张和不安才生病的。一旦他在情绪上恢复了自信，就想到他的成就和胜利，病马上好了。

70年后，罗斯福总统的财政部长亨利·摩根索发现忧虑会使他病得头昏眼花。他在日记中记述说，为了提高小麦的价格，罗斯福总统在一天以内买了440万蒲式耳的小麦，使他感到非常忧虑。他在日记里说：“在这件事还没有结果之前，我觉得头昏眼花。我回到家中，在吃完中饭后睡了两个小时。”

著名的法国哲学家蒙泰格被选为老家的市长时，他对市民们说：“我愿意用我的双手处理你们的事情，可是不愿把它们带到我的肝里和肺里。”

但我那个邻居却把股票市场带到了他的血液中，差点送了他的老命。

如果我想记住忧虑对人有什么影响，我不必去看我领导的房子，只要看看我现在坐着的这个房间，想想以前这栋房子的主人——他由于忧虑过度而进了坟墓。忧虑会使你患风湿症或关节炎而坐进轮椅，康奈尔大学医学院的罗素·西基尔博士是世界闻名的治疗关节炎权威，他列举了四种最容易得关节炎的情况：

（1）婚姻破裂。

（2）财务上的不幸和难关。

（3）寂寞和忧虑。

（4）长期的愤怒。

当然，以上四种情绪状况，并不是关节炎形成的唯一原因。但它们是最常见的成因。举个例子来说，我的一个朋友在经济不景气的时候，遭到了很大的损失。结果煤气公司切断了他的煤气，银行没收了他抵押贷款的房子，他的太太突然染上关节炎——虽然经过治疗和增加营养，关节炎却一直到他们的财务状况改善之后才算痊愈。

不久以前，我和一个得这种病的朋友到费城去。我们去见伊莎瑞尔士内·布拉姆博士——一位主治这种病达38年之久的著名专家。在他候诊室的墙上挂了一块大木板，上面写着他给病人的忠告。我把它抄在一个信封的背面：

轻松和享受

最使你轻松愉快的是，

健全的信仰、睡眠、音乐和欢笑。

——对神要有信心，

——要能睡得安稳，

——喜欢好的音乐，

——从滑稽的一面来看待生活，

健康和快乐就都是你的。

他问我朋友的第一个问题就是："你的情绪是否有什么问题而使你产生这种情况？"他警告我的朋友说，如果他继续忧虑下去，就可能会染上其他并发症，例如心脏病、胃溃疡，或是糖尿病。"所有的这些病症，"这位名医说，"都互为亲戚关系，甚至是很近的亲戚。"一点都不错，它们都是近亲——由忧虑所产生的病症。

◎忧虑比时间更具摧毁力

我去访问女明星英乐·奥伯恩时，她告诉我她绝对不会忧虑，因为忧虑会摧毁她在银幕上的主要资产——她美丽的容貌。她告诉我说：

"当我最先想要进入影坛的时候，我既担心又害怕。我刚从印度回来，在伦敦一个熟人也没有，却想在那里找一份工作。去见过几个制片家，可是没有一个人肯用我。我仅有的一点钱渐渐用光了，整整有两个礼拜，只靠一点饼干和水过活。这下我不仅是忧虑，还很饥饿，我对自己说：'也许你是个傻子，也许你永远也不

可能闯进电影界。归根结底，你没有经验，也从来没有演过戏，除了一张漂亮的脸蛋，你还有些什么呢？'

“我照了照镜子。就在我望着镜子的时候，才发现忧虑对我的容貌起了极坏的影响。我看见忧虑造成的皱纹，看见焦虑的表情，于是我对自己说：‘你一定得马上停止忧虑，不能再忧虑下去了，你所能给人家的只有你的容貌，而忧虑会毁了它的。’”

再没有什么会比忧虑使一个女人老得更快，从而摧毁她的容貌。忧虑会使我们的表情难看，会使我们咬紧牙关，会使我们的脸上产生皱纹，会使我们老是愁眉苦脸，会使我们头发灰白，有时甚至会使头发脱落。忧虑会使你脸上的皮肤发生斑点、溃烂和粉刺。

曾经有一段时期在日本掀起了第一次“自然化妆品”热潮，与现时的“自然”有所不同，主要以使用更加原始的原材料生产化妆品为特色，比如使用赤豆、丝瓜等所谓“传统智慧”的化妆品大行其道，对流行时尚极为敏感的年轻女性完全陷于其中不能自拔。这种自然化妆品的依据便是“绝不使用任何界面活性剂、防腐剂以及香料等成分”，使用这些“含对皮肤有害的物质”的大型化妆品生产厂家的化妆品对人的肌肤是极其危险的，等等。这种极端的论调使陷于其中的女性们纷纷对著名厂家的化妆品敬而远之，甚至持否定态度，一心追捧赤豆和丝瓜。

在这一片热潮中，有一位起劲地抬轿子立下汗马功劳的女性，她在接受各种杂志的采访中曾语出惊人，发出豪言壮语：“除了纯自然的化妆品，其他都令人可怕，使用不得！”

可是大约一年之后，她又突然宣称自己是“敏感性肌肤”，开始热衷于由皮肤科医师开发研制的化妆品，“就是不使用防腐剂的自然化妆品也令人可怕，使用不得！”又过了大约两年左右，她又转而竭力称赞起所谓“无任何添加物”的化妆品来，对皮肤科医师开发研制的化妆品也变成了否定：“那只不过是一种错觉而已！”后来，每当与她联系时便换了一种“爱用品”的她，又迷上了我只听到过名字的二线品牌的邮购化妆品，而选择的理由自然是每次都各不相同，真是很有意思。毫无疑问，她就是那种“化妆品信息源”、“超级时尚发布中心”，同时又是稍嫌不成熟的狂热的化妆品爱好家。

彷徨于各种化妆品间而无法确定自己所适合的，这本是谁都会发生的事情，没有什么不好；可是她的情况却稍稍有些病态，对各种化妆品的热衷又一一幻灭，因而肌肤老是不能变得光滑美丽，尽管尝试了各种各样的化妆品，但是她一点儿也没有美丽起来，脸色总是显得暗淡无光，一直在为脸上的疙瘩而烦恼。

后来她又随着时尚潮流开始为“冥想化妆品”而倾倒，但是脸色仍然未见丝毫好转，终于发出了“难道所有化妆品都没有什么效果”的疑问，即使这样，她还是没有停止尝试和彷徨，先后使用了各种“冥想化妆品”。她将毫无改善的原因统统归结为化妆品，而旁观者则清清楚楚地知道这绝不是化妆品的原因。三年前，她结婚当了一名全职主妇，出于很容易理解的原因，她听从住所附近主妇们的推荐，又试着换用了在主妇中间很受欢迎的上门推销的化妆品，结果如何？令人简直不敢相信，她的肌肤一下子变得光滑美丽起来。

“真的是好不容易才遇上了这样好的化妆品啊！”

她兴奋异常地给我挂来电话报告。我问她：“怎么个好法？”回答：“脸上的疙疙瘩瘩全都不见了，皮肤也变白了……”

我情不自禁地想：果不其然！

她为肌肤持续烦恼了约十年的根本原因，不是因为“没有遇见好的化妆品”，而是她身体内反反复复蓄积下来的令人感觉不适的精神压力，巨大的精神压力会导致植物神经系统失调，血液循环不畅，皮肤的免疫机能也低下或出现紊乱，她总是脸色暗淡，稍有一点小事脸上便长出疙瘩等，全都是内在的精神压力所致。那么，为什么持续了十年的讨厌的问题会在一瞬间全面解决呢？我想大家已经明白了吧？那就是结婚。年过35岁的“闪电式结婚”，不要说周围人都觉得惊讶不已，她本人可能是最最想不到会有这样的事情吧？

类似的例子还可以举出许多。一位皮肤粗糙不堪的女性先后尝试了各种各样的化妆品，在某次人事变动后被调到了其他科室，突然间仿佛全身的毒素全部排出似的，肌肤变得光滑润洁起来；还有一位女性在与长期同居的男友分手，重新搬家之后，立即显得容光焕发，终于告别了彷徨于各种化妆品的生活。不管是谁，都是在改变了自己的日常生活场所的同时发生的变化。

然而更重要的却是，现今的时代在被称作狂热的美容爱好家的人群中，像这样类型的人——将自己不幸的原因指向毫不相干的化妆品，漫无目标地热衷于化妆品中——其实真的是很多。并且这些人往往不信任“主流”化妆品，而宁愿更相信自然化妆品、邮购化妆品等“支流”的化妆品，热衷于从一些二线品牌的化妆品中发现所谓的“价值”，“支流”永远都不可能成为“主流”，因而她们“追求更好更有效的化妆品”的意识比一般人更加强烈，以致一直彷徨于各种化妆品以及频繁地更换化妆品的病态之中。

或许有人会认为这是“庞大的浪费”吧，不过我却有一瞬的觉得：靠着化妆品或多或少解救了深陷于“暗无天日”的巨大精神压力中的她们，这不也是一件好事吗？就拿她来说，大概甚至将“或许结不了婚”的原因也归罪于“化妆品一点也没有效果”吧，假如真是这样的话，那么她由于这种归罪也就不至于产生“我不是一个好女人”、“我缺少女性的魅力”一类的自卑感，她之所以能够结婚，可以说也是因为她并没有这种自卑感的缘故。她所反复尝试和彷徨于其中的许许多多的化妆品，即使没有治愈她肌肤上的问题，但至少减轻了她精神上的自卑感，所以说还是产生了效果的，一点也没有浪费。

日本知名的女性心理专家斋藤薰说得好，我觉得化妆品不只是搽在肌肤上的东西，它更应该是搽拭在精神上的东西，我们经常说使用化妆品后人会变得心情舒畅，其实它还从更深层次上减轻女性们的精神苦痛。

忧虑是女人容貌的最大克星，拥有一份好心情就是最好的天然化妆品。如果你不让你的眼睛周围那些皮肤特别薄的地方过早出现皱纹，请及时地脱离忧虑。

◎生活本无压力

在现实生活中，我们每天必须亲自处理各种各样的日常工作，这些工作不仅满足我们生存的需要同时也给我们带来快乐，但在相当多数情况下我们其中的一些人却享受不到工作的快乐，而是痛苦于由工作的压力带来的种种忧虑。

我曾参与过一项名为“压力下的家庭健康”调查，在接受调查的20000人中有近85%的人认为，绝对需要学习如何处理压力。根据过去十年美国家庭医师协会（American Academy of Family Practitioners）的调查估计，一般的病人中，有近3/4具有与压力有关的问题，这样的调查和其他类似的调查统计，引起许多公司机构与企业界领导人的关切，因为在过去的一年里，怠工与压力相关的疾病而造成的生产效益低下，已使得他们的公司损失了500亿美元。而且他们相信在两年以内，这种花费会增至750亿美元——平均每位美国的工人要花750美元。家庭与婚姻是受压力影响最严重的领域。一般来说，压力是婚姻问题与人际关系问题的最根本的原因之一。

艾柯森博士在他的一篇医学报告中为我们总结了一些关于工作压力带来的忧虑症状。他说：“压力是精神与身体对内在、外在事件的生理反应与心理反应，具有下列特征：A主观性——同样的事件有人觉得有压力，有人却觉得不怎么样；B评价性——同样的压力有人认为对自己有帮助，然而有人却认为对自己有副作用；C 活动性——压力会因为对每一个人造成的严重性不同，从而产生程度不同的压力。”艾柯森仔细地观察他的病人，发现 80％的人因为工作的压力产生忧虑，而烦躁和忧虑致使他们的身体经常呈现如下这样一些症状。

情绪：紧张、敏感、多疑、不稳定、焦躁不安、忧虑烦恼难以放松等。

生理：口干舌燥、心跳急速、异常出汗、肌肉紧绷僵硬、便秘、头痛、失眠、血压升高、全身酸痛、疲劳、精神不济、消化系统不良、新陈代谢失调等。

行为：抱怨、争执、挑剔、责备、暴力、滥用药物、生活作息混乱、坐立不安等。

不错，工作的压力是忧虑的主要来源，但忧虑最能伤害到你的时候，不是在你有所行动的时候，而是在一天的工作做完了之后。你是否注意到，当你在工作中出现过失或者差错，你害怕别的同事或者上司会发现这事时，你心中有着一股怎样强大的压力？这种压力是我们每个人都会有的，因为我们都曾经或多或少地在工作中出现过失误。

在我得州举办的成人教育班上，一个叫玛丽·苏伊曼的女士讲述了她一段至今难忘的经历。“十年前，我刚刚从佛罗里达州立大学毕业进入一家洗涤品公司销售部工作，当时公司新研制出了一种冰箱除味剂，首先在几家超市做了人们对这种新产品的接受程度，效果还不错，接着上司肖恩给我布置了新的销售任务——一星期内做出一份销售除味剂的策划案。当时我异常紧张，‘我只是个新手，为什么让我来做挑战性这么大，风险又这么高的策划案？为什么肖恩不让已经在这里工作了两年的彼得去做？’在这样的不安中我度过了前两天，我当时真实的感受是，当黎明到来的时候，我迅速起床赶到一个个社区中给每个家庭主妇分发除味剂，然后就在现场统计关于价格啊、包装啊、气味啊等方面的调查结果，到了晚上我面对摆在桌子上的一堆资料开始忧虑，‘这样能行吗？别的同事是否会取笑甚至在会上反对这种销售方式？成功的概率到底有多少？’整个夜晚就在这样的质疑中迷迷糊糊度过。到了第四天事情开始出现转机，一位退休在家的老教授找到我们公司，急切地问你们的除味剂怎么在超市的货架上找不到。这样简短的一个问题使我打消了忧虑，我自信地告诉杰克我的策划案已经完成，压力消失了，困扰也不在了，我们成功地推销了新除味剂。”虽然事情时隔十年了，玛丽依然很激动，“可能很多人生活中的忧虑和不快乐来自工作中的压力，其实更多的情况是，工作的压力不是因为工作本身，而是我们自己给自己制造的压力。”

著名的心理学者哈里·赖文生博士，谈到我们对自己将来的光明前景的概念。他说，我们总是尽力使每一件事尽善尽美，因为我们希望能活得更像心目中的自己。但在我们实际状况与自我期望之间总是有一段距离，这距离就是引起压力的根源，也称为自我的压力。因为我们理想中的我是导致潜在问题的原因。

在我们忙碌的生活中，自我管理的能力实在很重要，而理想的自我便是其中重要的部分。或许我们生命中有90%的时间，是花费在自己的事情与追逐自我的理想中。我们只为自己着想，那会使我们陷在自我的捆绑中。古罗马有这样一句谚语："不是负担，而是过重的负担杀死熊。"换句话说，是每日的压力，加上过多的焦虑伤害了我们。

另外还有一种压力，是来自犹豫不决的困扰。

有的时候你在工作中受到的压力，就和你得了感冒一样，是渐渐形成的。没人能事先警觉，因为每一个人都知道，一点点的压力不会伤害你，或许还有些好处呢。但当有一天你发现你受到的压力，已超过了负荷量，而你甚至不知道是从什么时候开始的。于是，你必须寻求一种医治的方法从一场使你十分疲惫的争斗中得以解脱。在这项个人与压力的搏斗中，你若放弃自己的一意孤行，压力就可以减少许多。

和忧虑来一次诀别

◎正确认识平均率

我从小生长在密苏里州的一个农场上。有一天，在帮母亲摘樱桃的时候，我开始哭了起来。我妈妈说："嘉里，你到底有什么好哭的啊?"我哽咽地回答道："我怕我会被活埋。"

那时候我心里充满了忧虑。暴风雨来的时候，我担心被闪电打死；日子不好过的时候，我担心东西不够吃；另外，我还怕死了之后会进地狱；我怕一个叫山姆·怀特的大男孩会割下我的两只大耳朵——像他威胁过我的那样。我忧虑，是因为怕女孩子在我脱帽向她们鞠躬的时候取笑我；我忧虑，是因为怕将来没一个女孩子肯嫁给我；我还为我们结婚之后我该对我太太说的第一句话是什么而操心。我想象我们会在一间乡下的教堂里结婚，会坐着一辆垂着流苏的马车回到农庄……可是在回农庄的路上，我怎么能够一直不停地跟她谈话呢？该怎么办？怎么办？我在犁田的时候，常常花几个钟点在想这些惊天动地的问题。

日子一年年地过去，我渐渐发现我所担心的事情里，有 99％根本就不会发生。比方说，像我刚刚说过的，我以前很怕闪电。可是现在我知道，随便在哪一年，我被闪电击中的机会，大概是 1/35。

我怕被活埋的恐惧，更是荒谬得很。我没有想到——即使是在发明木乃伊前的那些日子里——在一千万人里可能只有一个人被活埋，可是我以前却曾经因为害怕这件事而哭过。

每 8 个人里就有 1 个人可能死于癌症，如果我一定要发愁的话，我就应该去为得癌症的事情发愁——而不应该去愁被闪电打死，或者遭到活埋。

事实上，我刚刚谈的都是我在童年和少年时所忧虑的事。可是我们很多成年人忧虑，也几乎一样的荒谬。要是我们停止忧虑的时间够长，我们就可根据平均率评估我们的忧虑究竟值不值得。如此一来，我想你和我都能够把我们的忧虑消掉 9/10 了。

全世界最有名的保险公司——伦敦的罗艾得保险公司——就靠大家对一些根本很难得发生的事情的担忧，而赚进了几百万元。伦敦的罗艾得保险公司是在跟一般人打赌，说他们所担心的灾祸几乎永远不可能发生。不过，他们不把这叫做赌博，他们称之为保险，实际上这是以平均率为根据的一种赌博。这家大保险公司已经有两百年的良好历史了，除非人的本性会改变，它至少还可以继续维持五千年。而它只是替你保鞋子的险，保船的险，利用平均率来向你保证那些灾祸发生的情况，并不像一般人想象的那么常见。

如果我们检查一下所谓的平均率，就常常会为我们所发现的事实而惊讶。比方说，如果我知道在五年以内，我就得打一场盖茨堡战役那样惨烈的仗，我一定会吓坏了。我一定会想尽办法去加保我的人寿险；我会写下遗嘱，把我所有的财物变卖一空。我会说："我大概没办法活着撑过这场战争，所以我最好痛痛快快地过剩下的这些年。"但是事实上，根据平均率，在平时，50～55 岁之间，每 1000 人里死去的人数和盖茨堡战役里 160000 个士兵中每 1000 个人里平均阵亡的人数相同。

有一年夏天，我在加拿大洛基山区里弓湖的岸边碰见了沙林吉夫妇。沙林吉太太是一个很平静、很沉着的女人，她给我的印象是：她从来没有忧虑过。有一天夜晚，我们坐在熊熊的炉火前，我问她是不是曾经因忧虑而烦恼过。"烦恼?"她说，"我的生活都差点被忧虑毁了。在我学会征服忧虑之前，我在自作自受的苦难中生活了 11 个年头。那时候我脾气很坏，很急躁，生活在非常紧张的情绪之下。每个礼拜，我要从在圣马提奥的家搭公共汽车到旧金山去买东西。可是就算在买东西的时候，我也愁得要命——也许我又把电熨斗放在熨衣板上了；也许房子烧起来了；也许我的女佣人跑了，丢下了孩子们；也许他们骑着他们的脚踏车出去，被汽车撞死了。我买东西的时候，常常因发愁而弄得冷汗直冒，冲出店去，搭上公共汽车回家，看看是不是一切都很好。难怪我的第一次婚姻没有结果。

"我的第二任丈夫是一个律师——一个很平静、事事都能够加以分析的人，从来没有为任何事情忧虑过。每次我神情紧张或焦虑的时候，他就会对我说：'不要慌，让我们好好地想一想……你真正担心的到底是什么呢? 让我们看一看平均率，看看这种事情是不是有可能会发生。'

“举个例子来说，我还记得有一次，那是在新墨西哥州。我们从阿布库基开车到卡世白洞窟去，经过一条土路。在半路上碰到了一场很可怕的暴风雨。

“车子一直滑着，没办法控制。我想我们一定会滑到路边的沟里去，可是我的先生一直不停地对我说：‘我现在开得很慢，不会出什么事的。即使车子滑进了沟里，根据平均率，我们也不会受伤。’他的镇定和信心使我平静下来。

“有一个夏天，我们到加拿大的洛矶山区托昆谷去露营。有天晚上，我们的营帐扎在海拔 7000 尺高的地方，突然遇到暴风雨，好像要把我们的帐篷吹成碎片。帐篷是用绳子绑在一个木制的平台上的，外面的帐篷在风里抖着，摇着，发出尖厉的声音。我每一分钟都在想：我们的帐篷会被吹跑了，吹到天上去。我当时真吓坏了，可是我先生不停地说着：‘我说，亲爱的，我们有好几个印第安向导，这些人对一切都知道得很清楚。他们在这些山地里扎营，都扎了有 60 年了，这个营帐在这里也过了很多年，到现在还没有被吹跑。根据平均率来看，今晚也不会被吹跑。而即使被吹跑的话，我们也可以躲到另外一个营帐里去，所以不要紧张。’……我放松了心情，结果那后半夜睡得非常熟。

“几年以前，小儿麻痹症横扫过加利福尼亚州我们所住的那一带。要是在以前，我一定会惊慌失措，可是我先生叫我保持镇定，我们尽可能采取了所有的预防方法：我们不让小孩子出入公共场所，暂时不去上学，不去看电影。在和卫生署联络过之后，我们发现，到目前为止，即使是在加州所发生过的最严重的一次小儿麻痹症流行时，整个加利福尼亚州只有 1835 个孩子染上了这种病。而平常，一般的数目只在200～300之间。虽然这些数字听起来还是很惨，可是到底让我们感觉到：根据平均率看起来，某一个孩子感染的机会实在是很少。

“‘根据平均率，这种事情不会发生’，这一句话就消灭了我 90％的忧虑，我过去 20 年来的生活，过得那样美好和平静，都是靠这一句话的力量。”

回顾过去的几十年时，我发现我大部分的忧虑也都是因此而来的。詹姆·格兰特告诉我，他的经验也是如此。他是纽约富兰克林市场的格兰特批发公司的大老板。每次他要从佛罗里达州买 10～15 车的橘子等水果。他告诉我，他以前常常想到很多无聊的问题，比方说，万一火车出事怎么办？万一水果滚得满地都是怎么办？万一我的车子正好经过一座桥，而桥突然垮了怎么办？当然，这些水果都是经过保险的，可是他还是怕万一他没有按时把水果送到，就可能失掉他的市场。他甚至因过度忧虑而得了胃溃疡，因此去找医生检查。医生告诉他说，他没有别的毛病，只是过于紧张罢了。“这时候我才明白，”他说，“我开始问我自己一些问题。我对自己说，‘注意，詹姆·格兰特，这么多年来你批发过多少车的水果？答案是：‘大概有25000多车。’然后我问我自己，‘这么多车里有多少出过车祸?’答案是：‘噢——大概有5部吧。’然后我对我自己说，一共25000部车子，只有5部出事，你知道这是什么意思？比率是5000：1。换句话说，根据平均率来看，以你过去的经验为基础，你车子出事的可能几率是5000：1，那你还担心什么呢?’

“然后我对自己说：‘嗯，桥说不定会塌下来。然后我问我自己，在过去，你究竟有多少车水果是因为塌桥而损失了呢?’答案是：‘一部也没有。’然后我对我自己说，‘那你为了一座根本没塌过的桥，为了5000：1的火车失事的几率而让你忧愁成疾，不是太傻了吗?’

“当我这样来看这件事的时候，”詹姆·格兰特告诉我，“我觉得以前自己真的太傻。于是我就在那一刹那决定，以后让平均率来替我担忧——从那以后，我就没有再为我的‘胃溃疡’烦恼过。”

埃尔·史密斯在纽约当州长的时候，我常听到他对攻击他的政敌说，“让我们看看记录……让我们看看记录。”然后他就把很多事实讲出来。下一次你若再为可能发生什么事情而忧虑，最好学一学这位聪明的老埃尔·史密斯，查一查以前的记录，看看你这样忧虑到底有没有道理。这也正是当年佛莱德雷·马克斯塔特害怕自己躺在散兵坑里的时候所做的事情。下面就是他在纽约成人教育班上所说的故事：

“1944年6月初，我躺在奥玛哈海滩附近的一个散兵坑里。当时我正在第9信号连服役，而我们刚刚抵达诺曼底。我看到了地上那个长方形的散兵坑，就对自己说：‘这看起来多像一座坟墓。’当我准备睡在里面的时候，更觉得那就是一座坟墓，我忍不住对我自己说：‘也许这就是我的坟墓呢。’在晚上11点钟的时候，德军的轰炸机开始飞了过来，炸弹纷纷往下落。我吓得呆若木鸡。前三天我根本睡不着。到了第四天还是这样。第五天夜里，我几乎精神崩溃了。我知道要是不赶紧想办法的话，我整个人就会疯掉。所以我提醒自己说：‘已经过了五个夜晚了，我还活得好好的，而且我们这一组的人也都活得很好，只有两个受了轻伤。’他们之所以受伤，并不是因为被德军的炸弹炸到了，而是被我们自己的高射炮的碎片打中。我决定做一些有建设性的事情来制止我的忧虑，所以在我的散兵坑上造了一个厚厚的木头屋顶，来保护我自己不至于被碎弹片击中。我计算了一下位置和距离，告诉自己：‘只有炸弹直接命中，我才可能被打死在这个又深又窄的散兵坑里。’于是我又算出直接命中的比率，还不到万分之一。这样子想了两三夜之后，我平静下来了，后来就连敌机来袭的时候，我也睡得非常安稳。”

美国海军也常用平均率所统计的数字来鼓舞士兵的士气。一个以前当海军的人告诉我，当他和他船上的伙伴被派到一艘油船上的时候，他们都吓坏了。这艘油轮运的是高单位汽油，于是他们都认为，要是这条油轮被鱼雷击中，就会爆炸开来，把船上的每个人都送上西天。

可是美国海军有他们的办法。海军单位发出了一些很正确的统计数字，指出被鱼雷击中的100艘油轮里，有60艘并没有沉到海里去，而真正沉下去的40艘里，只有5艘是在不到5分钟的时间内沉没。那就是说，如果鱼雷真的击中油轮，你有足够的时间跳下船——也就是说，在船上丧命的机会非常小。这样对士气有没有帮助呢？“知道了这些平均数字之后，我的忧虑一扫而光。”住在明尼苏达州保罗市的克莱德·马斯——也就是说这个故事的人，说，“船上的人都觉得轻松多了，我们知道有的是机会，根据平均的数字来看，我们可能不会死在这里。”

◎平静可以止住忧虑

你是否想知道如何在华尔街赚钱？恐怕至少有100万以上的人想知道这一点。如果我知道这个问题的答案，这本书恐怕就要卖一万美元一本了。不过，这里却有一个很好的想法，而且很多成功的人都加以应用。讲这个故事的人叫查尔斯·罗伯茨，一位投资顾问。

“我刚从得克萨斯州来到纽约的时候，身上只有2万美元，是我朋友托付我到股票市场上来投资用的。我原以为，我对股票市场懂得很多，可是后来我赔得一分钱不剩。不错！在某些生意上我赚了几笔，可结果全部都赔光了。

“要是我自己的钱都赔光了，我倒不会那么在乎！可是我觉得把我朋友们的钱赔光了，是一件很糟糕的事情，虽然他们都很有钱。在我们的投资得到这样一种不幸的结果之后，我实在很怕再见到他们，可是没有想到的是，他们不仅对这件事情看得很开，而且还乐观到不可救药的地步。

“我开始仔细研究自己犯过的错误，并下定决心在我再进股票市场以前，一定要先了解整个股票市场到底是怎么一回事。于是我找到一位最成功的预测专家波顿·卡瑟斯，跟他交上了朋友。我相信我能从他那里学到很多东西，因为他多年来一直是个非常成功的人，而我知道能有这样一番事业的人，不可能全靠机遇和运气。

“他先问了我几个问题，问我以前是怎么做的。然后告诉我一个股票交易中最重要的原则。他说：‘我在市场上所买的每一宗股票，都有一个到此为止、不能再赔的最低标准。比方说，我买的是每股 50 元的股票，我马上规定不能再赔的最低标准是 45 元钱。’这也就是说，万一股票跌价，跌到比买进价低 5 元的时候，就立刻卖出去，这样就可以把损失只限定在 5 元钱。

“‘如果你当初买得很聪明的话，’这位大师继续说道，‘你的赚头可能平均在 10 元、25 元，甚至于 50 元。因此，在把你的损失限定在 5 元以后，即使你半数以上的判断错误，也能让你赚很多的钱。’

“我马上学会了这一办法，从此便一直使用，这个办法替我的顾客和我挽回了不知几千几万块钱。

“过了一段时间之后，我发现，这个所谓‘到此为止’的原则也可以用在股票市场以外的地方，我开始在财务以外的忧虑问题上定下‘到此为止’的限制，我在每一种让我烦恼和不快的事情上，加一个‘到此为止’的限制，结果简直是太不可思议了。

“举例来说，我常常和一个很不守时的朋友一起午餐。他以前总是在我的午餐时间过去大半之后才来，最后我告诉他我现在碰到问题就用‘到此为止’的原则。我告诉他说：以后等你‘到此为止’的限制是 10 分钟，要是你在 10 分钟以后才到的话，我们的午餐约会就算告吹了——你来也找不到我。”

各位，我真希望在很多很多年以前就学会了把这种“到此为止”的限制，用在化解我的缺乏耐心、我的脾气、我的自我适应的欲望、我的悔恨和所有精神与情感的压力上。为什么我以前没有想到要抓住每一个可能会摧毁我思想平静的情况呢？为什么不会对自己说：“这件事情只值得担这么一点点心——没必要去操更多的心……”

不过，我至少觉得自己在一件事上做得还不差，而且那是一次很严重的情况——是我生命中的一次危机——当时我几乎眼看着我的梦想、我对未来的计划以及多年来的工作付诸流水。事情经过是这样的：

在我 30 岁刚出头的时候，我决定终生以写小说为职业，想做个弗兰克·瑞斯洛、杰克·伦敦或哈代第二。当时我充满了信心，在欧洲住了两年，在第一次世界大战结束后的那段日子里，用美元在欧洲生活，开销算是很小的。我在那儿过了两年，从事我的创作。我把那本书题名为《大风雪》，这个题目取得真好，因为所有出版家对它的态度都冷得像呼啸而刮的大风雪一样。当我的经纪人告诉我这部作品一文不值，说我没有写小说的天分和才能的时候，我的心跳几乎停止了。

我茫然地离开他的办公室，哪怕他用棒子当头敲我，也不会让我更感到吃惊，我简直是呆住了。我发现自己站在生命的十字路口，必须做出一个非常重大的决定。我该怎么办呢？我该往哪一个方向转呢？几个礼拜之后，我才从这种茫然中醒来。在当时，我从来没有听过“给你的忧虑定下‘到此为止’的限制”的说法，可是现在回想起来，我当时所做的正是这件事。我把费尽心血写那本小说的那两年时间看作是一次可贵的经验，然后从那里继续前进。我回到组织和教授成人教育班的老本行，有空的时候写一些传记和非小说类的书籍。

我是不是很高兴自己做出了这样的决定呢？现在每逢我想起那件事情，就得意地想在街上跳舞，我可以很诚实地说，从那以后，我再也没有哪一天或哪一个钟点后悔我没有成为哈代第二。

100年前的一个夜晚，当一只鸟沿着沃登湖畔的树林里叫的时候，梭罗用鹅毛笔蘸着自己做的墨水，在他的日记里写道：“一件事物的代价，也就是我称之为生活的总值，需要当场或长时期内进行交换。”

换个方式来说，如果我们以生活的一部分来付出代价，而付出得太多了的话，我们就是傻子。这也正是吉尔伯特和苏利文的悲哀：他们知道如何创作出快乐的歌词和歌谱，可是完全不知道如何在生活中寻找快乐。他们写过很多令世人非常喜欢的轻歌剧，可是他们却没有办法控制他们的脾气。他们只不过为了一张地毯的价钱而争吵多年。苏利文为他们的剧院买了一张新的地毯，当吉尔伯特看到账单的时候，大为恼火。这件事甚至闹至公堂，从此两个人至死都没有再交谈过。苏利文替新歌剧写完曲子之后，就把它寄给吉尔伯特，而吉尔伯特填上歌词之后，再把它们寄回给苏利文。有一次，他们一定要一起到台上谢幕，于是他们站在台的两边，分别向不同的方向鞠躬，这样才可以不必看见对方。他们就不懂得应该在彼此的不快里定下一个“到此为止”的最低限度。托尔斯泰娶了一个他非常爱的女孩子。事实上，他们在一起非常快乐，他们常常跪下来，向上帝祈祷，让他们继续过这种神仙眷属的生活。可是托尔斯泰所娶的那个女孩子天性非常善妒，她常扮成乡下姑娘，去打探他的行动，甚至于溜到森林里去看他。他们发生了很多很可怕的争吵，她甚至嫉妒她亲生的儿女，曾经抓起一把枪来，把她女儿的照片打了一个洞。她会在地板上打滚，拿着一瓶鸦片对着嘴巴，威胁着说要自杀，害得她的孩子们缩在屋子的角落里，吓得尖声大叫。

结果托尔斯泰怎么做呢？如果他跳起来，把家具打得稀烂，我倒不怪他——因为他有理由这样生气。可是他做的事比这个要坏多了，他记了一本私人日记！在那里面，他把一切都怪在太太身上，这个就是他的“哨子”。他下定决心要下一代能够原谅他，而把所有的错都怪在他太太身上。而他太太用什么办法来对付他这种做法呢？这还用问，她当然是把他的日记撕下来烧掉了。她自己也写了一本日记，在日记里把错都推在托尔斯泰身上。她甚至还写了一本小说，题目叫做《谁的错》。在那本小说里，她把她的丈夫描写成一个破坏家庭的人，而她自己是一个烈士。

所有的事情结果如何呢？为什么这两个人会把他们唯一的家变成托尔斯泰称谓的“一座疯人院”呢？很显然，有几个理由。其中之一就是他们极想引起别人的注意。不错，他们所最担心的就是别人的意见。我们会不会在乎应该怪谁呢？不会的，我们只会注意我们自己的问题，而不会浪费一分钟去想托尔斯泰家里的事。这两个无聊的人为他们的“哨子”付出了多么大的代价。50年的光阴都住在一个可怕的地狱里，只因为他们两个人都没有一个有脑筋会说“不要再吵了”，因为两个人都没有足够的价值判断力，并能够说：“让我们在这件事情上马上告一段落，我们是在浪费生命，让我们现在就说‘够了’吧。”

不错，我非常相信，这是获得心理平静的最大秘密之一——要有正确的价值观念。而我也相信，只要我们能够定出一种个人的标准来——就是和我们的生活比起来，什么样的事情才值得的标准，我们的忧虑有50%可以立刻消除。

所以，要在忧虑摧毁你以前，先改掉忧虑的习惯。任何时候，我们想拿出钱来买的东西和生活比较起来不算好的话，让我们先停下来，问问自己下面的三个问题：

1. 我现在正在担心的问题，到底和我自己有什么样的关系？

2. 在这件令我忧虑的事情上，我应该在什么地方设定一个“到此为止”的最低限度——然后把它整个忘掉。

3. 我到底应该付这支“哨子”多少钱？我是否已经付出了超过它价值的钱呢？

◎本色人生才是快乐的

我有一封伊笛丝·阿雷德太太从北卡罗来纳州艾尔山寄来的信。“我从小就特别敏感而腼腆，”她在信上说，“我的身体一直太胖，而我的一张脸使我看起来比实际上还胖得多。我有一个很古板的母亲，她认为把衣服弄得漂亮是一件很愚蠢的事情。她总是对我说：‘宽衣好穿，窄衣易破。’而她总照这句话来帮我穿衣服。所以我从来不和其他的孩子一起做室外活动，甚至不上体育课。我非常害羞，觉得我跟其他人都‘不一样’，完全不讨人喜欢。

“长大之后，我嫁给一个比我年长好几岁的男人，可是我并没有改变。我丈夫一家人都很好，也充满了自信。他们就是我应该是而不是的那种人。我尽最大的努力要像他们一样，可是我办不到。他们为了使我开朗而做的每一件事情，都只是令我更退缩到我的壳里去。我变得紧张不安，躲开了所有的朋友，情形坏到甚至怕听到门铃响。我知道我是一个失败者，又怕我的丈夫会发现这一点。所以每次当我们出现在公共场合的时候，我都假装很开心，结果常常做得太过分，事后我会为这个而难过好几天。最后不开心到使我觉得再活下去也没有什么道理了，我开始想自杀。”

出了什么事才改变这个不快乐的女人的生活？只是一句随口说出的话。

“一句随口说出的话，”阿雷德太太继续写道，“改变了我的整个生活。有一天，我的婆婆正在谈她怎么教育她的几个孩子，她说，‘不管事情怎么样，我总会要求他们保持本色。’……‘保持本色’……就是这句话！在那一刹那间，我才发现我之所以那么苦恼，就是因为我一直在试着让自己适合于一个并不适合我的模式。

“在一夜之间我整个改变了。我开始保持本色。我试着研究我自己的个性，试着找出我究竟是怎样的人。我研究我的优点，尽我所能去学色彩和服饰上的学问，尽量以能够适合我的方式去穿衣服。我主动地去交朋友，我参加了一个社团组织——开始是一个很小的社团——他们让我参加活动，把我吓坏了。可是我每一次发言，就增加了一点勇气。这事花了很长的一段时间，可是今天我所有的快乐，却是我从来没有想到可能得到的。在教养我自己的孩子时，我也总是把我从痛苦的经验中所学到的结果教给他们：‘不管事情怎么样，总是保持本色。’”

“保持本色的问题，像历史一样的古老，”詹姆斯·高登·季尔基博士说，“也像人生一样普遍。”不愿意保持本色，即是很多精神和心理问题的潜在原因。安吉罗·帕屈在幼儿教育方面曾写过 13 本书和数以千计的文章，他说：“没有人比那些想做其他人，和除他自己以外其他东西的人，更痛苦的了。”

这种希望能做跟自己不一样的人的想法，在好莱坞尤其流行。山姆·伍德是好莱坞最知名的导演之一。他说在他启发一些年轻的演员时，所碰到的最头痛的问题就是这个：要让他们保持本色。他们都想做二流的拉娜·透纳，或者是三流的克拉克·盖博。“这一套观众已经受够了，”山姆·伍德说，“最安全的做法是：

要尽快丢开那些装腔作势的人。”

最近我请教素凡石油公司的人事室主任保罗·包延登，来求职的人常犯的最大错误是什么。他应该知道的，因为他曾经和6万多个求职的人面谈过，还写过一本名为《谋职的6种方法》的书。他回答说：“来求职的人所犯的最大错误就是没有保持本色。他们不以真面目示人，不能完全的坦诚，却给你一些他以为你想要的回答。”可是这个做法一点用也没有，因为没有人要伪君子，也从来没有人愿意收假钞票。

我知道有一位公共汽车驾驶员的女儿就是很辛苦才学到这个教训。她想当歌星，但不幸的是她长得不好看，嘴巴太大，还长着龅牙。她第一次在新泽西的一家夜总会里公开演唱时，直想用上唇遮住牙齿，她企图让自己看来显得高雅，结果却把自己弄得四不像，这样下去她就注定要失败了。

幸好当晚在座的一位男士认为她很有歌唱的天分，他很直率地对她说：“我看了你的表演，看得出来你想掩饰什么，你觉得你的牙齿很难看？”那女孩听了觉得很难堪，不过那个人还是继续说下去，“龅牙又怎么样？那又不犯罪！不要试图去掩饰它，张开嘴就唱，你越不以为然，听众就会越爱你。再说，这些你现在引以为耻的龅牙，将来可能会带给你财富呢！”

凯丝·达莱接受了那人的建议，把龅牙的事抛诸脑后，从那次以后，她只把注意力集中在观众身上。她尽情开怀地演唱，后来成为电影及电台中走红的顶尖歌星，现在，别的歌星倒想来模仿她了。

就像爱默生在他那篇《论自信》的散文里所说的：“在每一个人的教育过程之中，他一定会在某个时期发现，羡慕就是无知，模仿就是自杀。不论好坏，他必须保持本色。虽然广大的宇宙之间充满了好的东西，可是除非他耕作那一块给他耕作的土地，否则他绝得不到好的收成。他所有的能力是自然界的一种新能力，除了他之外，没有人知道他能做些什么，他能结什么，而这都是他必须去尝试求取的。”

下面是一位诗人——已故的道格拉斯·马罗区——所说的：

如果你不能成为山顶的一株松，
就做一丛小树生长在山谷中，
但须是溪边最好的一小丛。
如果你不能成为一棵大树，
就做灌木一丛。

如果你不能成为一丛灌木，就做一片绿草，
让公路上也有几分欢娱。
如果你不能成为一只麝香鹿，就做一条鲈鱼，
但须做湖里最好的一条鱼。
我们不能都做船长，我们得做海员。
世上的事情，多得做不完，
工作有大的，也有小的，
我们该做的工作，就在你的手边。
如果你不能做一条公路，就做一条小径。
如果你不能做太阳，就做一颗星星。
不能凭大小来断定你的输赢，
不论你做什么都要做最好的一名。

◎你只需要享受当下

在一次培训课上，我和学员们讨论到“及时行乐”这个话题，大多数人认为“及时行乐”带有太多利己观念，但我认为“及时行乐”里面也包含很多积极进取的因素，有这么一个小故事：

一个20出头的小伙子急匆匆地走在路上。一个人拦住了他，问道：

“小伙子，你为何行色匆匆啊？”

小伙子连头也不回，飞快地向前跑着，只泛泛地甩了一句：

“别拦我，我要寻求幸福。”

转眼20年过去了，小伙子已变成中年人，可他依旧在路上奔波。

有一个人又拦住他。

“喂！中年人，你上哪儿去啊！”

“别拦我，我在寻找我的幸福。”

20年又过去了，这个中年人逐渐变得苍老，面色憔悴，背亦驼得像一张弯弓，可他仍挣扎着，一步步向前挨。

又有个人拦住他。

“老头子，你还在寻找你的幸福吗？”

“是啊！”

当老头回答完这句问话，猛地惊醒，一行老泪流了下来。原来，刚问他问题的那个人，就是幸福之神啊！他寻找了一辈子，实际上幸福就在他身边，他却屡次与之擦肩而过。

讲到这里，我看了看下面的学员，提出了这样一个问题：

“请问在座诸位，对于‘及时行乐’这个命题还有不同看法吗？”

教室内一片寂静，看得出每个人都陷入了苦苦的思索之中。

是的，我们的人生太短促，但是，我们脚下的路却是很长很长，如果懂得适时地享受生活中的乐趣，抛开人世间的一切苦恼与忧虑，我们的人生就是幸福的、快乐的。

1871 年春天，一个蒙德里尔综合医院的医科学生，因为受一句话的启发，而使他成为一代医学权威，创建了全世界知名的约翰·霍普金斯医学院，成为牛津大学的钦定医学教授，获得了医学界最高荣誉——女王勋章。他还被加封为子爵，他就是威廉·奥斯勒，而他看到的那句话是：“最重要的不是去看远方的模糊，而是要做手边清楚的事。”

他的成功，就是因为他活在一个所谓“完全独立的今天”。42 年后，他在耶鲁大学发表演说时对大学生们说：

“你们当中的每一个的组织都比一条大海船复杂、精美得多，所要走的航程也远得多，但你们要学会怎样适应、控制一切，活在一个‘完全独立的今天’。

“要注意聆听你们生活的每一个层面，隔断已经死去的昨天，也隔断那些尚未诞生的明天。那你拥有的就是今天。

“明天的重担，再加上昨天的重担，就会成为今天最大的障碍，要把未来像过去那样紧紧地关在门外，因为未来就在于今天。”

奥斯勒教授以为：为明日做准备的最好方法，就是要集中你所有的智慧，所有的热情，把今天的工作做得尽善尽美。在今天完成今日事，这才算为明天铺路。

我们多数的人，都拖延着不去享受今天的生活，我们都梦想着天边有一座奇妙的玫瑰园，而不去欣赏今天就开放在我们窗口的玫瑰。

在我们的传统文化中，回避现时几乎成为一种流行性疾病。社会环境总是要求人们为将来牺牲现在。根据逻辑推理，在这种思想的影响下，人们总是在今天为明天或昨天的事情担忧，无法“活在今天”。回避现时这种态度意味着不仅要避免目前的享受，而且要永远回避幸福——难道不是吗？将来那一时刻一旦到来，也就成为现时，而我们到那时又必须利用那一现时为将来做准备。这样，幸福总是明日复明日，永远可望而不可即。

回避现时往往导致对未来的一种理想化。你可能会想象自己在今后生活中的某一时刻，会发生一个奇迹般的转变，你一下子变得事事如意，幸福无比，财富无限，或者期望自己在完成某一特别业绩——如大学毕业、结婚、有了孩子或职务晋升之后，你将重新获得一种新的生活。然而，当那一刻真正到来时，你却并没获得自己原先想象的幸福，甚至往往有些令人失望。未来永远没有你所想象的那么美好、如诗如画，它也只是一种切切实实的"现时"。为什么许多年轻人婚后不久就哀叹生活与婚姻的不幸，其中不乏一个原因——他们曾经将婚姻和未来幻想得过于幸福美满，而当这一切真正到来时，当他们置身于现时生活之中，他们不愿面对一些现实。

下面这个"只为今天"的计划，我认为对我们过一种积极有益的生活非常有效，如果我们能照着做，我们就能大量地产生"生活上的快乐"。

（1）只为今天，我要很快乐。假如林肯所说的"大部分人只要下定决心都能很快乐"这句话是对的，那么快乐是来自内心，而不是来自于外界。

（2）只为今天，我要让自己适应一切，而不去试着调整一切来适应我的欲望。我要以这种态度接受我的家庭、我的事业和我的运气。

（3）只为今天，我要爱护我的身体。我要多运动、善于照顾、善于珍惜；不损伤它、不忽视它；使它能成为我争取成功的好基础。

（4）只为今天，我要加强我的思想。我要学一些有用的东西，我不要做一个胡思乱想的人。我要看一些需要思考、更需要集中精神才能看的书。

（5）只为今天，我要用三件事来锻炼我的灵魂：我要为别人做一件好事，但不要让人家知道；我还要做两件我并不想做的事，而这就像威廉·詹姆斯所建议的，只是为了锻炼。

（6）只为今天，我要做个讨人喜欢的人，外表要尽量修饰，衣着要尽量得体，说话低声，行动优雅，丝毫不在乎别人的毁誉。对任何事都不挑毛病，也不干涉或教训别人。

（7）只为今天，我要试着只考虑怎么度过今天，而不期望我一生的问题一次就解决。因为，我虽能连续十二个钟头做一件事，但若要我一辈子都这样做下去的话，就会吓坏了我。

（8）只为今天，我要订下一个计划。我要写下每个钟头该做些什么事。也许我不会完全照着做，但还是要订下这个计划，这样至少可以免除两种缺点——过分仓促和犹豫不决。

(9) 只为今天，我要为自己留下安静的半个钟头，轻松一番。在这半个钟头里，我要想到神，使我的生命更充满希望。

(10) 只为今天，我要心中毫无惧怕。尤其是，我不要怕快乐，我要去欣赏美的一切，去爱，去相信我爱的那些人会爱我。如果我们想培养平安和快乐的心境，请记住这条规划：

“有了快乐的思想和行为，你就能感到快乐。”

我在自己浴室的镜子上贴了一首诗，以便自己每天早上刮胡子的时候都能看见它。这首诗的作者是一个很有名的印度戏剧家卡里达沙。

向黎明致敬
看着这一天！
因为它就是生命，生命中的生命。
在它短短的时间里，
有你存在的所有变化与现实；
生长的福泽，
行动的辉煌。
因为昨天不过是一场梦，
而明天只是一个幻影，
但是活在很好的今天，
却能使每一个昨天都是一个快乐的梦，
每一个明天都是有希望的幻景。
所以，好好地看着这一刻吧，
这就是你对黎明的敬礼。

◎焦点从小事中转移

人生短暂，如白驹过隙，然而有很多人却浪费了很多时间，去愁一些一年内就会被忘却的小事。

我们通常都能很勇敢地面对生活里那些大的危机，却被些小事情搞得垂头丧气。大多数时间里，要想克服因为一些小事情引起的困扰，只要把自己的看法和重点转移一下就可以了。你会找到一个新的使你开心一点的想法。

下面是一个也许会让你毕生难忘、很富戏剧性的故事。说这个故事的人叫罗勒·摩尔。

“1945年的3月，我学到了我这一生最重大的一课”他说，“我是在中南半岛附近276英尺深的海底下学到的。当时我和另外87个人一起在贝雅S·S·三一八号潜水艇上。我们由雷达发现，一小支日本舰队正朝我们这边开过来。在天快亮的时候，我们开出水面发动攻击。我从潜望镜里发现一艘日本的驱逐护航舰、一艘油轮和一艘布雷舰。我们朝那艘驱逐护航舰发射了三枚鱼雷，但是都没有击中。那艘驱逐舰并不知道它正遭受攻击，还继续向前驶去，我们准备攻击最后的一条船——那艘布雷舰。突然之间，它转过身子，直朝我们开来（一架日本飞机，看见我们在60英尺深的水下，把我们的位置用无线电通知了那艘日本的布雷舰）。我们潜到150英尺深的地方，以避免被它侦测到，同时准备好应付深水炸弹。我们在所有的舱盖上都多加了几层栓子，同时为了要使我们的沉降保持绝对的静默，我们关了所有的电扇、整个冷却系统和所有的发电机器。

“三分钟之后，突然天崩地裂。六枚深水炸弹在我们四周爆炸开来，把我们直压到海底——深达276英尺的地方。我们都吓坏了，在不到1000英尺深的海水里，受到攻击是一件很危险的事情——如果不到500英尺的话，差不多都难逃劫运。而我们却在不到500英尺一半深的水里受到了攻击——要照怎么样才算安全说起来，水深等于只到膝盖部分。那艘日本的布雷舰不停地往下丢深水炸弹，攻击了15个小时，要是深水炸弹距离潜水艇不到17英尺的话，爆炸的威力可以在潜艇上炸出一个洞来。有十几个深水炸弹就在离我们50英尺左右的地方爆炸，我们奉命‘固守’——就是要静躺在我们的床上，保持镇定。我吓得几乎无法呼吸：‘这下死定了。’电扇和冷却系统都关闭之后，潜水艇内的温度几乎有一百多度，可是我怕得全身发冷，穿上了一件毛衣以及一件带皮领的夹克，可是还是冷得发抖。我的牙齿不停地打战，全身冒着一阵阵的冷汗。攻击持续了15个小时之久，然后突然停止了。显然那艘日本的布雷舰把它所有的深水炸弹都用光了，就驶了开去。这15个小时的攻击，感觉上就像有1500万年。我过去的生活都一一在我眼前映现，我记起了以前所做过的所有的坏事，所有我曾经担心过的一些很无稽的小事情。在我加入海军之前，我是一个银行的职员，曾经为工作时间太长、薪水太少、没有多少升迁机会而发愁。我曾经忧虑过，因为我没有办法买自己的房子，没有钱买部新车子，没有钱给我太太买好的衣服。我非常讨厌我以前的老板，因为他老是找我的麻烦。我还记得，每晚回到家里的时候，我总是又累又难过，常常跟我的太太为一点芝麻小事吵架；我也为我额头上的一个小疤——是一次车祸时留下的伤痕——发愁过。”

我们通常都能很勇敢地面对生活里面那些大的危机——可是，却会被这些搞得垂头丧气。比方说，撒母耳·白布西在他的《日记》里谈到他脖子上那块痛伤的地方。

这也是帕德上将在又冷又黑的极地之夜所发现的另外一点——他手下的人常常为一些小事情而难过，却不在乎大事。他们能够毫不埋怨地面对危险而艰苦的工作，在零下几十度的寒冷中工作，“可是，”帕德上将说，“我却知道有好几个同房的人彼此不讲话，因为怀疑对方把东西乱放，占了他们自己的地方。我还知道，队上有一个讲究所谓空腹进食、细嚼健康法的家伙，每口食物一定嚼过28次才吞下去；而另外有一个人，一定要在大厅里找到一个看不见这家伙的位子坐着，才能吃得下饭。

“在南极的营地里，”帕德上将说，“像这类的小事情，都可能把最有训练素养的人逼疯。”

而帕德上将，你还可以加一句话：“小事”如果发生在夫妻间的生活里，也会把人逼疯，还会造成“世界上半数的伤心事”。

而纽约州的地方检察官弗兰克·霍根也说：“我们处理的刑事案件里，有一半以上都起因于一些很小的事情：在酒吧里逞英雄，为一些小事情争争吵吵，讲话侮辱别人，措辞不当，行为粗鲁——就是这些小事情，结果引起伤害和谋杀。很少有人真正天性残忍，一些犯了大错的人，都是因自尊心受到小小的损害，一些小小的屈辱，虚荣心不能满足，结果造成世界上半数的伤心事。”

罗斯福夫人刚结婚的时候，她忧虑了好多天，因为她的新厨子做饭做得很差。“可如果事情发生在现在，”罗斯福夫人说，“我就会耸耸肩膀把这事给忘了。”好极了，这才是一个成年人的做法。就连凯瑟琳女皇——这个最专制的女皇，在厨子把饭做得不好的时候，通常也只是付之一笑。

就像吉布林这样有名的人，有时候也会忘了“生命是这样的短促，不能再顾及小事”。其结果呢？他和他的舅爷在维尔蒙打了一场官司——这场官司打得有声有色，后来还有一本专辑记载着，书的名字叫《吉布林在维尔蒙的领地》。

故事的经过情形是这样子的：吉布林娶了一个维尔蒙地方的女孩子凯洛琳·巴里斯特，在维尔蒙的布拉陀布罗造了一间很漂亮的房子，在那里定居下来，准备度他的余生。他的舅爷比提·巴里斯特成了吉布林最好的朋友，他们两个在一起工作，在一起游戏。

然后，吉布林从巴里斯特手里买了一点地，事先协议好巴里斯特可以每一季在那块地上割草。有一天，巴里斯特发现吉布林在那片草地上开了一个花园，他生起气来，暴跳如雷，吉布林也反唇相讥，弄得维尔蒙绿山上的天都变黑了。

几天之后，吉布林骑着他的脚踏车出去玩的时候，他的舅爷突然驾着一部马车从路的那边转了过来，逼得吉布林跌下了车子。而吉布林——这个曾经写过"众人皆醉，你应独醒"的人——却也昏了，告到官里去，把巴里斯特抓了起来。接下去是一场很热闹的官司，大城市里的记者都挤到这个小镇上来，新闻传遍了全世界。事情没办法解决，这次争吵使得吉布林和他的妻子永远离开了他们在美国的家，这一切的忧虑和争吵，只不过为了一件很小的小事：一车子干草。

平锐克里斯在 2400 年前说过："来吧，各位！我们在小事情上耽搁得太久了。"一点也不错，我们的确是这样子的。

下面是哈瑞·爱默生·傅斯狄克博士所说的故事里最有意思的一个——有关森林的一个巨人在战争中怎样得胜，怎样失败。

"在科罗拉多州长山的山坡上，躺着一棵大树的残躯。自然学家告诉我们，它曾经有四百多年的历史。它初发芽的时候，哥伦布才刚在美洲登陆；第一批移民到美国来的时候，它才长了一半大。在它漫长的生命里，曾经被闪电击中过十四次；四百年来，无数的狂风暴雨侵袭过它，它都能战胜它们。但是在最后，一小队甲虫攻击了这棵树，那些甲虫从根部往里面咬，渐渐伤了树的元气，就只靠它们很小、但持续不断的攻击，使它倒在地上。这个森林里的巨人，岁月不曾使它枯萎，闪电不曾将它击倒，狂风暴雨没有伤着它，却因一些小得用大拇指跟食指就可以捏死的小甲虫而终于倒了下来。"

我们岂不都像森林中的那棵身经百战的大树吗？我们曾经历过生命中无数狂风暴雨和闪电的打击，但都撑过来了。可是却会让我们的心被忧虑的小甲虫咬噬——那些用大拇指跟食指就可以捏死的小甲虫。

几年以前，我去了怀俄明州的提顿车家公园。和我一起去的是怀俄明州公路局局长查尔斯·西费德，还有一些他的朋友。我们本来要一起去参观洛克菲勒坐落在那公园里的一栋房子的，可是我坐的那部车子转错了一个弯，迷了路。等到达那栋房子的时候，已经比其他的车子晚了一个小时。西费德先生没有开那扇大门的钥匙，所以他在那个又热又有好多蚊子叮他的森林里等了一个小时，等我们到达。那里的蚊子多得可以让一个圣人都发疯，可是它们没有办法赢过查尔斯·西费德。当我们到达的时候，他是不是正忙着赶蚊子呢？不是的，他正在吹笛子，当做一个纪念品，纪念一个知道如何不理会那些小事的人。

◎恕人为乐，熄灭心中怒火

几年前的一个晚上，我游览黄石公园，并与其他观光客一起坐在露天座位上，面对茂密的森林，我们期待着看到森林杀手灰熊的出现。它走到森林旅馆丢出的垃圾中去翻找食物。骑在马上的森林管理员告诉我们，灰熊在美国西部几乎是所向无敌，大概只有美洲野牛及阿拉斯加熊例外。但我却发现有一只动物，而且只有一只，随着灰熊走出森林，而且灰熊还容忍它在旁边分一杯羹，它是一只很臭的鼬鼠。灰熊当然知道只需一掌就能把它毁掉，那它为什么不去做呢？因为经验告诉它划不来。

当我们对敌人心怀仇恨时，对方会以更大的力量来压倒我们，给他机会控制我们的睡眠、胃口、血压、健康，甚至我们的心情。如果我们的敌人知道他带给我们多大的烦恼，他一定要高兴死了！憎恨伤不了对方一根汗毛，却把自己的日子弄成了炼狱。

猜猜看下面这句话是谁说的：

如果有个自私的人占了你的便宜，把他从你的朋友名单上除名，但千万不要想去报复。一旦你心存报复，对自己的伤害绝对比对别人的大得多。

这话听起来像是哪位理想主义者说的。其实不然，这段话曾出现在纽约警察局的布告栏上。

报复怎么会伤害自己呢？有好几种方法。《生活》杂志记载报复可能毁了你的健康。《生活》杂志如是说："高血压患者最主要的个性特征是仇恨，长期的愤恨造成慢性高血压，引起心脏疾病。"

耶稣说："爱你的敌人"，他可不只是在传道，他宣扬的也是20世纪的医术。当耶稣说："原谅他们七十个七次"，他是在告诉我们如何避免罹患高血压、心脏病、胃溃疡以及过敏性疾病。

我朋友最近得了严重的心脏病，医生命她卧床休养，交代她不论发生任何情况都不得动怒。医生都了解如果心脏衰弱，任何一点愤怒都会要人的命。真的要人命吗？几年前华盛顿一位餐厅老板就因一次愤怒而亡。一份警方报告说："威廉·法卡伯曾是咖啡店老板，因厨子坚持用碟子饮用咖啡，竟一怒而亡，因为他急怒之下抓起左轮枪追杀厨子，心脏衰竭，倒地不起。验尸报告宣告心脏衰竭的起因是愤怒。”

当耶稣说“爱你的仇人”的时候，他也是在告诉我们：怎么样改进我们的外表。我想你也和我一样，认得一些女人，她们的脸因为怨恨而有皱纹，因为悔恨而变了形，表情僵硬。不管怎样美容，对她们容貌的改进，也及不上让她心里充满了宽容、温柔和爱所能改进的一半。

怨恨的心理，甚至会毁了我们对食物的享受。圣人说：“怀着爱心吃菜，也会比怀着怨恨吃牛肉好得多。”

要是我们的仇人知道我们对他的怨恨使我们精疲力竭，使我们疲倦而紧张不安，使我们的外表受到伤害，使我们得心脏病，甚至可能使我们短命的时候，他们不是会额手称庆吗？

即使我们不能爱我们的仇人，至少我们要爱我们自己。我们要使仇人不能控制我们的快乐、我们的健康和我们的外表。就如莎士比亚所说的：

“不要因为你的敌人而燃起一把怒火，热得烧伤你自己。”

当耶稣基督说，我们应该原谅我们的仇人“七十个七次”的时候，他也是在教我们怎样做生意。我举个例子吧。当我写这一段的时候，我面前有一封由乔治·罗纳寄来的信，他住在瑞典的艾昔苏那，乔治·罗纳在维也纳当了很多年律师，但是在第二次世界大战期间，他逃到瑞典，一文不名，很需要找份工作。因为他能说并能写好几国的语言，所以希望能够在一家进出口公司里，找到一份秘书工作。绝大多数的公司都回信告诉他，因为正在打仗，他们不需要这一类的人，不过他们会把他的名字存在档案里，等等。不过有一封写给乔治·罗纳的信上说：“你对我生意的了解完全错误。你既错又笨，我根本不需要任何替我写信的秘书。即使我需要，也不会请你，因为你甚至连瑞典文也写不好，信里全是错字。”

当乔治·罗纳看到这封信的时候，简直气得发疯。那个瑞典人写信来说，他写不好瑞典文是什么意思？那个瑞典人自己的信上就是错误百出。于是乔治·罗纳也写了一封信，目的是使那个人大发脾气。但接着他停下来对自己说：“等一等。我怎么知道他说的这个是不是对的？我修过瑞典文，可是这并不是我家乡的语言，也许我确实犯了很多我并不知道的错误。如果是那样的话，那么我想要得到一份工作，就必须再努力地学习。这个人可能帮我一个大忙，虽然他本意并非如此。他用这么难听的话来表达他的意见，并不表示我就不亏欠他，所以应该写封信给他，在信上感谢他一番。”

于是乔治·罗纳撕掉了刚刚写好的那封骂人的信，另外写了一封信说：“你这样不怕麻烦地写信给我实在是太好了，尤其是你并不需要一个替你写信的秘书。

对于我把贵公司的业务弄错的事我觉得非常抱歉，我之所以写信给你，是因为我向别人打听，而别人把你介绍给我，说你是这一行的领导人物。我并不知道我的信上有很多文法上的错误，我觉得很惭愧，也很难过。我现在打算更努力地去学习瑞典文，以改正我的错误，谢谢你帮助我走上改进之路。”

不到几天，乔治·罗纳就收到那个人的信，请罗纳去看他。罗纳去了，而且得到一份工作。乔治·罗纳由此发现“温和的回答能消除怒气”。

我们也许不能像圣人般去爱我们的仇人，可是为了我们自己的健康和快乐，我们至少要原谅他们，忘记他们，这样做实在是很聪明的事。有一次我问艾森豪威尔将军的儿子约翰，他父亲会不会一直怀恨别人。“不会，”他回答，“我爸爸从来不浪费一分钟去想那些不喜欢的人。”

有句老话说：不能生气的人是笨蛋，而不去生气的人才是聪明人。

这也就是前纽约州长威廉·盖诺所抱定的政策。他被一份内幕小报攻击得体无完肤之后，又被一个疯子打了一枪几乎送命。他躺在医院为他的生命挣扎的时候，他说：“每天晚上我都原谅所有的事情和每一个人。”这样做是不是太理想了呢？是不是太轻松、太好了呢？如果是的话，就让我们来看看那位伟大的德国哲学家，也就是“悲观论”的作者叔本华的理论。他认为生命就是一种毫无价值而又痛苦的冒险，当他走过的时候好像全身都散发着痛苦，可是在他绝望的深处，叔本华叫道：“如果可能的话，不应该对任何人有怨恨的心理。”

有一次我曾问伯纳·巴鲁区——他曾经做过六位总统的顾问：威尔逊、哈定、柯立芝、胡佛、罗斯福和杜鲁门——我问他会不会因为他的敌人攻击他而难过？“没有一个人能够羞辱我或者干扰我，”他回答说，“我不让他们这样做。”

也没有人能够羞辱或困扰你和我——除非我们让他这样做。

几个世纪以来，人类总是景仰不怀恨仇敌的人。我常到加拿大的一个国家公园，欣赏美洲西部最壮丽的山景，这座山是为了纪念英国护士爱迪丝·卡韦尔于1915年10月12日在德军阵营中殉难而命名的。她的罪名是什么？她在比利时家中收留照顾一些受伤的法军与英军，并协助他们逃往荷兰。在她即将行刑的那天早上，军中的英国牧师到她被监禁的布鲁塞尔军营中看她，卡韦尔喃喃说道：“我现在才明白，光有爱国情操是不够的。我不应该对任何人怀恨或怨怼。”4年后，她的遗体被送往英国，并在威斯敏斯特教堂内举办了一场纪念仪式。我曾在伦敦住过一年，在那期间常到卡韦尔的雕像前，读着她不朽的话语：“我现在才明白，光有爱国情操是不够的，我不应该对任何人怀恨或怨怼。”

要想真正宽恕并忘却我们的敌人，最有效的办法还是诉诸比我们强大的力量。

因为我们可以忘记一切的事，当然侮辱也显得无足轻重了。让我再举个例子。

1918年，密西西比州有一位黑人教师兼传教士琼斯即将被处以死刑。几年前我拜访了琼斯亲手创办的学校，并向学生做过演说。现在它已成为一所全国有名的学校，但我要说的这个故事是很早以前的事。当时还是第一次世界大战的时候，密西西比州中部流传的谣言说，德军将策动黑人叛变。琼斯被控策动叛乱，并将被处以死刑。一群白人在教堂外听到琼斯在教堂内说道："生命是一场战斗，黑人们应拿起武器，为争取生存与成功而战。"

"战斗！""武器！"够了！这些激动的白人青年冲入教堂，用绳索套上琼斯，把他拖了一英里远，推上绞台，燃起木柴，准备绞死他，同时也烧死他。有人叫道："叫他说话！说话！说啊！"于是琼斯站在绞台上，脖子上套着绳索，开始谈他的人生与理想。他1907年从爱达荷大学毕业。他谈到自己的个性、学位以及令他在教职员中受人欢迎的音乐才能。毕业时，有人请他加入旅馆业，有人愿出钱资助他接受音乐教育，都被他拒绝了。为什么？因为他热衷于一个理想。受到布克·华盛顿的故事的影响，他立志去教育他贫困的同胞兄弟。于是他前往美国南方所能找到的最落后的地方，也就是密西西比州的一个偏僻地方，把他的手表当了1.65美元，他就在野外树林里开始办学校。琼斯面对这些准备处死他的愤怒人们，诉说自己如何奋斗，为教育这些失学的孩子，想将他们训练成有用的农人、工人、厨子与管家。他也告诉这些白人，在他兴学的过程中，谁曾经帮助过他——一些白人曾经送他土地、木材、猪、牛，还有钱，协助他完成教育工作。

事后，有人问琼斯恨不恨那些准备绞死他、烧死他的人？他的回答是，他当时忙着诉说比自己更重大的事，以至无暇憎恨。他说："我没空争吵，也没时间反悔，没有人能强迫我恨他们。"

当琼斯如此真诚动人的谈话，特别是他不为自己求情，只为自己的使命求情时，暴民们开始软化了。最后有个老人说："我相信这年轻人说的是真的，我认得他提到的几个人。他在做善事。是我们错了。我们不应该吊死他，而应该帮助他。"老人开始在人群中传帽子，向那些想吊死琼斯的人募了52美元，因为琼斯说："我没空争吵，也没时间反悔，没有人能强迫我恨他们。"

依匹克特修斯在1900年前就曾经指出，我们种苗就会得果，而不管怎么样，命运总能让我们为过错付出代价。"归根结底，"依匹克特修斯说，"每一个人都会为他自己的错误付出代价。能够记住这点的人就不会跟任何人生气，不会跟任何人争吵，不会辱骂别人、责怪别人、恨别人。"

在美国历史上，恐怕再没有谁受过的责难、怨恨和陷害比林肯多的了。但是根据历史传记中的记载，林肯却“从来不以他自己的好恶来批判别人。如果有什么任务要做，他也会想到他的敌人可以做得像别人一样好。如果一个以前曾经羞辱过他的人，或者是对他个人有不敬的人，却是某个位置的最佳人选，林肯还是会让他去担任那个职务，就像他会派任他的朋友去干这件事一样……而且，他也从来没有因为某人是他的敌人，或者因为他不喜欢某个人，而解除那个人的职务”。很多被林肯委任居于高位的人，以前都曾批评或是羞辱过他——像麦克里兰、爱德华·史丹顿和蔡斯。但林肯相信“没有人会因为他做了什么而被歌颂，或者因为他做了什么或没有做什么而被黜”。因为所有的人都受条件、情况、环境、教育、生活习惯和遗传的影响，使他们成为现在的这个样子，将来也永远是这个样子。

从小，我的家人每天晚上都会在《圣经》里面摘出章句或诗句来复诵，然后跪下来一齐念“家庭祈祷文”。我现在仿佛还听见，在密苏里州一栋孤寂的农舍里，我的父亲复诵着耶稣基督的那些话——“只要这个人存有理想就为他祝福，凌辱你的，要为他祷告。”我父亲做到了这一点，也使他的内心得到一般将官和君主所无法追求到的平静。

◎活在感恩之中

我认识哈洛·阿伯特好几年了。他住在密苏里州的韦布城，曾当过我的演讲经纪人。一天，我在堪萨斯城碰见他，他好心带我回密苏里的贝尔顿农场。途中，我问他如何免除忧虑，他便给我讲述了下面这个令人难忘的故事。

“我曾是个多虑的人，”阿伯特说道，“但是，1934 年的春天，我走过韦布城的西多提街道，有个情景扫除了我所有的忧虑。事情的发生只有十几秒钟，但就在那一刹那，我对生命意义的了解，比在前 10 年中所学的还多。这两年，我在韦布城开了家杂货店，由于经营不善，不仅花掉了所有的积蓄，还负债累累，估计得花 7 年的时间才能偿还。我刚在上星期六停止营业，准备到商矿银行贷款，以便到堪萨斯城找份工作。我像只斗败的鸡，没有了信心和斗志。突然间，有个人从街的另一头过来。那人没有双腿，坐在一块安装着溜冰鞋滑轮的小木板上，两手各用木棍支撑前行。他横过街道，微微提起小木板准备登上路边人行道。就在那几秒钟，我们的视线相遇，只见他坦然一笑，很有精神地向我打招呼，‘早安，先生，今天天气真好啊！'我望着他，体会到自己是何等富有。我有双足，可以行走，为什么却如此自怜？这位缺了双腿的人仍能如此快乐自信，我这个四肢健全的人还有什么不能的？我挺了挺胸膛，本来预备到商矿银行只借100元，现在却很有信心地宣称：我要到堪萨斯城去找一份工作。结果，我借到了钱，也找到了工作。

"现在，我把下面一段话写在洗手间的镜面上，每天早上刮胡子的时候都念它一遍。

"我闷闷不乐，因为我少了一双鞋，直到我在街上，看到有人缺了两条腿。"

我问过艾迪·瑞肯贝克，他和朋友在太平洋上绝望地漂流了21天之后，学到的最重要的东西是什么。他回答道："我学到了一点——人只要有淡水喝、有东西吃，就没什么好抱怨的了。"

《时代周刊》上登过一篇文章，谈到第二次世界大战时，有个士官在瓜答卡纳岛战役中被炮弹碎片刮伤喉咙，输了7筒血。他写了张纸条问医师，"我会活下去吗?"医师回答说："会的。"他又问："我仍可以讲话吗?"他又得到了肯定的答复。于是这个士官在纸上写道："他妈的，那我还有什么好担心的?"

你为什么不也停止忧虑，对自己说："那我还担什么鬼心?"也许你就会发现，事情其实微不足道，不值得操心。

在我们的生活当中，约有90%的事情是好的，10%的事情是不好的。如果你想过得快乐，就应该把精神放在这90%的好事上面；如果你想担忧、操劳，或得肠胃溃疡，就可以把精力放在那10%的坏事情上面。

《格列佛游记》一书的作者约拿丹·史威佛特是英国文学史上最颓废的厌世主义者。他每次生日都黑衣素食，以示对自己的出世感到遗憾。虽然如此，他仍然赞美幸福快乐是促进健康的最大力量。他宣称："世上最好的医师是节制医师、安静医师和快乐医师。"我们也许都能受到这位"快乐医师"的免费服务，只要我们注意自己拥有的可贵财富——比故事中阿里巴巴的财富还多。你会为亿万富翁出卖自己的眼睛、手足、听觉、孩子或家人吗？把拥有的资产加起来，你就会发现，纵使洛克菲勒、福特和摩根等人把所有的金银堆聚起来，也买不到你拥有的一切。

但是，我们为这一切而心怀感激过吗？没有。就像叔本华说的："我们很少想到自己所拥有的，却总是想到自己所没有的。"这一点几乎使约翰·派玛"从一个正常人变成一个坏脾气的老家伙"，也差点毁了他的家。我知道这件事，因为他告诉了我。

"从军中退伍之后不久，"派玛先生说，"我就开始做生意。我夜以继日地忙碌着。一切进行得很好。可是问题发生了，我买不到零件和原料。我为可能会被迫放弃我的生意而担心得不得了，我从一个普通人变成一个脾气很坏的家伙。我变得非常尖酸刻薄——当时我自己并不知道，可是现在我才明白。我几乎失去了我快乐的家。然而有一天，一个在我手下工作的年轻伤兵对我说：'约翰，你实在应该感到惭愧。你这副样子好像世界上只有你一个人有麻烦似的，就算你把店关掉一阵子，又能怎么样呢？等到事情恢复正常之后，你又可以重新开始。你有很多值得感激的事，可是却老是在抱怨。我的天啊，我真希望我是你。你看看我，我只有一只胳臂，半边脸都伤了，可是我并不抱怨什么。要是你再继续这样啰啰唆唆地埋怨下去的话，你不仅失去你的生意，也会失去你的健康、你的家庭和你的朋友。'

"这些话使我猛然醒悟过来，让我发现我走上了多远的逆境。我当场就决定必须要改变，重新成为我自己——而我做到了这一点。"

罗根·皮尔萨尔·史密斯用很简单的几句话，说了一番大道理。他说："生活中应该有两个目标：第一，要得到你所想要得到的；第二，在得到之后要能够享受它。只有最聪明的人才能做到第二步。"

你想不想知道怎样把在厨房水槽里洗碗，也当做一次难得的体验呢？如果你想的话，可以去看一本谈论令人难以置信的勇气并且很富启发性的书。作者是波姬儿·德尔，书名叫做《我希望能看见》。你可以到图书馆去借，或者到当地书店去买，或者向纽约市第5街60号的麦克米伦出版社直接函购。

这本书的作者是一个几乎瞎了50年之久的女人。"我只有一只眼睛，"她写道，"而且眼睛上还满是疤痕，只能透过眼睛左边的一个小洞去看。看书的时候必须把书本几乎贴在脸上，而且不得不把我那一只眼睛尽量往左边斜过去。"

可是她拒绝接受别人的怜悯，不愿意别人认为她"异于常人"。小时候，她想和其他小孩子一起玩跳房子，可是她看不见地上所画的线，所以，在其他孩子都回家以后，她就趴在地上，把眼睛贴在线上瞄过去。她把伙伴们所玩的那块地方的每一点都牢记在心，所以不久就成为玩游戏的高手了。她在家里看书，把书靠近她的脸，近到眼睫毛都碰到书面上。她得到两个学位：先在明尼苏达州立大学得到学士学位，再在哥伦比亚大学得到硕士学位。

她开始教书的时候，是在明尼苏达州双谷的一个小村子里，然后渐渐升到南达科他州奥格塔那学院的新闻学和文学教授。她在那里教了13年，也在很多妇女俱乐部发表演说，还在电台主持节目。"在我的脑海深处，"她写道，"常常怀着一种怕会完全失明的恐惧，为了要克服这种恐惧，我对生活采取了一种很快活而近乎戏谑的态度。”

然后在1943年，也就是她52岁的时候，一个奇迹发生了。她在著名的梅育诊所施行一次手术，使她能比以前看得清楚40倍。

一个全新的、令人兴奋的、可爱的世界展现在她的眼前。她现在发现，即使是在厨房水槽里洗碟子，也让她觉得非常开心。“我开始玩着洗碗盆里的肥皂泡沫，”她写道，“我把手伸进去，抓起一大把小小的肥皂泡沫，我把它们迎着光举起来。在每一个肥皂泡沫里，我都能看到一道小小的彩虹闪出来的明亮色彩。”

你和我应该感到惭愧，我们这么多年来每天生活在一个美丽的童话王国里，可是我们却视而不见，吃得太好而不能享受。

给每天来点灿烂的阳光

◎镇定地改善最糟糕的境况

能接受最坏的情况，就能在心理上让你发挥出新的能力。

忧虑最大的坏处就是摧毁我们集中精神的能力，一旦忧虑产生，我们的思想就会到处乱转，从而丧失做出决定的能力。

预见困难，并在它到来之前做好充分的心理准备，才能在困难发生之时得到一份难得的平静。

忧虑是成功的杀手。这套消除的万灵公式，曾经使一个带着棺材航海旅行的垂死病人胖了 40 公斤。

你是否想得到一个快而有效的消除忧虑的办法——那种在你不必再多往下看之前，就能马上应用的方法？

那么让我告诉你威利·卡瑞尔所发明的这个办法。卡瑞尔是一个很聪明的工程师，他开创了空气调节器制造业，现在是纽约州瑞西世界闻名的卡瑞尔公司的负责人。我所知道的解决忧虑困难的最好办法，是我和卡瑞尔先生在纽约的工程师俱乐部吃中饭的时候亲自从他那里学到的。

“年轻的时候，”卡瑞尔先生说，“我在纽约州水牛城的水牛钢铁公司做事。我必须到密苏里州水晶城的匹兹堡玻璃公司——一座花费好几百万美金建造的工厂，去安装一架瓦斯清洁剂，目的是清除瓦斯里的杂质，使瓦斯燃烧时不至于伤到引擎。这种清洁瓦斯的方法是新的方法，以前只试过一次——而且当时的情况很不相同。我到密苏里州水晶城工作的时候，很多事先没有想到的困难都发生了。经过一番调整之后，机器可以使用了，可是成绩并不能好到我们所保证的程度。

“我对自己的失败非常吃惊，觉得好像是有人在我头上重重地打了一拳。我的胃和整个肚子都开始扭痛起来。有好一阵子，我担忧得简直没有办法睡觉。

“最后，我的常识告诉我忧虑并不能够解决问题，于是我想出一个不需要忧虑就可以解决问题的办法，结果非常有效。我这个反忧虑的办法已经使用了 30 多年。这个办法非常简单，任何人都可以使用。其中共有三个步骤：

“第一步，我先毫不害怕而诚恳地分析整个情况，然后找出万一失败可能发生的最坏的情况是什么。没有人会把我关起来，或者把我枪毙，这一点说得很准。不错，很可能我会丢掉差事；也可能我的老板会把整个机器拆掉，使投进的两万块钱泡汤。

“第二步，找到可能发生的最坏情况之后，我就让自己在必要的时候能够接受它。我对自己说，这次的失败，在我的记录上会是一个很大的污点，可能我会因此而丢差事。但即使真是如此，我还是可以另外找一份差事。事情可能比这更糟；至于我的那些老板——他们也知道我们现在是在试验一种清除瓦斯的新法，如果这种实验要花他们两万美金，他们还付得起。他们可以把这个账算在研究费用上，因为这只是一种实验。

“发现可能发生的最坏情况，并让自己能够接受之后，有一件非常重要的事情发生了，我马上轻松下来，感受到几天以来所没体验过的一份平静。

“第三步，从这以后，我就平静地把我的时间和精力，拿来试着改善我在心理上已经接受的那种最坏情况。

“我努力找出一些办法，让我减少我们目前面临的两万元损失。我做了几次实验，最后发现，如果我们再多花 5000 块钱，加装一些设备，我们的问题就可以解决。我们照这个办法去做之后，公司不但没有损失两万块钱，反而赚了 1.5 万块钱。

“如果当时我一直担心下去的话，恐怕永远不可能做到这一点。因为忧虑的最大坏处，就是会毁了我集中精神的能力。在我们忧虑的时候，我们的思想会到处乱转，而丧失所有做决定的能力。然而，当我们强迫自己面对最坏的情况，而在精神上接受它之后，我们就能够衡量所有可能的情形，使我们处在一个可以集中精力解决问题的地位。

“我刚才所说的这件事，发生在很多年以前，因为这种做法非常好，我就一直使用着。结果呢，我的生活里几乎完全不再有烦恼了。”

如果你认为运用威利·卡瑞尔公式也有烦恼，那请听下面这则故事吧。

这则故事是艾尔·汉里在 1948 年 11 月 17 日于波斯顿斯泰勒大饭店亲口告诉

我的：

二十几年前，我因为常常发愁，得了胃溃疡。有一天晚上，我的胃出血了，被送到芝加哥西北大学的医学院附属医院里。我的体重从 175 磅下降到 90 磅。病情严重到医生警告我连头都不许抬。三个医生中，有一个是非常有名的胃溃疡专家。他们说我的病是“已经无药可救了”。我只能吃苏打粉，每小时吃一大匙半流质的东西，每天早上和晚上都要护士拿一条橡皮管插进我的胃里，把里面的东西洗出来。

这种情形熬了好几个月……最后，我对自己说，“你睡吧，汉里，如果你除了等死之外没有什么别的指望了，不如好好利用你剩下的一点时间。你一直想在你死以前环游世界，所以如果你还想这样做的话，只有现在就去做了。”

当我对那几位医生说，我要去环游世界、我自己会一天洗两次胃的时候，他们都大吃一惊。不可能的，他们从来都没听说过这种事。他们警告我说，如果我开始环游世界，我就只有葬在海里了，“不，我不会的。”我回答说，“我已经答应过我的亲友，我要葬在莱布雷斯卡州我们老家的墓园里，所以我打算把我的棺材随身带着。”

我去买了一具棺材，把它运上船，然后委托轮船公司安排好，万一我去世的话，就把我的尸体放在冷冻舱里，一直等我回到老家。就这样，我开始踏上旅程。

我从洛杉矶登上了亚当斯总统号轮船向东航行的时候，就觉得好多了，渐渐地不再吃药，也不再洗胃。不久之后，任何食物都能吃了——甚至包括许多奇怪的当地食品和调味品。这些都是别人说我吃了一定会送命的。几个礼拜过去之后，我甚至可以抽长长的黑雪茄，喝几杯老酒。多年来我从来没有这样享受过。我在印度洋上碰到季节风，在太平洋上碰到台风。这种事情就只因为害怕，也会让我躺进棺材里的，可是我却从这次冒险中得到很大的乐趣。

我在船上和他们玩游戏、唱歌、交新朋友；晚上聊到半夜。我们到了中国和印度之后，我发现我回去之后要料理的私事，跟在东方所见到的贫穷与饥饿比起来，简直像是天堂跟地狱之比。我终止了所有无聊的担忧，觉得非常舒服。回到美国之后，我的体重增加了 90 磅，几乎忘记了我曾患过胃溃疡。我这一生中从没有觉得这么舒服。我回去做事，此后一天也没再病过。

艾尔·汉里告诉我，他发现自己下意识地应用了威利·卡瑞尔的征服忧虑的办法。

首先，我问自己，“所可能发生的最坏情况是什么？”答案是：死亡。

第二，我让自己准备好接受死亡，我不得不如此，因为别无其他的选择；几个医生都说我没有希望了。

第三，我想办法改善这种情况。想到的办法是，“尽量享受我所剩下的这一点时间”……如果我上船之后还继续忧虑下去，毫无疑问，我一定会躺在我自备的棺材里，完成这次旅行了。可是我放松下来，忘了所有的忧虑。而这种心理平静，使我产生了新的体力，救了我的性命。

所以，如果你有担忧的问题，就做到下面三件事情：

问你自己：“可能发生的最坏的情况是什么？”

如果你必须接受的话，就准备接受它。

然后镇定地想办法改善最坏的情况。

◎只做身边清晰之事

我们首要去做的事情不是去观望遥远的将来，而是去做手边的清晰之事。

为明日做好准备的最佳办法就是集中你所有的智慧、热忱，把今天的工作做得尽善尽美。

一个好想法与坏想法的差别是，好想法考虑到原因和结果，从而产生一个符合逻辑、富有建设性的计划；而坏想法通常会导致一个人的紧张和精神崩溃。

1871年春天，一个年轻人拿起一本书，看到对他前途有莫大影响的一句话。他是蒙特瑞综合医院的医科学生，生活中充满了忧虑，担心怎样通过期末考试，担心该做些什么事情，该到哪去，怎样才能开业，怎样才能过活。

这位年轻的医科学生，在1871年所看到的那一句话，使他成为他那一代最有名的医学家，他创建了全世界知名的约翰霍普金医学院，成为牛津大学医学院的钦定讲座教授——这是在英帝国学医的人所能得到的最高荣誉，他还被英国皇帝册封为爵士。他死后，需要两大卷书——厚达1466页篇幅，才能记述他的一生。

他的名字叫威廉·奥斯勒爵士。下面，就是他在1871年春天所看到的那句话——“最重要的就是不要去看远方模糊的，而要做手边清楚的事。”这由汤玛士·卡莱里所定的一句话，帮他度过了无忧无虑的一生。

42年之后，在一个温和的郁金香开满校园的春夜，威廉·奥斯勒爵士对耶鲁大学的学生发表了演讲。他对那些耶鲁大学的学生们说，像他这样一个曾经在四所大学当过教授，写过一本很受欢迎的书的人，似乎应该有“特殊的头脑”，但其实不然，他说他的一些好朋友都知道，他的脑筋其实是“最普通不过了”。

那么他成功的秘诀是什么呢？他认为这完全是因为他活在所谓的“一个完全独立的今天”里。他这句话是什么意思？

在奥斯勒爵士到耶鲁去演讲的几个月前，他乘着一艘很大的海轮横渡大西洋，看见船长站在舵房里，按下一个按钮，发出一阵机械运转的声音，船的几个部分就立刻彼此隔绝开来——隔成几个完全防水的隔舱。“你们每一个人，”奥斯勒爵士对那些耶鲁的学生说，“组织都要比那条大海轮精美得多，所要走的航程也更远得多，我要劝各位的是，你们也要学着怎样控制一切，而活在一个‘完全独立的今天’里面，才是在航程中确保安全的最好方法。到舵房去，你会发现那些大的隔舱至少都可以使用；按下按钮，注意听你生活的每一个层面，用铁门把过去隔断——隔断已经死去的那些昨天；按下另一个按钮，用铁门把未来也隔断——隔断那些尚未诞生的明天。然后你就保险了——你有的是今天……切断过去，让已死的过去埋掉；切断那些会把傻子引上死亡之路的昨天……明日的重担，加上昨日的重担，就会成为今日最大的障碍，要把未来像过去一样紧紧地关在门外……未来就在于今天……没有明天这个东西的，人类得到救赎的日子就是现在，精力的浪费和精神的苦闷，都会紧随着一个为未来担忧的人……那么把船后的大隔舱都关断吧，准备养成一个好习惯，生活在‘完全独立的今天’里。”

奥斯勒爵士是不是说我们应该为明天而下功夫准备呢？不是的，绝不是这样。在那次演讲里，他就继续说道，为明日准备的最好方法，就是要集中你所有的智慧，所有的热忱，把今天的工作做得尽善尽美，这就是你能应付未来的唯一方法。

一定要为明天着想，不错，要小心地考虑、计划和准备，可是不要担忧。

在战时，军事领袖必须为将来计划，可是他们绝不能有任何焦虑。“我把我们最好的装备，供应给最好的人手，”指挥美国海军的海军上将厄耐斯特·金恩说，“再交给他们似乎是最聪明的任务，我所能做的就是这些。

“如果一条船沉了，”金恩上将继续说道，“我不能把它打捞起来。要是船再往下沉，我也挡不住。我把时间花在解决明天的问题上，这比为昨天的问题而后悔要好得多。假如我为这些事情烦心的话，我是不可能支持很久的。”

不论是在战时或者是在平时，好想法和坏想法之间的差别是：好想法考虑到原因和结果，而产生很合逻辑的、富有建设性的计划；而坏想法通常会导致一个人的紧张甚至精神崩溃。

最近我很荣幸能去访问亚瑟·苏兹柏格，他是世界上最有名的《纽约时报》的发行人。苏兹柏格先生告诉我，当二战的战火烧过欧洲的时候，他很吃惊，对未来非常担忧，这使他几乎无法入睡。难以入眠的他常常在半夜爬下床来，拿着画布和颜料，望着镜子，想画一张自画像。他对绘画一窍不通，可是他还是画着，好让自己不再担心。苏兹柏格先生告诉我，最后，他用一首赞美诗里的一句话作为他的座右铭，终于消除了他的担忧，得到了平安。这一句话是：“只要一步就好了。”

带引我，仁慈的灯光……

让你常在我脚旁，

我并不想看到远方的风景，

只要一步就好了。

大概在同一时期，有位年轻的军人也同样学会了这种方法，他叫泰德·班哲明诺，住在马里兰州的巴铁摩尔城——他曾经忧虑得几乎完全丧失了斗志。

“1945 年 4 月”泰德·班哲明诺写道，“我忧愁得患了一种医生称之为结肠痉挛的病，这种病使人很痛苦，若是战事持续下去的话，我想我整个人都会垮掉的。

“当时我筋疲力尽。我在第九十四步兵师担任士官的职务，工作是建立和维持一份作战中死伤和失踪者的记录，还要帮忙发掘那些在战事最激烈的时候被打死的、被草草掩埋的士兵。我得收集那些人的私有物品，要确切地把那些东西送回到重视这些私有物品的家人或近亲手里。我一直在担心我们会造成那些让人很窘的或者是很严重的错误，我担心我是否能撑得过这些事，我担心是否还能活着回去把我的独生子抱在怀里——一个我从来没见过的 16 个月的儿子。由于担心和疲劳，我瘦了 34 磅，而且担忧得几尽发疯。我眼看着自己瘦骨嶙峋的双手。一想到自己瘦弱不堪地回家，我就非常害怕，我崩溃了，哭得像个小孩，我浑身发抖……就在德军最后大反攻开始不久，我经常哭泣，我觉得我再也不能成为一个正常人了。

“最后我住进了医院。一位军医给了我一些忠告，我的生活整个改变了。在为我做完一次全身检查以后，他告诉我，我的问题纯粹是精神上的。‘泰德，’他说，‘我希望你把你的生活想象成一个沙漏，你知道在沙漏的上一半，有成千上万粒的沙子，它们都慢慢地很平均地流过中间那条细缝。除了弄坏沙漏，没有办法使两粒以上的沙子同时通过那条窄缝。我们每一个人，都像这个沙漏。每一天早上开始的时候，有成百上千件的工作，让我们觉得我们一定得在那天里完成。可是我们只能一次做一件，让它们慢慢平均地通过这一天，像沙粒通过沙漏的窄缝一样，

否则肯定会损害到我们自己的身体或精神了。’

“从值得纪念的那一天起，当军医把这段话告诉我之后，我就一直奉行着这种哲学。‘一次只做一件事’这个忠告，战时在身心两方面都救了我。目前对我在手艺印刷公司的公共关系及广告部中的工作，也有莫大的帮助。我发现在生意场上，也有像在战场上的同样问题，一次要做完好几件事情——但却没有多少时间可利用。我们的材料不够了，我们有新的表格要处理，还要安排新的资料，地址的变动，分公司的增开和关闭等等。我不会再紧张不安，因为我记得那个军医告诉我的话：‘一次只流过一粒沙子，一次只做一件工作。’我一再对自己重复地念着这两句话。我的工作比以前更有效率，做起来也不会再有那种在战场上几乎使我崩溃的迷惑和混乱的感觉。”

目前的生活方式中，最可怕的一件事就是，我们的医院里大概有一半以上的床位，都是保留给神经或者精神上有问题的人。他们都是被累积起来的昨天和令人担心的明天所加起来的重担所压垮的病人，而那些病人中，大多数只要能奉行耶稣的这句话“不要为明天忧虑”，或者是威廉·奥斯勒爵士的这句话“生活在一个完全独立的今天里”，今天就都能走在街上，过着快乐而有益的生活。

你和我，在目前这一刹那，都站在两个永恒交会之点——已经永远永远地过去以及延伸到无穷尽的未来，我们都不可能活在这两个永恒之中，甚至连一秒钟也不行。若想那样做的话，我们就会毁了自己的身体和精神，所以，我们就以能活在这一刻而感到满足吧。从现在一直到我们上床，“不论担子有多重，每个人都能支持到今晚的来临，”罗勃·史蒂文生写道，“不论工作有多苦，每个人都能做他那一天的工作，每一个人都能很甜美、很有耐心、很可爱和很纯洁地活到太阳下山，而这就是生命的真谛。”

不错，生命对我们所要求的也就是这些。可是住在密西根州沙支那城的薛尔德太太，在学到“要生活到上床为止”这一点之前，却感到极度的颓丧，甚至于几乎想自杀。“1937 年我丈夫死了，”薛尔德太太把她的过去告诉我，“我觉得非常颓丧——而且几乎一文不名。我写信给我以前的老板李奥罗区先生，请他让我回去做我以前的老工作。我从前靠推销世界百科全书给学校过活。两年前我丈夫生病的时候，我把汽车卖了，于是我只好勉强凑足钱，分期付款买了一部旧车，又开始出去卖书。

“我原想，再回去做事或许可以帮我解脱我的颓丧。可是要一个人驾车，一个人吃饭，几乎令我无法忍受。有些区域简直就做不出什么成绩来，虽然分期付款买车的数目不大，却很难付清。

“1938年的春天，我在密苏里州的维沙里市，那儿的学校都很穷，路很坏，我一个人又孤独又沮丧，所以有一次我甚至想要自杀。我觉得成功是不可能的，活着也没有什么希望。每天早上我都很怕起床面对生活。我什么都怕：怕我付不出分期付款的车钱，怕我付不出房租，怕没有足够的东西吃，怕我的健康情形变坏而没有钱看医生。让我没有自杀的唯一理由是，我担心我的姐姐会因此而觉得很难过，而且又没有足够的钱来付我的丧葬费用。

“有一天，我读到一篇文章，把我从消沉中拯救出来，使我有了勇气继续活下去。我永远感激那篇文章，尤其是那篇文章里的那句很令人振奋的话：‘对一个聪明人来说，每一天都是一个新的生命。’我用打字机将这句话打下来，贴在我车子前面的挡风玻璃上，让我开车的时候每分钟都能看见。我发现每次只活一天并不困难，我学会忘记过去，也不想未来。每天早上我会对自己说：‘今天又是一个新的生命。’

“我成功地克服了对孤寂和需要的恐惧。我现在很快活，也还算成功，并对生命抱着无尽的热忱和爱。我现在知道，不论在生活中遇到任何事情，我都不会再害怕了；我现在知道，我不必怕未来；我现在知道，我每次只要活一天——而‘对一个聪明人来说，每一天都是一个新的生命’。”

你能猜出下面的诗是谁写的吗？

“这个人很欢乐/也只有他能欢乐/因为他能把今天/称之为自己的一天/他在今天里能感到安全/能够说/不管明天会多么糟/我已经过了今天。”

这几句话听起来很现代，但它的作者却是古罗马诗人何瑞斯，时间是在基督诞生的30年之前。

人性上最可怜的一件事就是，我们所有的人，都拖延着不去生活，我们都梦想着天边有一座奇异的玫瑰园，而不去欣赏今天开放在我们窗口的玫瑰。

我们为什么会变成这种可怜的傻子呢？

“我们生命的小小历程是多么奇怪啊，”史蒂芬·李高克写道，“小小孩说，‘等我是个大孩子的时候’。大小孩说，‘等我长大成人以后’。等他长大成人了，他又说，‘等我结婚以后’。可是结了婚，他们的想法又变成了‘等到我退休之后’。等到退休以后，他回头看看他所经历过的一切，似乎有一阵冷风吹过来。他把所有的东西都错过了，而一切又一去不回头。我们总是无法及早学会：生命就在生活中，就在每一天和每一时刻里。”

底特律城已故的爱德华·依文斯，在学会“生命就在生活里，在每一天和每一个时刻里”以前，差点因为忧虑而自杀。爱德华·依文斯生长在一个贫苦的家庭，先是靠卖报来赚钱，然后在一家杂货店当店员。后来，因为家里有七口人要靠他吃饭，他就谋到一个当助理图书管理员的职位，薪水很低，他却不敢辞职。八年以后，他才鼓起勇气开始他自己的事业。一开始，就用借来的55美元，发展成一个大的事业，一年赚了两万美金。不料，厄运降临了，很可怕的厄运：他替一个朋友背负一张面额很大的支票，但那位朋友却破产了。祸不单行，灾难接踵而来，那家存着他全部财产的大银行垮了，他不但损失了所有的钱，而且还负债16000元。他受不住这样的打击。“我吃不下，睡不着，”他告诉我，“我开始生起奇怪的病来。

“没有别的病因，只是因为担忧。有一天，我走在路上的时候，突然昏倒在路边，以后就再也不能走路了。他们让我躺在床上，我的全身都烂了，连躺在床上都受不了。我的身体越来越弱，最后医生告诉我，我只能再活两个礼拜了。我大吃一惊，写好我的遗嘱，然后躺在床上等死。挣扎或是担忧已经都没有用了，我放弃了，也放松下来，闭目休息。连续好几个礼拜，我几乎没办法连续睡两个小时以上。可是后来，因为一切困难很快就结束了，我反而睡得像个小孩似的安稳。那些令人疲倦的忧虑渐渐地消失了，我的胃口恢复了，体重也开始增加。

“几个礼拜之后，我就能撑着拐杖走路。6个礼拜以后，我又能回去工作了。我以前一年曾赚过两万块钱，可是现在能找到一个礼拜30块钱的工作，就已经很高兴了。我的工作是推销用船运送汽车时放在轮子后面的挡板。这时我已学会不再忧虑，不再为过去发生的事情后悔，也不再担心将来。我把所有的时间、精力和热忱，都放在推销挡板上。”

爱德华·依文斯的进展非常快，不到几年，他已是依文斯工业公司的董事长。多年来，这个公司一直是纽约股票市场交易所的一家公司。如果你乘飞机到格陵兰去，很可能降落在依文斯机场——这是为了纪念他而命名的飞机场。可是，如果他没有学会“生活在完全独立的今天里”的话，爱德华·依文斯绝不可能获得这样的成功。

你大概记得白雪皇后所说的：“这里的规矩是，明天可以吃果酱，昨天可以吃果酱，但今天不准吃果酱。”我们大多数人也是这样——为昨天的果酱发愁，为明天的果酱发愁，却不会把今天的果酱厚厚地涂在我们现在吃的面包上。

就连那位伟大的法国哲学家蒙坦，也犯过同样的错误。“我的生活中，”他说，“曾充满可怕的不幸，而那些不幸大部分都是从来没有发生过的。”我的生活，和你的生活，也都一样。

◎说出来，净化你心中的忧虑

减轻忧虑最好的药就是跟你信任的人谈论你的问题，我们称之为“净化作用”。

就某方面来说，心理分析就是以语言的治疗功能为基础。从弗洛伊德的时代开始，心理分析家就知道，只要一个病人能够说话——单单只要说出来，就能够解除他心中的忧虑。

1930年，约瑟夫·普拉特博士——他曾是威廉·奥斯勒爵士的学生——注意到，很多波士顿医院来求诊的病人，生理上根本没有毛病，可是他们却认为自己有那种病的症状。有一个女人的两只手，因为“关节炎”而完全无法使用，另外一个则因为“胃癌”的症状而痛苦不堪。其他有背痛的、头痛的，常年感到疲倦或疼痛。他们真的能够感觉到这些痛苦，可是经过最彻底的医学检查之后，却发现这些女人没有任何生理上的疾病。很多老医生都会说，这完全是出于心理因素——“只是病在她的脑子里”。

可是普拉特博士却了解，单单叫那些病人“回家去把这件事忘掉”不会有一点用处。他知道这些女人大多数都不希望生病，要是她们的痛苦那么容易忘记，她们自己就这样做了。那么该怎么治疗呢？

他开了一个班，虽然医学界的很多人都对这件事深表怀疑，但却有意想不到的结果。从开班以来，18年里，成千上万的病人都因为参加这个班而“痊愈”。有些病人到这个班上来上了好几年的课——几乎就像上教堂一样虔诚。我的那个助手曾和一位前后坚持了9年并且很少缺课的女人谈过话。她说当她第一次到这个诊所来的时候，她深信自己有肾脏病和心脏病。她既忧虑又紧张，有时候会突然看不见东西，担心失明。可是现在她却充满了信心，心情十分愉快，而且健康情形非常良好。她看起来只有40岁左右，可是怀里却抱着一个睡着的孙子。“我以前总为我家里的问题烦恼得要死，”她说，“几乎希望能够一死了之。可是我在这里学到了忧虑对人的害处，学到了怎样停止忧虑。我现在可以说，我的生活真是太幸福了。”

这个班的医学顾问罗斯·希尔费丁医生认为，减轻忧虑最好的药就是“跟你信任的人谈论你的问题，我们称之为净化作用”。她说，“病人到这里来的时候，可以尽量地谈她们的问题，一直到她们把这些问题完全赶出她们的脑子。一个人闷着头忧虑，不把这些事情告诉别人，就会造成精神上的紧张。我们都应该让别人来分担我们的难题，我们也得分担别人的忧虑。我们必须感觉到世界上还有人愿意听我们的话，也能够了解我们。”

我的助手亲眼看到一个女人在说出她心里的忧虑之后，感到一种非常难得的解脱。她有很多家事的烦恼，而在她刚刚开始谈这些问题的时候，她就像一个压紧的弹簧，然后一面讲，一面渐渐地平静下来。等到谈完了之后，她居然能面露微笑。这些困难是否已经得到了解决呢？没有，事情不会这么容易的。她之所以有这样的改变，是因为她能和别人谈一谈，得到了一点点忠告和同情。真正造成变化的，是具有强而有力的治疗功能的语言。

就某方面来说，心理分析就是以语言的治疗功能为基础。从弗洛伊德的时代开始，心理分析家就知道，只要一个病人能够说话——单单只要说出来，就能够解除他心中的忧虑。为什么呢？也许是因为说出来之后，我们就可以更深入地看到我们面临的问题，能够找到更好的解决方法。没有人知道确切的答案，可是我们所有的人都知道“吐露一番”或是“发发心中的闷气”，就能立刻使人觉得畅快得多了。

所以，下一次我们再碰到什么情感上的难题时，何不去找个人来谈一谈呢？当然我并不是说，随便到哪里抓一个人，就把我们心里所有的苦水和牢骚说给他听。我们要找一个能够信任的人，跟他约好一个时间，也许找一位亲戚、一位医生、一位律师、一位教士，或是一个神父，然后对那个人说：“我希望得到你的忠告。我有个问题，我希望你能听我谈一谈，你也许可以给我一点忠告。也许旁观者清，你可以看到我自己所看不见的角度。可是即使你不能做到这一点，只要你坐在那里听我谈谈这件事情，也等于帮了我很大的忙了。”

如果你真觉得没有一个人可以谈一谈的话，那我要告诉你所谓的“救生联盟”——这个组织和波士顿那个医学课程完全没有关联。这个“救生联盟”是世界上最不寻常的组织之一。它的组成是为了防止可能发生的自杀事件。可是多年之后，它的范围扩大到给那些不快乐或是在情感和精神方面需要安慰的人。

把心事说出来，这是波士顿医院所安排的课程中最主要的治疗方法。下面是我们在那个课程里所得到的一些概念。其实我们在家里就可以做到这些事。

（1）准备一本“供给灵感”的剪贴簿——你可以贴上自己喜欢的令人鼓舞的诗篇，或是名人格言。

往后，如果你感到精神颓丧，也许在本子里就可以找到治疗方法。在波士顿医院的很多病人都把这种剪贴簿保存好多年，她们说这等于是替你在精神上“打了一针”。

(2) 不要为别人的缺点太操心——不错，你的丈夫有很多的错误，但如果他是个圣人的话，恐怕他根本就不会娶你了，对不对?

在那个班上有一个女人，发现她自己变成一个专门对人苛刻、责备别人、爱挑剔，还常常拉着一张脸的妻子。当人家问她“要是你丈夫死了你怎么办?”的问题时，她才发现自己的短处。她当时着实吃了一惊，连忙坐下来，把她丈夫所有的优点列举出来。她所写的那张单子可真长呢。所以下一次要是你觉得你嫁错了人，何不也试着这样做呢?也许在看过他所有的优点之后，会发现他正是你希望遇到的那个人哩。

(3) 要对你的邻居有兴趣——对那些和你在同一条街上共同生活的人，有一种很友善也很健康的兴趣。

有一个很孤独的女人，觉得自己非常“孤立”。她一个朋友也没有。有人要她试着把她下一个碰到的人作为主角编一个故事，于是她开始在公共汽车上为她所看到的人编造故事。她假想那个人的背景和生活情形，试着去想象他的生活怎样。后来，她碰到别人就谈天，而今天她非常的快乐，变成一个很讨人喜欢的人，也治好了她的“痛苦”。

(4) 今晚上床之前，先安排好明天工作的程序——在班上，他们发现很多家庭主妇，因为做不完的家事而感到很疲劳。

她们好像永远也做不完自己的工作，老是被时间赶来赶去。为了要治好这种匆忙的感觉和忧虑，他们建议各位家庭主妇，在头一天就把第二天的工作安排好，结果呢?她们能完成许多的工作，却不会感到那么疲劳。同时还因有成绩而感到非常骄傲，甚至还有时间休息和“打扮”。每一个女人每一天都应该抽出时间来打扮，让自己看来漂亮一点。我认为，当一个女人知道她外观很漂亮的时候，就不会“紧张”了。

(5) 避免紧张和疲劳的唯一途径就是放松——再没有比紧张和疲劳更容易使你苍老的事了，也不会再有别的事物对你的外表更有害了。我的助手，在波士顿医院思想控制课程里坐了一个钟点，听负责人保罗·约翰逊教授谈了很多很多我们在前一章已经讨论过的原则——那些能够放松的方法。在十分钟放松自己的练习结束之后，我那位和其他人一起做这些练习的助手几乎坐在椅子上睡着了。为什么生理上的放松能够有这么大的好处呢?因为这家医院——和其他医生一样——知道，如果你要消除忧虑，就必须放松。

◎耐心可以让烦恼自动瓦解

拿起纸笔坐下来把你忧虑的细节通通写下来。然后把这张纸放在你书桌抽屉的最下层。几个礼拜后，你再去看它。你看的时候，如果还是觉得很烦，就再把它放回抽屉，再过两个礼拜。

只要有足够的耐心，那些想干扰我的烦恼，后来都会自动一一瓦解。

在我的培训课上，有一个叫路易斯·蒙坦特的学员，他以前曾经忧伤得不想继续活下去，后来，他说："忧伤使我浪费了10年大好光阴。这10年应该是生命中最丰富，生命力最强的时候——18岁到28岁。我现在认识到失去了这10年宝贵的光阴不能怪罪任何人，完全是我自己的错。"

那时所有的事都会令他担心：工作、健康、家庭及自卑感。他羞于见人，因为怕跟熟人打招呼，不惜绕道而行。真在街上遇到朋友，他也假装没有看见，因为他怕别人不屑理他。

他恐惧与陌生人会面，怕得在两周内连连失去三次工作机会，只因为他没有勇气告诉这三位老板他有胜任的能力。

八年前某一天，他在一个下午克服了他的忧虑——后来也很少再烦恼过。事情是这样的，他说："那天下午我坐在一个人的办公室里，那个人所遭遇的问题比我麻烦得多，而他却是我所认识的人中最开心的人。1929年他发了财，不久又一贫如洗。1933年，他又发了一笔财，可是又没保住。1939年，他东山再起，却同样地没法保住财产。他经历了破产，并被债主、仇家追得无处容身。这些打击足以令人崩溃，甚至于想不开自杀，但是他却举重若轻。"

蒙坦特说："八年前我坐在他的办公室里，我真羡慕他，希望自己也能像他一样。

"我们谈话的当儿，他丢过来一封他当天早上收到的信，并说：'看看这封信。'

"那是一封愤怒的信，提出的都是一些令人难堪的问题，如果收到信的是我，那我一定如坐针毡了，我问：'迈克，你打算怎么回这封信？'

"迈克说：'让我来告诉你一个小秘密。下次你再有什么烦心的事，拿起纸笔，坐下来把你忧虑的细节通通写下来。然后把这张纸放在你书桌抽屉的最下层。几个礼拜后，你再去看它。你看的时候，如果还是觉得很烦，就再把它放回抽屉；再过两个礼拜，它在抽屉里很安全，没有什么不妥。但同时，却可能有很多事影响到你所忧虑的事。我发现，只要有足够的耐心，那些想干扰我的烦恼，后来都会自动一一瓦解。’

“他的忠告给我留下深刻的印象。我采纳迈克的做法也有好几年了，结果是，我真的很少再为什么事烦心过。”

时间可以解决很多事情，时间也能抚平你今天所担心的事。

忧伤的事情很多，遭受的挫折也很多，但是挫折也许是很有价值的，因为它让你知道自己为何失败。

人生活在世界上的短暂时光中，有一些特殊的时刻，诸如体验洞察自己的内心，发现真理的刹那及生命中的转折点等。而这些特别的经历多半源自于重大的失败，而非发自成功之时。因为失败令我们如此的惊惶沮丧，学得的经验自然深铭于心。当你被迫接受真理降临的伟大时刻，努力撷取这宝贵一课的精华，其余就当做人生的插曲而将之遗忘吧！从挫折中学习，然后忘记沮丧，继续前行。

◎秩序是天国的第一法则

秩序，是天国的第一条法则。没有人能永远按照事情的轻重程度去做事。但我知道，按部就班地做事，总比想到什么就做什么要好得多。

良好的工作习惯之一：清除你桌上所有的纸张，只留下与你正要处理的问题有关的东西。

芝加哥与西北铁路公司的总裁罗兰德·威廉姆斯说：“一个桌上堆满很多文件的人，若能把他的桌子清理开来，留下手边待处理的一些，就会发现他的工作更容易，也更实在。我称之为家务料理，这是提高效率的第一步。”

如果你走进位于华盛顿区的国会图书馆，你就可以看到天花板上悬挂着几个字，这是著名诗人波普曾写过的一句话：

秩序，是天国的第一条法则。

秩序也应该是商界的第一条法则。但是否如此呢？一般生意人的桌上，都堆满了可能几个礼拜都不会看一眼的文件。一家新奥尔良的报纸发行人有一次告诉我，他的秘书帮他清理了一张桌子，结果发现了一部两年来一直找不着的打字机。

光是看见桌上堆满了还没有回的信、报告和备忘录等等，就足以让人产生混乱、紧张和忧虑的情绪。更坏的事情是，经常让你想到“有一百万件事情待做，可自己就是没有时间去做它们”，这样不但会使你忧虑得感到紧张和疲倦，也会使你忧虑得患高血压、心脏病和胃溃疡。

宾州大学药剂研究教授约翰·斯脱克博士在美国药剂协会宣读过一份报告《机能性神经衰弱所迸发的器官疾病——病人的心理状态需要什么?》，这份报告共列举了11种情形，其中第一项是：“强迫性履行义务的感觉，没完没了的一大堆待办事项。”

但是，这种“没有止尽，做不完又必须做”的感觉，又怎么可能凭借清理桌面这种如此简单的方法而加以避免呢？对“连续不断的待办事件”，真的必须处理完毕吗？著名的精神病医师威廉·萨德勒提起过这么一件事，他有一个病人，就是用了这个简单方法而免除了精神崩溃。

这位病人是芝加哥一家大公司的高级主管，第一次去见萨德勒的时候，整个人充满了紧张、焦虑和闷闷不乐。他工作繁忙，并且知道自己状态不佳，但他又不能停下来，他需要帮助。

“这位病人向我陈述病情的时候，电话铃响了，”萨德勒医师说道，“电话是医院打来的。我丝毫没有拖延，马上做出了决定。只要能够的话，我一向速战速决，马上解决问题。挂上电话不久，电话铃又响了，又是件急事，颇费了我一番唇舌去解释。接着，有位同事进来询问我有关一位重病患者的种种事项。等我说明完毕，我向这位病人道歉，让他久候。但是这位病人精神愉快，脸上流露出一种特殊的表情。”

“别道歉，医师，”这位病人说道，“在这10分钟里，我似乎明白自己什么地方不对了。我得回去改变一下我的工作习惯……但是，在我临去之前，可不可以看看您的办公桌?”萨德勒医生拉开桌子的抽屉，除了一些文具外，没有其他东西。

“告诉我，你要处理的事项都放在什么地方?”病人问。

“都处理了。”萨德勒回答。

“那么，有待回复的信件呢?”

“都回复了，”萨德勒告诉他，“不积压信件是我的原则。我一收到信，便交代秘书处理。”

6个星期之后，这位公司主管邀请萨德勒到其办公室参观。令萨德勒吃惊的是，他也改变了——当然桌子也变了，他打开抽屉，里面没有任何待办文件。“6

个星期以前，我有两间办公室，三张办公桌，”这位主管说道，“到处堆满了待处理的东西。直到跟你谈过之后，我一回来就清除了一货车的报告和旧文件。现在，我只留下一张办公桌，文件一来便当即处理妥当，不会再有堆积如山的待办事件让我紧张忧烦。最奇怪的是，我已不药自愈，再不觉得身体有什么毛病啦!”

前联邦最高法院院长查理·伊文凡说：“人不会因为过度劳累而死，却会因放荡和忧烦而去。”不错，放荡会消耗人的精力，而忧烦——因为这些人不曾把工作做完——确实为害最烈。

良好的工作习惯之二：做事分清轻重缓急。

遍布全美的都市服务公司创始人亨利·杜赫提说过，人有两种能力是千金难求的无价之宝——一是思考能力，二是分清事情的轻重缓急，并妥当处理的能力。

白手起家的查理·鲁克曼经过 12 年的努力后，被提升为派索公司总裁一职，年薪 10 万，另有上百万其他收入。他把成功归功于杜赫提谈到的两种能力。鲁克曼说：“就记忆所及，我每天早晨 5 点起床，因为这一时刻我的思考力最好。我计划当天要做的事，并按事情的轻重缓急做好安排。”

全美最成功的保险推销员之一弗兰克·贝特格，每天早晨还不到 5 点钟，便把当天要做的事安排好了——是在前一个晚上预备的——他定下每天要做的保险数额，如果没有完成，便加到第二天的数额，以后依此推算。

长期的经验告诉我，没有人能永远按照事情的轻重程度去做事。但我知道，按部就班地做事，总比想到什么就做什么要好得多。

假使萧伯纳没有为自己定下严格的规定，保持每天写出 5 页稿子的文字，他可能永远只是个银行出纳员。他度过了 9 年心碎的日子，9 年总共才赚了 30 块钱稿费，平均每天才一分钱！由于他一直把写作当成最重要的事去做，终于成了世界著名的作家。就连漂流到荒岛上的鲁宾逊也不忘每天定下一个作息表呢!

良好的工作习惯之三：当你碰到问题时，如果必须做决定，就当场解决，不要迟疑不决。

前面曾经提过世界著名的亚历西斯·卡锐尔博士的话：“不知道怎样抗拒忧虑的生意人都会短命而死。”

我以前的一个学生——已故的 H. P. 豪威尔告诉我，当他在美国钢铁公司任董事的时候，开始董事会总要花很长的时间——在会议里讨论很多很多的问题，达成的决议却很少。其结果是，董事会的每一位董事都得带着一大包的报表回家去看。

良好的工作习惯之四：学会如何组织、分层负责和监督。

很多生意人替自己挖下了个坟墓，因为他们不懂得怎样把责任分摊给其他人，而坚持事必躬亲。其结果是，很多枝枝节节的小事使他们非常混乱。他们总觉得很匆促、忧虑、焦急和紧张。要学会分层负责，是很不容易的。我知道，我以前就觉得这个很难，非常的困难。我根据经验也知道，如果找来负责的人不对，也会产生很大的灾难。可是分层负责虽然很困难，一个做上级主管的，如果想要避免忧虑、紧张和疲劳，却非要这样做不可。

◎用快乐丈量生活的品质

快乐是一种礼物，创造了绝大多数生活。愉悦则是来自不计后果的狂欢，让人忘记生活。

快乐是一种能力。快乐和愉悦并不是一回事。一位作家曾经说过，“快乐是一种礼物，创造了绝大多数生活。愉悦则来自不计后果的狂欢，让人忘记生活。”

“快乐并不是不快的缺席，”伦肖说，“它是一种善待自己的能力，不管你感觉如何。”但快乐和愉悦可以密切连接在一起。因为人们把注意力集中在痛苦而不是快乐上，所以我们无法得到快乐。

所有有关快乐的研究都表明快乐的人忙碌、有活力、外向。生活在个人郁闷世界里的人会在寻找的过程中逐渐失去本我。孩子们则会全身心地投入到游戏中去。当我们忘记自己是谁，把注意力集中在正在完成的事情上时，快乐就会来临。

有人讲述了一个好学的年轻人的故事：这个学生认识了一位受人尊敬的禅宗大师，向他询问永远快乐的秘密。大师笑着拿起粉笔写道：“专心。”“这就够了吗?”学生问。“专心就已经足够了，”大师说，“如果不专心，快乐就没有栖身之所；有了专心，快乐现在就在。专心是心无旁骛。专心就是一切。”

每个人都有快乐的理由，但我们总认为我们没资格快乐，或者做得还不够，远不到快乐的时候。这种等待心理表现是：我们常常说，“如果……的话，我一定非常快乐，但是……”事实是我们永远也到不了那个境界。如果快乐要待实现某个目标后才能享受，人就会藏起自己的快乐，一直等到那个时刻。不幸的是，不管这愿望是关于金钱、汽车、工作或者爱人，即使真的实现了，你却会发现自己仍然快乐不起来。你现在所做的一切都为了明天，生活已经失真。

很多人试图通过成功来创造快乐，是因为他们错误理解了这些东西带来快乐的质量和持续时间。新的幸福感很快就会暗淡，快乐开始变得平淡无奇，你只好又开始寻找下一个目标。

然而这并不是说我们不应该制订目标，只是鼓励大家将目标放在现在。问问自己今天可以为明天的最终目标做些什么，不管那目标是健康、工作成功、减肥还是别的什么。我们能控制的唯一时刻就是现在。

对于我们的工作和生活而言，快乐是一种能力，是一种尺度。我们用它来丈量生活的品质，丈量我们喜欢生活的程度。

有这么一个故事。那是一家跨国公司策划总监的招聘。层层筛选后，最后只剩下三个佼佼者。最后一次考核前，三个应聘者被分别封闭在一间设有监控的房间内。房间内务和生活用品一应俱全，但没有电话，不能上网。考核方没有告知三个人具体要做什么，只是说，让几个人耐心等待考题的送达。

最初的一天，三个人都在略显兴奋中度过，看看书报，看看电视，听听音乐。

第二天，情况开始出现了不同。因为迟迟等不到考题，有人变得焦躁起来，有人不断地更换着电视频道，把书翻来翻去……只有一个人，还跟随着电视节目里的情节快乐地笑着，津津有味地看书做饭吃饭，踏踏实实地睡觉……

五天后，考核方将三个人请出了房间，主考官说出了最终结果：那个能够坚持快乐生活的人被聘用了。主考官解释说："快乐是一种能力，能够在任何环境中保持一颗快乐的心，可以更有把握地走近成功！"

实际上，我们能否快乐主要决定于下面几个方面：

1. 思维模式

即看待生活的方式，也是快乐的核心。在很大程度上人的思维决定感情，所以我可以通过"想"某些事来促进相同结果的发生，即用思想指导行为。

2. 价值观念

我们的价值观和生活规则同样非常重要。如果成功是你生活的信条，那么取得成功的基础是赚钱。这个规则——价值系统对制造快乐并没有必要。

绝大多数人继承了父母的价值观和其他一些社会行为，我们甚至在不知道它们究竟是什么的情况下就已经习惯了这些东西。如果生活的目的是为了让别人满意——很多人确实如此——那么我们首先会担心自己做得还不够好，而这种想法只能带来不快、气愤、压力和疾病。过于在意外部环境会带来压力感。快乐的人是那些知道自己的目标并明确了解完成目标的方法的人。

3. 角色认知

平衡我们的角色对快乐来说也很重要。我们在生活中扮演着不同角色——工作的、家庭的。人们当然会更重视能得到更多承认的那个角色——不管是工作的还是私人的。但是把自己的快乐建立在别人的脸色上，只能给自己带来不快和压力。

可能你在自认为最重要的角色上表现不错，不过要记住，为此而忽视其他角色是万万不行的。我们将制造快乐的方法称作“更高使命”——生活的全部哲学或者目的。一旦你知道自己想要的，明确自己的人生应该如何度过，为什么要这样度过，你就能制订目标，并采取相应步骤去实现它。

◎发挥心理暗示的神奇力量

思想的运用和思想的本身，就能把地狱造成天堂，天堂造成地狱。

如果你感到不快乐，唯一能找到快乐的方法，就是通过积极的心理暗示，使言语和行为好像已经感觉到快乐的样子。

你我所必须面对的最大问题——事实上也是我们需要应付的唯一问题——就是如何选择正确的思想。而且，如果我们能做到这一点，就可以解决所有的问题。

不错，如果我们想的都是快乐的念头，我们就能快乐；如果我们想的都是悲伤的事情，我们就会悲伤；如果我们想到一些可怕的情况，我们就会害怕；如果我们想的是不好的念头，我们恐怕就不会安心了；如果我们想的净是失败，我们就会失败；如果我们沉浸在自怜里，大家都会有意躲开我们。

这是不是暗示对于所有的困难，我们都应该用习惯性的乐天态度去对待呢？不是的。生命不会这么单纯，不过大家应选择正面的态度，而不要采取反面的态度。换句话说，我们必须关注我们的问题，但是不能忧虑。关注和忧虑之间的分别是什么呢？关注的意思就是要了解问题在哪里，然后很镇定地采取各种步骤去加以解决，而忧虑却是发疯似的在小圈子里打转。

从事成人教育 35 年的经验使我深信思想对于一个人所能产生的巨大影响。一个人只要改变自己的想法，就能改变自己的生活，就能够消除忧虑和恐惧，就能走向成功。我们内心的平静，和我们由生活所得到的快乐，并不在于我们在哪里，我们有什么，或者我们是什么人，而只是在于我们的心境如何，与外在的条件没有多少关系。

思想的运用和思想的本身，就能把地狱造成天堂，把天堂造成地狱。

当你被各种烦恼困扰着，整个人精神紧张不堪的时候，你可以凭自己的意志力，改变你的心境。这可能要花一点力气，可是秘诀却非常的简单。

“如果你感到不快乐，那么唯一能找到快乐的方法，就是振奋精神，使行动和言词好像已经感觉到快乐的样子。”

这种简单的办法是不是有用呢？你不妨自己试一试。让你的脸露出一个很开心的笑容来，挺起胸膛，好好地深吸一大口气，然后唱一小段歌，如果你不能唱，就吹口哨，若是你不会吹口哨，就哼一段歌。你就会很快地发现威廉·詹姆斯所说的是什么意思了，当你的行动能够显出你快乐的时候，根本就不可能再忧虑和颓丧下去了。

好多年以前，我看过一本小书，它对我的生活产生了深远而良好的影响，它的书名叫做《人的思想》，作者是詹姆斯·艾伦。下面是书里的一段：

一个人会发现，当他改变对事物和其他人的看法时，事物和其他人对他来说就会发生改变——要是一个人把他的思想引向光明，他就会很吃惊地发现，他的生活受到很大的影响。人不能吸引他们所要的，却可能吸引他们所有的……能变化气质的神性就存在于我们自己心里，也就是我们自己……一个人所能得到的，正是他们自己思想的直接结果……

自我暗示就是自动暗示，它是人的心理活动中的意识思想的发生部分与潜意识的行动部分之间的沟通媒介。它是一种启示、提醒和指令，它会告诉你注意什么、追求什么、致力于什么和怎样行动，因而它能支配影响你的行为。这是每个人都拥有的一个看不见的法宝。

自有人类以来，不知有多少思想家、传教士和教育者都已经一再强调信心与意志的重要性。但他们都没有明确指出：信心与意志是一种心理状态，是一种可以用自我暗示诱导和修炼出来的积极的心理状态！成功始于觉醒，心态决定命运！

这是现时代的伟大发现，是成功心理学的卓越贡献。成功心理、积极心态的核心就是自信主动意识，或者称做积极的自我意识，而自信意识的来源和成果就是经常在心理上进行积极的自我暗示。反之也一样，消极心态、自卑意识，就是经常在心理上进行消极的自我暗示。就是说，不同的意识与心态会有不同的心理暗示，而心理暗示的不同也是形成不同的意识与心态的根源。所以说心态决定命运，正是以心理暗示决定行为这个事实为依据的。

不同的心理暗示，就会给你带来两种不同的情绪和行为。有一天，一位朋友给我讲了一个十分让我感动的故事，它让我深刻地感受到了心理暗示的巨大魔力：它可以挽救一个垂死人的生命。这个故事的主角就是一个名叫快乐的杰克的年轻人。

杰克是饭店经理，他的心情总是很好。当有人问他近况如何时，他回答："我快乐无比。"

如果哪位同事心情不好，他就会告诉对方怎么去看事物好的一面。他说："每天早上，我一醒来就对自己说，杰克，你今天有两种选择，你可以选择心情愉快，也可以选择心情不好，我选择心情愉快。每次有坏事情发生，我可以选择成为一个受害者，也可以选择从中学些东西，我选择后者。人生就是选择，你要学会选择如何去面对各种处境。归根结底，你自己选择如何面对人生。"

有一天，他被三个持枪的歹徒拦住了。歹徒朝他开了枪。

幸运的是发现较早，杰克被送进了急诊室。经过18个小时的抢救和几个星期的精心治疗，杰克出院了，只是仍有小部分弹片留在他体内。

6个月后，他的一位朋友见到了他。朋友问他近况如何，他说："我快乐无比。想不想看看我的伤疤?"朋友看了伤疤，然后问当时他想了些什么。杰克答道："当我躺在地上时，我对自己说有两个选择：一是死，一是活。我选择了活。医护人员都很好，他们告诉我，我会好的。但在他们把我推进急诊室后，我从他们的眼神中读到了'他是个死人'。我知道我需要采取一些行动。"

"你采取了什么行动?"朋友问。

杰克说："有个护士大声问我对什么东西过敏。我马上答'有的'。这时，所有的医生、护士都停下来等我说下去。我深深吸了一口气，然后大声吼道：'子弹!'在一片大笑声中，我又说道：'请把我当活人来医，而不是死人。'"

杰克就这样活下来了。

心理上的自我暗示固然是个法宝，但这个法宝的巨大魔力，还需要通过经常的长期运用，形成一种意识，才会充分地显示出来。具有自信主动意识的人必然会长期进行积极的自我暗示，而具有自卑被动意识的人却总是使用消极的自我暗示。可以说，经常进行积极暗示的人在每一个困难和问题面前看到的都是机会和希望；而经常进行消极暗示的人在每一个希望和机会面前看到的都是问题和困难。很明显，正是这种由成千上万次的心理暗示所形成的意识决定了一个人有无发展，能否成功。

自我意识、自我评价本身确实能左右一个人的发展。一个孩子如果有了不良的自我意识，就会有不良的表现，也就很容易被人们看成是“没出息”、“没用”，甚至“有犯罪意图”。一个人的心理暗示经常是怎样，他就会真的变成那样。

人与人之间本来只有很少的差异，但这很小的差异却往往造成了巨大的差异！巨大的差异当然就决定了快乐、烦恼、幸福、不幸甚至是成功、失败。

◎给快乐的来源“扩容”

建造心灵快乐园地的好方法就是储存快乐的来源并加以扩大。我们可以借助很多方式来收集贮藏这些来源。

近年来心理学界的一件大事，就是关于“快乐”的研究有许多令人兴奋的发现。所有的相关研究都预示着不久的将来人类将揭开大脑的神秘面纱，就如过去我们掀开层层宇宙面貌的面纱，每个人都有自己的问题和麻烦，但你是否曾注意到，某些人即使在处理一些伤脑筋的问题时也不像其他人整天愁眉苦脸，而比较乐观？这些快乐的人却不一定个个是幸运儿，相反的，大部分人都曾遭受一连串厄运的打击，并且并不富有。失恋的沮丧、失业的苦恼、负债的压力、上司的白眼、辛勤工作却得不到应有的报酬……种种的无奈能将一个人击倒——但他们为何仍是一副乐天派的模样呢？为何仍能苦中作乐呢？他们如何办到呢？关键就在于他们掌握了快乐，激励自己做得更好些。因为他们常怀着一颗满足的心，照亮了自己的世界也缓冲了挫折的打击。这些快乐的人拥有充足的快乐理由从而使人生总是充满希望。他们能，为什么你不能？

快乐有快乐的“发源地”。

建造心灵快乐园地的好方法就是找到快乐的发源地，把这些储存快乐的来源加以扩大。你可以借助很多方式来收集贮藏这些来源。我们不要将快乐的来源看成一项特别不寻常的事或举动，而将它视为种种“满意的”累积结果。快乐的价值，无法用金钱来衡量，它是依据能带给我们多大影响力而定。

刺激与松弛在快乐中扮演着重要的角色。

刺激是快乐的最大来源之一，它以许多方式翩然降临到我们身上，从新食品、新认识的人、新观念甚至于从神秘、惊人的冒险过程中所得到的新奇感受与经验等等。

此外兴奋也是快乐不可或缺的重要来源。

拿动物做实验就可看出“兴奋”是一项强有力、不可抵挡的利器——如果在猩猩脑里接通电流至控制快乐兴奋的中枢，并给予猩猩一个可以连通这电流的按钮，使猩猩可以处于兴奋状态，则猩猩必然会不停地按这个按钮直到自己精疲力竭而后才停止。

兴奋的相反一面——松弛，对一般人而言就没有那么容易做到了。我们发现很难将松弛浇注于生活之中，而完全的放松也成为了奢望。不能自我松弛是快乐一项很大的威胁。如果你希望获得快乐，就必须暂时脱离压力的烦忧，保持一段时间的孤立，走出每日的琐事，使自己完全的平静与平衡。

每个人都应有自己的方式以获得介于兴奋与放松之间的平衡。

一般说来，如果你的满足感增加，你必然会更快乐。假设有一天，你因为凡事都不顺心而使你心烦意乱，觉得很不快乐，建议你不妨与烦心的事来一次竞赛，有意地堆积满意的心情，直到发现满意胜过你原有的不满意，如此你一定就不会觉得那么难过了。

又假设你和一位好友吵架，又因交通阻塞以致在一重要的业务会议上迟到。开完会后，公司发表命令今年不加薪。上班时牙痛不得不请假去看牙医，好不容易回到家又看到邮箱里塞满了账单——这是多么令人不高兴的一天啊！此时最好的方法就是计划一个充满乐趣的傍晚。你可以拨电话和一些知心朋友聊天，打打球，到一间优雅的餐厅好好享受一顿晚餐；吃完饭后再去看场电影，放松放松身心。这样，你白天积压的不满意就会被晚间的满意所取代，会显得快乐一些。

也许有人认为这个方法实在是太简单了，不会有什么效力，不过多次的试验都证明还蛮管用的。尽管它无法解决你所有的问题，但至少可以稳定情绪，使你能心平气和地处理问题。

有的人在不顺心的日子里会刻意去制造快乐的情境，就像上面所提过的方法，但通常他们不会继续思考：“现在该做什么事才能使我最快乐?”我们应该培养制造快乐的良好习惯，使快乐能随时随地自动出现，而不是一味地让自己沉溺于懒惰和被动之中。举个例子来说，当你想自娱一番时，你一定比较容易想到喝些饮料或是打开电视观赏节目，但不会想去骑脚踏车或是上法文课，而往往后者能带给我们更多的乐趣，只是一般人往往都忽略它们了。

还有一点也很重要，就是要多方面培养快乐的来源。因为多方面的来源能带来多层面的乐趣，并且如果你只有少数的快乐来源，它们可能不堪长期重复使用，而对仅有几个来源依赖过深也会造成乏味。如果你只靠一件事或物来追寻快乐，当你失去它时烦恼就会跟着来了。毕竟你在短时间内无法找到可以替代或填补它的东西。就如一个只专注于工作无其他嗜好的人，一旦他遭到解雇的命运或年老必须退休时，他一定会非常的不快乐。

这也就是为什么有越多的快乐来源越好，因为种类多我们就不会容易厌倦，假如不幸失去了其中一样，立刻有其他来源可以取代，快乐才能不受影响。

另外，我们使用一项来源时，还必须投下足够的时间使这来源确实有效，确实能使我们从中获得快乐。我们必须真正“进入”来源中才能领悟其中的乐趣。运动就是这样，门外汉怎可能体验到运动的乐趣？必须是你对某项运动已有相当的熟悉程度之后，才能从中获得乐趣。又比如工作也是必须在一段时间的接触后，才能令你觉得愉快。有些人虽然拥有许多快乐的来源，但因为不能专心于一件事情，并与这件事情融合一体，所以他们仍然觉得无聊，当然也就变得不快乐。许多人都有过这样的经验：如果我们企图在一天里做很多事，就算是这些事本身都很有趣，但由于分心太多，所以一天的快乐也降低不少。

现在你不妨看看自己的快乐来源，并做一个评估，看看你是否太依赖某一项来源。让我们努力去增加来源吧！也许令你快乐的一些事物或活动是挺花钱的，但当你仔细检查过之后，你将惊讶地发现，有许多来源是由环境、朋友、增加见闻或是其他与钱无关的来源获得。如果你有金钱方面的困扰，记住不管价值多少，目标总是目标，期待还是期待，新奇品仍是新奇品，放松依旧是放松；刻意去制造富裕的环境以获得快乐是没必要的。豪华的度假别墅与公园、城市与森林又有何不同？只要你愿意，到处都有不同的活动供你享受啊！

◎简单而不乏味，有情趣而不孤独

只要生活有情趣，我们就不会老踩在马路的香蕉皮上。

世上充满了有趣的事情可以去做，在这令人兴奋的世界中，不要过乏味的生活。

一位哲人曾说过：在这地球上，那叫做“生命”的刺激冒险的机会，是你唯一能去做的。因此何不计划它，尽量设法活得丰富而又快乐？

世上充满了有趣的事情可以去做。在这令人兴奋的世界中，不要过乏味的生活。生活要过得简单而不乏味，有情趣而不孤独，这需要生活的技巧。

一个有智慧的人，他到了40岁以后，生活就过得非常“简单化”了！所谓

“简单化”，并不是说：简单的生活，如古代西班牙式的生活。而是说：对于一切的事件，能够得法而不随便浪费到无用的地方！

当然，仅仅生活简单化还不够，应该趁着年轻的时候，好好地学习一些技艺！一个人到了50岁以后，能力就将逐步衰退，换言之，学习进步的速度，就不得不减慢了！所以，50岁以后的人，想学习什么新的技艺，那是比较困难的！

有一位作家曾说法国人懂得“生活”的“技术”，而不是说他们懂“生活”的“艺术”！

懂得“生活技术”的人，不一定就是懂得“生活艺术”的人！所谓“生活技术”，也就是“职业技术”——你有“谋生”的本能吗？假如你回答说：“有！”那么，你的“谋生本能”便是“生活技术”，因为没有这种“技术”，你便不能“生活”！

这并不是唱高调。

芝加哥的约瑟夫·沙巴士法官，他曾审理过四万件婚姻冲突的案子，并使两千对夫妇和好。他说：“大部分的夫妇不和，根本是一些源于许多琐屑的事情。诸如，当丈夫离家上班的时候，太太向他招手再见，可能就会使许多夫妇免于离婚。”

劳·布朗宁和伊丽莎白·巴瑞特·布朗宁的婚姻，可能是有史以来最美妙的了。他永远不会忙得忘记在一些小地方赞美她和照料她，以保持爱的新鲜。他如此体贴地照顾她的残废的太太，结果有一次她在给姊妹们的信中这样写道：“现在我自然地开始觉得我或许真的是一位天使。”

简单的生活琐事，可能会给你带来不同的结果，就看你怎样应用技术来处理了。

真正懂得乐观地去生活的人，是因为他的生活富有情致。

我们也许都这样认为：作家的生活就是贫困一词的诠释。我们却不可以否认：作家的精神生活是如此富有！

所以，我认为一个人40岁以后的“美满生活”，并不是指“职业”上有何成就。也不是指“谋生技术”上有何进展！而是说每个人努力的结果，心灵上必可得到一种安慰。

但这种“安慰”，不是宗教上的“抽象”，也非哲人的“玄虚”，而是“事实”的证明。

爱迪生的“电灯研究”成功后，他的名字立刻“誉满全球”，这样的“安慰”，是“生活艺术”上的安慰，是心灵上的安慰。一个作家成名之后，所得到的报酬，也和爱迪生相同。

追求个人生活的情趣，不仅可以得到精神上的慰藉，还可以得到情感的升华。

所以，生活从40岁开始，我们不应该消极、灰心，而要加倍努力，为自己的心灵营造一方净土——生活情趣是实现这个目的的最好方式。

任何人都想过幸福且充满活力的人生。要实现这个愿望，时时接受新事物的挑战就显得格外重要。

年龄虽大但依然精力充沛的人，多半是不断接受挑战的人。

年纪越大，越感到时光流逝之快。我曾在全美国进行过一项心理实验，也得出与这句话相同的结果。

生活的心境不同，是导致年纪稍大的人觉得时间过得快的主要原因。

因为，他们已很久没有尝试尝试新的事物、听听新鲜事了。

所以，40岁以上的人应努力对很多事物充满兴趣，寻找新的挑战，并且去体验一些新的发现——打破乏味的生活方式。

研究表明，使一个人变得愉快，那么，他的行为也会变得令人欢快；让一个人陷入忧郁的思绪和痛苦的状态中，那么，你就会发现他成了阴郁的、牢骚满腹的、怪僻和很可能是邪恶的人。因此，我们发现，粗暴和犯罪无一例外的都是出现在那些从不懂得欢乐的人身上，他们闭锁了心灵，对人与大自然融为一体的空明澄净的愉悦丧失了兴趣，对人与人之间互相启迪的愉快交往也就没了兴趣。

人有一种强烈地渴望轻松与娱乐的天然爱好，像其他天然的爱好一样，这种爱好之所以会植根在人身上，那是有它的特殊目的的。它不能被压抑，而会以这种或那种形式发泄出来。任何旨在促进纯洁无邪的娱乐活动的良好努力，其价值同旨在反对邪恶行为的一打布道训诫等值。如果我们不为享受健康的快乐提供机会，人们就会找到邪恶的活动来取代它们。西尼·史密斯说得很正确："为了有效地反对邪恶，我们必须用更好的东西取代它。"

戒酒运动的倡导者们根本就没有充分地意识到，这个国家的酗酒恶习是由粗俗的兴趣爱好、是由这个国家存在着太有限的用于娱乐的机会和改善自己兴趣爱好的途径等因素造成的结果。工人的兴趣爱好仍未得到良好的培养，眼前的暂时需要占据他全部的思绪，满足自己的胃口成了他最大的快乐。当他休息的时候，他只会把自己沉溺于啤酒或威士忌当中。德国人曾一度是酗酒最凶的民族，但他们现在过着最节制清醒的生活。"像一位德国农民那样醉醺醺"曾经是一句流行的谚语。他们是如何戒掉酗酒恶习的呢？主要是通过教育和音乐的手段。音乐具有一种最能使人变得仁慈博爱的效果。艺术的熏陶对公众的道德具有一种非常有益的影响。它为每个家庭提供了一个快乐的源泉。它给家增添一种新的吸引力。它使人际间的社交活动更加令人愉快。马修神父用唱歌运动来加强他倡导的禁酒运动的效果。他发起了一场在爱尔兰全国各地建立音乐俱乐部的活动。因为他觉得，就像他曾经让人民远离威士忌一样，他必须用某些更健康的东西来取代它才行。他给他们带来了音乐。歌唱阶层出现了，他们提升了人们的兴趣爱好，使人们的品行更加温和谦恭，使爱尔兰人民更加仁慈博爱。但我们仍然担心：马修神父树立的典范恐怕早已被人们遗忘了。

钱宁教授说过："通过把我们周围的氛围变成美妙的声音，造物主在我们的视听能力所及的范围内赋予了我们多么丰富的乐趣啊！然而这一美好的造化在我们身上几乎快丧失殆尽了，原因在于我们对承担这一快乐的组织机体长期以来缺乏开发和培养。"

任何图片、版画或雕刻，无论是代表了一种高贵的思想，还是描述了一种英雄行为，或者是能够给我们的屋子带来一些来自田野或街道的气息，这些作品是老师，是教育的方法，是自我修养的好帮手。它使得家里变得更令人愉快和有吸引力。它使家庭生活变得甜美，它使家中散发出优美雅致的氛围来。它使一个人从只关注个人的一己之利中解脱出来，在增强他同自己家庭的愉快交往的同时，也扩大了他同外部世界的友好联系。

举一个例子：一位伟人的肖像画有助于我们去理解他的人生。这幅画赋予了他一种个人的魅力。仔细端详他的相貌，我们觉得似乎我们对他了解得更多，与他更亲近了。在我们面前每天挂着这样的一幅画像，无论是在用餐时还是在闲暇时，它都浮现在我们的眼前，这会无形中提升我们的精神气质和心灵品性，是我们迈向更高人生境界的桥梁。

听说有这么一位信仰天主教的放债者：每当他要骗人的时候，他总是习惯性地用面纱把他最喜爱的圣徒像给罩起来。从某种程度上讲，一个伟大而有美德的肖像就是一种比我们自己还要优秀的伙伴；虽然我们不可能达到英雄的水平，但我们可以在他的影响下达到某种程度。

一幅画定价很高以便让人们觉得它很美好，这种做法是不必要的。我们看到许多价格高昂的东西被人们买下，但这些东西的价值还不及拉法叶的木刻画《圣母玛丽亚》价值的1%，尽管这幅画只值两便士，但这幅画所蕴含的美，特别是圣母玛丽亚的头像，使人想起黑兹利特曾说过的话，即在这么一张美妙的肖像面前，要做出不文雅的行为几乎是不可能的。它是母爱、女性美和真挚虔诚的化身。正如曾有人对这幅画所表达的看法一样："看起来似乎有点天国的氛围在屋里。"

生活的艺术可以用多种方法表现出来。也许它可以用这几个字来概括："物尽其用"。

没有任何东西可以不屑一顾；即使是普通得不能再普通的渺小之物都有它发挥作用的地方。它给家里带来生机和雅致，赋予大自然新的魅力。通过它，我们可以享受富人们的公园和森林，好像它们是属于我们自己似的。我们吸入普通的空气，在普照大地的阳光下取暖。我们赞美茵茵的绿草、飘浮的白云和欢笑的鲜花。我们热爱我们共有的大地，聆听来自大自然的声音。它延伸到所有的社交活动中去。它产生善良的愿望和仁爱的真诚。在它的帮助下，我们使别人幸福，使自己被赐福。我们改善了我们的生存方式，升华我们的命运。我们高居于大地的爬行动物之上，渴望走向无限的永恒。由此，我们把时间与永恒结合在一起，在永恒之中，真正的生活艺术拥有它最完美的结局。

◎装快乐，你真的会快乐

假装快乐不能在30天中把一个内向的人变成一个开心的外向的人，但却是迈向正确方向的第一步。

一位打字小姐发现，假装工作很有意思会使自己得到很多的报偿。她叫维莉·哥顿，家住伊利诺伊州爱姆霍斯特城。她在信上讲述了下面的故事：

"我们办公室一共有四位打字员，经常因工作量太大而加班加点。有一天，一个副经理坚持要我把一封长信重打一遍，我告诉他只要改一改就行，不需要全部重打。可他竟然说，如果我不重打他就另外雇人了，我气得要死，为了保住这个职位和薪水，我只好假装喜欢重新打这封信。干着干着，我发现如果我假装喜欢工作，那我真的会喜欢到某种程度，而这时我的工作速度就加快。这种工作态度使我受到大家的好评，后来一位主管请我去做他的私人秘书，因为他了解我很愿意做一些额外的工作而不抱怨。"

"结果我发现：心理状态的转变给我带来了奇迹。"

汉斯·威辛吉教授说，你不能只坐在那里，等待快乐的感觉出现，反之，你应该站起来，开始学习快乐的人的动作和谈吐。他说："假装快乐不能在30天中把一个内向的人变成一个开心的外向的人，但却是迈向正确方向的第一步。”

哥顿小姐运用的就是汉斯·威辛吉教授的“假装”哲学，他教我们要“假装”快乐。心理学家也曾建议我们有时不妨假装快乐，这样去做的人大都能改变心境，也随之能改变命运。实践证明，假装快乐很是有效，你最初也许会觉得那是假造的，只要多练习，假造的感觉自然会消失。

假装绝对不是坏事，但一定要装得很像。假设你遇到了很不愉快的事情，而你想要假装自己很快乐，想想你该怎样假装呢？至少要面带微笑吧！为了做一个成功的假装者，你必须尽量想一些愉快的事情，为你的微笑补充能量，慢慢的快乐的事情就会不断地涌出来，最后你会发现自己从不快乐变成了假装快乐，又从假装快乐变成了很快乐。

我们知道，造成疲劳的主要原因之一是无聊。我想这是很容易想见的事，假设你的邻居住了一个年轻的女孩，下班回家时她整个人都累坏了。她腰酸背痛，头疼欲裂，所以不吃晚饭就上床睡了。然后电话铃响，是男朋友打来的电话，邀她去跳舞。女孩眼睛一亮，立刻一跃而起，穿上她最美丽的衣服，一直跳舞到深更半夜才回来。累了吗？一点也不，她神采飞扬，兴致高得很，甚至还了无睡意，满脑子还都是那些活泼的音乐呢！

难道说，下班时那个女孩的筋疲力尽都是装出来的？不，她的确是累坏了，因为她觉得工作无聊，人生也很无聊。这样的人满街都是，不见得是你的邻居而已，说不定就是你自己。

前面已经说过，造成疲倦的情绪因素胜过单纯的生理因素。从前有人做过实验，证明了无聊的确是疲倦的主因。那个实验是对一组学生进行一连串显然枯燥无趣的测试，结果学生都昏昏欲睡，抱怨头痛眼酸，有些甚至还觉得胃痛。这些都是想象的毛病吗？不，经过详细检查，发现人在无聊的时候，血液中的氧燃烧的确比较慢。等到碰到有趣的事情时，功能就立刻恢复正常了。

我们在做有趣的事情时，就不容易觉得疲倦。像我上回到加拿大洛矶山脉去度假，成天钓鱼、砍柴，可是一点也不觉得累，因为我有兴致，还有成就感，否则在海拔 7000 英尺做这许多事早就累得躺在那里了。

哥伦比亚大学的爱德华·东狄克教授做过一个实验，他让一群年轻人不眠不休一个星期，一直从事有趣的活动。经过详细研究之后他做成报告：“无聊是怠职的真正原因。”

如果你是一个劳心的人，真正让你疲倦的不是你做完的工作，而是你还没做的工作。举例而言，你还记得上个工作不尽心的日子吗？老是有人来打断你的工作，信也没回，约会也取消了，到处都是麻烦，成天都不对劲。你一事无成，于是你下班回家像打了一场仗回来，头快炸了似的。

第二天一切又对劲了。你的工作量是昨天的10倍，而你回家的时候却觉得像凯旋而归的勇士。你一定有过这种经验，我也有。

我在撰写本章时，曾抽空去看了一场音乐喜剧，里面有一句最佳的警句说："能够做他们喜欢做的事的人都是幸运的家伙。"他们之所以幸运是他们因此能享有更多的精力与快乐，减少烦恼和疲劳。

你的兴趣在哪里，你的精力就在哪里。陪一个唠叨的太太走过10条街远比陪知心识趣的情人走上10英里路要辛苦得多。

可是那又有什么办法呢？也许你不妨参考一下这个速记员的做法。她在一家石油公司任职，一个月有好几天她得做一件最无聊的例行公事：整理各种数据表格。那个工作无聊到她本能地不服，决定非让它显得有趣一点不可。怎么做呢？她每天跟自己比赛。她数过每天早上整理过的表格，决定下午要超越早上的记录，明天又要超越今天的记录。如此这般，她的工作成绩比同一部门别的速记员的成绩都好，她这么做得到了什么吗？加薪？升迁？赞美？都没有。但是它的确帮她避免因无聊引发的倦怠，让她的心情常葆活力。也因为这种苦中作乐的心态，使她在闲暇时能做更多快乐的事。

我碰巧知道这个故事是真的。我娶了那个女孩。

十几年前，有一个年轻人也觉得他的工作很无聊。他是在一家工厂做业员，负责站在车床边转螺丝钉。

那个工作无聊到令他想辞职，可是他又怕找不到别的事。既然无法辞职，他就决定苦中作乐，开始跟他旁边的同事比赛，看谁的工作快。结果领班对他的工作效率大为激赏，不久就把他调到较好的岗位，结果一路升迁，今天他已经是一家大公司的老板了。

要不是当初那一套苦中作乐的本事，也许他还在那家小工厂转螺丝钉呢，又哪有今日的斐然成就呢？

著名的电台新闻评论员凯丹顿也告诉我他苦中作乐的经过。在他22岁时，他在一艘运牛船上工作，负责喂牛吃草喝水，就这么漂洋过海到了欧洲。初到巴黎，他一文不名，差点潦倒街头，好不容易在英文报上看到一则征人启事，终于找到一个卖实体幻灯机的工作。

于是，他开始在巴黎街头挨家挨户推销他的产品，而他连一句法语都不会说。但是第一年他就赚到5000元的佣金，跻身当年巴黎业绩最好的推销员之列。更重要的是，那一年的经验教给他的东西比在大学念四年书还管用。他说自从做过那个工作之后，他觉得自己甚至可以把国会记录推销给法国的家庭主妇了。

这一年的经验便对法国生活有具体而微的了解，事后更证明了对他的报道有莫大的帮助。

话说回来，也许你觉得很奇怪，他既然不懂法文，又是怎么把东西推销出去呢？原来他先请雇主把推销辞写好，他硬背了下来，到时就去敲人家的门，等主妇出来应门时，他就背出一串奇怪的有外国腔的法文。他会把产品给那位主妇过目，而人家发问时，他就耸耸肩，说："我是美国人……美国人……"然后他就脱掉帽子，指着黏在帽顶的法文小抄。这一招通常把别人逗得忍俊不禁，他也跟着笑起来，趁机再拿更多产品给她过目，像这样成交的机会就多得多了。

凯丹顿先生说，这件事说来似乎很有趣，然而实在一点也不容易。他告诉我，唯一支持他做下去的动力是他下定决心要把它变成一件有趣的工作。每天早晨出发前，他会先对着镜子给自己来一段精神讲话：

"如果你想混口饭吃，就得去做这个工作，既然非做不可，为什么不做得快乐些呢！你何不想象你每按一个门铃，就是站在一座舞台上，有一个观众等着看你的表演？不是吗？你的工作其实也就跟舞台表演一样，所以为什么不好好发挥你的表演才华呢？"

凯丹顿先生告诉我，这种精神讲话对他的鼓励极大，使他有勇气有信心在人生地不熟的巴黎开拓前程，也终究造就了锦绣前程。

精神讲话效用宏大，千万不要等闲视之，它是极有心理学根据的。借着对自己精神讲话，你可以将自己的思想导向积极乐观的层面。借着提醒自己你应该感谢的人和事，你就会充满斗志。毕竟，是人的思想形成人的生活，好与坏全在你自己一念之间。

保持正确的思想，工作就不会再那么令人难以忍受。你的老板要你对工作感兴趣，他才能多赚钱。但是别管老板怎么想，乐在工作全是为了你自己。想想看，就算这一份工作不中你的意，换了别的事也可能都一样呀。一切都看你自己，高兴也是过日子，不高兴也是过日子，你怎么想呢？

◎忧虑时，别让你的人生屈尊

当你在心境忧郁或意气颓丧的时候，你千万不可决定采取生命中的任何重要的步骤，千万不可下任何重大的决定，因为那个不良的心境，会使你的判断步入歧途。

当一个人精神遭遇大痛苦、大失望时，他所取的步骤，大都只顾目前的解围，而不顾及日后最终结果的好坏。女子在遭到大的失望或痛苦时，往往会降格屈尊嫁给她们并不真心所爱的男子，就是一个好例子。

有些人在事业上遭到一次重大的失败时，往往不能重新振作而自甘陷入破产的境地。殊不知他们如果能够坚持努力下去，未必不能渡过难关和取得最后的胜利。

人们在感受着极度的刺激及痛苦时，每要趋于自杀之途，虽然他们明明知道，所受的痛苦只是暂时的。一个人在感受痛苦时，对于事物很难正确地透视、观照。在我们的精神或身体遭遇刑笞般的痛苦时，是不能很好地运用我们的理智的。这时如遇到什么事情，也是不能做出明晰的分析。

在希望都已幻灭，周围十分黑暗、惨淡的环境下，要一个人仍然乐观，仍然善用理智，这原是很难能的，但也唯有在这样的环境中，才能显示出我们究竟是哪一种人！

测验一个人的真才实力最可靠的方法，就是看他在事业同他相背、命运同他作对，甚至他的至亲好友都要劝他放手、笑他不识时务时，能否坚持着他的夙志与事业。

有多少青年作家、艺术家或从事别项事业的人，因为在事业上受一时失望的刺激便抛弃所学，去从事别种与自己天性不相近的职业，日后虽则发现自己有错误，但因怕受他人的耻笑，或因怕重蹈第一次的覆辙，不敢再行变换，以致遗憾终身！

一个人最需要勇气、忍耐与坚毅的时候，无过于在他事业十分不顺利，“向后转”的想法常去引诱他，甚至他的内心也在嘲笑他的不智而暗示他“向后转”的时候了。

有多少乡间少年，刚来到城市中，一旦受了些挫折，或动了些乡愁，竟至跑回乡间！殊不知假使他们能够忍耐下去，他们一生的事业会不可限量呢！

有许多出国攻习音乐或艺术的青年男女，因为一时的沮丧或乡愁，竟至不待学成便回国，以致日后无穷追悔。

有不少习医的学生，起先满腔热忱，后来因为在解剖室中看到了所谓的惨相而感到不快，遂至中途辍学。也有不少习法律的人，起先满心想做一位律师，但后来读到法律上艰深、麻烦的部分，会一朝丧气、弃而不学，以为自己不是做律师的料。

有些少年，自小没有离开过家庭，一旦离乡背井，负笈他乡，在思乡情切、乡愁厉害的时候，就会不顾一切辍学回家。事后他们总要对于自己当初的不坚定与软弱，生出无穷之追悔。

他人放弃，自己还是坚持；他人后退，自己还是向前；眼前没有光明、希望，自己还是努力奋斗。这种精神，是一切科学家、发明家及其他有大成就人物的成功之原因。

中年以上的人常常发出这样的叹息："假使当初我能够贯彻始终、不移夙志，不在沮丧的时候放弃所从事的事业，恐怕现在是颇有成就了吧！我的生活，要幸福多了吧！"有许多人都是壮志未酬，度过悔恨悲愁的一生，就因为在沮丧及懦弱的时候，他们在事业上是"向后转"了！

不管你前途怎样黑暗，心头怎样沉重，你总应等到忧郁、沮丧的心情恢复以后，再决定你的方针或步骤。在你心境不佳的时候，不管你痛苦的负担是怎样的沉重，你千万不要倒地！

要做重要的决定，须运用你的理智，你的正确的评判力与你的健全、清楚的观察力。你不能在心境不佳的时候，决定你生命中的重要问题，或决定你事业上和生活上的"转变点"。事业上的"转变点"应该在你心境平和、精神愉快的时候来决定。当颓丧、失望充满我们的心情时，容易使我们的判断流入错觉。有些拥有很多家产的人，在事情稍有不顺利时即变卖家产，并做出种种可笑的事来；因为他们以为要不是这样做，他们的事业就将陷入困境，而实际上，这不过是庸人自扰。

在你智穷力尽，不知何去何从时，你很危险；因为那种时候，你所做的决策及思考，总是不健全的。你应当在头脑较冷静、心境自然的时候，再去思考、决策；在心中充满着恐惧、怀疑及失望时，你不能有正确可靠的评判力。健全活泼的脑筋，不感烦恼的精神，总能生出健全的评判。在心情不佳时，所想到的念头，大多不可照着实行。

执行你固有的计划，那在你头脑清醒时所制订的计划；在沮丧抑郁的时候，你的精神分散，而不能做强有力的集中。精神的恬静、平衡与镇静，是健全的思考的前提。

学会让自己泄压

◎压力从何而生

压力其实是一个过度使用的字眼。我们通常为必须承受最大压力的角色而竞争，并且因人们知道我们正处在压力之下而高兴。事实上，我们倾向于夸大我们所承受的压力，却很少停下来思考压力从哪里来和它对我们的生活所代表的意义。

压力的起源和时代有关，我们的祖先不会像我们现在有交通车况所引发的愤怒！研究资料显示，当工作环境有很大改善时，我们的工作时数增加，并且必须处理更多工作上和家庭生活中的压力。现代社会期望我们思考得更快、工作得更努力，并在每件我们着手进行的事情上表现卓越。在文明的时代，我们带给自己一个现代的状况，称之为压力。

面对危险时，我们马上会有生理上的应变，荷尔蒙和肾上腺素增加，输送更多的血液到大脑并提高感官的知觉。在每天压力的惯性之下，我们的身体会有类似的反应，但是警觉状态（通常是使用在打架或飞行时）会拉长，在缺少自我检视的情况下，可能就会导致身体和心理上的功能失常。以医疗的看法，压力导因于身体三种体液的不平衡。每一种体液如果过量的话，就会引发身体某些症状。因此，如果我们受苦于“破坏性的压力”，我们的肌肉就会紧绷；“不开心的压力”会带来没有耐性和易怒；“冷漠的压力”会引起沮丧和疲惫。似乎很少人赞同这种观点，然而这体液的观念对身体平衡的重要却是很有趣的。一旦我们失去平衡（例如，我们对家庭生活的企图心失去了平衡），压力就来了。

压力其实不是一种客观事实，而是一个主观感受。相同的事在不同的人眼中，会产生完全不同的感受。同样的事在同一个人身上，也可以随着环境、时间转变，而产生不同程度的压力。例如你第一次参加面试时，你会紧张得气也喘不过来，但当你第十次、第二十次时，你就仿佛如履平地，不费吹灰之力就可以安然度过了。

很多时候我们会发现不是事情本身令你烦躁不安，而是你对事情的看法和感受令你不快乐。以上面的例子来说，当你第一次去面试时，你的心会忐忑不安，你会对整个程序没有多大的把握，所以你会惧怕失败，担心被人羞辱，也可能缺乏自信，看轻自己。这些恐惧不安的感受，往往令你情绪紧张，压力重重。

压力的另一个来源是工作，据一份心理答卷调查显示，白领阶层认为工作是首个导致精神紧张的原因。报告指出办公室的压力主要源于工作过量，被访者表示问题在于太忙碌或太少职员分担工作。

事实上，不少人是工作狂，整天不停工作，一秒也不肯停下来。问题是人不是一部永不歇息的机器，长期接受重重的心理压力的结果就是身心健康受损，并出现各种症状，包括心跳、出汗、紧张、脾气急躁、头痛、肠胃出现问题、肌肉疼痛等等。一般人在这种情况下会自动自觉地休息一下，舒缓身心的压力。但是患上工作狂的人反而会因此而自夸，觉得这些是都市人必然的经历，相信这些就是成功人士的代价，于是，他们不单不会停下来休息一下，相反的，他们会更拼命地去追求成功、去发奋上进。

但是，工作狂同时会抱怨工作太多、太忙，没有人可以协助分担，为什么呢？我看主要的原因是因为他们太自信自负，觉得别人无论怎样勤奋，也是能力不行，所以不能放心地把权力或工作下放给下属。另外一个因素就是他们有强烈的控制欲，觉得若一切都在自己的控制下，他们才感到安全，感到一切都在掌握之中。若有任何未知之数、任何预算之外或意料之外的事发生也可以令他们不安，因此他们要先天下之知而知，要掌握所有资料和洞悉下属、对手的一切，这样做的代价，就是要下属执行他们的指示，要下属详尽报告，而不愿意把工作过于放心地交付下属。

于是有一个恶性循环产生了，就是下属们只求无过不求有功，不假思索地执行指示，依循惯例去进行工作，绝口不提建议，不会带点创意去上班。日子一长，这群下属就变成一个个生产机器，没有建议，不能发挥潜质，成为真正的庸碌之辈。

压力的症状变化多端，人人皆不同，一般而言，压力的表现常是某种形式的痛，我们可以思考痛带给我们什么样的讯息：可能是有些事需要改变。通常，当我们有压力时，一个平常的小问题似乎都会令人感觉难以克服，最微不足道的工作都可能使我们畏缩。有人可能感觉到持续的疲倦，有人可能会有幻想的痛，另外有人可能会突然地表现愤怒。我们不必是医生就能诊断出压力，也不需要特别的技巧去治疗压力。只要我们可以发现真正的原因，我们就可以治疗我们自己——只要我们不再视压力为每天生活自然的一部分，或将压力当成获取同情或奖励的手段。

和压力抗争的第一步是：接受它的存在是我们的生活形态或生活态度的结果——它并不是我们原有的失败或弱点的一种表示。逐渐地，我们会期望自己在每一方面都是好的，不只是在工作和家庭方面，在家庭园艺上，在假期规划上，甚至在放松方面也要做得很好。我们期望自己这么多，有这么多地方要去，有这么多事情要做，它们便成为压力的来源。

我们通常听到人们说在压力下工作可以表现得更好。如果我们看看肾上腺素分泌曲线，可能会发现其中某些事实。通常，当压力逐渐增加时肾上腺素曲线会上升，表现可能会比较好。然而，一旦肾上腺素分泌值到某一程度时，压力不可避免地就会转变成逐渐增加的紧张，分泌曲线就会开始往下陡降，直到最后到达崩溃点。如果我们在自我的极限范围内督促自己，我们可能会成功；如果我们逼迫自己到达极限，显然将面临压力。

这时候，应该快快放一个大假，让身心舒展一下，并应该及早到医院治疗身体的毛病。这个阶段你自己的身体发出了警告信号，所以万万不能疏忽。因为，如果你不理会这些信号，你的身体便会越来越差，精神萎靡，继续会有注意力不能集中、精神散漫、神不守舍等现象，工作表现开始变差，生活感到紧张慌忙。若你仍然不愿意休息的话，精神健康便会大受损伤。这时，休息和学习减压的方法，是不能缺少的了。

最后，我们必须接受，虽然生活是有压力的，但是这并不是它原有的特质。如果我们学着了解自己的需要和能力，找到一些控制压力的方法，没有任何事可以让压力上身，我们可以让这种现代恶魔滚一边去。

◎在感到疲倦以前就休息

防止疲劳的规则是：经常休息，在你感到疲倦以前就休息。

这一点为什么重要呢？因为疲劳增加的速度快得出奇。美国陆军曾经进行过好几次实验，证明即使是年轻人——经过多年军事训练而很坚强的年轻人——如果不带背包，每一小时休息十分钟，他们行军的速度就加快，也更持久，所以陆军强迫他们这样做。你的心脏也正和美国陆军一样的聪明。你的心脏每天压出来流过你全身的血液，足够装满一节火车上装油的车厢；每 24 小时所供应出来的能力，也足够用铲子把 20 吨的煤铲上一个 10 米高的平台所需的能量。你的心脏能完成这么多令人难以相信的工作量，而且持续 50、70 甚至可能 90 年之久。你的心脏怎么能够承受得了呢？哈佛医院的沃尔特·加农博士解释说："绝大多数人都认为，人的心脏整天不停地在跳动着。事实上，在每一次收缩之后，它有完全静止的一段时间。当心脏按正常速度每分钟跳动 70 次的时候，一天 24 小时里实际的工作时间只有 9 小时，也就是说，心脏每天休息了整整 15 个小时。"

在二次大战期间，丘吉尔已经 60 多岁了，却能够每天工作 16 小时，一年一年地指挥大英帝国作战，实在是一件很了不起的事情。他的秘诀在哪里？每天早晨在床上工作到 11 点，看报告、口述命令、打电话，甚至在床上举行很重要的会议。吃过午饭以后，再上床去睡一个小时。到了晚上，在 8 点钟吃晚饭以前，他要再上床去睡 2 个小时。他并不是要消除疲劳，因为他根本不必去消除，他事先就防止了。因为他经常休息，所以可以很有精神地一直工作到半夜之后。

约翰·洛克菲勒也创造了两项惊人的纪录：他赚到了当时全世界为数最多的财富，也活到 98 岁。他如何做到这两点呢？最主要的原因当然是，他家里的人都很长寿，另外一个原因是，他每天中午在办公室里睡半个小时午觉。他会躺在办公室的大沙发上——而在睡午觉的时候，哪怕是美国总统打来的电话，他都不接。

在那本名叫《为什么要疲倦》的好书里，丹尼尔说："休息并不是绝对什么事都不做，休息就是修补。"在短短的一点休息时间里，就能有很强的修补能力，即使只打五分钟的瞌睡，也有助于防止疲劳。棒球名将康尼·麦克告诉我，每次出赛之前如果他不睡一个午觉的话，到第五局就会觉得筋疲力尽了。可是如果他睡午觉的话，哪怕只睡五分钟，也能够赛完全场，一点也不感到疲劳。

我曾问过埃莉诺·罗斯福夫人，当她在白宫当第一夫人的 12 年里，如何应付那么紧凑的节目。她对我说，每次接见一大群人或者是要发表一次演说之前，她通常都坐在一张椅子或是沙发上，闭起眼睛休息 20 分钟。

我最近到麦迪逊广场花园去拜访吉恩·奥特里，这位参加世界骑术大赛的骑术名将。我注意到他的休息室里放了一张行军床，"每天下午我都要在那里躺一躺，"吉恩·奥特里说，"在两场表演之间睡一个小时。当我在好莱坞拍电影的时候，"他继续说道，"我常常靠坐在一张很大的软椅子里，每天睡两次午觉，每次

10分钟，这样可以使我精力充沛。”

爱迪生认为他无穷的精力和耐力，都来自他能随时想睡就睡的习惯。

当亨利·福特过80岁大寿之前不久，我去访问过他。我实在猜不透他为什么看起来那样有精神，那样健康。我问他秘诀是什么？他说：“能坐下的时候我绝不站着，能躺下的时候我绝不坐着。”

被称为“现代教育之父”的霍勒斯·曼在他年事稍长之后也是这样。当他担任安提奥克大学校长的时候，常常躺在一张长沙发上和学生谈话。

我曾建议好莱坞的一位电影导演试试这一类的方法，他后来告诉我说，这种办法可以产生奇迹。我说的是杰克·切尔托克，他是好莱坞最有名的大导演之一。几年前他来看我的时候，他是M—G—M公司短片部的经理，他说他常常感到劳累和筋疲力尽。他什么办法都试过，喝矿泉水、吃维生素和别的补药，但对他一点帮助也没有。我建议他每天去“度假”。怎么做呢？就是当他在办公室里和手下开会的时候，躺下来放松自己。

两年之后，我再见到他的时候，他说：“出现了奇迹，这是我医生说的。以前每次和我手下的人谈短片问题的时候，我总是坐在椅子里，非常紧张。现在每次开会的时候，我躺在办公室的长沙发上。我现在觉得比我20年来都好过多了，每天能多工作两个小时，却很少感到疲劳。”

你是如何使用这种方法的呢？如果你是一名打字员，你就不能像爱迪生或是山姆·戈尔德温那样，每天在办公室里睡午觉；而如果你是一个会计员，你也不可能躺在长沙发上跟你的老板讨论账目的问题。可是如果你住在一个小城市里，每天中午回去吃中饭的话，饭后你就可以睡十分钟的午觉。这是马歇尔将军常做的事。在二次大战期间，他觉得指挥美军部队非常忙碌，所以中午必须休息。如果你已经过了50岁，而觉得你还忙得连这一点都做不到的话，那么赶快趁早买人寿保险吧。最近葬礼的费用涨得相当高——而且这种事都来得非常的突然，而那位小女人也许想拿你的保险金，去嫁一个比你年轻的男人呢。

如果你没有办法在中午睡个午觉，至少要在吃晚饭之前躺下休息一个小时，这比喝一杯饭前酒要便宜得多了。而且算起总账来，比喝一杯酒还要有效500倍。如果你能在下午5点、6点或者7点钟左右睡一个小时，你就可以在你生活中每天增加一小时的清醒时间。为什么呢？因为晚饭前睡的那一个小时，加上夜里所睡的6个小时——共是7小时——对你的好处比连续睡8个小时更多。

从事体力劳动的人，如果休息时间多的话，每天就可以做更多的工作。弗雷德里克·泰勒在贝德汉钢铁公司担任科学管理工程师的时候，就曾以事实证明了这件事情。他曾观察过，工人每人每天可以往货车上装大约12.5吨的生铁，而通常他们中午时就已经筋疲力尽了。他对所有产生疲劳的因素做了一次科学性的研究，认为这些工人不应该每天只送12.5吨的生铁，而应该每天装运47吨。照他的计算，他们应该可以做到目前成绩的4倍，而且不会疲劳，只是必须要加以证明。

泰勒选了一位施密特先生，让他按照马表的规定时间来工作。有一个人站在一边拿着一只马表来指挥施密特："现在拿起一块生铁，走……现在坐下来休息……现在走……现在休息。"

结果怎样呢？别的人每天只能装运12.5吨的生铁，而施密特每天却能装运到47.5吨生铁。而当弗雷德里克·泰勒在贝德汉姆钢铁公司工作的那三年里，施密特的工作能力从来没有减低过，他之所以能够做到，是因为他在疲劳之前就有时间休息：每个小时他大约工作26分钟，而休息34分钟。他休息的时间要比他工作时间多——可是他的工作成绩却差不多是其他人的4倍！

让我再重复一遍：照美国陆军的办法去做——常常按照你自己心脏做事的办法去做——在你感到疲劳之前先休息，这样你每天清醒的时间，就可以多增加一小时。

◎让身体和心灵永葆和谐

和谐是一切效率、美好和幸福的秘密所在，并且，和谐能使我们自己和上帝保持一致。和谐意味着一切心理功能的绝对健康。沉着、安定、和蔼与好的脾气，往往能使我们的整个神经系统、我们所有的身体器官与新陈代谢过程保持协调，这种和谐往往因摩擦冲突而受到破坏。

人类的身体像一部无线电报机。根据他思想和理念的性质，他不断地发出平和、力量、和谐或混乱的信息。这些信息以光速飞向四面八方，这些信息往往也能找到它们自己的知音。

一个处于永恒和谐之中的心灵平静的人是不可能有任何灾难的，他也不可能恐惧灾难，因为他知道自己处于上帝那双充满爱意的大手的庇护下，因此，什么也不可能伤害到他。因为他是按照永恒的真理立身、行事、处世的。这样一个极其平静的心灵宛如深海之中岿然不动的一座巨大冰山。它嘲笑洋面上击打它身侧的汹涌波涛和狂风暴雨。这些汹涌的怒涛和狂风暴雨甚至连使它产生恐惧也不能，因为它处于深海之中的巨大冰块是平衡的，这种平衡能使它平静地、不受阻碍地稳稳漂流。

很奇怪，许多在其他一些事情上非常精明的人，在保持自身和谐这一重大精神事务上却往往非常短视、无知和愚蠢。许多白天历经疲倦和失调的上班族到了晚上发现自己简直完全累垮了。这种人如果在早上上班之前舍得花一点儿时间好好地调整自己，那他们就会事半功倍，他们回家时就会依然精神焕发。

如果一个早上去上班的人感到与每一个人都不一致、都不协调，如果他对生活，特别是对那些他必须应付的人和事存在一种抵触心态的话，他是不可能收到事半功倍的效果的。因为他的大部分精力都白白浪费掉了。

从没有试着去调整自己的人不可能意识到，早晨上班之前好好地调整自己会带来巨大的好处。一个纽约的生意人最近告诉我说，每天早晨在使自己的精神、思想和世界保持极好的协调之前，他是不会允许自己去上班的。如果他感到自己有点儿嫉妒他人或是内心不安，如果他感到自己有些自私和不公正，如果他不能正确对待他的合作伙伴或雇员，他就绝不去上班，直到他保持协调，直到他的思想清除了任何形式的混乱。他说，如果在早晨去上班时自己对待每一个人都有一种正确心态，那他的整个一天都会过得很轻松、很惬意。他还说，过去凡是心态混乱的情形时去上班，他都不可能有像心态和谐时那样好的效果，他容易使得周围的人不快，更不要说他自己疲惫不堪了。

许多人之所以过着一种忧郁、贫乏的生活，其原因之一便是他们不能从那些使自己精神失调、恼怒、痛苦和担忧的事情中超越出来，因而他们无法使自己的精神获得和谐。

◎把放松当成一种习惯

有一个令人难以置信的事实：只劳心的工作，并不会让人感到疲倦。这听起来似乎令人不可思议，但在几年前，科学家们就想找出一个问题的答案——人类大脑在不降低工作效率的情况下究竟能支持多久呢？令人惊奇的是，科学家们发现：血液通过活动的脑部时，一点都没有疲劳现象！如果你从正在劳动的工人血管中抽取血液样本，你就会发现里面充满了“疲劳毒素”，因而产生疲倦现象。但是，假如你从爱因斯坦身上取出一滴刚经过脑部的血液加以观察，就会发现里面根本没有任何“疲劳毒素”。

截至目前，我们知道，大脑可以“工作了 8～12 个小时后，情况仍然一样好”。大脑是全然不会累的……那么，人为什么会经常感到劳累，是什么让你觉得劳累呢？

精神病理学家宣称，大多数疲劳现象源于精神或情绪的状态。英国著名的精神病理学家哈德菲尔德在其《权力心理学》一书中写道：“大部分疲劳的原因源于精神因素，真正因生理消耗而产生的疲劳是很少的。”

美国著名的精神病理学家布利尔更加肯定地宣称：“健康情况良好而常坐着工作的人，他们的疲劳 100%是由于心理的因素，或是我们所谓的情绪因素。”

这些久坐的工作者的情绪因素是什么？喜悦？满足？当然不是！而是厌烦、不满，觉得自己无用、匆忙、焦虑、忧烦等。这些情绪因素会消耗掉这些长期坐着工作的人的精力，使他们容易患感冒、精力衰退，每天带着头痛回家。不错，是我们的情绪在体内制造出紧张而使我们觉得疲倦。

大多数保险公司在他们的宣传单上指出：“辛勤工作很少会导致疲劳，尤其是那种经过休息或睡眠之后都不能解除的疲劳——忧虑、紧张、心乱才是导致疲劳的三大因素，而我们却常常以为是身体或精神的操劳引起的——记住，紧绷的肌肉本身就在工作。所以，放松自己吧！节省精力去做更重要的事。”

现在，请你暂时停下来，审视一下自己。当你读到这句话的时候，是否正对着书本皱眉？你有没有觉得两眼间的肌肉紧缩起来？你是否很轻松地坐在椅子上？还是紧绷双肩？你脸上的肌肉紧不紧张？除非你的全身像个旧布娃娃一样松散，否则你现在就是正在制造精神紧张和肌肉紧张。

为什么你在从事脑力工作时，会制造出这些不必要的紧张呢？丹尼尔·乔塞林说道：“我发现症结在哪里了——几乎是全世界的人都相信，工作认不认真，在于你是否有一种努力、辛劳的感觉，否则就不算做得好。”于是，当我们聚精会神的时候，总是皱着眉头，紧绷肩膀，我们要肌肉做出努力的动作，其实那与大脑的工作一点也没有关系。

一个令人吃惊的可悲事实是，无数不会浪费金钱的人，却在鲁莽地浪费自己的精力。那么，什么才是解除精神疲劳的方法？放松！放松！再放松！要学会在工作的时候让自己放松！

学会放松，是一件容易的事吗？你可能要花一辈子时间改掉目前的习惯。这种努力是值得的，因为你的一生可能因此而发生很大的改变。威廉·詹姆士在一篇文章中写道："美式的生活让人过度紧张，快动作、高节奏、强烈极端的表达方式……这或多或少是些坏习惯。"

紧张是一种习惯，放松也是一种习惯。坏习惯可以改正，好习惯可以慢慢培养。

那么，你怎么放松自己呢？是从大脑开始？还是从神经开始？都不是，你应该从肌肉开始放松。为了说得具体一点，我们假定由眼睛开始，先把这一段文字读完，然后向后靠，闭上眼睛静静地对你的眼睛说："放松，放松，不皱眉头，不皱眉头，放松，放松……"你不停地慢慢地重复约一分钟……

著名小说家维基·鲍姆说，小时候，她摔跤伤了膝部和腕部，有个老人把她扶起，这老人当过马戏班的小丑，一面帮她掸掉身上的灰土，一面说："你之所以会受伤，是因为你不懂得怎样放松自己，你要把自己当成一只旧袜子一样松弛。过来，我教你怎么做。"

老人教维基和其他小孩子怎么跌倒，怎么前翻滚、后翻滚。他不停地叮咛："把自己想象成一只松垮垮的旧袜子，你就一定会松弛下来！"

下面有4个建议，它们可以帮助你学习如何放松自己：

（1）随时保持轻松，让身体像只旧袜子一样松弛。我在办公桌上就放着一只褐色的袜子，好随时提醒自己。如果找不到袜子，猫也可以。你见过睡在阳光底下的猫吗？它全身软绵绵的，就像泡湿的报纸。懂得一点瑜伽术的人也说过，要想精通"松弛术"，就要学学懒猫。我从未见过疲倦的猫，或精神崩溃，因无法入眠、忧虑、胃溃疡而大受折磨的猫。

（2）尽量在舒适的情况下工作。记住，身体的紧张会导致肩痛和精神疲劳。

（3）每天自省四五次。并且自问："我做事有没有讲求效率？有没有让肌肉做不必要的操劳？"这样会使你养成一种自我放松的习惯。

（4）每天晚上再做一次总的反省。想想看："我感觉有多累？如果我觉得累，那不是因为劳心的缘故，而是我工作的方法不对？"丹尼尔·乔塞林说过："我不以自己疲累的程度去衡量工作绩效，而用不累的程度去衡量。"他说："一到晚上觉得特别累或容易发脾气，我就知道当天工作的质量不佳。"如果全世界的商人都懂得这个道理，那么，因过度紧张所引起的高血压死亡率就会在一夜之间下降，我们的精神病院和疗养院也不会人满为患了。

如果你是家庭主妇，下面是一些可以在你家里做的运动。

（1）只要你觉得疲倦了，就平躺在地板上，尽量把你的身体伸直，如果你想要转身的话就转身，每天做两次。

(2) 闭起你的两只眼睛，像约翰逊教授所建议的那样："太阳在头上照着，天空蓝得发亮，大自然非常的沉静，控制着整个世界——而我，大自然的孩子，也能和整个宇宙调和一致。"

(3) 如果你不能躺下来，因为你正在炉子上煮菜，没有这个时间，那么只要你能坐在一张椅子上，得到的效果也完全相同。在一张很硬的直背椅子里，像一个古埃及的坐像那样，然后把你的两只手掌向下平放在大腿上。

(4) 现在，慢慢地把你的10个脚指头蜷曲起来——然后让它们放松；收紧你的腿部肌肉——然后让它们放松；慢慢地朝上，运动各部分的肌肉，最后一直到你的颈部。然后让你的头向四周转动着，好像你的头是一个足球。要不断地对你的肌肉说："放松……放松……"

(5) 用很慢很稳定的深呼吸来平定你的神经，要从丹田吸气，印度的瑜伽术做得不错，规律的呼吸是安抚神经的最好方法。

(6) 想想你脸上的皱纹，尽量使它们抹平，松开你皱紧的眉头，不要闭紧嘴巴。如此每天做两次，也许你就不必再到美容院去按摩了，也许这些皱纹就会从此消失了。

◎对自己体贴，对抑郁负责

在《人性奥秘》一书中，有一篇标题为"无名病"的文章，作者格莱姆谈到现今世界愈来愈多的妇女所面临的苦境，她们对生活厌烦不满，她们压根儿就没有快乐，更谈不上精力充沛，活力四射。

一位24岁的母亲如此自述：

我身体健康，孩子们都活泼可爱，家庭舒适，经济上也算宽裕。我的丈夫是一个电子工程师，前途无量，但不知为何我总觉得不满足，我常问自己为什么会这样。我的丈夫认为我可能需要度假休息一阵子，但我需要的并不是休息，因为我根本就不能独自坐下来看书。孩子们午睡时，我就会在房间里走来走去，等着去叫醒他们。有时早晨醒来，我会觉得一点盼望也没有。

一个名叫布鲁诺的医生，在《读者文摘》上写道：

现今世界的文明和优越的物质生活是前所未有的，然而现今一代的人却愈来愈厌倦生活。我们寻求娱乐却常常觉得索然无味；甚至在剧院上演一幕精彩的戏剧时，也常常出现幕还没拉上就走了好几批观众的现象。我们坐在电视机前，看着一出又一出的电视剧、电影，但脑子里却不知道看了些什么。我们看报纸、杂志的时候也是心不在焉，大多数人在说“我累了”的时候，实际上是指他们对自己所做的事情厌倦了，对自己的生活感到索然无味。

布鲁诺所讲的“无名病”就是厌烦病。各个行业、各个阶层的人都会患这种病；无论你有什么，抑或你没有什么，都不能保证你不会患上厌烦病。无论是富人还是穷人，聪明的还是愚拙的，知识分子还是文盲，都同样会患上此病。

厌烦症不仅是妇女特有的病症，男人也同样会有。有一个商人去医院看病，却说不清自己有什么不妥。于是医生给他做了彻底的检查，结果找不到这个商人有任何毛病，于是这人再到医生处做进一步查询。经过一段轻松的谈话后，医生就对他说：“我有一个好消息要告诉你，你的体格检验完全正常，我不用在你的病历卡上写任何东西。”

商人听了并不显得高兴，他说：“医生，我从早晨起床到晚上睡觉，没有一刻不觉得疲倦的。”这时，医生才意识到他的病人患的是“厌烦病”，而不是一般的身体不适。于是医生就开始指出这个商人所拥有的一切：兴隆的生意、舒适的家庭、漂亮的妻子、可爱的孩子和其他能用金钱买到的许多东西。但这个商人听了以后却说：“让别人把这些东西都拿去吧，我对这些简直厌透了。”

为什么会出现这种现象？难道患这种病的人大多不是生活一帆风顺的人吗？难道他们不是处于别人不能奢望的“顺境”之中吗？

这还是和我们的心理习惯有关。这个世界上，可以说除了圣人之外，没有人能随时感到快乐。一位哲人曾说道：“如果我们感到可怜，很可能会一直感到可怜。”对于日常生活中使我们不快乐的那些众多琐事与环境，我们可以由思考使我们感到快乐，这就是：大部分时间想着光明的目标与未来。而对小烦恼、小挫折，我们也很可能习惯性地反应出暴躁、不满、懊悔与不安，这样的反应我们已经“练习”了很久，所以成了一种习惯。这种不快乐反应的产生，大部分是由于我们把它解释为“对自尊的打击”等这类原因。司机没有必要冲着我们按喇叭，我们讲话时某位人士没注意听甚至插嘴打断我们，认为某人愿意帮助我们而事实却不然，甚至个人对于事情的解释，结果也会伤了我们的自尊；我们要搭的公共汽车竟然迟开；我们计划要郊游，结果下起雨来；我们急着赶搭飞机，结果交通阻塞……这样我们的反应是生气、懊悔、自怜，或换句话说——闷闷不乐。

抑郁就好像透过一层黑色玻璃看一切事物。无论是考虑你自己，还是考虑世界或未来，任何事物看来都处于同样的阴郁而暗淡的光线之下。“没有一件事做对了”“我彻底完蛋了”“我无能为力，因此也不值一试”“朋友们给我来电话仅仅是出于一种责任感”。当你工作中出了一点毛病，或思想开了小差，你就认为“我已经失去了干好工作的能力”，好像你的能力已经一去不回了。回想过去，你的记忆中充满着一连串的失败、痛苦和亏损，而那些你曾经认为是成就或成功的事情以及你的爱情和友谊，现在看来都一文不值了。你的回忆已经染上了抑郁的色彩。一旦戴上这副黑色的滤光镜，你就再也不能在其他的光线下观察任何事物。消极的思想与抑郁相伴：情绪低落导致消极的思想和回忆，反之，消极的思想和回忆又导致情绪低落，如此反复下去，形成一个持久而日益严重的恶性循环。

在某种程度上，你对你的抑郁是有责任的。你可以采取许多办法来控制它，甚至还能控制它的某些起因。你肯定能改变它，如果你真的想要克服这种习惯，你就必须改变自己对待抑郁的态度。然而人们对于抑郁症的感受程度是各不相同的。我们每个人的情绪都会有所波动，有所摇摆，看来这部分是由于我们大脑中的生物化学精密结构之差异所致，而这种生物化学结构是不能随意控制的。因此，把你的抑郁症看成是超出你控制能力的事，就像你患感冒一样，不要看得过于严重，有时候也许对你是有帮助的。用这种体贴的态度对待自己，反而能帮助你解脱抑郁，不至于被它所控制。

◎一松劲，你就是不良情绪的奴隶

当有人问一个著名的歌剧演唱家，她是否因感到身心不舒服而不能登台演出时，她回答道：“不，我们歌唱家付不起生病的开销。我们必须能随时上台。稍有小病就屈服，不再工作，我们还没有富裕到那种程度。”

演员和歌唱家一样，因为职业的需要，必须把私人的情感放在一边，绝对忠实于观众，即便是状态不佳时也是如此。他们并不是生病时真的无法承担药费，而是不管什么时候，都不让个人的情绪和小病与自己的工作相冲突。如果他们稍有不适就展现在公众面前，怎么能拥有名声和艺术成就呢？

能够有力控制住自己情感的演员和歌唱家，结果怎样呢？尽管受职业所限，经常不分白天黑夜地工作，身心健康不断地受到磨损，但他们仍然精神百倍、容光焕发。是不是他们采取什么特别的措施，以保持年轻和健康活力呢？他们唯一的措施就是以积极的心态来面对工作。即使到了老年，相比同龄人来说，这些人看起来仍年轻很多。

如果驯马师不以严格的标准来训练马，它就会懒懒散散，显现不出骏马的神采。人整天无精打采，只图舒服，就会和这样的马一样，变得懈怠，不想做任何事。假如人的思想也是这般没有活力，只会使身体也跟着陷入怠惰之中，甚至变得麻木不仁。

商界人士整天忙着工作，没有喘息的机会和时间去自顾自怜，还会神经兮兮，觉得自己这也不舒服，那也不舒服吗？假如他想着："今年夏天我会得病，我得赶紧做最坏的打算，应该在办公室里放置一个躺椅，以便随时休息，还要买一些药备着，以防出现紧急情况。"这是不是显得有点荒唐？一个明白事理、讲究实际的商界精英甚至觉得这样的想法都是耻辱的。他深深地明白，如果那么做的话，整个公司就会变得一塌糊涂，混乱不堪。凭经验，他知道，并不是自己一觉得不舒服就要停止工作。

如果长官发现他的士兵在兵营附近游荡、闲逛，或斜靠在树上，悠然自得，只是因为不喜欢军事训练，那么，他是否等到士兵们对军训感兴趣了，再来训练他们呢？这会是一个什么样的军队？军风、军纪会变成什么样子？不管士兵们喜欢还是讨厌训练，他们必须在规定的时间排好队列，认真操练。如果他真的病了，就要去医院治疗。除非是大病，否则，不可随便就逃避训练。

世界就像一座大军营，我们都是最高统帅指挥下的士兵。每天，如果不是真正无法动弹，就必须按时出操。

如果你让不良情绪和臆想控制了自己，就等于为健康杀手打开了大门，它们也会扼杀掉你的成功和快乐。不要一有身体难受的感觉和懒惰的思想，就对自己同情不已，任何情况下都不能这样。此时，只要你一松劲，就会使自己成为不良情绪的奴隶，任它摆布而一事无成。

有些人经常觉得自己好像有病，结果反而引病上身，如果自己的脚偶尔弄湿了，他们就会认为要得伤寒或感冒。如果不巧被风吹了一会儿，就确信痛苦而可怕的病症会随之而来。如果感到身体寒冷，嗓子疼痛，并咳了几声，就会大动干戈，四处求医问药。这些情况在家庭生活中难道没有吗？他们头脑里的"顽症"减弱了对于疾病的抵抗力，使身体易受小毛病的影响。如果认为自己病了，也就真会生病。

优质生活的调味良方

◎笑是治病的偏方

笑口常开，青春常在。经常笑的人，会比心情郁闷、整天绷着脸的人拥有更多青春活力，同时，也更健康。

中国著名科普作家高士其曾高度评价笑的作用，他指出："笑，是治病的偏方，是健康的使者。"

传说神医华佗有一天路过一个村庄，看见一对小姐妹眼睛红肿如桃。华佗询问得知姐妹因失去双亲，日思夜哭，眼患重疾。华佗告诉他们："你们只要每日在足心抓 49 下，过半个月，病就会好的。不过，要当心，抓多了不灵，抓少了不行。"妹妹一有空就抓起来，手指一触心就发痒，忍不住就笑，果然，不到半个月，眼疼就获痊愈，可谓"笑到病除"。可姐姐不相信，未按华佗医嘱去抓，两眼仍然红肿。

笑能使人精神愉悦，同时还对心脏大有好处；相反，心情沮丧则不利于身体健康，甚至会增加早死的危险。马里兰大学的迈克尔·米勒博士表示，笑给心血管带来的好处就像锻炼可以给心血管带来好处一样，因为笑可以促使血液流通。而北卡罗莱纳大学的另一项研究则表明，心情沮丧或缺少笑容却常常与诸如抽烟、吸毒等不健康的生活习惯联系在一起，同时还能将死亡的危险增加 44%。

在调查过程中，米勒选择了 20 部让人发笑的喜剧片或是会使人紧张不安的悲剧片，并让 20 名平均年龄为 33 岁的、不吸烟、身体健康的志愿者观看这些影片。当志愿者观看影片时，研究人员检测他们血管内发生的变化。研究显示，观看悲剧片时，20 名志愿者中有 14 人胳膊上的动脉血流量减少；相反，在观看喜剧影片时，20 人中有 19 人的血流量增加。研究人员得到的结论是，在笑的时候，血流量会平均增加 22%；而当人们有了精神压力时，血流量则会减少 35%。

由此，米勒博士得出这样的结论，笑和做有氧运动时差不多，但笑可以使我们远离由运动带来的伤痛和肌肉紧张等不良影响。但是，他也同时表示，笑也不可能取代体育锻炼，两者应该有规律地同时进行。他说："我们建议人们一周进行 3 次体育锻炼，每次 30 分钟；另外，每天要笑 15 分钟，这样会对人们保持活力和身体健康有好处。"

现在，世界各国的人们逐步认识到乐观幽默在生活和事业中的重要作用，于是都纷纷做出努力，千方百计地创造条件，让大家生活得快乐些。这些年，几乎在全世界都掀起了一股漫画热。尤其是在日本，漫画达到了风靡的程度，以至形成了一种所谓漫画文化，使漫画成了与空气一样不可缺少的东西。现在日本最畅销的报刊就是漫画报刊。

据统计，漫画杂志一年可销售 16.8 亿册，平均每个日本人一年购买 15 册。人们认为，日本漫画热的形成首先是因为日本社会的高度紧张，人们都很疲劳，为了松弛一下，便纷纷逃到漫画世界里去。而现在，日本的一些漫画家甚至把一些难读难解的书籍如经济、历史等方面的著作也编成漫画。人们在轻松的阅读中领略到笑意，在笑意中理解书的内容，可真是寓教于乐。

我们在前文说过，笑是一种有益的健身锻炼，笑有利于消化、循环和新陈代谢，重要的是笑有助于乐观地对待现实。生活中如果没有了笑声，人就会生病，并使病情日趋严重，而幽默则能激起内分泌系统的积极活动进而有效地解除病痛。

乐观、愉快、喜悦、幽默和笑，都能使大脑皮层处于中等兴奋状态。这是一种最佳情绪和最佳心理状态。在这种最佳情绪和最佳心理状态下，大脑皮层对身体内外的刺激都产生最佳反应，并发出最佳指令，从而使身体各部分得到最佳调节，使生命活力和抵抗力得到最佳表现，从而最有利于身心，并能战胜各种疾病的侵袭；同时，它能使人的才能、智力、体力和创造力得到最佳发挥，所以又最有利于获得事业的成功和取得最佳的成就。

由此，我们认为，乐观的情绪是保健延年的最佳药方，是成就事业的最佳方法。健康的大笑是消除疲劳的最好方法，也是一种很愉快的发泄不良情绪的好方式。而看看喜剧或是听听笑话，从而引发内心的喜悦，让你由心底发出笑意也是一个使自己神经松弛的好方法。

生理学家对笑的生理学原理进行了认真的研究，得出的结论是：笑具有很好的医疗效果。其中包括笑对血压的冲击力、对神经内分泌的反应、对呼吸的良好影响作用。

莎士比亚曾说过一句话："如果你在一天之中没有笑，那你这一天就算是白活了。"医学证明人在幽默欢乐的过程中，会引起荷尔蒙的改变，与长寿有着积极联系。

现在一些保健专家也建议：医生不要犹豫，为病人开出"笑"的处方，给他们指出适当的笑的频率，教给病人一些发笑方法，这对健康和长寿是有益无害的。

归纳起来，笑有6大好处：

（1）增强肺的呼吸功能，清洁呼吸道；

（2）抒发健康的情感；

（3）消除神经紧张现象，使肌腱放松；

（4）散发多余的精力，驱除愁闷；

（5）减轻社会束缚感；

（6）克服羞怯心理，乐观地面对现实。

我相信，本书的很多读者会像奥尔嘉·加维一样，具有那种意志力和内在力量，她住在爱达和州，在最悲惨的情况之下，发现自己还能停止忧虑。我非常坚定地相信你和我也都能那样做，只要我们应用这本书里所讨论的一些很古老的道理。下面就是奥尔嘉·加维所写的故事：

"八年半以前，医生宣告我将不久于人世，会很慢、很痛苦地死去。国内最有名的医生——梅奥兄弟也证实了这个诊断。我走投无路，死亡就要扑向我。我还很年轻，我不想死，绝望之余，我打电话找到了我的医生，告诉他我内心的绝望。他有点不耐烦地拦住我说：'怎么回事，奥尔嘉？难道你一点斗志也没有吗？你要是一直这样哭下去的话，毫无疑问，你一定会死。不错，你碰上了最坏的情况。要面对现实，不要忧虑，然后想点办法。'就在那一刹那，我发了一个誓，我的态度严重得指甲都深深地掐进肉里，而且背上一阵发冷：'我不会再忧虑，我不会再哭泣，如果还有什么需要我常常想的，那就是我一定要赢！我一定要继续活下去！'

"在不能用镭照射的情况之下，每天只能用X光照射10分半钟，连续照30天。但他们每天为我照了14分半钟的X光，照了49天。虽然我的骨头在我瘦削的身体里撑出来，像是荒凉山边的岩石，虽然我的两脚重得像铅块，我却不忧虑，也没哭过一次。我面带微笑，不错，我的的确确勉强自己微笑。

"我不会傻到以为只要微笑就能治疗癌症。可是我的确相信，愉快的精神状态有助于抵抗身体的疾病。总之，我经历了一次治愈癌症的奇迹。在过去这些年里，我再也没有像现在这么健康过，这都多亏了这句富于挑战性和战斗性的话：‘面对现实，不要忧虑，然后想点办法。’”

在这一节结束的时候，我要再重复一次亚历西斯·卡瑞尔博士的这句话：“不知道怎样抗拒忧虑的人都会短命而死。”

◎端平工作与生活

生活的原则是和谐，因此，你要在工作和休息之间、事业和家庭之间取得平衡。

安妮花了5年时间思考，今年终于决定改变工作，重新安顿身与心，她领悟到，工作中的快不快乐，可能只是5.1比4.9的微差而已，中间有个阶梯，你可能爬到中间的梯子拥有恰好的平衡，也可能只走了一阶。即使如此，你也在进步，平衡尺上的浮标又往前游移一格。

安妮有个生命平衡法则，用来制衡工作与生活。她将生命切成健康、时间、自由与快乐等四块，视个人状况分配比重以及排序。如果每个元素都不缺，反映到工作中的态度与情绪，就比较平和，因而获得适当的平衡。长期处在平衡中，就能积极正向思考。许多专家呼吁，积极思考可以调适工作压力，清除不必要的情绪，上班族多亲近正向思考的人，能减少倦怠感。

具体做法是，如果将事情弄得很糟时，只允许情绪低落一下子。她很快会换个想法，太棒了，我们又学到一招，下次又有机会尝试其他处理方法，我们不因此认为自己很差劲。

学习工作也要学习休息。

在职场上学习让自己喘口气，是一门学问，郑淑敏，一个中型电脑公司的总经理，她一年至少休一次长达两星期的假，半年内会有几次短短两天的假，不一定出国，有时只是到山里或海边走走。

如果感觉莫名的倦怠迫在眉睫，休假又遥遥无期，试着忙里偷闲吧。一位女作家透露她平时如何排解倦怠：我偶尔请个半天假，溜去街上晃晃、逛书局或找个清幽的咖啡店想事情。在忙碌中留点空间给自己，因为塞得太满容易窒息。

美国石油大王洛克菲勒在平衡工作与生活关系方面可谓是一个专家。谈起工作和生活，他说：“这么多年以来，我执行的原则就是好好工作，好好享受，花一点时间来当父亲。但是回头看去，很显然我所选择的平衡对于我家里和办公室的其他人都有不利的影响。例如，我的孩子们主要是由他们的母亲独自带大的。

“尽管工作与生活的平衡问题一直是很多中年人所关心的问题，但似乎直到我退休之后，它才真正热门起来。在我过去的工作中，我遇到了许多这方面的问题。最常见的是：‘你怎么会有那么多的时间去打球，还能继续干好总裁的工作?’

“在个人应该如何排列生活中各部分的优先次序的问题上，我显然不是专家。何况我一直以为这些选择应取决于个人。但是，作为一名管理者，我处理过数十宗关于工作与生活平衡协调的难题，作为一名领导者则处理过数百宗。

“从这些经历里，我找到了一些感觉，关于老板们如何看待工作与生活的平衡，不知道他们是否告诉过你。”

洛克菲勒认为要平衡好工作与生活的关系，首先应该处理好管理的优先秩序问题。他是这样说的，我们首先要谈谈所谓的“工作与生活的平衡”究竟指的是什么。它涵盖了我们所有人应该如何管理生活、支配时间的问题——关于优先次序和价值观的问题。基本上，这个平衡是关于“我们应该把多少精力消耗在工作上”的讨论。

工作与生活的平衡是一个交易——你和自己之间就所得和所失进行的交易。平衡意味着选择和取舍，并承担相应的后果。让我们站到你的老板的视角上，换个位置对工作与生活的平衡问题做些思考。

(1) 你的老板最关心的事情是竞争力。当然他也希望你能快乐，但那只是因为你的快乐能够帮助他的公司赢利。实际上，如果他的工作做得好，他就可以让你的工作变得很有吸引力，使你的个人生活显得不那么拖后腿。

老板给你付工资的原因，是因为他们希望你贡献所有的一切——包括你的头脑、体力、活力和献身精神。

(2) 绝大多数老板都非常愿意协调员工的工作与生活的矛盾，如果你能给他出色的业绩。这里的关键词是“如果”。

实际上，我倒愿意通过一个老式的积分系统来处理工作与生活的平衡问题。那些有突出业绩的人可以获得“积分”，用以交换自己工作的弹性。

(3) 老板们很清楚，公司手册上面关于工作、生活平衡的政策主要是为了招聘的需要，而真正的平衡是由一对一的谈判决定的，其背景是一个相互支持性的企业文化，而不要总是强调“但是公司说过……”

公司手册是件华丽的宣传品，有醒目的照片、多项终生福利的介绍，也包括倒班或工作弹性等。然而许多聪明人很快就明白，手册上所列举的“工作与生活的平衡规划”主要是面向新人的招聘工具。

真实的平衡安排是在老板与员工之间就具体问题进行单独谈判得到的，使用的方法正好是我们刚介绍过的业绩与弹性交换的制度。

（4）那些公开为工作与生活的矛盾问题而斗争、动辄要求公司提供帮助的人会被当做动摇不定、摆资格、不愿意承担义务或者无能的人，或者以上全部。因此，那些消极抱怨的人最后总免不了被边缘化的命运。

所以，在你第五次开口，要求公司减少你的出差，要求在星期四上午请假，或者希望回家去照顾小孩之前，你应该知道自己是在发表一项声明。而且不管你用什么辞令，你的请求在别人听来都似乎是，“我对这里的工作并不真的感兴趣。”

（5）即使最宽宏大量的老板也会认为，工作和生活的平衡是需要你自己去解决的问题。实际上，绝大多数人也知道，的确有一些策略能帮助你处理好这个问题，他们也希望你能会采用。

毫无疑问，谈判、协调这种平衡关系要给经理人的工作再增加一层复杂性。但是你的经理人应该欢迎这种挑战，因为那给他提供了另外一套工具，来激励和挽留优秀的员工。这套新工具与高薪、红利、晋升或其他所有形式的认可一样有效。

不过，在此期间，你也可以并且应该学会帮助自己。有关工作与生活的话题已经讨论了相当长的时间了，也有不少好的经验被总结出来。那些非常老练的老板们都知道这些技巧，很多人自己已经开始采纳，他们也希望你能借鉴。

通过上面的一段话，我们知道平衡工作和生活是一个人取得事业上成功的关键因素，也是很多企业在招聘员工时的重要参照标准。一个能够出色处理工作与生活平衡的人既不会像工作狂那样拼命地忠于工作，不顾生活，也不会像一个碌碌无为、毫无事业心整日混日子的小职员那样打发时光。他应是一个高效工作，精力充沛，富于生活情趣的人。

◎睡得满意，睡得舒心

充足的睡眠，不但可以给第二天的活动“充电”，而且是确保身心健康所必不可少的一个重要基础。千万不要为了延长工作时间而减少睡眠时间，这样是不明智的做法，会得不偿失，因为这是以牺牲健康为代价的。

睡眠是否充足，不但是指形式上的睡眠时间够不够，更重要的是指睡眠质量的高低。为了提高睡眠的质量，一定不要失眠。只有高质量的睡眠，才可以使你很快恢复消耗的体力，让你第二天神采奕奕，焕然一新。

如果你能听从下面的建议，相信你会获得满意的睡眠：

第一，睡觉之前不要生气。

不同的情绪变化，对人体有不同的影响。“怒伤肝，喜伤心，思伤脾，悲伤肺，恐伤肾。”睡前生气发怒，会使人心跳加快，呼吸急促，思绪万千，以致难以入睡。

第二，饱餐之后不要马上睡觉。

睡前吃得过饱，胃肠要进行消化，装满食物的胃会不断刺激大脑。大脑有兴奋点，人便不会安然入睡。

第三，睡觉前不要饮茶或咖啡。

茶叶和咖啡中含有咖啡碱等物质，这些物质会刺激人的中枢神经，容易引起人的精神兴奋。如果睡觉前喝茶或咖啡，特别是很浓的茶或咖啡，那么人的中枢神经就会更加兴奋，使人不易入睡。

第四，睡觉前不要剧烈运动。

睡觉前的剧烈活动，会使大脑控制肌肉活动的神经细胞呈现极其强烈的兴奋，这种兴奋在短时间里不可能安静下来，人就很难尽快入睡。因此，睡觉前应尽量保持身体平静，但也不妨做些轻微活动，如散步等。

第五，不要使用太高的枕头。

枕头过低，容易造成“落枕”，或因流入大脑的血液过多而造成大脑次日发胀、眼皮浮肿；而枕头过高，则会影响呼吸道畅通，易打呼噜，而且长期高枕入睡，也会导致颈部不适或造成驼背。

从生理角度上说，枕头以 8～12 厘米高为宜。

第六，不要枕着手入睡。

睡觉时把两手枕在头下，除了影响血液循环、引起上肢麻木酸痛外，还容易使腹腔内的压力升高，长此以往还会引发“返流性食道炎”。

第七，不要用被子蒙面入睡。

以被蒙面入睡，容易引起呼吸困难，而且吸入自己呼出的二氧化碳也是对健康不利的。

第八，睡觉时不要用口呼吸。

闭口夜卧是保养元气的最好方法，张口呼吸，不但容易吸进灰尘，而且极易使气管、肺和肋部受到冷空气的刺激。因此，最好用鼻子呼吸，这样不但鼻毛能阻挡部分灰尘，而且鼻腔能对吸入的冷空气进行加温，有益健康。

第九，不要对着风睡觉。

在睡眠状态中，人体对环境变化的适应能力会降低，容易受凉生病。因此，睡觉的地方应避开风口，使床距离窗口、门口有一定距离为佳。

◎不妨拿自己开涮

人生的横逆与挫折，除了来去无踪以外，最为高深莫测的是它毫无迹象的“了无缘由”；世事的无常、人情的冷暖，除了现实与无情以外，更为无奈的是它无法与人分担的“点滴心头知”。

与其愤世嫉俗地自怨自艾，何不谈笑风生地自我解嘲，坚强振作地迎向挑战、面对挑战。

愤世，强化了命运的可怕；嫉俗，弱化了自我的信心。自我解嘲，以另一种坦然的心境向着光明走，黑暗，永远只会留在我们的脚后。

这是陶乐丝给我讲的一个真实的故事：

那时，我在镇上的中学上八年级。在当年，各年级的学生都必须选修工艺课。八年级的工艺课程上的是金工。我们每个学生都得在学期结束以前，完成由一块生铁和一只木柄做的螺丝起子。

工艺老师年约50开外，挂在嘴角的烟终日不停地冒出浓烈的黑烟，使得身上总是带着一股令人不甚愉快的强烈气味；他外表严肃，从来没有笑容，训起话来又总是尖酸中带着几分刻薄。他在学校一向以“当人”为乐事，更使得我们每个学生上起课来个个如临深渊，如履薄冰。

一开学，工艺老师就开宗明义地宣布，金工是我们日后日常生活中经常使用的必需技巧，绝对不可等闲视之。学期结束的时候，每个人都得做一个螺丝起子。他会一一公开地讲评给分，并择定最优和最劣的成果，分别加以适当的鼓励与惩罚；不及格的学生，别看只是一门小小的工艺课，但还是得老老实实地花上一年的时间重新补修过。

我一向手拙，对于像美术、劳作、工艺……之类必须心灵手巧的课程，有着“心有余而力不足”的无奈，视之为畏途。

在结业课上，尽管费了九牛二虎之力，累得满头大汗，我精心营造的杰作，依旧不折不扣地只是个“略似螺丝起子形状的大型铁钉”。

期末讲评的最后宣判终于到了。

我们端正地坐在桌前，工整地将我们的作品放在桌上，静待老师的检查。

老师依旧以严肃的面容，不疾不徐地端着手中的烟斗，一一来回穿梭于我们的座位之间。他仔细观察每一个人的成果，不时弯下身来慎重地打量一些造型突出颇具创意的杰作，举止之间流露出了悠然自得的满意表情。

终于，他背着双手走回到了讲台，清清喉咙，开始讲评：“大家的作品都各有千秋，颇具创意，只是，这么些年来，我再也没有看过像陶乐丝同学这么造型独特的成果了……”全班同学的目光，顿时不约而同地飘向了我，使我羞愧得简直无地自容。

“陶乐丝，请你上来。”老师颔首致意地叫我前去，更使我慌乱得手足无措。

他举起我偌大的“螺丝起子”，兀自上下不断地打量着，并且不时以诡异的表情展示给同学们观赏；全体同学爆笑如雷地看着我，以万分期待的心情等待着我上台接受老师的“表扬”。

我不得不承认我的“螺丝起子”确实有几分畸形，它扭曲的金属头即使在热胀冷缩之后，依旧显得硕大无比；它活生生地插在不相称的狭小木柄上，更是十足的毫不搭调。

“经过我仔细地评审，我决定将这学期的最高荣耀颁给陶乐丝同学，她得到了我们的‘金锉奖’，因为她做的根本就不是‘起子’，而是木工每日必备的‘锉子’……”我羞赧地站在台上，望着笑得东倒西歪的全班同学，暗自愤恨着老师无情的奚落，我更以无比悲愤的心情埋怨自己的无能，怒视着全场幸灾乐祸的同学。

“陶乐丝同学的作品确实‘别具创意’，我们请她解释解释她的创意，并请她发表一下她的‘得奖感言’。”

我一片空白的脑海，在这慌乱的一刻，突然灵机一动地体会了我人生最为宝贵的第一个珍贵教训——“自我解嘲”。我何不利用这个难得的机会，自我解嘲地化解所有的危机与困窘，与其自怨自艾地静待失败的挑战，何不英勇果敢地迎向挑战、面对挑战？

我正经严肃地四顾环视了全场，模仿着电视上转播“奥斯卡金像奖”的情景，傲然自信地伸出了我的双手向当时愕然的老师握手致意，并且面对着突然沉静的全体同学，以极其感性的口吻说：“谢谢、谢谢。首先，我得感谢我伟大的父亲，是他给了我如此的聪明才智，能够十足荣幸地来到这里上最好的工艺课；我更得感谢我可爱的母亲，是她给了我如此粗枝大叶的个性，使我随手就产生了这样美好的创意。当然，我更得感谢谆谆教诲我们的工艺老师，没有他老人家‘伯乐’的眼光，又哪会识出我这匹‘千里马’的无限潜力……”

全场同学在短暂错愕之后，完全笑翻了。

“最后，我不得不说明，我其实一心只想做个‘锉子’，但是由于老师英明的指导和全体同学协助的鼓励，我十分高兴它仍旧幸运地保留了‘起子’的基本形象。然而，这是公平的‘金锉奖’，确实是完完全全的‘名副其实’，而我的得奖更是‘实至名归’。”我在欢声雷动的掌声中，深深地鞠了一躬，然后自信满满地回到了我的座位。

“自我解嘲”的心态，化解了我妻子生涯中最为尴尬的一刻。

正如人们喜欢谈论一些关于别人的笑话一样，在适当的时候，也要像陶乐丝那样拿自己开开玩笑，要善于自嘲。

美国著名的律师乔特是最善于讲自己笑话的人。有一次，哥伦比亚大学的校长蒲特勒在请他做演讲时，曾极力称赞他，说他是“我们的第一国民”。

这实在是一个卖弄自己的绝好机会，他可以自傲地站起来，一副得意洋洋的神气，仿佛是要对听众说：“你们看，第一国民要对你们演讲了。”

但是聪明的乔特并没有如此。他似乎对这种称赞充耳不闻，却转而调侃自己的“无知”。这种自嘲很快博得了听众的热情与好感。

他说：“你们的校长刚才偶然说了一个词，我有点听不太懂。他说什么‘第一国民’，我想他一定是指莎士比亚戏剧里的什么国民。我想，你们的校长一定是个莎士比亚专家，研究莎士比亚很有心得，当时他一定是想到莎士比亚了。诸位都知道，在莎氏的许多戏剧中，‘国民’不过是舞台的装饰品，如第一国民、第二国民、第三国民等等。每个国民都很少说话，就是说那一点点话，也说得不太好。他们彼此都差不多，就是把各个国民的号数彼此调换，别人也根本看不出有什么分别的。”

这是一种非常聪明的方法，它使自己与听众居于同等的地位，拉近了自己与听众的距离。他不想停留在蒲特勒所抬举的那种高高在上的地位上。如果他换一种说法，用庄重一点的言词，比如，“你们校长称我为第一国民，他的意思不过是说我是舞台上的一个无用的装饰品而已。”虽然表达的意思是一样的，但是绝对不能把那种礼节性的赞词变为一种轻松的笑话，也绝对不会取得那样的效果。

无论是在一帮很好的朋友中，还是在一大群听众中，能够想出一些关于自己的笑话，能够适当地自嘲，是赢得别人尊敬与理解的重要方法，远远要比开别人的一个玩笑重要得多。拿自己开开玩笑，可以使我们对世事抱有一种健康的态度，因为如果我们能与别人平等地相待，就可以为我们赢得不少的朋友。相反，如果我们为显示自己是怎样的聪明，而拿别人开玩笑，以牺牲别人来抬高自己，那我们一生一世也难以交到一个朋友，更不用说距离成功有多遥远了。

在美国的20世纪三四十年代，有个政界要人叫凯升。他首次在众议院里发表演说，却打扮得土里土气，因为他刚从西部乡间赶来。

一位善于挖苦讽刺的议员，在他演讲时插嘴说：

“这个伊利诺伊州来的人，口袋里一定装满了麦子呢。”

这句话引起哄堂大笑。凯升并没有因此怯场，他很坦然地开了自己一个玩笑：

“是的，我不仅口袋里装满了麦子，而且头发里还藏着许多菜籽呢！我们住在西部的人，多数是土里土气的，不过我们虽然藏的是麦子和菜籽，但却能够长出很好的苗子来！”

凯升不以自己的土气为耻，而以自己来自艰难创业的西部为荣，因而拿自己开玩笑，不否认口袋里装满麦子，进而还说连头发里也藏着菜籽。他的自嘲非但没有招来其他议员的嘲笑，相反却赢得了他们的尊敬，其大名也传遍全国，人们亲切地送给他一个外号：伊利诺伊州的菜籽议员。

成功的人士从不试图掩饰自己的弱点，相反，有时他们会拿自己的弱点开开玩笑。而现实生活中，我们却经常可以遇到一些专喜欢遮掩自己弱点的人，他们也许脸上有些缺陷，也许所受教育太少，也许举止粗鲁，他们总要想出方法来掩饰，不让别人知道。但这样做以后，他们却于无形中背弃了诚恳的态度，毫无疑问，与之交往的朋友会对他们形成一种不诚恳的印象，使人们不敢再与他交往。

世界上最不幸的就是那些既缺乏机智又不诚恳的人。很多人常常自以为很幽默，经常喜欢拿别人开玩笑，处处表现出小聪明，结果弄得与他交往的人不敢再信任他，以前的朋友也会敬而远之，纷纷躲避。

适当地拿自己开开玩笑吧，这不仅是一种机智，更是驱散忧虑、走向成功的法宝。

◎一张奇特的处方

许多人——尤其是现代人，总是满怀焦虑与怨愤，以致浪费了宝贵的精力，更使得日常生活变得紧张异常，同时自觉度日如年。

其实，如果想使人生具有意义，就应该停止焦虑与怨愤，保持稳定和平的心境，然而如何才能达到这种静如止水的生活态度呢？

首先你必须降低走路的速度。近年来由于科学发明，交通工具日益发达，人们的生活水平也愈来愈高，我们在不知不觉中过着超速的日子。许多人因此而损害了自己的身心健康，整个心灵也被日益繁重的工作及生活撕碎！就一般白领阶层来说，整日坐在办公室内，活动量并不大，但是心灵却每分每秒都在高速地运转着，有些人甚至拖着疲惫的身体过着高速运转的生活。在此种情况下，一旦发生弹性疲乏，势必造成精神上的崩溃。

为了避免造成这种不良结果，现代人亟须适量地调低生活速度。我们要知道，人体并非机器，如果日夜忙碌，不让身心有休闲的片刻，不仅心智极易产生不平衡的状态，感情也容易失调，甚至一蹶不振。所以事情无论大小，从个人私事到国家和社会大事，如果在处理的过程中行动过于焦虑，便足以影响身心的平衡。

有一个医师，对他的病人提出了一个奇妙的忠告，这位病人是个很能干而且魄力十足的实业家，他对医师的忠告采取不信任态度，并且抗议说：他有大量的工作要做，而且，除了他本人之外，也没有别人能做。

“每天晚上，我都要把公事包带回家，里面塞满了工作，所以，我非加班处理不可。”这位病人以高亢紧张的语调说。

“你为什么要带工作回家呢？晚上好好休息一下不是很好吗？”医师平静地问。

“不行，我非完成那些工作不可！”病人毫不放松地说。

“你不能交给别人去做吗？你没有助手可以帮助你完成那些工作吗？”医师又问。

“一个也没有！只有我能处理那些问题！不管怎么说，都非我亲自去做不可，因为，只有我一个人，能够圆满解决那些困难，并且，那都是需要速战速决的，决不可拖延。所以，一切责任都在我的肩上，我怎能休息呢？”

“我替你写一张处方，你愿意照我的处方去做吗？”聆听完病人的叙述后，医师问了这一句话。

医师替他开的处方是：每天抽出两个小时来散步。其次是，每一个礼拜，抽出半天的时间来，单独一个人到墓园里走走。

病人大吃一惊，立刻提出反问：“为什么让我到墓园里去过半天时光呢？”

“我有我的目的，”医师回答，“我希望你在那个地方到处走走，看一看长眠在地下的人以及竖立在地面上的墓碑。你将会发现，他们之中大多数人都和你一样，也许都以为全世界的责任，正压在自己的肩上，可是，我希望你仔细地想一想，他们现在都在地下长眠了，世界依然规律地活动着。我希望你能明白一个非常现实的问题，并且认真地思考一下：将来你总要长眠于地下的，那时，这一个地球仍然还像今天一样的，照着一定的轨迹运转，世界不致因此消失，你的工作依旧是有很多人来接续下去。我希望你站在墓碑前，反复念出下面这一句话：'在你看来，千年如已过的昨日，又如夜间的一更。'"

这位自以为担负天下重任的病人，听到这句话终于茅塞顿开，领悟了自己真正的价值。他降低了生活的步调，也学会了把部分权限交给别人，他明白了自己真正的重要性，所以，他不再紧张、忧虑，他终于获得心灵的平和了。如果读者容许我再添加一句的话，我要说：他好像是减少了许多工作分量，可是，他的成就却比从前更大！他处理事情的能力也更高了！

现在，他已经很高兴地承认：自从认清自己的价值后，他的事业更加蒸蒸日上，而且，他的精神也比以前快乐多了，紧张的生活已成为过去式。

有一位大学船赛冠军队队长对我说："我们的教练常提醒队员说：'我想赢，就得慢慢地划桨。'也就是说，划桨的速度太快的话，会破坏船行的节拍；一旦搅乱节拍，要再度恢复正确的速度就相当困难了。欲速则不达，这是千古不变的法则。"

所以不论是工作或者划船，都必须以正确而从容的步伐前进，这样心中及灵魂才能获得和平的力量，以稳定和谐的智慧指导神经及肌肉从事工作，如此一来，胜利也终将属于你。

那么我们究竟应该如何实践这个理论呢？那就是每天必须实行维持健康的步骤，无论是洗澡、刷牙、运动，都要以平和的心态完成。另一方面，不妨抽一些空闲的时间从事洗净心灵的活动，譬如静坐，这是相当好的洁净心智的做法，一有时间就安坐一旁，舒放你的心灵，让你的眼睛自由自在地飞翔四方，想想曾经欣赏过的高山峻岭、夕雾的峡谷、鲤鱼跳跃的河流、月光倒映的水面……慢慢地，你的心就会舒坦地沉醉其中。

每 24 小时做一次冥想，尤其是在繁忙的时刻，停下手边的工作，平静地遐想 10 分钟，让全身的神经及肌肉松弛下来，你的心就会得到平静。人总是有搅乱步伐的时候，当心中充满焦虑紧张、不知所措时，最好的办法就是停止一切活动，适时地放松自己吧！

进入临在，卸下内心的包袱

◎切勿将压力“包袱处理”

在我们之中有许多人不只是急着找出是谁让我们感到备受压力与痛苦，而且还将这些资讯储存分类，以便日后运用，我们将之称为“包袱处理”。因为不久后我们会累积许多痛苦，需要将之封入行李箱中，倘若我们有一整批这样的包袱，甚至需要雇人携带着它们。

林达还是再一次为我讲述了她祖母的往事。

“我的祖母法兰西卡对回忆过去非常在行（大部分是负面的），足够担任稀有矿物博物馆馆长了。当我还小时，总会问她为何如此不快乐，我所得到的答案一直都是‘因为我受苦’。然后就不再多说了。但当她需要时总会对着神朗诵她的愿望，这时脸色会更加的悲伤，双手会举向空中。

“祖母的痛苦中总有些神秘的气氛围绕着，只能意会，不能言传。

“每次她都会嘲讽地补充说：‘我的母亲遗弃了我！’这话在意大利人间普遍流传着，增添了许多戏剧色彩。假使她用意大利语说：‘我的胸罩害死了我！’听来也像个噩耗。

“我持续追问我母亲关于祖母的事情，但她轻描淡写地说：‘你不会懂的。’几年后，一个叔叔告知我整个内幕，精彩得足以搬上电视荧幕。事情大概是这样：法兰西卡的父亲在她 11 岁时便去世了，一年后，她的母亲嫁给一个小她 20 岁的男人。在当时的意大利，这是前所未有的事情，因为两人年龄差距过大，而且那时祖母也即将成年。法兰西卡的阿姨、婶婶们都认为，倘若法兰西卡的母亲和小她 20 岁的男人生活在一起将有辱家门，而且这个小伙子也可能会对法兰西卡心怀不轨。因此法兰西卡被送到隔壁的阿姨家住。

“法兰西卡的母亲甘希塔总是与她温文儒雅、常取悦法兰西卡的大夫古希波陪在法兰西卡的身边。但即使法兰西卡结了婚，并带着甘希塔和古希波一起移民美国后，她依旧把甘希塔当做瘟疫般对待。法兰西卡被遗弃的争议变成她一切苦恼的中心，从未释放、改善它。当然，这也因为那些和法兰西卡住在一起的女人而搞得更糟。她们令我想起《马克白》里的巫婆，再来、再来更多的烦恼与忧愁。即使祖母确实有其悲伤的理由，但也无须在她的余生里添加更多的惨白。”

我们之中有许多人将精力耗费在记恨上，仿佛需要维持那些使我们感到不好的事情。在我的公司中，有一项练习是使名人们了解自己包袱处理的癖性，很多人都被结果给吓着了。我要大家各自找一个搭档，并描述多年来累积的负面事情，聆听的那一方必须回说：“那真可怕，再多说一些。”五分钟后，则接着叙述发生过的美好事情。当我要他们停止叙述负面事情时，她们都表示自己还可以说得更多、更多，然而在停止分享正面的事情前，很多人早就讲不出来了。她们承认要分享美好的事物比较困难。若只单单回想自己上周的心绪，我猜大家马上可以记起那些令自己烦心的事，然而若是要我们回想美好的部分，我们可能说不出话来。

很重要的是区分什么需要在意，什么需要放弃？

一只倒霉的狐狸被猎人用套套住了一只爪子，它毫不迟疑地咬断了那只小腿，然后逃命。放弃一只腿而保全一条生命，这是孤独的哲学。人生亦应如此，当生活强迫我们必须付出惨痛的代价以前，主动放弃局部利益而保全整体利益是最明智的选择。智者曰：“两弊相衡取其轻，两利相权取其重。”趋利避害，这也正是放弃的实质。

人之一生，需要我们放弃的东西很多，古人云，鱼和熊掌不可兼得。如果不是我们应该拥有的，我们就要学会放弃。几十年的人生旅途，会有山山水水，风风雨雨，有所得也必然有所失，只有我们学会了放弃，我们才拥有一份成熟，才会活得更加充实、坦然和轻松。

比如大学毕业分手的那一刻，当同窗数载的朋友紧握双手、互相轻声说保重的时候，每个人都止不住泪流满面……放弃一段友谊固然会于心不忍，但是每个人毕竟都有各自的旅程，我们又怎能长相厮守呢？固守着一位朋友，只会挡住我们人生旅程的视线，让我们错过一些更为美好的人生山水。学会放弃，我们就有可能拥有更为广阔的友情天空。

放弃一段恋情也是困难的，尤其是放弃一场刻骨铭心的恋情。

譬如说，你爱上了一个人，而她却不爱你，你的世界就微缩在对她的感情上了，她的一举手、一投足，衣裙细碎的声响，都足以吸引你的注意力，都能成为你快乐和痛苦的源泉。有时候，你明明知道那不是你的，却想去强求，或可能出于盲目自信，或过于相信精诚所至、金石为开，结果不断的努力，却遭来不断的挫折，弄得自己苦不堪言。世界上有很多事，不是我们努力就能实现的，有的靠缘分，有的靠机遇，有的我们能以看山看水的心情来欣赏，不是自己的不强求，无法得到的就放弃。

懂得放弃才有快乐，背着包袱走路总是很辛苦。

我们在生活中，时刻都在取与舍中选择，我们又总是渴望取，渴望着占有，常常忽略了舍，忽略了占有的反面：放弃。懂得了放弃的真意，也就理解了“失之东隅，收之桑榆”的妙谛。多一点中和的思想，静观万物，体会与世一样博大的诗意，我们自然会懂得适时地有所放弃，这正是我们获得内心平衡，获得快乐的好方法。

一个人老是背着沉重的包袱，许多状况不过是徒耗精力罢了。我常要人们写下他们的压力来源，一定有人会说当他们的同事延长午餐时间，就会扰乱他们，有个女人一再地表示这有多么恐怖。我问她这状况持续多久了，她说已 20 年了。20 年来她一直为此生气，并就此点警告周围的同事。

接着我问她如何解决这个难题，她说没有一种有效，没人能使得上力。现在我们有了一个混合的例子——带着包袱的烈士。我们的行为就如轮回般重复不停，总叫我惊讶不已。

当然，这会让他人有机会掌控我们的心情。我们不是常说些“你让我感到……”（不快乐、生气、伤心、烦心）或是“你让我发狂，我无法忍受你的行为”。

我母亲就是最好的例子。每当我们争执时，她就会提及生我时的往事，她说：“当初生你是个痛苦，直到现在还是一样。”50 年后，她还是这句老话！

当我们有许多包袱时，要逃离它们总是困难重重。愤怒让我们的生活变得迟缓、无心工作、无心和孩子们说话，或是计划度假。倘若我们一心一意地徘徊在昨夜与老婆的争吵中，那么，是放掉这些包袱的时候了。

一旦我们察觉到他人的行为影响到我们时，我们有许多选择。我们可以理直气壮地议论它或改变自己的态度，甚至是释放它（任由它去、不管它）。自从我们喜欢凡事追根究底后，释放可能是人性中最难以做到的行径之一。

下述有些点子，能试着把包袱处理这个想当然的感觉变为毫无意义：

（1）有时想一想那些结果证明是如意的事情。这样的思考方式能够创造幸福的感觉和乐观的心情。我时常回想祖父母为我做的一切，祖父将我从小马车抱出来，赏我冰淇淋的景象时常出现在我的脑海里，令我感到被爱，感受到自己充满祝福。

（2）每当我们无法超越过去的罪愆时，把它们想象成栖息在自己背后的一只怪兽，并大声地喊出：“滚开！”

（3）倘若生活遗留给我们悲伤与不满，也许趁现在找个代理人，再次创造出令自己满足的生活也是个不错的方法。许多人自愿被收养，在这样给予爱的家庭里，充满着爱我们的父母、祖父母、叔叔阿姨等，专门关爱那些来到这里的访客，这些人可能一生都未曾得到关爱与呵护。这样的社会服务机构有待被发掘。

（4）为自己和家人创造一套价值体系。这样的体系能够帮助我们活出更一致的生命。别再用过往的包袱责备自己。避免说：“我不要再像老爸一样白痴了！”而是，“我珍重内在的宁静与和谐，所以我会保持镇静。”别对孩子们说：“把自己背后清理清理，否则你会像你叔叔一样的邋遢。”而是教导他们负责的价值观。

（5）写下自己的悼念文和墓志铭。我们最能使上力的事情之一是什么，认真地思考，我们希望人们记得自己什么，这会给予我们方向与目标。让我们期待人们在哀痛我们辞世的同时，还能发现我们留下这一页充满爱、欢笑以及活力的回忆。

◎每天都达到安宁

你在早晨醒来之后，可能打开大门，弯身拿起牛奶和报纸。

你可能把牛奶放进冰箱，然后坐在椅子上开始看报。粗黑的大标题赫然出现在眼前——核子武器、外交威胁、违法犯罪、政府滥权等等。

“瞧，”你可能会这么说，“这就是最好的证明，你根本无法在这个世界里静静休息。全世界动乱不堪，已经无法控制了。”

你错了。你可以轻松下来，也可以获得心灵的平静——即使别人都在焦虑不安。

你可以学习容忍这些压力，甚至在生活的奋斗中获得胜利。如果你无法获得平静，生活将没有意义。所以，你必须使你的灵魂获得安宁，并且平静生活。

古希腊哲学家柏拉图说：“人间万事，没有任何一件值得过度焦虑。”

首先你一定要相信，“内心的平静”是可以达到的一个目标。这也许不像表面上那般容易，如果你已经习惯于骚扰、打击及指责你四周的人，那你可能认为心情的平静是无法获得的。

一些重要的杂志与报纸，经常报道今日青少年内心的焦虑不安以及他们紧张情绪的爆炸性。

一些最受尊敬的社会学家也告诉我们，现代生活充满许多不正常的焦虑。

哲学家、精神学家以及宗教领袖皆同意今天的生活缺乏精神上的平静，充满冲突，并受到怨恨的骚扰。

数以百万计的人以焦虑来折磨自己。他们优柔寡断，充满恐惧，甚至无法接受自己的感觉或缺点。他们对任何事情都不敢做决定，对于所谓的生活中的“失败”感到愧疚。他们的行为太矛盾——否则就是害怕得不敢采取任何行动。焦虑已经成为他们的生活方式。恐惧和精神上的毛病充满他们脑中，取代了他们应有的成功与信心的感觉。我就知道有些人，竟然已经好几年不曾享受过真正平静的一星期。

这是不是证明生活中的宁静无法达到？不是。我提到上面这些令人沮丧的例子，是要向你再度说明，如果你感到焦虑不安，也不必泄气，因为跟你同样的人太多了。在今天这个世界中，确实有些情况会产生焦虑与不安，因此若想获得心灵上的平静，首先就要接受你的焦虑与不安，不要因为它们而责备自己。你愈能够接受自己，就愈容易容忍自己的弱点，也愈能够接近心灵上的平静。

你可以获得平静的，请相信我。我将提出很多建议帮你达到这个目标。

首先，从事一些能够令你满足的活动，大部分是属于个人的活动。某些嗜好或仪式可以成为某些人的“心灵镇静剂”，却可能令其他人感到烦闷无比。

有个老太太——她是我们家的老朋友，已在几年前去世——告诉我说，每当她感到焦虑不安时，她就去阅读《圣经》，因为这样可以减轻她的紧张。她只要坐在摇椅上前后摇动，一面读着《圣经》，就能使自己心情平静。

我有一位医生朋友，每天下班后，仍然可以感受到工作上的压力，因而觉得精神十分紧张，但他只要弹弹钢琴，就能平静下来。他所弹的大部分是肖邦的作品，我有时也到他的公寓里坐坐，点上一根雪茄，看着他弹钢琴，在优美的琴声中，不知不觉和他一起轻松起来。

“我不知道这是怎么回事，”他有一次对我说，“只要我弹起钢琴来，我就觉得十分轻松，忘掉了生活压力。我能够自得其乐，不再担心那些痛苦的病人，也忘了那些身患绝症的人，我这样也许不对。”

“不，”我说，“你必须轻松下来，甚至忘掉最可怜的病人，否则你不但不会成为好医生，也会降低你帮助病人的能力。钢琴给了你心灵上的平静——接受这份礼物吧。”

人人都有这种振奋精神的潜力。把它找出来——然后看看它为你带来什么好处，并充分利用及发展。

◎遵循生命的律动

当我们紧张时，身体上和情绪上通常有耗尽的感觉：嘴巴会觉得干，身体会觉得衰弱，而且神经如我们所说的是绷紧的。只有当我们放松和表达情绪之后，才能得到一个比较平顺的状态。有时候我们甚至会被眼泪淹没，或融于欲望当中，这些代表流动状态的隐喻并不是绝对的，它们和我们的身心状态（和水）有密切的关系。当我们处于休息和平静的状态时，我们的行为和感觉就不会杂乱无章地发生，而呈现一种和谐的流动。无止息的水舞（生命的普遍象征）可以被视为是健康快乐的状态。

古代瑜伽文献建议人们可以在靠近瀑布、河流和湖边做静心冥想。荣格有许多对湖的描述：“那湖向远方一直延伸出去，那广博的水面给我一种令人难以置信的愉悦，令人无法抗拒的光彩。在这一刻我在心中有了一个想法，我一定要住在湖边。我想如果没有水没有人可以活下去。”我们从洗澡、游泳、海洋景观所得到的快乐证明了我们和水之间深厚的关系，或许这呼唤起我们在母亲子宫羊水的状态，或者也和潜意识自己有如海洋般深不可测的意象有关吧。

这样的想法指出水在放松中的特殊价值，经由感官，或以下提供的练习可以更直接地体验到。我们也应该考虑其他的因素，像空气虽有较多限制，但是也可以被想象成和飞行及云联系在一起；风或微风可以被用来作为感官练习的基础。

在一个安静的房间里舒适地躺下来。举起你的手臂，甩甩手，然后让手臂自然地在身体两侧垂下来。闭上眼睛，想象你正躺在海边一个空旷的沙滩上。

潮水正涌过来，小小浪花轻拍你的脚和脚踝，慢慢地移动你的身体让它浸在浅水里。当海水继续上升时，让自己感觉漂浮起来，并被有节奏的海潮带入海里。

感觉缓缓起伏的海浪在你下面汹涌，你随着海潮的起伏而滑动。

让你的身体正面朝上，想象你正在一个浪头上，当浪潮下降，你在明亮的海水隧道中翻滚着。

现在你被浪冲回岸边，躺在舒服温暖的沙滩上。不要动，此刻享受一下在自由和兴奋交替之后的宁静吧。

当你看到海洋的波涛、季节的变换和月亮的盈亏时，便看到了自然的节奏。人的生命也同样有一定的节奏：从出生，经过儿童期、青少年期到完全成熟、年老，最后又有新的一代诞生。光、能源和任何事物都有一定的波动起伏，这种起伏使它们偏离节奏，或者像中子一样永远围绕着原子核运动。

生命中的任何事物绝对不会静止，运动是持续不断而且有一定节奏的。这就是为什么我们喜欢音乐的原因之一，因为音乐反映出我们的生命节奏。你必须学习随着生命的节奏摇摆，而不是站在那里以不动的姿态和它对抗。沙岸随着波涛运动和变化而能够永远不灭，但防波堤很快就会被冲垮。

注意观察你的生命，它有一定的节奏吗？你在工作之后会娱乐吗？在劳心之后会从事劳力活动吗？饮食之后会禁食吗？严肃之后会表现幽默吗？

当你的意识处于休息状态时，就是你的潜意识发挥最大作用的时候，当你的潜意识承担任务，而且你的意识被其他事物（亦即放轻松）占据的时候，就是出现真正鼓舞作用的时候。

当阿基米德在努力寻求解决两个物体相对重量的复杂问题时，始终得不到解答，但当他决定放松自己并泡一下澡时，他的潜意识便被浴盆中的热水激发出来。他立刻从浴盆中跳出来，并且大声叫着现在一个很有名的欢呼词：我找到了！同时也找到了问题的答案。你曾经给你的思想休息的机会吗？

干扰正常节奏模式会造成许多问题，如果你在工作之后不给你思想休息的机会，你的身体就会一直处于一种被刺激的状态，这种情况可能会使你因为紧张而失调。

你不必希望永远快乐，因为果真如此的话，那种快乐一定会变得枯燥乏味。婚姻顾问的一个重要目的就是要使夫妻了解二人之间的爱不可能没有高低潮。你必须学习了解你生命中的波涛和节奏，并顺着生命的节奏表现你的爱，以期能和大自然和谐共处。

大自然传达宁静的感觉。凝视自然地形、色彩变化、地质构造、自然的香味和声音，我们可以获得和大自然融合为一的感觉。让眼睛看向远方的地平线，我们就能放松生活压力的焦点。下次当你凝视天际时，想象你眼睛的肌肉已释放所有的紧张，想想如此一来对你有多好。如同风景画中的人物，我们得以用更宽广的角度看自己，并调整我们看事情的角度。在古典浪漫时期，面对大自然的渺小感几乎是令人害怕的，今天我们对于戏剧性的瀑布或高耸的悬崖峭壁依然感到敬畏。即使在一个温和平静的风景中，我们看自己的方式不同了，我们的问题似乎显得比较简单，或觉得昨天的事不过是幻象罢了。奇妙之事继续发生：我们花越多时间在大自然美景中，就有越多的焦虑消失掉。

自然宁静的效果部分是和绿阴有关，心理作用和休息联想在一起。如果你有一个小小的庭院，试着在院中种满不同叶形不同颜色的植物。当然，花匠可以提供很好的服务，但是你可能宁愿自己修剪树叶，或自己动手采集果实和种子，做做园艺什么的。你可能放着花园某个角落不整理，作为鸟儿和昆虫的天堂。认识你种植的植物或花的名称，去认识它们个别的个性。同时学习它们的学名和俗名，并大声念出那些奇怪的音节，想象它们像种子一样躺在你心灵中的花园。

从你的庭院或附近的公园树木收集不同种类的树叶。

舒适地坐下来并认真地研究它们——树叶的形状、颜色和纹理。压在手掌心里感觉它们的凉爽，用手指循着每片叶子的叶脉移动，然后闭眼冥想你所看到的叶子形态。

闭上眼睛，感觉并闻一闻手中的叶子。借由触摸和气味来分辨每一片的不同。

让自己完全专注在树叶上，让所有的担心、焦虑和负面思想都从意识中消退。

◎吐露真相是最明智的解脱

心境恰似容器，无法面对现实就容不得对未来的美好期望；满满的水杯如何还能承受重新注入的甘美果汁。放下身段，方才得以率真地正视自我；抛弃世俗虚伪名利、面子的顾忌，坦然的胸怀，正是我们迈向美好未来的终南捷径。

过去的所有不愉快绝不会因为自欺欺人地捂上自己的眼睛就可以“我看不见你，你就看不见我了”；坦率方见真情、纯真始得真义，只有在不计过去曾经的坦率、不计世俗眼光的纯真，我们才得以以最大的勇气面对现实。

我的女儿乔伊三四岁刚学会走路的时候，在家里最爱跟我们玩“捉迷藏”的游戏。

当时她是家里唯一的孩子，我们当然成了她唯一的玩伴。乔伊老是喜欢叫我们“做鬼”，由她四处躲起来，让我们找她。

我每次总是故意慢慢地数着一、二、三、四……同时从指缝中偷偷地看她那只胖嘟嘟的小腿慌慌张张地在家中的房间到处乱窜；她一会儿想藏到窗帘里面、一会儿想躲到壁橱后头，她总是觉得不大放心地再三改变她的主意，她总是觉得不大满意地屡次更改她隐藏的地方。即使确实是找到了绝佳的秘密地方，她又总是在我问她“躲好了没”勇气十足地回答说“好了”的时候，充分暴露了她的行踪。

我故作谨慎仔细地搜寻，使我都能听到她紧张的呼吸声；我夸张地缓步前行慢慢接近她藏身的地方，连她扑通扑通的心跳悸动都可以明显地感觉出来。而每次当我找到她，拉开了窗帘或是翻开了壁橱的时候，她十分天真可爱地以小小的双手立即捂住了她的眼睛，以为“她看不见我，我就看不见她”，兀自烂漫无邪地静静站立在我的眼前。直到我以双手拉开了她肥嘟嘟的小手以后，她这才死心塌地地发现我已经找到了她，而不断吱吱咯咯、手舞足蹈地开怀大笑。

乔伊这种愚蠢可爱的举动，经常是当时我们一些亲朋好友来家做客时，作弄逗笑的最好题材；直到如今，乔伊虽然已经出落得亭亭玉立，颇有大家闺秀的气质，我们仍不时以这些童年的往事取笑她。

乔伊说，她依稀还能记得当时情景的一二；她说，她一直将这种“我看不见你，你就看不见我”的躲迷藏哲学奉为圭臬，直到进了幼儿园，才在接触了其他的小朋友、面对了真实严肃的“游戏规则”，知道不再有人像父母一般的宽让以后，才知道过去奉行的哲学有多荒谬与错误。

我常想，这真是一个最好的人生启示。其实，我们许多人，直到成年以后，不还一直在生活中继续犯着这个“我看不见你，你就看不见我”、不敢面对现实的严重错误吗？

漫漫人生，充满了喜乐、充满了快慰，喜乐时我们高歌，快慰时我们欢笑。然而，漫漫人生也充满了悲伤、充满了挑战，而我们却经常在悲伤来临的时候只知痛苦、在挑战来临的时候只会愚蠢地以“我看不见你，你就看不见我”的自我欺骗心态，一意回避，而不知如何拿开捂住眼睛的双手，面对现实、迎接挑战。

人们不是因为他们不诚实而撒谎。他们不诚实是因为他们害怕真相。这是恐惧发生在谎言之前的原因。我们选择撒谎，因为我们相信真相可能开启我们害怕而希望逃避的反应。内疚随之而来，因为我们的内在认知立即明白我们主动逃避一次学习爱的机会，而且我们正在造成内在的另一个障碍。

谎言的结果会驾驭我们的生命，而我们终究会发现吐露真相是明智的方法。

◎不奢求他人的感恩

我最近碰到一个义愤填膺的人，有人警告我碰到他15分钟内就一定会谈起那件事，果然如此。令他气愤的事发生在11个月前，可是他还是一提起就生气。他简直不能谈别的事，他为34位员工发了10000元圣诞节奖金——每人差不多300元——结果没有一个人谢谢他。他抱怨说："我很遗憾，我居然发给他们奖金。"

"一个愤怒的人，"孔子说，"浑身都是毒。"我衷心同情面前这位浑身是毒的人。他有60岁了。人寿保险公司统计我们还能活着的平均年数是目前年龄与80岁之间差数的2/3。这位仁兄——如果他够幸运——大概还可活十四五年。结果他浪费了有限的余生中的将近一整年，为过去的事愤恨不平。我实在同情他。

除了愤恨与自怜，他大可自问为什么人家不感激他。有没有可能是因为待遇太低、工时太长，或是员工认为圣诞奖金是他们应得的一部分。也许他自己是个挑剔又不知感谢的人，以致别人不敢也不想去感谢他。或许大家觉得反正大部分利润都要缴税，不如当成奖金。

不过反过来说，也可能员工真的是自私、卑鄙、没有礼貌。也许是这样，也许是那样。我也不会比你更了解整个状况。我倒是知道英国约翰逊博士说过："感恩是极有教养的产物，你不可能从一般人身上得到。"

我的重点是：他指望别人感恩乃是一项一般性的错误，他实在不了解人性。

如果你救了一个人的生命，你会期望他感激吗？你也许会——可是塞缪尔·莱维茨在他当法官前曾是位有名的刑事律师，曾使78个罪犯免上电椅。你猜猜看其中有多少人曾事后致谢，或至少寄个圣诞卡来？我想你猜对了——一个也没有。

耶稣基督在一个下午使十个瘫子起立行走——但是有几个人回来感谢他呢？只有一位。耶稣环顾门徒问道："其他九位呢？"他们全跑了，谢也不谢就跑得无影无踪！让我来问问大家：像你我这样平凡的人给了人一点小恩惠，凭什么就希望得到比耶稣更多的感恩？

人间的事就是这样。人性就是人性——你也不用指望会有所改变。何不干脆接受呢？我们应该像一位最有智慧的罗马帝王马库斯·阿列留斯一样。他有一天在日记中说道：

"我今天会碰到多言的人、自私的人、以自我为中心的人、忘恩负义的人。我也不必吃惊或困扰，因为我还想象不出一个没有这些人存在的世界。”

他说的不是很有道理吗？我们每天抱怨别人不会感恩图报，到底该怪谁？这是人性——还是我们忽略了人性？不要再指望别人感恩了。要是我们偶尔得到别人的感激，就会是一件惊喜。如果没有，也不至于难过。

我认识一位住在纽约的妇人，一天到晚抱怨自己孤独。没有一个亲戚愿意接近她——而我也不怪他们。你去看望她，她会花几个钟头喋喋不休地告诉你，她侄儿小的时候，她是怎么照顾他们的。他们得了麻疹、腮腺炎、百日咳，都是她照看的，他们跟她住了许多年，还资助一位侄子读完商业学校，直到她结婚前，他们都住在她家。

这些侄子回来看望她吗？噢！有的！有时候！完全是出于义务性的。他们怕回去看她，因为想到要坐几个小时听那些老调，无休无止的埋怨与自怜永远在等着他们。当这位妇人发现威逼利诱也没法叫她的侄子们回来看她后，她就剩下最后一个绝招——心脏病发作。

这心脏病是装出来的吗？当然不是，医生也说她的心脏相当神经质，常常心悸。可是医生也束手无策，因为她的问题是情绪性的。

这位妇人要的是关爱与注意，但是我以为她要的是“感恩”，可惜她大概永远也得不到感激或敬爱，因为她认为这是应得的，她要求别人给她这些。

有多少人都像她一样，因为别人都忘恩负义，因为孤独，因为被人疏忽而生病。他们渴望被爱，但是在这世上真正能得到爱的唯一方式，就是不索求，相反的，还要不求回报的付出。

这听起来好像太不实际、太理想化了？其实不然！这是追求幸福最好的一种方法，我知道，因为我亲眼见到我家庭中发生的状况。我的父母乐于助人，我们很穷——总是窘于欠债，可是虽然穷成那样，我父母每年总是能挤出一点钱寄到孤儿院去。他们从来没有去拜访过那家孤儿院，大概除了收到回信外，也从来没有人感谢过他们，不过他们已有所回报，因为他们享受了帮助这些无助小孩的喜乐，并不期望任何回报。

我离家外出工作后，每年圣诞节，我总会寄张支票给父母，让他们买点自己喜欢的物品，可是他们总不买。当我回家过圣诞时，父亲会告诉我，他们买了煤、日用品送给城里一个有很多小孩的贫苦妇人。施舍与不求回报的快乐是他们所能得到的最大的快乐。

我坚信我父亲已符合亚里士多德所说的懂得享受快乐的理想人。亚里士多德说：“理想人会享受助人的快乐。”

要追求真正的快乐，就必须抛弃别人会不会感恩的念头，只享受付出的快乐。

为人父母者总是怨恨子女不知感恩。

即使莎剧主人翁李尔王也不禁叫道：“不知感恩的子女比毒蛇的利齿更痛噬人心。”

但是如果我们不教育他们，为人子女者如何会知道感恩呢？忘恩原是天性，它像随地生长的杂草。感恩却有如玫瑰，需要细心栽培及爱心的滋润。

假如子女们不知感恩应该怪谁？可能该怪的就是我们自己。如果我们总是不教导他们向别人表示感谢，怎么能期望他们来谢我们？

我认识一位住在芝加哥的朋友。他在一家纸盒工厂工作得很辛苦，周薪不过40美元。他娶了一位寡妇，她说服他向别人借了钱送她第二个前夫的儿子上大学。他的周薪得用来支付食物、房租、燃料、衣服及缴付欠款。他像奴隶似的苦干了4年，而且从不埋怨。

有人感谢他吗？没有，他太太认为是理所当然的；那两个儿子自然也是一样。他们一点也不感到对这位继父有任何亏欠，即使只是道谢一声。

这怪谁呢？这两个儿子吗？也许！但是这位母亲不是更不该吗？认为这两个年轻的生命不应该有这种义务的负担，她不要她的儿子“由负债”开始他们的人生。所以她从没想到要说：“你们的继父资助你们念大学，多好的人啊！”相反的，她的态度却是，“噢！那是他起码应做到的。”

她认为没有加给他们任何负担，可是实际上，她让他们产生了一种危险的认识，认为这个世界有义务让他们活下去。果然后来，有一位男孩想向老板“借”点钱，结果身陷囹圄。

我们一定要记住，孩子是我们造就的。举例来说，我姨母从来不抱怨儿女不知感恩。我小的时候，姨母把她母亲接去照料，同时也照料她的婆婆。我现在仍记得两位老人家坐在壁炉前的情景。她们有没有麻烦我姨母？我想一定很不少，但是你从她的态度上一点也看不出来。她真的爱她们，向他们嘘寒问暖，使她们感觉到家的温暖。而她自己还有6个子女，可她从不觉得自己做了什么伟大的事。对她来讲，这一切只不过是再自然不过的事，是正确的事，也是她愿意做的事。

我这位姨母已经孀居了二十几年，她的五位成年子女都欢迎她，希望她到他们家去一起住。她的子女们对她钟爱极了，从不觉得厌烦。是由于“感恩”吗？当然不是啦！这是真正的爱！这几位子女从孩童时代就生活在慈善的气氛中。现在需要照顾的是他们的妈妈；他们回报同样的爱，不是再自然不过了吗？

让我们不要忘了，要想有感恩的子女，只有自己先成为感恩的人。我们的所育所行都非常重要。在孩子面前，千万不要诋毁别人的善意，也千万别说："看看表妹送的圣诞礼物，都是她自己做的，连一毛钱也舍不得花!"这种反应对我们可能是件小事，但是孩子们却听进去了。因此，我们最好这么说："表妹准备这份圣诞礼物，一定花了不少时间！她真好！我们得写信谢谢她。"这样，我们的子女在无意中也学会养成赞赏感谢的习惯了。

◎作有技术含量的比较

我们总是觉得，别人比我们快活，这其实是一种错觉。即使那些处于权力峰巅者，也都有各自的苦恼。在一般人看来，国王、总统、首相似乎是权力和财富的化身，他们可以尽情享乐，为所欲为。像沙皇彼得一世那样，可任意到叶卡捷琳娜美女云集的宫院开怀取乐；像阿拔斯国王哈伦·拉希德那样，高兴时可用黄金制造碟子，用宝石饰缀帷帐。

事实上，炫目的权力、豪华与奢侈，不过是高居权力峰巅者生活的表面，首先爬上"宝座"，从默默无闻到众星拱月，本身就是一个充满坎坷的复杂过程。当人们谈到这些登峰造极的人物时，大概不会想到，恩克鲁玛担任加纳元首前曾经在一家公司轮船上洗瓶罐的情形；不会想到希特勒 25 岁时"忧愁和贫困是我的女友，无尽的饥馑是我的同伴"的哀怨。

另一方面，位高者有位高者的苦恼。悠悠万事，多是苦乐相济、幸福与烦恼并存的，站在权力金字塔上也并非处处如意。

英国女王伊丽莎白一世受制于宫廷礼仪，连恋爱自由都没有，落得终身未嫁，哑巴吃黄连。

美国总统杜鲁门上任短短几个月光景，便发现："一个人当了总统就好像骑上了老虎背，他必须一直骑下去，不然就会被老虎吃掉。"

阿登纳 70 岁坐上联邦德国总理这把交椅时，深感局促不安，他在第一次公开发表讲话时，心情紧张得像揣着活兔。

印度尼西亚总统苏加诺的传记作者莱格道出了苏加诺的苦衷。他说：苏加诺真正所希望得到的，倘若他能如愿以偿的话，就是这样一个职位，既可发挥领导作用而又不陷于日常政府事务。可苏加诺始终未能如愿。

英迪拉·甘地在寓所里尽管每天可以接见官员和其他求见者，但她时常怅叹：

“搞政治这一行寂寞孤独。”

在君主制国家里，巴列维国王难得有点“平易近人”，他抱怨：“伊朗古老悠久的帝制传统易使国王产生孤独感。虽然人们可以较多地与我接近，我也不像父王那样严厉，可是王位本身自然而然使我与人们间隔着一条鸿沟……我喜欢像别的元首那样独自做出决定，这样孤寂感就会更加强烈。”

美国总统林登·约翰逊政绩不算太差，但可恶的新闻界老跟他过不去，故意把他描绘成“一个乡巴佬”。这使他备感羞辱和委屈，对新闻界他又怕又恨，以至澳大利亚总理罗伯特·孟席斯不得不像哄小孩似的安慰他：“不必对新闻界耿耿于怀，人民没选他们干事，人民选的是你，他们说话代表他们自己，而你说话代表人民。”

俄皇伊丽莎白就位后一直担惊受怕，恐遭人暗算。她每天都要更换房间睡觉，最后干脆找来一个能彻夜不眠的人坐在自己身边，才能安心入睡。

列举了这么多例子，无非是想说明：每个人都有每个人的苦恼，平凡人拥有的那份宁静也许恰恰是帝王将相所求之不得的。所以只要你真心觉得自己比国王还快活，那么你就的确会如此。

生活中的许多烦恼都源于我们盲目和别人攀比，而忘了享受自己的生活。

有这样一则法国笑话：维克多兴冲冲地从文化宫走出来，一位朋友问他：“为什么这么高兴?”“因为我今天玩得很好，”维克多回答，“我打了网球，下了象棋。既赢了象棋冠军，又赢了网球冠军。”“你打网球、下象棋都很在行吗?”“我和网球冠军一起下象棋，赢了他，后来，我又和象棋冠军一起打网球，我也赢了。”

维克多的言行自然引人发笑，但在大笑之余，我们是否也能从中得到这样的启示：全才是没有的，人各有所长，各有所短。我们既不能专门以己之长，比人之短；也不应以己之短，比人之长。

所谓“境由心造”。如果你善于发掘自己的长处，善于比较，你就会常常生活在一种愉快惬意之中。

◎追寻最崇高的美

如果我们希望自己的外表更美的话，我们必须首先美化自己的心灵，因为我们内心的每一个思想、每一个动机都会清晰而微妙地反映在我们的脸上，决定着它的丑陋或美丽。内心的不和谐将歪曲世上最美的容颜，使其黯然失色。

莎士比亚说过："上帝给了你一张面孔，而你自己却另造了一张。"我们的心灵可以随意地制造美丽或丑陋。

对最高形式的美来说，温柔的、高贵的性情无疑是最不可缺的，它可以令最平凡的面孔焕发光彩。相反的，暴戾的性情、恶劣的脾气和嫉妒的心理，会毁坏世界上最美丽的容颜，使得它丑陋无比。毕竟，没有什么东西能够与优雅可爱的个性产生的美相媲美。无论是化妆、按摩，还是药品，都无法改变和遮掩由错误的思维习惯所导致的偏见、自私、嫉妒、焦虑以及精神上的摇摆不定反映在脸上的痕迹。

美产生于内在的心灵。如果所有的人都能够培养一种优雅宽宏的精神状态，那么不仅他所表达的思想观点具备一种艺术美，他的体魄同样是健美的。因为内在的美会使外在的美愈加耀眼生辉，光彩逼人。在他身上，的确会焕发出迷人的优雅和魅力，这种精神上的美甚至要胜过单纯的形体美。

我们都曾经看到，即便是容貌极其平平的女士，由于其迷人的个性魅力，照样给我们留下了非同凡响的美丽印象。通过外表展示的美好的心灵反过来又影响着我们对形体的看法，在我们的眼里，它仿佛也变得婀娜多姿了。

安托尼·贝利尔说得非常对："在这世界上没有丑陋的女人，只有不知道怎样使自己显得美丽的女人。"

正是那种热诚慷慨的随时准备帮助他人的心态以及在任何地方撒播阳光和欢乐的美好心愿，构成了所有真正的个性美的基础，并使得我们永远神采焕发、美丽动人。渴望使自己变得更加美丽并付出相应的努力，生活就会变得多姿多彩。而且，既然外表只是内在的一种反映，是思维的习惯和通常的心态在身体上的展现，那么我们的面孔、我们待人接物的态度、我们的一举一动就必须和我们的精神世界相吻合，并变得更加温柔和富于魅力。如果你的脑海中时时拥有美好的思想和善良的愿望，那么无论你到任何一个角落，你都会给人留下优美和谐的印象，没有人会注意到你的长相是多么的普通或是你的身体有什么缺陷。

我们都仰慕风华绝代的面庞和绰约丰盈的身姿，但是，我们更热爱在崇高的心灵映衬之下的面容。我们之所以爱它，是因为它预示着我们有可能成为完美的人，它代表着造物主所追求的最高理想。

激起我们的爱和仰慕的并不是最亲密的朋友的外表，而是他在我们的心灵深处唤起的对友情的追忆和向往。最崇高的美并不是一种实际的存在，它是一种理想，一种隐约可见的追求，一种体现在某个具体人物或具体事物上的美好品性，它给我们带来了欢乐和喜悦。

每个人都应该尽可能地使自己变得更加美丽，更加动人，更加成为完整意义上的人。这种对最高层次的美的追求绝非没有意义。

◎真理深埋在我们心中

有一个东方的神话说众神聚会决定该把“宇宙的真相”藏在什么地方。第一个神建议把它藏在海里面，但是其他神嘘声四起，说人类会建造潜水艇下到海里去找到；第二个神建议把它藏在天上，距离地球很远的一个星球上，但是其他神认为人类会建造太空船到达这遥远的星球。最后，第三个神建议把真理挂在每一个人类的脖子上，其他神同意他的说法，认为人类不会从这么明显的地方去寻找真理，所以他们就照第三个神的建议去做了。

当我们向世界寻求恢复内心平静，投入世界为了重拾失去的希望，或为了得知如何生活，我们都将永远找不到所寻求的真理，因为真理就深埋在我们的心中。然而这也是我们投射给别人的自我面相，我们就是我们给予外界的样子。“所有的解答都藏在我们心中”这个想法是智慧、深奥难解的，但并不意味着有两个自我，外在自我和内在自我，只要内在自我是强壮的、大胆的、善辩的或忠诚的、敏感的，则外在自我就可以做它纯粹功能性的机制，像是赚钱、洗车、洗衣服等。事实是真正的放松不会在内在孤立你，而会到外在世界发光，改变外在自我，让你更大众化，同时改变其他人。

我们无法决定明天或后天或几年内将发生的事，但是我们可以设定最后将会回到我们身上的正面能量。当有人在一泓池水中央丢下一颗石子，产生的涟漪会一圈一圈地向外扩张直到池边；然后涟漪会以复杂的交叉水流开始回流向池中央。同样的道理，我们给予世界的祝福也将回到我们身上，如同要怎么收获就怎么栽种，乃是因果的原则。当我们投射强烈的和有信心的善行给陌生人，就像一个祷告飞向神那里，而祷告者也会即时获得启示的报偿。

我们必须面对自己，知道自己是谁，发现自身的价值，根据这价值而行动。如果我们跟随这自我认识的道路走向满足，而不是只想逃开，朝向放逐式的放松，我们的正面能量会将它自身的能量传送到未来。每次当我们到达未来时，我们将发现它在沿路等我们——依我们过去所想、所说、所做的一切来迎接我们。

第三篇

《影响力的本质》

外修内饰，精装形象工程

◎人都需要包装

商品需要包装，人也需要包装。远古人的包装是御寒与遮羞，后来人的包装是美观与等级，当代人的包装是集古今之大成，功用多多。就现代人来说，如何包装自己，日益重要，也意味深长。

包装绝非仅仅穿衣打扮，但首先是穿衣打扮。服装是人类的包装，对人的职业、个性和心态，既有掩饰的作用，又有展示的功能。

人类原本是为了遮盖自己的裸体，掩饰自我才穿衣服。但从心理上说，服装更能展示自我。因为每个人穿着自己选择的衣服，表现的是从裸体上无法看透的深层心理。因此，衣服也成为与人类无法切割的身体的一部分。可见，衣服是一个人的表征，当一个人将自我由内展露于外时，心理学称之为“自我延长”。

一个人的外貌对于人本身有影响，穿着得体的人给人的印象就良好，它等于在告诉大家：“这是一个重要的人物，聪明、成功、可靠。大家可以尊敬、仰慕、信赖他。他自重，我们也尊重他。”

只有在对方认同你和接受你的时候，你才能顺利进入对方的世界，并游刃有余地与对方周旋和交好，从而把自己的事情办成和办好，而这一切的获得在很大程度上与你的外在打扮有关。

大凡给对方留下了好印象的人都好与对方交往，好与对方合作，好与对方办事儿。而一个人的仪表是给对方留下好印象的基本要素之一。试想，一个衣冠不整、邋邋遢遢的人和一个装束典雅、整洁利落的人在其他条件差不多的情况下，同去办一样分量的事儿，恐怕前者很可能受到冷落，而后者更容易得到善待。特别是到一个陌生的地方办事儿，怎样给别人留下一个美好的第一印象更重要。世上早有“人靠衣装马靠鞍”之说，一个人若有一套好衣服配着，仿佛把自己的身价都提高了一个档次，而且在心理上和气氛上增强了自己办事儿的信心。聪明的人切莫怪世人“以貌取人”，人皆有眼，人皆有貌，衣貌出众者，谁不另眼相看呢？着装艺术不仅给人以好感，同时还直接反映出一个人的修养、气质与情操，它往往能在尚未认识你或你的才华之前，向别人透露出你是何种人物，因此在这方面稍下一点工夫，就会事半功倍。

衣冠不整、蓬头垢面让人联想到失败者的形象。而完美无缺的修饰和宜人的体味，能使你在任何团体中的形象大大提高。有些人从来没有真正养成过一个良好的自我保养的习惯，这可能是由于不修边幅的学生时代留下的后遗症，或者父母的率先垂范不好，或者他们对自己的重视不够造成的。这些人往往“三天打鱼两天晒网”，只要基本上还算干净，没有人瞧不起，能走得出去便了事了。如果你注重自己的形象，良好的修饰习惯很快就能形成。如果你天生一个胡子脸，那也没有办法，但至少你要给人一种你能打点好自己的印象。牙齿、皮肤、头发、指甲的状况和你的仪态都一一表明你的自尊程度。

别人对你的第一印象，往往是从服饰和仪表上得来的，因为穿着服饰往往可以表现一个人的身份和个性。毕竟，要对方了解你的内在美，需要长久的过程，只有仪表能一目了然。

办事儿的顺利和成功与否，第一印象至关重要，不讲究仪表就是自己给自己打了折扣，自己给自己设置了成功的障碍，不讲究仪表就是人为地给要办的事情增加了难度。

◎仪表是你的门面

我们的身体是最重要的自我表现方式。身体的外表被认为是内在的反映。如果一个人的外表丑陋、可憎，我们完全有理由认为他的思想也是这样的。通常，这种结论也是成立的。高尚的理想、活泼健康的生活和工作本身与个人卫生的不整洁都是势不两立的。一个忽视洗澡的年轻人也会忽视他的心灵，他会很快全面堕落。一个不注意仪表的年轻女人很快就无法取悦于人，她会一步步堕落成一个不思上进的邋遢女人。

难怪《塔木德》把清洁置于仅次于神性的位置上。而我会把清洁的位置摆放得更高些，因为我相信绝对的清洁就是神性。灵与肉的清洁或纯洁能把人升华到最高境界。一个不洁净的人只是头野兽而已。

要保持良好的仪表，最重要的一点就是要经常洗澡。每天洗一个澡能保证皮肤的清洁与健康，否则身体是不可能健康的。

对头发、手和牙齿的护理也相当重要，一定要细致周到，不能马虎草率。

修剪指甲的用具很便宜，人人都买得到，如果你买不起一整套用具，你可以只买一把指甲刀，把指甲修剪得光滑干净。

护理牙齿是件简单的事，然而，人们在牙齿卫生上犯的错误可能要比在其他方面犯的错误更多。我认识一些年轻人，他们衣着考究，对自己的仪表非常得意，但他们却忽视了自己的牙齿。他们没有意识到，人的仪表中没有比脏牙、蛀牙，或是缺了一两颗门牙更糟糕的缺陷了。呼吸当中的恶臭更令人无法忍受，如果知道有这种后果，就没有人会忽视他的牙齿了。没有哪个老板会要一个缺了一两颗门牙的职员或速记员；许多应聘者就因为牙齿不好而被拒绝。

对于那些在社会上谋生的人来说，关于衣着的最佳建议可以概括为一句话："让你的衣着得体，但不需要昂贵。"衣着朴素具有最大的魅力，现在市面上有大量物美价廉的衣物可供选择，大部分人能买到好衣服穿。但是如果条件所限，不能买到更好的衣物，也不必为一套寒酸的衣服害羞。穿一件花钱买的旧外套比穿一件不花钱的新外套更能赢得别人的尊敬。

不可避免的寒酸不会让人产生反感，但是邋遢却使人一见之下顿生厌恶。只要你量入为出地打扮自己，不管多穷，你都可以穿得很得体。应该有意识地尽量拿出最好的仪表，注意干净整洁，竭力保持自尊和真诚，这样才能帮助你渡过重重难关，带给你尊严、力量和魅力，使你赢得别人的尊敬和钦佩。

赫伯特·乌里兰很快就从长岛铁路一个普通路段工人提升为纽约市铁路局的董事。在一次关于如何获取成功的演说中，他说："衣服不能造就一个人，但好衣服能使人找到一份好工作。如果你有 25 美元，又需要一份工作的话，最好花 20 元买一套衣服，花 4 元买双鞋，剩下的钱买一个刮胡刀、一个发剪、一个干净的领圈，然后去找工作。千万不要带着钱，穿着一身破旧西装去应聘。"

多数大公司都规定不雇用衣衫褴褛、邋里邋遢，或是应聘时衣冠不整的人。芝加哥最大一家零售商店的招聘主管说："招聘的原则必须严格遵守，对于一个应聘者来说，经受住考验的最重要条件就是他的仪表。"

一个应聘者具备多少优点和能力没有关系，但他必须重视自己的仪表。璞玉浑金的价值不知要比抛光的玻璃高出多少倍，但是有时候就是明珠暗投。有些应聘者凭借良好的仪表获得了一份工作，虽然很多被拒之门外的人要比他们深刻得多。他们的能力可能还不及那些被拒之门外的人的一半，但是既然有了工作，他们就会设法保住这个饭碗。

这条通行全美的招聘原则在英国同样适用，《伦敦布商》杂志就可以作证，它这样说道："越是注意个人清洁卫生和衣着整洁的人，就越能仔细地完成工作。个人生活邋遢的工人工作也会马马虎虎。而关注仪表的人也同样在意工作的效果。

柜台后面是什么样，车间里很可能也就是什么样。时髦的女售货员一定很讲究穿着，她会厌恶肮脏的衣领、磨破的袖口和皱巴巴的领带，难道不是这样吗？事实上，关注个人习惯和整体仪表，就会对邋遢散漫的习惯产生警觉。

（1）三点一线：一个衣冠楚楚的男人，他的衬衫领口、皮带襻和裤子前开口外侧应该在一条线上。

（2）说到皮带襻，如果你系领带的话，领带尖可千万不要触到皮带襻上哟！

（3）除非你是在解领带，否则无论何时何地松开领带结都是很不礼貌的。

（4）一身漂亮的西服和领带会使一个男人看上去非常时髦，而一套好西装却不系领带，会使他看着更时髦。

（5）如果你穿西装，但不系领带，就可以穿那种便鞋，如果你系了领带，就绝对不可以了。

（6）新买的衬衫，如果你能在脖子和领子之间插进两个手指，就说明这件衬衫洗过之后仍然会很适合。

（7）透过男人的衬衫能隐隐约约看到穿在里面的T恤，就有如女人穿着能透出里面内裤的裤子一样尴尬。

（8）如果不是专业的手洗，一件300多元的衬衫很快就会只值25元。

（9）精神的发型、一双好鞋，胜过一套昂贵的西装。

（10）一双90元的鞋的寿命应该是180元一双的鞋的一半，而1000元一双的鞋将伴你一生。

（11）如果你穿的是三粒扣西装，可以只系第一颗纽扣，也可以系上面两颗纽扣，就是不能只系最下面一颗，而将上面两颗扣子敞开着。

（12）穿双排扣西装所有的扣子一个也不能不扣，特别是领口的扣子。

（13）如果你去某个场合拿不准穿什么服装，那么隆重点儿远比随便点儿强得多，人们会认为你随后还要去一个更重要的场合呢！

（14）一件便宜的羊绒衫实际上远远没有一件好一点儿的羊毛衫更柔软、

舒服。

(15) 除非你是橄榄球运动员，否则就不要把任何与名字有关的字母或号码穿在身上。

(16) 45 岁以下的你请不要过早地叼上烟斗，也不要戴那种浅圆的小帽。

(17) 比穿没盖过踝骨的袜子更糟糕的是穿没盖过踝骨的格子袜子。

(18) 配正装一定不要穿白色的袜子。

(19) 无论如何，你不必有太多卡其布休闲装、白色的纯棉 T 恤或厚棉布网球鞋，毕竟一周只有一个星期六。

(20) 穿衣服的第一常规就是打破一切常规——包括我们上面所说的一切。

我强调衣着的重要性，但并不是要你像英国花花公子博·布鲁梅尔那样，一年仅做衣服就花四千美元，扎一个领结也要花上几个小时。过分注重穿着甚至比完全忽视还要糟糕。那些像博·布鲁梅尔那样的人太讲究穿着了，他们一门心思地扑在对衣着的研究上，而忽略了内心修养和神圣的责任。在我看来，穿衣应该量入为出，与身份相称，这既是一种责任，也是最实际的节俭。

许多年轻人误以为“穿着得体”就一定是指要穿贵重的衣服。这种观点与完全忽视穿着同样是错误的。他们把本该花在头脑和心灵修养上的时间用在了梳妆打扮上。他们老是在盘算该怎样用微薄的收入来买昂贵的帽子、领带或是大衣。如果他们买不起渴望得到的东西，就会买便宜的赝品来代替，结果他们的穿着会显得很可笑。这类年轻人戴廉价戒指、打猩红色领带、穿大格纹衣服，他们肯定是职位低下者。卡莱尔这样形容这类花花公子——“一个花里胡哨的人——他的职业和生活就是穿衣——他的精神、灵魂和钱包都无畏地献给了这一目的。”他们就为了穿衣而活着，他们没有时间学习文化，没有时间努力工作。

莎士比亚说：“衣装是人的门面。”这一说法得到了全世界的认同。许多人经常因为他们不得体的穿着而备受指责。初看起来，仅凭衣着去判断一个人似乎肤浅轻率了些，但经验一再证明：衣着的确是衡量穿衣人的品位和自尊感的一个标准。渴望成功的有志者应该像选择伴侣一样谨慎地选择衣装。古谚云：“我根据你的伴侣就能判断你是什么样的人。”某个哲学家也说过一句精妙的话：“让我看看一个妇女一生所穿的所有衣服，我就能写出一部关于她的传记。”

西德尼·史密斯说：“教育一个女孩说漂亮无关紧要，衣装一无是处，这真是荒谬透顶！漂亮非常重要。她一生中所有的希望和幸福或许就依赖于一件新裙子或是一顶合适的女帽。如果她稍有点常识，她就会明白这点。应该教她知道衣装的价值所在。”人的确不是由衣装造就的，但衣装给我们的生活带来的影响远远出乎我们的意料。普林提斯・穆尔福德说，衣装能影响人类的精神面貌。这并非言过其实，只要想想衣装对你自己的影响程度有多大就够了。

假设让一个女人穿着一件破旧肮脏的晨衣，那么它就会影响到她，使她对自己的头发是肮脏还是扭结都漠不关心。她的脸和手干净与否，穿的鞋子多么破烂，都无关紧要，因为在她看来，“穿着这件旧晨衣没有什么不好”。她的步态、风度、情感倾向，都将潜移默化地受到这件旧晨衣的影响。如果她能改变一下——换上一件漂亮的棉裙，那么她的模样和举止将会多么的不同啊！她的头发一定会梳理得宜，会与她的穿着相得益彰。她的脸庞、手和指甲一定会干干净净。破旧肮脏的鞋也会换成了合脚的便鞋。她的思想也会焕然一新。她会更加尊敬衣冠整洁的人士，会远离穿着邋遢的人。“你想改变你的意识吗？那么就改变你的穿着吧，你马上就会感觉到效果。”

◎少有人不以貌取人

在日常生活中，我们常常听到这样的劝告：不要以貌取人。但是经验告诉我们，人是很难不以貌取人的。从人的审美眼光出发，爱美之心人皆有之，人们对美的认识，很多时候是从第一印象中产生的，而人的仪表恰好承载了这一“特殊”的任务。

良好的仪表犹如一支美丽的乐曲，它不仅能够给自身提供自信，也能给别人带来审美的愉悦，既符合自己的心意，又能左右他人的感觉，使你办起事来信心十足，一路绿灯。

美国的心理学者雷诺・毕克曼做了以下有趣的实验。

在纽约机场和中央火车站的电话亭里，在任何人都可以看到的地方，放了10分钱，等到一有人进入电话亭，约两分钟后敲门说：“对不起我在这里放了10分钱，不知道你有没有看到？”结果退还硬币的比率，询问者服装整齐时占77%，而询问者衣服较寒酸时则占38%。

进入电话亭里的人在被服装整齐的人询问时，可能会察觉服装整齐的人可能跟自己说了很重要的话；而面对衣着寒酸的人，因为在不想接触的念头下，不想去理会对方的问题，所以根本没有听清楚他说的话，就开口回答“不”，企图赶走对方。

“佛靠金装，人靠衣装。”衣着对一个人出外办事影响非常大，大多数人对另一个人的认识，可以说是从其衣着开始的。衣着本身就是一种无声的语言，不但能给对方留下一定的美感，而且它还能反映出你个人的气质、性格、内心世界。

人们对穿衣服的讲究很多，合乎场合的打扮可以使你在工作上无往不利。正式的工作环境中，自然应选择庄重、文雅的服饰。即使平常喜欢穿着随意、不修边幅的人，在庄重的社交场合也不应随随便便，那样会使人产生不尊重别人的感觉。相反，在一些轻松、愉快的社交场合，或个人的业余文娱活动中，则可选择活泼、鲜艳、式样随意一些的服饰，使人感到富有生活情趣，不拘一格。

得体的服饰可以增加人们的自信心。也许大家都有同样的感觉，要到一流饭店赶赴宴会时，总会将自己体面地打扮起来，若是到一般商店、市场购物，则是一套轻便的休闲服。其实，并不是每到一家一流饭店，都规定必须西装革履，而是这些饭店的气氛和其他人的穿戴，会使你不得不注意自己的服装仪容。

盛装赴宴，不仅仅是为了表现自己的礼仪，而且也是为了不辜负于酒店的豪华气派。所以，装扮仪容的行为，也可以说是一种预防被那种气氛吞没的心理武装。这时身上的衣装，已不仅是件普通的衣服而已，而是一件保护心灵的外衣。质地好的服装，可以强化自我意识，达到与一流饭店平等的关系。初次见面的对象，就像一流的饭店，只要你能将与对方建立平等关系的“东西”，加诸己身的话，便会更加大方自信了。

自然，人们对于着盛装的人和不讲究仪表的人两者间的感觉是不会相同的。美国有许多家大公司对所属雇员的装扮都有“规格”，所谓规格自然不是指要穿得怎么好看或指定衣料，而是“观感”的水准。不只在美国如此，在世界各地都一样。在中国，保险公司的业务员在向人们推销保险的时候是不会穿得不三不四的。无疑，人们对于穿得整齐的人，总是较有依赖感的。

◎应时应景，应事应己

着装并不是盲目的、千篇一律的，而应该根据需要不断地变化。

1. 应时着装

着装首先必须应时。所谓应时，不是指追求时髦，走在时装发展潮流的前沿，而是要求着装必须与穿着的具体时间相吻合，并体现出一定的时代特征，不可不分四季、不分早晚或脱离时代地胡乱着装。

应时原则通常包括如下三层含义：

其一，与时代变化同步。着装不应与时代脱节。不同的时代有着不同的着装习俗与特征，随着时代的发展，服装也在不断地更新换代，发展变化。当今的时代有自己的时代特征，反映在着装上便会有特定的时代要求。自然应顺应时代发展的要求，在着装上体现出时代的特征。

尽管从服装本身的发展规律来看，不时会出现复古或超前的现象，但其主旋律却一直是与时代前进的步伐在大体上保持一致的。

着装固然要遵循“相对保守、朴素大方”的原则，从而给人以稳重可靠、沉着踏实的印象，但这并不意味着要使自己的着装落伍于时代，从而走向另一个极端，否则便会有因循守旧、冥顽不化之嫌。

其二，与四季变化同步。服装的基本功能之一在于消暑御寒。因此在着装的选择上，任何人都必须随着四季的变换和气候的变化做出适当的改变，使着装冬暖夏凉，春秋适宜。

随着时代的发展和社会的进步，人们的着装观念已经发生了很大变化。许多人在着装的选择上已不再受季节时令和天气冷热的限制，大冬天穿着短裤短裙招摇过市的现象比比皆是。一般而言，人们应当尊重他人的着装选择，把着装看成是个人的私事而宽容对待。

其三，与早、中、晚变化同步。在每天的上班时间与非上班时间以及在非上班时间的不同时间段，都应有不同的服装选择。

每天早晨散步或进行运动时，可以穿便于活动的运动服；中午在家或在宿舍用餐时，可脱去正装，穿上休闲服，好好放松一下；而在晚上欣赏电视节目或准备休息时，则可换上睡衣睡裙，以求舒适、惬意。

然而在上班时间，不论上午下午，都必须穿着与“此时此刻”和谐的服装，从而体现出敬业精神。切不可如在家时那般随意自在，为追求舒适自然而一副休闲装束，否则就会有损于形象，因小失大。

2. 应景着装

着装必须应景。所谓应景，是要求在着装时必须考虑到自己即将出场或主要活动的地点，使服装尽量与自己所面临的环境保持和谐一致。切不可我行我素、自以为是，使自己的着装与所处环境格格不入。

任何人都不是孤立的存在，都与所处的环境有着紧密的联系。只要到达特定地点，进入特定环境，人就成了特定环境的组成部分。此时，他的言行举止都必须主动、自觉地与环境保持一致。如果不顾忌环境的要求而我行我素，不仅会破坏环境美，而且也有损于自身形象，遭到环境的不容与排斥。正是基于这一点，着装必须遵守应景原则。

在工作时必须身着工作装。穿着制服、西装、中山装或西服套裙执行公务，会显得正规而庄重，能令人肃然起敬。但如果穿着牛仔服、运动鞋或是网球裙去上班，甚至外出执行公务，就会给人以不务正业的感觉，是绝不合适的。女性对这一点尤其应当予以重视，切不可将新潮、浪漫甚至奇异的户外装束“引进”公作场合。

在非工作场合无需身着工作装。特定的环境往往要求特定的着装，而特定的着装往往只适用于特定的环境。国家公务员身着正装去工作自然无可非议，但如果是以正装装束出现在公园、商场或运动场，则不仅有“小题大做”之嫌，而且还会因为正装的束缚与不适而使自己行动不便、“作茧自缚”。在非公作场合，国家公务员完全可以与别人一样，自由自在地选择合适服装，而不必以正装示人。

被《时代》杂志誉为全美第一位服装工程师的约翰·T. 莫莱认为，在服饰仪表方面，成功人士的保守、不逾越身份，并尽可能符合公司的要求，是通向成功的重要保证。他曾经向机构的高层行政人员的衣着提出忠告，最适当的西装颜色是蓝色和灰色，咖啡色则不大好。

穿像样的衣服是让别人认真对待你的一种方法。穿着可以与众不同，但一定要和你所从事的工作和所在的单位相协调。不同的公司与公司之间，正确的职业服装标准是不一样的，要根据该公司经营的种类、产品或服务的性质、公司位置、公司历史与传统等来确定。以往，我们对正确的职业服装的概念来自于以男性占主导的中上层职业——银行家、律师、医生和军官，有时也包括商人。而现在，一种源于工业革命后维多利亚时期的男性服装，经过女性化修改，已作为职业服装被广为接受，到处可见。这种传统的职业服装代表着一种正式而保守的形象，男女皆宜，但有些公司却不鼓励这种被人接受了的传统城市化着装，认为对其产品或服务太过正式，而希望其职员穿着更随意一点。什么样的服装被人接受，唯一的方法便是直接问这样一个问题：“这儿有什么着装规定吗?”或者自己观察一下，当回侦探。还有一个屡试不爽的方法，站在电梯或出口处，比较一下进进出出的人们的衣着形象，这比任何参考书都管用。如果，一个公司的形象与其职员的穿着并无太大联系，那可能不存在明显的着装规定。这样的话，问题就简单了，你只需判断一下是否达到了这样一个要求：如果你是高级职员，那就穿得体面些。职位越高，穿着始终与众不同就越显重要；如果你是一般职员，那么不要穿那些不适于工作的业余服装。你的上司不会认为没有付给你足够的工资，他们只会认为你没有购置合适的服装，由此得出你没有足够认真地对待自己的工作的结论。如果你为自己工作，那么不要胡乱穿衣，穿质量过得去的衣服，让自己具有成功者的形象。

留意你的服饰和仪表吧，这并不是叫你穿上最流行的、最时髦的衣服，也不是让你保留最摩登的发型，只是请求你穿得使人有整齐、清洁之感，面颊和发型都很娴雅、自然、得体就行，至于衣服新旧等问题都是次要的。

3. 应事着装

着装必须应事。所谓应事，即要求根据自己所要办理的公事的不同而选择不同的着装，使自己的着装与所办的公事相配合、相呼应。

所办理的公事不同，就意味着所处场合的不同。因而应事原则有时也叫按场合区别着装的原则。不同的场合，着装应有所不同；特定的场合，往往有特定的着装要求。不遵循这套规矩，摆出“以不变应万变”的姿态，或者着装不分场合，不与所处场合协调一致，难免会招致麻烦。

通常，在处理公事时，所遇到的场合可以分为以下四种：

普通场合，基本上是指在办公室工作或是外出处理一般类型的公务之时。在这种场合，着装应当符合本公司、本部门的规定，在总体上做到正规、文明、干净、整洁。

庄重场合，主要指参加庆典、会议、盛宴、谈判、外事等庄严、隆重的活动。在此类场合的着装应力求庄重、高雅、严肃。

喜庆场合，通常指举办联欢会、舞会或游园会，参加婚礼、生日、节日或纪念日的庆祝活动，等等。这类场合大都充满热烈、喜悦、欢乐的气氛，因此着装应定位于时尚、潇洒、鲜艳、明快之上。但切勿做得过头，不可显得过于引人注目而脱离群众。

悲伤场合，一般包括出席葬礼、向遗体告别、祭扫陵墓以及慰问逝者家属等场合。在这些场合，参加者往往心情沉重、悲伤，因此着装务必要素雅、肃穆、严整。如果身着色彩艳丽或是标新立异的服装去参加上述活动，显然是很不得体的，表明对逝者及其家属的不敬。

4. 应己着装

着装必须应己。所谓应己，即要求在选择着装时要因人而异，使所穿服装与自己的身体条件相适应。

尽管着装有许多普遍性的规范和要求，但着装毕竟是具体到个人的事情。只有遵守应己原则，根据自己的身体条件选择服装，才能扬长避短，充分展示个人的最佳形象。具体而言，应己原则应围绕性别、年龄、肤色、形体这四大身体条件展开。

男着男装，女着女装，这是人人都应具有的基本常识。然而受近几年来国际时装潮流的影响，服装的中性化趋势日益明显；许多服装不分男女，已成为男女消费者的共同选择。更有一部分人崇尚男服女穿、女服男穿，俨然成为一种时尚。然而对于力求着装保守、规范的工作人员来说，是绝对不能追随这一趋势与潮流的。

不同的年龄对着装有不同的要求。在选择着装时，务必要考虑到自己的年龄因素，使自己的着装与年龄相符。所着着装若与着装者年龄有很大差距，往往会贻笑大方。

总体上讲，在着装的选择上，老年人应当素洁，中年人应当稳重，青年人应当活泼。这是必须遵守的标准尺度。

◎恰到好处地配饰

人们因为体态、肤色、气质的不同，或是职业工作环境的不同，对于服装和饰物的选择也各有不同，在注意服装协调的基础上，还要注意饰物的协调搭配，一身好的时装，再加上漂亮得体的饰物，如同锦上添花。

装饰物无外乎领带、领针、钱夹、戒指、手套、鞋帽、提包、皮带、头饰等，饰物的选择要从色彩、质地、形状和大小等因素来考虑，要把它们和服装的色彩、款式、造型、面料等相匹配，同时还要考虑个人的喜好和文化的素养。

现代的服饰除了实用性以外，已经越来越多地体现出了它的艺术性，只有在突出内外协调的整体美的时候，才更能体现出穿衣人的艺术品位。

一条品位高雅、与西装相得益彰的领带，可以增添服装的整体效果，与西装颜色、品牌相配的钱夹，可以体现出主人的身份和地位。

无论是男士还是女士，戒指都是一种美好的装饰，佩带戒指，可以推断出主人已婚或未婚的身份，避免造成不必要的尴尬。但是，把黄金饰品当做财富来炫耀的做法是不足取的，有的人把四枚戒指同时戴在手上，以此来表现他的富有，这样做非但不能提高他的档次，反而让人感到一种暴发户的庸俗气。

一个人的服饰成功与否，鞋子是非常重要的环节，鲁迅先生曾经说过："脚长的女人定要穿黑鞋子，脚短就一定要穿白鞋子。"可见鞋子对于人的重要。

一个成功的人，他的鞋子应该是清洁的。这样的人注意细节，只有注意细节的人才能有缜密的思维，能够把每一件事情处理得恰到好处。

如果一个人的鞋子上满是污垢和灰尘，会给人留下一个不拘小节、狂放不羁的印象，这样的人可能在某种时候会表现出超人的艺术才能，但他们不会处理好身边的一些小事。如果把一些非常重要的事情交给这样的人来处理，那么，结果是令人担忧的。

皮带处于人体的中轴线上，它的位置非常重要，如果选择一条西方传统的名牌皮带，与色彩和谐的西裤、衬衫相搭配，会取得不俗的效果。无论是男士还是女士，在选购皮带的时候一定不要过于吝啬，因为这项投资对于你的形象来说，是非常重要的。皮带的式样以不过于显眼、招摇，质地以与西装颜色相配为原则。

与男性相比，女性的手袋无论是在款式还是颜色上，都更富有变化。手袋除了实用价值之外还有装饰作用，女性喜欢根据不同的季节和不同款式的服装来选择最为相宜的手袋，组合出不断变化的全新形象。

双肩包也是年轻女性喜爱的包袋的一种，其多种用途和简洁明快的设计，非常适宜表现年轻女性的生命活力。有时，一个简简单单的小背包会给人一种新的感觉，一个充满民族风情的蜡染布挎包也会给人留下一种别具一格的印象。

在穿着搭配上，女性的袜子起着画龙点睛的作用，穿着颜色鲜艳而花哨的袜子是时髦的表现。可是，在选择颜色时，应该注意选择与西装或长裤较易搭配的棕色、深蓝色、黑色或白色为宜，质料以棉、棉麻、毛等吸汗透气为佳。女性夏季的裤袜以穿肉色为最佳效果，其余颜色最好不要穿去上班。另外，可在办公桌抽屉里多放一双备用的裤袜，以防万一脚上穿着的那双破了时，可以换穿。

一顶遮阳的草帽，可以起到富有乡野情趣的装饰效果。冬天，一顶色彩艳丽的女士呢帽能冲淡冬季所固有的凝重气氛，为这样一个沉闷的季节增添几分活力。

恰到好处的装饰物是对服装的一种补充。画龙点睛的饰物会给你增添几分潇洒、几分自信、几分从容。

◎修饰即人，浓淡相宜

在现实生活中，每一个人，尤其是女性，都会面临化妆的问题。所谓化妆，即通过对美容用品的使用，来修饰自己的仪容，美化自我形象的行为。简单而言，化妆就是有意识、有步骤地为自己美容。

中国有句话说：“欲把西湖比西子，淡妆浓抹总相宜。”只有掌握了修饰美的“修饰即人”的指导思想及“浓淡相宜”的美学原则，才能使美的修饰映照出一个人蓬勃向上的精神风貌，才能帮助我们提高办事能力。

化妆是为了对自己的容貌进行修饰，以期扬长避短，使自己光彩照人、精神焕发，从而在人际交往中更为自尊、自信、自爱。

1. 避短与藏拙

世界上没有人在仪表方面是十全十美的。任何人都会有或多或少、或大或小的仪表缺陷。但每个人都可以通过化妆的技巧，来突出自己的优势所在，修饰自己的一般之处，弥补自己的明显缺陷，从而达到美化形象的目的。

在正确认识自己身体条件的基础上，进行化妆技巧与方法的合理选择与搭配，重点是弥补缺陷，即避短藏拙。

认识自我。每个人都有互不相同的身体条件，如年龄、身材、肤色、容貌等。即使同一身体部位，不同的人也会有标准与不标准的区别。对此，人们都必须有正确、客观的认识和评价，要明确自己的优势与不足。只有在此基础上，才能正确、有效地化妆，做到扬长避短。

人贵有自知之明。要对自己的身体条件，尤其是不足之处心知肚明，不可偏听偏信，只记得别人对自己的赞扬和恭维，而对自身缺陷忽略不计。既不可对自己的不足孤芳自赏，也不必自惭形秽，觉得自己已无药可救，对自己全盘否定，并失去自信。每个人都应认识自我，关键就在于实事求是。

合理化妆。在对自己的身体条件有了整体的把握与认识后，就应根据自身各部位的具体特点进行针对性化妆。

同样的部位，在不同人身上，往往需要选择不同的化妆技巧与方法才能达到美化的效果。如果不考虑个人身体条件的不同，采用千篇一律的化妆方法，或者盲目仿效时下流行的化妆技巧，往往会贻笑大方。

2. 整体的协调

“浓淡相宜”是说修饰不能片面追求某一局部的奇特变化，而应注意统一协调，否则会失去比例平衡，以致俗不可耐，弄美为丑。一个人如果想受人尊敬，首先必须注意的是衣着的整齐清洁，让人觉得自己为人端庄、生活严谨。况且化妆的本意是为了掩饰缺点以表现优点，所以，如果为了掩饰缺点而化妆过浓时，优点反而被破坏无遗。因此，欲将良好的风度、气质呈现在众人面前，应持淡雅宜人的化妆，不可把脸当做调色盘，不可把身体当做时装架，妆饰是在表现本身的修养，同时也表现人格，因此必须使看的人感到清爽和产生好感才行。

虽然身体各部分的化妆是一个按部就班、逐次进行的过程，但是化妆的目的在于表现个人的整体美，而不是追求局部的靓丽。因此，身体各部分的化妆需要协调统一、整体考虑。要体现出健康的形体、优美的仪表以及充满活力的精神面貌，就必须在化妆时遵循协调性与整体性的原则。

化妆与部位。一个人化妆的效果是其各部位化妆后的整体显现。各个局部的化妆即使再成功，如果相互之间难以协调在一起，那么化妆也是失败的。这与着装时色彩、款式的搭配是一个道理。

例如，单纯的眼部化妆，只有同腮红、口红配合起来，才能有美的效果。如果要突出口部的魅力或口红的色彩，则应节制对眼部的化妆。浓重的眼影显然不利于口部优势的发挥。

又如，在面部化妆时，腮红与眼影应当选择同一色系的颜色，而唇膏的色彩则应与彩色指甲油的颜色属于同一色系。只有这样，才能使各部位的化妆协调一致。

化妆与服饰。在化妆时，应充分考虑所化之妆的颜色、浓淡是否与所着服饰相匹配。不同色调系列的服装往往需要不同色调的化妆品，不同款式搭配的服饰往往需要不同的化妆手法。只有当服饰与化妆适当地组合在一起时，才会显现出整体的协调美。

例如，身着一袭牛仔装时，通常给人以粗犷豪放、线条分明的感觉。这时就宜选用厚实一点的妆相；而如果身着一套素雅的连衣裙，打算给人以轻松之感时，就应当选择清淡的妆相。

化妆与环境。着装有“应景”的原则，其实化妆也需要“应景”。不同的环境，或者不同的场合往往有不同的自然条件、社交气氛，这就需要所化之妆与其相协调、相适应。

只有当化妆与环境相统一，人与环境才能相容，才能处于一体，个人的良好形象也才能最充分地体现出来。

3. 常规的遵守

在化妆时必须遵守成规，即遵守通行的程式、规则和方法。在化妆时遵守成规，有助于体现良好教养和高雅品位，也有助于达到美化自身的目的。

修饰避人。应当处处维护自身形象，这是无可厚非的。但这并不意味着可以随时随地为自己化妆补妆。修饰避人，是应当严格遵守的重要成规之一。

在公众场合应当表现得庄重、踏实、干练，要专心致志于本职工作。如果在工作时当众化妆补妆，不仅不庄重，而且会使人觉得自己对工作用心不专，只把自己当成了“花瓶”。

事实上，在许多国家，如果单身女子在饭店、街头、舞厅等公共场合当众化妆、补妆，往往会被视为“不良女子”，受到公众鄙视。

化妆实际上属于个人隐私，原则上只能在家中进行。而如果事出有因，在其他场合需要临时化妆补妆时，则应选择隐蔽之处，例如去洗手间“解决问题”。总之，要坚持“修饰避人”的成规。

适可而止。以香水为例，人们除了要选择适合自己的香型外，还应掌握具体、正确的使用方法。一般而言，使用香水应以少为宜。涂抹香水的适当部位仅限于手腕、下颌、耳垂、踝部等易于使之“正常发挥”的几处。如果将其“遍地开花”般在浑身上下乱喷乱洒，不仅是暴殄天物，而且劳而无功。通常认为，香水味在一米以内被对方闻到，不算过量。但如果在三米开外，他人仍然能闻到自己的香水味，则肯定是过量使用香水了。不同的化妆品有不同的使用技巧和方法，必须对此加以熟练掌握，从而使化妆成为有效的修饰手段。

如何赞美赢得对方好感

◎赞美的艺术

如果每人吐露内心深处的愿望，那个愿望就是：受到别人的赞美。要促使员工努力地为你效劳，赞美是你不可缺少的重要手段。赞美或许不是唯一的方法，但却是极为有效的方法。在赞美下属的过程中，必须遵循以下六大法则：

1. 在别人面前赞美下属

当上司直接赞美下属时，对方极可能以为那是应酬话、恭维话，这样效果并不能令下属有荣誉感，而只觉得这是上司对下属的一种安慰罢了。

赞美若请第三者代为转达，效果便截然不同了。此时，当事者必认为那是认真的赞美，毫无虚伪，于是真诚接受，感激不已。

可想而知，在深受感动之下，这位下属会更加努力地工作。

事实上，在我们的周围，可把这种方法派上用场之处不胜枚举。

2. 赞美要及时

赞美是对一个人的工作、能力、才干及其他积极因素的肯定。通过赞美，人们了解了自己的行为活动的结果。可以说，赞美是一种对自我行为的反馈，这种反馈必须及时，才能更好地发挥作用。

一个人在完成工作任务后总希望尽快了解自己的工作结果、质量、数量、社会反映等。好的结果，会带来满意愉快的情绪体验，给人以鼓励和信心，使人保持这种行为，继续努力；坏的结果，能使人看到不足，以促进下一次行动时的改进，以求得好的结果。

同时，人们需要通过尽快地了解反馈信息，对自己的行为进行调整。巩固、发扬好的，克服、避免不好的。如果反馈不及时，事过境迁，人的热情和情绪已经冷漠，这时的赞美就没有太大的作用了。

早期的美国福克斯公司，急需对一项重要的技术进行改造。一天深夜，一位科学家拿了一台确能解决问题的原型机闯进总裁的办公室，总裁看到这个主意非常妙，也非常高兴，琢磨着该怎样给他奖励。他弯下腰把办公桌的大多数抽屉都翻遍了，总算找到了一样东西，于是躬身对那位科学家说："这个给你!"他手上拿的竟是一只香蕉，而这是他当时能拿得出的唯一奖酬了。

自此以后，公司设计出小小的"金香蕉"形的别针，作为该公司对科学成就的最高奖赏。

不仅是重大的科技成果要及时奖励，对下属的点滴微小成绩，领导也应重视，及时加以鼓励。

为了及时表示酬谢，美国惠普公司的市场经理，竟把几磅袋装水果送给一位推销员，以奖励他的成绩。另外一家公司的"一分钟经理"提倡"一分钟表扬术"："下属做对了，上司马上会表扬，而且很精确地指出做对了什么，这使人们感到经理为你取得成绩而高兴，与你站在一条战线上分享成功的喜悦，然后鼓励你继续努力，只需花一分钟时间。"下属们对"一分钟经理"的做法颇为推崇。这位经理说，帮助别人产生好的情绪是做好工作的关键，正是在这种动机的指导下，他实行了"一分钟表扬术"。这样做有三重意思：第一就是表扬要及时；第二是表扬具体，准确无误，不是含含糊糊；第三是与部下同享成功的喜悦。

3. 赞美要真诚

管理者赞美下属要真诚。管理者在尚不了解下属的情况下，只能讲些"年轻有为，前途无量"、"干得不错"之类的公式化语言，很难打动人心。

人们希望得到赞赏，但赞赏应该能真正表明他们的价值。也就是说，人们希望你的赞赏是你思考的结果，是真正把他们看成是值得赞美的人，并花费了精力去思考才得出的结论。真诚的赞美要有一定的前提，失去前提，真诚便无以寄托。

言之有物的赞美能真正指出对方的心血、精力之所在。对一位下属如果只说他很能干，就不如说他某件具体事办得很漂亮更"实"些。一位工作有成就的人，听到的恭维话自然就多，你泛泛地称赞他的工作、能力，就如同把水倒进海中，毫无影响。如果你对他的工作确有了解，或者你作为外行能了解他的工作性质、意义，并以此称赞他，那么这种称赞的效果就会好得多。

赞美别人要符合实际，既能达到沟通的目的，又不违背客观事实。如果确实不了解对方，暂时无法达到思想的沟通，还不如从具体事物入手，达到感情的沟通。如对下属，可以从所得的印象入手，谈谈留下的好印象；对新交来的尚未细读报告，可以夸奖一下行文工整或字体优美之类。它是客观存在的，包含了对方的劳动，你的称赞自然就比较接近实际了。

4. 赞扬必须公平、公正

管理者赞扬下属，实际上是把奖赏给予下属，就像分蛋糕，也需要公平、公正。

有的管理者不能摆脱自私和偏见的束缚，对自己喜欢的下属极力表扬，对不喜欢的下属即使有了成绩也看不到，甚至把集体参与的事情归于自己或某个下属，常常引起下属们的不满，从而激化了内部矛盾。

要做到公正地赞扬下属，管理者必须妥善处理好下面几种情况：

（1）称赞有缺点的下属要公正。有时下属缺点明显，比如工作能力差、与同事不和、冲撞领导等，这些缺点一般都被领导所厌恶。其实，有缺点的人更需要称赞。称赞是一种力量，它可以促使下属弥补不足、改正错误，领导的冷淡和漠视则会使这些人失去了动力和力量，无助于问题的解决。在一般人心目中常常这样认为，受到领导称赞的人应该是没有很多缺点的人，受到赞扬应该把自己的缺点改掉，才能与领导的称赞相符，同事看了也提不出意见。

（2）称赞比自己强的下属要公正。在管理的员工之中，人际关系比较复杂，成绩突出而把姿态摆在管理者之上的员工不计其数；一些下属在某些方面也超过管理者，从而使管理者处于一种不利的局面。有些小肚鸡肠的管理者容不下这些比自己强的人，对这些强人或超过自己长处的人不敢表扬，这也有失公正。

（3）对自己喜欢的下属，称赞时要把握好分寸。管理者与下属交朋友很常见，每个管理者都有几个比较得意的下属，不仅工作合作愉快，而且志趣相投。称赞这样的下属要不偏不倚，把握好分寸，不能表扬过多，也不要不敢表扬。表扬过多，如一有成绩就表扬，心情一高兴就夸奖几句，喜爱之情溢于言表，很容易引起其他下属的不满，这样与其说是向着自己喜爱的下属，倒不如说是害了他。有的管理者怕别人看出与某个下属关系密切，因而不敢表扬，这也是错误的做法。

（4）不要把集体的功劳归于一人，也不要据为己有。单位的工作成绩往往是下属和管理者集体智慧的结晶，是齐心协力的结果。评功论赏时要表扬集体，不能归于一人，否则有失公道。

有的管理者贪功心切，为向上司请赏，汇报工作时往往把成绩据为己有。这种做法很不明智，其他管理者可能把这样的信息反馈回来；如果这个管理者与上司不和，那么其上司也可能会调查取证，迟早会露馅。

（5）赞美切忌空洞化。一人的女儿正在学习吉他，他们的居处隔音效果不甚理想，所以此人经常被迫聆听生涩的吉他声。有一天，女儿又开始弹了起来，他漫不经心地说了声："不错。"女儿立刻生气地说："哪里是不错？不要轻易下断语!"说完收起吉他离去。据说，从此以后，很长一段时间不曾听到吉他声了。

此人赞美女儿的方式显然不恰当。当然，如果他是出于真心的赞美，在女儿生气时，就应该说："我认为你弹得很好才赞美你，你对自己应该有信心才对啊?"相信效果必然不同。

这种情形与赞美下属并无二致。赞美之词若是不着边际，极可能让对方误解，误认为是挖苦自己，如果能具体指出好在哪里，对方便不会产生反感了。

另一方面，提出毛病虽是好意，但如果经常予以不痛不痒的赞美，对方习以为常之后，便不再心存感激了。一旦当事者本人认为不值得赞美而予以赞美时，他不会心存感激；当你真心诚意要赞美时，反而得不到预期的效果。

有一位资深教师曾表示："不要轻易赞美人!"他的意思是说，如果学生没有特别的成果，经常赞美他，极易让学生对老师的赞美感到不屑一顾。一个人如果达成了既定目标时，则务必予以真诚的赞美。

5. 赞美要得体

聪明的职员在被当众称赞时，通常说声表示感激的"谢谢"就及时离开了，这主要是不习惯周围人妒忌的目光。

因此，在众人面前称赞他人，必须注意：

（1）是否会令被称赞的人产生不必要的困扰，比如周围人的妒忌等。

（2）称赞是否恰到好处？比如你要考虑称赞的是否实事求是。管理者称赞职员时，应该注意不要在众人面前大加宣扬，不要当众给他造成不安。你可以在他不在场的时候，当着个别同事的面对他加以称赞。实际上，这种"暗中称赞"也是不可取的。

竞争意识是人人都有的，人总是自觉不自觉地和他人进行比较，所谓的优越和自卑也就因为这样的比较而产生。因此，虽然不在大庭广众之下称赞某个人，而是在个别职员面前称赞他的同事，由于此种竞争和比较意识，后果也是非常严重的。

管理者要赞美下属时，特别是被称赞者不在场时，必须考虑其他人的颜面和心理感受。如何才能照顾周到呢？这确为一件不容易的事。最好的办法就是与其给自己造成不必要的损失，倒不如不进行这样的称赞。你只要做到心里有数，对于当场者给以适当的慰勉，未尝不是件令人高兴的事。

作为管理者，应该避免对不在场的人进行称赞，尤其不能将在场者同不在场者进行比较，褒扬不在场者，直接或间接地指出在场者的不足。这对于各个方面都没有好处。

◎最有效的赞美方法

我根据自己多年的社交成功经验总结了如下几点赞美技巧：

1. 赞美要不失时机

对朋友、同事身上的特点，你要尽可能地随时随地去发现。如果你真心喜欢，就要抓住时机、积极反馈。他的一个表情、一个动作、所说的每一句话、所做的每一件事，你都要看在眼里、记在心里。赞美的时机多种多样，当时、事后、大庭广众之下或俩人独处之时都可进行，但一般以当时赞美或当众赞美为好。

2. 力争是第一次发现

你所发现的对方的特色、潜能、优势最好是别人谁也没有发现，甚至是他自己也没有发现的内容。你的赞扬会令他恍然大悟，瞬间增强自信，从而对你产生好感。

3. 与对方的内心好恶相吻合

他自己认为是缺点，内心极为厌恶，但却被你夸奖，这会令他无法接受。如你赞美某个朋友像某个电影明星，而他恰好讨厌这个明星的相貌或性格，那你的赞美就适得其反。

4. 寻找对方最希望被赞美的内容

各人有各人优势的地方，有自知优越的地方，他们固然盼望得到别人公正的评价，但在那些还没有自信的地方，尤其不喜欢受到人家的恭维。例如女孩子都喜欢听到别人夸赞她们美丽，但对于具有倾国倾城姿色的女孩，就要避免再去赞扬了，而应称赞她的智力，如果她的智力又恰好不如别人，那么你的称赞一定会使她雀跃无比。

5. 赞美的一个要点是不落俗套

赞美常有意想不到的效果。例如，对辩论的对手以轻松语气说：

“你的领带很漂亮，你是个品位不低的人。”

这时，他也许会立刻忘了会场上的激烈辩论，而表现出高兴的神情。

不过，法国的一位才华横溢的外交官卡里埃提醒人们特别注意，当权者因为被簇拥在赞美声中，听了太多的奉承与献媚话，所以，“他受赞美词的打动，较一般人难”。

同样，美人一直被人称赞说“你真漂亮”，听得太多她就一点感觉也没有了，再跟她讲类似的话，她打心底会认为：“这个家伙也是个庸俗之辈，无聊透顶。”

不用世俗的、人人都一目了然的称赞，而是确确实实地称赞其真正有价值之处，无疑是最好不过的。

6. 背后赞扬

在背后赞扬人，是一种至高的技巧，因为人与人之间难得的就是背后能说好话，而不是坏话。如果朋友知道你在他受人非议时挺身而出，主持公道，一定会非常感激你。

7. 通过批评的方式夸奖对方

人人都想被人夸奖，被人赞扬。但夸奖别人并不是一件容易的事，说过了让人感到你虚伪，说得太平淡又引不起对方的注意，可见夸奖人也需有一定的技巧。我们不妨采用寓褒于贬的方式，如说：“你这人太正直了，这样会得罪人的。”这既表示了对对方的关心，又夸奖了对方的品性，因为每个人都喜欢别人说自己正直；或“你工作这么辛苦，一定要注意身体，不要把身体搞坏了。”这样夸奖人人都乐意接受，他不但感到你夸奖他，同时感到你关心他。

8. 若要恭维，那就大大方方地恭维

适度的恭维是人际关系的润滑油。即使明知道是恭维，但听起来总是惬意的，

而且在不知不觉间对恭维他的人怀有亲切感。总之，无法使对方高兴的人，不妨视为不善于说话的人。

如要恭维，不要太拘谨，大大方方地说就是了。如“你很能干”，大胆地说出来也就不会惹人厌恶了。因为对方会想：“既然说得这么大方，也许是真的。”

◎给人一个超乎事实的美名

假如一个好工人变成了粗鲁无礼的工人，你会怎么做？你可以解雇他，但这并不能解决任何问题，也可以责骂那个工人但这只能引起怨怒。亨利·韩克是印第安纳州洛威一家卡车经销公司的服务经理，他公司有一个工人，工作每况愈下。但亨利·韩克没有对他吼叫或威胁他，而是把他叫到办公室里来，跟他坦诚地谈一谈。

他说：“比尔，你是个很棒的技工。你在这条线上工作也有好几年了，你修的车子也都很令顾客满意。其实，有很多人都赞美你的技术好。可是最近你完成一件工作所需的时间却加长了，而且你的质量也比不上你以前的水准。你以前真是个杰出的技工，我想你一定知道，我对这种情况不太满意。也许我们可以一起想个办法来改正这个问题。”

比尔回答说，他并不知道他没有尽好他的职责，并且向他的上司保证，他所接的工作并未超出他的专长之外，他以后一定会改进它。

他做了没有？可以肯定他做了。因为他曾经是一个优秀的技工，韩克先生给他的那个美誉促使他去努力，他怎么会做些不及过去的事？

包汀火车厂的董事长撒慕尔·华克莱说：“假如你尊重一个人，这个人是容易诱导的，尤其是当你显示你尊重他是因为他有某种能力时。”

你若要在某方面去改变一个人，就把他看成他已经有了这种杰出的特质。莎翁曾说：“假如你没有一种德行，就假装你有吧！”更好的是，公开地假设或宣称他已有了你希望他有的那种德行。给他们一个好的名声来作为努力的方向，他们就会痛改前非，努力向上，而不愿看到你的希望破灭。

比尔·派克是佛罗里达州得透纳海滩一家食品公司的业务员，他对公司新出的系列产品感到非常兴奋，但不幸的是，一家大食品市场的经理取消了产品陈列的机会，这令比尔很不高兴。他对这件事想了一整天，决定下午回家前再去试试。

他说："杰克，我今天早上走时，还没有让你真正了解我们最新系列的产品，假如你能给我些时间，我很想为你介绍我漏掉的几点。我非常敬重你有听人谈话的雅量，而且非常宽大，当事实需要你改变时，你会改变你的决定。"

杰克能拒绝再听他谈话吗？在这个必须维持的美誉之下，他是没办法这样做的。

有一天早晨，苏格兰都柏林的一位牙医马丁·贵兹与夫，当他的病人指出她用的漱口杯、托盘不干净时，他真的震惊极了。不错，她用的是纸杯，而不是托盘，但生锈的设备，显然表示他的职业水准是不够的。

当这位病人走了之后，贵兹与夫医生关了私人诊所，写了一封信给布利基特——一位女佣，她一个礼拜来打扫两次。他是这样写的：

亲爱的布利基特：

最近很少看到你。我想我该抽点时间，为你做的清洁工作致意。顺便一提的是，一周两小时，时间并不算少。假如你愿意，请随时来工作半个小时，做些你认为应该经常做的事，像清理漱口杯、托盘等等。当然，我也会为这额外的服务付钱的。

第二天他走进办公室时，他的桌子和椅子，擦得几乎跟镜子一样亮，他几乎从上面滑了下去。当他进了诊疗室后，看到从未见过的干净，光亮的铬制杯托放在储存器里。他给了他的女佣一个美誉促使她去努力，而且就只为这一个小小的赞美，她使出了最卖力的一面，而且没有用到额外的时间。

纽约布鲁克林的一位四年级老师鲁丝·霍普斯金太太，在学期的第一天，看过班上的学生名册时，她对新学期的兴奋和快乐却染上忧虑的色彩：今年，在她班上有一个全校最顽皮的"坏孩子"——汤姆。他三年级的老师，不断地向同事或是校长抱怨，只要有任何人愿意听。他不只是做恶作剧，还跟男生打架、逗女生、对老师无礼、在班上扰乱秩序，而且好像是愈来愈糟。他唯一能稍事补偿的特质是：他很快就能学会学校的功课，而且非常熟练。霍普斯金太太决定立刻面对汤姆的问题。当她见到她的新学生时，她讲了些话："罗丝，你穿的衣服很漂亮。爱丽西亚，我听说你画画很不错。"当她念到汤姆时，她直视着汤姆，对他说："汤姆，我知道你是个天生的领导人才，今年我要靠你帮我把这班变成四年级最好的一班。"在头几天她一直强调这点，夸奖汤姆所做的一切，并评论他的行为正代表着他是一位很好的学生。有了值得奋斗的美名，即使只是一个九岁大的男孩也不会令她失望，而他真的做到了这些。

假如你真想在困难的领导方法上超越自我来改变其他人的态度和举止时，请给他人一个美名，让他去为此努力奋斗。

◎借他人之“口”高效赞美

真诚的赞美很容易打动对方的心，但是，有时候直接的赞美却有可能引起对方警觉，存有戒心，觉得你是因为有所企图才这样阿谀奉承，溜须拍马。所以，“借”他人之口进行赞美确是一种很好的方法。例如说：“别人都说你……故我今天特来请教”，其效果就比自己说出来要好得多。

而且，人们对背后的言语是敏感的，因为再自信的人也在乎别人的评价和看法，都希望自身的价值能得到客观的认可，尤其是女性，背后的话对她们的影响力更大。女性之所以如此，大概是想知道自己并不知道的自我真实的一面吧！周围的声音是最客观的，所以，很容易让她们信以为真。

当你对她一味地强调“我认为，我认为”时，即使她真的美如天仙，你的赞美也很难使她得到满足，因为她会怀疑这是一种客套，仅仅是“甜言蜜语”而已。

如果你对一位初相识的小姐说恭维话，相信她是不会认为自己真有那么好，这个时候，你千万别太主观地对她说：“你真漂亮哟！”而应该说：“听我朋友说过你很美丽可爱，今日一见，果真名不虚传。”或者：“早就听人说我们（或你们）单位今年招了一位非常美丽的小姐，原来就是你啊！而且比想象的美丽。”

你这样客观一点地对她说，她不仅容易接受，并且会因此对你的印象特别深刻。

如果你赞美的是位服务员，你不妨这样说：“听说这个店里有一位全街公认的最漂亮的女服务员……我一见到你，心想一定是你。”这样的措辞，显然相当客观，而且将公众的心声传给了她。她便会在心中想到：那些称赞的话是在说我吗？如果是说我的话，该有多好啊！她的那种兴奋与不安的心情可想而知，过一会儿，你可以再添上一句：“真的是你，没错。”她自己认同了，那种不安的心情也会自然而然地消失。

如果你仅仅是强调个人的看法，她是不会相信的。要使对方认为你说的是真实的，那么必须在客观之中包含着主观，如此才不会被怀疑是否真诚。

对于女人来说，与其把你对她的赞美之词说上一百次，还不如加上一句“大家都这么说”更有用，因为她们天生就渴望被认同。

◎赞美可以是有形的奖励

不可否认，表扬和赞美是有效的管理激励方法。但就人的本性而言，更多的员工喜欢对他们的表扬和赞美是有形的、实实在在的，奖励就是这种有形和实在的赞美和表扬。

那么，奖励应该怎样操作才能更有效呢?

第一，明奖与暗奖相结合。

下属工作勤恳卖力，使你的企业蒸蒸日上或下属为你的事业做出了突出贡献，那么作为领导，你千万不要吝惜自己的腰包，要不失时机地给他们以金钱奖励，让他们感觉到，自己的努力没有白费，多付出一滴汗水就会多一分收获。

奖励可分明奖及暗奖。

明奖的好处在于可树立榜样，激发大多数人的上进心。但它也有缺点，由于大家评奖，面子上过不去，于是最后轮流得奖，奖金也成了“大锅饭”了。同时，由于当众发奖容易产生嫉妒，为了平息嫉妒，得奖者就要按惯例请客。有时不但没有多得，反而倒贴，最后使奖金失去了吸引力。

老板认为谁工作积极，就在工资袋里加钱或另给“红包”，附一张纸说明奖励的理由，这就是暗奖。

暗奖对其他人不会产生刺激，但可以对受奖人产生刺激。没有受奖的人也不会嫉妒，因为谁也不知道谁得了奖金，得了多少。

其实有时候领导在每个人的工资袋里都加了同样的钱，可是每个人都认为只有自己受了特殊的奖金，结果下个月大家都很努力，争取下个月的奖金。

鉴于明奖和暗奖各有优劣，所以不宜偏执一方，应两者兼用，各取所长。

比较好的方法是大奖用明奖，小奖用暗奖。例如年终奖金、发明建议奖等用明奖方式，因为这不易轮流得奖，而且发明建议有据可查，无法吃“大锅饭”。月奖、季奖等宜用暗奖，可以真真实实地发挥刺激作用。

第二，提升是最有价值的奖励方法。

提升，是对员工卓越表现最具体、最有价值的肯定方式和奖励方式，提升得当，可以产生积极的导向作用，培养向优秀员工看齐和积极向上的企业精神，激励全体员工的士气。因此，领导在决定提升员工时，要做最周详的考虑，以确保人选的合适。提升还应讲求原则，不能凭个人的喜好而滥用领导大权。

◎让赞美随时随地

有个客人在一家餐厅吃饭，他觉得菜做得很好，吃得津津有味，赞不绝口。

抬起头来，正好看见厨师经过，就顺口对厨师说："你这菜做得真好吃!"本来愁眉苦脸的厨师，听了这些话，顿时变得容光焕发、神采飞扬。

他说："哦！先生，听你这么说，我真的太高兴了！已经很久没有人称赞我的菜做得好，谢谢您!"从此，那厨师就比以前更卖力。赞美和鼓励是引发一个人体内潜能的最佳方法。肯·布兰查德是《一分钟管理》的作者，他推荐大家使用"一分钟赞美"，"抓住人们恰好做对了事的一刹那"。你经常这么做，他们会觉得自己称职，工作有效率，以后他们很可能不断重复这些来博得赞美。

有个故事是这么说的：

社区内新开设的店都装上自动门，可是附近有一家超级市场却没有装设。在每天早晨和下午太太们纷纷去买东西的时候，有个小男孩常站在超级市场玻璃门外，看到手里大包小包拿了好多东西的太太，就替她们拉开大门，让她们从容地走出来。

有一次，有位太大问那小男孩："你看门看了这么多日子，一定得到了许多小费，你拿来做什么用?"

那小孩有点诧异地回答："什么？她们都没有给我钱，可是她们都对我说：'你好棒！''谢谢你！'"

你也能在自己的能力之内，轻易地增加这个世界里的快乐。怎么做呢？就是对寂寞失意的人说几句真诚赞赏的话。或许，你明天就忘了今天所说的好话，但是听者却可能一生都珍惜着。

让我们不再去想自己的成就和自己的需求。让我们试着去想别人的优点。然后忘却恭维，发出诚实、真心的赞赏。称许要真诚，赞美要慷慨，这样人们就会珍惜你的话，把它们视为珍宝，并且一辈子都重复它们——即使你已经遗忘以后，人们还重复着它们。

爱、称赞、感谢都应该说出来，让对方知道，如果你以为只放心里就行了，那就大错了。

有对夫妻，先生每天早晨有边吃早餐边看报的习惯。有一天，当他叉起食物往口中放的时候，觉得不像往常，赶紧吐出来，拿开手中正看着的报纸仔细一瞧：竟然是一段菜梗！他立刻叫妻子过来问。

妻子说：“哦！原来你也知道火腿蛋与菜梗不同啊！我为你做了 20 年的火腿蛋，从不曾听你吭过一声，我还以为你食不知味，吃菜梗也一样呢。”

没有表达出来的赞美，是没有人知道的。

珍惜别人是一回事，赞美他们又是另一回事。我们都需要别人的承认与鼓励，没有一件事比得上别人所给的赞美更重要。赞美能满足他们的自尊，也能赢得他们对你的尊重。

今天你以朋友相待的送报生，说不定哪天就成为一名医师，当你生病，由他来诊治时，你就会发现：肯定别人，也就扶持自己，结果每一个人都是赢家。

你是否察觉到，我们通常只在别人身后称赞他们？为什么要在身后？为什么不当面告诉他们？人过世后，他的每一个亲朋好友似乎才能觉得他有某些优点。人们在生前，大多听到的是责难多于赞美，为什么一定要在人逝去听不见时，才醒悟到他们是应该称赞的呢？

赞美就像浇在玫瑰上的水，赞美的话并不费力，却能成就大事。我们要下定决心对你的亲人、朋友甚至每一个人加以赞美，并把它变成一种习惯。

说句好话轻而易举，只要几秒钟，便能满足人们内心的强烈需求，注意看看我们所遇见的每个人，寻觅他们值得赞美的地方，然后加以赞美吧！

◎给对方不打折扣的赞赏

美国商界年薪最先超过 100 万美元的人之中有一位是查尔斯·史考伯，他在 1921 年由安德鲁·卡内基选拔为新组成的美国钢铁公司的第一任总裁，而当时他只有 38 岁。

为什么钢铁大王安德鲁·卡内基要付给史考伯一年 100 万美元的薪资，即一天 3000 多美元呢？

因为史考伯是一名天才吗？不是。因为他对钢铁的制造知道得比其他人多吗？

也不是。史考伯的手下有许多人，他们对钢铁的制造，知道比他还多。

史考伯说，他得到这么多的薪金，主要是因为他与人相处的本领。他是如何与人相处的，以下就是他以自己的话语说出的秘诀：

“我认为，我那能够使员工鼓舞起来的能力，”史考伯说，“是我所拥有的最大资产。而使一个人发挥最大能力的方法，是赞赏和鼓励。”“再也没有比上司的批评更能抹杀一个人的雄心。我从来不批评任何人。我赞成鼓励别人工作。因此我急于称赞，而讨厌挑错。如果我喜欢什么话，就是我诚于嘉许，宽于称道。”

这就是史考伯的做法。但一般人怎么做呢？与史考伯正好相反，如果他不喜欢做什么事，他就一心挑错；如果他喜欢的话，他就什么也不说。正如一句老话所说的：“第一次我做错了，我马上就听到指责的声音；第二次我做对了，但是我从来没有听到有人夸奖。”

“我在世界各地见到了许多大人物，”史考伯说，“还没有发现任何人——不论他多么伟大，地位多么崇高——不是在被赞许的情况下，比在被批评的情况下工作更卖力、成绩更佳。”

他坦白地说，这就是安德鲁·卡内基之所以有这种惊人成就的特殊理由之一。卡内基不论是在公开或私下里，都称赞他的雇员，甚至在他的墓碑上都要称赞他的雇员。他为自己写了一句碑文：“这里躺着的是一个知道怎样跟他那些比他更聪明的属下相处的人。”

康涅狄格州新贾尔非尔德市的芭蜜娜·邓安，在公司里她的职责之一是监督一名清洁工的工作。他做得很不好，其他的员工时常嘲笑他，并且常常故意把纸屑或别的东西丢在走廊上，以显示他工作的差劲。这种情形很不好，而且增加了工作量。

芭蜜娜试过各种办法，但是都收效甚微。不过她发现，他偶尔也会把一个地方弄得很整洁。于是她就趁他有这种表现的时候当众赞扬他。于是，他的工作就有改进，不久之后，他已经可以把整个工作都做得很好了。现在对他的工作，其他人也大为赞扬。真诚的赞扬可以收到效果，而批评和耻笑却会把事情弄糟。

伤别人的心不但不能使他改变，而且是不必要的。有这么一句老话：“我将走过这里，但是只有一次；因此，任何我可以做的好事以及我能够对任何人显示的任何宽厚，现在就让我做或表现出来吧。让我不要迟疑，更不可以忽视，因为我不会再走过这里。”

爱默生说：“我碰到的每一个人，在某些方面，都比我优越。在某些方面，我要跟他学。”

如果爱默生的情形是如此，那对我们来说，岂不更是如此吗？我们不要总去想我们的成就以及我们所要的；我们要试着找出别人的优点，给别人诚实而真挚的赞赏。

如何把握交谈的尺度

◎亲切地叫出对方的名字

人们对自己的名字如此重视，不惜以任何代价使自己的名字永垂不朽。盛气凌人脾气暴躁的美国马戏团创始人 P. T. 巴南，因为自己的儿子没有继承巴南这个姓氏而感到失望，他承诺，如果他的孙子愿意继承“巴南”姓氏的话，他将赠给孙子 25000 美金。几个世纪以来，贵族和企业家都资助着艺术家、音乐家和作家，以求他们的作品能够献给自己。图书馆和博物馆最有价值的收藏品，都来自于那些一心一意担心他们的名字会从历史上消失的人。纽约公共图书馆拥有亚斯都氏和李诸克斯氏的藏书。大都会博物馆保存了班杰明·亚特曼、J. P. 摩根的名字。几乎每一座教堂，都装上了彩色玻璃窗，以纪念捐赠者的名字。

而现实生活中多数人不记得别人的名字，而真正的原因是，他们为自己造出借口：太忙了。

他们不可能比富兰克林·罗斯福更忙，罗斯福为了记住一个只见过一面的机械工的名字而不惜花费一些时间。克莱斯勒汽车公司为罗斯福总统订做了一辆特别的汽车，由张伯伦和一个机械工把这辆车送到总统官邸。张伯伦对当时的情况做了如下叙述：

“我拜访官邸时，总统的心情非常好。他直接唤我的名字，而且跟我聊天，所以我的心情也变得相当愉快。许多人都来围观这辆新车。大总统在这些围观者面前，对我说：‘张伯伦先生，制造这辆珍贵的车时，每天一定是很辛苦的，实在令人敬佩！’然后他对散热器、后视镜、车内装潢、驾驶座位以及行李箱中附有标记的手提箱等等，一一检视过后，频频表示敬佩。当驾驶练习完毕之后，总统就对

我说：‘张伯伦先生，我已经让联邦储备银行的人等了30多分钟，我想该去办公了！’

“那时候我带着一名机械工一块去，到达官邸时我就把他介绍给总统。总统只听过一次他的名字。但是当我们辞行的时候，总统寻找到这名机械工，亲切地呼唤他的名字，握着手表示谢意。

“回到纽约几天后，我收到总统亲笔签名的照片和感谢函。到底总统是如何挤出这些时间干这些事的，我实在不知道。”

确实有的人的名字是相当难记的，发音不方便的尤其如此。这些难记的名字大部分人很快就忘了，于是要以绰号来弥补。大部分的人称尼古德姆斯·巴巴托洛斯为“尼克”，而尼克却喜欢人家以正式的名字称他。席德·雷温记住了尼克那复杂的名字。雷温说：

“见面那天，我于出门前反复练习这个名字：‘午安，尼克德姆斯·巴巴托洛斯先生！’当我用全名跟他打招呼时，他一时愣住了，半晌才泪流满面地说：‘雷温先生，我到这个国家已有15年了，在这之前，还没有一个人能用这样的名字称呼我！’”

让人喜欢的最简单、最容易理解的方法，就是记住对方的名字，让对方有种被重视的感觉。

在著名推销员吉姆为一家石膏公司做推销员四处游说的好些年中，吉姆能记住5万人的名字，他发明了一种记忆姓名的方法。

最初，方法极为简单。无论什么时候遇见一个陌生人，他就要问清那人的姓名、家中人口、职业特征。当他下次再遇见到那人时，尽管那是在一年以后，他也能拍拍他的肩膀，问候他的妻子儿女，问他后院的花草。难怪他得到了别人的追随！

他一天写数百封信，发给西部及西北部各州的人。然后他跳上火车，在19天中，用轻便马车、火车、汽车、快艇游经20个州，行程12000里。每进入一个城镇，就同人们倾心交谈，然后再驰往下段旅程。

回到东部以后，他立刻给他所拜访过的城镇中的某个人写信，请他们将他所谈过话的客人名单寄给他。到了最后，那些名单的名字多得数不清，但单中每个人都得到吉姆一封私函。这些信都用“亲爱的比尔”或“亲爱的杰”开头，而他们总是签着“吉姆”的大名。

吉姆发觉，普通人对自己的名字最感兴趣。记住他人的姓名并能十分容易地呼出，便是对他人的一种巧妙而很有效的恭维。但如果忘了或记错了他人的姓名，你就会置你自己于极为不利的地位。

记住别人的名字，在政治上一样重要。

拿破仑三世不论政务多么繁忙，总要记住所有遇见过的人的名字。

他所用的方法非常简单。当他没有听清楚对方的名字时，他就说："对不起，请再说一次!"要是听到奇怪的名字，他就请对方书写下来。和对方谈话的时候，他就一再反复使用对方的名字，然后很努力地把对方的容貌、表情、姿态等等一起记入脑海中。

要是对方是位重要的人物，他就特别下苦心。回到宫里，他就马上写下对方的名字，然后集中精神凝视着这便条，待完全记牢后再把这便条撕碎丢掉。可谓眼耳并用。

这是相当费时的方法，但借用爱默生的话："良好的习惯是需要一些牺牲完成的。"

我们可以看到名字所能包含的奇迹，名字能使人出众，它能使他在许多人中显得独立。我们的要求和我们要传递的信息，只要由名字这里着手，就会显得特别的重要。不管是女侍或是总经理，在我们与别人交往时，名字都会显示它神奇的作用。

◎声动他人

一个人讲话时的声音是否优美动人，跟他受欢迎的程度及社交上的成功密切相关。事实上，没有任何一样东西可以像甜美而有韵律的声音一样，如此真实地反映出一个人良好的教养和高雅的品性。

"如果把我跟一大群人关在一间黑暗的屋子里，"托马斯·希金森说，"我可以根据人们的声音分辨出其中的温文尔雅者。"

据说在古埃及的早期历史中，只有那些写在书面上的辩护词才允许在法庭出示，之所以如此，目的就是要防止坐在长椅上的法官因为听到滔滔不绝、蛊惑人心的声音而受到影响或蒙蔽，从而失去其应有的公正。在宣告判决时，主持审判的大法官作为真理女神的化身，只是以相当寡言少语的方式来判决。

当想到人类的声音所能产生的巨大而神奇的力量时，再回过头来看看，现实生活中我们的孩子们并没有受到任何良好的有关声音的训练，这难道不是一种耻辱甚至是一种犯罪吗？当我们看到一个个童稚活泼的、朝气蓬勃的孩子一边接受着最优秀的教育，一边却发着毫无变化、平板呆滞、喑哑嘈杂的声音时，我们难道不感到痛心和遗憾吗？毫无疑问，那些扭曲的、只是从喉际榨出来的干涩声音将极大地影响他们未来的事业和职业前途。想一想看，如果是一个女孩子，这是一种多大的障碍啊！她们原本应该是有着如露水般未沾一点尘泥、如春风般飘扬无羁、如清泉般畅流激奔的声音的！

然而我们在美国，随处可以发现那些从大学或学院毕业的男女青年们，他们在这样一些重要的教育机构里学习着呆板的死气沉沉的语言，学习着数学、自然科学、艺术和文学，而唯独没有学习如何发出优美动听的声音，他们的声音往往是那样的刺耳嘈杂。

相反，当人类的声音经过适当的训练，并得到适当的调控之后，又是多么的富于感染力，多么的动听迷人！当我们听到一个声音清晰地从喉咙中发出，每一个字都是如此的清澈、简洁、富于韵律，就像从一把圣洁的乐器上弹奏出来的最动听的音符一样，难道我们不感到那是一种真正的愉悦与享受吗？

我认识一位女士，她的声音非常清脆圆润、谐和雅丽，所以，不管她到任何地方，只要她一开口说话，所有的人便都洗耳恭听，因为他们无法抗拒这如此富于魅力的声音。那种真纯、爽朗、充满生命活力的声音就像从干裂的地面喷出的一股清泉，就像从静寂的山谷涌上的一注急流，在每个人的心头涓涓而流，恰似生命中最美的音乐。事实上，这位女士的相貌相当普通，甚至可以说是有些丑陋，然而她的声音却是那样的圣洁甜美，它所带来的魅力是不可阻挡的，并且也从某个层面象征着她高雅的素养和迷人的个性。

我在社交场合中不止一次地听到那种尖声尖气或是粗声大气的女人声音，有时我甚至感到自己的神经受到了很大的压迫，情绪也会变得无端的烦躁，因而我不得不一次又一次地从她们的身边逃离。

纯洁、和谐的、生气勃勃的声音象征着内在的修养和雅致，每一个音节、每一个字符、每一个句子都得到了如此清晰圆润的表达，它们是那样的抑扬顿挫、那样的高低有致，就像一串抖动在春风中的银铃，有着多么神奇美妙的节奏啊！而且，对绝大多数人来说，只要你愿意，你就可以拥有上帝馈赠给人类的这一神奇礼物。

◎做卓越的交谈家

有这样一个聪明的女士，她尽管说得很少，但却享有盛名，被公认为一个优秀的交谈者。她在交谈时的态度非常热诚且善解人意，因此，在她面前即便是最羞怯最胆小的人，也会在她的鼓励下谈论自己身上最美的闪光点，并感到自己能轻松自如地和她谈话。她解除和驱逐了别人的担忧和疑虑，使得他们能够畅所欲言，向她诉说无法向其他人诉说的东西。人们认为她是一个有趣的、成功的谈话者，因为她能够挖掘别人身上最优秀的内涵。

如果你想使自己成为一个令人愉悦的人，你就必须想方设法地了解与你对话者的生活，并且用他们最感兴趣的内容来打动他们。不管你对一个话题是多么的了解，如果它不能令你的谈话对象产生兴趣，那么你的努力大半都是徒劳的。

高明的谈话者总是机智得体——他在逗趣的同时不会冒犯和得罪他人。如果你想令他人感到诙谐有趣，你就不能戳到他们的痛处，或者是对他们的家庭琐事喋喋不休。一些人有那种特殊的品质，他们能够准确地挖掘我们身上最美的闪光点。

林肯就是这样一位非凡的艺术大师，他使得自己在任何人面前都能做到诙谐风趣。他用生动有趣的故事和玩笑使得人们彻底放松紧张的心情，所以，很多人在林肯面前都感到非常轻松自如，以至于愿意毫无保留地向林肯倾诉心底的秘密。陌生人总是乐于和他谈话，因为他是如此的热诚和风趣，和他谈话时简直感到如沐春风，并且受益良多。

像林肯所具备的这种幽默感当然是增强谈话感染力的重要因素，但是，并不是每个人都能如此幽默风趣；如果你缺少幽默的天赋，而又企图牵强地制造幽默时，结果往往是适得其反，令你自己显得滑稽可笑。

然而，一个高明的谈话者必须不能过于严肃或不苟言笑。他不过多地列举一些枯燥的事实，不管这些事实是多么重要。因为枯燥的事实和单调乏味的统计数据只能令人感到沉闷和厌烦。生动活泼是高明的谈话所不可缺少的。沉重的谈话惹人厌烦；而过于轻浮的谈话同样令人反感。

因此，要想成为一个优秀的谈话者，你必须是自然而不造作，活泼而不轻浮，富于同情心而不惺惺作态，你必须从你的心底流露出一种善良的意愿。你必须真正感觉到那种乐于帮助他人的热忱，并且全身心地投入到那些令他人感兴趣的事物之中去。你必须吸引人们的注意力，并且通过打动他们的内心来牢牢地抓住他们的注意力，而这只有借助于一种令人感到温暖的同情和共鸣、一种真正友善的同情和共鸣——才能做到。如果你是冷漠的、缺乏同情心的、拒人于千里之外的，你根本不能抓住他们的注意力。

你必须胸怀开阔，宽容他人，一个胸襟狭小、吝啬小气的人永远都不能成为高明的谈话者。如果某人总是对你的个人爱好、你的判断力、你的鉴赏力横加干涉，那么你永远都不会对他感兴趣。如果你紧紧地封锁了任何一条可以靠近你的心灵的途径，所有沟通和交流的渠道都对别人关闭了，那么，你的魅力和热忱就由此被切断了，你们之间的谈话只能是漫不经心的、马马虎虎的和机械单调的，不会带有任何活力或感情。

你必须使你的听众靠近你，必须开放你的心灵，并以一种最自然的状态去拥抱对方。你必须先做出响应，然后他才会毫无保留地向你展示自己，使得你自由地进入他的内心最深处。如果一个人在任何地方都是成功者，那么其奥秘只能在于他的个性，在于他拥有一种能够以强有力的、生动有趣的语言有效地表达自己思想的能力。他没有必要通过罗列财富清单的形式向人展示自己有多成功，事实上，只要他一开口说话，财富就会源源而来，他的表达能力就是他最大的财富。

◎散发微笑的磁力

微笑作为一种表情，它不仅是形象的外在表现，而且也往往反映着人的内在精神状态。一个奋发进取、乐观向上的人，一个对本职工作充满热情的人，总是微笑着走向生活、走向社会的。

在交际中，微笑的魅力是无穷的。它就像巨大的磁铁吸片一样，吸引着你周围的人们。

关于微笑艺术，我们应该了解的是：

首先，应具备正确的心理态度，要对这个世界和世人关切。要想取得巨大的成功，就必须如此。但是即使是例行公事般的微笑仍是有益的，因为那会在别人心中产生快乐，并且会等价地回报你。在别人心中创造快乐的感觉，会使你自己心中也感到快乐。久而久之，你就学会真心的微笑了。

而且，在微笑时，任何的不愉快或不自然的感觉都在你心中趋向静止和平衡。向别人微笑时，你是在以一种巧妙而高尚的方式向别人袒露你喜欢他的心迹，他会理解你的意思而去加倍喜欢你；微笑的习惯，带给你的是完美的个人形象和愉快的生活环境。

最近我在纽约参加了一个宴会，其中一位宾客是一个刚获得遗产的妇女。她急于给每一个人留下良好的印象，于是在黑貂皮大衣、钻石和珍珠上面浪费了好多金钱。但是她对自己的表情却没下什么工夫，表情冷漠尖酸、自私。她没有发现，事实上每一个男子注意一个女子面部的表情要比她身上所穿戴的衣饰更主要。

你喜欢接触性情乖戾、忧郁、不快乐的人，还是喜欢接触快乐而热力四射的人？这些神情和态度在人群中是有感染性的。因此，你应该用灿烂的笑来影响你周围的人。

微笑的力量是巨大的，孩子们天真的微笑使我们想起了天使；父母的微笑让我们感到温情；祖父的微笑让我们感到慈爱。拿最常见的事情来说，小狗见到主人时，那副欣喜若狂的样子就让人觉得小狗是最忠实的伙伴。

加利福尼亚大学心理学教授詹姆斯·麦克尔教授表达了他对微笑的看法：微笑永远有魅力。当你在微笑时，你的精神状态最为轻松，全身的肌肉处于松弛状态，而且，你的心理状态也就相对稳定，当你那充满笑意的眼光与别人的目光相遇时，你的笑意会通过这道“无形的眼桥”传递给他，他会被你的快乐情绪所感染。自然而然地，你们之间的气氛会变得和谐。你们相处得融洽，交流起来也容易多了。反过来如果你老是皱着眉头，挂着一副苦瓜脸，那没有人会欢迎你的，想获得交往的乐趣，首先就必须使对方和自己快乐才行。

我曾提议许多实业家每天展现他们的笑脸，这样持续一个礼拜，再把结果拿到训练班上发表。有一个学员是纽约股票场外经纪人瓦利安·史达哈德，他说：

“我结婚已 18 年，以前在家中，从没有对妻子展露笑容，可说是世上最难伺候的丈夫。为了完成关于笑的试验，我就试着笑一个礼拜看看。就在隔天的早上，我边整理头发，边对镜中板着脸孔的自己说：‘比尔，今天收起这种不愉快的表情吧，让我看看笑容，赶快去笑吧！’早餐的时候，我就一面对太太说早安，一面对她微微一笑。

“我太太非常吃惊。事实上，不但如此，她简直是深受震撼。从此我每天都那样做。到目前为止，已经持续两个月了。

“态度改变以来的这两个月，前所未有的那种幸福感，使我们的家庭生活十分愉快。

“现在，每天走入电梯我会对服务生微笑道早安，对守卫先生也以微笑招呼，在地铁窗口找零钱也是这么做的。即使在交易所，对那些没看过我笑脸的人，也都报以微笑。

“不久我发现，大家也都还我一笑，而对于那些有所不满、烦忧的人，我也以愉快的态度与其相处。在带着微笑倾听他们的牢骚后，问题的解决也变得容易多了，而且笑容也能使人增加很多财富。

“我也不再责备人，相反的懂得去褒扬别人；绝口不提自己所要的，而时时站在别人的立场体贴人。正因为如此，生活上也整个发生了变化。现在的我和以前的我完全不同，是一个收入增加、交友顺利的人了。我想，作为一个人，没有比这更幸福的了。”

爱伦巴特·哈巴德的话同样能给人以启发：

“出门时抬头挺胸，然后做个深呼吸，呼吸一下新鲜空气。笑脸迎人，诚心和人握手，即使被误会也别担心，且不要浪费时间去设想你的敌人，认真决定想做的事情，然后向目标勇往直前。并且把心放在那些伟大光明的工作上。心理的活动是微妙的。而正确的精神状态就是经常保持勇气、率直和明朗。正确的精神状态也具有优越的创造力。一切的事物都是由愿望所产生，而祈求者的愿望会得到回应。正确的思想就是创造，所有事情都来自欲望。昂起你的头，露出你的笑容吧!”

查尔斯·哈里布曾说过，他的微笑可以值100万美元。一点微笑怎么会有这么高的价值呢？因为他掌握了微笑的秘诀，把它恰当地运用于商场交际中，就凭这，他使他的公司周旋于一些实力很强的大公司之间，赚取了大量的钱，而且还获得了好名声。

如果你不善于微笑，那么，强迫自己露出微笑。如果你是单独一个人，强迫自己吹口哨，或哼一支小曲，表现出你似乎很愉快，这就容易使你愉快。按照已故的哈佛大学威廉·詹姆斯教授的说法——

“行动似乎是跟随在感觉后面，但实际上行动和感觉是几乎平行的。而控制行动就能控制感觉。”

“因此，如果我们不愉快的话，要使自己愉快起来的积极方式是：愉快地行动起来，而且言行都好像是已经愉快起来……”

目前是全美最成功的推销保险人士之一的弗兰克·贝特格说，他好多年前就发觉，一个面带微笑的人将永远受欢迎。因此，在进入别人的办公室之前，他总会先停留片刻仔细想想必须感激这人的事，然后带着一个真诚的微笑走进去。

他相信，这种简单的微笑技巧跟你推销保险的巨大成功有很大关系。

说到微笑在商业中的价值，弗莱奇在他的奥本海默和卡林公司的一则圣诞节广告中，为我们提供了一点实用的哲学。

下面是这则广告的全文：

微笑在圣诞节的价值

它不花什么，但创造了很多成果。

它使接受它的人满足，而又不会使给予它的人贫乏。

它在一刹那间发生，却会给人永远的记忆。

没有人富得不需要它，也没有人穷得不拥有它。

它为家庭创造了快乐，在商业界建立了好感，并使朋友间感到了亲切问候。

它使疲劳者得到休息，使沮丧者看到光明，给悲伤的人带来希望。

但它却无处可买，无处可求，无处可偷，因为在你给予别人之前，它没有实用价值。

假如在圣诞节最后一分钟的匆忙购物中，我们的店员累得无法给予你一个微笑时，我们能请你留下一个微笑吗?

因为，不能给予别人微笑的人，最需要别人的微笑了。

◎投其所好，避其所恶

人们更喜好被取悦，而不是被激怒；喜欢听到褒奖，而不是被对方恶言相向；更乐意被喜爱，而不是被憎恨。因此，仔细地加以观察，就能投其所好，避其所恶。

举个浅显的例子来说，告诉对方你特意为他准备了他所喜爱的酒，或者是说，知道你不喜欢那个人，所以今天没叫他来。如此若无其事的呵护，必能打动对方的心，他一定深为你能注意其生活细节，而感激不尽。反之，若是明知是让对方讨厌的事物，却又在不经意间，触犯了禁忌，结果，对方必然会认为你当他是傻瓜，故意藐视他，以至于永远耿耿于怀。尽管是件小事，但却有可能从此中断你与他的关系。因此，如果连细枝末节都能特别地加以留意，必能让对方愈发对你感激不尽。

在你的记忆中是否有过因他人对你细致的照料而欣喜异常的体验？要记住，这种行为，能使人类特有的虚荣心获得相当程度的满足感。由于有人如此取悦于你，从此，你有可能会倒向此人，无论此人对自己做了些什么，都认为对方乃是出于好意。人类便是如此。

为此，我给你以下几点提示：

1. 称赞对方希望被称赞的事物

如果特别喜欢某人，或者特别想成为某人的知交，可以探查此人的优、缺点，称赞此人希望被称赞的地方。人类都有真正优秀部分以及希望被他人认定为优秀的部分。一个人的优秀的部分被赞赏，着实能让人高兴，但是，若称赞他希望被称赞的部分，必然更能令他高兴。这才是真正的搔到痒处。

任何人都有渴望他人褒奖的欲望。要想发现此一部分，观察乃是最好的方法。仔细注意、观察此人喜爱的话题。通常，自己想要被称赞、希望被认定为优秀的部分，往往会出现在最常见的话题里。这里便是要害。只要突破其防线，就能一举制胜。

2. 偶尔的佯装，实属必要

请别误会，我并非教你使用卑鄙谄媚的手段来操纵他人。你当然不必连人们的缺点、坏事都加以称赞，而且也不应该称赞。我认为，这些是我们应该憎厌、能断言不好的事。不过，请想想，如果我们不能对人类的缺点及肤浅幼稚的虚荣心佯装不知的话，又如何能在这个世界上立足呢？

谁都希望别人认为自己比实际来得聪明、美丽，这种想法，并不会伤害任何人。如果你告诉这些人这种想法太幼稚、太不正确了，对方必然与你疏离，视你为仇敌。若是我，宁愿采取取悦对方的手段，尽量恭维对方，使其成为朋友。若是对方有优点，你就该迅速地赠与赞词。然而，有时也不得不面对自己并不十分赞同、但却为社会所认同的事，此时只好睁一眼、闭一眼了。

3. 背地里称赞，最令人高兴

为了使对方高兴，你可以在褒奖办法上略施技巧，那就是在背地里夸赞对方。当然，若你只是在暗地里称赞对方而他却一无所知，那就一点意义也没有了，你要想办法将你的夸赞通过巧妙的方式确实地传达到对方的耳里。这里，慎选传达讯息的人选最重要。你所挑选的人最好是通过因为传递此一讯息也能获益的人。如果你选有此企图的人做信使，他不仅会确实地传达你的讯息，还有可能添油加醋，更增效果。对他人的称赞，以此种方法最具功效。

◎瞄准他最感兴趣的领域

每一个与西奥多·罗斯福交谈过的人，都对他渊博的知识感到惊讶。哥马利尔·布雷佛这样写道："无论是一名牛仔或骑兵、纽约政客或外交官，罗斯福都知道该对他说什么话。"他是怎么办到的呢？原来，每当有人来访的前一天晚上，罗斯福就开夜车，翻读这位客人特别感兴趣的题目。因为罗斯福知道，打动人心的最佳方式是：跟他谈论他最感兴趣的事物。

耶鲁大学的前任文学教授威廉·菲利浦在他那篇论人性的文章中写道：

"当我八岁的时候，有一次到姨妈家去度周末，正好一个中年人来访，跟我姨妈寒暄一阵之后，他把注意力放在了我身上。那段时间我正好对帆船非常热衷，而这位来访者就以一种使我非常感兴趣的方式讨论帆船。他走了之后，我对他大为称赞。多么棒的人！他对帆船多么了解！可我姨妈对我说，他是一名纽约的律师，对帆船一点也不感兴趣。"

那他为什么一直都在谈帆船呢？

"因为他觉得你对帆船感兴趣，就谈一些会使你感兴趣、使你高兴的事。他知道怎样使自己受人欢迎。"

当我正在写这一章的时候，我收到一封爱德华·加利夫的信，他对童子军活动很热心。

加利夫写道："有一天我发现我需要别人助一臂之力。欧洲将举办一次童子军大会，我要请求美国某大公司的董事长为我资助一名童子军的旅费。

"幸运地，在我正要去见这个人之前，我听说他曾开过一张一百万元的支票，支票兑现从银行寄回来之后，他就把那张支票装进框里保存起来。

"于是，当我走进他的办公室，我所做的第一件事，就是请求看看那张支票，一张一百万元的支票！我对他说，我从来没见过任何人开过这么大数额的支票！我又说，我要告诉那些童子军，我真的见到了一张一百万元的支票。他很高兴地带我参观那张支票，我赞不绝口，我请他告诉我那张支票在什么情况下开的。"

加利夫先生并没有以童子军或欧洲的童子军大会，作为开场白。他所谈的是对方感兴趣的事情。结果呢？加列夫继续讲述道：

“于是我所会见的那个人说：‘呵！对啦，你找我有何贵干？’我说明来意后，令我非常惊奇的是，他不但立即答应了我的要求，而且还更慷慨。我本来只要请他资助一名童子军到欧洲去，但他却资助了五名童子军和我的费用，给我一张一千美元的支票，叫我们在欧洲待上七个星期。他还为我写了几封介绍信，给他各地分公司的董事，让他们招待我们。他本人亲自到巴黎来看我们，并带我们参观了一番。此后，他还雇用了一些家境贫寒的童子军。他对我们的活动，目前还很热心。”

加利夫先生总结道：

“如果我事前不知道他的兴趣所在从而先使他高兴起来的话，他可能就没有如此热心了。”

在商业上我们同样可以使用这一技巧。拿纽约一家高级面包公司——杜维诺父子公司的杜维诺先生来说吧。

杜维诺先生一直试着要把面包卖给纽约的某家饭店。然而，尽管他每天都要打电话给该饭店的经理，也去参加该经理的社交聚会，甚至还在该饭店订了个房间，住在那儿，以便成交这笔生意。但他还是一无所获。

在研究过为人处世之后，杜维诺先生决心改变策略。他首先找出那个人最感兴趣的是什么，接着采取了以下措施：

“我发现他是一个叫做‘美国旅馆招待者’的旅馆人士组织的一员。他不只是该组织的一员，还被选为主席以及‘国际招待者’的主席。不论会议在什么地方举行，他一定会出席，即使路途遥远。

“因此，这次我见到他的时候，我开始谈论他的那个组织。我得到的反应真令人吃惊。他跟我谈了半个小时，都是有关他的组织的，语调充满热忱。可以轻易地看出来，那个组织是他的兴趣所在，他的生命火焰。

“虽然当时我一点也没提到面包的事，但是几天之后，他饭店的大厨师打电话给我，要我把面包样品和价目表送过去。

“‘我不知道你对那个老先生做了什么手脚，’那位大厨师见到我的时候说，‘但你真的把他说动了！’

“想想看吧！——如果我不是最后用心去找出他的兴趣所在，了解到他喜欢谈的是什么，那我可能至今还没成功。”

所以，打动人心的最佳方式是跟他谈论他最感兴趣的事物。因为，每个人都是他兴趣领域的专家，听他讲，你不仅会获得新知，还能赢得友谊。

◎对别人充满兴趣

纽约电话公司对电话中的谈话做了详细的研究，想找出哪一个字眼在电话中最常被提到。你大概也猜到了，这个字就是第一人称的“我”。在 500 次电话谈话中，这个字被使用了 3950 次。“我”、“我”、“我”……

当你拿起一张有你在内的集体合照，你最先看到的是谁呢？显然是你自己。

我想说的是：除非你先对他们感兴趣，别人才会对你感兴趣。如果我们只是通过在别人面前表现自己来使别人对我们感兴趣的话，我们将永远不会得到许多真诚的朋友。

一个人若能真心实意地对别人感兴趣，两个月内就能比一个要别人对他感兴趣的人在两年之内所交的朋友还要多。

但许多人却错误地想方设法用使别人对他们感兴趣的办法来赢得朋友。这种方式是没用的，别人不会对你感兴趣。他们只对自己感兴趣。

阿德勒曾说过：

“对别人不感兴趣的人不仅一生中困难最多，对别人的伤害也最大。人类所有的失败，都出自这种人。”

我曾在纽约大学选修过一门关于短篇小说写作的课程。有一次，柯里尔杂志的主编来给我们上课。他说，每天他只要读上几段送到他桌子上的十来篇小说，就能感觉出作者是否喜欢别人。如果作者不喜欢别人，别人就不会喜欢他的小说。

这位激动的主编在讲授小说创作的过程中，曾两次停下来为他不得不说这些大道理而致歉。同时他还说：“我现在所说的，和老师告诫你们的是同样的道理。但是请记住，如果你想成为一名成功的小说家，就必须对别人感兴趣。”

如果写作真是如此的话，那么可以确定，待人处世更应该这样。

詹斯顿被公认为魔术师中的魔术师。在 40 年里，他在世界各地不断以极高明的技巧令人惊奇万分。共有 6000 万人次观看过他的表演，而他也几乎赚了 2000 万美元。当詹斯顿最后一次在百老汇演出的时候，我花了一个晚上待在他的化妆室里——请他讲一讲成功的秘诀。

他的成功是因为学校教育吗？不，他几乎没进过校门。他的学校教育几乎与此无关，因为他很小就离家出走，成了一名流浪者，并以搭货车、睡谷堆、乞讨为生，仅仅靠坐在车上看看铁道沿线的各种标志才识了字。

他的魔术是否特别高明？也不是。詹斯顿认为，关于魔术手法的书已经有好几百种，而且至少有几十人跟他懂得一样多，但他具备其他人所没有的两个特点。首先，他能在舞台上把他的个性表现出来。他是个表演大师，熟谙人类天性。他的每一个动作、手势、语气，甚至眉毛的变化，事先都经过很仔细的预演，配合得几乎分秒不差。还有很重要的一点是，詹斯顿还真诚地对别人感兴趣。他告诉我，许多魔术师会一边看着观众，一边在心里说："坐在那儿的人是一群傻瓜、笨蛋，我把他们骗得团团转是没问题的。"但詹斯顿的方式完全不同，每次走上台，他就会对自己说："我很感激这些观众，因为他们来看我的表演，使我增加了收入，过着很好的生活。我要把最出色的技巧，表演给他们看。"

他宣称，他没有一次在走在台上时不对自己重复说："我爱我的观众，我爱我的观众。"真诚地关心他人正是这位有史以来最著名的魔术师成功的秘诀之一。

有史以来最卓越的演唱家之一舒曼·海里杰夫人也坦率地说出她成功的秘诀之一就是对别人无限地感兴趣。

"不瞒你说，我记得所有朋友的生日。许多年来，我一直都在打听朋友们的生日。虽然我对星相学一点也不相信，但是我会先问对方是否相信一个人的生辰同这个人的个性和性格有关系，然后再让朋友把他的生辰日月告之，事后再转记在专门的生日本上。每一年的年初，我都把这些生日在月历上标明。这些记录能够及时引起我的注意。当某人生日到来的时候，就会收到我的信或电报。

"我用这种关心他人的方法赢得了朋友们的友谊。"

这种哲学在商业界同样有效。

下面是另一个例子：

克纳弗在近十年的时间里一直试图把煤推销给一家连锁公司，但该公司不予理会，仍然从另一个镇上买煤，他们即使经过克纳弗的办公室也不愿进去。克纳弗先生有天在我的讲习班上发表了一些议论，把连锁公司骂得体无完肤，说它是美国的一个毒瘤。

学员们在班上分组辩论，题目是"连锁公司分布各处对国家害多于益"。

在我的建议下，克纳弗站在否定的一边，必须替连锁公司辩护。于是他不得不跑到那家他痛恨的连锁公司去见一位高级职员说："我不是来推销煤的，只是来请你帮我一个忙。"接着，他就把辩论的事情讲给那个职员听，告诉那职员只有他才能提供辩论所需要的资料。最后克纳弗说道："我非常想赢得这场辩论。您的任何帮忙，我都非常感激。”

后来发生的事情出乎克纳弗意外，克纳弗这样讲述了故事的结果：

“我请他给我一分钟的时间，就是因为这个条件，他才答应见我的。当说明来意之后，他请我坐下来，跟我谈了 1 小时零 47 分钟。他还请另一位曾经写过一本关于连锁商店书的高级职员进来，并写信给全国连锁组织工会，为我要了一份有关这方面辩论的文件。他觉得连锁商店对人类的贡献是一种真正的服务。他很以自己能为数百个地区的人民所做的一切感到骄傲。他说话的时候，眼里闪烁着光芒。我必须承认，这次谈话使我在他身上看到了一些我以前做梦都不会梦到的事，从而改变了我的整个想法。

“告别的时候，他送我到门口，按着我的肩膀，祝我辩论得胜，并邀请我以后再去看他，把辩论结果告诉他。他对我所说的最后几句话是：‘请在春末的时候再来找我，我想下一份订单，买你的煤。’”

这真是一个奇迹，买煤的话一句没提，他居然主动要买克纳弗的煤。因为对他的公司和他谈的问题感兴趣，克纳弗在两小时中所得到的进展竟然比十年中所得到的进展大得多。

实际上，这并不是什么新的真理，因为好久以前，在耶稣诞生一百年前，一位著名的罗马诗人贺拉斯曾经说过：

“我们对别人感兴趣，是在别人对我们感兴趣的时候。”

◎制造戏剧化的氛围

《费城晚报》曾被一项危险的谣言恶意中伤。广告客户受到警告，说这家报纸刊登的广告太多，新闻太少，因此不再能吸引读者的兴趣。《费城晚报》必须立即采取行动，制止这项谣言。

但他们怎么进行呢？

《费城晚报》采取了下述行动。

他们把该报一个平常日子里所有版面上的各式新闻及文章全部剪下来，加以分类，印成一本书。这本书的书名就叫《一天》，共有 307 页，和一本售价两美金的书页数一样多，然而售价不是两元，而是两分。

那本书的发行，戏剧化地澄清了一个事实：《费城晚报》刊登了大量深具可读性的有趣新闻及文章。这个方法比仅仅发表一些数字及谈话更生动、更有趣、更能表现事实，并能留给人深刻的印象。

在当今这个戏剧化的时代，仅仅平铺直叙是不够的。你必须使用吸引人的方法。电影这么做，电视这么做，如果你想引起人们的注意，你也必须如此做。使事实更生动、有趣而戏剧化地表现出来，才能有效地吸引人们的注意。

橱窗展示专家就很了解戏剧化的力量。例如，生产一种新的灭鼠药的厂商，在为经销商参观而设计的橱窗展示之中，放置了两只活的老鼠，结果展示活老鼠的那一个星期的销售量突然上升，比平时多出 5 倍。

电视广告中更充满了运用戏剧化的技巧以促销产品的例子。晚上你坐在电视机前面，分析一下广告专家在他们的每一个广告之中的表现手法，你会看到一种解酸剂如何能够在试管中把酸的颜色改变；一种牌子的肥皂或肥皂粉如何把油污的衣服洗干净；你会看到一辆汽车左转右转奔驰着，表现得比广告词中所说的还要好；快乐的面孔显示出对各种产品的满意。所有这些都是为了把产品能提供的好处戏剧化地表现出来，而且确实能够促使观众去买这些东西。

戏剧化的方法也可适用于日常生活。方特想叫他 5 岁的儿子和 3 岁的女儿玩耍后把玩具收拾起来，为此他发明了一列“火车”。儿子为司机，骑着他的三轮车，女儿的篷车接在三轮车后面。晚上，当她的哥哥骑着车子绕室而行的时候，她就把所有的“煤”装上货车（她的篷车），然后，她也跳了进去。这样一来，屋内的玩具也很快就收拾好了，不需要教训、申斥或恐吓。

印第安纳州的希尔太太，在工作方面遇到了一些问题，认为必须要和老板谈谈。星期一早晨她要求和老板面谈，但是他告诉她很忙，要她和他的秘书接头，看看能不能安排在星期四或星期五见面。秘书说他的行程表已经排满了，但是会想办法把她和老板见面的时间插进去。

在那整个星期里，她一直都没有得到秘书的通知。每当希尔太太去问，秘书都提出老板没有时间见她的理由。到星期五早上她还是没有得到确实的消息。希尔太太决心，要在周末之前见到老板和他讨论她的问题，因此希尔太太就自问她怎样才可能使老板接见她。

她最后的办法是这样：她写给老板一封正式的信函。信中，她表示完全了解老板一星期都很忙，但是她要和他面谈也极为重要。她随信附了一张字条和一个写上了自己名字的信封，请他或由他叫秘书把这张字条填好，然后送给她。这张表的内容是这样的：

希尔太太：“我将在×月×日×点×分和你见面讨论问题。”

希尔太太在上午 11 点钟把这封信放在他的公文盒子里面，等到下午两点钟去看她的信箱的时候，就收到了自己写上名字的信封。老板亲自回了希尔太太的信，表示当天下午就可以见她，并且给她 10 分钟的谈话时间。希尔太太和他见了面，谈了一个多小时，解决了她的问题。

如果希尔太太不把她要见老板的这件事戏剧化起来，希尔太太可能到现在还在等着。

无形中改变他人

◎褒扬是最好的开始

在柯立芝总统执政期间，他的一位朋友接受邀请，到白宫去度个周末。他偶然走进总统的私人办公室，听见柯立芝对他的一位秘书说："你今天早上穿的这件衣服很漂亮，你真是一位迷人的年轻小姐。"

这可能是沉默寡言的柯立芝一生当中对一位秘书的最佳赞赏了。这来得太不寻常，太出乎意料之外了，因此那位女孩子满脸通红，不知所措。接着，柯立芝又说："现在，不要太高兴了。我这么说，只是为了让你觉得舒服一点。从现在起，我希望你对标点符号能稍加小心一些。"

他的方法可能有点太过明显，但其心理策略则很高明。通常，在我们听到别人对我们的某些长处赞扬之后，再去听听一些比较令人不痛快的事，总是好受得多。

而麦金尼远在1896年竞选总统时，就曾采用过这种方法。当时，共和党一位重要人士写了一篇竞选演说，以为写得比任何人都高明。于是，这位仁兄把他那篇不朽演说大声念给麦金尼听。那篇演说有一些很不错的观点，但很可能会惹起一阵批评狂潮。麦金尼不愿使这人伤心，不想打击他的满腔热忱，却又必须说"不"。请注意，他把这件事处理得多巧妙。

"我的朋友，这是一篇很精彩而有力的演说，"麦金尼说，"没有人能写得比你更好。在许多场合中，这些话说得完全正确，但在目前这特殊场合，是否相当合适呢？从你的观点来看，这篇演说十分有力而切题，但我必须从党的观点来考虑它所带来的影响。现在你回家去，根据我的提示写一篇演说稿，并且送我一份副本。”

他真的照办了。麦金尼替他改稿，并帮他重写了第二篇演说稿。他后来终于成为竞选活动中最有力的一名演说者。

这种哲学在日常的生意来往上也能奏效。我们以费城华克公司的高先生为例。

高先生在某次上课之前的演讲会上，讲述了下面这一则故事。

华克公司承包了一项建筑工程，预定于一个特定日期之前，在费城建立一幢庞大的办公大厦。一切都照原定计划进行得很顺利，大厦接近完成阶段，突然，负责供应大厦内部装饰用的铜器的承包商宣称，他无法如期交货。什么！整幢大厦都被耽搁了！巨额罚金！重大损失！全因为一个人。

长途电话、争执、不愉快的会谈，全都没效果。于是高先生奉命前往纽约，到狮穴去擒他的铜狮子。

“你知道吗？在布鲁克林区，有你这个姓氏的，只有你一个人。”高先生走进那家公司董事长的办公室之后，立刻就这么说。

董事长很吃惊：“不，我并不知道。”

“哦，”高先生说，“今天早上，我下了火车之后，就查阅电话簿找你的地址，在布鲁克林的电话簿上，有你这个姓的，只有你一人。”

“我一直不知道。”董事长说。他很有兴趣地查阅电话簿。“嗯，这是一个很不平常的姓，”他骄傲地说，“我这个家族从荷兰移居纽约，几乎有两百年了。”一连好几分钟，他讲的都是他的家族及祖先。

在他说完之后，高先生就恭维他拥有一家很大的工厂，说他以前也拜访过许多同一性质的工厂，但跟他这家工厂比起来就差得太多了。“我从未见过这么干净整洁的铜器工厂。”高先生如此说。

“我花了一生的心血建立这个事业，”董事长说，“我对它感到十分骄傲。你愿不愿意到工厂各处去参观一下？”

在这段参观活动中，高先生恭维他的组织制度健全，并告诉他为什么他的工厂看起来比其他的竞争者高级以及好处在什么地方。

高先生对一些不寻常的机器表示赞赏，这位董事长就宣称是他发明的。他花了不少时间，向高先生说明那些机器如何操作以及他们的工作效率多么良好。他坚持请高先生吃中饭。到这时为止，你一定注意到，一句话也没有提到高先生此次访问的真正目的。

吃完中饭后，董事长说：“现在，我们谈谈正事吧，自然，我知道你这次来的目的。我没有想到我们的相会竟是如此愉快。你可以带着我的保证回到费城去，我保证你们所有的材料都将如期运到，即使其他的生意都会因此延误也不在乎。”

高先生甚至未开口，就得到了他想要的所有的东西。那些器材及时运到，大厦就在契约期限届满的那一天完工了。

如果高先生使用大多数人在这种情况下所使用的那种大吵大闹的方法，这种美满的结果会发生吗？

用赞扬的方式开始，就好像牙医用麻醉剂一样，病人仍然要受钻牙之苦，但麻醉却能消除苦痛。

◎要批评别人先批评自己

几年以前，我的侄女约瑟芬·卡耐基，离开她在堪萨斯市的老家，到纽约来担任我的秘书。她那时 19 岁，高中毕业已经三年，做事经验几乎等于零。而今天，她已是西半球最完美的秘书之一。

但是，在刚刚开始的时候，她——嗯，尚可改进。有一天，我正想开始批评她，但转念又想“等一等，戴尔·卡耐基，等一等。你的年纪比约瑟芬大了一倍。你的生活经验几乎有她的一万倍多。你怎么可能希望她有你的观点、你的判断力、你的冲劲——虽然这些都是很平凡的？还有，等一等，戴尔，你 19 岁时又在干什么呢，可还记得你那些愚蠢的错误和举动？可还记得？……”

经过诚实而公正地把这些事情仔细想过一遍之后，他获得结论，约瑟芬 19 岁的行为比他当年好多了——而且，我发现自己并没有经常称赞约瑟芬。

从那次以后，当我想指出约瑟芬的错误时，总是说：“约瑟芬，你犯了一个错误。但上帝知道，我所犯的许多错误比你的更糟糕。你当然不能天生就万事精通。那是只有从经验中才能获得的；而且你比我在你这年纪时强多了，我自己曾做过那么多的愚蠢傻事，所以我根本不想批评你或任何人。但难道你不认为，如果你这样做的话，不是比较聪明一点吗？”

加拿大明尼托拔布兰敦的一位工程师狄里史东，他的秘书有点问题：口述的信打好了，送给他签名，每页总会有两三个词拼错。狄里史东先生怎么处理这个问题呢？

当封信送来时，上面仍有些错误，狄里史东先生就跟他的秘书一起坐下，对她说："不知怎么了，这个词看起来总是不对劲，这个词我也常常不会写。所以我才写了这本拼词本。（我打开了小笔记本，翻到那一页）对啦，这就是了。现在我对拼词比较留心，因为别人会以拼错词来评断我们够不够职业水准。"但从那次谈话后，她拼错词的次数确实少多了。

一个人即使尚未改正他的错误，但只要他承认自己的错误，就能帮助另一个人改变他的行为。这句话是马里兰州提蒙尼姆的克劳伦斯·周哈辛最近才说的。因为他看到了他15岁的儿子正在试着抽烟。

"当然，我不希望大卫抽烟，可是他妈妈和我都抽烟，我们一直都给他做了个不好的榜样。我解释给大卫听，我跟他一样大时就开始抽烟，而尼古丁战胜了我，使我现在几乎不可能不抽了。我也提醒他，我现在咳嗽得多么厉害。

"我并没有劝他戒烟，或恐吓警告他抽烟的害处。我只是告诉他，我如何迷上抽烟和它对我的影响。

"他想了一会儿，然后决定在高中毕业以前不抽烟。直到现在都未曾想再抽烟。

"那次谈话的结果，我也决定戒烟，由于家人的支持，我成功了。"

圆滑的布洛亲王，在1909年，就已经明白这样做事的迫切需要。

当时的布洛亲王是德国皇家参议，当时的皇帝是威廉二世——威廉，傲慢的；威廉，狂妄自大的；威廉，最后的德国皇帝。

他缔造了海军、陆军，他自夸说他能随心所欲地改变一切。

于是，一件令人震惊的事情发生了。威廉皇帝讲了一些话，一些令人难以置信的话，一些震惊了欧洲的话。接着又发生了爆炸性传闻，令世界震惊和愤怒——事情坏得不可收拾。这位德国皇帝在英国做客的时候大放厥词，他竟允许在《每日电报》上发表出来。他宣称他是唯一对英国人友善的德国人；他正在建造海军对付日本的危害；是他的讨伐计划，使英国的劳勃兹爵士战胜了荷兰人等。

100年内，在和平时期，从欧洲国王口中，从没有说出像他这样惊人的话。整个欧洲如野马蜂一样骚动起来。英国被激怒了，德国政治家惊骇起来。在这些震惊之中，德皇感到惶恐，他向皇家参议布洛提议，请他负责。

是的，他要布洛宣布一切都是他的责任，是他建议他的君主说这些不负责任的话。

"但是，陛下，"布洛反对说，"在我看来，不论在德国或英国，绝对不会有任何人能相信我会建议陛下说这些话的。”

这句话一出布洛的口，他就感觉到他犯了一个严重的错误，果然德皇发作起来。

“你以为我是一头笨驴，”他咆哮道，“能犯你永远不会犯的错误!”

布洛知道在他责备以前他应当首先称赞他，但现在为时太晚，他马上采取了补救措施。他在批评以后称赞，结果极为神妙。

他的赞赏是这样的：

“我绝对没有那样的意思，”他恭敬地回答说，“陛下在许多方面超过我，当然不只在海、陆军知识上，在尤为重要的自然科学上也是。当陛下解释风雨表，或无线电报，或透视光线时，我常常惊叹着静听。我对所有自然科学一无所知，对此我感到羞愧。我不懂化学或物理，完全不能解释最简单的自然现象。”布洛接着说：“我有一点历史知识，还有一些政治常识，特别是在外交上有些知识，但这些知识只能作为你的补充。”

德皇露出笑容来——布洛称赞了他，布洛抬高了他，贬低了他自己。

从那以后，德皇可以原谅布洛的任何事情了。“我不是一直告诉你，”他热情地叫道，“我们不是以互补著名吗？我们应团结一致，而且，我们愿意这样!”

他与布洛握手，不是一次，而是多次。

那天下午，他越发来了兴致，他握起双拳，喊道，“如果任何人对我说布洛不好，我将对着他的鼻子，饱以老拳!”

布洛及时挽救了他自己——尽管他是灵敏的外交家，他仍然做错了一件事。

如果几句贬低自己、称赞对方的话能使一位傲慢、被侮辱了的德皇变成一个坚定的朋友，是不是太容易了些？

试想谦逊与称赞在我们日常生活中，能对你我有什么效用。在人际关系上用得适当，真能发生奇迹。

◎没有人喜欢被迫购买

你对于自己发现的思想，是不是比别人用银盘子盛着交到你手上的那些思想，更有信心呢？如果是这样的话，那么，如果你要把自己的意见硬塞入别人的喉咙里，岂不是很差劲的做法吗？提出建议，然后让别人自己去想出结论，那样不是更聪明吗？

没有人喜欢觉得他是被强迫购买或遵照命令行事。我们宁愿觉得是出于自愿购买东西，或是按照我们自己的想法来做事。我们很高兴有人来探询我们的愿望、我们的需要以及我们的想法。

当西奥多·罗斯福当纽约州州长的时候，他完成了一项很不寻常的功绩。他一方面和政治领袖们保持很良好的关系，另一方面又强迫进行一些他们十分不高兴的改革。以下是他的做法。

当某一个重要职位空缺时，他就邀请所有的政治领袖推荐接任人选。“起初，”罗斯福说，“他们也许会提议一个很差劲的党棍，就是那种需要‘照顾’的人。我就告诉他们，任命这样一个人不是好政策，大家也不会赞成。

“然后他们又把另一个党棍的名字提供给我，这一次是个老公务员，他只求一切平安，少有建树。我告诉他们，这个人无法达到大众的期望，接着我又请求他们，看看他们是否能找到一个显然很适合这职位的人选。

“他们第三次建议的人选，差不多可以，但还不太行。

“接着，我谢谢他们，请求他们再试一次，而他们第四次所推举的人就可以接受了；于是他们就提名一个我自己也会挑选的最佳人选。我对他们的协助表示感激，接着就任命那个人——我还把这项任命的功劳归之于他们……我告诉他们，我这样做是为了能使他们感到高兴，现在该轮到他们来让我高兴了。

“而他们真的使我高兴。他们以支持像‘文职法案’和‘特别税法案’这类全面性的改革方案，来让我高兴。”

记住，罗斯福尽可能地向其他人请教，并尊重他们的忠告。当罗斯福任命一个重要人选时，他让那些政治领袖们觉得，他们选出了适当的人选，完全是他自己的主意。

让别人觉得办法是他想出来的，不仅可以运用于商场和政坛上，也同样可以运用于家庭生活之中。俄克拉何马州叶萨市的保罗·戴维斯，告诉公司同事他是如何地运用这个原则：

“我的家庭和我享受了一次最有意思的观光旅行。我以前早就梦想着要去看看诸如盖茨堡的内战战场、费城的独立厅等的历史古迹以及美国的首都。法吉谷、詹姆斯台以及威廉士堡保留下来的殖民时代的村庄，也都罗列在我想造访的名单上。

“在三月里，我夫人南茜提到她有一个夏天度假计划，包括游览西部各州以及看看新墨西哥州、亚利桑那州、加州以及内华达州的观光胜地。她想去这些地方游玩已经有好几年了。但显然我们不能既照我的想法又照她的计划去旅行。

“我们的女儿安妮刚刚在初中读完了美国历史，对于那些历史事件很感兴趣。我问她喜不喜欢在我们下次度假的时候，去看看她在课本上读到的那些地方，她说她非常喜欢。

“两天以后，我们一起围坐在餐桌旁，南茜宣布说，如果我们大家都同意，在夏天度假的时候将去东部各州。她还说，这趟旅行不但对安妮很有意义，对大家来说，也是一件令人兴奋的事。”

一位X光机器制造商，利用同样的心理战术，把他的设备卖给了布鲁克林一家最大的医院。那家医院正在扩建，准备成立全美国最好的X光科。L大夫负责X光科，整天受到推销员的包围，他们一味地歌颂、赞美他们自己的机器设备。

然而，有一位制造商的推销却更有技巧。他比其他人更懂得对付人性的弱点。他写了一封信，内容大至如下：

“我们的工厂最近完成了一套新型的X光设备。这批机器的第一部分刚刚运到我们的办公室来。我们知道它们并非十全十美，我们想改进它们。因此，如果你能抽空来看看它们并提出你的宝贵意见，使它们能改进得对你们这一行业有更多的帮助，那我们将深为感激。我知道你十分忙碌，我会在你指定的任何时候，派我的车子去接你。”

“接到那封信时，我感觉很惊讶，”L大夫在班上叙述这件事说，“我既觉得惊讶，又觉得受到很大的恭维。以前从没有任何一位X光制造商向我请教。这使我觉得自己很重要。那个星期，我每天晚上都很忙，但是我还是推掉了一个晚餐约会，以便去看看那套设备。结果，我看得愈仔细，愈发觉自己十分喜欢它。

“没有人试图把它推销给我。我觉得，为医院买下那套设备，完全是我自己的主意，于是就把它订购下来。”

长岛一位汽车商人，也是利用这样的技巧，把一辆二手货车，成功地卖给了一位苏格兰人。

这位商人带着那位苏格兰人看过一辆又一辆的车子，但总是觉得不满意，这不适合，那不好用，价格又太高，他总是说价格太高。在这种情况下，这位商人——他也是我班上的学生——就向班上的同学求助。

我们劝告他，停止向那位“苏格兰佬”推销，而让他自动购买。我们说，不必告诉“苏格兰佬”怎么做，为什么不让他告诉你怎么做？让他觉得出主意的人是他。

这个建议听起来相当不错。因此，几天之后，当有位顾客希望把他的旧车子换一辆新的时，这位商人就开始尝试这个新的方法。他知道，这辆旧车子对“苏格兰佬”可能很有吸引力。于是，他打电话给“苏格兰佬”，请他能否过来一下，特别帮个忙，提供一点建议。

“苏格兰佬”来了之后，汽车商说：“你是个很精明的买主，你懂得车子的价值。能不能请你看看这部车子，试试它的性能，然后告诉我这辆车子，应该出价多少才合算？”

“苏格兰佬”的脸上泛起“一个大笑容”。终于有人来向他请教了，他的能力已受到赏识。他把车子开上皇后大道，一直从牙买加区开到佛洛里斯特山，然后开回来。“如果你能以 300 元买下这部车子，”他建议说，“那你就买对了。”

“如果我能以这个价钱把它买下，你是否愿意买它？”这位商人问道。300 元？果然。这是他的主意，他的估价。这笔生意立刻成交了。

爱默生在他的散文《自己靠自己》一文中说：“在天才的每一项创作和发明之中，我们都看到了我们过去摒弃的想法，这些想法再呈现在我们面前的时候，就显得相当的伟大。”

爱德华·豪斯上校，在威尔逊总统执政的期间，在国内及国际事务上有极大的影响力。威尔逊对豪斯上校的秘密咨询及意见依赖的程度，远超过对自己内阁的依赖。

豪斯上校利用什么方法来影响总统呢？很幸运地，我们知道这个答案。因为豪斯自己曾向亚瑟·D. 何登·史密斯透露，而史密斯又在《星期五晚邮》的一篇文章中引述豪斯的这段话。

“‘认识总统之后，’豪斯说，‘我发现，要改变他一项看法的最佳办法，就是把这件新观念很自然地建立在他的脑海中，使他发生兴趣——使他自己经常想到它。第一次这种方法奏效，纯粹是一场意外。有一次我到白宫拜访他，催促他执行一项政策，而他显然对这项政策不表赞成。但几天以后，在餐桌上，我惊讶地听见他把我的建议当做他自己的意见说出来。’”

豪斯是否打断他说：“这不是你的主意，这是我的？”哦，没有，豪斯不会那么做。他太老练了。他不愿追求荣誉，他只要成果。所以他让威尔逊继续认为那是他自己的想法。豪斯甚至更进一步，他使威尔逊获得这些建议的公开荣誉。

这让我们知道，我们以后所要接触的就像威尔逊那样具有人性的弱点人，就让我们使用豪斯的技巧吧。

◎委婉的建议方式

我们在批评别人时，常常会犯这样一个错误，就是当发现对方有明显的错误时，会不客气地批评对方说：“那是错的，任何人都会认为那是错的!”这样一来，对方的自尊心会受到伤害，而突然陷入沉默，或挑剔你的言词来拒绝你。

因此，为了不触犯对方的自尊心，即使发现了对方的错误，也不要立刻指出，而应采取间接的方式。

据说美国政治家富兰克林年轻时非常喜爱辩论，尤其是对于别人的错误更是不能容忍，总是穷追到底。因此，他的看法常常不能被人接受。当他发现了自己的缺点之后，便改以疑问的形式表达自己的意见，他后来的成就是众所周知的。

由此可知，不要用“我认为绝对是这样的”这类口气威压对方。用“不知道是不是这样”这种委婉的态度与对方交谈效果会更好。

批评是我们常用的一种手段，但我们有些人批评起来简直让他人无地自容，下不了台阶。其实，这种批评方式不但无法达到让他人改正错误的目的，而且有碍于你的人际关系。既然如此，为何还要使用这种“残酷”的手段呢?

在生活和工作中，我们不可能没有批评，但要学会巧妙的批评，让他人既意识到自己的错误，并尽快改正，同时也理解你善意批评的意图，使他内心里对你心存感激。

一天下午，查理·夏布经过他的一家钢铁厂，撞见几个雇员正在抽烟，而他们的头顶上正挂着“请勿吸烟”的牌子。那么夏布先生是如何处理此事的呢?他并没有指着牌子说：“你们难道不识字吗?”而只是走过去，递给每人一支烟，然后道：“老兄，如果你们到外边抽，我会很感谢你们。”员工当然知道自己破坏了规定，但是夏布先生不但没说什么，反而给了每个人一样小礼物，你能不敬重这样的老板吗?谁能不敬重这样的老板呢?

不直接说出对方的错误，而是通过间接的方式让对方自己去发现并改正自己的错误；在禁止对方不要做某件事时，不使用直接禁止的语言，而是劝说对方做与之完全相反的事情。如果直接禁止对方只会招致反感，而采取不禁止，只是劝说对方做与之相反的事情的方法，却能收到良好的效果。

对于那些对直接的批评会非常愤怒的人，间接地让他们去面对自己的错误，会有非常神奇的效果。罗得岛温沙克的玛姬·杰各在我的课堂中提到，她如何使得一群懒惰的建筑工人，在帮她加盖房子之后清理干净。

最初几天，当杰各太太下班回家之后，发现满院子都是锯木屑子，她不想去跟工人们抗议，因为他们工程做得很好。所以等工人走了之后，她跟孩子们把这些碎木块捡起来，并整整齐齐地堆放在屋角。次日早晨，她把领班叫到旁边说："我很高兴昨天晚上草地上这么干净，又没有冒犯到邻居。"从那天起，工人每天都把木屑捡起来堆好在一边，领班也每天都来，看看草地的状况。

在后备军人和正规军训练人员之间，对于理发有不同的看法，后备军人认为他们是老百姓，因此非常痛恨把他们的头发剪短。

美国陆军第542分校的士官长哈雷·凯塞，当他带了一群后备军官时，他要求自己解决这个问题。他可以跟以前正规军的士官长一样，向他的部队吼几声或威胁他们，但他不想直接说他要说的话。

他开始说了："各位先生们，你们都是领导者。当你以身作则来领导时，那再有效也不过了。你必须为遵循你的人做个榜样。你们该了解军队对理发的规定。我今天也要去理发，而它却比某些人的头发要短得多了。你们可以对着镜子看看，你要做个榜样的话，是不是需要理发了，我们会帮你安排时间到营区理发部理发。"

成果是可以预料的。有几个人志愿到镜子前看了看，然后下午到理发部去按规定理发。次晨，凯塞士官长讲评时说，他已经可以看到，在队伍中有些人已具备了领导者的气质。

在1887年3月8日，美国最伟大的牧师及演说家亨利·华德·毕奇尔逝世。就在那个礼拜天，莱曼·阿伯特应邀向那些因毕奇尔的去世而哀伤不语的牧师们演说。他急于做最佳表现，因此把他的讲演词写了又改，改了又写，并像大作家福楼拜那样谨慎地加以润饰。然后他读给他妻子听，写得很不好——就像大部分写好的演说一样。如果她的判断力不够，她也许就会说："莱曼，写的真是糟糕，行不通。你会使所有的听众都睡着了。念起来就像一部百科全书似的。你已经传道这么多年了，应该有更好的认识才是。看在老天爷的份上，你为什么不像普通人那般说话？你为什么不表现得自然一点？如果你念出像这样的一篇东西，只会自取其辱。”

她称赞了这篇讲稿，但同时很巧妙地暗示出，如果用这篇讲稿来演说，将不会有好效果。莱曼·阿伯特知道她的意思，于是把他细心准备的原稿撕烂，后来讲演时甚至不用笔记。

◎鼓励更容易让人改正错误

一旦发现他人出现错误，我们很多人往往首先想到的就是如何批评，使之改正。事实上，与批评相比，鼓励似乎更容易使人改正错误，并且更易让对方去做你所期望的事情。所以，当他人出现错误时，你首先应该考虑一下，是否非得批评不可，应该怎样批评？如果可能的话，尽量采取鼓励的方式，这样一方面可以达到让对方知错改错的目的，同时也不影响你们之间的相互关系。

你要是跟你的孩子、伴侣、雇员说他或她做某件事显得很笨，很没有天分，那你就做错了，这等于毁了他所有追求进步的心。但如你用相反的方法，宽宏地鼓励他，使事情看起来很容易做到，让他知道，你对他做这件事的能力有信心，他的才能还没有发挥，这样他就会练习到黎明，以求自我超越。

罗维尔·汤麦斯就是个处理人际关系的高手，他会给人勇气与信心，使人充满自信。举例来说：

一次，我与汤麦斯夫妇一起度周末，罗维尔·汤麦斯请我参加他们的桥牌友谊赛，桥牌对我来说是个全然陌生的游戏，我一点都不了解它的规则。

罗维尔说：“戴尔，为什么不试试呢？除了需要一些记忆与判断的能力外，它没有什么技巧可言。你曾经对人类记忆的组织有过深入的研究，所以打桥牌一定难不倒你。”

当我还没有意识到什么时，已经被拉到桥牌桌边，我发现这是有生以来第一次参加桥牌比赛，完全是因为罗维尔给了我信心，使我觉得打桥牌不是件难事。

我有一个光棍朋友，年约 40 岁，最近刚订婚。他的未婚妻一直怂恿他去学跳舞。这位朋友说道：“天知道我的确应该去学跳舞。20 年前，我第一次跳舞。当时的技术和现在一直都没什么两样。我的第一位老师讲的或许不假，她说我的舞步全错了，必须从头学起。此话颇伤我的心，以致学舞的兴致完全消失无踪，我的学舞生涯也至此宣告结束。

"现在这位老师不知是不是哄我，但她讲的话我听了真喜欢。第一位老师由于强调的是我不对的地方，以致让我失去学习的兴趣；第二位老师则是正好相反，她一直称赞我的长处，对我的短处则尽量不提。她曾对我说：'你具有天生的节拍感，可说是天生的舞蹈家呢！'虽然，直到现在，我仍然感觉到自己并没有什么跳舞细胞，技术也一直没什么进步。但在内心深处，我还是希望这位新老师所说的话'或许'没错，所以便继续付钱让她讲这些话。

"我知道，假如她没有告诉我我天生有韵律感，我今天还跳不到这么好。她鼓励我，给我希望，让我想要更进步。"

我的训练班的一个学员讲述了他的儿子是如何在他的鼓励下改变的事实：

"1970年，我的儿子大卫15岁，到辛辛那提来跟我住。他的命运坎坷。1958年，在一次车祸中脑部受伤需要开刀，这次手术在他前额留下了一道难看的疤。直到15岁，他都是在达拉斯的特别班里，因为他的学习速度很慢。也许是因为疤的关系，学校判定他的脑部受伤，无法正常运作。他比同年的小孩慢了两年，所以他现在才七年级，但他还不会乘法表，他都用手指算算数，也不太会念书。

"但是，他喜欢研究收音机和电视。他想做个电视机技师。我鼓励他做这件事，并告诉他需要数学好才能参加训练。我决心要在这件事上帮他做到熟练。我们买了四组彩色卡片：加法、减法、乘法、除法。我们一边看卡片，大卫一边把正确的答案放在空白栏内，假如他漏掉了，我就给他正确的答案，再把它放上去，直到全部放完为止。我费了很大劲才让他把每一个卡片都弄对，尤其是先前错过一次的。每天晚上我们都放一次卡片，放完为止。每天晚上，都用手表计时，我向他保证，假如他能在八分钟内做对全部的卡片而且没有错误，那就不用每天晚上做了。这对大卫来说似乎不太可能。第一次，他用了52分，第二次，48分，然后是45、40、41，然后是少于40分钟了。每次的进步，我们都加以庆祝，到月底时，他已经能在八分钟之内正确地放完所有的卡片了。每当他有点进步时，他会要求再做一遍。他终于神奇地发现，学习是容易和有趣的。

"这时，他的代数成绩飞跃地进步了。他自己也觉得惊奇，因他拿回家的成绩单，数学是B，这在以前从没发生过。其他的变化也快得令人难以置信。他的阅读能力也快速地进步，他开始会用他的天赋画图。在学期末，他的科学老师指定他筹办一个展览，他选择了去发展一种高难度的模型来证明杠杆的影响。那不但需要画画和制造模型的技巧，而且要应用数学。这个展览使他拿了学校科学展的第一名，因此还参加了市展的比赛，也拿到了辛辛那提市的第三名。

“他曾是一个留级两年的孩子，被学校认定脑部受损，被他的同学叫‘摩臀原始人’，又说他的大脑从脑部的缺口漏了出去。突然，他发觉他能够学习而且去完成一些工作，结果呢？从八年级的最后一学期起一直到高中，他都排在荣誉榜上；在高中时，他被选拔至全国荣誉协会。一旦他发现学习是容易的，他整个生命都变了。”

如何应对不同类型的人

◎与冷若冰霜型：切中话题，点燃热情

生活中常常有这样一些人，他们往往是我行我素，对人冷若冰霜。尽管你客客气气地跟他寒暄、打招呼，他却总是爱理不理，不会做出你所期待的反应。和这类人打交道，的确让人感到不自在、不舒服。但出于工作、办事的需要，我们往往又不得不与他们来往，那么，在这种情况下，为了维护自己的自尊心，要不要也采取一种相应的冷淡态度呢？

从形式上看，似乎他怎样对我，我当然可以以同样的方式去对待他。但是，这种想法是不恰当的。这种人的冷淡态度并不是由于他们对你有意见而故意表现的。实际上这是他们本身的性格，尽管你主观上认为他们的做法使你的自尊心受到伤害，但这绝非他们本意。因此，你完全不要去计较它，更不要以自己的主观感受来判断对方的心态，以至于做出一种冷淡的回应。这样，常常会把事情弄糟。

其实，尽管性格冷淡的人大多数兴趣和爱好比较少，也不太爱和别人沟通，但是，他们还是有自己追求和关心的事，只是别人不大了解而已。所以，在与这类人打交道时，不仅不能冷淡，反而应该多花些工夫，仔细观察，注意他的一举一动，从他的言行中，寻找出他真正关心的事来。一旦你触到他所感兴趣的话题，对方很可能马上会一扫往常那种死板冷淡的表情，而表现出相当大的热情。

另外，与这种人打交道，更多的是要有耐心，要循序渐进，要设身处地为他们着想，维护其利益，逐渐使他们去接受一些新的事物，从而改变和调整他们的心态。这样，遇到事时，找到他们帮忙就不会轻易碰钉子。

◎与唯我独尊型：制造机会，遏其摆谱

在日常交往中，有些人往往自视清高，目中无人，表现出一副“唯我独尊”的样子。与这种举止无礼、态度傲慢的人打交道，实在是一件令人难受的事情。可是，如果我们不得不与这种人接触，又该怎么办呢？

有人说，对这种人就必须以牙还牙。他傲慢无礼，我便故意怠慢他。这种做法在适当的时候也许是必要的，但它通常更多的只是一种从感情出发的表现。似乎对方的傲慢清高对我们是一种侮辱，于是，我们也要用这种方式去回击他。而当我们理性地思考一下自己的目的和处境时，则应该寻求某种更适当的交往方式。因为，如果他傲慢，你怠慢，便很可能使交往无法进行下去，这显然对于双方都是不利的。所以，我们应该从如何使自己获得成功出发来选择自己的行为方式。

对此，最合适的方式有三种：

第一，尽可能地减少与其交往的时间。在能够充分表达自己的意见和态度，或某些要求的情况下，尽量减少他能够表现自己傲慢无礼的机会。这样，对方往往也会由于缺少这样的机会而不得不认真思考你所提出的问题。

第二，语言简洁明了。尽可能用最少的话清楚地表达你的要求与问题。这样，让对方感到你是一个很干脆的人，是一个很少有讨价还价余地的人，因而约束自己的言行。

第三，你还可以邀请这种人参加一些无法摆谱的活动。例如，请他去跳舞，唠家常，上卡拉 OK 唱歌，等等。而一旦对方在你面前表现出其生活的本色之后，在以后的交往中，他往往不会再对你傲慢无礼。这样你就可以从容地与他相处了。

◎与狂妄自大型：晓以利害，挫其傲气

在社会交往中，争胜逞强的人也不少。这种人狂妄自大，自我炫耀、自我表现的欲望非常强烈，总是力求证明自己比别人高明，比别人正确。当遇到竞争对手时，总是想方设法地排挤人，不择手段地打击人，力求在各方面占上风。人们

对这种人，虽然内心深处瞧不起，但是为了顾全大局，为了不伤和气，往往时时处处迁就他，让着他。这样的做法合适吗？

中国人崇尚“和为贵”。为了顾全大局，求大同，存小异，在某些方面作一些必要的退让，应该说是一种比较聪明的交往方式。“和”的确是必要的，但如何去获得“和”，却有不同的方式。“让”是一条途径，“争”也不失为另一种必要的手段。殊不知，有些争胜逞强的人并不能理解别人的谦让，反而以为真是自己了不起，由此变本加厉地瞧不起别人、不尊重别人。对这样的人，不能一味地迁就，而应该在适当的时候，以适当的方式挫一下他的傲气，使他知道天外有天，山外有山，人外有人。

还应该看到，争胜逞强的人当中，有属于性格使然者，也有属于社会经验不足的不谙世故者。后者常常是年轻人，对于他们，更多的应该是正面的引导和点拨，开拓其眼界，增长其见识，这类人一旦成熟，一旦对社会有了初步认识，便会改变过去那种争胜逞强的态度。

迁就只适合那些比较有理智的人，而对于不明智的人，不妨适当晓以利害，挫其傲气。

◎与尖酸刻薄型：多让三分，谨慎为好

这种类型的人，在团体内是最不受欢迎的。这种人和别人争执时往往挖人隐私不留余地，冷嘲热讽无所不至，直至对方自尊心受损、颜面丢尽才罢休。

这种人平常也爱以取笑同事、挖苦老板为乐事。假如你被老板批评了，他不但不同情你反而会幸灾乐祸地说，这是老天有眼，罪有应得。假如你和同事吵架了，他也会说，狗咬狗一嘴毛，两个都不是好东西。你去批评下级，他知道后，会说，有人恶霸，有人贱骨头。这是怎么啦？

这种类型的人，往往伶牙俐齿，得理不饶人。他们的性格悲剧在于损人却不利己，所以，在一个集体中，他们是最不受欢迎的人。对这种人，最好的相处方法是敬而远之，不与他们发生任何利害往来，在言行上多让他们三分，保持一种平常心态。既不讨好他们，也不得罪他们，不给他们创造可供刻薄和攻击的机会。当他们刻薄和攻击别人时，也不要介入其中，千万不要以为自己高明，不要以为自己能把什么问题摆平，因为这种尖酸刻薄的人，大都有一些心理缺陷，不通情

理、不通世故者居多，如果搅入其中则很难抽身。当然，尖酸刻薄者也不尽然不通情理，他们很多时候认死理，讲真情。拿出铁证，他们也汗颜；施以真情，他们也感动。所以，有时掌握足够的证据，也可与他们理论一番。如若多次施以真情，也可与他们小做交往。但不论是哪种情况，都要谨慎一些才好。

◎与挑拨离间型：三缄其口，不谈是非

在一个集体中，人们最忌讳其间存在一个挑拨离间的人。所谓“一条鱼搅得满锅腥”通常指的就是这种人。

挑拨离间的人大多都是油嘴滑舌的人，表面上很会说话，很会套近乎，很通情达理，与一般人接触、交往也很讲感情，在短时间内有比较好的人缘。所以，人们有时才愿意把心里话告诉他，甚至把对第三者的褒贬评价和是非好歹也倾囊吐出，孰知此人“狗肚子盛不了四两香油”，不几天，此话便被张扬出去，甚至连有关第三者利害关系的话也不胫而走，弄得你与其他人的关系越来越紧张。你因一言之失，不仅得罪了一两个人，也会使更多的人对你顾忌重重，你将很难摆脱这种不利的境况，有时甚至除非调转工作改变环境而别无选择。想一想因自己的失言付出如此大的代价，这是何苦呢？

所以，与挑拨离间的人相处一定要三缄其口，涉及他人是非的话不说，关系到自己利害的话不说，让挑拨离间者无处下手才好。当然，与这种人在一起，对方像个“长舌妇”，一会儿透露一点张三的消息，一会儿又透露点李四的隐私，很容易引你上钩攀谈，那么，应该谈什么和怎么谈呢？

一是只谈对方，不关第三者。最好是多施以赞美之言，称赞对方信息灵通，善于交际，有头脑，有思想——但都是笼统的，不要谈到任何细节。

二是只谈工作，不谈关系。工作上多谈积极的，少谈或不谈消极的，或你与此人有工作上的合作关系，这也是很好的话题，谈一谈工作上的进展和工作方法，不牵连任何人际关系。

三是只谈自己，不谈别人。当话题引入到日常生活方面，就谈一些有关自己的生活琐事和业余兴趣爱好。

四是只谈大事，不谈小事。这里所谓的大事可以是国家大事，也可以是世界大事，与本单位的人际关系和人事关系不沾边，不挂钩，让对方从中找不到任何

可以挑拨的关系和离间的对象。

掌握了以上四点，也就掌握了与挑拨离间者相处的分寸。

◎与愤世嫉俗型：保持距离，越远越好

愤世嫉俗的人对生活中的许多事都看不惯，特别是对新生事物，更是吹毛求疵，评头论足，他们眼里揉不进半粒沙子，心胸狭窄，见识浅薄，却又常常自以为是，这就造成了其内心世界的不协调和不相容。所以，他们的牢骚和抱怨缘自他们的心理不平衡。在社会上，他们大多是不得志的一族。

大凡愤世嫉俗者都是私心比较重的人，他们评价社会的标准就是以自我利益为中心，以对自己是否有利为准则；一旦这些利益与自己无缘，他们就会说三道四，恶语丛生。这样的人在社会上永远成不了气候，永远难成大事。别人对他们的态度常常是同情中带着鄙夷，哼哈中带着否定，合作中带着躲闪。与这种人相处，最好回避得越远越好。如果与此种人身处一室，不得不在一起相处，就应该保持适当的距离，不要与此种人过从甚密，更不要与他一唱一和，同发感慨。不然，你会被他的心理疾病所感染，日后也留下愤世嫉俗的顽症。所以与这类人保持更远一点的距离是最好的相处方式。

◎与气量狭小型：大度忍让，但不迁就

与心胸狭窄的人相处的方法：

首先，要有大度的气量。与心胸狭窄的人相处，肯定会发生一些不愉快的事，如果缺乏气量、斤斤计较，不是得不偿失，便是两败俱伤。相反，如果气量大度，胸怀宽阔，就会使那些不愉快的事化为乌有。同时，对心胸狭窄的朋友也是个教育。

一个人怎样才能有气量呢？高尔基说过：“一个人追求的目标越高，他的才力就发展得越快。”才力当然也包含着气量。朋友之间交往也应如此。假使对方心胸狭窄，做出对不住自己的事，就应该从有利于工作和团结的大局出发，能谅解的

就谅解，能忍让的就忍让，不应为个人一时之得失而斤斤计较或耿耿于怀。

其次，要有忍让的精神。朋友因心胸狭窄，做出了对不住自己的事来，不忍让又怎么办呢？除非闹翻，分道扬镳，那样做，未必是上策，但忍让绝不是软弱，而是心胸宽阔、风格高尚的表现。

当然，我们提倡忍让，并不意味着放弃原则。一个人为什么会心胸狭窄？一个重要的原因，就是思想上的结解不开。他们习惯孤立地、静止地看问题，因而目光短浅，不能认识事物的多维性。心胸狭窄的人极容易错误地估计形势，错误地对待人和事。因此，对心胸狭窄的人发扬忍让精神，绝不意味着迁就他的错误和缺点。

对朋友的心胸狭窄应该忍让，但对他的错误思想和行为不能迁就。这才是忍让的全部含义，也是忍让的分寸所在。

◎与不拘小节型：行为示范，婉转提示

一般来说，不拘小节的人性格较外向，不知不觉中得罪了人却浑然不知，依然我行我素。如果你想避免正面冲突，那么该如何对待不拘小节的人呢？

1. 行为示范法

有些行为事先无法提醒，用语言表达又可能伤了对方的自尊心。因此，不妨采用行为示范法，以行动告诉对方你自己的喜恶来提醒他，就不会太尴尬。

2. 事先提醒

有的人自由惯了，特别是从小养成了坏习惯，在别人家和在自己家一样肆无忌惮。对这样的人，可事先提醒他要尊重他人的生活模式，要懂得进退礼节。

3. 委婉劝说

若有些不拘小节的人是德高望重的前辈或者是你的上司时，如果你直接提醒又怕以下犯上，不提醒的话，他的作为又实在让人看不过去，这时不妨委婉劝说。

由于对方的身份特殊，在劝说时一定要注意措辞，不可用指责的语气。这样非但达不到预期的目的，还可能让对方误以为你是“故意找碴儿”。另外，委婉劝

说要讲究时机，要就事论事。

4. 直言相劝法

不拘小节的人，不若注重细节的人那样心思敏锐，他们通常较有接纳谏言的胸襟。例如，有些不拘小节的人常常自嘲“大肚能容天下难容之事”。因此，有时说他几句是无碍的。在适当的时候，可以直言相告，让他清楚自己的一些行为使你不能容忍，希望他改掉这个坏习惯。

直言相告，并不适用于所有的人，要依对象为之，否则让对方怀恨在心，可就得不偿失了。同时，也要看场合，有第三者在场的情况下，就要顾及到对方的面子。

5. 巧妙拒绝法

有些人的坏习惯已经根深蒂固了，不论你如何暗示、提醒、直言相告都无济于事，他依然我行我素。这样，你只有设法回避、故意冷淡或者巧妙拒绝。

躲避常来串门的人可依据对方来的时间而进行。如对方通常在晚上八点左右来你们家串门，那你就在这个时间前外出，让他扑个空，他就会知道你有意回避他。假如你真的躲不掉，你可以不必招待他，对他的话反应冷淡，并不断看表、哈欠连天。如果他还不走的话，就只好找个堂而皇之的理由送客。如家里有病人要照顾、有约会要赴、自己身体不舒服，等等，以后有机会再聊。这种方法实属无奈，但只要运用巧妙，理由适当，对方也能接受。

不拘小节的人往往认为别人也和他是一样的性格，但你不能“纵容”他，否则他会变本加厉。

不拘小节的人除了不受欢迎的一面，也自有其可爱之处。你若不想伤害彼此的感情，不妨试试上述的方法。

◎与挑剔唠叨型：心领好意，愉悦接受

有些人为一点儿小事就唠唠叨叨说个没完。什么接电话的方法不好、打字的速度太慢、说话太随便、打招呼的声音太小……没完没了地发牢骚，让人无法接受。

无论是谁，都不想因为自己唠唠叨叨的警告而使对方讨厌憎恨自己。有很多人虽然有很多地方想要郑重地提醒你一下，但是又怕招来不满和怨恨，所以就睁一只眼闭一只眼保持沉默。能像前面说的那样，啰啰唆唆地提醒自己注意的人，正是为自己的成长着想的人，正是自己的成长中不可缺少的人。所以，自己一定要理解他们的好意，珍惜他们的用心。正是因为有人给予自己忠告，自己才得以发现自己工作和生活上的缺点和不足。

对于过于挑剔、过于唠唠叨叨的人，有时你也许会忍不住反驳道："就知道批评别人，自己的事还没处理好呢！真烦人!""你自己也有出错的时候，还是别这么严厉地说我。"这种心情可以理解，因为每个人都想得到别人的赞扬，而不想受到别人的批评。可是，即使是对同事，这样反驳也会引发不愉快的事情，与同事之间的关系容易由此闹僵。如果是上司和前辈的话，这样反驳更是万万不可以的。

对于上司和前辈唠唠叨叨的批评，不要认为很讨厌，而应该认为他们正是自己成长所需要的人。另外，正是因为他们指出自己在工作上出现的缺点、错误，自己才得以改正和提高。

◎与情绪无常型：保持平静，"顺从"应对

在上司和前辈中，有些人情绪变化无常、忽喜忽忧的。昨天对自己还是冷冰冰的，今天却出奇的和蔼亲切："×××，有什么不明白的问题尽管问我。"第二天，当你满怀希望地去请教他时，他却不高兴地回答道："这又不是什么太难的工作，你自己考虑。"作为部下或晚辈，这种类型的上司和前辈真是让你哭笑不得。

中国有一句话说得好，"君子不立于危墙之下"。所以对这种情绪变化无常、忽喜忽忧类型的人，避免与他接触是最好的方法。可是，如果是自己的上司或前辈的话，避免与其接触是不可能的。所以只有掌握与他们融洽相处的方法，才能使自己不致落到尴尬的境地。

和这种"喜怒无常"的人交往，最重要的是不能让自己的步调紊乱，也就是自己要保持平静的心情。上司和前辈也是人，也会有因身体不舒服或工作不顺利而心情烦躁的时候。在上司或前辈喜怒无常时，虽然自己心里不顺畅，但勃然大怒、火冒三丈是万万不可的。面对上司或前辈的喜怒无常，自己要用"顺从"的态度去应对。

比如，在上个例子中，对于自己的提问，前辈说："这样的事，你自己考虑。"这时，如果能这样回答则是最好的："嗯，听前辈的，我自己再好好想想。"这时，尴尬的局面就会有所缓解了。相反，如果自己在心里嘀咕：什么？不是你自己说的，有问题来问你吗？而在脸上也表现出不满，那就不好了。有过几次这样的经历之后，彼此之间的关系就会恶化、变僵。这对以后在公司里的工作和发展都是无益的。

喜怒无常的人，也并不是无论什么时候都让人讨厌的。在他心情好的时候，你有什么困难或问题，他也会给予关照。所以，如果自己肚量大一些，胸襟宽广一些，像这样想"这个人虽然喜怒无常，但在他心情好的时候也经常给予自己关照"的话，相互之间的关系就会变得和谐融洽。如果只看到别人的缺点，人际关系就不可能和谐。

◎与不守时型：适时提醒，耐心引导

时间观念比较淡薄的人不会受到别人的信任。

建立良好人际关系的一个重要前提条件是要守时如金。个人也好，公司也好，如果不能严格遵守时间，就得不到他人或其他公司的信任。交货时间总是推迟的公司或在约定的付款日不能按时付款的公司，会渐渐失去贸易伙伴而导致破产。个人也是一样，在约定的时间总是不能按时赶到的人、对金钱挥霍无度的人，都不会得到周围人的信任，当然也不会建立起良好的人际关系。

一般来说，公司里总会有那么一两个人时间观念淡薄。要是上司或前辈，可暂且不谈，如果是部下或晚辈，就会感到很不放心了。

在公司中，有的人不重视工作方法而只重视工作的结果；有的人不管结果怎样，要的是勤勤恳恳、认认真真的充实感；也有的人既重视工作方法，又重视工作成绩，综合地看问题。这就是人与人之间观点和想法的不同。

与时间观念比较淡薄的人共事时，如果将这个缺点看成是其个人工作方式的不同、嗜好的不同，就可以消除一些对他的不安感。可是，在时间观念比较淡薄的晚辈严重妨碍了工作的顺利完成或对周围产生不良影响的时候，就不能只是将这个缺点看成是工作方式不同、嗜好不同了。

对时间观念比较淡薄的晚辈，至少要在涉及工作时提醒他在期限内完成工作。

比如，在交代工作任务时明确告之时间期限，可以这样说："这个文件明天下午三点要送到客户那里，所以你要在两点之前交给我。""这个工作不太急，但在这周内一定要完成。"另外，在接近期限时间时，要这样询问："还有××时间，完成得怎么样了？""今天五点之前能完成吗？"

对时间观念比较淡薄的晚辈提醒一句两句，有的人会马上改正，而有的人怎么也改不了。但不管怎样，都应该耐心地指导，帮助其改掉散漫的坏习惯。

◎与好冲动型：以诚相待，正面交往

所谓性情暴躁的人，通常指的是那种好冲动，做事欠考虑，思想比较简单，喜欢感情用事，行动如疾风暴雨似的人。和这种人打交道，应该谨慎，否则稍有得罪，他便捶胸顿足，怒不可遏，甚至拳脚相见，实在是不划算。也正是这样，许多人都不愿意和这种性情暴躁的人来往。其实，这是一种对人认识不足的偏见。

当然，性情暴躁是一个缺点，它容易伤害人，并且常常表现为蛮横无理。但是，这种人也有优点，而这正是我们与之交往的重要基础。

首先，这种人常常比较直率。肚子里有什么，就会表现出来，不会搞阴谋诡计，也不会背后算计人。他对某人有意见，会直截了当地提出来。所以，与其和那些城府较深的人相处，还不如与这种人打交道。

其次，这种人一般比较重义气，重感情。只要你平时对他好，尊敬他，视他为朋友，他会加倍报答你，并维护你的利益。所以，和这种人交往，不一定非要那么客套，或讲什么大道理。你只要以诚相待，他必定以心相对。

最后，这种人还有一个特点，即喜欢听奉承话、好话。所以，在与其交往中，宜多采用正面的方式，而谨慎运用反面的或批评的方式。这样，往往可以取得更好的效果。

与上司相处的艺术

◎与上司相处的原则

在探讨与上司相处的基本原则之前，首先要说的一点是：上司和你一样，也渴望与人交流。

在这里所说的交流，不光是指工作方面的，也包括个人生活方面的交流。在工作方面，进行报告、磋商等方面的交流就不用说了。除此之外，上司也想了解一下有关你个人方面的问题。比如，对一些事情的看法、工作以外的生活情况等。因此，自己要尽量把握住机会，让上司了解一些你个人方面的情况。这对你与上司建立良好的人际关系来说是很重要的。

在公司里，一定有人怀有这样的想法，如“在工作的场合，为什么一定要说一些个人方面的问题呢?”“在公司里，只要把工作出色地完成了不就可以了吗?”从某方面来说，怀有这样的想法是正确的。可是，若只是认真地工作，只是交流工作方面的情况，不进行个人方面的交流，反而会使你与上司之间的人际关系变得不和谐、不融洽。

在认真完成工作、很好地进行工作方面的交流的基础上进行个人方面的交流，是有必要的，它如同润滑油，是建立良好人际关系的关键。

可以肯定地说，向上司传达工作以外的情况是非常重要的。爱谈论一些私人话题的上司，在工作上也易于和他进行交流（报告、磋商）。相反，不爱谈论私人话题的上司，与他之间的工作交流也不容易进行。

“今天真暖和!”“总裁，你今天系的领带好漂亮!”“部长，昨天您真了不起!”这些私人话题可以说和工作没有任何关系。可是，正因为先说了这些私人话题，工作上的交流才得以顺利地进行。

要想和上司顺利地进行交流，应该要充分利用好午休时间或举行宴会的时机。比如，利用出席宴会等的时机，试着和上司谈一些工作以外的话题，说不定会发现以前自己认为难以接近的上司有令人意想不到的一面，从而改变过去对上司的看法。

“为什么非得在休息日的时间举行集体旅行呢?”“休息日的时间是属于自己的时间，我才不去参加宴会呢!”若这样想、这样做的话，就会失去和上司交流的极好机会。如果想和上司建立良好的人际关系，就应该积极参加公司举行的各种活动。

可是，有人在酒席上和上司谈得很投机，第二天就自以为和上司关系很不错，而做出失礼的言行，这样就不好了。即使自己和上司非常知心，也不要忘了上司和部下的严格界限。

比如，在上司请客的时候，因为自己是部下，不要认为上司请客是理所当然的，而要在当时或第二天上班时真诚地向上司致谢。认为上司已经喝醉了，向他致谢他也不会记得，而没有向上司致谢是非常错误的，这样你和上司之间很可能会产生裂痕。不仅在当时要向上司致谢，而且在第二天上班时也应该立刻向上司表示感谢。比如，“主任，谢谢您昨天的盛情款待。”“部长，昨天真是谢谢您了。”也许上司表面上表现得毫不在意，其实他心里感到非常高兴。所以，真诚的致谢是必不可少的。

◎把控“好”和“不”的回应

说“好”和“不”是一个人在工作时必须做出的重要回应。这不仅是一种表明自我的重要方式，更可让上司了解我们在工作中的态度以及能力，从而得到上司的赏识。

当我们向他人提出要求的同时，其实也给对方一个应允我们要求的机会。可惜的是，许多人都觉得向他人提出要求是一件相当困难的事。然而我们可以借由学习，自信坚定地向他人要求我们想要得到的。为什么向别人开口这么困难?

让我们来审视一下自己的现况。举例来说，我想向他（她）要求这个（那个），但是我就是办不到。为什么我办不到？原因可能有：

（1）他们可能会说“不”，这样我或许就得不到自己想要的了。

（2）他们可能会说“好”。然而这真是我想要的吗？

（3）如果他们拒绝了我的要求，我会觉得碰钉子。

（4）他们可能会因为我如此的要求而看不起我。

（5）如果我开了口，他们会认为是因为我自己应付不来。

（6）如果我开了口，就可能让自己受到伤害。

此处有个练习，可以使你发现自己在向别人提出要求时的内心感受。

（1）当你不愿向他人提出要求时，你所持的理由是否与前述几点类似？

（2）除此之外，还有哪些理由令你不愿开口？

（3）针对这些理由，你不妨问一问自己这样一些问题：

你告诉自己的这些理由是否千真万确？

对你而言，它们的重要性有多大？

现在我们来看一看，如果你提出了要求，可能会有什么结果产生：

（1）“他们可能会说‘好’。然而这真是我想要的吗？”

你应该扪心自问：“我向别人要求的东西，真的是我想要的吗？”这个问题相当重要，如果将之和“我会得到吗？”“我配得到吗？”等不同问题混为一谈，对问题一点帮助也没有。最好第一步就先决定自己心里真正想要得到什么。或许你无法绝对地确定，但至少你在向他人要求什么。千万不要假装自己是来者不拒。难道兼顾自信与企求竟如此可怕？倘若你是一个惧怕成功的人，这个问题的答案极可能是“没错，的确如此”。在我们这个以成功为导向的文化中，惧怕成功的情况可能远比你我知道的还要普遍。你必须自己为成功下个定义。举例来说，如果对你而言，成功意味着采取一些“忠于自己”的行动，那么你不妨问一问自己，你是否真的愿意向别人开口。

（2）“他们可能会说‘不’，这样我或许就得不到自己想要的了。”

没错，这种情况的确可能发生。每个人都有说“不”的权利。你或许会因得不到自己想要的东西，而深感失望。除此之外，你还会有什么感受？每当人们被问到这个问题时，最常听到的回答是：“我觉得自己失败了。”不过这种声明过于模棱两可了。就得到自己想要的这方面而言，至少在目前来说，你的确是失败了，然而也仅止于此罢了。你在向他人提出要求以及让自己获得成功的机会这方面，则有相当自信的表现。就这方面而言，你是成功的，而非失败的。害怕失败是人们不愿开口向他人提出要求的最普遍借口。这一切应视你对“失败”定义而定。

（3）“他们可能会因为我如此的要求而看不起我。”

没错，他们的确可能会这样。然而重要的是，相信自我的评价，而不要过于在意他人的看法。事实上他们说的可能是他们自己，而不是你。倘若某人，例如你的老板，有权使你达成所愿，那么显然他（她）的意见就相当重要了，因为他们的意见攸关你的目标成功与否。然而，你依然能够做出真实的自我评价，看看究竟是向对方提出要求较重要，还是获得他人的认可较重要。

（4）“如果我开了口，他们会认为是我自己应付不来。”

没错，也许那时事情的确多得让你应接不暇。那并不可怕，重要的是认知我们何时需要帮助。通常人们都会很乐意听到别人向他开口求助。

（5）“如果他们拒绝了我的要求，我会觉得碰了钉子。”

你必须将个人被拒与要求被拒两者区分清楚。大多数人因为幼年的负面经验，所以动不动就觉得自己碰了钉子。每个人都有权利提出要求，但却无法期望他人必会答应。

（6）“如果我开了口，就可能让自己受到伤害。”

唯有你特别依赖对方的情况下，才可能会因提出要求而让自己受到伤害。在某些情形下，我们的确会非常依赖对方。如果你在沙漠中迷了路，又渴得要死，那么不用说，你必定会非常依赖你那位拥有满满一壶水的朋友。我们一生中并不会遭逢此等极端的生理依赖；至于情感依赖则可以借由学习而加以改变。

说“好”和说“不”是一个自信者必须能够做出的重要回应。这不仅是一种表明自我的重要方式，更可让他人了解我们希望得到何种待遇以及我们行事的分寸。

◎把功劳礼让上司

作为属下，必须随时随地支援你的上司，时时刻刻都让上司感觉到你，甚至是感激你。其实任何上司同样也有支持属下的想法，哪一个上司不愿让他的属下到处宣扬他的好处？而这最简单的一个办法就是获得上司的支持。这对任何一个上司来讲，都是举手之劳。

因此，在日常生活和工作中，你必须做到以下几点：

（1）让上司知道你能以你的长处弥补他的不足——一个虽谈不上不可或缺但却有价值的属下，正帮你向目标迈进。

（2）清楚地告诉你的上司，你能帮助他解决或避免他害怕或不安的事。

（3）试着从上司的角度来看他的问题。

换位思考之后，你会多发现一些问题，多想到一些问题，有很多问题并不是你换位思考以前所了解的。

（4）设想上司的需要以及他最迫切与期望的是什么（甚至不必他开口明讲）。

（5）把上司交托给你的事完全办好。别把事情做到一半，而将尾巴留给他去收拾。

（6）表现出自己是个合作伙伴，而不是个专听令于上司的人。偶尔客气地反对他一下，以示你不是一个唯唯诺诺的人。

（7）随传随到，事事干脆利落地应允。

工作上的事，随传你必须随到，接受工作必须干脆利落，这是你的职责。即使是因为私人的事传你，你也应该随传随到，因为这是考验你们私下感情的时候。

（8）经常不动声色地使上司对你的良好工作表现有深刻的印象。

越是不动声色，非刻意表现的印象，便越具有长期性。你的上司一旦觉察到你的工作成绩，他的印象会更深。

（9）一定要记得别太傲慢而吝于赞美你的上司。有一个值得你赞美的人，是你的运气——也许借着赞美，能顺便要求点好处。

（10）你与上司之间的良好关系是借着善用双方的长处和互相协调以弥补对方的弱点而达到的。因此，在策略上，找出一项你上司表现差劲而你却擅长的工作，然后自告奋勇地伸出援手。这与功高益主是两个概念，因为你必须要甘于埋没自己。

你的上司是个差劲的写作者，假如你是个优秀的写作者，应自愿为他捉刀；你的上司恨公开演说吗？主动站出来，替他在公共场合说话。你能找出补足你上司的方式越多，他就越看重你。事实上，聪明的上司所要找的正是那些能以其长处弥补自己弱点的属下。

懂得把自己的“功”让给上司的下属，是支援上司的最有效途径。好的东西，每个人都喜欢，越是好东西，越舍不得给人，这是人之常情。假使有某种工作顺利达成，你要把功劳让给上司。

也许你会说：“我自己立下的汗马功劳，何必让给别人？”大部分人都不愿把功劳让给别人，但这才是真正重要的事情。如果你真的有能力去完成一件事，说明你还很有立功的潜力，克制你自己不肯让功的情绪，而将功劳让给你的上司于你无害而有利，你只要在寻找机会再次立功即可。

你建立功劳的事，使你对自己的才能有了自信；在此时，又能将功劳礼让给上司独享，使你的人格变得更伟大。这是很大的收获，连你自己都会觉得自己的气量很大。总有一天，上司会设法还给你这笔人情债，同时也会给你再次建功的机会。但有一点你必须切记，那就是把功劳礼让给上司的事，绝不可以当成夸耀自己的资本而对外宣传。因为这样无疑是在贬低你的上司，如果你没有自信能遵守此戒律，那你最好还是不要礼让。你让功的事，要由你的上司来宣布，而绝不是你。

在组织中，一项工作完全无误地完成，并不仅仅靠一个人的力量，尤其是上司的帮助，或适当的指示，更为重要。为了这种重要性，你应把你不想让的功劳让给上司，倘若因此而使上司成为你的朋友，则将来你所立的功劳会更大，届时你可能得到上司的祝福与更多奖励。

◎与上司建立融洽关系

在与上司相处的过程中随口说“不会做”、“不行”会使上司厌恶。

有的人无论对什么事都做否定回答，即使是对上司也是一样。这样的部下确实让上司感到头疼。假如上司让你做一件你从来没做过的工作，你会怎样回答？回答：“不行，我从没做过，没有信心，还是找别人做吧！”或“我太忙了，请原谅”。这样上司会感到很失望。总是这样回答的话，上司以后无论什么工作都不会放心地交给你去做。相反，如果能这样回答：“我以前没有做过，但请让我试一试。”或“我早就想做一次这样的工作锻炼锻炼自己，太谢谢了！”这样积极的回答，上司会认为你很有前途，以后有什么工作也愿意让你去做，你也就得到了锻炼自己的好机会。

通过上面的对比可以知道，持肯定态度的部下会得到上司的信任和器重，和上司的关系也一定很融洽。相反，持否定态度的部下不会得到上司的信任，人际关系也不可能和谐。

要想和上司建立起和谐融洽的关系，就要养成一个良好的习惯，那就是无论对什么事都要持积极、肯定的态度。当然，上司说的事也有不对的时候，有时你也会说出否定上司意见的想法。可是，绝不能误认为批评能迎合上司的期待。

在上司问到：“对这件事，你是怎样想的？”如果用评判家似的语言说：“我觉得不行”或“成功的可能性很小”。上司肯定会感到不高兴。要是自己认为不好，应该想一想能够提高成功可能性的具体措施。上司想听到的不是批判性的批评，而是改善性的批评。认为批判性的批评能取悦上司的部下，一定是一位低水准的部下，永远也不会得到上司的信任和赏识。

对指示、命令的接受态度决定人际关系的好坏。因此，对待上司的指令要遵循一定的技巧。

1. 正确实行指示和命令，会得到信任

如前所述，和上司之间的关系如何取决于工作上的情况。工作不出色，不能认真地完成任务却想和上司建立起良好的关系是不可能的事。可以说，正确地接受上司的指示、命令也是建立良好人际关系的基本条件之一。

指示、命令是工作的第一步，能否正确地接受和正确地执行它们是赢得上司信赖的一把金钥匙。

2. 精神饱满地回答

在被上司叫到时，爽快而精神饱满地回答“是”是非常重要的。这一点说起来容易，做起来难。很少有人能真正做到这一点。即使自己正忙着工作，上司叫你时也要迅速起身回答：“是!”像这样爽快的回答非常重要。而这样一来上司会觉得你工作很积极，非常爽快利落，工作起来也会很不错，从而对你产生信任感。如果上司对你没有这种最基本的信任感，而是觉得把工作交给你很不放心，那就糟了。对你没有信任，也就不会提拔和器重你。

总之，不管怎样，在接受指示、命令时都要爽快地回答。不要让上司感到不满，这是很关键的一点。

3. 要把指示、命令听到最后

上司在交代工作时已经事先想好了交代顺序。如果在上司交代过程中突然打断上司，提出疑问，上司很容易忘了说到哪儿了，这样上司会很生气。所以，在接受指示、命令时要先把上司的话听完，然后再提出有疑问的地方或提出自己的看法。这样做非常有必要。

另外，上司是从部下的表情、动作来判断自己的话部下是否清楚、明白了。所以，在上司交代工作时，自己已经清楚、明白时要点头示意，这一点也非常重要。当你不点头时，上司也就会知道你这个地方不太懂，而补充说明一下。

◎拒绝上司的方法

我们在工作中经常会遇到自己正忙着一份工作，上司又吩咐另外一份工作的情况。这时对上司的指示、命令并不一定都要接受，因为有时会遇到自己正在忙着的那份工作好像很难在规定期限内完成的情况，或草率接受了反而会给上司带来麻烦的情况。

所以，在这种时候，一定要首先明确地说出不能接受的理由。不能只是简单地说："不行啊!"而应该先说声："实在对不起……"然后再具体说明不能接受这个指示、命令的理由，这一点非常重要。因为上司认为这份工作你能做好，才把工作交给你。只是说"不行"的话上司会很生气。所以要说："我正在忙这项工作……"或"这项工作也很急……"这样把自己正在做的工作的内容具体说明一下，然后等候上司的指示。因为自己没有判断的标准。

上司在听完部下的话之后会做出指示说："你现在做的工作以后再做也可以，先把这个材料处理一下"，或"你现在做的工作比这个重要，先把你手里的工作做完再做这个也行"。这时要听从上司的决定。

另外，对上司的指示、命令有自己的看法或有更好的办法的时候，坦率地阐述自己的意见很重要。但是一定要注意谈话的技巧。要委婉地提出自己的意见，如"您的想法我能理解，但我认为这样不是更好吗?"当然，能说出具体的建议和根据是最好的。对上司的指示能够说出自己独到的见解，这在某种程度上是工作能力的证明。如果是有的放矢的意见，上司应该不会不高兴，也应该能接受你的建议。

◎自尊心，伤不得

很多人认为和上司建立和谐融洽的人际关系是件非常不容易的事。上司和部下的价值观念存在极大的差异。如果对工作的价值观不同，那么对人生的价值观也肯定不同。当然，每个人都有自己的价值观。能充分认识到人与人之间具有不同的价值观，对建立良好的人际关系来说非常重要。

每个人的价值观不是与生俱来的，而是在一定的生长环境、教育环境、工作环境中逐渐形成的。年龄相差 20 岁的两个人，价值观必然不同。有很多上司感叹：“现在的年轻人，真不知道他们想的是什么……”这是由上司和年轻人的价值观不同造成的。

比如，有的上司有这样一种自负心理，认为“这个公司是由我们老一辈一手创造和发展起来的。”这种自负心理的积累形成了自己的价值观，自尊心也就这样形成了。可是，年轻的职员们不具有这样的观点和心理，两代人之间就产生了差距，价值观也就因此而不同。

如果随便否定上司的观念，对上司说：“主任，你的观点太落后了，早已跟不上当今的时代。”这样会惹怒上司的。如果你被别人批评了引以为荣的地方，也一定会觉得自尊心受到了伤害，也一定会对那个人产生反感吧！的确，有些上司的观念跟不上时代的步伐。但上司有自己的自尊心，所以绝不能做出有损上司自尊心的言行举止。自己要善于从上司平时的言行中把握上司的观念和心理，避免发生有伤上司自尊心的行为。

不只限于公司内部，和所有人的相处都一样，否定他人的人格和业绩的言行都将对人际关系产生恶劣影响。你能站在上司的立场上去理解上司吗？希望我们每个人在成为上司时，不要为自己年轻时因为不能考虑上司的立场而随便批评上司的言行而后悔。

◎与上司时常进行工作交流

“工作交流”（报告、磋商）这个词已经走进我们的生活很久了，也早就有人那样做了。可是，不进行工作交流的人还大有人在。

“即使不一一报告，上司也一定会知道吧！”“关于这件事上司虽然没有做出新的指示，但这样处理应该没什么问题。”经常有人这样随意判断而不向上司报告或不找上司商量。特别是在进入公司两三年，对工作已经很熟悉的年轻职员，有很多人不能很好地进行工作交流。他们会想，“自己的工作还是按自己的判断做比较好……”而不老老实实地向上司报告或找上司商量。

不进行工作交流的部下，对上司来说，确实是让其头痛的。上司是一边看部下工作的进展情况，一边进行工作的总体安排的。部下不向上司报告工作的进展情况，上司就不可能正确地做出工作的总体安排。上司既希望部下积极认真地工作，又希望部下积极认真地进行工作汇报。

详细认真地进行工作交流，不仅是为了减少失误或错误，而使工作正确、顺利地进行，也是建立良好人际关系的必要条件。能很好地向上司汇报工作情况，或者在工作上遇到问题时能找上司商量具体的解决办法，就会减少很多失误和避免不必要的麻烦。如果你很少出错的话，上司就会很信任你，放心地交给你工作。这种信任感是和上司建立良好人际关系最基本的条件。

相反，如果工作交流不足，部下在工作中必然会经常发生错误或失败，或者上司和部下间会产生分歧。这样上司就不会放心地交给你工作，被警告或斥责的事会时常发生。

在公司中，工作上没有任何成绩而人际关系非常和谐融洽是不可能有的事。上司喜欢的部下是工作出色的部下。无论人缘多么好，如果在工作上不能出成绩的话，就不会得到上司的赏识和信任。因此，认真进行工作交流是和上司建立和谐人际关系的最佳捷径。关于工作交流在后面将做详细的论述。

◎重视非语言要素

语言是人际关系的桥梁，但也不能忽视非语言要素的重要作用：

看一看受到上司和前辈喜欢的部下，在他们中有很多人善于用非语言的要素表现自己。所谓的非语言要素就是表情明朗、态度爽快。

1. 整天阴沉着脸的部下不受欢迎

有些员工整天阴沉着脸、不和上司打招呼，工作起来磨磨蹭蹭。这样的部下会让上司感到很失望、很生气。即使工作很出色，作为上司也不想聘用这样的部下。不管有什么让自己心情不好的事情，也不应该忘记使用明快的语言热情寒暄，被别人叫到时给予清楚的回答。这样的态度，是人际关系的重要要素。

2. 礼节是人际关系的基础

在日常生活中，讲究外表和注重礼节是非常重要的。优秀的人、工作出色的人，一定很讲究外表礼节；能掌握住自己的立场并能理解对方立场而办事的人，也自然会有这样的修养。

可以说，认识自己和理解对方（上司、前辈）是交际的基本要求。不能过分地打扮自己，但也不能过分追求朴素，穿着适合工作岗位的清洁的服装是建立良好人际关系的第一步。

有些部下不修边幅，和上司相处从不注意礼节，并且不能遵守时间，不是迟到就是早退，对工作总是一推再推或敷衍了事，却总是提醒别人注意这注意那的。总是说："对不起，我现在太忙了，做不了。""对不起，我给忘了。""对不起。我认为那样做就可以了嘛！"这样的部下是不能和上司建立良好的人际关系的。人际关系的基本要求是注重礼节。所以在工作中和上司交往时，一定要注意这一点，并认认真真地做。

与下属同事相处的锦囊

◎用人不疑，疑人不用

不要因少数人的流言蜚语而左右摇摆，也不要因下属的小节而止信生疑，更不宜捕风捉影、无端地怀疑他人。

相信受任者能完成任务，相信成员对本部的忠心，给受挫者成功的机会。

发现下属真的产生了反叛之心，而并非忠诚之士，那就要毅然采取果断行动，将其扫除而后快。

“用人不疑”是用人的一个重要原则。

当然这个“不疑”是建立在自己择用人才之前的判定、考核基础上。不用则罢，既用之则信任之。领导只有充分信任部属，大胆放手让其工作，才能使下属产生强烈的责任感和自信心，从而激发下属的积极性、主动性和创造性。

所以说，对于一个管理者来讲，一旦决定某人担任某一方面的负责人后，信任其在这一工作中的能力就成为一种有力的激励手段，其作用是非常大的。

试想一下，在一个公司里，如果下属得不到最起码的信任，其精神状态、工作干劲会怎样？又比如，公司职员情绪欠佳、精神沉郁、怨愤丛生，上下级关系怎么能融洽？这种彼此生疑生怨的状况，如果得不到很好的解决，常常是造成企业或一个公司瘫痪的主要根源。

信任下属，实际上也是对下属的爱护和支持。特别是对于担当生产、销售、试验、拓展、探索者角色的下属而言，容易受人非议或蒙受一些流言蜚语的攻击。那些敢于直面领导错误，提建议、意见的；那些工作勤勉努力、犯了错误并努力改正的，领导的信任是其最后的精神支柱，柱倒屋倾，在此种状态下，领导者切不可轻易动摇对他们的信任。

作为管理者，不仅要对你的下属充分信任，而且还对他们坦诚相待。如果出现变故及不利因素，有话要说在当面，不要在背后议论下属的短处；对下属的误解应及时消除，以免积累成真、积重难返。有了错误要指出来，是帮助式的而不是指责式的，相信你的下属不是傻子，好意歹意心中自明。总之，与下属经常保持思想交流非常重要。

说到信任问题，其实它是两个彼此相处的人应该具有的一个基本的和必要的要素。两个陌生的人在一起，彼此防范，没有什么信任。而一旦人们通过某种渠道互相认识熟悉后，彼此渴望的就是一种信任。

互相看不惯的人很难有信任可言。嫌隙的存在是关系恶化的起端。离自己越近越亲的人，你应该给他越多的信任。对朋友，应该推心置腹。在一个企业里，副经理、部门经理之于总经理，一般职员之于部门主管，可称为手足或臂膀，理应得到更多的信任。如果你不给他们或给他们的信任不够多，都会影响到他们的工作。这就好比在家庭生活中，夫妻关系应该说是再好不过了，但如果你不给对方最多的、最大限度的信任，家庭生活也不会和睦。

日本松下电器公司的前总经理松下幸之助用人的原则之一就是用则不疑。松下电器在创业初期就以物美价廉的产品而名扬四方，这是他在博采众家之长的基础上加以创新而成的。一般来说，在商品竞争激烈的情况下，发明者对技术都是守口如瓶、视为珍宝，最多只透露给亲友或者家人。但是，他却十分坦率地将秘密技术教给有培养前途的部属。曾有人告诫他："把这么重要的秘密技术都捅出去，当心砸了自己的锅。"但他却满不在乎地回答："用人的关键在于信赖，这种事无关紧要。如果对同僚处处设防、半信半疑，反而会损害事业的发展。"

当然，松下公司也发生过本公司员工"倒戈"的事件，但是松下幸之助坚持认为：要得心应手地用人，促使事业的发展，就必须信任到底，委以全权，使其尽量施展才能。这是他根据自己的亲身体验而建立的人生观和经营哲学。

用而不疑，是一条重要的用人原则。当然，这条原则是与疑则不用的用人原则联系在一起的。这包括在思想上、道德品质上有疑点的人和在能力上不能胜任的人。总之一句话：凡是经过考察、认真研究，觉得不可信任之人，则一定不要用。如果失之斟酌、盲目任用，就会自食恶果。对于人才一旦委以重任，就要推心置腹、充分信任、大胆放权、绝不干预。领导者只有对人才信任，才能放手让人才独立自主地行使职权；人才只有拥有了独立自主的地位，方可充分发挥其各种才能；只有信任，才能使得人才忠心不渝地献身事业。

现在人们常说的一句话：企业竞争的制高点是人才，而用人不疑是发挥人才作用的重要原则。用而不疑起码要达到三个不疑：

1. 相信受任者能完成任务

对于任何任务，管理者在选人时要三思而后行，但一旦确定人选，就不要轻易地更换。千万不可一方面让其担当某项重任或参与某项工作，另一方面又怀疑其完成任务的能力。

管理者把某项工作任务交给有关人员后，一定要相信他们能够完成任务。当然，对他们提出明确的目标要求，实行一定的监督检查，进行适当的指导帮助，都是应该的。而这一切都是为了帮助他们更好地完成任务，绝不是干扰、妨碍他们的工作，束缚他们的手脚。即使受任者的能力略低一些，也不可疑首疑尾。首先，这种略超能力的使用，使人才处于“超载”的工作状况中，产生不适应感和奋力向上的紧迫感，才能为完成上司交给的任务最大限度地发挥自己的才能和潜力。这有利于人才的培养和事业的发展。其次，让人才早担重任，在实际工作中摔打、锻炼和成长，就能使其在实践中不断提高工作能力。

2. 相信成员对本部利益的忠心

既然大家走到一起来了，就应精诚团结，同心同德，为完成共同的目标而奋斗。尤其是管理者对待下属，更要以诚相待，切忌满腹狐疑、互相猜忌。

3. 给受挫者成功的机会

世间任何人的经历都不会一帆风顺，没有常胜将军。人在孩提时学走路摔跤、游泳员学游泳时呛水，都是常事。在完成任务的过程中，由于种种意想不到的原因，受任者任务完成得不好，或出现了失误，管理者一定不要大惊小怪。失误了只要正确对待，帮助他认真总结经验教训，下属必然产生有负上司重托的自责感和将功补过的决心，势必为今后的工作开展打下良好的基础。

受挫者受挫的原因是多方面的，主观的、客观的，有时还有管理者决策指挥的原因。如果管理者对受挫者只是一味地指责、埋怨、批评、训斥，不给丝毫的温暖和善意的帮助，就会冷了下属的心，甚至会激化演变为敌对情绪和叛道心理。

◎及时为每一步前进鼓掌

应该指出的是，任何人在开始自己的事业的时候，常常会感到艰难和孤独。在这个时候，如果得到的即便是只言片语的表扬，那也是令人兴奋不已的，从而使他更加坚定信心，努力地把事情做好。

管理者常常犯有“大成功大表扬、小成功不表扬”的错误。其实这种见解是片面的，实质上是在空洞理论的基础上得出了一个形而上学的结论，没有考虑人的内心欲求，特别是在最初工作时的孤独与艰难的情况下。

当一个下属初次走上一个工作岗位时，他会对新环境感到陌生，如果在做出一点小成绩时就得到领导的表扬，那么他的信心一下子就树立起来了。在这方面有个叫卡雷的人做得不错。

担任企业资源开发公司总经理的麦克斯·卡雷，在1981年创立以亚特兰大为中心的销售和市场服务公司就曾遭遇过步履维艰的困窘。当时，他只有一个临时雇员。按他的话说：“大的成功离我们太遥远。我们几乎感受不到任何激励。”他做出了一个决定：每次获得一个小成功都要自己庆贺一番。

卡雷出去买了一个警报器，还配了扩音器，这样就能发出救护车的声音。如果他在电话中宣传自己的产品时能绕过培训部主管，直接与那家公司的总经理通话，就要鸣笛庆贺一次；如果接到一大笔订单，警笛也会鸣响。如今，他的公司已拥有100多万美元的资产和11名雇员。每个星期，警笛声都会在公司内回荡10次。每当知道有好消息时，大家都要出来听他们的同事对刚刚取得的成功吹嘘一番，这也为大家提供了互相交流的机会。卡雷说：“我们的雇员经验还不够丰富，无法取得巨大的成功，所以这种庆贺也是一种很大的鼓励。”正是这些不时的表扬鼓励，使卡雷的公司取得了惊人的进展。

作为管理者，请记住：要表扬每一个进步，不管这进步有多么微小。

◎不浇灭热忱的批评法

当工作出现失误的时候，你必须批评你的智囊团成员或其他为你工作的人。如果在过程中你能谨慎小心的话，便不会因批评而浇熄他人的热忱，你必须引导你的“黑羊”自己承认自己的错误。

以下是安德鲁·卡内基自己关于这种过程的范例：

“我的私人秘书是一位跟随我好多年的年轻人，他做事有效率、可信赖，而且有令人感到快乐的个性。他曾经和一群朋友交往过，但这群朋友有酗酒的坏习惯。我发现他开始在星期一上班迟到，后来又变得容易发怒。我知道我该对他的行为做一些善意的分析了。因此我邀请他来我家共进晚餐。

“在晚餐期间，我们谈了许多令人开心的事情，但就是没有提到我想和他说的话。晚餐后我们来到书房并抽着雪茄，我开始问他一些问题。

“首先我问他，他是否认为应该考虑给一位经常酗酒的人升迁的机会，他回答说他认为不该给这种人升迁的机会。

“接着我问他，如果他的员工中有人因为酗酒而无法工作时，他会如何处理，他回答说他可能开除这个人。”

此时领导若能“打一巴掌揉三揉”，适时地利用一两句温暖的话语来鼓励他，或在事后私下对其他部属表示：我看他是有前途才舍得骂他。如此，当受斥责的部属听了这话后，必会深深体会“爱之深，责之切”的道理，更加发奋努力。如果记得在痛斥部属之后当天晚上立刻打电话给该部属，给予一番鼓励与安慰，那么遭斥责的部属会心存感激地认为，管理者虽然毫不留情地训了我一顿，但他实在是用心良苦。如此一来，部属会将责骂的内容更加牢记在心，大大提高其工作的自觉性。作为一个聪明的领导者，你应该在下属出现失误时仍然相信他。用不着在这个时候献上多少殷勤，只要你真心实意地帮他改正错误，在他改错后仍然像以前那样信任他就行了。

管理者在下属处于逆境时，要想赢得下属的信任，就必须信任你的下属。作为下属，他出现失误，本身也会自责，同时也在怀疑会不会失去你的信任。下属当然明白你对他失去信任将会意味着什么。这个时候，你应该信任他。你可以与他一起分析失误的原因，这样表明你以后还会信任他。可能的话，你可以承揽一份责任，与他共同承担责任，减轻他的压力，赢得他的信任。

◎追求与下属的情感互动

任何部门的大小领导，要想做好本职工作，有许多事情要做，不论做什么，都离不开部属。部属表现如何，直接关系到领导的得失。一个会当领导的人，必须讲究与部属的情感关系。不论你对部属的真情实感是什么，只要部属对你反感无情，就不是好事。纵有权威、命令，能施利害、褒贬，也不是根本和长远之计。

因此，有经验的管理者，往往在大小事情上都注意和追求与部属情感互动的效果。

1. 通过某些细节让部属感到亲切温暖

担任着领导责任的上司，应努力激发部属的干劲，不要利用权力下达指示、命令。具体做法是：

（1）平时记得关照下属。

（2）营造愉快气氛。比如，上司可轻轻地拍下属的肩膀，主动接近下属，如此可迅速拉近你与下属的距离。

（3）适时给予方法及暗示。

（4）听取对方的意见，利用共通点、一致点拉近距离。

（5）在每个工作阶段让下属品尝成就感。

2. 以期待的表情下达命令

分配给部属的工作，不见得都要选容易的，给予现实条件下稍难完成的工作，该部属反而能更快成长。怎样下达较难完成的命令呢？应先表现出期待的心情，让他知道你吩咐的这件事对他来说有些压力，同时表示帮得上忙时一定帮忙，刺激他向困难工作挑战。在每个重要的地方切实地帮他定位，完成时要慰劳他、赞美他。就算无法百分之百地完成，只要完成了一部分，也应说些慰劳的话。有需要改进的地方，可在事后指示。

3. 穿戴要给人以归属感

在某些特定的时候，你穿上最具权力象征的西服和领带，会对你有好处。但是，如果你的目的是为了与下属建立密切关系，你的穿着和修饰，就要与你所要影响的下属相类似。设想一位大老板穿戴着名牌西装、高级衬衫和进口皮鞋，走到工厂车间去和工人们谈话，他提出问题，能得到敷衍或极简单的回答，就算幸运。但是，如果他脱去西装，卷起袖子，就会发现工人们更易与他交谈。

4. 公务关系之外不妨有些个人情谊色彩

建立这种关系的技巧有：

（1）乐意与部属以个人关系相处，并找出共同的基础。记住：个人的忧虑、喜爱、不悦、娱乐、家庭、幽默等是举世皆通的，你总可以从中找到与他人共同的联系点。

（2）适当袒露自己。这不是要你公开内心深处的秘密。只需讲一个幽默的轶闻趣事，承认自己在早期事业中所犯的错误，回顾一个使人烦恼而尴尬的局面，讲述目前工作中一些使人难忘的事情，或简略提一下你的妻子、子女、父母，足以显示你的真实，而使你与下属的交流得以展开。

（3）聆听，使对方有机会谈他们自己。

（4）尊重对方的隐私，保守他们的秘密。对方告诉你的，你要守口如瓶，决不能以掌握对方秘密来谋求自己的利益。

◎管理的“雷区”

领导并不意味着权威，在与下属交往的过程中也应该有所顾忌。

1. 不该瞧不起部下

瞧不起部下的上司通常以下列的言行表现出来：

（1）部下发言时，露出一副不屑一顾的表情。

（2）以嘲笑的脸色对他。

（3）说：“你到底对公司的现状了解多少？”

如果上司以此类轻视的言行对待部下，部下就会以抗命、不服从等态度回报。对上司来说，这就等于减少了部门的战斗力，无异自设了障碍。

2. 不该失信于部下

做上司的人常有一种毛病，那就是，把自己跟部下约定的事，看成无关紧要，即使失信也不太在乎。但对于自己的上司、长辈或是交易对象的约定，他们可就不敢那么掉以轻心。显然，他们在这方面对部下采取“冷落”、“轻视”的态度。

想想，如果你是部下，遭到这种失信，心情将如何？在上司失信后，你还会对上司寄予莫大的信赖吗？

如此部下非但不再信赖上司，甚至会厌恶、怨恨上司。

3. 不该让部下受辱

有些上司，常常在言谈举止上做出使部下在众人面前“塌台”的事。自己呢，却浑然不以为意。

这些不该有的行为，有些是有心的，有些则是无意的。

对这种行为，他们的借口是：“对部下严格，按理说对部下有好处。偶尔让部下在众人面前塌台，才能让他们如梦初醒”“一味地宠部下，那还得了，部下是宠不得的”。

对部下严格是一回事，让部下受辱又是一回事，这是风马牛不相及的。

对严格的上司，部下或许还会感激。但是，对于使自己丢脸的上司，不会有任何一个部下会感激。

4. 不该拒绝部下的申辩

当部下遭到挫折，向上司倾诉苦处，要求协助，不能一概视之为“强辩”。

这时，应听听他失败的理由，或是工作不顺的内情，才能找出他困难的症结，才能进一步对他施以辅导或是教育。

就算部下是“强辩”，或是在推卸责任，只要用心倾听，与他诚恳沟通，也能乘机纠正他的错误，使他不至于一误再误。

人才就是这样耐心培养出来的。

对部下的申辩不屑一顾的上司，绝对得不到部下的信赖与欢迎，想靠他们完成部门的工作，无异于缘木求鱼。

◎尽量避免与同事结下芥蒂

日常工作中同事之间容易发生争执，有时搞得不欢而散甚至使双方结下芥蒂。人是有记忆的，发生了冲突或争吵之后，无论怎样妥善地处理，总会在心理、感情上蒙上一层阴影，为日后的相处带来障碍。最好的办法还是尽量避免它。

中国人常用这么一句话来排解争吵者之间的过激情绪：有话好说。这是很有道理的。据心理学家分析，争吵者往往犯三个错误：第一，没有明确清楚地说明自己的想法，含糊，不坦白；第二，措辞激烈、专断，没有商量余地；第三，不愿以尊重的态度聆听对方的意见。另一项调查表明，在承认自己容易与人争吵的人中，绝大多数不承认自己个性太强，也就是不善于克制自己。

相互之间有了不同的看法，最好以商量的口气提出自己的意见和建议，语言得体是十分重要的。应该尽量避免用“你从来也不……”“你总是弄不好”“你根本不懂”这类绝对否定别人的消极措辞。每个人都有自尊心，伤害了他人的自尊心，必然会引起对方的反感。即使是对错误的意见或事情提出看法，也切忌嘲笑。幽默的语言能使人在笑声中思考，而嘲笑使人感到含有恶意，这是很伤人的，真诚、坦白地说明自己的想法和要求，让人觉得你是希望得到合作而不是在挑别人的毛病。同时，要学会聆听，耐心、留神听对方的意见，从中发现合理的成分并及时给予赞扬或同意。这不仅能使对方产生积极的心态，也给自己带来思考的机会。如果双方个性修养、思想水平及文化修养都比较高的话，做到这些并非难事。

如果遇到一位不合作的人，首先要冷静，不要让自己也成为一个不能合作的人。宽容忍让可能令你一时觉得委屈，但这不仅表现你的修养，也能使对方在你的冷静态度下平静下来。当时不能取得一致的意见，不妨把事情搁一搁，认真考虑之后，或许大家能找到解决问题的好办法。善于理解、体谅别人在特殊情况下的心理、情绪是一种较高的修养。有的人生性敏感，遇到不顺心的事就发泄怒气，这就可能是造成态度、情绪反常或过激的原因。对此予以充分谅解，会得到相应的回报。

心胸开阔是非常重要的。任何人都会出现失误和过错，别人无意间造成的过错应充分谅解，不必计较无关大局的小事情。

◎享受友谊之乐

不知有多少人因为生性怪僻或者没有吸引他人的能力的缘故，以致无缘享受友谊之乐，以致丧失了许多单纯的生命之欢愉，以致成为孤独、寡欢的人，他们曾经发出了强烈的呼声。但是他们不知道，要实现这种愿望——结交朋友——其道非难；不过实现之道，唯在于自己的努力，而不能借助于他人。

不管你工作的环境怎样的不顺利，遭遇怎样的坏，但你仍然是可以在你的举止之间，显示出你的亲爱、和蔼、愉快的精神，使同事于不知不觉之间来亲近你。

人格优秀、品格高尚的人，不仅受同事欢迎，而且处处能得到同事的扶助。

你可以将你自己化做一块磁石，来吸引你所愿意吸引的任何人物到你的身旁——只要你能在日常工作中，处处表现出乐于助人、愿意帮忙的态度。一个只肯为自己打算盘的人，到处受人摒弃。

假使你打算多交些朋友，你须宽宏大量。人们都喜欢胸怀宽广的人。“大度”的人，是人们所乐于亲近的。

应该常去说说同事的好话，常去注意别人的好处，不要留心别人的坏处。

对于同事的行为，常常吹毛求疵；对于同事行为上的失检，常常冷嘲热讽——你该留意，这样的人大致是危险的人物，是不怎么可靠的。

轻视与嫉妒同事的人的心胸是狭隘、不健全的。这种人从来不会看到或承认别人的好处。假使有一个同事众望所归，而他的好处已无人可以否认时，心胸狭隘的人仍会用“不过”“假使”等措辞去表示他对于那个受人景仰的人的行为的怀疑，希望能降低那人的声誉。心胸宽广的人，能看出同事的好处优点。反之，心胸狭隘的人，目光所及都是过失、缺陷甚至罪恶。

其实，吸引同事的最好方法，就是显示你自己对他们是很关心、很感兴趣的。但你不能做作，你必须真正关心别人、对别人感兴趣，否则，别人会认为你很虚伪。

有许多人一生都不能吸引人，交不到朋友，就因为他们只顾自己的事，只关心自己的事，他们“独善其身”。所以久而久之，便失掉了与外界的联络和交往。

有一个人连他自己也不知道，为什么同事都不欢迎他。假使他去参加一个聚会，每个同事见了他，都会退避三舍。所以在别人纵声谈笑、其乐融融的时候，他只是一个人寂寞独处，仿佛有一种“离心力”似的。同事之间的宴会他很少被邀请，他在企业仿佛是一块冰，没有热气，没有吸引力！

此人之所以不受人欢迎，在他自己看来，完全是一个哑谜。他本领很高，工作很能干。工作完毕后，他也很想同大家亲近，但他从来不能如愿以偿。他很懊丧地发现，比他能力低下十倍的人，却能到处受人欢迎，而他自己反而不受欢迎。

他没有领悟到，他之所以不受人欢迎，关键就在他的自私心理。他总是为自己打算盘。他绝不肯浪费时间、抛掉自己的事情去为他人着想。每次同人谈话时，他总要把话头拉到他自己的事上去。

一个人若老是冷淡、“顾自己”、只打自己的算盘，他一辈子都很难交到朋友，也没有人愿意请教他。而一旦他对别人的事，能显示出关心和兴趣，他便立刻会具有一种“吸引力”。一个只长耳朵的人，比一个只长嘴巴的人，能获得更多朋友的欢迎。

人生中最大的事，不是赚钱，而是要把我们内在的最高的力量、最完善的天性，充分地发挥出来。这样，我们就能成为有吸引力与受人欢迎的人。

◎获得同事信任的方法

欲赢得同事合作，获得对方的信任是必要条件。获取信任你可采用如下方法：

（1）为得到对方的共鸣，必须对对方的话有所回应。

（2）夸奖的言辞要能满足对方的自我意识。当对方对自己的赞美有良好反应时，不要就此结束，而必须一再地赞美。

（3）对具有绝对信心的人加以贬抑，反而能更加亲密。

（4）故意忽视在事前听到的有关对方的传闻，而从另一方面赞赏他。

（5）与有自卑心理和戒备心理的人第一次会谈是很困难的，要拆除对方心理上所筑的防卫墙，应表现得平易近人。

（6）听对方的笑语而发笑，比自己说笑话更容易使关系融洽。

（7）初次见面时，先谈有关对方的事，再转向自己，才是打开对方心扉的最有效方法。

（8）在交谈时，以对方的姓名代替其头衔更有亲切感。

（9）使对方看出自己的某一缺点，能松懈其戒心。

（10）想托人办事或是道歉时，最好能拜访对方的家庭。

（11）事先了解对方的出生地及毕业学校，便不怕没话题。

（12）虽然说话内容非常普遍，但如加上句“不要告诉别人哦”有助于彼此建立共同立场。

（13）与一位木讷的人谈话，最好能由与事实或经验有关的话题开始，如“你曾去过国外吗?”使对方在毫无困难的回答之后，再回答难以回答的问题。

（14）评价对方的敌人，可以制造说话机会。

（15）与长辈谈话时，尽量以他年轻时代的事作为话题。

（16）提到对方可能不知道的事时，若能先说“你可能知道”，较容易引起对方的兴趣。

（17）重复对方的话，能让对方觉得自己正在专心地聆听。

（18）扼要叙述前面说过的话，可解除空当时间的尴尬场面。

(19) 对方如果不注意听你说话，倒不如故意沉默片刻以吸引对方的注意力。

(20) 如果初次见面的对象是多数人，须注意陪坐的人。如果到某人家庭拜访，不要忽略了他的家人。

(21) 要想让对方不断说话，便须装糊涂，以知为不知，让对方有一种满足感。

(22) 谈论对方值得骄傲的事情。仔细想想，似乎每个人都有引以自豪的事情，包括曲折动人的经历、漂亮的针线活、做得一手好菜，等等。在社交中，如果从称赞和诚挚感谢着手谈论对方引以自豪的事情，不仅不会失去什么，反而会从对方那儿得到许多东西。因为每个人都需要激励，需要在别人的肯定和重视中，增强自信，为自己树立更高的目标。而从称赞着手，夸奖对方引以自豪的事情，对方会在滔滔不绝的谈论中拉近与你的距离。因此，我们可以巧妙应用这一技巧，与同事融洽的相处。

第四篇

《快乐人生》

不要为工作烦恼

◎没有人离得开工作

在古希腊，有一个人看到蜜蜂从一朵花飞到另一朵花，四处采集花粉，辛苦异常，顿生怜悯之心。他把各种花堆积在家中，把蜜蜂的翅膀剪掉，放在花上。结果，蜜蜂酿不出一点蜂蜜。飞上很远的距离，从远处收集花粉，然后酿出甘甜的蜜，这是自然的法则。

生活是什么？菲利浦斯·布鲁克斯这样回答："当一个人知道他要做什么，他就可以大声地说：'这就是生活！'"这并不是说，一个人必须工作到筋疲力尽，在工作中尝尽了酸甜苦辣，才叹息道："这只是为了生活。"

即使是最卑微的职业，人们也能从自己的工作中体验到快乐与满足。在每个人的心灵里，都会不时受到悲伤、悔恨、迷惑、自卑、绝望等不良情绪的侵扰，如果此时能集中精力于工作上，这些让自己无法正常生活的负面影响就会被抛在一边。它们就像弹簧一样，当你用力挤压时，它们自然会弱下去。此时，人也真正成了坚强、自尊的人。在劳动中，幸福的荣光会从心底迸发，像火一样温暖着自己和周围的人。

"生活中有一条颠扑不破的真理，"英国哲学家约翰·密尔说，"不管是最伟大的道德家，还是最普通的老百姓，都要遵循这一准则，无论世事如何变化，也要坚持这一信念。它就是，在充分考虑到自己的能力和外部条件的前提下，进行各种尝试，找到最适合自己做的工作，然后集中精力、全力以赴地做下去。"

"重要的是参与，而不是赢得赛后的奖励。"

古希腊取得奥林匹克比赛胜利的运动员，会得到一个象征着荣耀的花环。其价值不在于花环本身，而是一种象征，让人的精神得到极大的满足。工作对于我们的价值也是如此。不管工作多么体面，或从中得到多少报酬，与从工作中得到的快乐相比，简直是微不足道的。积极参与到比赛中能够与戴上胜利的桂冠一样伟大。

爱默生说："只要你勤奋工作，就必有回报。"

人们认为日常生活中应尽的职责是枯燥乏味的，诗人朗费罗则说，"但是它们非常重要，就像时钟的发条一样，可以让钟摆匀速地摆动，让指针指示正确的时间。当发条失去动力时，钟摆就会停止，指针也不再前进，时钟静静地躺在那里，也不会有任何价值的。"

英国政治家布鲁厄姆勋爵说过，当他在晚上反思一天的工作时，如果一事无成，就觉得非常难受，是在虚度时光。他认为，认真履行职责、努力工作是一个人的护身法宝，不但可以保持健康的心灵，而且可以强身健体。

许多医师常常散播这样的观念——认为过度工作会伤害人的身体，而休息则有益人体的健康。但是，也有不少医师持不同的看法。英国伯明翰大学医学院的阿诺德教授，便认为过多的休息其实对人体有害。他指出："至今尚没有什么证据，可以证明工作会影响人体组织……辛劳的工作，只要不具有危险性，不影响睡眠或营养等……都不会伤害人体健康。相反的，却是对人大有帮助。"

是的，辛苦的工作是不会致命的，但是忧虑和高血压却会。跟传统看法相反，那些猝然倒地而亡、罹患各种溃疡症、行色匆匆、肩负重任的工商业主管，并不是因过度工作所致。他们每天的工作对精力的消耗并算不了什么。但是伴随着工作一起到来的紧张的气氛和压力、痛苦的失眠、畏惧竞争的失败、无休止的焦虑，却形成恶性循环，疯狂地吞噬着他的生命力。这样，他只好借助酒精、安眠药、苯丙胺和去高尔夫球场或手球场上疯狂地运动来逃避，但是身体和神经系统最后只能以死亡或精神崩溃来结束这种折磨。

现在，美国所有医院的病床有一半以上都被精神方面的病人所占据——远高于小儿麻痹症、癌症、心脏病和其他所有疾病病人相加的总和——这个可怕的事实表明，一定是哪儿出了问题，而出问题的原因绝不在于工作的辛苦与否。

美国是世界上生活水平最高的国家。科学上的进步使我们摆脱了我们的祖辈们视为生活中必要的一部分的辛苦工作，即使技术含量很低的职业，其工作环境也有了改善，工薪阶层的工作时间缩短，机器取代了过去由人力或畜力完成的工作。我们的休闲时间比以前更多了。所以，我们不能说是工作的辛苦导致我们身处痛苦的境地。

日常工作对一个人影响最大。可以使他肌肉发达，身体强壮，血液循环加快，思维敏捷，判断准确；也可以在工作中唤醒他那沉睡已久的创造力，激发他的雄心，把更多的聪明才智发挥到工作中去。正是工作，使他觉得自己是一个人，必须从事工作，承担责任，这才能显示出人的尊严与伟大。

你可以让儿子继承万贯家财，但是你真正给了他什么呢？你不能把自己的意志、阅历、力量传给他；你不能把取得成就时的兴奋、成长的快乐和获取知识的骄傲感传给他；也不可能把经过苦心训练才得来的严谨作风、思维方法、诚实守信、决断能力、优雅风度等传给他。那些隐含在财富之中的技巧、洞察力和深思熟虑，他是感受不到的。那些优良品质对于你十分重要，但是对于你的继承人来说，没有一点用处。为了挣得巨额财富，保住自己高高在上的地位，你培养出了坚强的毅力和苦干的精神，这都是从实际生活中逐步锻炼和塑造出来的。对于你来说，财富就是阅历、快乐、成长、纪律和意志。而对于你的继承人来说，财富则意味着诱惑，可能会让他更焦虑、更卑微。财富可以帮助你取得更大的成功，但对于他来说，则是个大包袱；财富可以使你得到更大的力量，更积极进取，但却会使他松懈怠惰，好逸恶劳，萎靡不振，变得更加软弱、无知。总之，你把最宝贵的也是他最需要的上进心，从他那儿拿走了。而正是这种力量激励着人类取得了巨大的成绩，将来也还是如此。

迪恩·法拉说："工作是人类与生俱来的权利，至今仍保存完好，它是最有效的心灵滋补剂，是医治精神疾病的良药。这从自然界就可以得到体现。一潭死水会逐渐变臭，奔流的小溪会更加清澈。如果没有狂风暴雨，没有飓风海啸，地球上全部是陆地，空气静止不动，这样的世界就毫无生趣。在气候宜人、四季温暖如春的地方，人们十分惬意地享受着生活，自然容易无精打采，甚至对生活产生厌倦。但是，如果他每天要为自己的生计奔波，与大自然作殊死的搏斗，他就会精神抖擞，经受各种锻炼，发展出最强的力量。"

"每天早晨起床后，"金斯利说，"不管你喜不喜欢，你都得有事做，强迫自己工作并尽最大努力做好，可以培养自控能力、勤奋、意志力等各种美德。在懒惰的人那里，是没有这些优点可言的。"

千百年来，除了勤奋工作，还有什么能够给我们带来繁忙充实？它为贫穷的人开创了新的生活，它使千百万人免于夭折，特别是拯救了那些精神上有问题、甚至企图自杀的人。

古希腊著名的医生加龙说："劳动是天然的保健医生。"

美国小说家马修斯说："勤奋工作是我们心灵的修复剂，可以让生理和心理得到补偿。可惜的是，人们常常只对受人关注的行业和要职感兴趣，而不再愿意经受艰辛劳作的磨炼。但是，它却是对付愤懑、忧郁症、情绪低落、懒散的最好武器。有谁见过一个精力旺盛、生活充实的人，会苦恼不堪、可怜巴巴呢？英勇无敌、对胜利充满渴望的士兵是不会在乎一个小伤的。出色的演说家不会因为身有小恙就口齿木讷、词不达意的。这是为什么呢？当你的精神专注于一点，心中只有自己的事业时，其他不良情绪就不会侵入进来。而空虚的人，其心灵是空荡荡的，四门大开，不满、忧伤、厌倦等各种负面情绪，就会乘虚而入，侵占整个心灵，挥之不去。”

俾斯麦把勤奋工作看成是一个人拥有真正生活的保护神。在他去世前几年，当被问及用一句简单的话概括生活的准则时，他说：“这条准则可以用一个词表达：工作。工作是生活的第一要义；不工作，生命就会变得空虚，就会变得毫无意义，也不会有乐趣。没有人游手好闲却能感受到真正的快乐。对于刚刚跨入生活门槛的年轻人来说，我的建议只是三个词：工作，工作，工作！”

“劳动永远是光荣与神圣的，”卡莱尔说，“劳动是一切完美的源泉。没有艰辛的劳动，没有谁能有所成就，或者能成为一个伟人。懒散、无聊、无事可做，就像传染病一样，会迅速蔓延，使人类的灵魂失去依托。”

有的人声称现代工业文明的突飞猛进已扼杀了工作本身的创造性，无非就是机械化的动作，不断地重复一个动作而不必了解整个过程的工作有什么好得意的呢？他们说，当一个人痛苦不堪地在生产装配线上忙碌时，他足以自傲的成就感又从何而来？

以我自己的亲身经验，我可有几句话要说。好几年前，我在一家大公司担任打字员，主要的工作便是打字——一大堆的财务报告，日复一日，月复一月，好像永远也做不完。这项工作首先重视的是正确性，其次是速度。由于这做起来并不容易，而且单调无聊，因此我并不喜欢这份工作。

但是，老实说，当我把这份工作做得近乎完美的时候，还是颇能引以为荣。因为这项工作虽然呆板，仍然需要精练的技术，因此在达到所要求的标准之后，实在有一种满足感。虽然在整个公司的运作过程里，我所担任的工作显然十分渺小，但它对我个性的成长十分有益，使我在处理每件小事的时候，都能力求正确、完美。

契斯特顿有句十分动人的隽语：“要想不再当秘书的最好办法，便是尽量把现任的秘书职务做好。”

不幸的是，我们大部分人虽然都拥有健康的眼睛，却对周遭的环境视而不见。我们不但没有成熟想象力，也不能由日常工作中捕捉到对我们最有意义的价值。

住在得州的丽达·强森女士，以她亲身的经历向我们说明：如何因勤奋工作而解除了精神上的危机。

1941 年，强森先生和太太带着两个小孩，搬到新墨西哥一处约有 360 英亩大的农庄里。强森太太说："没想到，那个农庄其实是个大蛇坑，住了许多可怕的响尾蛇，我们实在吓坏了。

"那时，我们的农舍还没有水电和瓦斯，但这些不便倒不令我担心，我日夜所忧虑的，是那些可怕的响尾蛇。万一有一天家人被蛇咬了，该怎么办呢？我夜里经常梦见孩子遭到不幸，白天也一直担心在田里工作的丈夫。只要有片刻不见家人的踪影，我就紧张不已。

"这种持续的恐惧，使我的精神近乎崩溃。若不是我开始勤奋工作，相信早就支撑不住了。我把玉米粒刮下来播种，直到双手起茧为止；我为小孩缝制衣服，把多出来的食物装罐收藏好——我不停地工作，直到疲累地倒在床上为止。如此我便没有精力担忧其他的事了。

"一年之后，我们搬离那个农庄，全家大小都安然无恙，没有人被蛇咬过。虽然自此以后我不再那么辛劳工作，但我一直为那段时间的境遇感谢上帝。那一年，辛劳的工作确实拯救了我的理智。"

正如强森太太的亲身经历一样，我们若能自困境中体会出辛勤工作所能产生的力量，往后若再遭遇危机，便有坚利的武器可以自我防卫了。工作通常可以支持我们渡过难关、危机、个人不幸或失去所爱的人等。

爱德蒙·伯克说过："永远不要陷入绝望。但是如果你产生绝望情绪时，就去工作。"爱德蒙·伯克的话可不是空谈——他是有过亲身经历的。他曾经痛失爱子，他经过悉心研究之后，开始痛苦地深信文明快要堕落了。工作对他而言，就像对其他很多人一样，成为这个疯狂的世界上唯一清醒的标志。因此他不断地工作，即使在他绝望之时。

是的，工作是生活的第一要义。不管我们出于什么原因离开工作，都会受苦。

◎思考的力量

人们在生活中所读到的所有成功者的故事，都可证明正确思考的好处——包括对个人和对社会的好处。

沙克的正确思考，使他发明了小儿麻痹疫苗；马歇尔的正确计划使他得以振兴经过希特勒蹂躏之后的欧洲经济。

人作为高级动物，最大的特点就是会动脑筋。这一点，美国著名企业家艾柯卡有切身体会。他坦陈自己之所以有那么大的发展，与两个人有很大关系。其中一个人，是他刚刚参加工作时遇到的分公司经理。他对艾柯卡说：

“你要记住，马更有力气，狗更忠诚。你作为人类的唯一长处就是你有动脑的智慧，这是你唯一能超越它们的地方。”

另一个对他影响最大的人，是他的父亲。他父亲曾在镇上开了一家电影院，生意一直不错，因为他总在不断推出优惠的措施来吸引观众，包括每天提供几张免费票给老教师、退伍军人。

但有一天，该给优惠票的人都给完了，而票还剩几张，该怎么办呢？

他父亲在门口愁眉苦脸地想，正好看到几个孩子在门口玩耍，于是突然想出一个主意：让几个脸上最脏的孩子免费看电影。

这完全是一种出乎意料的做法：因为以往的优惠，都是优惠给那些值得尊敬的人，现在，优惠的做法，却给了几个脏孩子，这算什么呢？但是，他的做法是一种幽默，更是一种人性化的经营。果然，之后人们愿意更多地光顾他的电影院。

不管是创业还是取得工作上的成功，道理都是同样的：不怕做不到，就怕想不到！

罗斯·派格特原来在美国最大的计算机公司IBM担任推销员，他发现很多计算机的功能，许多用户并没有充分利用。他认为，如果IBM公司能够增设数据处理业务，帮助这些用户发掘计算机潜力，定能获得成功。

于是罗斯·派格特精心撰写了一份有关数据处理服务市场的报告，呈递给IBM管理层。不料建议却被公司决策层否定了。于是，他下决心成立公司自己创业。

然而他遇到一个很大的问题：买不起昂贵的计算机，所以服务也无从谈起。但是他并没有退缩，最后想出了一个绝招：

他在一家保险公司，以“批发价”买下了安装在该公司的IBM计算机的使用时间，然后花了5个月的时间，找到一家无线电公司，又以“零售价”将使用时间卖给这家公司，并提供给其计算机服务。

没想到市场一下子打开了，业务蜂拥而至。后来，他所创办的电子数据公司（EDS）成为拥有数十亿资产的大公司了。

很多人认为只有条件充足了才可以创业，但罗斯·派格特的成功，却告诉我们一个道理：缺乏条件同样可以创业！

只要你下决心并肯动脑筋，就可以让条件为信念让路！

罗斯·派格特的例子告诉我们，没有正确的思考，是不会成就这些伟大的事情的。如果你不学习正确的思考，是绝对成就不了杰出的事情的。

正确的思考是以下列两种推理作为基础：

（1）归纳法。这是从部分导向全部，从特定事例导向一般事例以及从个人导向宇宙的推理过程。它是以经验和实证作为基础，并从基础中得出结论。

（2）演绎法。以一般性的逻辑假设为基础，得出特定结论的推理过程。

这两种推理方法之间有很大的不同，但二者可以一起运用。例如每当你用石头打窗户的时候，只要石头不变，则窗户一定会被打破，反复几次用石头打窗户之后，你可归纳出一个结论，亦玻璃是易碎的，而石头不会碎。

因此，从这个结论出发，你可进行演绎推理，将了解其他不易碎的东西也会打破玻璃，而石头也会打破其他易碎的东西。

但我们很可能一不小心就做出错误的推理，进而导出错误的结论，你必须严格地要求推理的正确性，也就是严格地要求自己进行正确思考。必须审查你的推理结果，并找出其中的错误。除了审查你自己的思考过程之外，你还可以运用这两种推理方式，审查别人的思考结果是否正确。

为了成为一位正确的思考者，你必须把事实和感觉、假设、未经证实的假说和谣言分开。将事实分成两个范畴：重要的和不重要的事实。

除了正确的思考者之外，一般人都会有许多意见，但这些意见多半都是没有价值的。在没有价值的意见之中，有许多都可能是危险的、而且具有破坏性的。希特勒就是一个最好的例子。

你只能接受那些以事实或正确的假说为基础所提出的意见。同样的，你不可提供没有事实或正确假说作为根据的意见。正确思考者在没有确信之前，是不会提供任何意见的，虽然他们从别人那儿听取事实、资料和建议，但是他们保留接受与否的权利。报纸、闲聊和谣言，都不是得知事实的可靠媒介，因为它们所传达的消息经常会出现变化，而且也没有经过严格的查证。

“期待”通常是形成大众所接受之“事实”。想要了解真正的事实，通常是必须付出代价的，也就是努力追查事件的真实性的代价。

美国曾经弥漫着一个谣言：在百事可乐的罐子里，曾发现皮下注射器的注射针。当时有20几个州都有这样的报道。基于此一“事实”，百事可乐的股价一路下跌，投资人以赔本的价钱抛售百事可乐股票，但即使如此，该公司的管理阶层仍然保证这种情况几乎不可能发生。

但是正确的思考者并不相信此一“事实”，并且买进该公司的股票，最后联邦药物管理局和联邦调查局宣布这些报道完全是恶作剧。

在这个事件中谁才是真正的获利者？是那些因为恐慌而赔本卖出股票的人，还是那些经过正确思考后低价买进股票的人？

◎工作中的简单信条

有些主管整天踱来踱去，骂这骂那；书桌上的公文及资料文件堆积如山，似乎有忙不完的工作，我将他们称为“无事忙”。

若是你有事请教，他会很不耐烦地转头说：“我很忙。”在你问题尚未说出前，就给你来个下马威。的确，他是很忙，但这种忙碌是否具有实质意义呢？相反的，有的人对每件事都处理得井然有序，不管公司内外，大大小小的事，他都能迅速地亲自处理，并且让人一目了然，甚至有时还悠闲地表现一些幽默和情趣，这到底是怎么回事呢？我曾对公司内那些“无事忙”的主管做过心理分析，很不幸地，我发现他们忙碌的理由都是可笑的，有的甚至只是为了要将自己的能力表现给他人看，却完完全全地与效率和合理脱了节。

在我们做一件工作前，应当考虑如何用最简省的方法去获得最佳的成效，拟定一个周密的计划，再着手去做。若只是因一时的兴起而从事工作，不但事倍功半，而且也不易成功。如果只是要将自己的忙碌告诉他人，我们可以断定他所忙的都只是一些无聊的事，因为一个工作有计划的人，是不会那么忙碌的。我认识一位公司的高级主管，他总是笑脸迎人，优哉自若，非常有效率。你们一见面，他会直截了当地告诉你：“今天我只有 30 分钟能和你谈。”或是：“今天我的时间较充裕，我们可以慢慢谈。”有一次我为了一件重要事情去拜访他，他立刻就将事务科长叫到办公室；第二天，这件事情就解决了。因为他冷静，所以能很快地下决断，成天无事忙的人，是绝对没有这种“当机立断”的能力的。

无论是高层主管还是员工，若能在一天规定的八小时工作时间内将预定工作做完，才是一个有效率的人。我常看到有些人，要在下班铃响后，才开始紧张忙碌的工作。如果有这样的员工，必定也有这样的主管，因为他的无能，双方才能臭味相投。若是一个主管认为员工如此工作是没有效率的，相信员工也不会有如此恶劣的表现。

条理性是我们简化工作的一个重要方法。在许多工作没有计划和条理的商行里，有不少拿着高薪的员工做着极简单的工作，比如拆信、把信札分类、寄发传单等事情。其实，此类工作，即便是待遇微薄的职工也一样能够胜任。像这样一些没有精细规划的商行是永远不会有发展的。

只有很少商人和店主，对于商行管理过程中时间的节约与职员的能力，有着相当的研究；但大部分商人和店主并不善于指挥，总不能使工作有条理和系统化，这样就无法增加员工的办事效率。其实，不去注意工作上的条理和效率，是经营上最大的失策。

工作没有次序、缺乏条理的商人，总易因办事方法的失当，而蒙受极大的损失。他们不知怎样去有效地措置业务；对于雇员的工作，他们不知道好好地安排；做起事来，有的地方不及，但有的地方却过之；仓库里有许多过时、不合需要的存货，也不及时把货物整理一下，结果什么东西都纷乱不堪。这样的商行，必要失败。

一个在商界颇有名气的经纪人把“做事没有条理”列为许多公司失败的一大重要原因。

没有条理、做事没有次序的人，无论做哪一种事业绝没有功效可言。而有条理、有次序的人即使才能平庸，他的事业也往往有相当的成就。

工作没有条理，同时又想做成大规模营业的人，总会感到手下的人手不够。他们认为，只要人雇佣得多，事情就可以办好了。其实，他们所缺少的，不是更多的人，而是使工作更有条理、更有效率。由于他们办事不得当、工作没有计划、缺乏条理，因而浪费了大量职员的精力和体力，但还无所成就。

一个性急的人，不管你在什么时候遇见他，他都很匆忙。如果要同他谈话，他只能拿出数秒钟的时间，时间长一点，他便要拿出表来看了再看，暗示着他的时间很紧。他公司的业务做得虽然很大，但是花费更大。究其原因，主要是他在工作上毫无秩序、七颠八倒。他做起事来，也常为杂乱的东西所阻碍。结果，他的事务是一团糟，他的办公桌简直就是一个垃圾堆。他经常很忙碌，从来没有时间来整理自己的东西，即便有时间，他也不知道怎样去整理、安放。

这个人自己工作没有条理，更不知如何恰到好处地进行人员管理，他只知一味督促职工。但他只是催促职工做得快些，却谈不上有条理。因此，公司职员们的工作也都混乱不堪、毫无次序。职员们做起事来，也很随意，有人在旁催促便好像很认真地做，没有人在旁催促便敷衍了事。

其实，做事有方法、有秩序的人时间也一定很充足，他的事业也必能依照预定的计划去进行。

今日之世界是思想家、策划家的世界。唯有那些办事有次序、有条理的人，才会成功。而那种头脑昏乱，做事没有次序、没有条理的人，这世上绝没有他成功的机会。

◎比“能力薪”更重要的是“脑力薪”

不要以为你毕业于最高学府就应该支领头脑薪，也不要以为你办事快就能支领效率薪；事实上，我们都是以做事的方法和实际效果来决定自己的薪酬。

我常常在想：仗恃着年资久或是毕业于最高学府，脑筋却不怎么样的人，凭什么比只有高中毕业的优秀者领到更多的薪水？靠关系走后门却没有能力的人，凭什么比辛勤努力的人领到更高的薪水？

美国的一本袖珍读物上，有这么一段故事：

在东海岸的某一港街，有一家著名的毛皮公司。这家公司的工作人员中有三兄弟。有一天，他们的父亲要求见总经理，原因是他不明白为何三兄弟的薪水不同？大儿子杰斯的周薪是350美元，小儿子杰菲的周薪是250美元，三儿子杰亮的周薪是200美元。

总经理默默地听三兄弟的父亲说完，然后说：“我现在叫他们三人做相同的事，你只要看他们的表现，就可知道答案的原因了。”总经理先把杰亮叫来，吩咐说：

“现在请你去调查停泊在港边的C船上的毛皮的数量、价格和品质，你都要详细地记录下来，并尽快给我答复。”

杰亮将工作内容抄下来后，就离开了。五分钟后，便回来了，向总经理汇报情况。

杰亮因为总经理命令他要尽快，所以他就利用电话询问：一通电话就完成了他的任务。

总经理再把杰菲叫来，并吩咐他做同一件事情。

杰菲在一小时后，回到经理办公室，气喘吁吁地说他是坐公车往返的，并且将C船上的货物数量、品质等详细报告出来。

总经理再把杰斯找来，先把杰菲报告的内容告诉他，然后吩咐他再去详细调查。杰斯说可能要花点时间，然后走了。

三小时后，杰斯回到公司。

杰斯首先重复报告了杰菲的报告内容，说他已按照总经理的要求将任务完成，为了方便总经理和货主订契约，他已请货主明天早上十点到公司来一趟。回程中，他又到其他两三家毛皮商公司询问了货的品质、价格，并请可以做成买卖的公司负责人明天早上十一点到公司来。

在暗地里看了三兄弟的工作表现后，父亲很高兴地说：他们三人的行动能力给了我最满意的答案。

由这个小故事，我们可以知道能力薪和脑力薪是有所不同的，只是人们常将它们混为一谈。

◎做正确的事而非正确地做事

创设遍及全美的服务公司的亨瑞·杜哈提说，不论他出多少钱的薪水，都不可能找到一个具有两种能力的人。这两种能力是：第一，能思想；第二，能按事情的重要程度来做事。因此，在工作中，如果我们不能选择正确的事情去做，那么唯一正确的事情就是停止手头上的事情，直到发现正确的事情为止。由此可见，做事的方向性是至关重要的。然而，在现实生活中，无论是企业的商业行为，还是个人的工作方法，人们关注的重点往往都在于前者：效率和正确做事。

实际上，第一重要的却是效能而非效率，是做正确的事而非正确做事。“正确地做事”强调的是效率，其结果是让我们更快地朝目标迈进；“做正确的事”强调的则是效能，其结果是确保我们的工作是在坚定地朝着自己的目标迈进。换句话说，效率重视的是做一件工作的最好方法，效能则重视时间的最佳利用——这包括做或是不做某一项工作。

“正确地做事”是以“做正确的事”为前提的，如果没有这样的前提，“正确地做事”将变得毫无意义。首先要做正确的事，然后才存在正确地做事。正确做事，更要做正确的事，这不仅仅是一个重要的工作方法，更是一种很重要的工作理念。任何时候，对于任何人或者组织而言，“做正确的事”都要远比“正确地做事”重要。

正确地做事与做正确的事是两种截然不同的工作方式。正确地做事就是一味地例行公事，而不顾及目标能否实现，是一种被动的、机械的工作方式。工作只对上司负责，对流程负责，领导叫干啥就干啥，一味服从，铁板一块，是制度的奴隶，是一种被动的工作状态。在这种状态下工作的人往往是不思进取，患得患失，不求有功，但求无过，做一天和尚撞一天钟，混着过日子。

而做正确的事不仅注重程序，更注重目标，是一种主动的、能动的工作方式。工作对目标负责，做事有主见，善于创造性地开展工作。这种人积极主动，在工作中能紧紧围绕公司的目标，为实现公司的目标而发挥人的能动性，在制度允许的范围内，进行变通，努力促成目标的实现。

这两种工作方式的根本区别在于：只对过程负责，还是既对过程负责又对结果负责；是等待工作，还是主动地工作，同样的时间，这两种不同的工作方式产生的区别是巨大的。

举个工作中的例子，比如说某客户服务人员接到服务单，客户要装一台打印机，但服务单上没有注明是否要配插线，这时，客户服务人员有三种做法：

第一种做法：照开派工单；

第二种做法：打电话提醒一下商务秘书，是否要配插线，然后等对方回话；

第三种做法：直接打电话给客户，询问是否要配插线，若需要，就配齐给客户送过去。

第一种做法，可能导致客户的打印机无法使用，引起客户的不满；

第二种做法，可能会延误工作速度，影响服务质量；

第三种做法，既能避免工作失误，又不会影响工作效率。

你觉得，哪种做法最好呢？相信大多数人会选择第三种做法。第三种做法就是在做正确的事，第一、二种做法就是在正确地做事，这二者的区别就在结果的不同，其原因是没有把公司的目标与自己的工作结合在一起。

若要集中精力于当急的要务，就得排除次要事务的牵绊，此时需要有说“不”的勇气。

我的妻子曾被选为社区计划委员会的主席，可是既放不下许多更重要的事，又不好意思拒绝，只好勉为其难地接受。后来她打电话给一位好友，问她是否愿意在委员会工作，对方却婉拒了，我的妻子大失所望地说：“我那时也能拒绝就好了。”

这不是说社区活动或社会服务不重要，而是人各有志，各有优先要务。必要时，应该不卑不亢地拒绝别人，在急迫与重要之间，知道取舍。

我在一所规模很大的大学任教时，曾聘用一位极有才华又独立自主的撰稿员。

有一天，有件急事想拜托他。

他说："你要我做什么都可以，不过请先了解目前的状况。"

他指着墙壁上的工作计划表，显示超过20个计划正在进行，这都是我俩早已谈妥的。

然后他说："这件急事至少占去几天时间，你希望我放下或取消哪个计划来空出时间？"

他的工作效率一流，这也是为什么一有急事我会找上他。但我无法要求他放下手边的工作，因为比较起来，正在进行的计划更为重要，我只有另请高明了。

我的训练课程十分强调分辨轻重缓急以及按部就班行事。我常问受训人员：你的缺点在于：

（1）无法辨别事情重要与否？

（2）无力或不愿有条不紊地行事？

（3）缺乏坚持以上原则的自制力？

答案多半是缺乏自制力，我却不以为然。我认为，那是"确立目标"的功夫还不到家使然。而且不能由衷接受"事有轻重缓急"的观念，自然就容易半途而废。

这种人十分普遍。他们能够掌握重点，也有足够的自制力，却不是以原则为生活重心，又缺乏个人使命宣言。由于欠缺适当的指引，他们不知究竟所为何来。

以配偶或金钱、朋友、享乐等为重心，容易受第一与第三类事务羁绊。至于自我中心者难免被情绪冲动所误导，陷溺于能博人好感的第三类活动以及可逃避现实的第四类事务。这些诱惑往往不是独立意志所能克服，只有发乎至诚的信念与目标，才能够产生坚定说"不"的勇气。

◎时间里的"二八法则"

在现实生活中，有一个很著名的叫"80/20法则"的原理，对于我们的工作和生活有很大的影响，也是上述主管大幅度提高工作效率的最好解释。"80/20法则"对工作的一个重要启示便是：避免将时间花在琐碎的多数问题上，因为就算你花了80％的时间，你也只能取得20％的成效。你应该将时间花于重要的少数问题上，因为解决这些重要的少数问题，你只需花20％的时间，即可取得80％的成效。

在工作生活中，我们都见过许多这样的人，他们虽然怀有大干一番事业、做出辉煌成绩的想法，可是总不见行动，只是把这些想法挂在嘴边，每天都踏步不前。因此，为了避免成为一个空谈主义者，为了更有效地提高我们的工作效率，我们必须立即行动起来。

我们每个人每天面对的事情，按照轻重缓急的程度，可以分为以下四个层次，即重要且紧迫的事；重要但不紧迫的事；紧迫但不重要的事；不紧迫也不重要的事。

1. 重要而且紧迫的事情

这类事情是你最重要的事情，而且是当务之急，有的是实现你的事业和目标的关键环节，有的则和你的生活息息相关，它们比其他任何一件事情都值得优先去做。只有它们都得到合理高效的解决，你才有可能顺利地进行别的工作。

2. 重要但不紧迫的事情

这种事情要求我们具有更多的主动性、积极性和自觉性。从一个人对这种事情处理的好坏，可以看出这个人对事业目标和进程的判断能力。因为我们生活中大多数真正重要的事情都不一定是紧急的。比如读几本有用的书、休闲娱乐、培养感情、节制饮食、锻炼身体。这些事情重要吗？当然，它们会影响我们的健康、事业还有家庭关系。但是它们急迫吗？不。所以很多时候这些事情我们都可以拖延下去，并且似乎可以一直拖延下去，直到我们后悔当初为什么没有重视，没有早点来着手重视解决它们。

3. 紧迫但不重要的事情

紧迫但不重要的事情在我们的生活中十分常见。例如，本来你已经洗漱停当准备休息，好养足精神明天去图书馆看书时，忽然电话响起，你的朋友邀请你现在去泡吧聊天。你就是没有足够的勇气回绝他们，你不想让你的朋友们失望。然后，你去了，次日清晨回家后，你头昏脑涨，一个白天都昏昏沉沉的。你被别人的事情牵着走了，而你认为重要的事情却没有做，这或许会造成你很长时间都比较被动。

4. 既不紧迫又不重要的事情

很多这样的事情会在我们的生活中出现，它们或许有一点价值，但如果我们毫无节制地沉溺于此，我们就是在浪费大量宝贵的时间。比如，我们吃完饭就坐下看电视，却常常不知道想看什么和后面要播什么。只是被动地接受电视发出的信息。往往在看完电视后觉得不如去读几本书，甚至不如去跑跑健身车，那么刚才我们所做的就是浪费时间。其实你要注意的话，很多时候我们花在电视上的时间都是被浪费掉了。

我们可以按照上述的分类，将重要而且紧迫的事情定为A类，将重要但不紧迫的事情定为B类，紧迫但不重要的事情定为C类，既不紧迫又不重要的事情定为D类，在实际工作中，我们应该先干重要的事，即A类事情，这一类事情做得越多，我们的工作效率就越高。

在工作中，我们需要时刻提醒自己："此刻，什么是我利用时间的最佳方式?"在每月事先安排的工作计划中，应使自己除了能为"重点"的项目留出额外的时间外，还能使工作有所变化并保持平衡。

另外，计划赶不上变化，如果目标不随着工作进程而及时修改的话，很容易成为工作效率提高的障碍，因此，我们应该坚持每月修订一次自己的人生目标。每天重温自己制定的目标，并用每天的行动去接近这个目标。你可以在办公室里放上自己的人生目标的陈述，借此提醒自己。即使是在干一件最小的事，心中也不忘那个长期的目标。在每天早晨就进行计划，安排好一天工作的轻重缓急。每天都有一张当天要做哪些事的清单，并将它们按重要性程度排列，然后尽可能一有时间就去干最重要的工作。为自己、也为别人都定下工作的最后期限。养成好习惯，按着"任务清单"的顺序干，绝不跳过困难的工作。永远放弃"等候时间"。如果不得不等什么，就把它当做"时间的礼物"，用它来休憩，或去做一些本来不会去做的事情。检查自己的旧习惯，看看是否有需要杜绝或加以改进的地方。

法国哲学家布莱斯·巴斯卡说："把什么放在第一位，是人们最难懂得的。"

一个人在工作中常常难以避免被各种琐事、杂事所纠缠。有不少人由于没有掌握高效能的工作方法，而被这些事弄得筋疲力尽，心烦意乱，总是不能静下心来去做最该做的事，或者是被那些看似急迫的事所蒙蔽，根本就不知道哪些是最应该做的事，结果白白浪费了大好时光，致使工作效率不高，效能不显著。为此，每个人都应该有一个自己处理事情的优先表，列出自己一周之内急需解决的一些问题，并且根据优先表排出相应的工作进程，使自己的工作能够稳步高效地进行。

◎多付出一点点的精神

成功的人永远比别人做得更彻底，当一般人放弃的时候，他们寻找下一位顾客，当顾客拒绝他的时候，他追问：“你是不是要买?”当顾客不买的时候，他继续追问：“为什么不买?”

多付出一点点是一种经过几个简单步骤之后，便可付诸实施的原则。它实际上是一种你必须好好培养的心境；你应使它变为成就每一件事的必要因素。

如果你愿意提供超过所得的服务时，迟早会得到回报。你所播下的每一颗种子都必将会发芽并带来丰收。

对一个人来说，他一生中所得到的最好的奖赏，就是当他以正确心态提供高品质服务，为自己带来的奖赏。

在柯金斯担任福特汽车公司总经理时，有一天晚上，公司里因有十分紧急的事，要发通告信给所有的营业处，所以需要全体员工协助。不料，当柯金斯安排一个做书记员的下属去帮忙套信封时，那个年轻的职员傲慢地说：“这不是我的工作，我不干！我到公司里来不是做套信封工作的。”

听了这话，柯金斯一下就愤怒了，但他仍平静地说：“既然这件事不是你的分内的事，那就请你另谋高就吧！”

任何一位青年，要想纵横职场，取得成功，除了尽心尽力做好本职工作以外，还要多做一些分外的工作。这样，可以让你时刻保持斗志，在工作中不断地锻炼自己，充实自己。当然，分外的工作，也会让你拥有更多的表演舞台，让你把自己的才华适时地表现出来，引起别人的注意，得到老板的重视和认同。

当一般人放弃的时候，他们找寻下一位顾客；当顾客拒绝他的时候，他追问：“你是不是要买?”当顾客不买的时候，他继续追问：“你为什么不买?”

美国一位年轻的铁路邮递员，和其他邮递员一样，用陈旧的方法分发着信件。大部分的信件都是凭这些邮递员不太准确的记忆拣选后发送的。因此，许多信件往往会因为记忆出现差错而无谓地耽误几天甚至几个星期。于是，这位年轻的邮递员开始寻找另外的新办法。他发明了一种把寄往某一地点去的信件统一汇集起来的制度。就是这一件看起来很简单的事，成了他一生中意义最为深远的事情。他的图表和计划吸引了上司们的广泛注意。很快，他获得了升迁的机会。五年以后，他成了铁路邮政总局的副局长，不久又被升为局长，从此踏上了美国电话电报公司总经理的路途。他的名字叫西奥多·韦尔。

做出一些人们意料之外的成绩来，尤其留神一些额外的责任，关注一些本职工作之外的事——这就是韦尔获得成功的原因。

卡洛·道尼斯先生最初替汽车制造商杜兰特工作时，只是担任很低微的职务。但他现在已是杜兰特先生的左右手，而且是杜兰特手下一家汽车经销公司的总裁。他之所以能够在很短的时间升到这么高的职位，也正是因为他提供了远远超出他所获得的报酬更多以及更好的服务。

当他刚去杜兰特先生公司上班时，他很快注意到，当所有的人每天下班回家后，杜兰特先生仍然留在办公室内待到很晚。因此，他每天在下班后也继续留在办公室看资料。没有人请他留下来，但他认为，应该留下来，以便为杜兰特先生随时提供协助。

从那以后，杜兰特在需要人帮忙时，总是发现道尼斯就在他身旁。于是他养成随时随地招呼道尼斯的习惯；因为道尼斯自动地留在办公室，使他随时可以找到他。道尼斯这样做，获得了报酬吗？当然，他获得了一个最好的机会，获得了某个人的信赖，而这个人就是公司的老板，有提升他的绝对权力。

巴恩斯是一位决心坚定，但却没有什么资源的人。他决定要和当代一位最伟大的智者爱迪生合作。但是当他来到爱迪生的办公室时，他不修边幅的仪表，惹得职员们一阵嘲笑，尤其当他表明将成为爱迪生的合伙人时，大家笑得更厉害了。爱迪生从来就没有什么合伙人，但巴恩斯的坚持为他赢得了面试的机会，并在爱迪生那儿得到一份打杂的工作。

爱迪生对他的坚毅精神有着深刻印象，但这还不足以使爱迪生接受他作为合伙人。巴恩斯在爱迪生那儿做了数年的设备清洁和修理工，直到有一天他听到爱迪生的销售人员，在嘲笑一件最新的发明品——口授留声机。

他们认为这个东西一定卖不出去，为什么不用秘书而要用机器？

这时巴恩斯却站出来说道："我可以把它卖出去！"从此他便得到了这份销售的工作。

巴恩斯以他杂工的薪水，花了一个月时间跑遍了整个纽约城。一个月之后他卖了7部机器。当他抱着满腹的全美销售计划回到爱迪生的办公室时，爱迪生便接受他成为口授留声机合伙人，这也是爱迪生唯一的合伙人。

爱迪生有数千位员工为他工作，到底巴恩斯对爱迪生有什么重要性呢？原因就在于巴恩斯愿意展露他对爱迪生发明品的信心，并将此信心付诸实施。同时巴恩斯达成任务的过程中，也没有要求过多的经费和高薪。

巴恩斯所提供的服务已超过他作为杂工的薪水程度，他是爱迪生所有员工中唯一有这种表现的人，也是唯一从这种表现中获得利益的人。

对海伦一生影响深远的一次职务提升是由一件小事情引起的。一个星期六的下午，与海伦同在一层楼办公的一位律师走进来问她，哪儿能找到一位速记员来帮忙——手头有些工作必须当天完成。

海伦告诉他，公司所有的速记员都去观看球赛了，如果晚来五分钟，自己也会走。但海伦同时表示自己愿意留下来帮助他，因为“球赛随时都可以看，但是工作必须当天完成”。

做完工作后，律师问海伦应该付她多少钱。海伦开玩笑地回答：“哦，既然是你的工作，大约 1000 美元吧。如果是别人的工作，我是不会收取任何费用的。”律师笑了笑，向海伦表示谢意。

海伦的回答不过是一个玩笑，并没有想真正得到 1000 美元。但出乎意料，那位律师竟然真的这样做了。

6 个月后，在海伦已将此事忘到九霄云外时，律师找到了海伦，交给她 1000 美元，并且邀请海伦到自己公司工作，薪水比她原来的薪水高出 1000 多美元。海伦放弃了自己喜欢的球赛，多做了一点分外的事情，最初的动机不过是出于乐于助人的愿望，而不是金钱上的考虑。海伦并没有责任放弃自己的休息日去帮助他人，但那是她的一种特权，一种有益的特权，它不仅为自己增加了 1000 美元的现金收入，而且为自己带来一项比以前更重要、收入更高的职务。

韦尔、杜兰特、巴恩斯以及其他许多成功的人都知道这样一个道理：超过别人所期望你做的，你会如愿以偿。这种额外的工作可以使人对本行业拥有一种宽广的眼界，与此同时获得宽广的机会。

每个年轻人都应该尽力去做一些他职责范围以外的事，不要像机器一样只做分配给自己的工作！著名的企业家彭尼说：“除非你愿意在工作中超过一般人的平均水平，否则你便不具备在高层工作的能力。”

为了帮助你时时不忘多付出一点点，我设计了一个非常简单的公式：

$Q_1+Q_2+MA=C$

Q_1 表示服务品质（Quality）

Q_2 表示服务量（Quantity）

MA 表示提供服务的心态（Mental Attitude）

C 表示你的报酬（Compensation）

这里所谓的“报酬”，是指所有进入你生命的东西：金钱、欢乐、人际关系的和谐、精神上的启发、信心、开放的心胸、耐性，或其他任何你认为值得追求的东西。

务必要记住报酬的负面意义，金钱很好，但它绝非是使你成功，或使你享受成功果实的唯一要素。切勿忘记金钱以外的其他个性特质，因为无论你提供多少服务，其他人都会认清你所使用的偏颇方法，经过比较之后会出现对你不利的结果，而那些真正具有多付出点点精神的人将会出头。

◎甜头比苦头更有效

坦白说，工作或是读书本身一点意思也没有。然而，无论工作或是读书，都不能因为没意思就不做。因此，工作的第一个原则就是，横竖要做，不乐白不乐。也就是说，将工作化作游戏，从而享受其中乐趣，是提高工作效率的第一捷径。

所以在此首先要说的是“甜头”，也就是“成功报酬”的效用。一般常说“鞭策”及“甜头”可以激发干劲。诚然，鞭策一时之间也许可以逼出人的干劲，但效果毕竟只是暂时的，从长远看，绝对没什么好处。相反的会失去对工作的兴趣。也就是说，工作不该只是由于非做不可的义务感或强迫的观念。如果能以一种轻松的心情工作，效率定会提高，人生也会充满乐趣。

提倡“行为科学管理论”的美国学者麦格雷认为：“一个人是否会致力达到目标，全由达成后的报酬决定。”

这个方法仍然很管用。譬如，可以拿出国观光作为报酬。“只要解决这个问题，就到欧洲旅行!”或是“解决了这问题就到关岛休假”。此外，有时也得视情况，把报酬寄托在一时看不出成效的事情上。

应该以什么作为成功的报酬呢？这是个见仁见智的问题。不过要紧的是，所设定的目标必须尽量具体而可行。常有许多人虽然设定了成功报酬，却在达到目标之前，就先享用报酬。这多半因为目标过大，不可能立即实现所致。不容易达成的目标，就像是场不会赢的赌。即使准备了一大堆成功报酬，还是会越玩越没趣。

为了防止这种缺憾，报酬及目标应该尽量细分。而在一点一点尝到甜头中达到目标。如果是细分过的目标，因为容易实现，可以很快得到报酬。而根据这种满足感，激起向下一项目标努力的欲望，最后终于能达成最终的大目标。与其以日后种种好处作为报酬，倒不如以只要读完一页，就能打电话给女友的方式作为成功报酬，更能激发工作、读书的欲望及干劲。

东方的一位智者说过，不论你抓在手里的是什么，别忘了最终的结果，那你就不会失去什么了。一个目标达到之后，马上立下另一个目标，这是成功的人生模式。

迪克最渴望达到的目标是上大学。他在孤儿院长大——那是一种老式的孤儿院，孤儿们从早上五点工作到日落，伙食既差，又不够。

迪克是一个聪明的小孩——太聪明了，因此 14 岁就从中学毕业。接着，他投入社会谋生。

他所能找到的工作，是在一家裁缝店里操作一架缝纫机。14 年来，他一直在那种环境下工作；接着，那家裁缝店加入了工会。工资提高了，工作时间缩短了。

迪克幸运地娶了一个女孩，她愿意帮助他实现上大学的梦想。但事情可不容易。在他们结婚之后没多久，也就是 1931 年，店里开始裁员，于是他们这对年轻的夫妇决定自己去闯天下。他们把存款聚集在一起，开了一家“迪克－玛丽莎房地产公司”。迪克的太太玛丽莎甚至把订婚戒指卖掉了，以便增加他们那笔小小的资本。

在两年之内，生意兴隆，于是玛丽莎坚持让迪克去上大学。他在 36 岁的时候，得到了学位——这是人生道路上所抵达的第一个里程碑。

迪克又回到房地产事业——成为他太太的生意伙伴。他们又有了一个新目标——海边的一幢房子。终于，他们也实现了那个梦想。

他们这对夫妇就这样坐下来轻松轻松吗？呵，没有。他们有一个小女孩要教育。如果他们能把他们商业大楼的分期付款缴清，把大楼变成公寓出租，收入的租金就能付他们孩子的大学费用了。因为一心一意要达到这个目标，他们终于做到了。

后来，迪克夫妇过着一种忙碌、幸福、成功的生活，因为他们面前总是有一个目标，使他们的努力有一个方向。他们已发现萧伯纳这句话的真理：“我厌弃成功。成功就是在世上完成一个人所做的事，正如雄蜘蛛一旦授精完毕，被雌蜘蛛刺死。我喜欢不断地进步，目标永远在前面，而不是在后面。”

许多人一辈子迷迷糊糊，因为他们没有真正的目标。他们只过一天算一天。那些从人生中收获最多的人，都是警觉性高、积极等待着机会、机会一到马上就看出来的人。他们都有一个确定的目标。

在长期的计划上，最好是把每五年划分为一个阶段。安·海渥德引用她一位顾客所说的话："我希望我丈夫永远不会感到自我满足而停滞下来。我们结婚五年了，每一年都有一个目标——首先，是他的学位，接着是进修课程，然后是一年的自由投稿工作，现在是他自己的事业。一等到他告诉我他的钱够了，教育够了，经验够了，我就知道蜜月已经结束了。"

◎不把烦恼带回家

对于一个男人来说，如果他在事业上没有成功，则会被人看不起。所以事业成功对男人确实很重要，因为事业是男人价值的体现，也是男人强大的心理压力。

正因如此，男人才全身心地投入到工作中去，不这样他就无法取得成功。

历史积淀下来的严酷的社会准则，使得男人在社会中面临巨大的精神压力：他的房子、他的汽车、他的社会地位、他奋斗取得的各种荣耀，尤其是他内心世界的完整，都需要用工作与事业来维持。

现代社会中，"工作是男人的世界"这种观念更加盛行。一方面社会的大变革给男人们提供了创造、冒险、征服的更加广阔的空间；另一方面，挑战、竞争、机遇也更大地使男人的野心膨胀。自然而然，这个时代比别的时代孕育了更多的男性"工作狂"。

虽然对社会来说"工作狂"不见得是什么坏事，但对于家庭来说，"工作狂"却是极其危险的，它会造成夫妻感情冷漠。

男人一旦结婚成家，就觉得他的最大责任即为家庭提供足够的物质保证。他在工作中不惜代价往上爬，一方面可以提高家庭生活水平，另一方面也可以证明他是一个成功的男人。

当他完成了他认为必须履行的工作义务后，已是满身疲惫回到家中，没有更多时间和精力给予妻子在感情上、肉体上充分的满足。而此时的女人，正处于精神、肉体需要男人的爱抚的时刻，这种愿望满足不了时，女人会感到寂寞、孤独、不被人重视的痛苦。她开始唠叨或者抱怨，这使他们之间的关系开始疏远。

忙碌于工作的丈夫却依然无暇注意到妻子情感的变化，不被注意的女人刚开始时也会去奉迎、影响、吸引、劝导他，可时间一长，如同寡居的生活刺激了女人天性中刻薄的一面。

她开始因他的疏忽而找茬儿刺激他，使他尴尬，使他难堪。出于缓和紧张局势，稳定后方家庭（因为家庭动乱会使男人工作分心，让他没面子）的考虑，男人也会做出一些努力，如抽些时间陪妻子、与她聊天、带她出去吃饭，但他工作狂的本性难移，他仍然把很多的精力放在工作上，这样使妻子的失望、愤怒愈来愈重，并为此喋喋不休。

这种情况下，脆弱的女人会把自己的头靠在任何一个走近她的男人肩上，只要这个男人不至于让她太讨厌。与自己的工作狂丈夫相比，这个男人富有同情心、怜悯之心、理解之心，与他在一起能够使她快活、开心。于是不知不觉这个女人便会陷入婚外恋的漩涡中不能自拔。

生活中大多数女人的移情别恋属于这种情况。与其说这是女人们的错误，不如说是这些男性工作狂逼得女人去犯这样的错误。

最近有一个寡妇讲述了她曾经和丈夫一起度过的一段悲惨生活。她的丈夫似乎只有一种想法，这种想法占据了他整个的生活——那就是赚钱。他对于生活本身的舒适丝毫不感兴趣，而生活本身绝对不能干扰他为赚更多钱而制定的工作计划。这个寡妇说，后来他们的家完全不是一个家了，而且从来都不是。一旦他回到家里，他就在为了更多的生意进行思考和安排计划，为了赚更多钱制订更多的方案。这样，赚钱已经成为了他唯一的癖好。长此以往，他总是显得那么疲惫不堪，当他晚上回到家时，他甚至累得抬不起头来。但即使这样，他仍然不休息，而是很快地投入到工作中去，思考并计划着更多的生意。于是，他总是使自己处在一种连续的疲劳状态之中。

应该留在办公室里的生意和业务，总是时时刻刻伴随着他。“一夜又一夜，”他的寡妻后来说，“我记得他在午夜以后还坐在那里，凝视着他的本子并且仍然在思考、在做计划。我听见了他那痛苦的咳嗽声，于是我常常走下楼去恳求他为了健康而休息一下，该上床睡觉了。但他从来都是很固执。”

“他坦率地对我说过许多次，我的乞求毫无用处，如果在他的计算过程中少了一分钱，他也不会放弃，直到查出那分钱为止。有几次，我在地板上丢下了一便士，并且把它捡起来交给他说：‘这就是差额。我刚把它从地板上捡起来，也许是你丢的。’但是，他很敏锐地看穿了我的诡计。他无法停下来，直到在自己的书中发现了那一便士，哪怕为此干上一个通宵！”

尽管这个人有上百万的财产，但是他没有家庭生活，也享受不到家庭的欢乐。后来，他的妻子和孩子们完全疏远了他。他从来没有像别人那样拥有空余时间去享受快乐。他总是处于不停地思考、计划和努力工作之中，直到死亡把他带走。

当你锁上了办公室的大门时，也请你把生意和工作上的烦恼都锁在里面。别把它们带回家。别把你的担忧或焦虑的想法带到你的娱乐和游玩上，否则你从中将得不到任何好处。当你把钥匙插到家门上时，请想象一下打开门时你会看到这样一句用很大的字母写成的箴言："在这里不允许有生意上的担心或焦虑，也不允许有生意上的思考或讨论。"

回到家后享受你今晚的家庭生活。不要在晚上浪费你宝贵的精力，不要让你过于疲惫，不要老在晚上反思一天的工作或为过去悲哀，更不要想自己能否把这个做得更好或者把那个做得更好。当你这样做的时候，你只是在浪费你更多的宝贵精力和时间而已，那有什么用呢？如果你早已出色地完成了工作，为什么还要在它上面浪费更多的时间和宝贵的精力呢？好好干手上的事情吧！通过更好地完成现在的事情，通过把你的精力有效地投入到正确的方向上，从而去弥补你过去的不足。

当你回到家，肉体和精神上都疲惫不堪时，就对自己说："这里是我力量的家园；这里是我为了明天的工作得到力量和补给的地方，是我恢复精力和体力的地方；这里是我得到新的生命和新的勇气的地方，是我成为一个新人的地方。我无法忍受我的精力被耗尽。这里是我的理想重新被照亮、我的雄心重新被确立的地方，这里是更新自我、恢复自信，为明天的工作而获得积极心态的地方。"

逆风飞扬，舞出生命精彩

◎有悲伤的地方，才会有圣地

要成功并不容易。想要获得成功的人得像风筝，与强风对抗，方能升向高峰。立基于成功的信念，以便坚定向前，无惧于沿途所遭逢的困难。

确定你的信念能支持你在迈向成功的旅程中，忍受一切艰难险阻。当你确知自己在做什么，当你有个明确的目标和实施计划，那么，你或许得与周遭的狂风搏斗，却不至于有被吹垮的顾虑。风势愈强，你会飞得愈高。

超越自然的奇迹，总是在对厄运的征服中出现的。塞涅卡曾说：“伟人就是像神那样无畏的普通人。”这是一句诗一样美的妙语。古代诗人在他们的神话中曾描写过：当赫克里斯去解救普罗米修斯的时候，他是坐在一个瓦盆里漂洋过海的。这个故事其实正是对于人生的象征：因为每一个人也正是驾着血肉之躯的轻舟，横渡波涛翻滚的生活之海的。幸运中需要的美德是节制，而厄运所需要的美德是坚忍，后者比前者更为难能。《圣经》的《旧约》启示人以幸福，而《新约》则启示人通过苦难去争取幸福。一切幸运都并非没有烦恼，而一切厄运也绝非没有希望。最美的刺绣，是以明丽的花朵映衬于暗淡的背景，而绝不是以暗淡的花朵映衬于明丽的背景。从这图像中去汲取启示吧。人的美德犹如名贵的香料，在烈火焚烧中散发出最浓郁的芳香。正如恶劣的品质可以在幸运中暴露一样，最美好的品质也正是在厄运中被显示的。

“你如果是贫穷的，你是幸福的，因为神是属于你们的。”“为自己的错而悲伤的人有福了，因为他们必定会得到安慰。”这是《圣经》里的话。前句的意思当然不用细说，只有贫穷的人才了解神是照顾他们的。只有经过悲伤的人，才会成长。

19世纪，英国诗人奥斯卡·怀路曾在监狱服刑期间写过这样的话：

“有悲伤的地方，才有圣地，相信社会中的每一个人早晚都会了解到这一点！还未了解这一点之前，可以说那是他还不了解人生！”

也就是说，突破眼前的悲伤或痛苦之后，才能到达豁然的境界。

著有《睡着成功》这本书的美国牧师马非先生，也曾说过：“一切的灾祸中，一定匿藏着幸运的胚芽。”下面就是他写的一段文字：

“坐在幸福的椅垫上，人会睡着；在被奴役、被鞭打而受苦的时候，人才会得到学习一些事物和道理的机会。”

换句话说，先得到幸福的，后面就紧跟着不幸。年轻的朋友们，先看一看这个人的经历吧，他一定会给你许多的启发。

1832年，他失业了；同一年里，他决心要做政治家，当上一名州议员，但不幸的是他的竞选又失败了。

于是，他又自己开办了一家店铺，可上帝总爱和他开玩笑。一年不到，店铺又倒闭了。他不得不在长达17年的时间里，为偿还债务而到处奔波，吃尽了苦头。

他又一次决定参加竞选州议员，这一次他成功了！但不幸并没有离他远去，第二年，在离他结婚仅有几个月的时候，他的未婚妻却不幸因病去世了，他也悲伤得卧床不起。次年，他因此而得了神经衰弱症。

两年之后，他又参加州议会的选举，可他又失败了。五年后，他又参加美国国会议员的选举，仍然是失败。

第二年，也就是1846年，他最终当上了国会议员，可在争取连任时，他却又一次落选了。

世上的失败事情几乎全让他撞上了：店铺倒闭，情人去世，竞选败北。他会怎么样呢？会不会放弃奋争呢？

现实中的他却没有服输。1854年，他竞选参议员，失败；1858年，再一次竞选参议员，仍然是失败！

他尝试了11次，可只成功了两次，但他一直没有放弃自己的追求，一直在做自己生活的主宰。1860年，他终于获得了成功，当选为美国总统。这个人就是——林肯，美国历史上最伟大的总统之一。

要是生命中每一项我们所求的事物，都只要花极少的努力就可以得到如预期的结果，我们将什么也学不到，而生命也将索然无味。做什么事都成功，人又将变得多么傲慢自大！失败才能使人谦虚。当自己面对失败，要理性地劝慰自己这是绝佳的学习机会诚然不易，但这的确是难得的经验。

在克里米亚的一次战争中，有一枚炮弹击中一个城堡后，毁灭了一座美丽的花园。可在那个炮弹落下的深穴里，竟不断地流出泉水来，后来这里竟然成了一个永久不息的著名喷泉。同样，不幸与苦难，也会将我们的心灵炸破，而在那炸开的缝隙里，也会时刻流出奋斗前进的泉水来。

对于一个人来说，假使你年轻时便知道怎样对付打击，那么以后再碰到打击的时候，便能处置得更为适当些。

苦难失败往往会激发人的潜力，唤醒沉睡着的雄狮，引人走上成功的道路。有勇气的人，会把逆境变为顺境，如同河蚌能将恼它的沙泥化成珍珠一样。

一个真正勇敢的人，愈为环境所迫，反而愈加奋勇，不战栗不逡巡，昂首挺胸，意志坚定；他敢于对付任何困难，轻视任何厄运，嘲笑任何障碍，因为贫穷困苦不足以伤他毫发，反而增强了他的意志、品格、力量与决心，这使他成为一个卓越的人。对于这样的人，命运绝无法阻挡他们的前程。

所以，年轻的朋友们，一定要记住奥斯卡给我们留下的诗句："有悲伤的地方，才有圣地。"

◎只不过比别人多支持了五分钟

纵观人类历史上的伟人和杰出人物，他们中的相当一部分人曾经有过艰辛的童年生活，甚至还备受命运的虐待，但强者总是善于找到生命的支点。他们及时调整了自己的心态，坚忍地承受着生活的艰辛，在一贫如洗的岁月里安然走过，并用恒久的努力打破了重重的围困，在脱离了贫穷困苦的同时也脱离了平凡，造就了卓越与伟大。

有的苦难是如此的严重，一旦向它屈服，就等于输掉整场球赛。李奇威将军担任指挥官时，发现兵力推进太过，而受到敌军的强大攻击。但他坚持守住阵地而使美军免于被逼入海中，而且很快地进行反攻。挫折发生时，你也许没有时间来考虑或修正错误以避免更进一步的失误。但千万别裹足不前，此刻最重要的是确定自己的目标，并采取能保存你所有的资源及希望的行动。要是你就此认输，你将失去自信且难以再恢复。所以你必须坚守原则，最后你将知道，你保住了自身所拥有的最重要的东西。

要是生命中每一项我们所求的事物，都只要花极少的努力就可以得到如预期的结果，我们将什么也学不到，而生命也将索然无味。做什么事都成功，人又将变得多么傲慢自大！失败才能使人谦虚。当自己面对失败，要理性地劝慰自己这是绝佳的学习机会诚然不易，但这的确是难得的经验。老天的旨意并非永远浅显易懂，但总是不断重复而至可以预见。所以当你觉得受到非常严酷的考验时，你就可以确定自己将有伟大的成就。

要是你曾仔细地反省自己，并研究那些你所钦慕的成功者的一生，你就会发现所有最好的机会，都发生在处于逆境的时候。因为只有在面对失败的可能时，才会想要做一根本的改变，从险中求胜。当你经历一些暂时的挫折，你也知道这只是暂时的，你就可以抓住逆境带来的机会。

有一天，两个强盗偶然路过一座吊死犯人的绞架，其中一个便叫起来："如果没有这该死的吊死人的绞架，我们的职业是多么好呀！"另一个强盗接着说："呸！你这笨蛋，好在有这架子，如果没有的话，人人都要做强盗了，哪轮得到你我？"

其实，世界上的各种职业、技艺与事业，莫不如此，都是因为困难吓退了一些庸碌的竞争者。斯潘琴说："许多人的生命之所以伟大，都来自他们所承受的苦难。"最好的才干往往是从烈火中冶炼的，都是从坚石上磨炼出来的。

世界上有许多人因为没有经历苦难的磨炼，激发不出他们体内潜伏着的力量来，因此他们的才能竟然得不到淋漓尽致的发挥。而只有努力奋进才能帮助人们达到成功的境地，只有尽力奋斗的人才会获得自己心中期望的东西。

苦难与障碍并不是我们的仇人，而是我们的恩人。因为我们人人都有一种逆反的心理，这种逆反的心理在人体里发展了反对的力量。正是苦难与障碍的出现，使得我们体内克服障碍、抵制苦难的力量，得以发展。这就好像森林里的橡树，经过千百次暴风雨的摧残，非但不会折断，反而愈见挺拔。正像暴风雨吹打橡树一般，人们所承受的种种痛苦、折磨和悲伤，也在启发人们的才能，都在锻炼他们。

芝加哥北密契根大道的一个地区现称为"富丽里"。1939 年，那里的办公楼群可说是日暮途穷了。一座座大楼只有空荡荡的地板。一座楼出租了一半就算是幸运的，这正是商业不景气的一年。消极的心态像乌云一般笼罩在芝加哥不动产的上空。那时，你常可以听到这样一些论调："登广告毫无意义，根本就没有钱。"或"我们没有必要工作了。"然而就在这时，一位抱着积极心态的经理进入了这个景象阴翳的地区。他有一个想法，他立即行动起来了！

这个人受雇于西北互助人寿保险公司，前来管理该公司在北密契根大道上的一座大楼。公司是以取消抵押品中赎取权而获得这座大楼的。他开始担任这项工作时，这座大楼只出租了10%。但不到一年，他就使它全部租出去了，而且还有长长的待租人名单送到他的面前。这其中有什么秘密呢？新经理把无人租用办公室作为一个挑战，而不是作为一个不幸。我们访问他时，他介绍了他所做的事情：

我清楚地知道我要干什么，我要使这些房间100%地租出去，在当时的情况下，要做到这一点是很难的。因此我必须把工作做到万无一失，必须做到下列5点：

（1）要选择称心的房客。

（2）要激发吸引力，给房客提供芝加哥市最漂亮的办公室。

（3）租金却不高于他们现在所付的房租。

（4）如果房客按为期一年的租约付给我们同样的月租，我就对他现在的租约负责。

（5）除此以外，我要免费为房客装饰房间。我要雇用富有创造性的建筑师和内装工，改造我们大楼的办公室，以适合每个新房客的个人爱好。

通过推理，我们可以得到下列结果：

（1）如果一个办公室在以后几年中不能出租，我们就不能从那个办公室得到收入。我们到年底可能得不到什么收益，但这种情况总不会比我们没有采取任何行动时的情况更糟。而我们的境况应该好，因为我们满足房客的需要，他们在未来的年份中会准时如数地交付房租。

（2）出租办公室仅以一年为基数，这是已经形成了的习惯。在大多数情况下，房间仅仅只空几个月就可接纳新的房客。因此，得到租金的希望就不至于太落空。

（3）在一所设备良好的大楼里，如果一个房客一定要在他租约满期的那一年的末期退租，也比较易于再租。免费装饰办公室也不会得不偿失，因为这会增加全楼的股票价值，结果极好。每一个新近装饰过的办公室似乎都比以前更为富丽堂皇。房客都很热心，许多房客花费了额外的费用。有一个房客在改建工作中就花费了22000美元。

这座大楼开始时只租出10%，到年底便100%地租出了。没有一个房客在他的租约满期后想走的。他们很高兴住上了超摩登的新办公室。第一年的租约满期后，我们也没有提高租金；这样，我们就赢得了房客的信任和友情。

现在让我们回顾一下这个故事的始末。有一个人面临着一个严重的问题。他手上有一座巨大的办公大楼，可是这座大楼十分之九的办公室都是空闲未租。然而，在一年内这座大楼便100%地出租了。现在，就在它的隔壁左右，仍有几十座大楼是空荡荡的。

这两种情况之间的差别当然就是每座大楼的经理对这个问题所持的不同的心理态度。一种人说："我有一个问题，那是很可怕的。"另一种人说："我有一个问题，那是很好的！"

如果一个人能够抓住他的问题尚未显露出真相的好机会，洞察它并寻求解决，那么他就是懂得积极心态之要义的人。如果一个人能形成一种行之有效的想法，并紧接着付诸实行，他就能把失败转变为成功。

简单地说，已经得到第一名的人，不会有比看到第一名更荣耀的事了，对他而言，顶多只能继续保持第一名而已，而且平常都有可能会降到第二名或第三名的不幸事件。相反的，得到最后一名的人，对他来说，最坏的结果也只是最后一名而已，但有进步为倒数第二、第三名的可能。困境对我们来说反而是一种刺激，而且可以激励我们的成长与进步。

在这里，所指的贫穷或富裕，当然不单独指经济上的因素，也可以说是失败和成功、堕落和成长，也就是一般人常说的"顺境与逆境"。日本著名的作家谷口雅春先生，在他的著作《你是无限能力者》一书中，曾说过："坠落才是机会"，其意义也是相同的。这些话，都是我们应该好好体会的。的确，如果一粒麦子不落地死亡，怎能再结出许多麦子呢？经历了越激烈的痛苦，在精神上、人格上，也会越早成熟、越早进步。

因此，一旦当我们面临困境时，不要畏惧退缩，心中只要牢牢记住一件事：不要被逆境所吞噬。纵使你所面临前所未有的激烈痛苦，也不要因此而被淹没。要知道如果太过于沉溺于自怜自哀之中，将会因为这一次的堕落而失去一切，永不得翻身。我们应该庆幸逆境来临，正是我们考验自己的最佳良机，坚强地渡过危险之后，一条坦荡的康庄大道将展现在你的面前。"能够成功的人，只不过比别人多坚持了五分钟。"你我均应牢记这句话。

◎握住"刀柄"，反败为胜

困难可以将你击垮，也可以使你重新振作。这取决于你如何去看待和处理困难。美国名作家罗威尔曾说："人世中不幸的事如同一把刀，它可以为我们所用，也可以把我们割伤。那要看你握住的是刀刃还是刀柄。"

遇到困难时，如果握着“刀刃”，就会割到手；但是如果握住“刀柄”，就可以用来切东西。要准确握住刀柄，可能不容易，但还是可以做得到的，这其中有很多方法和技巧，许多人曾试过。

在我们讨论处理困难之前，我必须告诉你，人生中能够遇到这些困难，是值得你高兴的事情。若没有了这些，人生就不成其为人生。虽然困境有其令人难以接受的一面，但它是人生成长及把握方向不可缺少的磨炼。

事实上，难题正是人生的标记之一，难题愈多，愈能显示它是人生的一部分。

通常人们被困难击败的主要原因之一就是人们自认为可以被打败。而克服困难一个最大的诀窍，如同我们所说的，也就是要学会相信人们可以击败困难，在得到上帝的帮助之后，便可以征服所有困难。为了做到这一点，你的心理及精神就要不断地成长。成长是你可以做得到的事。你可以在心灵方面茁壮成长，战胜任何难题。换句话说，你必须比所遇到的困难更高更壮才行。

积极心态伟大的功效之一是，它教导人们停止与自己对抗。事实上，很多人必须练习如何打败自己。因为他们坚信自己无法处理自己的困境，他们已经被自己的心灵击败了。

如果你可以因为成长而克服困难，则困难就是激励你成长的要素。俄罗斯有一句谚语说：“铁锤能打破玻璃，更能铸造精钢。”如果你像钢一样，有足够坚强作为打造的品质，去克服人生中的困难，那么这些困难正好可以磨炼你的意志和力量。

很多杰出的领导人都遵循这条人生哲学，艾森豪威尔总统曾向我讲述他早年把自己的母亲看作是认识的人中最明智的人，她的明智来源于她的宗教信仰。她在家庭里制造出这种神奇的力量，而她就是这种力量的中心。

艾森豪威尔回忆说，有一天一家人晚上玩牌，他很埋怨自己手气不好。母亲突然停下，告诉他玩牌的时候要接受自己抓来的牌，并说明生活也是这样，上帝为每个人发牌，而你只能尽自己最大努力玩好自己的牌。

总统说他从来没有忘记过这条教诲，并且一直遵循它。

伟大的心理学家阿德勒究其一生都在研究人类及其潜能，他曾经宣称他发现人类最不可思议的一种特性——“人具有一种反败为胜的力量”。

我下面要讲述的这位女士的经历，正好印证了那一句话，这位女士是瑟尔玛·汤普森。

“战时，我丈夫驻防加州沙漠的陆军基地。为了能经常与他相聚，我搬到那附近去住，那实在是个可怕的地方，我简直没见过比那更糟糕的地方。我丈夫出外参加演习时，我就只好一个人待在那间小房子里。热得要命——仙人掌树阴下的温度高达华氏 125 度，没有一个可以谈话的人。风沙很大，所有我吃的、呼吸的都充满了沙、沙、沙！

“我觉得自己倒霉到了极点，觉得自己好可怜，于是我写信给我父母，告诉他们我放弃了，准备回家，我一分钟也不能再忍受了，我情愿去坐牢也不想待在这个鬼地方。我父亲的回信只有三行，这三句话常常萦绕在我心中，并改变了我的一生：

‘有两个人从铁窗朝外望去，

‘一人看到的是满地的泥泞，

‘另一个人却看到满天的繁星。’

“我把这几句话反复念了好几遭，我觉得自己很丢脸。决定找出自己目前处境的有利之处，我要找寻那一片星空。

“我开始与当地居民交朋友，他们的反应令我心动。当我对他们的编织与陶艺表现出很大的兴趣时，他们会把拒绝卖给游客的心爱之物送给我。我研究各式各样的仙人掌及当地植物。我试着多认识土拨鼠，我观看沙漠的黄昏，找寻 300 万年前的贝壳化石，原来这片沙漠在 300 万年前曾是海底。

“是什么带来了这些惊人的改变呢？沙漠并没有发生改变，改变的只是我自己。因为我的态度改变了，正是这种改变使我有了一段精彩的人生经历。我所发现的新天地令我觉得既刺激又兴奋。我着手写一本书——一本小说——我逃出了自筑的牢狱，找到了美丽的星辰。”

瑟尔玛·汤普森所发现的正是耶稣诞生前五百年希腊人发现的真理：“最美好的事往往也是最困难的。”

我在纽约市教授成人教育课程时，发现很多人都有一个很大的遗憾，是没有机会接受大学教育。他们似乎认为未进大学是一种缺陷。而我认识的许多成功的人士都没上过大学，因此我知道这一点并没有这么重要。我常告诉这些学员一个失学者的故事：

他的童年非常贫困，父亲去世后，靠父亲的朋友帮忙才得以安葬。它的母亲必须在一家制伞工厂一天工作 10 小时，再带些零工回来做，做到晚上 11 点钟。

他就是在这种环境下长大的，有一次他参加教会的戏剧表演，觉得表演非常有趣，于是就开始训练自己公众演说的能力。后来也因此，他进入政界。30 岁时，他已当选为纽约州议员。不过对接受这样的重大责任，他其实还没有准备妥当。事实上，他亲口告诉我，他还搞不清楚州议员应该做些什么。他开始研读冗长复杂的法案，这些法案对他来说，就跟天书一样。他被选为森林委员会的一员，可是因为他从来不了解森林，所以他非常担心。他又被选入银行委员会，可是他连银行账户也没有，因此他十分茫然。他告诉我，如果不是耻于向母亲承认自己的挫折感，他可能早就辞职不干了。绝望中，他决定一天研读 16 小时，把自己无知的酸柠檬，做成知识的甜柠檬汁。因为这种努力，他由一位地方政治人物提升为全国性的政治人物，他的表现如此杰出，连《纽约时报》都尊称他是“纽约市最可敬爱的市民”。这位传奇人物就是阿尔·史密斯。

在阿尔开始自我教育后的十年，他成为纽约州政府的活字典。他曾连任四届纽约州长——当时还没有人拥有这样的纪录。1928 年，他当选为民主党总统候选人。包括哥伦比亚大学及哈佛大学在内的六所著名大学，都曾颁授荣誉学位给这位年少失学的人。

阿尔亲口告诉我，如果不是他一天勤读 16 小时，把他的缺失弥补过来，他绝对不可能有今天的。

◎在其他三根弦上把曲子演奏完

尼采对超人的定义是：“不仅是在必要情况之下忍受一切，而且还要喜爱这种情况。”

愈研究那些有成就者的事业，人们就愈加深刻地感觉到，他们之中有非常多的人之所以成功，是因为开始的时候有一些会阻碍他们的缺陷，促使他们加倍地努力而得到更多的报偿。正如威廉·詹姆斯所说的：“我们的缺陷对我们有意外的帮助。”

不错，很可能密尔顿就是因为瞎了眼，才能写出更好的诗篇来，而贝多芬是因为聋了，才能做出更好的曲子。

海伦·凯勒之所以能有光辉的成就，也就是因为她的瞎和聋。

如果柴可夫斯基不是那么的痛苦——而且他那个悲剧性的婚姻几乎使他濒临自杀的边缘——如果他自己的生活不是那么悲惨，他也许永远不能写出他那首不朽的《悲怆交响曲》。

“如果我不是有这样的残疾，”那个在地球上创造生命科学的基本概念的人写道，“我也许不会做到我所完成的这么多工作。”达尔文坦白承认他的残疾对他有意想不到的帮助。

达尔文在英国出生的那一天，另外一个孩子生在肯塔基州森林里的一个小木屋里，他的缺陷也对他有帮助。他的名字就是林肯——亚伯拉罕·林肯。如果他出生在一个贵族家庭，在哈佛大学法学院得到学位，而又有幸福美满的婚姻生活的话，他也许绝不可能在他心底深处找出那些在盖茨堡所发表的不朽演说。他不会有在他第二次政治演说中所说的那句如诗般的名言——这是美国的统治者所说的最美也最高贵的话："不要对任何人怀有恶意，而要对每一个人怀有爱……"

有一位大学毕业生曾经给一位报社编辑写了一封信。在信中，他写道：

"我是一名大学毕业生，参加工作已 5 年。5 年来我工作顺利，深得领导赏识，按理该没有什么忧虑。但是，自古男大当婚，女大当嫁，我已到了恋爱结婚的年龄，就是这件事，弄得我好忧虑，好伤心。我的身高只有 1.64 米，这是爹妈给的，并非我的过错。可人家帮我介绍过 3 个女朋友，最后都以"拜拜"告吹。她们说，学历、文凭和工作单位没说的，只是个子太矮了，没有风度，没气派。有位姑娘还很惋惜地说：'可惜，只要再高 6 公分，有 1.70 米就好了。'这 6 公分之差，使我非常痛苦。现在我有点心灰意冷，恨爹妈为什么不让我长高些。因此工作也无精打采，我不愿这样消沉下去，可我该怎么办呢？"

其实，有些人之所以烦恼、忧虑，正是由于自卑。

其实身材短小何必自惭形秽？一位国际舞台上的名矮子对此自有一番高论。他名叫罗慕洛，长期担任菲律宾的外交部长，他身高也只有 1.63 米。面对高大的对方，他一点不自卑，他却以此自豪。他写了一篇在世界上出名的文章，叫《愿生生世世为矮人》。现在附在下面，读了以后，你就会知道矮子确有矮子的好处。

有一次，在巴黎举行的联合国会议上，我和苏联代表团团长维辛斯基激辩。我讥刺他提出的建议是"开玩笑"。突然之间，维辛斯基把他所有轻蔑别人的天赋都向我发挥出来。他说："你不过是个小国家的人罢了。"

在他看来，这就是辩论了。我的国家和他的相比，不过是地图上一点而已。而且我自己穿了鞋子，身高只有 1.63 米。

即使在我家中，我也是矮子。我的四个儿子全比我高七八厘米。我的太太穿高跟鞋的时候，要比我高寸把。我们婚后，有一次她接受访问，曾谦虚地说："我情愿躲在我丈夫的影子里，沾他的光。"一个熟悉的朋友就打趣地说："这样的话，就没有多少地方好躲了。"

我身材矮小，和鼎鼎大名的人物在一起时，常常特别惹人注意。第二次世界大战期间，我是麦克阿瑟将军的副官，他比我高20厘米。那次登陆雷伊泰岛，我们一同上岸，新闻报道说："麦克阿瑟将军在深及腰部的水中走上了岸，罗慕洛将军和他在一起。"一位专栏作家立即拍电报调查真相。他认为如果水深到麦克阿瑟将军的腰部，我就要淹死了。

我一生当中，常常想到高矮的问题。但我愿生生世世都做矮子。

这句话可能会使你诧异，许多矮子都因为身材而自惭形秽。我得承认，年轻的时候也穿过高底鞋，但用这个法子把身材加高实在不舒服，并不是身体上的，而是精神上的不舒服。

这种鞋子使我感到，我在自欺欺人，于是我再也不穿了。

其实这种鞋子剥夺了我天赋的一大便宜。因为：矮小的人起初总被人轻视，后来，他有了表现，别人就觉得出乎意料，不由得佩服起来，在他们心目中，他的成就格外出色。

有一年我在哥伦比亚大学参加辩论小组，初次明白了这个道理。我因为矮小，所以样子不像大学生，就像小学生。一开始，听众就为我鼓掌助威，在他们看来，我已经居于下风，而大多数人都喜欢看居下风的人得胜。

我一生的境遇都是如此。平平常常的事经我一做，往往就似乎成了惊天动地之举，因为大家对我毫不寄以希望。

1945年，联合国创立会议在旧金山举行，我以无足轻重的菲律宾代表团团长身份，应邀发表演说。讲台差不多和我一样高，等到大家静下来，我庄严地说出这一句话："我们就把这个会场当做最后的战场吧。"全场登时寂然，接着爆发出一阵热烈的掌声。我放弃了预先准备好的演讲稿，畅所欲言，思如泉涌。后来，我在报上看到当时我说了这样一段话："维护尊严，言辞和思想比枪炮更有力量……唯一牢不可破的防线是互助互谅的防线！"

这些话如果是大个子说的，听众可能客客气气地鼓一下掌。但菲律宾那时离独立还有一年，我又是矮子，由我说出来，就有意想不到的效果。从那天起，小小的菲律宾在联合国大会中就被各国当做资格十足的国家了。

矮子还占一种便宜：通常都特别会交朋友。人家总想维护我们，容易对我们推心置腹。大多数的矮子早年就都懂得：友谊和筋骨健硕、力量强大一样重要。

早在1935年，大多数的美国人还不知道我这个人，那时我应邀到圣母大学接受荣誉学位，并且发表演说，那天罗斯福总统也是演讲人。事后他笑吟吟地怪我"抢了美国总统的风头"。

我相信，身材矮小的人往往比高大的人富有“人情味”而平易近人。他们从小就知道自视绝不可太高，身材魁梧的人态度冷峻，别人会说他有“威仪”。但是矮小的人摆出这种架子来，大家就要说他“自大”了。

矮子如果稍有自知之明，很早就会明白脾气是不好随便乱发的。大个子发脾气，可能气势汹汹，矮子就只像在乱吵乱闹了。

一个人有没有用，和个子大小无关。身材矮小可能真有好处。历史上许多伟大的人物都是矮子。贝多芬和纳尔逊都只有1.63米高，但是他们和只有1.52米高的英国诗人济慈及哲学大师康德相比，已经算高大的了。

当然还有一位最著名的矮子是拿破仑。好些心理学家说，历史上之所以有拿破仑时代，完全是拿破仑的身材作祟。人们说，他因为矮小，所以要世人承认他真正是非常伟大的人物，失之东隅，收之桑榆。

本文一开始，我就提到苏联代表维辛斯基因为我胆敢批评他的国家而出言相讥的事，我不喜欢别人以为我任凭他侮辱矮子，而不加反驳。他一说完，我就跳起身来，告诉联合国大会的代表说，维辛斯基对我的形容是正确的，但是我又说：“此时此地，把真理之石向狂妄的巨人眉心掷去——使他们行为有些检点，是矮子的责任！”（《圣经》里的典故）维辛斯基凶狠地瞪着眼，但是没有再说什么。”

“我愿生生世世做矮人！”这就是罗慕洛流传于世的名言。他不仅正视生活中的自我，极力消除传统文化的偏见，而且因自己与别人的身体的不同而感到快乐和自足。

哈瑞·艾默生·福斯狄克在他那本《洞视一切》的书中说：“斯堪的那维亚半岛人有一句俗话，我们都可以拿来鼓励自己，北风造就维京人。我们为什么会觉得，有一个很安全而且很舒服的生活，没有任何困难，舒适与清闲，这些就能够使人变成好人或者很快乐呢？正相反，那些可怜自己的人会继续地可怜他们自己，即使舒舒服服躺在一个大垫子上的时候也不例外。可是在历史上，一个人的性格和他的幸福，却来自各种不同的环境，好的、坏的，只要他们肩负起他们个人的责任。所以我们再说一遍：北风造就维京人。”

假设我们颓丧到极点，觉得根本不可能把我们的柠檬做成柠檬水。那么，下面是我们为什么应该试一试的两点理由——这两点理由告诉我们，为什么我们只赚而不会赔。

理由第一条，我们可能成功。

理由第二条，即使我们没有成功，只是怀着要化负为正的企图，也就会使我们向前看而不会向后看。所以，用肯定的思想来替代否定的思想，能激发你的创造力，能刺激我们根本没有时间也没有兴趣去忧虑那些已经过去和已经完成的事情。

有一次，世界最有名的小提琴家欧利·布尔举行一次音乐会，他小提琴的A弦突然断了，可是欧利·布尔就用另外的那三根弦演奏完了那支曲子，“这就是生活，”哈瑞·艾默生·福斯狄克说，“如果你的A弦断了，就在其他三根弦上把曲子演奏完。”

这不仅是生活，这比生活更可贵——这是一次生命上的胜利。

◎苦难是金，你并非一无所有

美国钢铁大王安德鲁·卡内基在一次讲话中这么说过，对于那些生来一无所有的年轻人，我想向他们表示祝贺。因为他们出生在一个令人荣耀的境地，这种环境注定了他们必须孜孜以求、不懈努力才能够改变自己的处境，才能出人头地。对于一个年轻人而言，他要挎的最重的篮子莫过于一个盛满了各种证券的篮子。他通常会让这个篮子压得摇摇晃晃、站立不稳。在我们的这个城市里有无数的青年，他们依靠自己的力量努力拼搏，站在了最优秀的人群的前列，成为对社会有用的公民。他们无愧于授予他们的所有荣誉。而大部分富豪的子孙们却难以抵制住先辈们留给他们的一大笔财富的诱惑，沦落为对社会没有任何价值的寄生虫。如果我能够选择的话，我宁愿给一个年轻人留下一些磨难让他去承受、去磨砺，而不是留给他万能的金钱，让金钱成为他的负担和重压。值得你们害怕的竞争对手不是来自这个富有的阶层，不是你的那些富有的合作伙伴的后代子孙们，你要时刻警惕的竞争对手是那些来自贫穷家庭的青年们，那些比你还要贫穷的青年人，他们的父母甚至没有能力负担他们在这个学院里上一门课的费用，而你们却拥有这个能够让你们在自己的同类中有了立于前排的决定性优势。你们要重视这些看来不可能在你这一个职位上向你挑战或是超越你的年轻人。不要轻视那些从普通的学校里走出来，一头扎进工作中的年轻人，也不要轻视那些在办公室里干诸如端茶扫地一类最低等的活的年轻人，他很可能就是一匹黑马，你最好还是密切注意他，终有一天他会向你挑战的。

1913年1月5日，凯蒙斯·威尔逊诞生于美国南方孟菲斯市西北的奥西奥拉小城镇。他的父亲查尔斯·凯蒙斯·威尔逊曾在海军服役，当一名司炉工和办事员，后来离开了海军，在国民人寿和意外事故保险公司工作，推销保险。由于工作出色，于1912年接受公司的委派，前往奥西奥拉，在那里开设一个办事处。他的母亲多尔·威尔逊出生在孟菲斯市一个十分贫困的家庭，她10多岁时就去当卖杂货的营业员。他们的小男孩出生了，这时对于这位年纪轻轻又有雄心壮志的保险代理人及其新娘来说，前途看来一片灿烂光明。他们给儿子取名为小查尔斯·凯蒙斯·威尔逊。

可是，仅仅9个月后，悲剧突然袭来。29岁的老凯蒙斯患了重病，是得了肌肉萎缩性侧索硬化症的不治之症，支配肌肉运动的神经细胞出现病变衰退，非常痛苦。1913年10月4日，他还来不及看到自己的儿子过3周岁生日便去世，并留下多尔——年方18岁就成了寡妇和单身母亲。

老凯蒙斯有预见，生前买了一份保价为2000美元的保险单，死后赔款付给多尔。这笔钱在1913年时是一笔可观的金额。可是，一名没有道德的丧葬用品销售商在同多尔打交道时，利用了年轻寡妇的悲痛心情，劝说她给亡夫大办丧事，从而把根据保险单得到的全部款项耗用殆尽。老凯蒙斯的墓葬颇有气魄，但丧事过后，多尔几乎分文不剩。

正是在那个年代、那个地方，一个年方18岁的寡妇几乎身无分文，却下定主意：任何艰难困苦都阻挡不住自己抚养儿子，并把他培养成将来在世界上有所建树、留下印记的人。

多尔带了她的婴儿回到了孟菲斯市，迁往沃特金斯北街336号自己的母亲处居住。在取得政府补助之前的那段日子里，多尔别无选择，只有走出家门去工作，以养活自己和年幼的儿子。威尔逊后来回忆说："我的母亲找到了一份工作，给一位牙医当助手，每周工资11美元。后来，她当上了一名簿记员。可是，她一个月的收入从来没有超过125美元。此情此景，你能想象得出吗？回首当年，那是何等艰难的岁月，真是度日如年啊！"

在这种困窘的生活环境下，凯蒙斯·威尔逊在年幼时就开始干活挣钱了。经过艰辛的创业历程，威尔逊经营过爆米花和弹球机，经营过电影院，幼年艰苦的生活使他成为孟菲斯市最坚定不移、蒸蒸日上的青年企业家之一，而立之年未过，便已创下庞大的事业。

纵观那些世界知名企业家的成功历程，我们会发现他们无一例外都是从一无所有的困境中白手起家，依靠自己坚忍的品质和不懈的努力，创下了引以为傲的世界，由命运的弃儿变成众人称羡的天之骄子。因此，如果你觉得命运对自己太不公平，请记住下面一句话：

苦难是金，不要认为自己一无所有。

◎在逆境中依旧含笑

一个身处逆境却依旧能含着笑的人，要比一个陷入困境就立即崩溃的人，获益更多。处逆境而乐观的人，才具有获得成功的潜质，并且要比一般人要强；而有好多人往往一处逆境，便立刻会感到沮丧，因此达不到他们的目的。

我们生活于一个竞争激烈的世界，人们以成功者及失败者来衡量成就，并且强调每一个胜利都会产生对等的失败。要是一个人赢了，理论上必定有人输了。但事实上，你自己与自己的竞争才是真正重要的。

在通往成功的道路上，能不能经得住失败的考验，决定了能否达到成功的目标。有的人因为失败而徘徊不前，悲观失望，他们往往会由于害怕失败而遭受到更多的失败，最终落于人后；有的人却是微笑地面对失败，从哪里跌倒再从哪里爬起来，用信心和勇气来战胜失败，他们往往都是踏上了成功巅峰的出类拔萃的人。

在我们的社会上，绝没有郁郁不乐者、忧愁不堪者或陷于绝望者的地位。如果一个人在他人面前总是表现出郁郁不乐，就没有人愿意同他在一起，人们都要避而远之。

人类的天性就喜欢与和谐快乐的人相处。一个人不应该做情绪的奴隶，一切行动皆受制于自己的情绪，人应该反过来控制自己的情绪。无论你周围的境况怎样的不利，你也应当努力去支配你的环境，把自己从黑暗中拯救出来。当一个人有勇气从黑暗中抬起头来，面向光明大道走去后，后面便不会有阴影了。

许多人在疲惫或沮丧的时候，会面对自己日常的工作而感到困惑："究竟我做的这一切有什么用处?"

在这里，我把自己一生所获得的最切实的感受告诉大家：

"要树立自己的信心，对于每一次的挫折与失败，都要微笑地面对，不要害怕，不要后退，因为毕竟你才是自己的主宰。"

心态会带给你成功。当你在和失败战斗时，就是你最需要积极心态的时候。

当你处于逆境时，你必须花数倍的心力，去建立和维持自己的积极心态。同时也应动用你对自己的信心以及你的明确目标，将积极心态化为具体行动。

在经过对无数成功者成功秘诀的深入探讨之后，我们更有理由相信这一点："成功者之所以成功，正是在于他们不惧怕失败，能在失败之后重新鼓起奋斗的勇气。"

只有在现实生活中拥有百折不挠的勇气的人，才能深刻地领会"失败是成功之母"这句话的真正含义。

1510年，帕里斯出生在法国南部，他一直从事玻璃制造业，直到有一天看到一只精美绝伦的意大利彩陶茶杯。这一下，改变了他一生的命运。

"我也要造出这样美丽的彩陶。"这是他当时唯一的信念。

他建起烤炉，买来陶罐，打成碎片，开始摸索着进行烧制。

几年下来，碎陶片堆得像小山一样，可他心目中的彩陶却仍不见踪影，他甚至无米下锅了。他只得回去重操旧业，挣钱来生活。

他赚了一笔钱后，又烧了三年，碎陶片又在砖炉旁堆成了山，可仍然没有结果。

以后连续几年，他挣钱买燃料和其他材料，不断地试验，都没有成功。

长期的失败使人们对他产生了看法。都说他愚蠢，是个大傻瓜，连家里人也开始埋怨他。他也只是默默地承受。

试验又开始了，他十多天都没有脱衣服。日夜守在炉旁。

燃料不够了。他拆了院子里的木栅栏，怎么也不能让火停下来呀！

又不够了！他搬出了家具，劈开，扔进炉子里。

还是不够，他又开始拆屋子里的地板。劈劈啪啪的爆裂声和妻子儿女们的哭声，让人听了鼻子都是酸酸的。

马上就可以出炉了，多年的心血就要有回报了，可就在这时，只听炉内"嘭"的一声，不知是什么爆裂了。所有的产品都沾染上了黑点，全成了次品。

眼看到手的成功，又失败了！

帕里斯也感受到了巨大的打击，他独自一人到田野里漫无目的地走着。不知走了多长时间，优美的大自然终于使他恢复了心里的平静，他平静地又开始了下一次试验。

经过16年无数次的艰辛历程，他终于成功了，而这一刻，他却一片平静。

他的作品成了稀世珍宝，价值连城，艺术家们争相收藏。他烧制的彩陶瓦，至今仍在法国的罗浮宫上闪耀着光芒。

帕里斯的成功之路是艰辛而漫长的。他的成功来得何等不易。在一次又一次的失败中一次又一次的重新站起，这正是帕里斯成功的所在。

影响人类成功最坏的敌人，便是思想的不健康，便是以沮丧的心情来怀疑自己的生命。其实，一切事情，全靠我们的勇气，和我们对自己有信仰，全靠我们对自己有一个乐观的态度。唯有如此，方能成功。然而一般人处于逆境的时候，或是碰到沮丧的事情之时，或是处于充满凶险的境地时，他们往往会让恐惧、怀疑、失望的思想来捣乱，便丧失了自己的意志，以致使自己多年以来的计划毁于一旦。有很多人如同从井底向上爬的青蛙，辛辛苦苦向上爬，但是一旦失足，就前功尽弃。

突破困境，首先在于要肃清胸中快乐和成功的仇敌，其次在于要集中思想，坚定意志。只有运用正确的思想，并抱着坚定的精神，才能战胜一切逆境。

一个在思想心智上训练有素的人，能够做到在几分钟内从忧愁的思想中解脱出来。但是大多数人却不能排除忧愁去接受快乐；不能消除悲观去接受乐观。他们把心灵的大门紧紧地封闭起来，虽然费力在那里挣扎，却没什么成效。

人在忧郁沮丧的时候，要尽量改换自己的环境。但是，对于使自己痛苦的问题，不要过多去思考，不要让它再占据你的心灵，而要尽力想着最快乐的事情。对待他人，也要表现出最仁慈、最亲热的态度，说出最和善、最快乐的话，要努力以快乐的情绪去感染你周围的人。这样做以后，思想上黑暗的影子，必将离你而去，而那快乐的阳光将映照你的一生。

如果你能在失败之后，重新鼓起奋争的勇气，你就会离成功越来越近。而做到这一点，则取决于你积极的心态。面对失败时，要记住让自己的灵魂“在太阳升起时再度充满精神”。

◎不算损失，要算收获

约翰在威斯康星州经营一座农场，当他因为中风而瘫痪时，就是靠着这座农场维持生活的。

由于他的亲戚们都确信他已经是没有希望了，所以他们就把他搬到床上，并让他一直躺在那里。虽然约翰的身体不能动，但是他还是不时地动脑筋。忽然间，有一个念头闪过他的脑海，而这个念头注定了要补偿他的不幸的缺憾。

他把他的亲戚全都召集过来，并要他们在他的农场里种植谷物。这些谷物将用作一群猪的饲料，而这群猪将会被屠宰，并且用来制作香肠。

数年间，约翰的香肠就被陈列在全国各商店出售，结果约翰和他的亲戚们都成了拥有巨额财富的富翁。

出现这样美好结果的原因，就在于约翰的不幸迫使他运用从来没有真正运用过的一项资源：思想。他定下了一个明确目标，并且制定了达到此目标的计划，他和他的亲戚们组成智囊团，并且以应有的信心，共同实现了这个计划。别忘了，这个计划是因为约翰中风之后才出现的。

当你遇到挫折时，切勿浪费时间去算你遭受了多少损失；相反的，你应该算算看你从挫折当中，可以得到多少收获和资产。你将会发现你所得到的，会比你所失去的要多得多。

你也许认为约翰在发现思想力量之前，就必然会被病魔打倒，有些人更会说他所得到的补偿只是财富，而这和他所失去的行动能力并不等值。但约翰从他的思想力量和他亲戚的支持力量中，也得到了精神层面的补偿。虽然他的成功并不能使他恢复对身体的控制能力，但却使他得以掌控自己的命运，而这就是个人成就的最高象征。他可以躺在床上度过余生，每天只为自己和他的亲人难过，但是他没有这样做，反而带给他的亲人们想都没有想过的安全。

长期的疾病通常会使我们不再看，也不再听。我们应该学习去了解发自内心深处的轻声细语，并分析出导致我们遭到挫折甚至失败的原因。

爱默生对此事的看法是：

“发烧、肢体残障、冷酷无情的失望、失去财富、失去朋友，都像是一种无法弥补的损失。但是平静的岁月，却展现出潜藏在所有事实之下的治疗力量。朋友、配偶、兄弟、爱人的死亡，所带来的似乎是痛苦，但这些痛苦将扮演着导引者的角色，因为它会操纵着你生活方式的重大改变，终结幼稚和不成熟，打破一成不变的工作、家族或生活形态，并允许建立对人格成长有所助益的新事物。

“它允许或强迫形成新的认识，并接受对未来几年非常重要的新影响因素；在墙崩塌之前，原本应该在阳光下种种花朵——种植那些缺乏伸展空间而头上又有太多阳光的花朵——的男男女女，却种植了一片孟加拉榕树林，它的树阴和果实，使四周的邻人们因而受惠。”

时间对于保存这颗隐藏在挫折当中的等值利益种子，是非常冷酷无情的，找寻隐藏在新挫折中的那颗种子的最佳时机，就是现在。你也可以再检查一下过去的挫折，并找寻其中的种子。有的时候，我们会因为挫折感太过强烈，而无法马上着手去找这颗种子。但是，现在你已有了更高的智慧和更多的经验，足以使你轻易地从任何挫折中，学习它能教给你的东西。

遇到挫折时，不要去算你遭受的损失，而要算你能得到多少收获。

◎品味困境中的芳香

世间事，如果一切顺顺利利、悉如我意，按照我们当初的计划与预期发展的话，人生该有多好，世间事，如果一切平平稳稳、“一加一等于二”，能够要怎么栽就必定有怎么收的话，人生该有多么的惬意。然而，偏偏事与愿违，世间事就是多了这么一分冥冥中无可抗拒的神奇，使我们永远无法预知未来，世间事就是多了这么一分冥冥中无可避免的外界主导力量，使我们永远无法全然地掌握，而必须面对千变万化的“不可预知”。

这股冥冥的力量，有人叫它“天意”，有人叫它“命运”，无论怎么称呼，它就是无所不在、如影随形地随时随地出现在我们的左右。如果，它幸运地引领我们进入了成功、快乐，我们却总是一厢情愿地认定成功、快乐都是因为“自我”的卓越与努力，而全然忽视了“它”的存在；然而，如果一旦它不幸地将我们带入了悲伤、失意，我们却总是一意孤行地认定失意、悲伤都是因为“它”的作祟，而完全忽视了“自我”的虚心检讨与坦然面对。

“天意”与“命运”也许经常不是称心如意地完全符合我们的希望，但是，它背后所代表的真意与仁慈，只有我们在虔敬恭谨的谦卑下才能真正品味出它的芳香。

达伦从小就没有了父亲，她在母亲含辛茹苦、百般呵护之下，总算不愧慈恩地在工作事业上崭露头角而成为人人夸赞的人。她事母至孝，这些年来一切顺遂如意，唯一美中不足的竟是至爱的母亲因为年老力衰而得到了时下仍旧让人束手无策的“帕金森老人痴呆症”。

无法自已照顾生活还是小事，有的时候，仿佛恶魔附身似的，一向温驯善良的母亲也会变得焦躁不安、念念有词，惶然不知地做出许多令人惊吓的举动。有一回，居然还因为达伦公事忙碌才两天没来探望她，就歇斯底里地呼天抢地、寻死寻活，一个劲儿地将头撞向墙壁以致浑身鲜血淋漓。

达伦从不抱怨，她以最大的关怀和无限的爱心安慰她、照料她，不曾片刻丧失对她的耐心和关心。她知道，如果这是“天意”，不过是让她约略以现在些许的折磨稍事感受母亲多年不为外人所知的辛劳，如果这是“命运”，不过她为人子者当尽的唯一可行之道。

达伦一心虔诚地祈祷，只要母亲能够恢复当年的风采，再大的代价也愿付出；达伦诚挚地恳求，只要能够永远陪伴在她的身边，即使是他人认为疯癫无理的老人，也将永远是她心目中最为美丽的母亲。

仿佛宿命般地，母亲最后仍旧是在一天饭后的散步中了无意识地由六楼跌下，痛苦地结束了她坎坷的生命。达伦痛不欲生，在一场和神父的谈话中，她毫不保留地大声宣泄了她最为愤慨的抱怨——

“她是那么的仁慈，她是那么的善良，如果这是‘天意’，那么‘天意’根本就是不公。”神父却以极其平淡沉稳的口吻对她说：“孩子，‘天意’不是能从外表了解它所蕴含的真意。若不是亲眼看到母亲经历过这么多生活的苦痛，我们怎能了解春晖慈爱于万一，若不是亲眼看到母亲经历过这么多的病痛的折磨，我们又怎么能再度感受永远需要母爱常相照拂的心底真情……”

“我是多么虔诚地祈求天主的眷顾，忠心地信守仁慈、孝敬和它所有的诫命，但求我的母亲能再享受些快乐的生活，但是偏偏它却狠心地连这么一点卑微的心愿都不能满足我们。如果这是‘命运’，那么‘命运’根本就是不义。”神父却以极其平淡沉稳的口吻对她说：“孩子，‘命运’绝不能从外表了解它所要传达的信息。它完全看到了你的义行，不过只是仁慈地完全结束了母亲病痛的折磨，欢欣地希望给你一个崭新快乐的新生活……”

当你陷入不幸时，不要一意孤行的失意、悲伤，应品味它背后的芳香。

在工作中尽享愉悦

◎看到舞台，而不是薪水

也许是亲眼目睹或者耳闻父辈或他人被老板无情解雇的事实，现在的年轻人往往将社会看得比上一代更冷酷、更严峻，因而也就更加现实。在他们看来，我为公司干活，公司付我一份报酬，等价交换，仅此而已。他们看不到薪水以外的价值，在校园中曾经编织的美丽梦想也逐渐破灭了。没有了信心，没有了热情，工作时总是采取一种应付的态度，宁愿少说一句话，少写一页报告，少走一段路，少干一个小时的活……他们只想对得起自己目前的薪水，从未想过是否对得起自己将来的薪水，甚至是将来的前途。

某公司有一位员工，在公司已经工作了10年，薪水却不见涨。有一天，他终于忍不住内心的不平，当面向雇主诉苦。雇主说："你虽然在公司待了10年，但你的工作经验却不到1年，能力也只是新手的水平。"

这名可怜的员工在他最宝贵的10年青春中，除了得到10年的新员工工资外，其他一无所获。

也许，这个雇主对这名员工的判断有失准确和公正，但我相信，在当今这个日益开放的年代，这名员工能够忍受10年的低薪和持续的内心郁闷而没有跳槽到其他公司，足以说明他的能力的确没有得到更多公司的认可，或者换句话说，他的现任雇主对他的评价基本上是客观的。

这就是只为薪水而工作的结果！

大多数人因为不满足于自己目前的薪水，而将比薪水更重要的东西也丢弃了，到头来连本应得到的薪水都没有得到。这就是只为薪水而工作的可悲之处。

如果要让我对于刚跨入社会的青年所遇到的切身问题发表意见，那么我希望每个青年都切切牢记："在你们开始工作的时候，不必太顾虑薪水的多少。而一定要注意工作本身所给予你们的报酬，比如发展你们的技能，增加你们的经验，使你们的人格为人所尊敬等等。"

雇主所交付给年轻人的工作可以发展我们的才能，所以，工作本身就是我们人格品性的有效训练工具，而企业就是我们生活中的学校。有益的工作能够使人丰富思想，增进智慧。

如果一个人只是为着薪水而工作，而没有更高尚的目的，那么这实在不是一种好的选择。在这个过程中，受害最深的不是别人，而是他自己。他就是在日常的工作中，欺骗了自己，而这种因欺骗蒙受的损失，即便他日后奋起直追，振作努力，也不能赶上。

雇主只支付给你微薄的薪水，你固然可以敷衍塞责来加以报复。可是你应当明白，雇主支付给你工作的报酬固然是金钱，但你在工作中给予自己的报酬，乃是珍贵的经验、优良的训练、才能的表现和品格的建立，这些东西的价值与金钱相比，要高出千万倍。

许多年轻人认为他们目前所得的薪水太微薄了，所以竟然连比薪水更重要的东西也宁愿放弃了，他们故意躲避工作，在工作过程中敷衍了事，以报复他们的雇主。

这样，他们就埋没了自己的才能，消灭了自己的创造力和发明才能，也就使自己可能成为领袖的一切特性都无法获得发展。为了表示对微薄薪水的不满，固然可以敷衍了事地工作，但长期地这样做，无异于使自己的生命枯萎，使自己的希望断送，终其一生，只能做一个庸庸碌碌、心胸狭隘的懦夫。

每个人对于自己的职位都应该这样想：我投身于企业界是为了自己，我也是为了自己而工作；固然，薪水要尽力地多挣些，但那只是个小问题，最重要的是由此获得踏进社会的机会，也获得了在社会阶梯上不断晋升的机会。通过工作中的耳濡目染获得大量的知识和经验，使自己的能力得以提升，这将是工作给予你的最有价值的报酬。

能力比金钱重要万倍，因为它不会遗失也不会被偷。许多成功人士的一生跌宕起伏，有攀上顶峰的兴奋，也有坠落谷底的失意，但最终能重返事业的巅峰，俯瞰人生。原因何在？是因为有一种东西永远伴随着他们，那就是能力。他们所拥有的能力，无论是创造能力、决策能力还是敏锐的洞察力，绝非一开始就拥有，也不是一蹴而就，而是在长期工作中积累和学习得到的。

你的雇主可以控制你的工资，可是他却无法遮住你的眼睛，捂上你的耳朵，阻止你去思考、去学习。换句话说，他无法阻止你为将来所做的努力，也无法剥夺你因此而得到的回报。

许多员工总是在为自己的懒惰和无知寻找理由。有的说雇主对他们的能力和成果视而不见，有的会说雇主太吝啬，付出再多也得不到相应的回报……

一个人如果总是为自己到底能拿多少工资而大伤脑筋的话，他又怎么能看到工资背后的成长机会呢？他又怎么能理会到从工作中获得的技能和经验，对自己的未来将会产生多么大的影响呢？这样的人只会逐渐将自己困在装着薪水的信封里，永远也不会懂得自己真正需要什么。

总之，不论你的雇主有多吝啬、多苛刻，你都不能以此为由放弃努力。因为，我们不仅是为了目前的薪水而工作，我们还要为将来的薪水而工作，为自己的未来而工作。一句话，薪水是什么？薪水仅仅是我们工作回报的一部分。

世界上大多数人都在为薪水而工作，如果你能为自己的成长而工作，你就超越了芸芸众生，也就迈出了成功的第一步。

从前在宾夕法尼亚的一个山村里，住着一位卑微的马夫，后来这位马夫竟然成了美国最著名企业家之一，他靠着惊人的魄力和独到的思想撑起了事业的大厦，他一生的成就为世人所景仰。他就是查尔斯·齐瓦勃先生。

年轻的朋友们很关心齐瓦勃先生的成功，那么为什么他会获得成功呢？齐瓦勃先生的成功秘诀是：每谋得一个职位，他从不把薪水的多少视为重要的因素，他最关心的是新的位置和过去的职位相比较，是否前途和希望更为远大。

他最初在一个工厂里做工，当时他就自言自语地说："终有一天我要做到本厂的经理。我一定要努力做出成绩来给老板看，使老板主动来提拔我。我不会计较薪水的高低，我只要记住：要拼命工作，要使自己工作所产生的价值，远超过我所得的薪水。"他下定决心后，便以十分乐观的态度，心情愉快地努力工作。在当时，恐怕谁也不会想到齐瓦勃先生会有今日巨大的成就。

齐瓦勃的童年时代家境异常艰苦，家中一贫如洗，所以，他只受过很短时间的学校教育。齐瓦勃从 15 岁开始，就在宾夕法尼亚的一个山村里做马夫。两年之后，他又获得了另外一个工作机会，周薪为 2.5 美元。但他仍然无时无刻不在留心其他的工作机会，果然他又遇到一个新的机会，他应某位工程师之邀，去某钢铁公司的一个建筑工厂工作，工资由原来的周薪 2.5 美元变为日薪 1 美元。做了一段时间后，他就又升任技师，接着一步一步升到了总工程师的职位上。到了齐瓦勃 25 岁时，他晋升到房屋建筑公司的经理了。5 年之后，齐瓦勃开始出任某钢铁公司的总经理。到39岁时，齐瓦勃接过了全美钢铁公司的权柄，出任总经理。如今，他是贝兹里罕钢铁公司的总经理。

齐瓦勃只要获得一个位置，就决心要做所有同事中最优秀的人。他绝不会像某些人那样脱离现实胡思乱想。有些人经常会不守公司的纪律，常常抱怨公司的待遇，甚至于宁愿在街头流浪，静待所谓的良机，也不愿刻苦努力。齐瓦勃深知，只要一个人有决心，肯努力，不畏难，必定可以成为成功者。在今天的年轻人看来，齐瓦勃先生一生的奋斗与成功故事，简直是一个情节曲折的传奇，但更是一个对人教益最大的典范。从他一生的成功史中，我们可以看到努力劳动所具有的非凡价值。干任何事情，他都能做到非常乐观而愉快，同时在业务上求得尽善尽美、精益求精。所以，在他与同事们一起工作时，那些有难度、要求高的事情，都得请他来处理。齐瓦勃先生做事的态度是一步一个脚印，他从不妄想一步登天、一鸣惊人，所以，他地位的上升也是势所必至、天意使然。

◎让激情永久保鲜

让我们先来看看美国前教育部部长、著名教育家威廉·贝内特的一段叙述：

“一个明朗的下午，我走在第五大街上，忽然想起要买双短袜。于是，我走进了一家袜店，一个年纪不到17岁的少年店员向我迎来。”

“‘您要什么，先生？’”

“‘我想买双短袜。’”

“‘您是否知道您来到的是世上最好的袜店？’他的眼睛闪着光芒，话语里含着激情，并迅速地从一个个货架上取出一只只盒子，把里面的袜子逐一展现在我的面前，让我赏鉴。”

“‘等等，小伙子，我只买一双！’”

“‘这我知道，’他说，‘不过，我想让您看看这些袜子有多美，多漂亮，真是好看极了！’他脸上洋溢着庄严和神圣的喜悦，像是在向我启示他所信奉的宗教。”

“我对他的兴趣远远超过了对袜子的兴趣。我诧异地望着他。‘我的朋友，’我说，‘如果你能一直保持这种热情，如果这热情不只是因为你感到新奇，或因为得到了一个新的工作。如果你能天天如此，把这种激情保持下去，我敢保证不到10年，你会成为全美国的短袜大王。’”

只是，很多时候我们会遇到这样的情形：在商店，顾客需要静候店员的招呼。当某位店员终于屈尊注意到你，他那种模样会使你感到是在打扰他。他不是沉浸在沉思中，恼恨别人打断他的思考，就是在同一个女店员嬉笑聊天，叫你感到不该打断如此亲昵的谈话，反而需要你向他道歉似的。无论对你，或是对他领了工资专门来出售的货物，他都毫无兴趣。

然而就是这个冷漠无情的店员，可能当初也是怀着希望和热情开始他的职业的。刚刚进入公司的员工，自觉工作经验缺乏，为了弥补不足，常常早来晚走，斗志昂扬，就算是忙得没时间吃午饭，也依然开心，因为工作有挑战性，感受当然是全新的。

这种在工作时激情四射的状态，几乎每个人在初入职场时都经历过。可是，这份激情来自对工作的新鲜感以及对工作中不可预见问题的征服感，一旦新鲜感消失，工作驾轻就熟，激情也往往随之湮灭。一切开始平平淡淡，昔日充满创意的想法消失了，每天的工作只是应付完了即可。既厌倦又无奈，不知道自己的方向在哪里，也不清楚究竟怎样才能找回曾经让自己心跳的激情。他们在老板眼中也由前途无量的员工变成了比较称职的员工。

有时，压力也是人们失去工作激情的原因之一。职场人士承担着巨大的有形或者无形的压力，同事之间的竞争、工作方面的要求以及一些日常生活的琐事，无时无刻不在禁锢着我们的心灵。于是在种种压力的禁锢之下，无精打采、垂头丧气和漠不关心扼杀了我们对事业的激情。从热爱工作到应付工作再到逃避工作，我们的职业生涯遭到了毁灭性的打击。

但是，如果你在周一早上和周五早上一样精神振奋；如果你和同事、朋友之间相处融洽；如果你对个人收入比较满意；如果你敬佩上司和理解公司的企业文化；如果你对公司的产品和服务引以为豪；如果你觉得工作比较稳定；只要对以上任何一个问题，你的回答中有一个“是”字，我就要告诉你：“你‘可以’恢复工作激情。”

美国著名激励大师博西·崔恩针对如何恢复工作激情，提过五点建议：

（1）对自己所做的事感兴趣。“告诉自己对自己所从事的事喜欢的是什么，尽快越过你不喜欢的部分，转到你喜欢的部分。然后做得很兴奋，告诉旁人这件事，让他们了解为什么你会如此感兴趣。只要你做出对工作感兴趣的样子，你就会真的开始对它感兴趣。这样做的另两项好处是可以减少疲劳、压力与忧虑。”

千万不能失去热忱。我们每个人都应当有一些引以为荣的东西，对那些真正高贵的事物要保持一种景仰之情，对那些可以使我们的生活变得充实美丽的东西，永远不要失去热忱。

（2）把工作当做一项事业。如果你只把工作当做一件差事，或者只把目光停留在工作本身，那么即使是从事你最喜欢的工作，你仍然无法持久地保持对工作的激情。但如果你把工作当做一项事业来看待，情况就会完全不同了。

（3）树立新的目标。任何工作在本质上都是同样的，都存在着周而复始的重复。如果是因为这永无休止的重复，而对眼前的工作失去信心的话，那么我要告诉你的是，如果你的态度不转变，不主动给自己树立新目标，即使那是一份让你称心的工作，即使那是一个令所有人艳羡的工作环境，它一样会因为一成不变而变得枯燥乏味，你也不会从中获得快乐。

保持长久激情的秘诀，就是给自己不断树立新的目标，挖掘新鲜感。把曾经的梦想拣起来，找机会实现它，审视自己的工作，看看有哪些事情一直拖着没有处理，然后把它做完……在你解决了一个又一个问题之后，自然就产生了一些小小的成就感，这种新鲜的感觉就是让激情每天都陪伴自己的最佳良药。

（4）学会释放压力。工作不是野餐会，一个人无论多么喜欢自己的工作，工作多多少少都会给他带来压力。面对压力，有些人一味忍受，有些人只顾宣泄，忍受会导致死气沉沉，宣泄则会带来无尽的唠叨。应该学会管理压力并科学地释放压力，减轻对工作的恐惧感，心情轻松才容易重燃激情。

（5）切勿自满。在工作中，最需要注意的是自满情绪。自满的人不会想方设法前进，对工作就会丧失激情。如果你满足于已经取得的工作成绩，忽略了开创未来的重要性，那么现在这个阶段的工作自然会丧失其吸引力。当你把过去的成绩当做激励自己更上一层楼的动力，试图超越以往的表现，激情就会重新燃烧起来。

◎从工作和休闲中俘获快乐

许多著名的科学家、小说家、电影明星及其他有名的人物都曾描述工作时所得到的极大快乐与满足，只因为这项工作是他们真心想做的。这可能是促成他们成功的原因之一。

有一些终生不得志的人则把大部分时间用于玩乐之上。致使二者的成就差异如此之大，可见调整和分配工作与休闲时间的重要性。

马斯洛曾经定义“自我实现”的人就是喜欢并去做必须做的事。也就是想办法将工作变成游戏般轻松与自由，但是对一般人而言这是一件非常不容易做到的事。

许多人都有一些限制他时间、行动与想法的工作，这工作也就是不快乐的根源。

对许多人来说，快乐绝大部分出现于不在工作的时候，例如晚间、周末及假期当中。

你该如何祛除因工作而产生的不快乐呢？你又如何找到更多的快乐时光呢？

有一个很好的方式就是培养自己足够的知识、勇气及内力去做适合你的工作。当最著名的压力研究专家亚莉耶博士在一次接受“美利坚新闻及环宇报道”的访问时被问到：“人们如何应付压力呢？”他回答：“诀窍不在于如何避免压力，而在于‘做你自己的事’，这就是我一直所强调的：做你喜欢做的事，但也别忘了做那些你该做的事。”

另外他还提到：“药物治疗也能发挥效用，例如现在已有一些能有效治疗高血压的药。但是我想对大多数人而言，最重要的莫过于学习如何生活，在各种不同的场合中如何表现适当举止以及如何做最明智的决定。‘我到底是想要接管父亲的事业还是成为音乐家？’如果你真的向往音乐家，那就朝这方面去做。”

许多人选择职业时只怀着赚钱、争取高职位或升迁的目的，结果往往无法从事真正有兴趣的工作。例如有位社会工作人员，过去经常到各地区与民众会谈，教他们学习面对及解决问题的技巧，如今却因为其他原因而停止这项工作。现在虽然跃升为一著名社会辅导站的主管，但同时他放弃了他喜爱的兴趣——终日待在办公室里。又如一位艺术大师被聘为世界上最著名、最有权威的博物馆之一的馆长之后，他必须将绝大部分时间用于繁琐的行政工作上，而不得不放弃钻研艺术的雅趣。

如果你问一些人在不考虑金钱因素及其他顾虑的情况下，他们真正想从事的工作是什么？往往你都会得到非常意想不到的答案。有一家广告公司的企划部主任曾说到他愿成为一家自然博物馆的制标本的技术人员，有一家出版社的董事长说他想成为餐厅的领班。一位公共关系部门的主管回忆起她一生中从事的最愉快的工作就是接待员，因为她每天必须与许多不同的人接触，这使她获得很多乐趣。而且这种工作也不会耗用她太多的私人时间及精力，毕竟拥有自己的时间是很重要的。此外，一位银行的副总裁将业余的大部分时间花费于研究制造各种锁上。他还打趣地说，如果他不介意失去银行那份高高在上的职位，从事锁匠应该也可以维持温饱。

娱乐是一件非常重要的事。如何寻找到适合自己的娱乐，则是一件非常快乐的事。但是，切莫去随便模仿别人。你最好能够先自问，什么是真正能使自己感到快乐的事情。在我们周围经常会发现，许多人什么事都要掺和掺和，还整天忙忙碌碌，这样的人是享受不到任何快乐的。只有在工作时专心投入，而且能够从工作中获得快乐的人，才能在游乐时感到喜悦。

如果以此作为衡量的标准的话，在我心目中，古代雅典的将军阿尔基比亚地斯应该可以算是最合格的了。尽管他在言行举止上都可以称得上是一个放荡的人，但是在思想上和工作上，他却极其投入，并取得了令世人羡慕的成就。

恺撒大帝也是一位能够将心思均等地分配在工作和游戏上的人。在罗马人的心目中，恺撒原本是一位行为不轨的人，但是他事实上是一位非常优秀的学者，他具有一流的辩才，而且拥有统驭他人的实力。

只懂得如何游乐的人生不仅毫不令人感动，而且无趣。一个每天认真工作的人，他在娱乐时才会由衷地感到快乐。整天好吃懒做的人、喝酒喝得醉醺醺的人、沉迷于酒色之中的人，一定无法从工作中获得真正的快乐，这样的人每天只是在过着行尸走肉的日子。

精神生活层次低的人，大多只追求低级的享乐，他们也只能热衷于那些毫无品位的娱乐；与这类人相对的是，那些精神生活层次高的人，则善于结交一些品性和道德良好的朋友，他们所追求的娱乐也是适当的，它们既没有危险性，又不失品位。具有良知的人都十分明了，娱乐是不可以被当做目的的，它只不过是一种让人放松心情、给人安慰的方法而已。

为了使你步入高尚人的行列，你不妨实践一下我称之为“早上比夜晚聪明”的体验。

在工作和游戏的时间安排上，最好能够有一个明确的划分。读书、工作或者是要同有知识的人及名流之士促膝交谈，这些事情最好排在早上比较恰当。一旦吃过晚饭之后，就应该尽量让自己放松心情，除非是发生了什么紧急的情况，否则不要占用它，最好利用这段时间让自己轻松地做自己所喜欢的事情，例如，和几个志同道合的朋友打打牌，或者和几个有节制的朋友玩玩愉快的游戏，即使有失误，也不会因此而吵架。也可以去看演出，或去看一场比赛，或者找几位好朋友一起吃饭、聊聊天，尽你所能地度过一个能够令你满足的夜晚。

如果你的工作让你做起来没意思或不快乐，当然按照常理，最好是换个工作。但事实上，并不是每个人都能随心所欲地换工作，有些人甚至于换工作后变得更不快乐。就像有一位想换工作却一直碰壁的人——因为年龄已50岁，别家公司不雇用他——或是一位离了婚的妇女无法搬离本地另找新工作，因为她必须住得离母亲家近些，以便每天下班后到母亲家看孩子——或是一位在居住地拥有本区唯一一家建筑公司的人必须留在当地，因为那儿是他发迹的地方，同时他也不愿离开朋友和亲戚搬到陌生的地方。

就算你非常不喜欢目前从事的工作，但也不要轻言放弃。有些技巧可以使工作愉快些，你不妨想想由于从事此项工作所赚得的钱使你能享受购物的乐趣，你可以开始培养新的癖好，这个癖好使你除了工作外另有新的目标，你应该尝试在工作之中建立起具体的目标，目标是使工作愉快的万灵丹。

有许多拿高薪的权威之士，有时会感觉沮丧，就是因为他们没有目标，甚至有些人还不知道是为何而沮丧。

哈佛大学科技、工作及心理计划部的主任马柯毕谈及某些公司里的高级主管时，称他们为“游戏型人物”。他解释所谓“游戏型人物”就是以在工作或娱乐冒险活动上击败对手为最大享受，但是这类人没有长程目标。他这样描述此“游戏型的人物”：漫无方向地跑完了人生旅程，到头仍是茫然。他叹息道：“我倒宁愿做些真正能使我高兴的事。”

所谓最有意义的目标就是能带给我们最大快乐的目标。如果工作的目的只是赚钱或击败对手，则成功所带来的快感将不会持续很长时间。就如同马柯毕提到的“游戏型人物”，他说：“一位又老又疲倦的游戏型人物，在输去几场比赛，失去信心之后，他们所剩下的只是一张痛苦扭曲的脸孔而已。一旦他失去了青春、精力，甚至荣耀，他变得绝望、茫然，不禁自问活着的意义为何?”马柯毕主张“游戏型人物”如要避免被老化与颓废打败就必须除了一心一意获取胜利之外，还该想想生命中是否有其他值得追求的目标?

最理想的状况当然是能从工作及休闲二者中获取快乐。也唯有二者兼得，我们才能达到快乐的最高潮。

人们经常梦想将工作放在一边，好好地放纵一下，但一旦他们这样做了，反而得到失望的结果。

例如，有许多人退休时都因为不习惯而非常的不快乐，所以不管他们找工作困难重重，他们仍急于找到一份工作以打发寂寞。有些佛罗里达酒店每年出售超过200万元的酒给退休后因无聊而以酒解愁的老人。

有一个人退休之后搬到佛罗里达，但他觉得在那儿很无聊、不快乐。最后他搬回纽约，每天中午吃饭时间他就回到过去工作的工厂找老同事聊天。他也经常在上下班时间到工厂看看老朋友。

有一位狂热的业余水手辞掉了工作，成为职业的水手，但他却失望了：他所梦想的日子是夏日的周末，但他很快地发觉每天航海并无乐趣可言，不像以前只能利用周末上船那般有意思。当他只能在周末航海时，航海的新奇感从未停止，一旦它成了连续性的动作就不再那么刺激、有趣了。所以每个人都必须学习从工作进入娱乐，再从娱乐返回工作，因为工作和娱乐两种不同感受的对照，能使你清新并协调享受二者。

◎你的工作不是苦役

如果你对工作是被动而非主动的，像奴隶在主人的皮鞭督促之下一样；如果你对工作感觉到厌恶；如果你对工作毫无热诚和爱好之心，无法使工作成为一种享受，只觉得是一种苦役，那你在这个世界上绝不会取得重大的成就。

有这样一个故事，一天，主人把货物装在两辆马车上，让两匹马各拉一辆车。

在路上，一匹马渐渐落在了后面，并且走走停停。主人便把后面这辆车上的货物全放到前面的车上去。当后面那匹马看到自己车上的东西都搬完了，便开始轻松地前进，并且对前面那匹马说："你辛苦吧，流汗吧，你越是努力干，主人越要折磨你。"

到达目的地后，有人对主人说："你既然只用一匹马拉车，那么你养两匹马干吗？不如好好地喂一匹，把另一匹宰掉，总还能拿到一张皮吧。"于是主人便真的这样做了。

如果你对工作依然存在着抱怨、消极和斤斤计较，把工作看成是苦役，那么，你对工作的热情、忠诚和创造力就无法被最大限度地激发出来，也很难说你的工作是卓有成效的。你只不过是在"过日子"或者"混日子"罢了！

倘若如此，你每日所习惯的工作不仅不是合格的工作，而且简直跟"工作"有点背道而驰了！一些人认为只要准时上班，不迟到，不早退就是完成工作了，就可以心安理得地去领所谓的报酬了。可是，他们没有想到，他们固然是踩着时间的尾巴上下班，可是，他们的工作态度很可能是死气沉沉的、被动的。

那些每天早出晚归的人不一定是认真工作的人，对他们来说，每天的工作可能是一种负担、一种逃避、一种苦役。他们是在工作中远离了"工作"，不愿意为此多付出一点，更没有将工作看成是获得成功的机会。

因此，在任何时候，你都不能对工作产生厌恶感，或者把工作看成是苦役。

即使你在选择工作时出现了偏差，所做的不是自己感兴趣的工作，也应当努力设法从这乏味的工作中找出兴趣。要知道凡是应当做而又必须做的工作，总不可能是完全无意义的。问题全在你对待工作的认知，对工作表现出积极的态度，可以使任何工作都变得有意义，变得轻松愉快。

如果你以为自己的工作是乏味的，是一种苦役，就会产生抵触的心理，这终究会导致你的失败。其实，只要你在心中将自己的工作看成是一种享受、看成是一个获得成功的机会，那么，工作上的厌恶和痛苦的感觉就会消失。不懂得这个秘诀，就无法获取成功与幸福。

一个人尽管如何冥顽不灵，尽管忘记他的崇高使命，但只要是踏踏实实，埋头苦干，这个人便不致无可救药，只有把工作当成苦役才会永无希望。努力工作，而绝不贪婪吝啬，这便是成功的唯一真理。

这个世界的最好的福音则是，认识你的工作——它并不是苦役，然后便动手去做。

我认识许多老板，他们多年来一直在费尽心机地去寻找能够胜任工作的人，他们所从事的业务并不需要出众的技巧，而是需要谨慎、朝气蓬勃与尽职尽责。他们雇请的一个又一个员工，却因为粗心、懒惰、能力不足、没有做好分内之事而频繁遭到解雇。与此同时，社会上众多失业者却在抱怨现行的法律、社会福利和命运对自己的不公。

许多人无法培养一丝不苟的工作作风，原因在于贪图享受、好逸恶劳，把工作看成是苦役，背弃了将本职工作做得完美无缺的原则。

我们在心中应当立下这样的信念和决心：从事工作，你必须不顾一切，尽你最大的努力。如果你对工作不忠实，不尽力，甚至把它当成是一个苦役，那将贬损自己，糟蹋自己，更不会从工作中得到应有的乐趣。

◎退掉摇椅，忙碌起来

马克·H. 赫林德和史坦利·A. 弗兰克医生在《健康世界》上介绍过一位住在堪萨斯市的81岁的女人，说她将一张摇椅退还给她女儿，并附言：“我太忙了，没有时间坐摇椅。”

这个母亲懂得了要成熟不要变老的方法。她知道工作才是对生活和健康最有用的东西。

如果你认为幸福就是获得无止境的悠闲，如果你希望退休后可以一直躺在摇椅上，那么你只是进入了愚人的天堂。要知道懒惰是人类最大的敌人，它只会制造悲哀、早衰和死亡。

适量的工作，只要不是过度紧张的工作，就不会对人造成伤害，但过分的安逸却会。

可见工作是对延迟年老造成影响的一个因素。德国脑科研究机构的欧・弗格特博士，在不久前的一次国际老年问题研讨会上提出：脑细胞的剧烈运动可延迟老化的进程。过度工作，不仅不会伤害神经细胞，反而可以延迟其向年老转化。弗格特博士公布了他对正常人脑神经细胞所做的显微研究结果，重点观察其随年龄而产生变化的情况。分别在 90 岁和 100 岁时去世的两个女人的非常活跃的脑中，发现她们的脑神经细胞老化的情况都相应地延迟。

“并且，”弗格特博士说，“我们通过对研究对象的观察，找不到因过度工作而加速神经细胞老化的证据。”

“退休的人早死”——听起来真实得令人感到悲哀。从活跃、忙碌、有益的活动状态中转入到整天虚掷光阴或漫无目的地排遣时日的薄暮世界中，破坏了我们的生命力，降低了承受力，以致造成早死。在退休后仍然保持快乐的人是那些把退休当做只是换个工作的人。

下面是汤玛士・克林先生的研究。他是芝加哥“每日新闻”的专栏编辑，也是《黄金年华》一书的作者。克林先生认为强制退休的规定“十分残忍”，以下是他的观点：

“7 年来，我访谈了无数年届或刚逾 65 岁的工作者。根据我的观察，强制退休的规定十分残忍，假如同样的情形发生在狗或马的身上，相信它们必定无法忍受。至少，马在告老退休之后，还能随时奔跑到草原之上，嚼食青草；而狗也是被喂养到老死为止。

“但是，人的情形并不只是生计问题……这同时也伤害了这些人对自己能力的信心，更伤害了他们精神上的尊严。

“对人来说，因年老而变得无用是极为可怖的现实，连天使都无能为力。人被剥夺了工作权、收入、甚至自尊，只因他已年届 65——这不是极残酷吗?”

那么，为什么人们不起来反对这样的无理规定呢？根据第地安纳州的调查，有90%的工作者，表示不愿在65岁的时候被强迫退休。在某些大工厂里面，此百分比更高达95%。

从来没有任何心理学或生理学上的理论，说明人在这个年龄会失去工作能力。衰弱或无能，可发生在任何年纪；而对不同的人来说，发生的时间也可能各不相同……假如我们不常常使用双手，双手便不会那么灵巧；假如我们不常常使用大脑，大脑也会很快衰退。当然，每个人都必须在某个时期停止工作，却绝不是非在65岁时。

我们若把工作当成是谋生工具，必须等到退休或死亡才能告一段落，则无疑剥夺了生为人类所能拥有的最大满足感。工作本身是件极好的事，除了有益健康，更能影响一个人的气质。因此工作在我们的生命之中，是个极高贵的成分。

所有的工作都具服务性质。无论是烹饪、刷地板、装配零件或是练习一个舞步，它的主要目的是要使生活更美好、更舒适、更快乐。因此，工作本身极富创意性。假如我们想从工作中获得快乐或好处，都得重视这个富有创意性的目的。

英国著名的电影制作人蓝克先生说过："许多人常常忘记'为什么'会有某个行业的理由。一个制造坐椅的工厂，不仅只是生产坐椅和获取利润，其主要任务是要制造出人人喜欢坐的椅子来。假如从事此行业的人，忘了自己工作的任务或目的，终有一天会发现——别人不但把他制造的椅子拿出去扔掉，连他想要的利润，也都不翼而飞了。"

是的，工作是生命之律。假如我们被剥夺了工作权，无论理由如何，我们都会感到十分痛苦。许多治疗机构都采用工作治疗法如：精神病院、监狱、疗养院及其他被隔离起来的地方。一般人认为："人一旦退休，便开始步向死亡。"话虽残酷，却是事实。人一旦由各种活动中退休，由忙碌的有意义生活变成无目标的"纯消遣"生活，便会使原有的旺盛精力熄灭，因而降低了身体的抵抗力，迅速步入死亡。假如你想在退休后仍能快乐生活，最好是用别的工作来取代原有的忙碌生活。

规定人必须在年届65岁的时候退休，这种过时的观念是四轮马车时代的残遗，是任何进步国家都应引以为耻的做法。规定65岁必须退休，这是在1870年首先由"铁路工作人员退休系统"所采用；接着，是1937年由"社会安全系统"来使用。由于1900年之后，人类的寿命已逐渐增加了20岁，所以，65岁的退休年龄，现已显得不太合理。无论是男是女，许多65岁的人都还精力十分旺盛，根本还不预备进安乐椅或准备走向殡仪馆。

政府为什么从来不向这些极力主张废除这种退休制度的人——一群65岁的工

作者——征询意见呢？很明显的一个事实是，几乎所有正在工作着的人都不愿到65岁时就被强迫退休！

鉴于工商业界对于雇用老年人所持的态度，令人感到欣慰的是他们有很多人都到外面为自己找份工作。茱丽艾达·K. 亚瑟是一位社会福利方面的权威人士，根据她的调查显示："1950年的普查报告有一个最值得注意的就业事实，那就是有几十万超过75岁的老人仍在继续工作，他们之中很多都属于没有雇主的自由职业者。"

1954年，首都人寿保险公司公布了一项报告：65～69岁之间的男人有3/5就业；70～74岁之间的男人也有2/5就业；75岁以上的男人仍有1/5在工作。他们大多从事的是自由职业。

这些数字再一次有力地证明了这样一个事实——工作的能力和意愿并不在65岁生日时突然丧失。

只要有能力，大多数的人仍然想继续工作，而不愿因为某个养老金计划制订者说他们应该退休就退休。越来越多的工作者对不公平的强迫退休制度的抗议，已经收到一些良好的效果，一些公司延长了退休年龄年限或使它较具弹性。可惜的是，这样的公司还是很少。还要多久，人的工作权利才能不再因为年龄的增高，不再不顾他的需要、能力和意愿而被无情地剥夺掉？

在不久前于纽约州举行的一次老年问题研究会中，当场宣读了一份由杰出的老政治家伯纳德·M. 巴鲁克拍给大会的电报。在电文中，巴鲁克先生强烈呼吁废除强迫退休的制度，他说这种制度"对那些虽然年龄很大，但仍然愿意而且有能力继续工作的人来说不是恩惠，是否应该退休不应从年龄而应从能力的角度来考虑"。巴鲁克先生说："年纪越大的人越是已经获得了无法取代的丰富经验资产的人。"

已经83岁还在担任密执安州老年问题研究委员会委员的亨利·S. 柯特斯博士是美国在这方面的权威人士之一，他的话直指对老年人就业的不公平歧视：

"强迫退休是存在于工商业界的一项严重的失误，因为它使许多最佳的人才闲置浪费，而且也使受雇者晚年时期想要做好工作的热情受挫。无论对有能力而且愿意继续工作的人还是对纳税的大众都是一个严重的错误。工作的权利是一项基本的人权，65岁退休制度的存在是一项基本的人类错误。"

说得精彩，柯特斯博士！愿策划者和官僚们能来听听反对"强迫退休法案"的睿智而强烈的呼声。"65岁退休的制度规定，"柯特斯博士又说，"是独断的、专横的，不管从生理学还是从心理学上来讲，都没有什么理论能证明一个人的工作能力会在 65 岁时突然失去。任何年龄都可能变得软弱，这因人而异。如果我们停止动手工作，双手很快就会失去它的灵敏；如果我们停止用脑思考，大脑就会很快衰老。每一个工作者都应该自己选择放弃工作的时间，在他自认不能胜任他的工作的时候。”

工作是年轻人所无法想象的成熟的快乐之一。不管是体力工作还是脑力工作，都是自然赋予我们的可以不断成长而不变老的最神奇的一种力量。

想要避免随着变老而来的危险的人，最好能像本章开始那个 81 岁的女人那样：退掉摇椅，忙碌起来！

当好梦想的架构师

◎缺失梦想，人生如同梦游

设定明确的目标，是所有伟大成功的出发点。那些98%的人之所以失败，就是因为他们都没有明确的目标，并且也从来没有踏出他们的第一步。目标绝对重要，它不但调动我们的积极性，而且维持我们的人生。

不能抱持正确目标而奋斗的人，就有如玩耍得意而消沉的儿童一样，他们不知道自己所要的是什么，总是茫然地撅着嘴。

行动的本身左右着人生。确定明确的人生目标，不论是对人生，或是对任何的行动，都是至关重要的。

在生活中，有不少人缺乏明确的目标。他们就像地球仪上的蚂蚁，看起来很努力，总是不断地在爬，然而却永远找不到终点，找不到目的地。同样，在生活中没有目标，活动没有焦点，也会使你白费力气，得不到任何成就与满足。

没有目标的活动无异于梦游，没有目标的生活只不过是一种幻象。许多人把一些没有计划的活动错当成人生的方向，他们即使花费了九牛二虎之力，由于没有明确的目标，最后还是哪里都到不了。要攀到人生山峰的更高点，当然必须要有实际行动，但是首要的是找到自己的方向和目的地。如果没有明确的目标，更高处只是空中楼阁，望不见更不可及。如果我们想要使生活有突破，到达很新且很有价值的目的地，首先一定要确定这些目的地是什么。只有设定了目的地，人生之旅才会有方向、有进步、有终点、有满足。

设定明确的目标，是所有成就的出发点。那些98%的人之所以失败，就在于他们都没有设定明确的目标，并且也从来没有踏出他们的第一步。

当你研究那些已获得永久成功的人物时，你会发现，他们每一个人都各有一套明确的目标，都已订出达到目标的计划，并且花费最大的心思和付出最大的努力来实现他们的目标。

社会无疑具有强大的同化作用，使得我们许多人都背离了人生的真谛，丧失了真情和本性。但唯有我们自己真正想要的才能使我们得到满足。放弃了自身的愿望和需要，我们就变得麻木不仁，对任何事都无动于衷。

每个人都做过梦。真实的梦，睡眠中的梦，小时候在作文本上写出的梦，与朋友闲聊时做的白日梦。然而，做梦的年龄过了之后，面对现实，为什么会有惆怅或失落？当然，最理想的是“美梦成真”，虽然不一定每个人都能如此，但也并非做不到。

人一旦有梦想有目标，自然就会为了实现它而发挥更大的心力，人生的光辉由此粲然可见。为什么呢？在为实现理想而奋斗的过程中，人生的乐趣昭然若揭，而生活就会更加的精力充沛，此时人类原已潜在的脑力也会得到发挥。经常有意识地创造出这样的情势，使人生更成功、更丰富且充满乐趣的原则，就是所谓的目标催化作用。

1952年的《生活》杂志曾登载了约翰·戈德的故事。

戈德15岁时，偶然地听到年迈的祖母非常感慨地说：“如果我年轻时能多尝试一些事情就好了。”

戈德受到很大震动，决心自己绝不能到老了还有像老祖母一样无法挽回的遗憾。于是，他立刻坐下来，详细地列出了自己这一生要做的事情，并称之为“约翰·戈德的梦想清单”。

他总共写下了127项详细明确的目标。里面包括10条想要探险的河、17座要征服的高山。他甚至要走遍世界上每一个国家，还想要学开飞机、学骑马。

他甚至要读完《圣经》，读完柏拉图、亚里士多德、狄更斯、莎士比亚等十多位大学问家的经典著作。

他的梦想中还要乘坐潜艇、弹钢琴、读完大英百科全书。当然，还有重要的一项，他还要结婚生子。

戈德每天都要看几次这份“梦想清单”，他把整份单子牢牢记在心里，并且倒背如流。

戈德的这些目标，即使从半个多世纪的今天来看，仍然是壮丽且不可企及的。但他究竟完成得怎么样呢？

在戈德去世的时候，他已环游世界四次，实现了127个目标中的103项。他以一生设想并且完成的目标，述说他人生的精彩和成就，并且照亮了这个世界。

每当我们读起戈德的故事，便会不由自主地想到一句话：人生因梦想而伟大。

我曾有一只名叫“花生”的混血小狗，它活泼、聪明、可爱，是我们家庭的开心果。一次，儿子提出要我和他一起为“花生”盖一间狗屋。于是，我们便立刻动手，很快就把狗屋盖好了。但是，由于手艺太差，狗屋盖得很糟糕。

狗屋盖好不久，有一位朋友来访，朋友忍不住问我：“树林里那个怪物是什么？难道是狗屋吗?”

我说：“没错，那正是一间狗屋。”

朋友随即指出了狗屋的一些毛病，又说：“你为什么不事先计划一下呢？如今盖狗屋都要照着蓝图来做的。”

不知你能从这个狗屋的故事中学到些什么?

没有目标的活动无异于梦游，没有目标的生活只不过是一种幻象。许多人把一些没有计划的活动错当成人生的方向，他们即使花费了九牛二虎之力，由于没有明确的目标，最后还是哪里都到不了。就像盖狗屋一样，只能被人视为怪物。

要攀到人生山峰的更高点，当然必须要有实际行动，但是首要的是找到自己的方向和目的地。如果没有明确的目标，更高处只是空中楼阁，望不见更不可即。如果我们想要使生活有突破，到达很新且很有价值的目的地，首先一定要确定这些目的地是什么。只有设定了目的地，人生之旅才会有方向、有进步、有终点、有满足。

◎目标的精彩预示生命的精彩

每一个奋斗成功的人，无疑都会有一个选择方向、确定目标的问题。正如空气、阳光之于生命那样，人生须臾不能离开目标的引导。

有了目标，人们才会下定决心攻占事业高地。有了目标，深藏在内心的力量才会找到“用武之地”。若没有目标，绝不会采取真正的实际行动，自然与成功无缘。只要你选准了目标，选对了适合自己的道路，并不顾一切地走下去，终能走向成功。确立了目标并坚定地“咬住”目标的人，才是最有力量的人。目标，是一切行动的前提。事业有成，是目标的赠与。确立了有价值的目标，才能较好地布局好自己的时间和精力，较准确地寻觅突破口，找到聚光的“焦点”，专心致志地向既定方向猛打猛冲。那些目标如一的人，能抛除一切杂念，会聚积起自己的所有力量，成为工作狂，全力以赴向目标的高地挺进。

一个人只要不丧失远大的使命感，或者说还保持着较为清醒的头脑，就决然不能把人生之船长期停泊在某个温暖的港湾，应该重新扬起风帆，驶向生活的惊涛骇浪中，领略其间的无限风光。人，不仅要战胜失败，而且还要超越胜利。只有目标始终如一，才能焕发出极大的生存活力；只有超越了生命本身，人生才可以不朽。

有目标的人，就有一股巨大的、无形的力量，将自身与事业有机地“化合”为一体。

心中拥有目标，给人生存的勇气，在困苦艰难之际赋予我们坚忍不拔的毅力。有了具体目标的人少有挫折感。因为比起伟大的目标来说，人生途中的波折就微不足道了。

目标，能唤醒人，能调动人，能塑造人，目标的伟力是难以估量的。有明确目标的人，生活必然充实有劲，决不会因无所事事而无聊。目标能使人不沉湎于现状，激励人不断进取，能引导人不断开发自身的潜能，去摘取成功之冠。

有了目标，内心的力量才会找到归宿。茫无目标的漂荡终会迷路，这样，你心中的一座无价的金矿，因无开采的动力，只能等同于平凡的尘土。

可以说，目标对于成功，犹如空气对于生命一样，目标是成功的生命线。对于成功来说，一个人过去或现在的情况并不重要，而未来想要获得什么成就，有什么样的追求才是最重要的。

洛克菲勒——美国著名的石油大王，在他的自传中，曾提出了一个有趣的设想：

若是将目前全世界所有的现金以及所有产业全都混合在一起，平均地分给全球的每一个人，让每个人所拥有的财富都一样多，经过半个小时之后，这些财富均等的人们，他们的经济状况就会开始有显著的改变。有的人在这时候已经丧失了分到的那一份；有的人会因为豪赌输光；有的人会因为盲目的投资而一文不名；有的人则会受到欺骗而迅速破产。于是财富分配又重新开始了，有些人的钱会变少，有些人的钱又开始多了起来，这种情形会随着时间的拖长而变得差别更大，经过3个月之后，所谓贫富悬殊的情况将会变得十分惊人。

洛克菲勒十分自信地说：“我敢打赌，再经过两年时间，全球财富的分配情况就将和以前没什么区别。有钱的人仍然是那些人，而以前贫困的人依然贫困。”

洛克菲勒把这种现象的原因归结于人们的目标不同。他说：“说这是命运也好，是机会使然或自然法则也好；总之，有些人的目标与行动，一定会使自己比其他人所受到的尊敬更多，他所拥有的财富也将会更多。”

通常，奋斗者要想成功，最重要的因素是目标选择并做出抉择。

同为有目标的人，有人成功了，有人未成功，有人大成功，有人小成功。这与目标的“大小”有很大的关系。

大目标使人的生活是干事业，小目标使人的生活仅是过日子。古希腊哲学大师亚里士多德很尖刻地区分了两种人，即“吃饭是为了活着”和“活着就是为了吃饭”。

人生的精彩来自于目标的精彩。一个人的人生之所以精彩，就在于他有精彩的目标。

所谓精彩的目标，就是要做大事，考虑更多的人，更多的事，在更大的范围内解决更多的问题，在更大的空间时间里产生更大的影响。

你的目标越精彩，你所要解决的问题就越大。你就得要有大本事，要有很多知识、技能，有时甚至要超越个人的得失，做出某些重大牺牲。在这一过程中，你逐渐获得了超乎常人的知识和能力，你已经变得那样的胸怀宽广、大公无私，你也会取得超越常人的成就，你的人生也就变得更加绚丽多彩。

“Q世界”农产品公司的董事长霍华德·马古勒斯是美国加利福尼亚州的新一代农民。他的成就就是他订立了自己精彩的人生目标并且努力完成目标的结果。多年来，农产品市场的繁荣与萧条几乎无法做任何的预估和控制，时而热火朝天，时而寒若冰霜。至少，所有的人都认为这本来就是靠天吃饭的行业。

马古勒斯却从来不这样想，他给自己定下了一个精彩的目标：发展出一个新颖独特的品种，用来影响消费者的购买行为。他当然有自己充足的目标：这个行业其实和其他行业没什么区别，当市场处于低谷时，除非你有自己独特的产品，否则你就完了。农业市场也是这个道理，如果你也像大家一样生产萝卜白菜，只有市场上供小于求的时候，你才可能获利。我们的目标就是要想法调整市场，靠自己的独特性打开市场，创造更多的机会。

马古勒斯想到了改良甜椒。没错，就是改良甜椒。如果能发展出比其他的甜椒风味更为独特的品种，马古勒斯深信，不论零售市场如何，商店一定非常喜欢这种风味独特的品种。

于是，马古勒斯发展出一种“皇家红椒”。这种长形叶式的甜椒，一上市就取得了巨大的成功，人们吃过以后，就会继续购买它。

马古勒斯用目标为自己的人生抹上了精彩的一笔。

人一旦有梦想有目标，自然就会为了实现它而发挥更大的心力，人生的光辉由此粲然可见。为什么呢？在为实现理想而奋斗的过程中，人生的乐趣清清楚楚，而生活就会更加的精力充沛。

当你已经养成制订精彩的个人成功计划的习惯后，你事实上就已经与过去的你判若两人了。或许，你已经制订了一个一个的成功计划，并将它们一个一个地付诸实践。这时，你不妨回过头来反省一下自己所走过的道路，你会十分惊讶地发现，即便你离所确定的远大目标还有一段距离，但是无论怎样你再也不是过去那个平平淡淡的人了，你已经取得了过去连想都不敢想的成就了。必须明白，这便是制订精彩计划并付诸行动的威力。

目标远大会给人带来创造性的火花，使人有可能取得成就。正如约翰·查普曼所说："世人历来最敬仰的是目标远大的人，其他人无法与他们相比……贝多芬的交响乐、达·芬奇的《蒙娜丽莎的微笑》、莎士比亚的戏剧以及人们赞同的任何人类精神产品……你热爱他们，是因为，这些东西不是做出来的，而是由他们创造性地发现的。"

对于那些奥运金牌的获得者来说，他们的成功并不仅仅靠他们的运动技术，而且还靠其远大目标的推动。商界领袖也一样，政界精英亦然。伟大的目标就是推动人们前进的梦想。

一位医生对活到百岁以上的老人所拥有的共同特点做过大量研究。他叫大家思考一下什么是这些百岁老人共同的特点。大多数人以为医生会列举饮食、运动、节制烟酒以及其他会影响健康的东西。然而，令听众惊讶的是，医生告诉他们，这些寿星在饮食和运动方面没有什么共同特点。他们的共同特点是对待未来的态度——他们都有人生目标。

制定人生目标未必能使你活到 100 岁，但必定能增加你成功的机会。人生倘若没有目的，你也许会一事无成。正如贸易巨子 J. C. 宾尼所说："给我一个心中有目标的普通职员，我能使他成为创造历史的人；给我一个心中没有目标的人，我只能给你一个平凡的职员。"

目标具有神奇的推动力，但是，当人们觉得自己的目标并不重要时，他们为达到目标所付出的努力就没有什么价值。如果他们觉得自己的目标很重要，情况就会相反。为什么人们必须把目标建立在自己的理想上面呢？这就是原因之一。如果你的各个目标组合成了你所珍视的理想，那么你会觉得为之付出的努力是有价值的。

同样，目标对于一个组织团体来说是必不可少的，对于组织团体里的每一个人都是很重要的，有些企业运作欠佳，最常见的问题是员工缺乏热情。这些人终日兢兢业业，除了完成手头的日常工作外，并无明确目标。没有热情的人是不会有大作为的。

相反，一些机构里的员工心中有目标的话，大家就有士气，热情高涨。目标使人们心中的想法更具体化，更易实现。同事们能明确要瞄准什么，干起活来心中有数。

奋斗者一旦有了目标，总是能主动出击，而不是亡羊补牢。他们提前谋划，而不是等别人的指示。他们不允许其他人操纵他们的工作进程。不事前谋划的人是不会有进展的。《圣经》中的诺亚并没有等到下雨才开始造他的方舟。

目标使人们产生事前谋划的动力，目标迫使人们把要完成的任务分解成可行的步骤。正如富兰克林在自传中说的："我总认为一个能力很一般的人，如果有个好计划，是会有大作为，为人类做大贡献的。"

目标给予人们把握现在的力量。人在现实中通过努力实现自己的目标。正如希拉尔·贝洛克说："当你为将来做梦或者为过去而后悔时，你唯一拥有的现在却从你手中溜走了。"

虽然目标是朝着将来的，是有待将来实现的，但目标使我们能把握住现在。为什么呢？因为大的任务是由一连串小任务或小的步骤组成的。要实现任何理想，就要制定并且达到一连串的目标。每个重大目标的实现都是几个小目标小步骤实现的结果。所以，如果你集中精力于当前手上的工作，心中明白你现在的种种努力都是为实现将来的目标铺路，那你就能成功。

还是道格拉斯·列顿说得好："你决定人生追求什么之后，你就做出了人生最重大的选择。要能如愿，首先要弄清你的愿望是什么。"有了理想，你就看清了自己最想取得的成就是什么。有了目标，你就会有一股顺境也好逆境也罢都勇往直前地冲劲，你的目标使你能取得超越你自己能力的东西。你必须要有精彩的目标。当你有了精彩的目标时，你才会有伟大的成就。你的人生才够精彩。

◎把目标变成"沙盘演练"

一位著名的外交官曾说过："日常事情一件一件地向我们涌来。如果我们没有一个可以将之加以检查的计划，那么我们就会遇到许多困难。"

他所陈述的这种道理在外交、政治以及我们每个人的工作和生活中统统适用。应该按照自己的标准，去检查每天发生在我们身边的事情，谁若不懂得这一点，谁就将陷入不稳定的漩涡之中。他自己的个人意愿将难以实现，所定目标也将停滞不前。

所以，影响我们生活的有两件事情。其一就是日常之事，这是我们社会不断强加给我们的对立；其二就是拥有一份计划，我们按照这份计划来评判日常之事对我们自己是否有利，我们是否有能力处理好这些事情。

谁没有用以检查其行为标准的计划，那他的行为就会为眼前的影响所支配；他认为今天所寻求到的自信说不定明天就又会失去。

谁拥有一份长期计划，谁就会凭借它创造有利的前提，正确看待眼前的一切诱惑。

在此，还应进一步说明一下，拥有一份检视我们行为的计划到底有哪些好处：

（1）拥有一份计划并贯彻它，意味着可以事先知道应该怎样度过这繁忙的一天。

（2）拥有一份长期计划，就如同建立了一个安全网，当我们在日常生活中遇到困难时，它会及时地给予我们保障，就如空中飞人表演遇险而由安全网接住一样。

（3）也意味着，可以及时界定我们的能力和可能性的范围，以期更接近我们所期望的目标。这样，我们就不会受外界影响和诱惑。

（4）谁没计划，谁就会陷入危险之中。

在过去的几年里我遇到过一些人，他们给我留下的印象是：他们生活得比别人好，这时我总会向他们讨教几招。其中一个人给我举了一个印象颇深的例子。这个例子说明，计划如何帮助人们去克服生活中大大小小的问题。

“我有一个朋友，他是在乡下一个贫苦的家庭中长大的，他父亲早逝。之后他上了大学，毕业后当了一名法官，再之后又当了外交官和部长。

“当我在他的办公室拜访他时，我问他：‘您曾经说过，您是个心满意足的人。您是怎样做到这一点的呢?’

“他思考了一会儿，然后以他那独特的、从容不迫的方式回答道：

“‘严格地说，我几乎可以称得上是个心满意足、十分幸福的人。这当然有多方面的原因。但其中有两点是肯定的：人必须自信。同时也必须能够独立做事，而且不要过分依赖于外部事物。’”

对某些人来说，读了这几句话后，会感觉它们只是空洞的说教或者只是抽象的愿望、幻想。但对以它为原则而生活的我的朋友来说，这是他获得几乎可以称得上是心满意足、十分幸福的生活的关键因素。从这个伟大的生活计划中，他推导出解决日常问题的许许多多小计划。

举一个他向我讲述过的例子，是关于他怎样控制体重的。当别人都在大量地吞服药片或偶尔接受减肥疗法并向别人推荐时，他却用自己的方式来解决问题：

“每周日洗完澡后，我就称体重。如果称的是80公斤，那么在接下来的一周内，我接着吃与上周同量的东西；如果称得的体重大于80公斤，那么一周内我只吃一半的东西。在这段时间内，我的体重又可以减到适合于我的体型的最理想的80公斤。”

您或许会问：“这样一件无关紧要的小事和他幸福的计划有什么内在的联系?”

非常之简单：举一反三。他说：“人必须自信并且不要过多地依赖于外部事物。”

（1）他不问：“谁帮我解决我的体重问题呢?哪些药片能帮我，哪些疗法能有效呢?”而是更多地去寻求一种不依赖于任何人的解决之道。

（2）他控制自己每天吃多少东西，不受偶然因素或所提供的食物的影响，而是严格按照计划行事。他这样做使他充满自信。

这是考察内在联系的一个方面。

在前面，我列举了大量事例，阐述了如何制订一个最适合自己的计划，同时也阐述了坚定不移地贯彻计划的优点。但您要认识到，计划并不是一副灵丹妙药，光靠它还不能解决问题，它只是为解决问题而创造尽可能最好的前提条件。

有了计划，就意味着有了保障。由此而得出的最重要的结论是：

我不再相信，当自己碰到问题时，总能想出解决问题的办法或者总会有贵人相助；或者认为“还没这么糟糕!”或者“到目前为止，一切都挺好!”而是为解决问题做好充分准备。不靠碰运气，不只顾眼前，不依赖别人，而是自己为此担负起责任。

拥有一份计划就意味着：

（1）今天就考虑好明天和后天会出现什么样的情况及应对策略。就像一个优秀的战略家，在真正采取行动之前，先练习沙盘作业，直至他认为已能圆满完成任务为止。或者像一名消防队员，平时坚持不懈地练习，以使自己在紧急情况下能应付自如。

（2）一旦真的发生紧急情况，他早已做好了充分准备。他很清楚自己应做什么，并投入全部精力尽量做好，而不是惊慌失措，急于为自己的失败找替罪羊或为自己寻找托辞。

这就是有计划的优点之一。另一个优点是，知道自己想做什么。在这种情况下，我可能这样做，而另一种情况下也许会采取完全相反的做法。不管怎样，我每次只做有利于更接近我所设定的目标的事情。

在这儿，我就不一一列举其他优点了，为的是您能自己勾画自己的生活，而不是让别人牵着鼻子走。

所有该说的，我想，我都已经说过了。

现在就看您的了。读到这儿，如果您只说一句："是的，是的，这样活着，就不错了!"这是远远不够的。之后，您会很快就翻过这一页，而不是尝试着去实际做点什么。您也许会说："听起来都很美，但是……"还会成百上千次地说"如果"和"但是"，您应该知道，说这些都没用，坐着说，不如起来行动。

如果您已确定了一个目标，制订了一份最适合您的计划并下定决心：从今天开始，没有任何事情可以阻止我去执行我的计划，那么您就已经向成功又迈进了一大步了。

如果您制订了这项计划，您就将它写在一张纸上，放在书桌上。这样您就可以每天早上和晚上都能看到它了。早上您会说："我要这样去做。"晚上，您会问："我是这样做的吗?"

当然，您可在下周利用一周的时间，每天晚上都回顾一下自己的生活。之后，确定新的目标，并制订出实现目标的方案。

或者您现在就开始，寻找每次失败的原因。从自己的认识出发，制订出具体方案，以使自己在以后的日子里不会重蹈覆辙。

◎生命比盖房更需要蓝图

生命比盖房更需要蓝图，然而很多人从来没有计划过生命，每天只是醉生梦死地度过。

成功人士和平庸之辈的差别，就在于前者为生命计划，决定一生的方向。我们可以为生命做出计划，如拟订十年、五年、三年计划；或拟订最接近此刻的长期一年的计划；最后是短期计划，如一月、一周、一天。

(1) 订出一生大纲：你这一辈子要做什么？当然，有很多事只能订出个大概，但你可以好好选择自己所喜欢做的事。

你退休后要做什么？你的第二阶段要怎么过？也许你要终日徜徉于山水之间。如果现在你还不到30岁，以后也不想退休，那就不必为这些烦恼。

（2）20年大计：有了大概的人生方向，就可以拟订细节。第一步是20年。订下这20年内你要成为什么样子，有哪些目标完成。然后想想从现在起，十年后你要成为什么样的人。

（3）十年目标：20年大计一定要20年才能完成吗？不一定。你越富裕，就越快达到目标。

（4）五年计划：只需要一台计算机和几秒钟时间，你就知道五年内要赚多少钱。

（5）三年计划：三年是重要的一环，一生大计通常只是简单的方向，而三年计划是最重要的决定点。

（6）下年计划：这是你每周至少要检视一次的预算表和工作计划。每年都要有计划，尽量简单扼要，以数字为主。像赚得的金额、认识的人数等。12个月的计划不是论文，而是行动大纲。

（7）下月计划：认真地执行下个月的计划。以每月15号开始算起，是最适合的日子。

（8）下周计划：对大多数人而言，这是时间计划的关键所在。

（9）明日计划：这是最具体的生命计划。

别被20年大计吓倒了。好好写下来，修改是难免的。订计划是件愉快的事，而非一项任务，如果你的计划是一串上升的数字，你很快会对它发生兴趣。

如果短期计划超过了90天，你会对它丧失兴趣，把它分散成单项，然后逐一在90天内完成。

只有你知道自己需要什么，这样你才能更肯定地实现目标。

◎职业地图五步走

乔治·萧伯纳说过：“征服世界的将是这样一些人：开始的时候，他们试图找到梦想中的乐园。当他们无法找到的时候，他们亲手创造了它，就像在出外旅游之前你会很自然地带上地图一样。”个人职业生涯规划就是带领我们穿越迷雾，走向成功的地图，我们只有依靠它的指导才能够顺利地到达成功的彼岸。一个职业目标与生活目标相一致的人是幸福的，职业生涯设计实质上是追求最佳职业生涯的过程。

职业生涯即事业生涯，是指一个人一生连续担负的工作职业和工作职务的发展道路。成功的职业生涯规划要求你根据自身的兴趣、特点，将自己定位在一个最能发挥自己长处的位置，可以最大限度地实现自我价值。个人职业规划在了解自我的基础上确定适合自己的职业方向、目标并制订相应的计划，以避免就业的盲目性，降低从业失败的可能性，为个人走向职业成功提供最有效率的路径。著名管理专家诺斯威尔对职业生涯规划内涵的界定是这样的：个人结合自身情况以及眼前的制约因素，为自己实现职业目标而确定行动方向、行动时间和行动方案。

职业规划的好处主要有三点：

第一，它可以减少许多焦虑与情绪波动（高涨与低落）。

第二，它可以使生活与工作的效率更高，更易获得成就。

第三，他可以使自己集中优势资源，避免一切干扰，使自己更容易获得成功；那么，我们该如何才能做好自己的职业规划呢，概括下来共有五个步骤：

1. 了解你自己

成功的人生需要正确规划，事实上，你今天站在哪里并不重要，但是你下一步迈向哪里却很重要。一个有效的职业生涯设计，必须是在充分且正确地认识自身的条件与相关环境的基础上进行。对自我及环境的了解越透彻，越能做好职业生涯设计。因为职业生涯设计的目的不只是协助你达到和实现个人目标，更重要的也是帮助你真正了解自己。

你需要审视自己、认识自己、了解自己，并做自我评估。自我评估包括自己的兴趣、特长、性格、学识、技能、智商、情商、思维方式、思维方法、道德水准以及社会中的自我等内容。详细估量内外环境的优势与限制，设计出自己的合理且可行的职业生涯发展方向，通过对自己以往的经历及经验的分析，找出自己的专业特长与兴趣点，这是职业设计的第一步。

了解自己，我们可以采用对自己的五个追问来实现这一点，此种方法依托的是归零思考的模式：即从问自己是谁开始。然后一路问下去，共有五个问题：

我是谁？

我想做什么？

我会做什么？

环境支持或允许我做什么?

我的职业与生活规划是什么?

回答了这五个问题，找到它们的共同点，你就可以对自己有一个清楚的了解了。如果你有兴趣，现在就可以试试。先取出五张白纸、一支铅笔、一块橡皮。在每张纸的最上边分别写上以上五个问题。然后，静下心来，排除干扰，按照顺序，独立地仔细思考每一个问题。

对于第一个问题“我是谁?”回答的要点是：面对自己，真实地写出每一个想到的答案；写完了再想想有没遗漏，认为确实没有了，按重要性进行排序。

对于第二个问题“我想干什么?”可将思绪回溯到孩童时代，从人生初次萌生第一个想干什么的念头开始，然后随年龄的增长，回忆自己真心向往过想干的事，并一一地记录下来，写完后再想想有无遗漏，确实没有了，就进行认真的排序。

对于第三个问题“我能干什么?”则把确实证明的能力和自认为还可以开发出来的潜能都一一列出来，认为没有遗漏了，就进行认真的排序。

第四个问题“环境支持或允许我干什么?”的回答则要稍作分析：环境，有本单位、本市、本省、本国和其他国家，自小向大，只要认为自己有可能借助的环境，都应在考虑范畴之内；在这些环境中，认真想想自己可能获得什么支持和允许，搞明白后一一写下来，再按重要性排列一下。

如果能够成功回答第五个问题“我的职业规划是什么?”您就有了最后答案了。

做法是：把前四张纸和第五张纸一字排开，然后认真比较第一至第四张纸上的答案，将内容相同或相近的答案用一条横线连起来，您会得到几条连线，而不与其他连线相交的又处于最上面的线，就是您最应该去做的事情，您的职业生涯就应该以此为方向。并在此方向上以三年为单位，提出近期、中期与远期的目标；再在近期的目标中提出今年的目标；将今年的目标分解为每季度目标、每月目标、每周目标、每天目标。这样，您每天睡前就可以对照自己的目标进行反省，总结当日成就与失误、经验与教训，修正明天的目标与方法，第二天醒过来后稍加温习就可以投入行动了！这样日积月累，没有不能实现的规划。

值得注意的是，很多人往往认为选择最热门的职业就意味着对自己最有前途，对此，有关专家提醒：选择职业重要的是能正确地分析自己，找到自己最适合做的专业，然后努力成为本行业的佼佼者。

2. 清楚目标，明确梦想

如果你不知道你要到哪儿去，那通常你哪儿也去不了。

确立目标是制订职业生涯规划的关键，有效的生涯设计需要切实可行的目标，以便排除不必要的犹豫和干扰，全心致力于目标的实现。制订自己的职业目标并没有想象的那么难，只要考虑一下你希望在多少年之内达到什么目标，然后一步一步往回算就可以了。目标的设定要以自己的最佳才能、最优性格、最大兴趣、最有利的环境等信息为依据。通常目标分短期目标、中期目标、长期目标和人生目标，但是有一点，就是说你要保证这个目标至少在你本人看来是伟大的。没有切实可行的目标作驱动力，人们是很容易对现状妥协的。

3. 制订行动方案

你的职业正在帮助你实现人生的最终目标吗？你是否有一种途径可以让你现有的职业与你的人生基本目标相一致？

正如一场战役、一场足球比赛都需要确定作战方案一样，有效的生涯设计也需要有确实能够执行的生涯策略方案，这些具体的且可行性较强的行动方案会帮助你一步一步走向成功，实现目标。

通常职业生涯方向的选择需要考虑以下三个问题：

我想往哪方面发展？

我能往哪方面发展？

我可以往哪方面发展？

如果你现在是一个销售人员，但你的5年、10年或20年个人职业规划是希望成为一个营销主管。那么，你应该问自己下列几个问题：

我需要哪些特别的培训和学习才能使我够资格做一名营销主管？

为使自己发展路上顺畅坦荡，需要排除的内部和外部障碍有哪些？

我目前的上司在这方面能给我帮助吗？我周围的人在这方面能给我帮助吗？

目前的公司对我最终成为营销主管的可能性有多大？是否比在其他公司机会更大？

作为某一级主管这个职位的经验水平和年龄层次是怎样的？我是否符合这个范围？

4. 停止梦想，开始行动

立即行动。这是所有生涯设计中最艰难的一个步骤，因为行动就意味着你要停止梦想而切实地开始行动。如果动机不转换成行动，动机终归是动机，目标也只能停留在梦想阶段。正如一场战役、一场足球比赛都需要确定作战方案一样，有效的生涯设计也需要有确实能够执行的生涯策略方案，这些具体的且可行性较强的行动方案会帮助你一步一步走向成功，实现目标。

职业规划成功的案例都是在有明确的职业目标后，在求职过程中不断与那个目标看齐。当然，并不是每一个人都具有远见，定下自己的目标，并有计划地不断朝这个方向努力，但这一点对职业发展起着至关重要的作用。

5. 修正你的计划

计划不如变化快。影响你职业生涯规划的因素诸多，有的变化因素是可以预测的，而有的变化因素难以预测。要使职业生涯规划行之有效，就须不断地对职业生涯规划进行评估、修正生涯目标、生涯策略、方案是否恰当，以能适应环境的改变，同时可以作为下轮生涯设计的参考依据。

成功的职业生涯设计需要时时审视内外环境的变化，并且调整自己的前进步伐。目标的存在只是为你的前进指示一个方向。而你是它的创造者，你可以在不同时间不同环境下更改它，让它更符合你的理想。

在今天，我们的工作方式不断推陈出新，除了学习新的技能知识外，还得时时审视自己的生涯资本并意识到其不足的地方，不断修正自己的目标，才能立于不败之地。

◎1 英里行动主义

人生宛若一艘轮船，如果在大海中失去了方向舵而在海上打转，那么它很快就会把燃料用完，仍然到达不了岸边。事实上，它所消耗掉的燃料，足以使它来往于海岸及大海好几次。

一个人的行为总是与他意志中的最主要思想相互配合，这已是大家公认的一项心理学原则。

特意植入脑海并维持不变的任何明确的主要目标，在下定决心要将它予以实现之际，这个目标将渗透到整个潜意识，并自动地影响到我们身体的外在行动使我们一步步地接受它。

在心理学上有一种方法，你可以利用它把你的明确的主要目标深刻印在潜意识中，这个方法就是所谓的“自我暗示”，也就是你一再向自己提出暗示。这等于是某种程序的自我催眠，但不要因为如此就对它产生恐惧。拿破仑就是借助于这个方法，使自己从出身低微的科西嘉穷人，最后成为法国的独裁君主；林肯也是借助于这同样的方法，跨越了一道宽广的鸿沟，使他走出肯塔基山区的一栋小木屋，最后成为美国总统。

只要你能确定，你所努力追求的目标，将能为你带来永久的幸福，你就用不着害怕这种“自我暗示”的方法。但一定要先弄清楚，你的明确目标是建设性的，它的获得不会给任何人带来痛苦及悲哀，它将给你带来安详及成功，然后，你就可以按照你了解的程度运用这项方法，以求迅速达成这项目标。

潜意识也许可以比做是一块磁铁，当它被赋予功用，在彻底与任何明确目标发生关系之后，它就会吸引住达成这项目标所必备的条件。

请大家先做一个实验吧：

组织两组人，分别沿着两条10公里的路向同一个村子前进。

两组的差别在于：第一组不知道村庄的名字，也不知道路程的远近。只告诉他们跟着向导走就行。而第二组的人不仅知道村子的名字、路程，而且公路上每一公里就有一块里程碑，请你来猜想一下他们完成任务的情况吧！

你大概想不到，第一组的人刚走了两三公里就有人叫苦，走了一半时有人几乎愤怒了，他们抱怨为什么要走这么远，何时才能走到。走了一半时有人甚至坐在路边不愿走了，越往后走他们的情绪越低。

而第二组的人呢，他们边走边看里程碑，每缩短一公里大家便有一小阵的快乐。行程中他们用歌声和笑声来消除疲劳，情绪一直很高涨，所以很快就到达了目的地。

这个实验对你会有一定的启迪吧！只有具体、明确并有时限的目标才具有指导行动和激励自己的价值。只有充分地了解自己在特定的时限内完成特定的任务，你才会集中精力，开动脑筋，调动自己和他人的潜力，从而为实现自己的目标而奋斗。如果没有明确具体目标的时限，任何人都难免精神涣散、松松垮垮，要完成自己所制订的目标也就只是一句空话。

25岁的时候，雷因因失业而挨饿。他白天就在马路上乱走，目的只有一个，躲避房东讨债。一天他在42号街碰到著名歌唱家夏里宾先生。雷因在失业前，曾经采访过他。但是，他没想到的是，夏里宾竟然一眼就认出了他。

“很忙吗?”他问雷因。

雷因含糊地回答了他，他想他看出了他的遭遇。

“我住的旅馆在第103号街，跟我一同走过去好不好?”

“走过去？但是，夏里宾先生，60个路口，可不近呢。”

“胡说，”他笑着说，“只有5个街口。是的，我说的是第6号街的一家射击游艺场。”

这里有些所答非所问，但雷因还是顺从地跟他走了。

“现在，”到达射击场时，夏里宾先生说，“只有11个街口了。”

不多一会儿，他们到了卡纳奇剧院。

“现在，只有5个街口就到动物园了。”

又走了12个街口，他们在夏里宾先生的旅馆停了下来。奇怪得很，雷因并不觉得怎么疲惫。

夏里宾给他解释为什么要步行的理由：

“今天的走路，你可以常常记在心里。这是生活中的一个教训。你与你的目标无论有多遥远的距离，都不要担心。把你的精神集中在5个街口的距离。别让那遥远的未来令你烦闷。”

不要迷失自己的目标，每次只把精力集中在面前的小目标上，这样，遥不可及的目标便近在眼前了。

著名的作家、战地记者希达·赖德先生曾用这种方法救了自己的生命，听听他讲的亲身经历吧：

“第二次世界大战期间，我跟几个人不得不从一架破损的运输机上跳伞逃生，结果迫降在缅印交界处的树林里。当时我们唯一能做的就是拖着沉重的步伐往印度走，全程长达140英里，必须在8月的酷热中和季风所带来的暴雨侵袭下，翻山越岭，长途跋涉。

“才走了1个小时，我一只长筒靴的鞋钉就扎了脚。傍晚时双脚都起泡出血，像硬币那般大小。我能一瘸一拐地走完140英里吗？别人的情况也差不多，甚至更糟糕。他们能不能走呢？我们以为完蛋了，但是又不能不走。为了节省体力，我们每次只走一英里，休息十分钟后，便继续下一英里的路程。我们就这样走着，有一天，我们竟然惊奇地发现我们已走出了这一段魔鬼旅程……”

大海是由一滴一滴水汇集而成的；

房屋是由一砖一瓦砌成的；

大力神杯是靠赢得一场又一场的比赛才获得的。

……

每个重大的成就都是一系列的小成就累积而成的。

按部就班做下去是唯一的实现目标的聪明做法。有些时候，某些人从表面看来似乎是一夜成名，但是如果你仔细看看他们的历史，就知道他们的成功并不是偶然的。

据说现代马拉松比赛，每隔5公里就有一个标识牌。也就是说，一开始以5公里外的标识牌为目标，按照自己的速度跑，到了之后，再以下一个5公里外的标识牌为目标……像这样子的，将42.195公里的长距离区分为许多个小段，而不是一口气跑完全程。

一位奥运会长跑冠军在自传中这样说道：

"每次比赛之前，我都要乘车把比赛的线路仔细地看一遍，并把沿途比较醒目的标志画下来，比如第一个标志是银行；第二个标志是一棵大树；第三个标志是一座红房子……这样一直画到赛程的终点。比赛开始后，我就以百米的速度奋力地向第一个目标冲去，等到达第一个目标后，我又以同样的速度向第二个目标冲去。40多公里的赛程，就被我分解成这么几个小目标轻松地跑完了。"

这个方法也可以用到工作或是读书方面。人既然活在世上，就应该有活下去、值得努力的目标。然而，如果目标过于远大，令人觉得不太可能实现，无论是谁都不会有努力的欲望。即使好不容易勉强自己去做，我想终究还是会半途而废，因为一直无法感受到成功的滋味。

目标如果设定在可见的距离，就会使人怀抱希望，持续努力。名著《夜与雾》的作者法兰克，曾以精神分析医生的眼光，冷静观察囚禁在纳粹犹太人集中营同胞的心理。其中，有件很有意思的事。

有个犹太人一心想要从集中营活着出来。但是，这种希望怎么想都不太可能实现。于是，他把目标设定在"几月几日联军将会来拯救我们，在此之前，我一定要忍耐"，而延续生存的希望。结果，在他预定的联军将会到来的日子之间，无论环境多么恶劣，令人惊讶的，他都能坚强地活下去。然而，一过他预定联军会来的日期，他就急速地衰弱而死亡了。

也许我们所遭遇的没有这么极端，但同样的道理在我们日常生活中都能发现。无论工作或是读书，只要我们觉得目标可能实现，自然就会充满干劲和希望。相反的，如果不知道工作什么时候才能完成，就提不起继续努力的念头。

想要实现自己的目标，先把目标定为每天可以完成的目标。像马拉松的标识牌一样，区分目标，订立计划。亦即，将目标分为大目标、中目标、小目标。或是称做终生目标、中期目标、近期目标。

譬如，一生的大目标是成为政治家，为人民服务。然而，这目标虽然远大，却不是一朝一夕可以实现，必须先铺路做准备。因此，要设定中期目标。譬如，通过高考，或是就读名牌大学等等。为了达成中期目标，每天所应做的努力，就是近期目标。

《圣经·旧约》中记载：阿西德无论走到哪里，都播下苹果种子。我建议生活中的每一个人都能够向他看齐，不过，要记住，你们播的是成功的种子！无论走到哪里，都要为成功播种，然后再证实有足够的时间茁壮成长，你便有了成功的果实，成功的收获了。

当然，越快成功越好，但是不要操之过急。操之过急的人，往往会有麻烦。避免麻烦比摆脱麻烦容易得多。所以，你要想顺利地、轻松地实现“未来远景”，就必须一步一个脚印，制订每一个事业发展阶段的“短期目标”。这样，你就可以踏着这些台阶，拾级而上，奔向成功的目标了。

◎咬紧一处，有所不为

英国政治活动家、小说家爱德华·立顿说：“有许多人看到我整日里如此忙碌，事无巨细无不顾及，竟然还能有时间来从事学问研究，他们都免不了奇怪地问我：‘你怎么会有那么多时间来完成了这样多的著述呢？你究竟有什么分身之术，可以做完这么多工作呢？’或许我的回答会令你大吃一惊，答案就是——‘我之所以能做到这一点，是因为我从来不同时做好几件事情。’一个能从容自若地安排好工作的人肯定不会让自己过于劳累；换句话说，如果他在今天疲于奔命的话，那么随之而来的必定是疲劳和困乏，这样的话，他明天就不得不减慢工作节奏，所以结果就是得不偿失。我认为，我真正专心致志的学习是从离开大学校园跨入社会之后开始的。到现在为止，我觉得在生活阅历和各种知识的积累方面，跟同时代的绝大多数人相比，自己毫不逊色。我游历了大量地方，所见甚广；在政界和各种各样的社会事务中，我也收获颇丰；除此之外，我在各地出版了大约六十本著作，其中涉及的许多课题是需要深入研究的。你认为通常一天中我会有多少时间用来研究、阅读和写作呢？我可以告诉你，不到三个小时；在国会开会期间，可能连三个小时都没有。然而，在这三个小时之内，我却是全神贯注地投入我的工作的，心无旁骛，用心极专。”

生活中之所以有许多人最终无法实现少年时代的梦想，原因就是他们同时涉足了太多的领域，由此难免会分散精力，这就阻碍了他们的进步，使得他们最终一事无成。他们没有采取一种更明智的做法，集中心志于某一个领域，咬定青山不放松，最终成为该领域所向无敌的行家里手；相反，他们选择了在很多领域成为三脚猫似的人物，他们四处出击，什么东西都有所涉猎，却又都是浮光掠影，浅尝辄止，最终只懂一点皮毛。

一个人要“有所为”必须同时要“有所不为”，严格约束自己“有所不为”的人，方能大有所为。一个人只有做到以超脱的态度对待世事的纷繁和扰动，才有可能倾其全力攻关于重点领域，在这一领域做出突破。

无论做什么事，我们都要“咬紧”一处，坚持不懈地进攻，才会有所突破、做出成就。每一位渴求成功的人，尤其是处于创业阶段的奋进者，务必要时时防范自己，不要滥铺摊子，滥用精力，不要以为到处出击才有收获，而应当像锥子那样，钻其一点，各个击破，让自己在某一方面展示出自己的特长，这样才能赢得更大的成功。那些自认为是多才多艺、精力超群的人，结果反而是看起来样样通，实际上什么都不懂，这样，别人以令人耀眼的特长立足于世，而你却难以与其匹敌，因此痛失获得成功的各种机会。

有一次，一个青年苦恼地对昆虫学家法布尔说：“我不知疲劳地把自己的全部精力都花在我爱好的事业上，结果却收效甚微。”法布尔赞许说：“看来你是一位献身科学的有志青年。”这位青年说：“是啊！我爱科学，可我也爱文学，对音乐和美术我也感兴趣。我把时间全都用上了。”法布尔从口袋里掏出一块放大镜说：“请把你的精力集中到一个焦点上试试，就像这块凸透镜一样。”

马休斯博士说过，那些同时有着很多目标、精力分散的人会很快地耗尽他们的精力，随着精力的耗尽，随之而来的就是原先雄心壮志的消磨。

欧文·伯克斯顿曾说过如果一个人在生活中只追求一个目标——一个唯一的目标，那么在有生之年，他极有可能会实现自己的愿望；但是，如果他事事喜好，见异思迁，那就好像到处播撒种子，到头来只会一无所获，抱憾终生。

不让机遇从指缝间溜走

◎做好准备，不与“心愿石”失之交臂

有人坐等机会，希望好运气从天而降。成功者积极准备，一旦机会降临，便能牢牢地把握。

有位年轻人，想发财想得发疯。一天，他听说附近深山里有位白发老人，若有缘与他相见，则有求必应，肯定不会空手而归。

于是，那年轻人便连夜收拾行李，赶上山去。

他在那儿苦等了 5 天，终于见到了那个传说中的老人，他求老者赐给他好运。

老人便告诉他说：“每天清晨，太阳未东升时，你到海边的沙滩上寻找一粒‘心愿石’。其他石头是冷的，而那颗‘心愿石’却与众不同，握在手里，你会感到很温暖而且会发光。一旦你寻找到那颗‘心愿石’，你所祈愿的东西就可以实现了！”

每天清晨，那个年轻人便在海滩上捡石头，发觉不温暖又不发光的，他便丢下海去。日复一日，月复一月，那个年轻人在沙滩上寻找了大半年，却始终也没找到温暖发光的“心愿石”。

有一天，他如往常一样，在沙滩开始捡石头。一发觉不是“心愿石”，他便丢下海去。一粒、两粒、三粒……

突然，年轻人大哭起来，因为他突然意识到：刚才他习惯性地扔出去的那块石头是“温暖”的……

当机遇到来时，如果你麻木不仁就会和它失之交臂。

人们只要抓住机遇，利用机遇，努力奋斗，就可以获得真正幸福的人生。

机遇的产生和利用都需要有其主、客观条件。从主观上讲，机遇只属于那些

有准备的人。这里的准备主要有以下内容：一是知识的积累。没有广博而精深的知识，想发现和利用机遇是不可能的。二是思维方法的准备，只具备知识，而没有必要的思维方法，只能让机遇白白地从身边溜走。当然，成功而有效的思维方法的掌握不是一朝一夕的事情，它需要人们下苦工夫，在长期的生活实践中培养训练。因此，我们既要勤于思考，又要有独立思考的能力。但我们也得明白，不论是知识积累方面的准备，还是思维方法方面的准备，都是一个过程。

主观条件非常重要，它要求人们应努力学习和工作。从客观条件讲，机遇的产生和利用需要有良好的社会环境，如自由的科研氛围、平等的择业工作机会及良好的家庭环境、教育程度等。机遇的产生是主、客观条件相互作用的结果，它既有必然性，也有偶然性。只有捕捉住机遇，才能使其由可能性向现实性转化，从而使人们走向成功的峰巅。

怎样去准备呢？那就要留心周围的小事，独具慧眼。在日常生活中，常常会发生各种各样的事，有些事使人大吃一惊，有些事却毫无惊人之处。一般而言，使人大吃一惊的事会使人倍加关注，而平淡无奇的事往往不被人所注意，但它却可能包含有重要的意义。一个有敏锐洞察力的人，他会独具慧眼。19世纪的英国物理学家瑞利正是从日常生活中洞察到，端茶水上来时，茶杯会在碟子里滑动和倾斜，有时茶杯里的茶水也会洒一些，但当茶水稍洒出一点弄湿了茶碟时会突然变得不易在碟上滑动了。瑞利对此做了进一步探究，做了许多相类似的实验，结果得到一种求算摩擦的方法——倾斜法，给人们的科学事业做出了极大的贡献。当然，我们说培养敏锐的洞察力，留心周围小事的重要意义，并不是让人们把目光完全局限于“小事”上，而是要人们“小中见大”、“见微知著”。只有这样，才能有更多发现机遇的机会。

在具备敏锐洞察力的前提下，还必须具备一定的判断力。判断力不仅对于正常情况下的科学发现活动和其他实践活动是重要的，对于异常情况下的科学发现活动及社会急剧变化时的实践活动更为重要。人们应该根据自己的判断力，选择和从事有利于社会又适合自己，能给自己带来物质和精神生活幸福的工作。

◎机遇在于主动把握

要抓住机遇，获得幸福，还必须在善于利用他人的成果，进行创造性的劳动时，也要吸取自己以往的经验和教训，发挥自己的想象力和创造力，注意与他人合作。在实现人类整体幸福的过程中实现个人的幸福。

时代和社会向人们提出了挑战，也给人们提供了各种机遇。人们不能盲目地迎接挑战，也不能希冀机遇全都降临于自身。

机遇固然重要，但不能坐等机遇，不然机遇会白白地从身边溜走。

在现代社会中，随着社会分工的精细和社会交往关系的程序化，个体一般都处在不同的单位如政府机关、研究院、学校、商店、工厂、公司之中。应当承认，尽管当今社会为人们提供了通向机遇的广阔道路，但毕竟不同岗位、职业间机遇发生率的差异依然存在，如一些职业出国机会多，一些岗位晋升快，有的职业致富门路宽，而有的职业、岗位则缺乏上述的机遇。正是由于不同的职业、岗位的机遇发生率不同，因而人们非常重视对职业的选择。近年来自谋职业和“跳槽”成风，充分表现出人们对机遇的渴望之情。

当然，人各有志，有的至今仍然恪尽职守于看似平淡的工作岗位，有的则仍专注于学术研究，来丰富自己的精神生活。由于机遇并不是平均分配在各地各行各业中的，因而面对挑战，如果人们接近有较多机遇的职业，接近能提供机遇的人与环境，会更有利于谋求和捕捉机遇。这就是说，人们需要选择“向阳”与“近水”的工作和生活环境，因为它能使人们的工作迅速取得成就。

人生恰如草木之生长，其成功、成长和幸福的获得，需要一个良好的外部环境。谋求机遇和幸福，更需要接近那些能带来较多机遇的职业岗位与人事环境。只有环境条件好，机遇发生率高，人们才能取得更多的成功，才能真正得到人生幸福。例如，一般来说，新的开发区和新的单位由于人员相对缺乏，发展速度较快，受旧关系网络的束缚较小，各种岗位的缺额更多，因此，在这里人们发挥才能的机会、表现才干与创造性的机遇较多，人们得到重用、升迁、晋级的机遇相对来说也较多。当然，因为新，许多工作必须从零开始，需要新的观念和知识，所以人们遇到的困难也多，受到的挑战也大。可以说，在这样的单位中，挑战与机遇并存，只有勇敢地迎接挑战，捕捉住机遇，才能够施展出自己的才华。如何抓住机遇，并没有固定的模式和准则可循，但过人的洞察力和预见能力无疑是非常重要的。平时留心周围的小事，可练就敏锐的洞察力。牛顿不放过苹果落地、伽利略不忽视吊灯摆动、瓦特研究烧开水后的壶盖跳动……这些似乎司空见惯的现象，他们因此而有所发明或发现。

《致富时代》杂志上，曾刊登过这样一个故事：有一个自称“只要能赚钱的生意，都做”的年轻人哈特，在一次偶然的机会听人说，市民缺乏便宜的塑料袋盛垃圾。他想：“这个塑料袋的生意，说不定我就能做。”于是他立即进行了市场调查，通过认真预测，认为有利可图。他开始着手行动，很快把物美价廉的塑料袋推向市场。结果，靠那条别人看来一文不值的“垃圾袋”的信息，两星期内，哈特赚了 4 万美元。

富尔顿十岁时，和几个小朋友一起去划船钓鱼。富尔顿坐在船舷上，他的两只脚不在意地在水里来回踢着。不知什么时候，船缆松了扣，小船漂走了。富尔顿没有忽视这种生活中的小事，他发现自己的两只脚起了船桨的作用。富尔顿长大以后，经过刻苦的学习和研究，终于制造出世界上第一艘真正的轮船。

麦可·西姆公司原是一家仅有 30 多人生产雨衣的小公司，因产品滞销，公司陷入困境。一天，董事长麦可·西姆先生从人口普查材料中发现，美国每年出生婴儿 500 万，这引起他的深思：尿布这个不显眼的小产品，大企业不屑一顾，但却是婴儿的必需品，就算每个婴儿每年最低限度只用两条，一年就是 1000 多万条，何况还有广阔的国际市场。于是他立即转产婴儿尿布，结果产品畅销国内外。

现代社会是信息时代，企业的竞争就是技术和信息的竞争，日常生活中可利用的信息当然不局限于气象和新闻，只要我们思路开阔，头脑灵活，善于捕捉有价值的信息，能帮助你发展事业的信息无处不在。

查克·豪丝是惠普公司一位聪明能干、积极努力的工程师，几年前正在研制一种新型显示监视器时，上级通知他放弃这个努力。他通过广泛调查，预见到这种显示器必然有巨大的潜力。因此，他没有理会上级的指示，继续进行这种新产品的研制，而不管上级多次要求他停止这项工作的压力。他说服他所在部门的研究与开发经理，把这种监视器投入了生产和市场。结果，惠普公司销售了 17000 台这种监视器，赢利 3500 万美元，豪丝也因“超乎工程师的正常职责范围，表现出异乎寻常的藐视上级指示”而受到重奖。

实际上，促使豪丝出人头地的主要因素是他超乎常人的预见力。如果他不能正确预见到产品畅销，则没有足够的勇气违背上级指示；如果预见和判断错误，则会受到上级的严厉指责，可能因此被炒鱿鱼。

要把握机遇，获得灵感，还必须善于利用他人的成功经验。这不仅包括别人通过辛勤的努力所换来的结果，也包括别人努力的过程。

梅隆家族是美国的超级巨富，第一次世界大战以后，它垄断了新兴的制铝工业；第二次世界大战以后，它又以石油为主要产业在美国工矿企业中雄居首位。据美国《幸福》等杂志的统计，1970 年梅隆财团控制下的企业总资产约为 329 亿美元，在美国八大财团中占第六位。

梅隆财团第一代创始人托马斯·梅隆则是这份家业的开拓者。梅隆家族祖祖辈辈生活在爱尔兰乡间，只有很少的土地，比较贫困。托马斯·梅隆 14 岁的一天，他在种荞麦，突然，托马斯在犁过的田中发现了一本散落的《本杰明·富兰克林自传》。从这本书里，托马斯看到了像他一样的普通人，也可以富有教养、通达事理、出人头地。他后来写道："我看到了富兰克林，他比我还穷，但凭着勤奋、节俭，他终于变成了才识出众、睿智果断、富有而又闻名的人物。"从此，一种不安躁动在他心里，那就是富兰克林吸引他去思考放弃土地。这个偶然事件对托马斯的影响贯穿其毕生，43 年以后，当他最终建造起象征他事业顶峰的银行大厦时，他没有忘记在人形山头的中央，矗立起一座富兰克林塑像。

◎别把"没有机遇"挂在嘴边

凡是做出事业的人，往往不是那些幸运之神的宠儿，反倒是那些"没有机遇"的苦孩子。

不要常说自己没有机遇，其实，"没有机遇"永远是那些失败者的推托之词。试着走入失败者的队伍加以查询，他们的大多数人将告诉你，他们之所以失败，是因为不能得到别人所具有的机遇，没有人帮助他们，没有人提拔他们。他们将对你说，好的位置已经人满了，高等的职位已被挤足了，一切好的机遇都已被他人捷足先登，所以他们毫无机遇了。

但有骨气的人却不会推托。他们只是迈步向前，他们不等待别人的援助，他们依靠的是自助。世界上需要而缺少的，正是那些能够制造机遇并牢牢把握机遇的人！等待机遇而至成为一种习惯，这真是一件危险的事。工作的热情与精力，就在这种等待中消失。对于那些不肯工作而只会胡思乱想的人，机遇是不可望的，只有那些勤恳工作的人，不肯轻易放过机遇的人，才能看得见机遇。

你或者想，机遇或机遇的到来一定是非同小可之事。但实际上，到达你的高处的台阶（机会），就在日常行事之间，不管你实际所行的是哪一类事。

在你现在所处的地位中，或者已经是人满了，但在较高的地位上，却总是有着空隙。上百万人闹着失业，但在每个高等职业学校或职业介绍所的门口，却总挂上"招聘"的广告。世界上每时每处都在寻找受过较好职业训练的人。高额的薪水、优厚的待遇，在等候着有能力并能够成功的青年来获取。

有许多人已经触着了很好很大的机遇，而他们却还在梦想着发财的、高升的更大更好的渺茫机遇。当前的机遇他们不认识，是因为他们的心中另有不确实的幻影。

有的人对于机遇一事，眼界太高，欲望太奢。往往为着一心要摘取远处的玫瑰，反而将近在脚下的菊花踏坏。千里之行，始于足下，不可忘却了大事业，但要从小处着手。

现在生活在都市而每天怨天尤人的青年，与那生长在边区丛林中的人们易地相处，使他们住在一所旷野中简陋的木棚房子中；远离学校、铁道；没有报纸、书籍、金钱，没有日常生活上的享受，甚至没有日常生活上的必需品，他们将作何感想？使他们必须日行九里，才能进一个设在木棚房子中的简陋的学校中去读书，他们将作何感想？使他们必须在荒野中跋涉五十里，才能借到一本书籍，然后在白天辛勤工作后，借着木柴的火焰之光而阅读，他们将作何感想？让他们如同林肯一样，受学校教育只满一年，即不得不投身工作，他们将作何感想？

每个人只要有抓得住当前机遇的毅力，有为目标而奋斗的精神，都有获得成功的可能。但你该牢记，你的出路就在你自己身上，在你以为出路是在别处或别人身上时，你是要失败的。你的机遇就包含在你的人格中。

你成功的可能性就在你自己的生命中，正像未来的参天大树的种子隐伏在野草灌木丛中一样。你的成功就是自我的演进、展开与实现。

没有机遇，永远在等待机遇。这是怯弱者和懒怠者的托辞。

◎机遇并非上帝的恩赐

亚历山大在打了一个胜仗之后，有人问他假使有机遇，他想不想把第二个城邑攻下？“什么？”他怒吼起来，“机遇？我制造机遇！”

世界上最需要的，正是那些能够制造机遇的人。

时机虽是超乎人类能力的大自然的力量，但人在机遇面前，不都是被动的、消极的。许多能成大事的人不愁不烦，总是静待机遇的到来，但更多的时候，是积极地、主动地争取机会，“创造”机遇。

其实，在主动进取的人面前，机遇完全是可以“创造”的。培根指出：“智者所创造的机遇，要比他所能找到的多。只是消极等待机遇，这是一种侥幸的心理。正如樱树那样，虽在静静地等待着春天的到来，而它却无时无刻不在养精蓄锐。”

当一个人计划周详，考虑缜密，在多种有利因素的配合下，时机常常会来到你的身边。一个强者，总能创造出契机，常常与机会结缘，并能借助机遇的双翼，搏击于事业的长空。

人不仅要把握机遇，更需千方百计，伸长触角，张大触须创造机遇。走向成功的人，绝不是一个逍遥自在、没有任何压力的观光客，而是一个积极投入、“执迷不悟”的参与者。善于制造机遇，并张开双臂迎来机会的人，最有希望与成功为伍。积极创造机遇，也正是现代人必须具备的人生态度。

机遇是一种重要的社会资源。它的到来，条件往往十分苛刻，且相当稀缺难得，它并非那样轻易得到。要获得它，需要极大的“投入”，才会有“产出”，需要高昂的代价和成本，准备相当充足的实力、雄厚的才能功底。机遇相当“重情谊”，你对它倾心，它也会对你钟情，给你报答。但机遇绝不轻易光顾你的门庭，不愿意花费“投入”的人，也绝得不到它的偏爱与回报。喜剧演员游本昌深有感悟地说：“机遇对每个人都是相等的，当机遇到来时，早有准备的人便会脱颖而出；而那些没有任何准备的人，只能看着机会白白地流失。”

机遇绝非上苍的恩赐，它是创造主体主动争来的，主动创造出来的。机遇是珍贵而稀缺的，又是极易消逝的。你对它怠慢、冷落、漫不经心，它也不会向你伸出热情的手臂。主动出击的人，易俘获机遇。守株待兔的人，常与机遇无缘，这是普遍的法则。你若比一般人更显出主动、热情的话，机遇就会向你靠拢。

机遇最喜欢爱拼善攻、有挑战性格的人，它最乐意为这样的人“效劳”。所以，在机遇面前，无疑需要敢于拼搏、锲而不舍的精神，将自身的能量最大限度地发挥出来。只有勇于战胜那些看似难以克服的困难，才使机遇发挥出极大的效能。有些人为艰难所折服，就会使已到手的机遇未能得到充分利用，而使自己功亏一篑，也使曾做出的努力付诸东流。

在经营自己的人生时，我们不仅要做一个积极的“生产商”，而且要做一个称职的“推销员”。“伯乐”识才是对个人成长有利的机遇，我们要向社会、向同行、向“伯乐”们主动显示自己的才能。世上“千里马”常有而“伯乐”不常有，是因为“伯乐”在明处，而“千里马”潜藏于暗处，而且“伯乐”也受到精力、智慧、时间、地位和信息获得、活动范围等多方面的限制，尽管他们卓有眼力，也难以识尽天下之才。因此，“千里马”就要踏上社会的舞台，到广阔的空间一显身手，拿出自己的成果来，以初步的成果做敲门砖，敲开“伯乐”的家门。古今中外，以推出成果创造机遇，走进成功殿堂的人真是不胜枚举。

机遇的抓获，是一个逐步进行优势积累的过程。从不少成功者的经历看，他们都是创造机遇并充分利用机遇的智者。一开始，他们是一面勤奋地、精心地积累，一面在寻觅机遇。当他们有一定程度的知识、能力功底时，机遇就会不期而至。当他们利用实力和机遇取得成绩后，又会遇到质和量更高、更利于自身发展的新机遇。

创造机遇需要一种韧劲、磨劲。当你确定了明确的奋斗方向，有坚定的信念，并时时刻刻准备“接纳”机遇时，就有可能得到机遇女神的青睐。

◎发现它，捕捉它

人生机遇作为人生过程中的偶然因素，它要受必然性的支配。这个必然性不是天意，也不是命中注定，而是人的主体作用与客观条件的有机结合，那么如何才能捕捉人生机遇呢?

1. 锤炼自我，发现机遇

人生机遇形成的客观条件主要有社会背景、家庭环境、学业和职业社会环境三个因素。客观条件虽然不容忽视，但人的主体作用对于人生机遇的捕捉更起着关键的作用。当人生机遇降临时，之所以有的人能慧眼识珠，有的人却视而不见；有的人能及时抓住，有的人却无能为力，其根源就在于人的主观条件存在着差异。

捕捉人生机遇的主观条件主要包括两方面，即学识和方法。

学识即知识和见识。学识具有累积性的特点，它既是形成人生机遇的主观条件，又带有准备的性质。所谓有准备的头脑是指一种思想准备，它包括两方面：一是知识积累的准备。这里所说的知识，不光指书本知识，而且还包括从社会实践中获得的实际工作能力。知识积累方面的准备是发现、识别、捕捉乃至利用人生机遇的基础。二是生活见识方面的积累。这里所说的见识，实际上就是审时度势，驾驭环境，对自己人生目标做出最佳选择的能力。人生主体在根据需要不断进行自我设计、自我选择、自我调整的过程中，注意生活见识的积累有利于发现、识别和截获机遇。

捕捉人生机遇的方法主要有：

一是思维方式的辩证性。这种思维方式既是发散的，又是收敛的；既善于吸收各种有益的思想观念，又保持自身思想观念的独立性，是开放性和独立性相统一的思维模式。思维方式辩证性的机遇效应是，当人生道路上突发某些意外事件时，能充分运用联想、移植等方法辐射出去，设想可能发生的种种结果，以便用于实现人生目标。

二是目标方式的可塑性。这是指目标方式可以根据事物的变化而进行调整。因为事物总是处于不断的变化中，人们只有增强应变能力，随着社会的发展变化对自己的学习、工作和生活目标进行相应的调整，才能创造人生的价值。如果人们面对多变的世界，只有一种目标，就会丧失人生良机。

三是交往方式的开放性。这是指扩大交往的范围，增大交往的频率。因为机遇在封闭的状态下不易碰见，只有在开放的人际交往中才有可能发现和捕捉较多的人生机遇。

四是心理素质的协调性。这种协调性表现为强烈的好奇心、求知欲、敏锐的观察力和准确的判断力。只有具备协调性素质，才有可能及时、准确地抓住人生机遇，努力发展自己。

五是意志品质的坚定性。机遇不仅垂青有准备的头脑，而且期待人们对它的执著追求。对人生有执著追求的人之所以能幸获机遇，在于他们在人生实践中有热情、毅力和坚定的意志。

2. 珍惜时间，捕捉机遇

谈到成功的经验，美国百货业巨子约翰·甘布士说："不要放弃任何一个哪怕只有万分之一的可能的机会。"西班牙作家塞万提斯则认为："取道'等一等'之路，常走入'永不'之室。"在追求事业的旅程中，有时稍一疏忽，就地观望，裹足不前，就有可能与机遇失之交臂。

机遇，来去匆匆，瞬息而过。不失时机地、准确地把握机遇，对步入成才之路的青年至关重要。把握住机遇的关键是要思维敏捷、及时捕捉，莫让它轻易溜走，以致一失"机"成千古恨。

英国诗人布莱克的一首诗中，写出了时机"即时"的特性：

如果在时机成熟前强趁时机，
你无疑将洒下悔恨的泪滴；
但如你一旦把成熟的时机错过，
无尽的痛苦将使你终生哭泣。

正因为机遇是稍纵即逝的火花，一旦失去，再要拥有它就不容易了。因此，对于一个人而言，决策的时机就显得至关重要了。

然而，当机遇确实从你鼻子底下溜走时，光埋怨自责，乃至消极沉沦是不行的。重要的是，要认识到机会是不断会有的，错过了一次机会，追悔惋惜无济于事，倒不如让心平静下来，积聚力量去等待、捕捉新的机会。昨天的机会虽永远逝去，但新的机会、新的希望仍会不断呈现在你的面前。要知道，春天失去了还有夏天，太阳落下了还有月亮。只要始终不放弃努力，机遇终会向你招手。

3. 增强胆识，驾驭机遇

许多人之所以没有获得成功，其实并非是个人的能力和才干稍逊一筹，而是由于缺乏把握机遇、驾驭机遇的敏锐和胆识。

成功者除了基础积累以外，相当重要的是在于当机遇如蒙面人般地与他擦身而过时，能一眼识别，并紧紧抓住，利用机遇，拓展自己。

成功的人生，必须把握住时机和火候。即对何时冲锋，何时退却；何时说话，何时沉默；何时拥有，何时放弃；何时抗争，何时妥协，都有很好的把握。要乐于舍弃那些浮华、耀眼、同自己的目标相违背，却极具表面诱惑力的东西。成才道上，胆量和识见，缺一不可。

眼力不同的人，对同一事物的判断会迥然相异。有这样一个例子：在美国和英国，各有一家皮鞋公司，各派了一名推销员到太平洋的某个岛屿去开辟市场。他们上岛后，都于次日给自己的公司发回了电报。其中一份电文是："这座岛上没有人穿鞋子，我明天搭乘第一班飞机回去。"而另一名推销员却在电报中说："好极了，这个岛上没有一个人穿鞋子，我将驻在此地大力推销。"特有的悟性，使他看到了希望，并帮助他开拓了新市场。

在机遇面前，你应该做一个强者，而不应该做机遇的奴仆。

古希腊哲学家苏格拉底曾断言："最有希望的成功者，并不是才华最出众的人，而是那些最善于利用每一时机发掘开拓的人。"

在我们的一生中，机遇可以说是随时存在的。由于机遇转瞬即逝，没抓住它，就永远失去了。若抓住了一次，就可能造成人生的转机。机遇能不能变成你的现实利益，则要看你是不是具有发现它的头脑、捕捉它的目光、抓住它的胆魄和利用它的实力。从寻找到发现、抓获、利用它，是个厚积薄发的过程。只有长期追求，苦心积累，才能真正有所发现、有所收获。因此，将力量的基点放在积累能量、蓄势待发上，则不失为明智之举。

追求无止境

◎跌倒后最重要的是爬起来

跌倒不算失败，跌倒了站不起来，才是失败。

世界上有无数人，已经丧失了他们所拥有的一切东西，然而还不能把他们叫做失败者，因为他们仍然有着不可屈服的意志，有些坚忍不拔的精神。

要检验一个人的品格，最好是看他失败以后如何行动。失败以后，能否激发他的更多的策略与新的智慧？能否激发他潜在的力量？是增强了他的决断力，还是使他心灰意冷呢？

爱默生说："伟大高贵人物最明显的标志，就是他坚强的意志，不管环境变化到何种境地，他的初衷与希望，仍然不会有丝毫的更改，而终至克服障碍，以达到所企望的目的。"

"跌倒了再爬起来，从失败中求胜利。"这是历代伟人的成功秘诀。

有人问一个孩子，他是怎么学会溜冰的？那孩子回答道："哦，跌倒了爬起来，爬起来再跌倒，就学会了。"之所以个人成功，之所以军队胜利，实际上就是这样的一种精神。跌倒不算失败，跌倒了站不起来，才是失败。

可能过去的一切，对一些人来说是一部非常痛苦、非常失望的伤心史。所以，有的人在回忆从前时，会觉得自己处处失败、碌碌无为，他们竟然在非常希望成功的事情上失败了，或是他们所至亲至爱的亲属朋友，竟然离他而去，或是他们已经失掉了职位，或是营业失败，或是因为各种原因而不能使自己的家庭得以维系。在这些人看来，自己的前景似乎是十分的渺茫。然而即便有上述的种种不幸，只要你永不甘屈服，那么胜利就在前方，就在向你招手。

失败是对一个人人格的考验，在一个人除了自己的生命以外，一切都已失去的情况下，潜在的力量到底还有多少？没有勇气继续奋争的人，自认失败的人，那么他所有的能力，就会全部消失。而只有毫无畏惧、勇往直前、永不放弃人生责任的人，才会在自己的生命里有伟大的进展。

有人也许要说，早已失败多次了，所以再试也是徒劳无功，这种想法真是太自暴自弃了！

对意志永不屈服的人，根本就没有所谓失败。无论成功是多么遥远，失败的次数是多少，最后的胜利仍然在他的希望里。狄更斯在他小说里讲到一个守财奴斯克鲁奇，最初是个爱财如命、一毛不拔、残酷无情的家伙，他甚至把全部的精神都钻在钱眼里。可是到了晚年，他竟然变成一个慷慨的慈善家、一个宽宏大量的人、一个真诚爱人的人。狄更斯的这部小说并非完全虚构，世界上也真有这样的事实。人的根性都可以由卑鄙变为善良，人的事业又何尝不能由失败变为成功呢？现实生活中这样的例子并不少，许多人失败了再起来，沮丧而又不认输，抱着不屈不挠的无畏精神，向前奋进，最终竟然获得了成功。

世界上有无数人，已经丧失了他们所拥有的一切东西，然而还不能把他们叫做失败者，因为他们仍然有着不可屈服的意志，有着坚忍不拔的精神。

世间真正伟大的人，对于世间所说的种种成败，并不介意，所谓“不以物喜，不以己悲”。这类人无论面对多么大的失望，绝不失去镇静，这样的人终能获得最后的胜利。在狂风暴雨的袭击中，那些心灵脆弱的人们唯有束手待毙，但这些人的自信精神、镇定气概、却仍然存在，而这种精神使得他们能够克服外在的一切境遇，去获得成功。

温特·菲力说：“失败，是走上更高地位的开始。”许多人所获得最后的胜利，只是来自于他们的屡败屡战。对于没有遇见过失败的人，有时反而让他不知道什么是大胜利。一般来说，失败会给勇敢者以果断和决心。

跌倒不要紧，最重要的是能爬起来。

◎行动，而不是犹豫

许多人害怕负起做决断的责任——决定不下要采取什么样的行动。因为他们担心，事情若是做不成功，他们便要成为承担者的对象。因此，他们尽可能避免负责，如有必要，他们会陷入忧愁、疑惧或不知所措。这种焦虑和紧张，往往使身体和精神趋于崩溃。1942 年，有位住在加拿大尼加拉瓜瀑布地区的年轻小伙子，名叫柯思迪罗。他退伍之后，立刻在“安大略水力发电代办处”找到一份修理机械的工作。18 个月以来，他一直表现良好，而且工作得很愉快。一天，上司告诉他一个好消息——他被升为领工，负责管理厂内重机油的设备。

“从那时起，我便开始忧愁了，”柯思迪罗描述道，“我曾是个快乐的机械工，但调升为领工之后，日子便不再快乐了。我所担负的责任带给我许多压力，不论是清醒时或在睡梦里，不论在厂内或家里，焦虑常是我最亲密的伴侣。

“然后，事情发生了——我一直埋怨的紧急变故终于发生了。我当时正走向一个碎石坑，那里应有四部牵引机在工作。但坑里那时是一片宁静，我急忙跑过去看，原来四部牵引机都发生故障。

“我从没碰到这样的大事故，因此脑子空空不知如何是好。我跑去找监督，告诉他这个天大的不幸的消息，然后静等着他向我大发雷霆。

“但屋顶并没有掉下来，相反的，这位监督转过身来，若无其事地向我微微一笑，然后说了几个字眼——假如我有幸活到一千岁的话，也永远不会忘记这些字眼。他对我说：

“‘把它修好啊！’

“就从那一刻开始，我所有的忧愁、恐惧和焦虑，完全一扫而空，整个世界又恢复了正常。我急忙拿了工具出去，马上开始修理那四部牵引机。这几个神妙的字眼可说是我一生的转折点，并且改变了我的工作态度。感谢那位监督，我不但再度对工作燃起了热忱，也下定决心——遇事不要惊慌，不要忧烦，只要赶紧‘把它修理好’，就可以啦！”

住在印第安纳州的泰德·斯坦坎普先生，便是位幸运人士。他的父亲不仅了解积极行动的价值，并且知道如何把这个观念和习惯传授给儿子。事情的经过是这样的：

泰德·斯坦坎普 12 岁时曾被邻居一个孩子欺负，所以，他决心不再出门，这样比较保险。过了几天，作为他帮忙割草的奖励，泰德的父亲给了他一些钱要他去看电影和买冰淇淋。泰德把钱放进口袋，但没有去看电影——虽然他是那么渴望去看电影——怕会遇见那个邻居的孩子。

“我父亲以为我是生病了，”泰德·斯坦坎普说，“我含糊地回答他的问话。第二天傍晚我到巷子里去玩弹子。这时候我发现了我的敌人——他此时像《圣经》里被大卫王杀死的菲利斯丁巨人那样可怕——向我冲来。我吓得调过头拼命跑回

我家的车库，谁知我爸爸正站在我面前。他问我究竟是怎么了，我谎称我们在捉迷藏。这时候一个声音传进来：‘出来，胆小鬼。’

“我爸爸手中多了一根两英尺长的厚厚的汽车皮带，语气平静地对我说，如果我不敢面对那个大块头，就必须等着挨皮带。我稍一犹豫，皮带就打在我的屁股上，那种疼痛比打架时挨过的拳头厉害多了。

“我像炮弹被发射般奔出车库，出其不意地冲向那个家伙。第一拳打得他没有心理准备，接二连三地又是几下，他只有狼狈逃窜。

“后来的几天成为我童年最快乐的记忆，勇气带给我的报偿是一种享受，我重获自尊，而且我得出一个有用的结论——不要逃避现实，要勇敢地面对它。一条汽车皮带和一个睿智的父亲叫我明白了一个真理。”

做出决定进而采取行动的能力是做好自我保护的要素之一。虽然多数人在大半生的时间里都循着常规生活，但没有人能预知紧急情况的发生，所以时刻准备行动，权衡利弊。选择最有利的办法付诸实施的习性的养成，可能会成为未来某天掌握我们自己以及以我们为支柱的人的生死关键。

紧急的情况往往逼使我们要当机立断，立刻采取行动，不能多有犹豫、考虑的时间，否则情况将难以补救。

当需要付诸行动的时候，不能犹豫。

◎剪掉意念里的枝枝蔓蔓

对大部分人来说，如果一入社会就善于利用自己的精力，不让它消耗在一些毫无意义的事情上，那么就有成功的希望。但是，很多人却偏偏喜欢东学一点、西学一下，尽管忙碌了一生却往往没有什么专长，到头来什么事情也没做成，更谈不上有什么强项。

在这方面，蚂蚁是人们最好的榜样。它们驮着一大颗食物，齐心协力地推着、拖着它前进，一路上不知道要遇到多少困难，要翻多少跟头，千辛万苦才把一颗食物弄到家门口。蚂蚁给我们最好的教益是：只要不断努力、持之以恒，就必定能得到好的结果。

明智的人最懂得把全部的精力集中在一件事上，唯有如此方能实现目标；明智的人也善于依靠不屈不挠的意志、百折不回的决心以及持之以恒的忍耐力，努力在人们的生存竞争中去获得胜利。

那些富有经验的园丁往往习惯把树木上许多能开花结果的枝条剪去，一般人往往觉得很可惜。但是，园丁们知道，为了使树木能更快地茁壮成长，为了让以后的果实结得更饱满，就必须忍痛将这些旁枝剪去。否则，若要保留这些枝条，那么将来的总收成肯定要减少无数倍。

那些有经验的花匠也习惯把许多快要绽开的花蕾剪去，这是为什么呢？这些花蕾不是同样可以开出美丽的花朵吗？花匠们知道，剪去其中的大部分花蕾后，可以使所有的养分都集中在其余的少数花蕾上。等到这少数花蕾绽开时，一定可以成为那种罕见、珍贵、硕大无比的奇葩。

做人就像培植花木一样，与其把所有的精力消耗在许多毫无意义的事情上，还不如看准一项适合自己的重要事业，集中所有精力，埋头苦干，全力以赴，肯定可以取得杰出的成绩。

如果你想成为一个众人叹服的领袖，成为一个才识过人、无人可及的人物，就一定要排除大脑中计多杂乱无绪的念头。如果你想在一个重要的方面取得伟大的成就，那么就要大胆地举起剪刀，把所有微不足道的、平凡无奇的、毫无把握的愿望完全“剪去”，在一件重要的事情面前，即便是那些已有眉目的事情，也必须忍痛“剪掉”。

世界上无数的人之所以失败，并不是因为他们才能不够，而是因为他们不能集中精力、不能全力以赴地去做适当的工作，他们使自己的精力在许多并无助益的事情上徒耗了，而他们自己竟然还从未觉悟到这一点。如果把心中的那些杂念一一剪掉，使生命力中的所有养料都集中到一个方面，那么他们将来一定会惊讶——自己的事业上竟然能够结出那么美丽丰硕的果实。

拥有一种专门的技能要比有十种心思来得有价值。有专门技能的人随时随地都在这方面下苦功求进步，时时刻刻都在设法弥补自己的缺陷和弱点，总是想到把事情做得尽善尽美。而有十种心思的人就和他不一样，他可能会忙不过来，要顾及这一点又要顾及那一个，由于精心和心思分散，事事只能做到“尚可”为止，结果当然是一事无成。

现代社会的竞争日趋激烈，所以，你必须专心一致，对自己认定的某一件事某一个目标全力以赴，这样才能做到得心应手，有出色的业绩。

◎人越伟大，行事越谦卑

在现代西方文化中，人们普遍低估了谦卑的价值。流行的观点认为，谦卑只适用于与宗教有关的方面；至于在“现实”世界，它就不能对你有所助益了。许多人将骄傲与无所畏惧视为美德，而将谦卑视作软弱。这也许是由于他们并不懂得谦卑的真正含义。他们将谦卑与自视过低或自卑等量齐观了，事实上，真正的谦卑并非如此。

其实，真正的谦卑恰好与此相反。真正伟大的人物都是十分谦卑的。历史上曾出现过的那些最受人尊敬的伟人们承认，他们的伟大并非来自他们自己，而是一种更强大的力量在他们身上起作用的结果。真正的谦卑即是认识到，个人不过是这个更大的力量作用的工具罢了。耶稣曾说：“我对你们所说的话，不是凭着自己说的，乃是住在我里面的父做他自己的事。”许多宗教导师也都承认这一点，真正的天才人物大都怀有很深的谦卑。伊斯兰教什叶派第一位伊玛目、第四位哈里发曾说：“为他人做的善事，你要掩藏；他人为你做的善事，则要显扬。”犹太教最伟大的学者本·西拉也说：“人越伟大，行事越谦卑。”

世界上一位最伟大的自然科学探索者伊萨克·牛顿爵士暮年曾慨叹道：“我就像个在沙滩上戏耍的小孩子，面前则是一片未知的真理的海洋。”另一位自然科学的巨人爱因斯坦，也以其孩子般的朴素而著称于世。沃尔特·拉塞尔博士，一位在许多领域都获得成就的科学家说道：“一个人只有学会了忘掉自我，他才可能发现自我。个人的自我必然消融，而由宇宙的自我所取代。”他的话简直就是耶稣上面所说的话的回声。

什么是宇宙的自我，它与个人的自我又有哪些不同呢？首先，个人的自我即我们大多数人所认同的“自己”，即我们相信，我们就是这个“自我”，它包括我们赋予自我评价的各种显现方式。个人的自我与我们的外貌、我们的成就及我们的私有财产相一致，就是我们自身的这个自我倾向于与他人竞争；如果未能达到他所希望的目标，就会感到恼怒或受到了伤害。这个本性的自我要求受人尊重，喜欢显得正确，并喜欢控制他人，这个本性的自我还促使人们仅仅依靠自己的努力去解决问题，而不是转而求助于他人的智慧。这个自我听起来有些熟悉吗？

有些人可能会说：“你说的恰好就是人类的天性。”也许，我们上面所说的正是人类天性中我们最熟悉的部分。然而，我们的天性中还有另一部分，一个“更高的自我”，它像神圣的火花存在于我们每个人的身上。不幸的是，在大多数时间里，这个更高的自我被我们上面描述的那个自我掩盖住了。我们往往看不到这个宇宙的自我或称“更高的”自我，因为，我们的两眼往往被个人的自我这个身份所蒙蔽。这就好比我们仰视天空，天空中一直布满着群星，但在白天，它们被太阳的强光遮掩，我们用肉眼是见不到的；直到太阳落山之后，我们才会看到星斗满天。

为了在生活中显示出我们的伟大，我们应该学会谦卑。随着我们日渐变得谦卑，我们便开始明了谦卑的真正内涵。谦卑地承认，我们对真理的认识还所知不多，这不会使我们变成不可知论者。如果一位医生能够坦率承认，他并不通晓所有的疾病、症状与治疗方法，那么，我们当然也应谦卑地承认，我们每一个人都必须更多地学习真理。

◎成功不等于赢

在追求增大我们能力的过程当中，并不需要踩着别人的头顶往上爬，也不需要赚个几百万，或是做到公司的总裁。成功的意义并不总在一个“赢”字。

有一个智能不足的年轻女孩，曾将成功的真谛表达得淋漓尽致。下面是关于这个女孩的故事。

在一个大城市的精神病患者举行的运动会选拔赛中，与赛者如同正常人一样，竞争得非常激烈。在中距离赛跑项目中，有两个女孩竞争得格外厉害。最后决赛时，这两个女孩更是备足了力量较劲。

最后有四名选手进入决赛，要决定谁获得该城的冠军。比赛开始，女孩子们在跑道上前进。这两名实力最强的选手很快便将另外两人抛在后面。

在剩下最后一百米的时候，两名赛跑者几乎是比肩齐步，都极力要跑赢对方。就在这个时候，稍微落后的那个女孩脚步不稳，绊倒了。按照一般的情况来说，这等于宣布了谁是赢家。但这一回可不是这样。

领先的跑者停下来，折回去扶起她的敌手，为她拂去膝盖和衣服上的泥土，此时，另外两个女孩子已冲过终点线。

赢得比赛是当天竞赛的目标，但谁才是这次比赛中真正的赢家，应该是毋庸置疑的。那个小女孩已将她最重要的能力发挥到极致——爱的能力；而爱的能力使她比一般人赢得更多。

即使我性好竞争，仍然忍不住要想，有朝一日我也能得到同那女孩一样的成功。但我得先了解，爱的喜悦远胜过胜利的滋味。若你能两者兼顾，依我之见，你是个超人。

人生中有许多时刻，你表面上输了，但其实是真正的赢家。比方说，某个周日下午，你正和邻人在起居间共享午茶。糟糕！她的茶杯翻倒了，茶水溅在你价值不菲的地毯上。

你会说："别担心！这地毯不容易弄脏的，只要一会儿便可以把它处理掉。请千万别放在心上。"

同一天下午，你的小孩不小心把一杯牛奶打翻在同一张地毯中。

你大吼大叫："你这笨手笨脚的白痴！这块永远洗不掉了啦！你是要把这房子里每一样东西毁掉才甘心是吗？你能不能做点好事？"

这就是你的待"客"之道？孩子们其实是在我们家中短暂停留的客人——他们很快便会搬出去自立门户。他们是不是应该多少得到一些我们对待邻居的尊重和友谊？

这样的成功并没有立即可见的利益，正如同或许你已费尽心力却并不能得到什么金钱的回报。你所赢得的是，知道你最珍视的"客人"在你的家中得到爱、温柔和尊严——他们极可能会以同样的方式对待他们的下一代。

另一个"家庭剧场"的脚本："你没有一次准时过！每一次都要我等你！你不会是要穿'那'个玩意儿去参加晚上的派对吧？你到底有没有品位啊？"

我们结婚时在对方身上看到的优点都到哪儿去了？似乎只要经过几年的婚姻生活，配偶中便会有一方或双方只能在对方身上看到缺点。对方的美德似乎已如尘土般消逝。

赞美对方良好的行为而心怀宽恕——虽然真正地宽恕另外一个成年人绝非易事；即使你做到了，也不会有胜利感。但因此培养的美满良缘，却绝对是项胜利。

通常，我们将大部分的精力投注于世俗的目标上，却不了解人生真正应该追求的目标是默默地给予别人帮助、学习得到内心的平静，以感恩和谦逊去迎接命运所注定的好事，并以勇气接受并不那么美好的事。

◎太阳下山时，每个灵魂都会再度诞生

我一再强调你对于失败所抱持的心态，你是否能够掌握它，具有决定性的影响，你可以把它看成一种“失”，但你也可以把它看成是一次“得”的机会。

在莎士比亚的戏剧中，凶手布鲁特斯的一段台词正好表现出以消极心态面对失败的情形：

在人类的世界里有一股海潮，
当涨潮时便引领我们获得幸福；
不幸的是，他们的一生都在
阴影和痛苦中航行。
我们现在就正漂浮在这股海潮上；
当它对我们有利时，就应该充分把握机会，
否则的话，必将在危险的航行中失败。

这是一位被判处死刑的人所说的话，他根本不了解引领人获得幸福的机会，或海潮绝不只有一个而已。

积极心态和上面的情形完全不同，马伦在他的一篇名为“机会”的诗中就写道：

当我一度敲门而发现你不在家时，
他们都说我没希望了，但是他们错了；
因为我每天都站在你家门口，
叫你起床并且争取我希望得到的。
我哭不是因为失去了宝贵的机会；
我流泪不是因为精华岁月已成云烟；
每天晚上我都烧毁当天的记录；
当太阳升起时又再度充满了精神。
像个小孩似的嘲笑已顺利完成的光彩，

对消失的欢乐不闻不问；

我的思考力不再让逝去的岁月重回眼前；

但却尽情地迎向未来。

如果你发现在每一次失败中都有等值利益的种子时，你就会接受马伦对失败的观点。记住，“当太阳下山时，每个灵魂都会再度诞生。”而再度诞生就是你把失败抛诸脑后的机会。

失败显露出坏习惯，予以击败，以好习惯重新出发。

失败驱除了傲慢自大，并以谦恭取而代之，而谦恭可使你得到更和谐的人际关系。

失败使你重新检讨你在身心方面的资产和能力。

失败借着使你接受更大挑战的机会增加你的意志力。

练健身的人都知道，光只是将杠铃举起来是没有用的；练习者必须在举起杠铃之后，以比举起时慢两倍的速度，将杠铃放回举起前的位置，这种训练称为“阻抗训练”，它所需要的力量和控制力，比举起杠铃时还要多。

失败就是你的阻抗训练，当你再度回到原点时，不妨主动将自己拉回原点，并将注意力集中到拉回原点的过程上。利用此一方法，可使自己再次出发后能有长足的进步。

恐惧、自我设限以及接受失败，最后只会像莎士比亚所说的使你“困在沙洲和痛苦之中”，但是你可借着应用信心、积极心态和明确目标来克服这些消极心态。

如果你把失败看成是——激发你以新的信心和坚毅精神重新出发的契机，那成功只不过是时间上的问题罢了，而能否做到这一点的关键，就是你的积极心态。

记住，积极心态会带给你成功。当你在和失败战斗时，就是你最需要积极心态的时候。当你处于逆境时，你必须花数倍的心力，去建立和维持自己的积极心态。同时也应运用你对自己的信心以及你的明确目标，将积极心态化为具体行动。这是从逆境和失败中所学得的最基本课程。

积极心态能使你战胜失败。

◎成熟之果在过程中孕育

冬天来临的时候，雪花飘舞，北风劲吹，青年诅咒道："这鬼天气，冷死了！"青年因此心情糟糕。

夏天来临的时候，烈日炎炎，热浪阵阵，青年诅咒道："这热死人的天，为什么不是冬天呢？"青年因此心情糟糕。

一位老人见了，问青年："你为何一年四季总是愁眉不展？"

"因为我没有遇到一件快乐的事。"青年苦恼地说。

"其实，痛苦与快乐从来不曾分别过。你怎么可能一年四季只见痛苦，不见快乐呢？冬天有美丽的雪花，夏天有清纯的荷花，这些，你怎么都看不见呢？"老人说。

青年思索着老人的话。

老人道："年轻的朋友啊，不要以为痛苦只是痛苦，快乐只是快乐，其实它们如同一对孪生兄弟。如果你在品尝痛苦的滋味时，也能体味快乐的一面，那人生是多么有趣啊！"

青年人满面诚恳地问："人生怎么才能达到这种境界呢？"

"使自己变得成熟！"老人以不容置疑的口气说。

每个人都要接受生活的考验和筛选，成功者和失败者在成熟的过程中，往往会出现两种同化现象：一种向成功的同化，一种向失败的同化。前者以自己某方面的成绩受到赞赏为发端和契机，促使走向成熟的主观努力越来越大，速度愈来愈快；后者由于不能正确地对待失败和挫折，逐步形成了无视现实和心安理得的习惯，最后放弃走向成熟的努力，表现出粗劣的品格和各种怪癖。

正确的人生总是在不停地追求成熟。但如果你以为经过努力，在某一天中就会得到那个梦寐以求的"成熟之果"，此后就可高枕无忧，慢慢地品尝和享用它，那实在是一种误会，成熟者的那些特征只存在于成熟者的不断追求中。

20 世纪，世界画坛上出了个"创新魔"——大画家毕加索。他具有画家的天才，到 16 岁那年，就因举办了个人画展而一举成名。直到他 91 岁离世前的那天清晨，在他漫长的人生旅途中，他劳作不已，共创作了 4500 多件艺术珍品。这些珍品记录了他经历写实主义时期、蓝色时期、玫瑰色时期……以及各种画风杂交时期的创作风格。他的画风不停地变，不仅观众应接不暇而骂他是“邪恶的天才”，就连评论家也惊斥他是“艺术的变色龙”，但是，最后举世公认，他是一位“20世纪艺术的领路人”，是“一个点石成金的稀有之才”。尤其重要的是发现了他的成功之秘——他的作品全像是各种没有完全盛开的鲜花，或像是各种将熟未熟的鲜果。

由此，你平日发誓要追求的“成熟”，并不是一个放在距离你数米、数十米的目标点，而是一个过程，一个从无序——有序——新的无序的不断循环的过程。

毕加索每每创立一种新画风时，都要经历这个过程，创造出“没有完全盛开的鲜花”和“将熟未熟的鲜果”时，他在追求成熟，而当他趋向成熟时，果子却又马上腐烂了。于是，又必须在这一刻之前，及时、果断、痛苦地超越这个“成熟”。对于他来说，就是另辟蹊径，扔掉已获得巨大声誉的画风，去追求充满失败风险的新人“不成熟”画风。

做人也一样，成熟只寓于追求的过程中。正如一位名家所言：“完善也和无极一样，不是为我们而存在的。”成熟只存在于不断与幼稚的抗争中，因为环境是不断变化的，人的心理也犹如大洋中的一条小舟飘荡不定。当然，人应该热衷于成熟与完善的追求，只有这样，才能接近美的境界。真正的成熟并不是以凝固的特征来表示，而是以过程来叙述。

你的脖子挂的是一条不断趋向成熟和不断追求新的成熟的创造链。这就是成熟的要义所在。

财富在你心中

◎孕育可敬的野心

事实证明，在同情、智慧以及正直的前提下，野心是一股积极向上的力量，它足以拨动勤勉的齿轮，为人们带来生机。反之，如果人们的动机纯粹是贪婪、野心，就会成为毁灭自己的力量，就会对所有的人造成无法弥补的伤害。野心，就是一种赤裸裸的欲望。

亨利·范戴克说："扬名天下并不算是最伟大的志向，愿意将整个人类提升到另一个层次，才是更可敬的野心。"

小时候，我听他的母亲和杂货店老板谈论某人说："他真是个有野心的年轻人"或"他的野心的确不小"，从他们的口气可以听出，他们非常欣赏那个人的某些特点。他们所说的"野心"，是同情、智慧及正直所促成的。当然也时常听到他们说某人："他是个好人，就是没什么野心。"

有能力却未能发挥的人是人生的一大悲剧。总之，只要有野心，再加上正直的品德、正确的方向，必然会凝聚成一股强劲的积极力量。

母亲曾告诫我："树枝往哪个方向弯，树就往哪个方向长。"露丝·赛门是远近驰名的马萨诸塞州史密斯学院的新任校长，她的成功就是一个最典型的例子。从她身上也可以证明"美国人的梦想"绝对有可能实现，而且至今仍然深植在美国人心中。

小时候，赛门女士就告诉同学，将来有朝一日她会当大学校长。作为得州一个小农场主的第 12 个孩子，她的口气真是不小。但是她可能无论如何也没有想到，她会成为美国顶尖大学的校长。她是第一位领导一流大学的非裔美国人，能够荣任大学校长的女性本来就不多，非裔美国人更是屈指可数。

大多数成功人士都有善于引导的父母，赛门女士也受到母亲极大的影响。她非常重视个性及道德，并且强调应该“爱人如己”。赛门女士说：“我不是为了得到高分、称赞或奖赏才努力读书，而是因为母亲告诉我们：‘用功读书是做学生的本分。’”

罗斯·甘贝尔博士说，人的个性在5岁的时候就已经形成80%。从赛门女士的例子可以得到最好的证明。

史密斯学院的教师评审委员会说，他们聘请赛门女士当校长，并非因为她是非裔美国人。正如评审委员之一的彼得·洛斯所说的：“我们希望找出最胜任的人选。赛门女士坚强的意志、优异的学术表现及坚忍不拔的个性，才是她获得这份工作的主要原因。”

如果每个家长都能像赛门的母亲一样，从小就注重培养孩子的品德，或许家中将来也会出现一位大学校长。

◎世界因观念而改变

你若说服你自己，告诉你自己可以办到某件事，假使这事是可能的，你便办得到，不论它有多艰难。相反的，你若认为连最简单的事也无能为力，你就不可能办得到，而鼹鼠丘对你而言，也变成不可攀的高山。

——艾密莉·顾埃

约瑟夫·墨菲认为，想得到财富，必先将财富的观念送入潜意识，不论何时何地，心中先相信你会有很多财富。他总结自己致富的经验，其中重要的一点就是当自己身心轻松时，每天不断地念叨几遍下面的话：“我非常喜欢钱，我爱钱，我高兴地用这些钱。同时，希望能增加几倍再回到我的钱包里，钱实在是好东西，它会向我钱包里源源不断地流进，我一定将它用在适当的地方，我为了我自己的利益和财富而感谢你。”他认为，如果你坚信上面这段话，并且不断地反复念诵，同时你要诚实努力地投入工作，潜意识自会为你效劳而积累财富，将来你会惊奇地发现自己怎么会有这么多的钱。

富人与平常人的最大区别，并不是赚钱本领的高低，而是他们对于金钱的不同态度。犹太人之所以能够成为最富有的民族，重视金钱是一个极其重要的原因。在犹太教经典《达尔牧德》里有许多有关金钱的教诲，如人的身体各部分皆依靠心而生存，心则依靠钱为生；伤害人的东西有三种：烦恼、争吵、空的钱包。其中最会伤人的是空钱包。他们认为，《圣经》会投放光明，金钱则会投放温暖。

因此，当其他民族还在极力憎恶金钱的时候，犹太人已经完成了对金钱的文学化的划时代超越：金钱成为独立的并凌驾于其他价值尺度之上的尺度。于是，在犹太民族中，人与人的交往越来越多地发生在市场氛围中，市场经济中的钱取代了自然经济条件下的神。他们认为，那些甘心过贫穷日子而不奋斗进取的人，他们既不是伟人，也不值得尊敬。正是犹太人对金钱的价值观，激发了他们对金钱执著的信念，这对他们资本的积累和增值起到了极其关键的作用。

《圣经》上说："爱钱是万恶之源"，这与"钱是万恶之源"虽然只有一字之差，意思却完全不同。钱可以危害社会，也可以造福人类，关键就在于掌握金钱的人。善良的人用钱造福于人类，而丑恶的人用金钱来制造罪恶，如果把这一切都归罪于金钱显然是不公平的。从理性的观点来看，金钱是用来进行交换的中介，金钱使我们自身创造的价值得以用简单的方式进行转换从而得以利用。人类社会发展的历史已经证明：金钱对任何社会、任何人都是重要的；个人在创造财富的同时，也在对他人和社会做着贡献。

关于金钱的重要性，相信我们每一个人都有非常具体而真切的体会。它能给我们带来舒适的生活，能满足我们的物质欲望，能使我们自信，能让我们得到更多的自由，能使我们更充分地表现自己……正如美国作家泰勒·G. 希克斯在其所著《职业外创收术》中指出的，金钱可以使人们在许多方面生活得更美好，如物质财富、娱乐、教育、旅游、医疗、退休后的经济保障、更充分地享受生活、更自由地表述自我、更多的从事公益事业的机会等。无论你是一个如何清心寡欲的人，一个如何崇尚节俭的人，都不得不承认，虽然金钱不是万能的，但没有金钱是万万不能的。

对于我们急于赚钱的想法，我们没有必要掩饰，更没有必要否认，因为赚钱并没有什么罪恶可言，只要你是合法的。真正成功创富的人，无一不认为赚钱是一件好事。钢铁大王卡内基说："我非常喜欢赚钱，我从心里觉得贫穷是不对的事情。"松下幸之助也曾经说过："贫穷是一种罪恶，贫穷是人类缺乏能力的表现。"费尔巴哈认为："如果你因为饥饿、贫困而身体内没有营养物，那么你的头脑中、你的感觉中以及你的心中便没有供道德用的食物了。"

我们必须明白的一个深刻教训便是，我们的身体是建立在我们的观念基础上的。我们的身体协调与否，健康与否，完全依我们习以为常的观念和我们前人的观念而定。有一些人懂得这一教训后，在短短的一年间，因为他们坚持正确的思考，其风貌为之大变，以至很少有人能认出他们来。他们以前的那副疑虑重重、愁容满面、焦虑不安的面孔上，如今却写满了希望、快乐和喜悦。

圣保罗的箴言说得很在理，他说："更新你们的思想，你们就能获得新生。"这就是说，我们应该改变、净化、更新和提高我们的思想观念。

有衰亡就有生长，只要我们继续发展，只要我们不停地更新思想观念，不停地追求新知和进步，那么退化、衰变、老化和腐败的过程就绝不可能在我们身上出现。

◎掌控命运之神

从自身以外的因素来解释自己不幸的原因，这种态度最终不仅不会取得任何成果，而且还会导致个人的尊严、自尊心、自由的丧失。相反，如果你能完全地承担个人的责任，那么，你就能通过你所做的选择，自由地创造你的命运。

已故的威廉·波里索，也就是《十二个以人力胜天的人》一书的作者，曾经这样说过："生命中最重要的一件事是不要把你的收入拿来算做资本。任何一个傻子都会这样做。真正重要的事是从人的损失里去获利。这就需要有才智才行，而这一点也正是一个聪明人和一个傻子之间的区别。"

波里索说这段话的时候，刚在一次火车失事中摔断了一条腿。另外一个名字叫班·符特生的人，住在佐治亚州大西洋城一家旅馆。符特生看上去非常开心，他的两条腿都断了，坐在一张放在电梯角落的轮椅上。当电梯停在他要去的那一层楼时，他很开心地问别人是否可以往旁边让一下，让他转动他的椅子。"真对不起，"他说，"这样麻烦您。"——他说这话的时候脸上露出一种非常温和的微笑。

有人看到他这么开心就去拜访他，他说："事情发生在1929年，"他微笑地讲了起来，"我砍了一大堆胡桃木的枝干，准备做我的菜园里豆子的撑架。我把那些胡桃木装在我的福特车上，开车回家。突然间，一根树枝滑到车上，卡在引擎里，恰好是在车子急转弯的时候。车子冲出路外，撞在树上。我的脊椎受了伤，两条腿都麻痹了。

"出事的那年我才24岁，从那以后就再也没有走过一步路。"

才 24 岁，就被判终身坐轮椅的生活。那么他是如何勇敢地接受这个事实的?他说:“我以前并不能这样。”他说他当时充满了愤恨和难过，抱怨他的命运。可是时间仍一年年过去，他终于发现愤恨使他什么也做不成，只会使他对别人态度恶劣。“我终于了解，”他说，“大家都对我很好，很有礼貌，所以我至少应该做到的是，对别人也很有礼貌。”

拜访者问他，经过了这么多年以后，他是否还觉得他所碰到的那一次意外是一次很可怕的不幸?他很快地说:“不会了，我现在几乎很庆幸有过那一次事情。”他告诉人们，当他克服了当时的震惊和悔恨之后，就开始生活在一个完全不同的世界里。他开始看书，对好的文学作品产生了兴趣。他说，在 14 年里，他至少读了 1400 多本书，这些书为他带来很新的境界，使他的生活比他以前所想到的更为丰富。他开始聆听很多好音乐，以前让他觉得烦闷的伟大交响曲，现在都能使他非常感动。可是最大的改变是，他现在有时间去思想。“有生以来第一次，”他说，“我能让自己仔细地看看这个世界，有了真正的价值观念。我开始了解，以往我所追求的事情，大部分实际上一点价值也没有。”

看书的结果，使他对政治有了兴趣。他研究公共问题，坐着他的轮椅去发表演说，由此认识了很多人，很多人也由此认识了他。今天，班·符特生——仍然坐着他的轮椅——是佐治亚州政府的秘书长。

一些无知的人都相信，一个人一生的事，是在呱呱坠地的时候已经由上天决定好了的，所以是“落地喊三声，好歹命生成”，而跟个人的努力是完全无关的。如果上天决定了他的好命运，即使他们不去做事，像一条懒虫似的生活，他的命运也会好起来的，做事是多余的;如果他的命运不好，即使他焚膏继晷，夜以继日地苦干，也是不会获得什么好处的，上天早就决定了他一生艰苦，辛勤劳作又有什么用处呢?

所以，在这些人眼里富翁是天生的，一生下地来他便是个富翁;领袖人物是天生的，他们降生时一定带点儿什么征兆;中等人是天生的，他们只落得一生温饱;强盗歹徒是天生的，他们是魔鬼的工具;一生受苦的人是天生的，他们是世人的奴隶。

这就是典型的宿命论。

有人说，美国银行大王摩根的手掌上有条成功线，所以他才能够成为一个“银行界的巨子”。但摩根先生却不相信这样的鬼话。

他说:“我在这 10 多年间，细细观察过自己的亲戚、朋友和职员的手掌，有这根成功线的，不下 2000 多人，但他们的境遇大部分都不太好。假如说，有成功线的人都可以获得成功的话，为什么这2000多人又是个例外呢？根据我的观察，在这2000多个有成功线而不能获得成功的人中，有500多个人是懒汉，他们懒惰得什么事也不肯动手。其中至少有300多人是傻子，连ABC也读不出正确的读音来！至少有600多人想奋发图强，做一点大事，但因为他们的人事关系处理得不好，或者因为他们本身根本没有学过什么专业的技能，或者因为他们刚在这项事业开了头之后受了一点点挫折，中途就放弃了，这样，他们的事业便失败了，而一生也只能在失败中度过！总之，手掌上有成功线的人未必会获得成功，其根源主要是在于他们本身的生理缺陷、技能缺陷和心理缺陷，并不是什么冥冥的主宰使得他们成功或失败的！”

著名传记作家莫洛亚写道：“我研究过很多在事业上获得成功的人的传记资料，发现了一个现象，就是不管他们的出身如何，他们都有着一个共同点，永远不相信命运，永远不向命运低头。在对命运的控制上，他们的力量比命运控制他们的力量更强大，使得命运之神瘫痪无力地向他们低头！”

◎贫穷趋向于以贫为忧的人

贫穷往往趋向于以贫为忧的人。透过同样的法则，金钱则被那些刻意准备迎接它的人所吸引。贫穷意识会自动攫取没有金钱意识的心灵。贫穷的发展无须有意识地应用有利于它的习惯；而金钱意识则必须刻意创造才能产生，且必须使其处于发号施令的地位，除非一个人生来便具有金钱意识。

贫穷通常是一种思想疾病。如果你正在受此煎熬，如果你是贫困的牺牲者，那么你应改变思想态度，而不要老想着痛苦、萧条和贫困，要面对富有和充裕，面对自由和快乐，你就会惊奇地发现：你的生活状况改变得多么迅速。

成功是一种完美而科学的心理过程的结果。最后真正获得财富的人一开始就相信他会富有。他相信自己挣钱的能力。他的头脑里并没有怀疑和恐慌的思想，他从不谈论贫穷，也不思考贫穷。他不会穿得像乞丐，也不像乞丐一样走路。他面对他想要得到的东西，并决心要得到它，在他的头脑里没有消极、贫穷、匮乏思想的影子。

许多人因为恐惧贫穷而终生陷于贫穷，他们详细描绘未来短缺的可能性和贫困的各种条件，担心没有足够的食物赖以为生。

你想，你一味恐惧贫穷，始终担心末日的来临，害怕会有苦难的日子，所有这些，不仅使你自己不高兴，实际上也限制了你提升自己经济地位的可能。所有这些念头只是为你自己增加了本已不堪重负的负担，却没有任何的积极结果。

天下又有哪种道理能说明，从贫困思想、稀缺和匮乏的想法中能产生出繁荣，能使人出人头地？你的现实状况与你的态度和理想是一致的。这些东西构造了一个人的生活模式，如果这种模式是懒散，扎根于贫困的，那么你的生活也会与此相一致。

注定要成功的人相信他自己一定会发家致富。他一开始就相信自己将是一个成功的男人，一个胜利者，而不是一个失败者。他不会总是想："许多大企业或垄断组织吞没了众多的机会。不久，大众将为少数人工作。我不相信除了以平庸的方式过简单的生活以外，还能做什么。我无法拥有一个幸福美满的家，能像其他人的家那样美好，也不会有别人那么多东西。我注定是一个穷人，一个微不足道的人。"有这样想法的人是绝不会成功的。

每一个人都应该面对希望和灿烂的阳光，勇敢地站起来。成功和快乐是每个人不可剥夺的权利。

所有的成功首先都源于心灵，所有的构架首先都是思想的构架。建筑物所有的细节首先完成在建筑师的头脑里，施工者仅仅是围绕建筑师的设计放置石头、砖块和其他材料。而实际上，我们每个人都是建筑师，我们所做的每一件事都预先在大脑里有某种程度的设计。

有些人想挣钱，但是他们使自己的思维处在封闭状态。因此，他们不可能处于一种富有的环境中。

指望发家致富的人不停地在大脑里创造金钱，在思想中构想着他在经济上的蓝图。一定要在思想上有一幅财富的蓝图；而围绕这幅蓝图进行建造是相对容易的事。创造和构想这幅思想的蓝图，比实施它更为重要。这不是无聊的梦想，这是一种脑力构建，一种心理谋划。丰富的想象力往往是一种最实用的技能，而真正的梦想家往往就是实干家与成功者。

当我们为富裕提供了一种新的理念，对财富有了一种全新的解释，难道我们的思想中还会充斥着贫困、稀缺、匮乏吗？让我们相信，上帝是我们伟大的物品供应者。如果我们跟他保持和谐，建立密切的关系，财富的巨流就会流向我们，从而使我们再也不会领略到匮乏的滋味。

通常，穷人并不是终其一生都少有财产或没有财产，但他的观点、他的情感、他的鉴赏力、他的自我观念、他对命运的认识、他进取的能力等方面必定存在贫穷的思想因素。而且他往往还具有不可饶恕的消极思想，那就是自我贬低。

使我们陷于贫穷的正是思想上的贫穷。

很少有人能够认识到形成成功思想的可能性，事实上，任何东西都是首先创造于头脑，随后才是物质实在。如果我们的思考能力更强些，我们就会是更好的物质劳动者。

摩根或洛克菲勒在头脑中创造了获得财富的条件。这些伟大的成功者相对很少用手做事；他们用思想来创造，他们是实践的梦想者；他们的心灵已经抵达无限的能量海洋，并不断地去创造和实现思想。

要出人头地，就得有出人头地的态度，我们必须想到富有，必须在思想中感觉到富有，必须在言行举止中流露出自信。从我们对待事物的心态和付出努力的程度上，可以估计我们以后成就的大小。

在克服外界贫困以前，我们必须先克服内在的、存在于自己思想中的贫困。

◎富裕思想铺筑财富的征途

有一位年轻的人寿保险推销员跑去找咨询专家，他曾经在第一年中屡创纪录，但是以后却严重衰退。

他的问题到底出在什么地方呢？乍看之下，这个年轻人非常沮丧，而且对未来感到很烦恼。他的支出账单在继续增加之中，但是佣金收入却寥寥无几。

他发现自己陷入困境。他愈需要佣金，愈赚不到；愈想要促成生意，愈无法成交。

他说："这到底是为什么呢？我甚至乞求别人买保险呢！可见我是多么想争取生意了！"

专家很快就认清了问题关键所在。他要这位年轻人尽量往繁荣兴旺的方向思考，停止往贫穷的方向思考，要使自己深信"即使在财务面临破产的境地，但是我在其他方面仍是非常富裕"。还有"我的能力很强"、"我的野心很大"、"我的机会很多"，等等。

一年以后，他又跑去找专家。"我要让你看一些东西，"他打开公文包，取出一件东西，并且对他说："请看看挂在我办公室中的文字是什么。"

他用镜框镶的一些文字是：

我很富裕！
我的能力很强！
我的野心很大！
我的机会很多，而且我的家庭充满情爱。

我们应当记住这里面的教训，那就是：想到富裕能使人因而富裕；想到贫穷就会使人因而贫穷。

我们可以说，迈向富裕的道路就是用富裕的思想铺筑起来的。

许多人也想过赚钱，也想过创富，但只是一般地想想，偶尔地想想。这不行，没有强烈的创富欲望，没有将创富的欲望塞满你的大脑，就没有巨大的创富动力。

这并不是要向人们灌输拜金主义，而是传达一种创富的理念，那就是要培养强烈的创富欲望。这是创富的基础，是创富的前提。在《新约》里有一句话："假使你有一颗像芥菜籽那么小的信仰，你想叫一座山移开，山就会移开。"所谓"一颗像芥菜籽那么小的信仰"，反映的是完全的相信和不变的信仰。一位西方学者指出：你要用这种信仰、不疑惑的态度来求希望，才能得到潜意识无限力量的帮助，而达到奇迹般的效果。

也许有人会不以为然，想赚钱就能赚钱，想创富就能富？固然，两者没有等号关系，但时刻想着赚钱，你就会发现许多赚钱的门路；时刻想着创富，你就会找到许多创富的途径。在竞争性极强的现代社会里，许多创富机会的把握，往往取决于自己的感觉。时刻想着赚钱的人，便能捕捉到稍纵即逝的创富灵感，从而比别人捷足先登。一般来说，时刻想着赚钱想着创富的人，他们的眼光更为敏锐，他们的决策更为果断，他们的行动更为迅速。这不仅是被反复证明了的事实，而且也是有科学根据的。

开发80%的宝藏

◎挖掘大脑未开发的能量

你若是能多留意自己所拥有的这个超常机器——大脑，你应当能不断地开创出自己所希望的未来。

大脑可说是上天赐给人最神奇的礼物了，它几乎能帮助我们达成一切心愿，而它所具备的能力范围可以说没人知道。历史上的各个伟人不管有多大的成就，事实上也只是运用了脑力的极小部分。

我们的大脑一直都在等待我们下令，期望协助我们去做出伟大的事来，而它所需要的营养并不多，只要血液能供应一点点氧及葡萄糖就够了。人脑的构造极其精密，所具备的能力也极其惊人，即使是当前最先进的电脑也比不过它。它每秒钟可以处理300亿个指令，而其联络的网路长达6000英里。一个人的脑神经系统约含有280亿个神经元，它的作用是处理电流脉冲，若我们的脑子少了这些神经元，感觉器官所接收的一切资料就无法送达中枢神经，而中枢神经也无法把指令传递给各个器官做应有的反应。这些神经元都很小，自成一个电脑系统，可以同时处理100万个指令。

每个神经元都可独立作业，而与其他神经元构成一个庞大而完整的网路。人脑与电脑的最大不同之处是，它不像电脑一次只能处理一件事，而是可以同时处理好几件事。尤其惊人的是，一个神经元可在1/50000秒内，把讯息传给其他成千上万的神经元，这个速度还不到你眨眼的1/10。一个神经元传递讯息的距离可比电脑高上百万倍，并且大脑还可在一秒之内很清楚地辨识，无怪乎大脑可同时处理好几个问题。

当你知道自己拥有如此高性能的超常机器后，难道不应该高兴吗？为什么我们不能改掉酗酒、嗜烟、吸毒及贪食的恶习呢？为什么我们不能除掉沮丧、忧虑而每天过着快活的日子呢？我们绝对有能力可以做到这些，因为我们随时都可使用这个地球上最超级的“电脑”，遗憾的是从来没人指示我们看这部大脑的使用手册，因而绝大多数的人不知道我们脑子的性能。殊不知我们的行为都储存在这个神经系统里而形成诸多神经链，若不解决神经链的问题，要想有所改变可以说是很难的。

每个人都具有特殊才能。既然如此，每个人应该在各方面都能尽量灵活运用自己的这项特殊才能。事实上，偏偏有很多人以为自己所具有的这项才能，只是一些难登大雅之堂的“小玩意儿”，根本不曾想过利用这项“小玩意儿”来提高身价，去创造财富。正因为我们怠于思考自己所拥有的才能，所以也懒得活用上天赐予的最佳礼物。

对你而言，现阶段最重要的不是在你既有的能力上再加入一些新奇的力量，而是如何将你现在所拥有的能力100%地活用发挥。

这个道理就好比我们将砂糖加入咖啡中，如果不搅拌均匀的话，即使加了再多的糖喝起来依然是苦涩的。所以，只要不停地活用大脑，就必能将你现在所具有的能力、价值完全发挥无遗。

或许你的第一要务并不是立刻学得新的本领，而是应先将自己现有的才能发挥到极限。要使咖啡香甜，绝对不是一个劲儿猛加砂糖，而是将已放入杯中的砂糖搅拌均匀，让甜味完全散发出来。

爱迪生在校学习时，老师以为他是一个愚笨的孩子，经常责怪他，而爱迪生的母亲却发现了自己儿子爱探究的天赋，用心培养他，后来他终于成了发明大王。

现代人才学发现，人至少有146种类型的才能，而现在的考试制度只能发现41种，人的大部分才能并未能很好地被我们发掘和利用起来。人的潜能如同在地下的石油，只有发现它，把它开采出来，它才能发光发热。

◎拨动你的音符

人生最大的骄傲，不是外来的掌声、名利或权势；掌声会停，名利、权势也不过是暂时的锦上添花且总会成为过眼云烟的。倒不如试着学习认识自己的潜能，对自己的言行负责，并在设定方向之后，不畏艰辛，静心、努力、不懈地追寻，一旦真的找着了最能感动自己灵魂的“那一个音符”，必得人生至乐。

俄国戏剧家斯坦尼斯拉夫斯基在排练一场话剧的时候，女主角突然因故不能演出。他实在找不到人，只好叫他的大姐来担任这个角色。他的大姐以前只是干些服装准备之类的事，现在突然演主角，由于自卑、羞怯，排练时演得很差，这引起了斯坦尼斯拉夫斯基的不满和鄙视。

一次，他突然停止排练，说：“如果女主角演得还是这样差劲，就不要再往下排了!”这时，全场寂然，受屈辱的大姐久久没说话。突然，她抬起头来，一扫过去的自卑、羞怯、拘谨，演得非常自信、真实。

斯坦尼斯拉夫斯基用《一个偶然发现的天才》为题记叙了这件事，他说：“从那以后，我们有了一个新的大艺术家……”

试想，如果不是原来的女主角因故不能演出，如果斯坦尼斯拉夫斯基不叫他大姐试一试，如果不是他大发雷霆，使他的大姐受到刺激这些偶然因素，一位戏剧表演家就一定会被埋没了。

科学的门类不同，需要的素质与才能也不同。比如，做一个杰出的临床医生，必须具有很好的记忆力；研究理论物理学，抽象思维能力不可少；一个数学家没有必要一定具备实际操作、设计和做实验的能力，虽然这种能力对于一个化学研究者来说是必不可少的；而天文学是一门观察科学，需要很好的观察能力、浓厚的兴趣和长久的毅力。

人的兴趣、才能、素质也是不同的。如果你不了解这一点，没能把自己的所长利用起来，你所从事的行业需要的素质和才能正是你所缺乏的，那么，你将会自我埋没。反之，如果你有自知之明，善于自我设计，从事你最擅长的工作，你就会获得成功。

这方面的例子实在是太多了：

达尔文在数学、医学等方面毫无建树，但对动植物学的研究却卓有成效。

阿西莫夫是一个科普作家，同时也对自然科学颇有研究。一天上午，他坐在打字机前打字的时候，突然意识到：“我不能成为一个第一流的科学家，却能够成为一个第一流的科普作家。”于是，他几乎把全部精力放在科普创作上，终于成了当代最著名的科普作家。

伦琴原来学的是工程科学，但他在老师孔特的影响下，做了一些物理实验，逐渐体会到，这才是最适合自己干的行业，后来果然成了一个有成就的物理学家。

一些遗传学家经过研究认为：人的正常的、中等的智力由一对基因所决定。

另外还有五对次要的修饰基因，它们决定着人的特殊天赋，起着降低或提高智力水平的作用。一般来说，人的这五对次要基因总有一两对是“好”的。也就是说，一般人总有可能在某些特定的方面具有良好的天赋与素质。

汤姆逊由于有一双“笨拙的手”，在处理实验工具方面感到很烦恼，因此他的早年研究工作偏重于理论物理，较少涉及实验物理，并且他找了一位在做实验及处理实验故障方面有惊人能力的年轻助手，这样他就避免了自己的缺陷，发挥了自己的特长。

珍妮·古道尔清楚地知道，她并没有过人的才智，但在研究野生动物方面，她有超人的毅力、浓厚的兴趣，而这正是干这一行所需要的。所以她没有去攻数学、物理学，而是到非洲的原始雨林里考察黑猩猩，终于成了一个有成就的科学家。

所以，每一个人都应该努力根据自己的特长来设计自己的目标，量力而行。根据环境、条件，自己的才能、素质、兴趣等，确定进攻方向。不要埋怨环境与条件，应努力寻找有利条件；不能坐等机会，要自己创造条件。从事科学研究的人不仅要善于观察世界，善于观察事物，也要了解自己，挖掘自己的潜能，拨动自己特有的音符。

◎认识自我的三种渠道

要认识自我的潜能，要创造成功美好的人生，必须对自我有一个清醒的认识，只有在认识自我的基础上，才能去发掘与完善“自我”，从而为成功奠定稳固的基础。

“自我观”是决定人们各自行为方式的重要因素。每一个人，无论是聪明或愚蠢，贤良或奸诈，他的表现，都是与其当时的“自我观”相符的。没有人会去做一件在当时他认为与自己的身份、年龄、性别、能力以及他本身任何一方面不相宜的事情。就像穿衣服，他会选择和他的年龄、职业相称的服装，讲话时会选择和自己身份相称的词句，外出吃饭也会选择与自己的社会地位、经济能力相称的场所。每个人都会依照他的自我认识，来决定哪些事他可以做，哪些不可以做，或是该怎样去做好一件事情。同时，别人也能够根据他所表现的行为，对他有所了解和认识。

如果一个人对于自我的认识，都和真正的自我颇为接近，也就是说，他有着比较正确的“自我观”，那么他所表现的行为，自然会很恰当。一般情况下，人们在自我认识的过程中，总是或多或少的存在着一定的误差。一个人之所以不易于建立正确的自我观，往往是因为许多方面不能直接衡量，而间接得来的资料又不十分可靠。但即使如此，我们也应当尽力去认识自我。在此基础上，才可以了解自己的优势与劣势，长处与短处，从而取长补短，发挥自己的最大潜能，并进一步完善自我。

古希腊伟大的哲学家苏格拉底有句名言：认识你自己。这句古老的神谕将人的眼光由自然宇宙拉回人类自身，可谓具有划时代的意义。在今天，这句名言的现实意义是重新审视自己，发现自己的能力和不足，给自己准确定位。

正如著名的爱尔兰戏剧家王尔德所说：“那些自称了解自己的人，都是肤浅的人。”这的确是无可争辩的事实，因为对每个人来说，要想完全认识自己，并不是一件容易的事情。在很多时候，我们甚至还会对自我产生不同层次的认识误差。人的一些复杂的品质，是目前还没有办法可以直接准确度量的。于是人们就得经常利用间接的方式来获得一些对自己的认识。

通常我们可以运用以下方式来较为正确地认识自我，尽量减少自我认识的误差。

1. 实际成果检验法

我们可以凭借自身实际工作成果来评定自己。由于这种方法有比较客观的事实作为依据，所以通常由此而建立的自我印象也是比较准确的。但这里所说的工作成果是广义的，并不仅限于日常的工作或学业的成绩。

由于每个人所具有才能的性质各不相同，如果只是看他们在少数项目上的成就，往往不能全面地衡量一个人的能力与作用。很多时候，一部分人的某些才能或许因得不到施展的机会而被埋没。

2. 比较检验法

想要认识自己，与别人相比较，是一种简便、有效的方法。

运用这个方法，我们除了要不时和四周的人相比较之外，还要经常与某些理想的标准相比较。从父母、教师以及各种传播渠道处，我们获得了大量的知识与价值观念，并由此形成了若干的理想与模范标准。我们知道了很多名人或成功者的事迹，并被教导要以他们为榜样。也就是说，把他们作为比较的对象，以自己能否达到跟他们同样的标准作为成功或失败的衡量尺度。这种现象在我们的日常生活当中屡见不鲜。

然而，比较检验法虽然是简便常用的方法，也还称不上是十分理想的方法。只要我们仔细地观察一下，就不难发现它的缺点。首先应该指出的，就是人们很难在真正公平的情况下，互相比较。通常人们评价同在一个班级的学生，会认为他们都是由同一位教师教导，用同样的题目考试，计分标准也没有差别，应该可以算是公平的了。但是如果我们再认真地分析一下，就会发现每一个班级里的学生与其他学生之间，无论在身体条件、智力水平，还是在家庭环境、个人经历等各个方面都有差别，有的甚至差别很大，因而学习的成绩，必将有所差异。那么这时互相比较的结果，就不能说是完全合理的。

3. 人际反馈法

每个人总是在跟别人交往、共处，因而别人对你的态度，相当于一面镜子，可以用以观测到自身的一些情况。比如某人若是被父母所钟爱，被师长所重视，被朋友所尊重和喜爱，大家都乐于和他交往，愿意和他一道工作或游戏，那就表明他一定具备某些令人喜爱的品质。如果他经常被大家推举承担某项工作，或是经常成为周围人们求教的对象，则表明他具备某些领导才能，或是在某些方面超越了其他的人。反之，如果一个人不被周围的人所重视和喜爱，甚至大家对他有厌恶感，不喜欢与他一起工作或活动，这虽不足以说明此人满身缺点，但通常情况下，他应当会感到不安，而不得不自我反省一下了。

我们因为看不见自己的面貌，就得照镜子。同样，当我们无法准确地衡量自己的人格品质和行为时，就得利用别人对我们的态度和反应，来获得一些正确的自我认识。一般来说，当对方与自己的关系愈密切时，他的态度也愈有影响力。

以上几种认识自我的方法虽然都有一定的局限性，但如果综合起来，对于较为全面地进行自我认识，还是很有帮助的。尽管要完全彻底地认识真正的自我是一件较为困难的事情，但我们仍然应当尽力去了解真实的自己。

◎点击无处不在的曼妙灵感

你获得强项可能源于某一次灵感的点击，突然找到了自己的长处。因此，当你得到一条一闪而现的奇思妙想时，请你立即把它记下来。这也许就是你正在寻找的“更多的东西”。我们相信同“无限智慧”的交际是通过下意识心理进行的。你应当养成一个习惯：当一种奇思妙想从你的潜意识心理闪现到你的有意识心理时，你就该把它立刻记录下来。

爱因斯坦一生致力于研究宇宙的自然法则。他使用的工具非常简单：纸和铅笔，随时写下问题、答案和灵感。

亚力斯·奥斯卡所著的《你的创造力》及《运用想象力》，帮助许多人培养了具有创意的思考能力，促成了很多积极的、建设性的行动。

奥斯卡使用的工具，也同样是笔记簿和铅笔，灵感出现时，立刻记下来。他说：“每个人都有相同的创造力，大多数人却不会运用。”奥斯卡在《运用想象力》中提到的脑力激荡，被普遍运用在大学课堂、工厂、企业办公室、教堂、俱乐部及家庭之中。脑力激荡的方法非常简单，只要有两三个人，互相批评或反驳，等到会后再逐一评估每个建议实际的可行性，这样就能找到问题的最好解决办法。

艾默·盖兹博士是美国伟大的教育家、哲学家、心理学家、科学家及发明家，他一生中所发明的产品逾数百种。

一次，拿破仑·希尔拿着我的介绍信，造访盖兹的实验室。他依约抵达时，盖兹博士的秘书却说：“对不起，此刻我不能打扰博士。”

“我要等多久才见得到他？”拿破仑·希尔问。

“不知道，可能要三个钟头。”

“你可否告诉我不能打扰他的原因？”秘书小姐略为迟疑之后说：“他在等待灵感。”拿破仑·希尔笑着问：“等待灵感？是什么意思？”

秘书也报以微笑说：“让盖兹博士自己解释更好。我真的不知道要等多久，但是欢迎你在这里等他；如果你要改天再来，我会尽量帮你安排确定的时间。”

拿破仑·希尔决定等，这真是明智的抉择。拿破仑·希尔描述当时的情形：

“盖兹博士终于走出房间，他的秘书为我引见。看过卡耐基的介绍信，他愉快地说：‘有没有兴趣看我等待灵感的地方？’”

“他带我到一个有隔音设备的小房间，里面只有一张桌子和一把椅子。桌子上放着一堆纸、几支铅笔、一个电灯的开关。”

“盖兹博士解释说，遇到问题无法解决时，他会走进房间，把门关上，坐下来，把灯熄掉，开始沉思。他应用全神贯注的成功法则，把问题交给潜意识处理；有时毫无灵感，有时灵感却如泉涌而来。等待的时间可能长达两个钟头。灵感出现时，他会把灯打开，逐一写下来。”

盖兹博士创新及改良的专利产品超过两百种，其中包括许多人研究过却功亏一箦的东西。他会先仔细研究产品的功能和用途，找出缺点；再把产品和资料、图纸带进房间，专注地思考处理的方法，补上不足的部分。

拿破仑·希尔问盖兹博士，他所等待的灵感从哪里来，他说，所有的灵感都来自教育、观察及自身的经验所得的知识，储存在潜意识中；别人所得的知识，以心电感应的方式互相累积；大脑的潜意识串联宇宙中无尽的知识。

我们才刚刚开始了解心灵思考作用的神秘过程，但许多成功人士却早已知道如何利用创意来占有优势。不少的“新概念”只不过是将两种为人所熟知的方式或想法加以结合罢了。但是，许多惊人的财富便是由此类的结合，冠以吸引人的名称，再配合成功的市场策略而产生的。

那个将一整块冰淇淋浸入巧克力浆中，并称其为“爱斯基摩派”的人，因为这费时5秒钟的想象而创造了可观的财富。

Piggly Wiggly超市连锁的创立者克莱伦斯·桑德斯，曾经只是街角杂货店的低等雇员。他在一家自助餐馆用餐时突发奇想，认为这样的方式也可运用于杂货店。专家们认为不可行而嘲笑他，但是他自认为这是极佳的方式。桑德斯坚定地实行下去，为此，他为自己赚取了数以百万的财产，而这种自助式的经营概念也使他成为“现代超市之父”。

通常只有一个好主意并不能使人获得成功。在执行的过程中还需要更多的创意来达成。所以当你有了一个绝妙的构想，即使你当时无法证明它是个好主意，只是直觉上有这种感觉，坚持下去，人们将会逐渐了解你这个想法的价值。

有一次，鲍洛奇为推销大蒜而来到明纳玻利斯。他听说这里的许多日本侨民都在自家花园里生产一种传统的东方蔬菜——豆芽儿。他来到这些人中间，看他们如何发制豆芽，一切都是那么令人不可思议：将豆子放进钻了孔的木桶中，按时加水，不久，便会长出白嫩的豆芽！

鲍洛奇敏锐地意识到，这种蔬菜会给他带来滚滚的财富。他为自己的伟大发现而兴奋不已。

回来后，他把自己的想法向他以前的老板全盘托出：“现在正值战争时期，食品供应相当紧张，新鲜蔬菜尤其缺乏。而豆芽菜的生产不受地点和气候的限制，成本低，但营养价值高，是最理想的替代品。况且，美国人都喜欢猎奇，这种具有东方神秘色彩的食品，一定会引起人们的兴趣。我觉得，豆芽菜是一项大有可为的事业，说不定，它会给我们带来几百万的收入呢！如果我们这个生意做开了，还可以在其他方面加以变化，形成一个东方食品系列也未尝不可。”

鲍洛奇的这个设想感染了他的老板。他们共同筹资，办起了一家充满东方色彩的公司。这就是后来享誉全美的重庆公司的前身。而豆芽菜，正如鲍洛奇所料，给他们带来了可观的利润，也为他们日后的事业奠定了基础。

每一个巨额财富的故事几乎都始于创始人与推销人的共同合作和完美的演出。他们创造构想，实际推动构想，他们想象力的丰富简直令人难以置信。

起初，是你产生构想，赋予构想行动力并指引它们，然后，这些构想会茁壮成长，并借助其本身的力量，去扫除所有障碍。

◎开发生命的源泉

你有没有听过关于一只鹰的寓言？

一天，一个喜欢冒险的男孩爬到父亲养鸡场附近的一座山上去，发现了一个鹰巢。他从巢里拿了一个鹰蛋，带回养鸡场，把鹰蛋和鸡蛋混在一起，让一只母鸡来孵，孵出来的小鸡群里有了一只小鹰。小鹰和小鸡一起长大，因而不知道自己除了是小鸡外还会是什么。起初它很满足，过着和鸡一样的生活。但是，当它逐渐长大的时候，它内心就有一种奇特不安的感觉。它不时地想："我一定不只是一只鸡！"只是它一直没有采取什么行动。直到有一天，一只了不起的老鹰翱翔在养鸡场的上空，小鹰感觉到自己的双翼有一股奇特的新力量，感觉胸膛里心正猛烈地跳着。它抬头看着老鹰的时候，一种想法出现在心中："养鸡场不是我待的地方。我要飞上青天，栖息在山岩之中。"

它从来没有飞过，但是它的内心有着力量和天性。它展开了双翅，飞升到一座矮山的顶上。极为兴奋之下，它再飞到更高的山顶上，最后冲上了青天，到了高山的顶峰，它发现了自己的伟大。

当然会有人说："那不过是个寓言而已。我既非鸡，也非鹰；我只是一个人，而且是平凡的人。因此，我从来没有期望过自己能做出什么了不起的事来。"或许这正是问题的所在——你从来没有期望过自己能够做出什么了不起的事来。这是实情，而且这是严重的事实，那就是我们只把自己钉在我们自我期望的范围以内。

但是人体内确实具有比表现出来的更多的才气、更多的能力、更有效的机能。我们不妨再举个例子。

一位农夫在谷仓前面注视着一辆轻型卡车快速地开过他的土地。他 14 岁的儿子正开着这辆车。由于年纪还小，他还不够资格考驾驶执照，但是他对汽车很着迷——而且似乎已经能够操纵一辆车子，因此农夫就准许他在农场里开这辆客货两用车，但是不准上外面的公路。

突然之间，农夫看见车子翻到水沟里去了，他大为惊慌，急忙跑到出事地点。他看到沟里有水，而他的儿子给压在车子下面，躺在那里，只有头的一部分露出水面。

这位农夫并不很高大，他只有170公分高，70公斤重。但是他毫不犹豫地跳进水沟，把双手伸到车下，把车子抬高，足以让另一位跑来援助的工人把那失去知觉的孩子从下面抱出来。

这个时候，农夫却开始觉得奇怪了，刚才他去抬车子的时候根本没有停下来想一想自己是不是抬得动，由于好奇，他就再试了一次，结果根本就动不了那辆车子。医生说这是奇迹，他解释说身体机能对紧急状况产生反应时，肾上腺就分泌出大量激素，传到整个身体，产生出额外的能量。这就是他可以提出来的唯一解释。

这类事例告诉我们，一个人通常都存有极大的潜在体力，并不光是肉体反应，它还涉及心智和精神的力量。农夫在危急情况下产生出一股超正常的力量，当他看到自己的儿子可能要淹死的时候，他的心智反应是要去救儿子，一心只想把压在儿子身上的卡车抬起来，而再也没有其他的想法。可以说是精神上的肾上腺引发出潜在的力量；而如果情况需要更大的体力，心智状态就可以产生出更大的力量。

据斯迈尔斯的研究报告说，几乎所有的人都只发挥了其能力的15%。

这份报告还指出，不能发挥其余85%能力的原因在于恐惧、不安、自卑、意志薄弱及罪恶感。将所有的原因综合起来，可以说是“与外界的不调和”，因为不能包容外界，则等于是替自己的潜能踩了刹车。

与外界的调和能使自己的能力发挥到淋漓尽致的地步。因为所谓创造的行为，是向着外界去发挥，所以一旦能和外界调和，自然产生优异的结果。以体育比赛为例，还在考虑胜败、估计双方实力的选手，心中已经存在了感情对立的疙瘩，所以不能发挥潜力。一定要超越那些估计，和外界合为一体，才能激发潜在能力。一个非常有趣的现象是：凡是在下棋时，对对手抱有对立情绪，赢了就觉得快乐的人，他们的进步都很有限。相反的，能和对手配合，不在乎胜败，只求下出正确的棋招并在其中寻找乐趣的人，下棋则能充分地激发他们的潜能，他们也就进步神速。他们不把象棋的胜负当做一种斗争，而把它当成“问答”。如果有两个人他们天生资质相等，但他们所采取的弈棋态度有所不同，最后他们两人的棋力也必有天壤之别。

生活中，有的人常常感到现实中的“我”离理想中的“我”太遥远了。

人人都是一座金矿，每一个人都有自身的潜能。为什么有的人在自己平凡的工作中，却干出了不平凡的业绩，而有的人终生都一事无成？问题不在于一个人的“天赋”有多高，而在于人们常常看不清自己，难以认识自己所拥有的一切，不能深入地认识自身的潜能。

不管环境有怎样的限定，也没有人们所无法解决的问题。因为在每个人的体内，都潜伏着巨大的力量。这些力量，只要你能够发现并加以利用，便可以帮你成就你所向往的一切。

人体内的亿万细胞中，有着巨大的潜在力量。这种潜力要是能够被唤醒，就能创造出奇迹，然而大部分人都没有认识到这一点。病人在呼吸困难、生命垂危时，听了医师或亲友的一席热烈恳切的鼓励之后，竟然会起死回生。这种情况在医生看来是常有的事。可见，疾病之所以置人于死地，首先是因为病人已经失掉了对生命的信心。

世界上有无数庸庸碌碌的人，在这些人的体内同样有着巨大的潜能，只要能够激发他们体内的一小部分潜能，就可以成就他们伟大的、神奇的事业。

比如，当有人遇到某种意外事件或灾祸时，一般人都会奋不顾身地去救他。实际上，每个人都具有潜在的英雄品格，而意外事件和灾祸不过是催化剂，使人有了显露这种品格的机会。我们常常看到一个人在灾祸临头时能做出惊人的事情。

一个体力平常的人被催眠以后，有人把他的头和脚搁在两只椅子的边上，而身体悬空着，这时让六七个人站在他身上，而他竟能支持得住。在他的身上搁一块木板，让一匹马站上去，他竟然也能支持得住。这都是由于人心灵深处内在力量被激发后所创造的奇迹。因为一个人在正常状态下绝不能支撑1000多磅的重量，但是，在催眠状态下，他竟然毫无困难地做到了。

那么，他能做出这样的事情，力量来自哪里呢？当然不是来自于催眠家，催眠家的作用仅在于把被催眠者的力量从身体里激发出来。这力量不是来自外部，而是来自于内部，是潜伏在他自己的身体里面的。

更确切地说，我们现在对潜意识所认识的一切，是在最近的10年中才了解到的。而且，这些知识大多不能在学校学到。但它能够改变你的生活、学习方法、思维方式、解决问题方法和创造方式。英国作家、心理学家、教育家托尼·布赞简明地指出：“你的大脑就像一个沉睡的巨人。”潜意识就是大脑中“沉睡的巨人”。

人体内存在着巨大的内在力量，所以人人都能做成不朽的事业。而一切真实、友爱、公道与正义，也都存在于这内在的力量中。

这是一种永不堕落、永不败坏、永不腐蚀的巨大力量。这种力量一旦被唤醒，即便在最卑微的生命中，也能像酵素一样，对身心起发酵净化作用，增强人的力量。

你所拥有的这种奇妙的机器是什么呢？那就是你的身体、你的大脑和你的神经系统。你的身体正是通过大脑和神经系统而受到控制，你的心理也是通过它们而发挥功能的。

你的心理也有两个部件，有意识心理和潜意识心理。它们同时产生，并同时产生作用。科学家们已经研究了许多关于有意识心理的知识。然而，尽管原始人很早就有意地应用神秘的潜意识力量，甚至今天澳洲的土著人以及其他原始民族应用这种神秘的潜意识力量已达到了很高的程度，但我们开始探索潜意识未知的广阔领域还不到一百年。

世界著名的潜能大师安东尼·罗宾提到，所有人的改变都是在于他的潜意识。潜能大师博恩·崔西也提到潜意识的力量比意识大 3 万倍以上。假设我们要激发潜能，就要激发我们的潜意识。

在有些时候，人会有机会发现自己的潜能。比如，在某种突如其来的事件或压力下，发现了自己从未发现过的能力；有时读了一本富有感染力的书，或者由于朋友们的真挚鼓励，也能发现自己的潜能。但无论用何种方法，通过何种途径，一旦激起内在力量后，你的行为一定会大异于从前，你就会变成一个有所作为的人。

但是，还有许多人并不知道深入自己的意识内层，去开发那些供给身体力量的源泉。因此，他们的生命往往是枯燥而毫无生气的。然而如果我们能深入到自己内在力量的深处，那么就可以寻得生命的源泉。一旦饮用这生命的活水，就不再会感到口渴。这种源泉是取之不尽，用之不竭的，并且为你带来巨大的力量。

财富是上帝送给高财商者的礼物

◎钱不是用来烦恼的

人类70%的烦恼都跟金钱有关，而人们在处理金钱时，却往往意外的盲目。

根据《妇女家庭月刊》所做的一项调查，我们70%的烦恼都跟金钱有关。盖洛普民意测验协会主席盖洛普·乔治说，从他所做的研究中显示，大部分人都相信，只要他们的收入增加10%，就不会再有任何财政的困难。在很多例子中确实如此却并不尽然。预算专家爱尔茜·史塔普里顿夫人曾担任纽约及全培尔两地华纳梅克百货公司的财政顾问多年。她曾以个人指导员身份，帮助那些被金钱烦恼拖累的人。她帮助过各种收入的人——从一年赚不到1000美元的行李员，至年薪10万美元的公司经理。她对我说："对大多数人来说，多赚一点钱并不能解决他们的财政烦恼。"事实上，我经常看到，收入增加之后，并没有什么帮助，只是徒然增加开支——增加头痛。"使多数人感觉烦恼的，"她说，"并不是他们没有足够的钱，而是不知道如何支配手中已有的钱！"……你对最后那句话表示不屑一听，是吗？在你再度表示轻蔑之前，请记住，史塔普里顿并没有说"所有的人"。她说："大多数人"。她并不是指你而言，她指的是你姊妹和表兄弟，他们的人数可多了。

有许多人可能会说："我希望举个例子来试试看：拿我的月薪，付我的账款，维持我应有的开支。只要他来试一试，我保险他会知道我困难，不再说大话。"说得不错，我也有过财政困难：我曾在密苏里的玉米田和谷仓做过每天10小时的劳力工作。我当时所做的那些苦工，并不是一小时一块美金的工资，也不是5毛钱，也不是1毛钱，我那时所拿的是每小时5分钱，每天工作10小时。

我知道一连20年住在一间没有浴室、没有自来水的房子里是什么滋味。我知道睡在一间零下15℃的卧室中，是什么滋味。我知道徒步数里远，以节省1毛钱以及鞋底穿洞、裤脚打补丁的滋味。我也尝过在餐厅里点最便宜的菜以及把裤子压在床垫下的滋味——因为我没钱将它们交给洗衣店。

然而，在那段时间里，我仍设法从收入中省下几个铜板，因为如果我不那么做，心里就不安。由于这段经验，我们就必须和一些公司一样：我们必须拟定一个花钱的计划，然后根据那项计划来花钱。可惜，我们大多数人都不这样做。例如我的好朋友黎翁西蒙金，他指出人们在处理金钱事务时，对数字表现得意外盲目。他告诉我，有位他所认识的会员，在公司工作时，对数字精明得很，但等到他处理个人财务时……就毫不犹豫地将它买下来——从不考虑房租、电费以及所有各项“杂”费，迟早都要由这个薪水袋里抽出来付掉。然而这个人却又知道，如果他所服务的那家公司以这种贪图目前享受的方式来经营，则公司势必破产。

我认为，当牵涉到金钱时，你就等于是在为自己经营事业。而你如何处理你的金钱，实际上也确实是你“自家”的事，别人无法帮忙。

那么，什么是管理我们钱的原则呢？我们如何展开预算和计划？

（1）把事实记在纸上。亚诺·班尼特50年前到伦敦，立志做一名小说家，当时他很穷，生活压力大。所以他把每一便士的用途记录下来。他难道想知道他的钱怎么花掉了？不是的。他心里有数。他十分欣赏这个方法，不停地保持这一类记录，甚至在他成为世界闻名的作家、富翁、拥有一艘私人游艇之后，也还保持这个习惯。约翰·洛克菲勒也保有这种总账。他每天晚上祷告之前，总要把每便士的钱花到哪儿去了弄个一清二楚，然后才上床睡觉。

我们都一样，必须去弄个本来，开始记录，记录一辈子？不，不需要。预算专家建议我们，至少在最初一个月要把我们所花的每一分钱做准确的记录——如果可能的话，可做三个月的记录。这只是提供我们一个正确的记录，使我们知道钱花到哪儿去了，然后便可依此做一预算。

（2）拟出一个真正适合你的预算。预算的意义，并不是要把所有的乐趣从生活中抹杀。真正的意义在于给我们物质安全和免于忧虑。“依据预算来生活的人，”史塔里顿夫人说，“比较快乐。”假设有两个家庭比邻而居，住同样的房子，同样的郊区，家里孩子的人数一样，收入也一样——然而是，他们的预算需要却会截然不同。为什么？因为人性是各不相同的，她说，预算必须按照各人需要来拟定。

但怎么进行呢？你必须把所有的开支列出一张表来，然后要求指导。你可以写信到华盛顿的美国农业部，索取这一类的小册子。在某些大城市——主要的银行都有专家顾问，他们将乐于和你讨论你的财务问题，并帮你拟定一项预算。

有一本书名叫《家庭金钱管理》，由“家庭财务公司”发行。顺便提一下，这家公司出版了一整套的小册子，讨论到许多预算上的基本问题，例如房租、食物、衣服、健康、家庭装饰和其他各项问题。

（3）学习如何聪明地花钱。意思是说，学习如何使金钱得到最高价值。所有大公司都设有专门的采购人员，他们啥事也不做，只要设法替公司买到最合理的东西。身为你个人产业的男、女主人，你何不也这样做？

（4）不要因你的收入而增加头痛。史塔普里顿夫人说，她最怕的就是被请去为年薪五千美元的家庭拟定预算。“因为，”她说，“每年收入5000美元，似乎是大多数美国家庭的目标。他们可能经过多年的艰苦奋斗才达到这一标准——然后，当他们的收入达到每年五千美元时，他们认为已经‘成功’了，他们开始大肆扩张。在郊区买栋房子——‘只不过和租房子花一样多的钱而已’。买部车子，许多新家具以及许多新衣服——等你发觉时，他们已进入赤字阶段了。他们实际上不比以前更快乐——因为他们把增加的收入花得太凶了。”

我们都希望获得更高的生活享受，这是很自然的。但从长远方面来看，到底哪一种方式会带给我们更多的幸福——强迫自己在预算之内生活，或是让催账单塞满你的信箱以及债主猛敲你的大门？

（5）投保医药、火灾以及紧急开销的保险。对于各种意外、不幸及可意料的紧急事件，都有小额的保险可供投保。但并不是建议你从澡盆里滑倒至染上德国麻疹的每件事皆投上保险，但我们郑重建议，你不妨为自己投保一些主要的意外险，否则，万一出事，不但花钱，也很令人烦恼。而这些保险的费用都很便宜。

（6）教导子女养成对金钱负责的责任感。《你的生活》杂志上有一篇文章，作者史蒂拉·威斯顿·吐特叙述她如何教导她的小女儿养成对金钱的责任感。她从银行里取得一本特别的储金簿，交给她九岁大的女儿。每当小女得到每周的零用钱时，就将零用钱“存进”那本储金簿中，母亲则自任银行。然后在那个礼拜之中，每当她须使用一毛钱或一分钱时，就从账簿中“提出”，把余款结存详细记录下来。这位小女孩不仅从其中得到很多的乐趣，而且也养成了如何处理金钱的责任感。

（7）家庭主妇可在家中赚一点外快。如果你在聪明地拟好开支预算之后，仍然发现无法弥补开支，那么你可以选择下述两事之一：你可以咒骂、发愁、担心、抱怨，或者你想赚一点额外的钱。怎么做呢？想赚钱，只需找人们最需要而目前供应不足的东西。

家住纽约杰克森山庄的娜莉·史皮尔夫人，在1932年，她自己一个人住在一间有三个房间的公寓里，她的丈夫已去世，两个儿子都已结婚。有一天，她到一家餐馆的苏打水柜台买冰淇淋，发现柜台也兼卖水果饼，但那些水果饼看起来实在令人不敢恭维。她问掌柜的愿不愿向她买一些真正的家制水果饼，结果他订了两块水果饼。“虽然我自己也是个好厨师，”史皮尔夫人对我讲述她的故事说，“但以前我们住在佐治亚州时，一直请有女佣，我亲手烘制饼干的次数大概只有十多次而已。在那位掌柜的向我预订两个水果饼之后，我向一位邻居请教了制苹果饼的方法。结果，那家餐厅的顾客对我最初的两块水果饼——一块苹果，一块柠檬——赞不绝口。餐厅第二天就预订了五块，接着，其他餐馆也陆续来向我订货。在两年之内，我已经成为每年必须烘制五千块饼的家庭主妇。我是单独一人在我自己的小厨房内完成全部工作的，我一年收入已高达10000美元，除了一些制饼的材料之外，我一毛钱也没多花。”

对史皮尔夫人家制烤饼的需求量愈来愈大，她不得不搬出厨房租下一间店铺，雇了两个女孩子帮忙。水果饼、蛋糕、卷饼，在世界大战期间，人们排队一个多小时等着买她的家制食品。

史皮尔夫人认为她一生中从未如此快乐过，虽然她一天在店里工作12～14小时，但她从不觉得厌倦，因为对她来说，那根本不算是工作。那是生活中的奇异经验。

娥拉·史令达夫人也有相同的看法。她住在一个30000人口的小镇——伊利诺伊州梅梧市。她就在厨房里以一毛钱价值的原料开创了事业。她的丈夫生病了，她必须赚点钱补贴家用。但怎么办呢？没有经验，没有技术，没有资金，只不过是一名家庭主妇。她从一颗蛋中取出蛋清加上一些糖，在厨房里做了一些饼干；然后她捧了一盘饼干站在学校附近，将饼干售给正放学回家的学童，一块饼干一分钱。“明天多带点钱来，”她说，“我每天都会带着饼干在这儿。”第一周，她不只赚了4.15元，同时也为生活带来情趣。她为自己及儿童们带来了快乐，现在没有时间去忧愁了。

这位来自伊州梅梧市的沉静的家庭主妇相当有野心，她决定向外扩展——找个代理人在嘈杂的芝加哥出售她的家制饼干。她羞怯而害怕地和一位在街头卖花生的意大利人接洽。第一天就为她赚了2.15元。四年后，她在芝加哥开了第一家商店。店面只八尺宽。她晚上做饼干，白天出售。这位以前相当羞怯的家庭主妇，从她厨房的炉子上开创饼干工厂，现在已拥有19家店铺——其中18家都设在芝加哥最热闹的鲁普区。

娜莉·史皮尔和娥拉·史令达不为金钱而烦恼，反而采取积极的做法。她们以最小的方式从厨房出发——没有租金，没有广告费，没有薪水。在这种情况下，一名妇人要被财务烦恼拖垮，几乎是不可能的。

看看你的四周，你将会发现许多尚未达到饱和的行业。例如，如果你自己是一名很优秀的厨师，你也许可开设烹饪班，就在你自己的厨房内教导一些年轻小姐，这也是赚钱之道。说不定上门求教的学生不绝于途。

◎如何看待金钱

虽然很少有人真正知道自己想从生活中获取什么，但大部分的人却坚定地宣称，有了很多钱就可以使他们得到想要的一切。他们不仅错失了生活的本质，也曲解了金钱的本来意义。钱常被误用、滥用，很少人能聪明地运用金钱，人们对金钱有许多自以为是的错误看法，其中有些甚至荒谬极了。

长久以来，人们一直受物质主义的主宰和操纵，不断地以追求财富、积累金钱作为奋斗的目标，认为拥有了巨大的财富就拥有了快乐。诚然，金钱对人们的生活的确有作用，但是并不像大多数人想的那么重要。

人们对金钱最为普遍的一种错误认识是，钱可以使他们快乐。实际上，金钱聚积过多，不仅不会带来快乐，反而成为仇恨、相争等烦恼的根源。

皮德鲁幸运地中了500万美元的彩券，当他发横财的时候其他人正在失业。在一般人的眼里，皮德鲁真是走了大运，有了这么多钱，他一定快乐得不得了。然而事实是，皮德鲁不仅没有得到快乐，反而陷入了不幸。自从皮德鲁中了彩券后，他就再也没见过自己的女儿，而且好多亲朋好友也都离他而去，原因是他没有把这一大笔天降横财分给他们。皮德鲁说：“我现在要什么东西就可以买什么东西，但除此以外，我比其他任何人还要痛苦……我买不到感情和人心。有了这一大笔钱，我反而成了妒忌和仇恨的对象，人们不愿和我接近，我也时刻在担心有人接近我只是为了钱，我累极了……有朋友就是有朋友，没有就是没有，爱是买不到的，爱一定要建立。”

现实生活中，许多人通过努力工作、继承遗产、运气或是不合法的手段得到了大笔钱，然而，或者是因为不满足，或者是因钱而导致朋友的纷争、感情的背离，或是因为钱已够多而失去了目标，总之，他们都没有得到快乐。许多有钱人拥有一切物质上的享受，却过着自暴自弃的生活。

不管人们处于何种地位，钱都是生存必需品，钱也是增进休闲方式、提高生活品质的一种途径。然而，不幸的是，人们都被贪婪蒙住了眼睛，把钱视为生活的目的，而不是改善生活的手段。把金钱本身当成了目的，人们就会陷入失望和不满，并且永远无法达到提升生活品质的目标。

对钱的另外一种误解是，人们把钱看作生活的保障和建立安全感的基础，就会制约我们去相信应该一心一意地积蓄物质财富，作为我们退休或遭到意外时的保障。如果你开始把钱看成完全的保障，你对钱就会有问题，就像不能买爱、朋友和家人，你也买不到真正的保障。

人所能拥有的真正的保障应该是内在的保障。这种内在的保障来源于天赋、创造力、才能、健康的体魄等内在因素，使你相信你能够运用自身的条件，去应付或克服作为一个独立的人所要面对的一切问题和情况。你如果一旦拥有了这种内在的实际保障，你就不会有那么多的惶恐和害怕，也不会将时间和精力专注于给自己建立外在的财务上的保障。最好的财务保障就是内在的创造能力，这种保障任何人都夺不去，你永远都能想办法谋生。你的本质建立于你本身是什么人，拥有怎样的精神状态，而不是你所拥有的外在的物质。你即使失去了所拥有的，你也还是自己生活的中心，这使你能保持健康明朗的生活过程。

将个人的安全感建立在金钱上，不外乎修建空中楼阁。那些努力为自己建立保障的人是最没有保障的人。情感上缺乏保障的人积累大量的金钱来抵御人格上所受的打击，填补空洞脆弱的内心，宣泄不愉快的感觉。追求保障的人本质上极为缺乏安全感，因此试图通过外部的事物，比如金钱、配偶、房屋、车子和名声，来求得心理上的安稳和平衡，他们一旦失去了自己所拥有的金钱财富，就失去了自己，因为他们的安全感、对自己的认同感，完全是以金钱为根本。

以物质和金钱追求为基础保障有很多褊狭之处，就算你是超级富翁，也可能遇车祸身亡，有钱人的健康状况和没钱的人一样会逐渐衰败，战争爆发影响穷人，也影响富人。以钱为保障的人还时刻担心金融崩溃时他们会失去所有的钱财。他们不仅没得到什么确实的保障，反而还增加了许多让他恐慌的事。

那么，钱和快乐到底有什么关系。我们承认钱是生存的一项重要因素，但这并不能告诉我们，要多少钱才能够快乐。为这个社会主流所认同的那些成功人士，总是时时刻刻在宣扬，百万富翁才是生活的胜利者，也就是说，我们其他人就是失败者。很多事实证明，大部分财力平平的人比我们在报纸上读到的百万富翁更有资格当胜利者。

钱是生活中的权宜办法，钱能够对提高我们的生活品质起到多少作用，要看我们能有多聪明地运用手上的钱，而不是看我们到底有多少钱。

在我们的社会中，很多人都认为钱代表权力、地位和安全，但其实钱在本质上没有一点能使我们快乐。要看清钱的本质，请做如下练习：现在把你身上或放在附近的钱拿出来，摸一摸，感觉它的温度。注意，它是冷冰冰的，晚上不能使你温暖。你和你的钱说话，它不会有任何反应，它的面目永远是那么僵硬，一成不变。不管你有多么爱它，它也不会给你一点回报。

麦克·菲力普曾是一位银行副总裁，他认为大多人把自己的身份牢牢地和钱结合在一起，在他的书《金钱七定律》中，他讨论了几种有趣的金钱观：

（1）如果你做了事情，钱自然会到你的手中。

（2）金钱是个梦——像传说中的花衣服吹笛手一样吸引人。

（3）金钱是梦魇。

（4）你永远都不能把钱当做礼物送走。

（5）有的世界里没有钱这个东西。

当然钱的确有很多用途，没有人会否认钱在社会上和商场上所扮演的重要角色，但是人人都可以推翻错误的观点——认为钱越多就会越快乐。每个人所要做的就是留心。

我通过对以下问题的观察，提出了几点重要的意见：如果钱使人快乐，那么……

1. 为什么年薪70000元以上的人当中，对自己薪水不满意的比率，比那些年薪70000元以下的人高？

2. 阿尔伯·伊斯基通过华尔街地线交易非法聚敛了1000万美元，为什么他累积到200万元或者是500万元的时候还不愿停止这种非法行为，却继续累积，直到被捕？

3. 为什么我所认识的一家人（他们的财产总值列居北美家庭的前一百名）告诉我，他们如果中了彩票赢了大奖会有多么快乐？

4. 为什么纽约的一群中了彩票的人要组成一个自助团体来处理中奖后的各种痛苦和忧郁的症状，他们在赢得大笔奖金之前从来没有经历过这种严重的痛苦和忧郁？

5. 为什么这么多高薪的棒球、足球、曲棍球球员有毒品和酗酒的问题？

6. 医生是最有钱的行业之一，为什么他们的离婚、自杀和酗酒比例高于其他行业？

7. 为什么穷人捐给慈善事业的钱比富人多？

8. 为什么有这么多有钱人犯法？

9. 为什么这么多有钱人去看精神科医生和心理治疗师？

以上只是一些警讯，提醒我们钱并不能保证快乐。

当我们满足了基本的生活需要后，钱不会使我们快乐，也不会使我们不快乐。如果我们每年挣到25000美元就能够快乐，并且能够妥善地处理各种问题，当我们比现在更有钱时，还是会快乐，还是能妥善地处理问题。如果我们一年只挣25000美元就使自己不快乐、神经过敏、而且不能很好地处理问题，那么即使年薪100万元也是如此，还是神经过敏，不快，也不能好好地处理问题，差别只在于，我们是在豪华的住宅、丰富的物质享受里神经过敏，不快乐。

◎给财商充电

财商可以通过后天的专门训练和学习得以改变，改变你的财商可以连动地改变你的财务状况。

财商是一个人最需要的能力，也是最被人们忽略的能力。

许多终日为钱辛苦、为钱忙碌的上班族，都曾有过一些共同的体验，眼看着成功人士穿着名牌服装，住在豪华别墅，开着名贵轿车，羡慕不已。然而在羡慕之余，他们可能也曾经想过："是什么使得他们能够拥有财富，而我却没有？"

一次调查结果表明，有47%以上的受访者认为"炒作股票或房地产"是贫富差距拉大的主因；其次是"个人工作能力与努力"(34%)；第三是"家庭原因"(19%)。根据调查结果可以发现，大部分的受访者认为，造成贫富差距越来越大的主因并非个人努力的成果，而是运气、机会等不公平游戏的结果。

的确，造成贫富差距扩大的直接原因是"股票与房地产"、"个人工作能力与努力"、"家庭原因"，但是这些都是表面现象。人们习惯将贫穷的原因归咎于外在的因素，如制度、运气、机会等，或者用负面的说辞，为自己无所作为作解脱。他们认为有钱人大多是因为投资房地产或股票而致富，而造成财富增加主要是因为"拥有适当的投资"。

那么我们更深入一步提问，为什么他们拥有资金来投资房地产和股票，他们又是如何操作使他们能够不断赚钱的呢？到底那些富人拥有什么特殊技能，是那些天天省吃俭用、日日勤奋工作的上班族所欠缺的呢？他们何以能在一生中累积如此巨大的财富呢？

所有这些问题都不是用家世、创业、职业、学历、智商与努力程度等因素能解释得了的。

专家们经过观察、归纳与研究，终于发现了一个被众人所忽略但却极为重要的原因，那就是是否具有较高的财商。

每个人都有一个成功的梦想，一个创富的梦想。在市场经济社会里，金钱从某种意义上讲是成功的一种体现，财富也自然成为衡量成功的一把标尺。

不同的人有不同的追逐财富的方式，那么如何衡量一个人的理财能力呢？以往人们更多的是根据财富的多少来评价一个人的能力，但往往只能看到结果，而不能预先做出相对准确的评估。

财商则提供了一个新的维度，来衡量一个人的理财能力和创造财富的智慧。那么，什么是财商呢？

财商是指一个人在财务方面的智力，是理财的智慧。财商可以通过后天的专门训练和学习得以改变，改变你的财商，可以连动地改变你的财务状况。财商是一个人最需要的能力，也是最被人们忽略的能力。可以想象，一个漠视财商的人，一定是现实感很差的人。

财商包括两方面的能力：一是正确认识金钱及金钱规律的能力；二是正确使用金钱及金钱规律的能力。财商并不仅是人们现实的唯一能健康发展的智能，而且是人为观念和智能中的一种，当然也是非常重要的一种。财商常常被人们急需，也被忽略。财商不是孤立的，而是与人的其他智慧和能力密切相关的。事实上，财商与智商、情商一样，都是一种指导人们行为的无形力量。而财商也是可以通过学习来获得的。

财商不仅是一个理财的概念，更是一种全新的金钱思想。富人之所以成为富人、穷人之所以成为穷人的根本原因就在于这种不同的金钱观。穷人是遵循“工作为挣钱”的思路，而富人则是主张“钱要为我工作”。富人是因为学习和掌握了财务知识，了解金钱的运动规律并为己所用，大大提高了自己的财商；而穷人则是缺少财务知识，不懂得金钱的运动规律，没有开发自己的财商。尽管有的人很聪明能干，接受了良好的学校教育，具有很高的专业知识和工作能力，但由于缺少财商，还是成不了富人。

金钱是一种思想，有关金钱的教育和智慧是开启财富大门的金钥匙。财富是一个观念，但观念可以变成财富。

当我决定去做一项房地产投资时，我参加了一个385美金的课程，去学房地产，更新自己关于房地产投资的知识。我花16个月的时间去看所有能购买的房地产。我的朋友到海边去玩冲浪，或者是打高尔夫球，或者是喝酒，而我是去看房地产。6个月之后，我终于获得一个交易。我第一个房地产是花1.8万元买的，我只付了1/10的预付款，那也是我跟人家借来的，所以事实上我一分钱都没放进去，这个事情好得不得了，所以我又借了两次1.8万元的美金，这样，以后我就有了三个这样的投资了。有一年，我就把这三个投资每个都卖了4.8万美金。用这些利润，我又买了许多其他的房地产。

这件事情对于我来说，并不是说挣了多少钱，而是说赚钱首先应当改变自己的观点，并通过实践和行动，学到更多的东西。

思维和观念对现实有支配作用，金钱是一种思想，如果你想要更多的钱，只需改变你的思想。善于利用金钱的力量，是聪明人的重要财富。

在数以万计的前来向我咨询的人中，非常多的人是花了一生的时间来寻找大生意，或者试图筹集一大笔钱来做大生意，但是这是愚不可及的一种想法。我见到过太多的不老练的投资者将自己大量的资本投入一项交易，然后很快损失掉其中的大部分，他们可能是好的职员却不是好的投资者。

在我看来，有关金钱的教育和智慧是非常重要的。早点动手，买一本好书，参加一些有用的研讨班，然后付诸实践，从小笔金额做起，逐渐做大。我将5000美元现金变成100万美元资产，并每月产生5000美元现金流量花了不到6年时间，但是我依然像孩子一样学习。我鼓励你学习，因为这并不困难，事实上，只要你走上正轨，一切都会十分容易。

我们每个人都有两样伟大的东西：思想和时间。当钞票流入你的手中，只有你才有权决定你自己的前途。愚蠢地用掉它，你就选择了贫困；把钱用在负债项目上，你就会进入中产阶层；投资于你的头脑，学习如何获取资产，财富将成为你的目标和你的未来。选择是你做出的，每一天面对每一元钱，你都在做出自己是成为一名富人、穷人还是中产阶级的抉择。

高薪不等于富裕，改变固有的思维方式才能让你真正获得财务自由。人类最大的资产其实就是自己的脑子。但你最大的负债也是你的脑子。事实上，不是你做什么，而是你想的是什么。一个房子可能是一个资产，也可能是负债。如果一个人住在价值500万美金的房子里，但是这房子仍旧是一项负债。每个月要花费两万美金来维护、支持这套房子。你可以看到，每个月钱都从他的兜里跑掉了。其实，资产可以是任何东西，只要它能给你带来现金收入。

人有好多种，一种是穷人的心态，一种是中产阶级的心态，一种是富人的心态。一个人应该尽早决定他到底是处于穷人的心态，还是处于中产阶级的心态，还是变成一种富人的心态。这是迈向成功的第一步。

◎节俭也是一种投资

节俭不仅适用于金钱问题，而且也适用于生活中的每一件事，从明智地使用一个人的时间、精力，到养成小心翼翼的生活习惯。节俭意味着科学地管理自己和自己的时间与金钱，意味着最明智地利用我们一生所拥有的资源。

罗斯贝利勋爵在论述节俭时认为，所有伟大的帝国必须遵循的原则就是节俭。

“就拿伟大的罗马帝国来说吧，它有许多方面在历史上都是最伟大的，曾经一度雄霸世界。它因节俭而建国，然而当它奢侈浪费时，就开始衰退并走向灭亡。又比如普鲁士，它开始时是位于北欧的一个小而窄的沙滩地带。正如有人所说的，从普鲁士的地形到它全副武装的居民，所有这一切都使普鲁士咄咄逼人。弗雷德里克大帝赋予普鲁士以节俭的品格。他甚至通过近乎吝啬的节俭手段敛聚了巨额的财富，建立了庞大的军队。节俭最终成为普鲁士建立伟大基业的有力武器，并且今天的日耳曼帝国也由此发轫。再比如法兰西，在我看来，法兰西实际上是最节俭的国家。我不知道法兰西人是不是总把钱存在银行，是不是也像其他某些国家一样去计算有多少存款。然而，在1870年这个灾难的年头以后，当法兰西顷刻间被外国军队击败，因几乎没有一个国家能够承受的赔款而遭受重创时，你知道什么事情发生了吗？法兰西的农民把他们多年的积蓄统统献给了国家，在短得令人难以置信的时间内付清了巨额赔款和战争费用。罗马和普鲁士以节俭建国，而法兰西以节俭救国。”

节俭不仅是财富的一块基石，也是许多优秀品质的根本。节俭可以提升个人的品性，厉行节俭对人的其他能力也有很好的助益。节俭在许多方面都是卓越不凡的一个标志。节俭的习惯表明人的自我控制能力，同时也证明一个人不是其欲望和弱点的不可救药的牺牲品，他能够支配自己的金钱，主宰自己的命运。

节俭是人生的导师。一个节俭的人勤于思考，也善于制订计划。他有自己的人生规划，也具有相当大的独立性。

如果你养成了节俭的美德，那么就意味着你证明了自己具有控制自己欲望的能力，意味着你已开始主宰你自己，意味着你正在培养一些最重要的个人品质，即自力更生、独立自主、谨慎小心、深谋远虑以及聪明机智和独创能力。换言之，就表明了你有生活的目标，你是一个非同一般的人。

一个作家在谈到节俭时说："节俭不需要超常的勇气，也不需要超常的智力和任何超人的本领，它只需要常识和抵制自私享乐欲望的能力。实际上，节俭不过是日常工作活动中的常识。它不一定要有强烈的决心，而只要有一点点耐心和自我克制。养成节俭习惯的方法就是马上开始厉行节俭！自我克制者越节俭，节俭就变得越容易，他们为此所做的牺牲就越快得到回报。"

◎避免债务缠身

要保持自己良好的名誉，必须要遵守一条规律：那就是赚得多花得少。在这个随处布满陷阱的现代社会，好像没有什么比这件事更需要人们加以小心防范。

假如你认为只要借得一笔资本，就能够创业了，那你就完全想错了。实际上，即便你已经借到了资本，你也未必会创业成功。由于据我所知，那些毫无商业经验的人靠借来的钱做生意而最后能成功的实在不多见。

一个毫无成功把握的人去创业，没有不遇到经济困难的。但是，假如他确实有相当的能力和充分的成功把握，无形中就已经在别人面前树立了信用，那么即便他靠借来的本钱创业，也没有太大关系。

一个立志要创业的人，首先必须掌握所要从事的业务范围的详细情况；其次，还要有挑选录用合格雇员的眼力。假如这两点做不到，你对于所要经营的事业竟然毫无头绪，在挑选录用员工方面也不加区别，那么即便你做事很忠诚，待人很诚恳，当你向别人开口借钱以作为你的创业资本时，其他人也会毫不犹豫地一口回绝。

当你准备创业之时，最好不要心存太大的奢望，开始规模小些也不要紧，只要你确实是一个杰出的人、能干的人，经过一段时间的筹划经营后，自然能发展得非常喜人。假如你能做到这一点，即使资本是借来的，倒也无妨。

比彻教导他的儿子说："你得像逃避恶魔一样避免借债。"你要快下决心，不论你怎样急需金钱，也不要让你的名字出现在人家的账簿上！

富兰克林的《穷查理年鉴》里有句话说得好："借钱等于自投苦恼的罗网。"

是啊，法庭上每天又有多少的民事纠纷案都能够为这句话作证。

当然，这句话并不适用全部的情形，也有一种例外。当一个人由于意外事件而陷入困境时，当遭遇很多从天而降的祸患时，往往任何人都难以靠自己的努力去避免，即便是满怀希望事业也难免遇到意外的困难和阻力，到了那时，不论你怎么小心谨慎，无论你思想上如何正确，无论你怎样不爱向人借钱，为了应一时之急，你都必须硬着头皮去向银行贷款。但就是到了那时，也要谨记一条："借得慢，还得快。"

这一原则也适用于生意上的放账和借款，事实上放账和借款都是在所难免的，但你在两个方面都得有一个限度。

一个步入生活的正轨、沿着事业的健康道路前进的人，首先要注意的是，要在自己的才能、意愿、目标之间建立适当的平衡。不要因为野心太大、眼光太高，便走上举债经营的道路。

一些年轻人由于大意的缘故，经常因为借贷不立契约或不立书面的凭据而发生许多有损名誉的纠纷，使他们的前途受到不利的影响，渐趋暗淡，并且还使他们在道德与精神上受到极大的伤害。

世界上每年有无数本来大有前途的年轻人由于借债而遭到了意外的失败。当他们刚跨入社会时，或许还没有染上借债这种恶习；他们原先或许非常看重名誉，也从不喜欢到处去借钱来胡乱花用，那时他们的前途是非常光明的。但后来由于一点小小的用途无意中开启了借债的大门后，他们便渐渐陷入了难以自拔的危险境地。

每年因债务纠纷而丧生的人，比因战争而死的人要多出数十倍以上。现代的20个天才人物中，居然有7个人因举债而丢掉了性命，包括一个小说家、一个学者、两个法学家、两位政界名人和一个演讲天才。

美国的一位闻名人物斯蒂芬孙做人是特别小心谨慎的，这为人所共知，人皆敬仰；可是他在描述自己理想中的生活时，还战战兢兢地希望自己不要陷入借债的漩涡中去。

斯蒂芬孙说："我们对他人必须示以爱和忠诚，平时应当量入为出。对于自己的家庭，应当保持快乐的气氛。对朋友，必须竭力避免仇恨，当然也决不可忍受无谓的屈辱。假如遇到蛮不讲理的人，最好还是早些避免开为好——这是通向理想生活的捷径。"

纽维尔·希里斯博士也说："你要使自己过上一种安稳地生活，要保持自己良好地名誉，必须要遵守一条规律：那就是赚得多花得少。"在这个随处布满陷阱的现代社会，好像没有什么比这件事更需要人们加以小心防范。

有的人之所以喜欢向人借债，是由于他们看不到借债背后所隐藏着的危险。假如他们考虑到万一不能还清债务的严重后果：包括丧失人格、迫不得已的撒谎、可能的营私舞弊、为逃避债务而东躲西藏等等，他们真不知道要急成什么样子，甚至连觉也睡不香，饭也吃不下。假如他们弄清了一旦戴上了债务的手铐无法挣扎的情形，他们一定会喊起来："宁可穷苦而死也不做债务的奴隶。"

负债是世界上最苦恼不过的事情。只要那些因债务缠身、时刻受着债主的要求与压迫、因债务而吃尽苦头的人，才了解负债是人生最大的威胁。债务会把一个人的体力、气魄、人格、精神、志趣、雄姿消磨得一干二净；因为债务对人的压迫，还会把一个人一生的希望全部毁灭。

◎做自己的老板

谁能想到，资产达310亿美元且闻名于世的惠普公司，当年是以538美元在一间车库起家的呢？

1938年，两位斯坦福大学的毕业生惠尔特和普克德，在寻找工作的过程中，看到打工的艰辛和许多人因找不到工作而走投无路的窘态，悟出了一个人生哲理：与其去找工作，不如自己开创一番事业，为别人创造工作的机会。

于是，他俩摆脱了受雇于人的思路，决定合伙开创自己的事业。两人凑了538美元，在加州租了一间车库，办起了公司，公司以两人姓的第一个字母合而为名。

刚开始时，迎接他们的是挫折：研制出的音响调节器推销不出去；试制出的显示器无人问津。但两人毫不气馁，仍然夜以继日地研究、改进，四处奔波去推销。终于他们研制的检验声音效果的振荡器有了几个买主。到了第二年总算没有白干，赚了1563美元。

他们深知创业固然比受雇于人的名声响、气魄大，但付出的辛劳、代价更大，也更多。他们一日又一日，一年又一年，挖空心思，苦心研制，试验推销。终于使惠普公司变成了美国电子元件和检测仪器的大供应商，这对黄金搭档也有了分工：惠尔特专心于新技术的研究发明，普克德担当起了企业管理的重任。

创业的可贵，在于永不停步，永远在进取。

“与其去找工作，不如自己创业”，正是这种先见之明，赋予了他们非凡的智慧、非凡的毅力、非凡的苦干精神，从而让他们形成了战胜一切困难，不惧任何风险的品格。然而，造就他们成功的另一条件是他们所具有的投资的 80/20 法则，如果没有这些，他们就不会有魄力去自己创业，更不会积累和创造财富。

事实上，企业精神散布在不同年龄的人们之间，有些很成功的企业家，在他们创业时还是青年人。

有一个成功的企业，是由两位好吃的高中学生开创的。他们考虑做硬面包，不过器材太贵；第二个选择，决定做冰淇淋。所以他们一同付 5 块钱参加了雪糕制作函授课程。

他们以新的知识，投下所有的积蓄，向亲戚借钱，以极低的租金在废弃的加油站开设了第一间店铺。几年内，他们的冰淇淋的销售额超过了 2700 万元。

加州有两个学生，他们卖了一部福特汽车和一部计算机，筹得约 1300 元作为创业的资本，他们卖出了 100 张电路板作为开始的希望。但是当他们拿了几张给开电脑售卖店的朋友时，那朋友说他对电路板毫无兴趣，只对电脑有兴趣。这是几年前个人电脑还未普及的时候，所以他们只造了一些。

销售在开始时发展缓慢，其中一个伙伴变得很沮丧，无论如何，他们并未放弃，他们的公司最终还是好转起来。这间苹果电脑公司如今一年销售超过 10 亿元，这一对学生老板就是史蒂夫·乔布斯和史蒂夫·渥兹尼克。

这些成功的故事有没有刺激你？销售 10 亿元？有什么机会可以做到那样？不要因为机会甚微而气馁，你可以借着意想不到的途径而获得成功，只要肯尽力一试。记住，你用不着建立 10 亿元的公司才算成功，千千万万的企业家所建立的企业比这小得多，然而也算是成功的。

◎如何迈出创业的第一步

财富，谁不渴望？但是在迈出创富的脚步之前，一定要三思：我们具备创富的能力吗？有创富的目标吗？创富的原始资本从哪里来？

有一位家资巨万的富商看到一个青年人手里有了 10000 元资本，就劝他自己去创业。

固然，在那位富商看来，以 10000 元资本做一点小本经营实属易事，但是青年人究竟应不应该听这样的劝告呢？

如今的时代，商业竞争异常激烈，各行各业的生意几乎都被少数几家大公司垄断着，商业有如大鱼吃小鱼一样，到处是兼并和收购，结果是富者愈富、穷者愈穷。所以，奉劝那些没有十足把握的青年，还是不要拿他那有限的资金去孤注一掷。

如果那个青年还不具备创业所需的卓越能力，如果艰苦卓绝的毅力和胆大心细的心思尚嫌不够——要知道，这些品质并不是每个青年都具备的——那么他要想自己开创事业，要想在激烈竞争中立住脚跟，要想获得成功，的确不是一件容易的事。

不少人在毫无把握的情况下开始独立经营商业，他们确实做到了埋头苦干、吃苦耐劳，但可能每月收入还不及那些被雇用的人。这还没有把做老板的许多提心吊胆、唯恐失败的心理压力考虑在内。

许多在大公司、大商行里工作的雇员其实生活得很舒适，其中有些人在乡下还添置了许多房产，平日出入也有豪华的私人汽艇、小车。许多创业者的生活实在还不如他们的优越。据统计，单是纽约市年薪在 25000 美元以上的雇员就有 2000 人之多。

要想在这种情形下去创办自己的事业，的确是非常的危险。如今，各大公司商场无不染上了垄断的习气。而资本力量有限的小企业、小商家，每年不知要倒闭多少。如果在大城市里，一两家小商店就更难有立足之地。各大百货公司几乎经营一切日常的必需品，人们要买东西时一般都去大百货公司，当然就会冷落了那些小商店。

比如大百货公司里设书报部和药品部，都极为便利。只要划出一个地方来设立图书部，无论房租或人工费用、装修方面，都比专门的书店便宜不少。而且大公司往往是代销性质，卖不出的书完全可以退回出版公司。反之，那些专营图书的书店就不同了，他们得专门去租一间像样的门面，从橱窗到书架的摆设装修都得花一大笔钱。而人员又不可太少，从营业员到主管、到财务、到经理都不可缺少。所售图书又都是自己经营的，所以即使销路不好的书也不得不在架上放几本。遇到进的图书实在没有销路（每家出版社都有许多种），只好硬着头皮赔本，不像百货公司那样可以退货。不仅图书如此，药品部和其他各部也都一样。那么，顾客呢？顾客们当然要找方便的地方去，他们不会为了几件东西一路跑来跑去找专门的商店。

记得数年之前，纽约有一家专售英国的登特牌手套的小商店，生意非常兴隆。

但是，后来另一家大公司利用雄厚的财力与英国公司签订了合同，实行包销。结果，那家小商店的货物来源从此完全断绝，不久只好关门了事。在我们的社会上，这种例子真不知道有多少。凡是明智的商人，这些事情都看得一清二楚。

所以，人们不能冒冒失失地劝青年人现在就去独立创业。像如今这种大鱼吃小鱼一样的危险情形，每天都是愈演愈烈。

如今开店所需广告费一项数目就相当可观。对大公司来说，每年投入的广告费就远远超过几家小商行的全部资产。那些百货公司花费了很高的代价请人来把橱窗装饰得富丽堂皇，以便吸引过路人。为了要赢得顾客们的欢心，这些大商家更备有最豪华的走廊、舒适的休息室。但那些只有小额资本的商人呢？也许他们的全部资产只够大百货公司的一个橱窗而已，这又如何谈得上“竞争”两个字呢？

所以，对于有志创业的人来说，一定要把你的机会、你的条件好好地考虑一下。如果你是有志经营零售商店，那么最好先把其他百货公司的业务和管理研究一下。你最好能与其中的一个营业员畅谈一番，但也许他会对你说，以前他也是开小商店的，但后来因为无法与百货公司竞争而退出。其实，这种最后不得不到大公司就业的创业失败者随处可见。

但是讲到了这里，我们要声明一下，我们无意打消创富者们的创业意愿；恰恰相反，我们非常赞成他们能独立经营一番大的事业，只要他们有足够的勇气和把握。希望他们创业时要特别谨慎小心。

当然只有小额资本的创富者也有许多有利的方面：资本额愈小，对机会也就愈注意。所以，他可以抓住很多重要而细小的机会，很快发展起来，使自己的资本迅速积累。以小额资本起家的创富者往往还容易养成谨慎小心、精打细算的习惯，所以不会干风险特别大的事情。这种小额资本的创富者集中自己的精力、勇气和决心向前进步。在未达到成功以前，他往往把自己的那点微小的资本看得比生命还宝贵。

一个想自己创富的青年人，如果手里只有一笔小本钱，或者几乎一点本钱都没有，那么创富就是一件非常困难事情。他必须集中自己所有的力量，他必须养成良好的判断力，他要打起全部的精神，充分地准备一下，把所有的精力全部集中在最有效的途径上。

通常，一个创富者往往对自己的每一元钱都看得特别重要，都希望用在刀刃上。比如，一个在前线作战的士兵对他仅有的一点子弹一定看得极其珍贵，他也必定想做到每发必中，每一发都能起到应有的效果。一个刚刚创富的人当然应该把一分钱掰成两半花。

而且，一个能自立自助的人，谁都愿意帮助他。看见他那样能吃苦耐劳，那样辛勤耕耘，谁都会对他肃然起敬，谁都愿意去支持他的生意，谁都会替他做口头的免费广告。

如果一个创富者有强烈的成功愿望，有令人佩服的才能，精通商业上的做法和技巧，对进货管理和货源组织也很有经验，并且善于精打细算，为人诚实守信，做事又刻苦努力，那么即使他常常遇到障碍和困境，即使他没有一点资本，但实际上他已经具备了成功的条件。

有成千上万的人到了中年或老年却仍然在普通职位上挣扎。但他们拥有与他们老板同样出色的能力。年轻时，由于一心想着暴富，他轻易落入了那些奸诈小人的圈套。一个具有欺骗性的冒险计划使他们永不得解脱。他们在沉重的压力下挣扎着，几乎被压垮了。如果他们没有这么多的负担，轻装前进，他们很可能会创造出奇迹。但是，愚蠢的投资吞噬了他们的金钱，他们负债累累。现在即使一个小小的目标也需要他做出巨大的努力。他们不能去自己想去的地方，而是去了自己迫不得已而去的地方。他们不是自己主动前进，而是被迫行动，他们失去了选择的权利，成了环境的奴隶。

所以，我们并非一定要有许多钱才能创富。但暴富的渴望却给那些雄心勃勃的人带来比战争和瘟疫更严重的伤害。芝加哥贸易委员会的一个成员说，美国人每年要向那些许诺他们迅速致富的骗子支付数百万美元。他们用花言巧语撒下诱饵，骗取人们的钱财。数以千计的人生活在贫困和痛苦中，后悔不已，羞愧难当。他们本可以堂堂正正地活在这个世界上，实现自己的抱负，却落入了那些老谋深算的骗子的圈套。骗子的花言巧语竟然使他们深信，只要付出一点，他们就会暴富。

不劳而获，甚至一夜暴富的想法现在越来越流行。我们常常看见一些妇女偷偷地溜进经纪人办公室，孤注一掷地投资。她们从银行取出自己的储蓄，典当了自己的珠宝，甚至典当结婚戒指也在所不惜，更有甚者还会去借钱。她们希望在丈夫或家人发觉前已经赚了一大把钱，给他们一个惊喜。但是，多数情况下她们往往血本无归。

成千上万的美国人甚至还没有开始真正的创富就落入了陷阱。其实，他们只要用真正才智的十分之一就能生活得美满。然而，他们却把大部分的精力和才智都浪费了。

不要拿你自己或者你的金钱去投机。不要做风险极大的投资，不管它看起来多么有前途。在没有做彻底的考察之前，不要轻率地拿自己的血汗钱去投资。不要被那些“千载良机”的鬼话所蒙骗。保持清醒的头脑，除非你彻底了解情况，否则不要做草率的投资。即使你失去了一个机会，仍然会有许多其他的机会在等着你。人们会告诉你，机会稍纵即逝，如果不迅速行动，你会失掉赚钱的绝好机会。你不要轻易相信这些话，在投资之前你要耐心一些，要做一些调查。除非你对一件事了如指掌，否则不要乱投资。这是一条铁的规则。在你开始一项新的事业以前一定要做调查。这个习惯会大大地增进你的利益，保护你的财富而不会对你的雄心壮志有任何损伤。

◎竞争与合作的哲学

与人交往的重要目的之一就是赢得对方的合作。在力求赢得对方合作的过程中，应学会怎样适应对方，怎样获得对方的信任以及怎样去说服对方。

一个人不可能独立地在社会中生活，人与人之间的合作与竞争是我们社会生存和发展的动力。为什么人生既要自立又要合群？这里有两个方面的原因。

首先，从客观方面说，人生是以群体的方式实现的，绝对孤立的个体不可能实现人生。因为，人自身生存所需要的物质资料和精神资料，不可能完全由个人的活动来取得和满足，个人的体力、智力有限，而且必须在群体的活动和交往中得到发展。不仅如此，个人在生活中所遇到的困难、危机，也不可能完全由自己的力量得到解决，必须得到他人或集体的协助、支持才能解决。所以，人必须相互依存、相互联系才能生存。

其次，从主观方面说，人之为人是能够意识到群体的关系和联系的，因此应当在理智和情感上，自觉地、主动地去适应和促成必要的、有益的群体关系。这就是合群，人只有能合群、善于合群，才能积极维护和促进群体的生存和发展，同时也才能使个体更好地自立。这就是个人只有在群体中才能得到发展的道理。

自立与合群，是人生得以全面发展的两个主要方面，特别是在现代社会商品经济的条件下，要使个性的全面发展和能力的全面发展成为可能，就必须把自立与合群结合起来，在竞争与协作中，全面发展自立与合群的能力。

人生的自立与合群，蕴含着积极的竞争与协作。竞争与协作，都是人生进取与事业成功的机制。

要使工作能圆满完成，就必须激起竞争，激起超越他人的欲望。

积极的竞争，良性的竞争，是人类生长、完善和社会发展的普遍现象。不过在专制的、强制的社会制度和环境中，这种竞争机制得不到正常的、良性的施展，常常酿成嫉妒、诡计，甚至厮杀；而在比较自由、民主的制度和环境中，竞争能够得到正常的、良性的发展，在社会生活中普遍发生作用。其实，竞争在最早普遍施展的英国，也是与竞赛作同义理解的，而且作这种理解的就是讲出“人对人是狼”的霍布斯。在他看来，竞争者为取得成功，“奋力自强以图与对方相匹敌或超过对方，就谓之竞赛”。但这种竞赛如果加进自私的目的和自私的手段，就会变为互相敌对和损人利己的争斗。由此，他提出保证个人生存权利的契约论和自然法，以约束个人的为所欲为。这就要求有为达到利己目的的履行契约的协作。

这就是每个成功者所喜爱的：竞争和自我表现的机会，证明自我价值、超越、获胜的机会。渴望超越别人，渴望有一种被尊重的感觉。

每个人的能力都有一定限度，善于与别人合作的人，才能够弥补自己能力的不足，达到自己原本达不到的目的。

自己力量是有限的，但是只要有心与人合作，取人之长，补己之短，就能互惠互利，让合作的双方都能从中受益。

每年的秋季，大雁由北向南以V字形状长途迁徙。雁在飞行时，V字形的形状基本不变，但头雁却是经常替换的。头雁对雁群的飞行起着很大的作用。因为头雁在前开路，它的身体和展开的羽翼在冲破阻力。其他的雁在它的左右两边的区域飞行，就等于乘坐一辆已经开动的列车，自己无须再费太大的力气克服阻力。这样，成群的雁以V字形飞行，就比一只雁单独飞行要省力，也就能飞得更远。

人只要相互合作，也会产生类似的效果。只要你以一种开放的心态做好准备，只要你能包容他人，你就有可能在与他人的协作中实现仅凭自己的力量无法实现的理想。

有一句名言：“帮助别人往上爬的人，会爬得最高。”如果你帮助一个孩子爬上了果树，你因此也就得到了你想尝到的果实，而且你越是善于帮助别人，你尝到的果实就越多。

但是有些创富者却信奉另一种哲学。他们认为，财富总是有一定的限度，你有了，我就没有了。

这是一种享受财富的哲学而不是一种创造财富的哲学。财富创造以后固然是为了分享，但是我们的注意力并不在这里，我们更关注的是财富的创造。

同样大的一块儿蛋糕，分的人越多，自然每个人分到的就越少。如果这样斤斤计较，我们就会相信享受财富的哲学，我们就会去争抢食物。但是如果我们是在联手制作蛋糕，那么，只要蛋糕能不断地往大处做，我们就不会为眼下分到的蛋糕太小而备感不平了。因为我们知道，蛋糕还在不断做大，眼前少一块儿，随后随时可以再弥补过来。而且，只要联合起来，把蛋糕做大了，根本不用发愁能否分到蛋糕。

合作是件快乐的事情，有些事情人们只有互相合作才能做成。美国加利福尼亚大学的查尔斯·卡费尔德对美国1500名取得了杰出成就的人物进行了调查和研究，发现这些杰出成就者有一些共同的特点，其中之一就是与自己而不是与他人竞争。他们更注意的是如何提高自己的能力，而不是考虑怎样击败竞争者。事实上，对竞争者的能力（可能是优势）的担心，往往导致自己击败自己。多数成就优秀的创富者关心的是按照自己的标准尽力工作，如果他们的眼睛只盯着竞争者，那就不一定取得好成绩。

合作具有无限的潜力，因为它集结的是大家的智慧和力量；竞争的所得是有限的，因为它激发的是个人或少数人的力量。

合作就是个人或群体相互之间为达到某一确定目标，彼此通过协调作用而形成的联合行动。参加者须有共同的目标、相近的认识、协调的互动、一定的信用，才能使合作达到预期的效果。在合作中双方的目标是共同的，所取得的成果也是共享的。所谓竞争就是互相争胜，要有输与赢，一方以胜利者的面目出现，欢呼自己的胜利；一方则是失败者，在下面悄悄地舔着自己的伤口。一方的喜悦是建筑在另一方的痛苦之上。而合作则是以寻求双方都赢为目标的。

◎紧随财富的尾巴

《圣经》中有这样一个关于财富增长的故事：一个财主把财产分成三份，分别托付给三位仆人，要他们善加管理。第一位仆人用这些钱做了各种投资；第二位仆人则买回原料制成商品出售；第三位仆人为安全起见，把钱埋在树下。一年后财主召回三位仆人检视成果，前两位仆人管理的财富均增长一倍，第三位则原物奉还。他向主人解释说：“唯恐运用失当而遭到损失，所以将钱存在安全的地方，今天将它原封不动奉还。”

现实中也有一例关于财富增长的经典故事：1896年诺贝尔奖创立之初有980万美元基金，而每年5位诺贝尔奖得主分获100万美元，就需要500万美元。起初诺贝尔奖金管委会订立章程规定基金的投资政策是安全且有固定收益的，如存银行或购买公债。但到了1953年，基金只剩下330万美元。眼见基金的资产将消耗殆尽，诺贝尔基金会的理事们及时觉醒，意识到投资报酬率对财富积累的重要性，于是在1953年做出突破性的改变，更改基金管理章程，将原来只准存放银行与购买公债，改变为以投资股票、房地产为主的理财观。资产管理观念改变后，很快就扭转了基金的命运。到1993年，基金总资产增长到2.7亿美元。

从上述故事里，可以看出，财富的增长，很大程度上取决于理财的方法。理财得当，财富便可迅速增加，而如果不会理财，或者理财不当，则不仅不能增加财富，而且还有可能使自己过去积聚的财富损失。

理财专家研究大量致富者后，得出一个结论：1/3的有钱人是天生的；1/3靠创业积累财富；1/3靠理财致富。诞生富裕之家毕竟是少数，而创业成功的比率也只有7%。因此，理财也是创富的一个重要途径。

理财，简言之就是“打理钱财”，把握财富增长的轨迹。理财方法的正误与理财能力的高低，决定财富的多少。有的人拼命赚钱，有的人省吃俭用，但却并没有富起来，一个不可忽视的原因便是缺乏正确的理财方法与较高的理财能力，没有把握住财富增长的轨迹。

不少人将富人成功的原因，直接归因于他们生来富有、他们创业成功、他们比别人聪明、他们比别人努力或是他们比别人幸运。但是，家世、创业、聪明、努力与运气并不能解释所有创富的原因。我们都熟悉自己生活中的不少有钱人，他们并非出身在有钱人家，也不是什么大生意人，也不见得很聪明，并且也不是都受过高等教育，但他们却富了起来。靠什么呢？靠他们较强的理财能力，把握财富增长的轨迹。

有人认为，理财不过是精打细算而已，最多只是改善一下个人或者家庭的财务状况，与我们的创富目标相差甚远。其实这是非常错误的想法。理财本身就是一个很好的创富之道，而且利用理财创富，是人人可以做到的。你不必是有钱人、不必是高收入者、不必是高学历者、不需要具备专门的知识与高超技术、不需要靠运气，你所需要的只是正确的理财习惯。因此，一个人有没有钱不重要，收入高低也不重要，影响一个人未来财富之多寡，在于有没有学会理财，有没有开始理财。这项工作看起来简单，但做起来并不轻松，不过无论如何，都值得你去做。

人的一生能累积多少钱，很大程度上还不是取决于你赚了多少钱，而在于你如何理财。投资理财在累积财富的过程中占有举足轻重的地位。如果一位上班族到年老时，发现自己的财富，大多是自己一生吃苦耐劳、省吃俭用所赚来和省来的，那么几乎可以肯定，他一定不会很有钱。因为不管你怎样吃苦耐劳，怎样省吃俭用，如果你不会理财的话，即使一年储蓄 100 万元，也必须在 100 年后才能累积到 1 亿元。任何人都知道，要每年储蓄 100 万元，大多数的人是不可能的。但是，若利用投资理财的话，一年只要储蓄 1.4 万元，40 年后就可成为亿万富翁了。可见唯有知道“以钱赚钱”的人，才有可能真正成为富豪。

不妨现在就检视一下你自己，你是否养成了较好的理财习惯？是否制订了明确的投资计划？是否在沿着追逐财富的正确轨迹前进？这是决定我们能否创富的重要因素。大多数人将资产放在金融机构而不投资，而一开始投资理财，又只想快速创富。结果钱存在银行发不了财，而从事快速创富的投资，反而弄得血本无归。殊不知，创富要靠理财，理财要靠方法。不敢投资与盲目投资都是创富的大忌。

俗话说：“人不理财，财不理你。”如何有效地利用每一分钱？如何及时地把握每一个投资机会？理财的要诀就是开源和节流。所谓开源，便是争取资金收入；所谓节流，便是计划消费，预算开支。成功的理财可以增加收入，减少不必要的支出，改善个人或家庭的生活水平，从而使你走上富裕的道路。而利用理财创富又是人人办得到的，也是人人应该做的。财富就像一棵树，是从一粒小小的种子开始长起来的，你所存的第一个铜板就是种子。而在种子长成大树的过程中，还需要你精心地浇水、施肥、除虫等，这就是理财。只播种不培育，种子是难以长成大树的。因此，你越快播下种子，越认真地培育树苗，就会越快让树长大，你就越快能在树阴下乘凉，越快采摘到丰硕的果实。

◎投资要趁早

投资是理财的一种重要方法。美国人查理斯调查了美国 170 位百万富翁，发现他们的共同特点是很早就强迫自己将收入的 1/4 左右用于投资。

越早开始投资，便能越早达到创富目标，从而使自己与家人能越早享受创富的成果。而且越早开始投资，利上滚利，时间越长，时间充裕，所需投入之金额就越少，赚钱就越轻松愉快。美国佛罗里达州的一名 13 岁学生萨和特，他曾经替人照看婴孩赚取零用钱，留意到家务繁重的婴儿母亲经常要上街购买纸尿片，于是灵机一动，决定创办他的“打电话送尿片”公司，只收取 15％的服务费，便会送上纸尿片、婴儿药物或小件的玩具等东西。他最初给附近的家庭服务，很快便受到左邻右舍的欢迎。于是他印了一些卡片四处分送，结果业务迅速发展，而他又只能在课余用单车送货，于是他用每小时 6 美元的薪金雇用了一些大学生帮助他。现在他已拥有多家规模庞大的公司。

投资与消费是财富增加和减少的重要方面。穷人的消费习惯是有多少花多少，中产阶层则是提前消费，而富人的消费习惯则是先投资再消费。

投资和消费是可以转换的。有时富人的消费反而是一种投资，而穷人的投资则变成了一种消费。

穷人对微小的消费也斤斤计较，这是对金钱恐惧的一种表现。而富人敢于大胆的、合理的消费，因为他们知道转化。

据《犹太人五千年智慧》记载，在古代的巴比伦城里，有一位名叫亚凯德的犹太富翁，因为金钱太多的缘故，所以名闻遐迩。而使他成为一位知名人士的另一原因，就是他慷慨好施，他对慈善捐款毫不吝啬，他对家人宽大为怀。可是，他每年的金钱收入却大大超过金钱支出。

一些童年时代的老朋友们常来看他，他们对他说："亚凯德，你比我们幸运多了，我们勉强糊口的时候，你已成为巴比伦全城的第一富翁了，你能穿着最精致的服装，你能享用最珍贵的食物。我们若能叫我们的家人穿着可以见人的衣服，吃着可口的食品，我们就觉得心满意足了。

"然而，幼年时代的我们，大家都是平等的，我们都向同一位老师求学，我们玩相同的游戏，那时无论在读书方面或在游戏方面，你都和我们一样，毫无才华出众之处。少年时代过去以后，你和我们也是一样，大家都是同等的平民，然而现在，你成了亿万富翁，我们却终日不得不为了家人的温饱而操劳。

"据我们的观察，你做工并不比我们更辛苦，你做工的忠实程度也未超过我们。那么，为什么多变的命运之神，偏偏要叫你享尽一切好福气，偏偏不给我们应得的同样福气呢?"

亚凯德说道："童年以后，你们之所以没有得到富裕生活的理由，是因为你们没有学到发财原则，所以你们也不会实行发财原则。你们忘记了，财富好像一棵大树，它是从一粒小小的种子发育而成的。金钱就是种子，你越勤奋栽培，它就长得越快。"

亚凯德同时也告诉了我们一个被人们遗忘的法则：投资致富。我们每个人都想创富，但是很多人并不懂得创富的方法，不懂得用最小的、最原始的钱去进行投资，把投资当成是一粒埋在财富土壤里的种子，让它去发芽成长为巨大的财富。

如果你苦于不能创富，就看看那些“亚凯德”们吧，他们往往能够埋藏创富的种子，并运用自己的财商勤奋地培养，所以，他们也理所当然地会成为大家仰慕的富翁了。

如果你很早就开始储蓄并投资时，当你存到一定程度之后，就会发现你的钱会自动帮你准备好所需的生活花费。这就像你生在一个好人家，有一个富有的亲戚每月会固定送上生活所需一样，你甚至不需要感谢他们，只是在他们生日时去应酬一下，这不正是许多人梦寐以求的境界吗？此时，你完全享有经济独立，做想做的事，去想去的地方，让你的钱留在家里，代你上班赚钱。当然，如果你没有及早储蓄，并且每个月固定拨出一笔钱做投资，那么这一切将永远只是一个梦想。

我们会有几种情况，一种是你一边储蓄一边投资，你会有所收益；另一种情况是你把所有的钱都花光为止；还有一种情况是你把所有的钱花光，并且欠银行一大笔债，在这种情况下，你必须付出一笔利息，也就是你不是让你的钱去赚钱，而是让他人来赚你的钱。

在对这三种情况进行选择时，一个人的财商就会影响一个人的理财方式，财商高的人，无可非议地会选择第一种情况。

◎让金钱流动起来

你可以种下一颗种子，不断施肥浇水，培育它长大。这个办法可以套用在金钱上。我们都知道，你每用一次钱，便是在助长现金流，它会加倍地再回来。借由偿付借款，你便是让金钱流向薪金及红利。每一次你只要感到经费不足时，就花掉一些。往往善于投资的高财商的人，更容易创富，为什么呢？因为他们懂得怎样运用自己的资金进行投资和赚钱。

金钱是包装起来的能源——让它流动吧！这种能源是独一无二的。你可以将它送到遥远的地方，去协助一个你信赖的计划；同时你可以待在家里做你最喜欢的事。可以说，金钱是一种可即刻伸缩的能源，你只要加进一点爱，并将它送到该送的地方，它就可能为你带来更多的财富。

也许你会说：“我需要足够的财力，以期生活得很好。当我退休的时候，我需要一笔积蓄，以保证我今后的生活。”

“如果我是一个公司的雇员，仅靠薪金生活，我又该怎样办呢？”

以下是我们的回答：

你也能得到财富。你既能确保经济上的安全，又可得到财富，甚至是足以使你创富的财富。奥斯朋先生是靠工资生活的雇员，然而他得到了财富。几年前当他退休时，他说：“现在我想要做的事，就是花时间使我的钱为我赚钱。”

奥斯朋先生遵循的创富原则太平凡了，以致它常常不为人所注意。

奥斯朋先生在阅读《巴比伦之首富》的时候发现：财富是可以获得的，如果你：

——从你赚的每一美元中节省下 10 美分来；

——每 6 个月把你的储蓄的利息或这种储蓄投资时所得的利润拿去投资；

——当你投资时，你要听取行家关于安全投资的忠告，这样你就不致冒险而损失你的本金。

让我们再重复一遍：以上三条正是奥斯朋的创富原则。想一想，从你赚得的每一美元中节省 10 美分，并进行安全投资，这样，你就能得到安全和财富。

你应当何时开始呢？那就从现在开始吧！

一位成功的企业家曾对资金做过生动的比喻：“资金对于企业如同血液与人体，血液循环欠佳导致人体机理失调，资金运用不灵造成经营不善。如何保持充分的资金并灵活运用，是经营者必须注意的事。”这话既显示出这位企业家的高财商，又说明了资金运动加速创富的深刻道理。

有的私营公司老板，初涉商场比较顺利地赚到一笔钱，就想打退堂鼓，或把这一收益赶紧投资到家庭建设之中；或把钱存到银行吃利息；或一味地靠稳妥生意，避免竞争带来的风险，而不想把已赢得的利润进行再投资，更不想投资到带有很大风险性的房地产、股票生意之中。这样就把本来可以活起来的资金封死了，不能发挥更大的作用。

有这样一个故事：从前，有一个爱钱的人，他把自己所有的财产变卖以后，换成一大块金子，埋在墙根下。每天晚上，他都要把金子挖出来，爱抚一番。后来有个邻居发现了他的秘密，偷偷地把金子挖走了。当那人晚上再掘开地皮的时候，金子已经不见了，他伤心地哭了起来。有人见他如此悲伤，问清原因以后劝道：“你有什么可伤心的呢？把金子埋起来，它也就成了无用的废物，你找一块石头放在那里，就把它当成金块，不也是一样吗？”

现在，大家若从经济学的角度看，这人所劝说的话，是颇有一番道理的。那个藏金块的人是一个爱钱的人，他把金块当做富有的标志，忘记了作为“钱”的黄金只有在进行商品交换时才产生价值，只有在周转中才产生价值。失去了周转，不仅不可能增值，而且还失去了存在的价值。那么和埋藏一块石头，确实没有什么区别。如果那个人能够把黄金作为资本，合理加以利用，一定会赚取更多的钱。即使一个公司老板手中有一定数额的资金，但他从思想上已不再愿意把钱用来再赚钱，不愿意把钱用来周转，那么对于他未来的事业来说，就像是人体有了充分的血液，但心脏已坏死，不再能够促进血液循环一样，他的事业也会静止不动而死亡。

资金只有在不断流通中才能发挥其增值的作用。创富者把钱拿到手中，或存起来，或投入流通领域，情况则大不相同。创富者完全可以把钱用以办工厂、开商店、买债券、买股票等，把“死钱”变成“活钱”，让它在流通中为你增利。其实，学过一点资本论的人都知道，流通增利的奥妙在于钱财能够创造剩余价值。一个简单的道理，用货币去购买商品，然后再把商品销售出去，这时所得到的货币已经有了剩余价值，也就是说，原来的货币已经增值了。假若创富者能够出色地管理着自己的工厂，办好自己的公司，看准炒股的时机，让它健康地运作，时间越长久，钱财的雪球便越滚越大，创富者手中的钱财也会变成一棵摇钱树。

◎借鸡生蛋，善用他人资源

怎样才能致富？很简单，善用别人的钱赚钱，是获得巨额财富的好方法。

富兰克林在 1748 年的《给年轻企业家的遗言》中说：“钱是多产的，自然生生不息。”

所谓“用别人的钱”是正当、诚实的，绝不违背道德良知。同时，要做优惠的回馈。

诚信是无可替代的，缺乏诚信的人，即使花言巧语，也会被人识破，使用别人的钱，首重诚信。诚信是所有事业成功的基础。

银行是你的朋友。

银行的主要业务是贷款，把钱借给诚信的人，赚取利息；借出愈多，获利愈大。

银行是专家，更重要的是，它是你的朋友，它想要帮助你，比任何人更急于见到你成功。

单丝不成线，独木不成林。一个人创业不可能全凭个人资本，还必须吸引别人的资本投入。争取到你的投资人，形成多点支撑，就能使自己的事业稳如泰山，如虎添翼。因此，争取别人对你的事业进行投资就显得非常重要。

公司的大小新旧对其筹集资金的难易程度有极大的影响，道理非常简单，大公司股票上市造成的轰动，其本身就是一种免费的宣传。老牌公司原来就有知名度，亦可使其在筹集资金方面的努力减少许多困难。反之，对尚未有知名度的新成立的中小公司而言，如何吸引投资者对企业产生兴趣和信心？如何使广大投资者在众多的投资机会中，独垂青于本公司？如何在竞争激烈的资金市场，出奇制胜，获取所需资金？说实话，这可不是一件简单的事。

据现代创富理念，获得发展资金的主要途径是吸引投资市场上的投资者，如何吸引投资者使其对你产生关注，进而使其对你的公司的发展前途和潜力产生信心，从而为投资本公司产生兴趣，下定决心真正采取投资行为呢？你面对的是广大投资群体，这些投资群体包括银行、其他大型投资公司等。

吉姆斯·林是一个高大黝黑的美国人，身高6英尺2英寸，200多磅重，虽然已经是快50岁的人了，但看上去仍很硬朗、很健壮。1968年，当美国的股市达到过热的高潮时，林正在Ling—Temco—Voughi（简称LTV）公司担任业务主管和主要大股东。LTV公司是纽约证券交易所最抢手的公司。LTV创建于1961年，在这短短的7年间，LTV就迅速崛起，成为全美最大的15家公司之一。该公司的股票由每股20美元上涨到每股135美元。吉姆斯·林在他的有生之年，利用别人的钱，从身无分文到创造出惊人的业绩，成为华尔街前所未有的发展最快的大老板和传奇式的神话人物。

许多年以来，在吞并其他公司的过程中，吉姆斯·林的母公司只是很简单地把它们吸收进公司就算完事。它们仍照旧继续经营，只不过已经不是独立的公司。它的股票已经在证券市场上消失了踪迹，成为LTV公司的财务报表中“账面资产总额”的一部分数字罢了。而账面资产总额通常是一个很保守的数字。林相信：一定还会有增加的余地，因为在股市好景时，股票在证券市场上的价格必定要比账面价值高。

1965年，他首先把LTV公司的主要经营的事业，分为三个相互独立的公司，亦即LTV航空公司，LTV电业公司和LTV林·阿提克公司。每一个公司都单独发行自己的股票，母公司LTV企业公司，大致保留了各子公司的75%～80%的股票，其余的在证券市场上公开发行。

股票上市后，在股票投资者抢购的情况下，这三家新公司的股票市价急剧上升。拥有 3/4 以上股权的母公司 LTV，现在则能够以市面的价值，而不是以陈旧、呆板的账面价值，来代表新公司。结果，母公司的可见财产迅猛上升，并且它本身的股价也随着上涨。

这是利用别人的钱赚钱的一个极其精彩又极其绝妙的事例。吉姆斯·林的确做到了“无中生有”。在这桩令人眼花缭乱的交易中，吉姆斯·林所有的花费，不过是发行股票过程中的一些手续费和书面作业费罢了。

第五篇

《语言的突破》

成功演讲必备经验

◎取得听众的信任

要获得别人的信任，最要紧的还是你自己应该先具有自信心。银行大王摩根说：获得信任的唯一要素是个性。我对敏慧的演说家有过不少次的留意，如果说，这是他的特点，那么，比较起来，还不及迟钝的演说者所得的效果大。

某一届演说班有一次请一位名人来演说，他讲得十分流利，所以讲完后大家都称誉他。可是，他仅留下了一个敏慧的表面印象，不曾深刻到听众的心坎里。同时，有一位保险公司的代表，他起来说话，虽然他的身材矮小，语言不大流利，有时还要讷讷地一个字一个字很吃力地说出来。但是，在他那仁慈的目光和中肯的声音之中，确有一种深切的诚意流露出来，所以听众对他的演讲十分注意，对他有一种说不出的热诚和好感。

卡莱尔在《英雄与英雄崇拜》中说："拿破仑、米拉波、克林惠尔以及别的英雄们，如果没有极高的热忱，那是决不会有如此成功的。所以人们最主要的就是诚恳。不论哪一位英雄，他最需要的特点，便是深切而又纯正的诚恳。不过，诚恳并不是自己说说的。自夸而自觉的诚恳，大都是虚伪而自欺欺人的。伟人的诚恳并不放在口头，而是极自然地流露出来。"

有一位聪明的演说家死了。当他在幼年的时候，大家都对他有着很大的期望，预料他将来一定能有极大的成就；谁知，他死了，并不曾留下一些可观的成绩。因为他把他的聪明误用了，怎样可以使自己发财就怎样做。他得不到真诚的名誉，所以他的事业完全失败了。

韦伯斯特说，装出来的同情是不会发生效力的。

林肯对别人向来是同情的。他和参议员道格拉斯辩论的时候，他的神情和言语都不及对方的漂亮，人家称道格拉斯是“小伟人”，称林肯是“诚实的亚伯”。道格拉斯是有着卓越的精神和活力、优美的个性的人，但他对真诚有一些欠缺。他常把智谋放到原则上去，使法理来迁就政策，所以结果他并没有取得多大的成功。林肯在讲话的时候，好像总有一些不加修正的风味，使他的字句有一种诚恳的力量。大家都能够感觉到，他有着和耶稣基督一样的热切而诚实的特性。如果照法律的学识来讲，有很多的人胜过了他，可是对于法庭证人的影响力量，就不大有人能够赶上他了。

除此以外，要获得别人对你的信任，你自己还要有丰富的经验。如果你提出来的意见可以让人家来质问：“你的谈话，只是现买现卖、完全从书本上看来的”，那你是一定要失败的。但是，如果讲述你自己的经验，那是一种真诚的力量和可靠的特质，而且也是听众所最欢迎的，那他们就会对你很信任，你就获得了成功。

◎动之以情更具感染力

你的目标如果是说服，请记住动之以情比晓之以理成果更大。因为，演讲者以感情和有感染力的热情来表达自己的思想时，听众很少会产生相反的意念。他们会将一切相反的意念摒弃于一边。要激起情感，自己必须先热情如火。不管一个人能够编造出多精妙的词句，不管他能搜集多少例证，不管他的声音多美妙，手势多优雅，倘若不能真诚讲述，这些都只是耀眼的装饰罢了。要使听众印象深刻，先得自己有深刻印象。你的精神由于你的双眼而闪亮发光，由于你的声音而辐射四方，并由于你的态度而自我焕发，它便会与听众产生沟通。

每次演讲时，特别在自认为目的是要说服时，你的一举一动总是决定着听众的态度。你如果缺乏热情，他们也会冷淡。“当听众们昏昏睡去时，”亨利·华德·毕丘这么写道，“只有一件事可做，给招待员一根尖棒，让他去狠刺演讲者。”

一次，在哥伦比亚大学，我是三位被请上台去颁发“寇蒂斯奖章”的裁判之一。有六位毕业生，全都经过精心准备，全都急于好好表现自己。可是，此义他们绞尽脑汁只为获得奖章，而少有或根本没有说服的欲望。

他们选择题目的唯一标准，是这些题目容易在演讲中发挥。他们对自己所做的议论，没有多少个人兴趣——他们一连串的演讲仅是一种艺术表演而已。

唯一一个例外是一位来自非洲的王子。他选的题目是“非洲对现代文明的贡献”。他所吐的每个字里都饱含着强烈的情感。他的演讲是出于信念和热情的活生生的东西，而不仅只是表演。他演讲时如同他是自己人民的代表，是他那片大陆的代表：充满智慧、品格高尚、满腔善意。他带给人们一种信息，就是他的人民的希望；他也同时带来一项请求，即渴望听众的了解。

虽然在当众讲话技巧方面他可能不比竞争者中的另外两三位但裁判们还是把奖章颁给了他。裁判所见到的，是他的演讲燃着真诚之火，闪烁着真实的光芒。除他而外，其余的演讲都只是火光闪动不定的煤气暖炉罢了。

王子在这遥远的地方以自己的方式学到了一课：仅运用理智是不能在演讲中把自己的个性投射于别人身上的，必须展现出你对于自己所讲的内容有多么深挚的信念。

◎以和善开场

有一次，一位无神论者向威廉·巴利挑战，让巴利证明他无神论主张的错误。巴利不急不躁地拿出表来，打开了表盒，说：“假若我告诉你，这些小杆、齿轮和弹簧是自己做成自己，再把自己拼凑在一起，并自己开始转动的，你是否要怀疑我的智慧呢？当然你一定会。但是抬头瞧瞧那些星星，它们颗颗都有自己完美而特定的轨道和运动——地球与行星们围绕着太阳，每日在太阳系中以百万余英里的速度向前飞奔。每颗恒星是另一个太阳，各领一个星群，在太空里如我们的太阳系般往前奔去，然而却没有碰撞、没有干扰、没有混乱，而且安静、有效率、有控制。这样的现象，会使你相信它们是自己发生的，还是有人将它造成这样的？”

如果一开始就反驳对手说：“没有神？别傻了，你根本不知道自己在胡说些什么。”结果会怎样？这位无神论者可能会拍案而起，拼命地为自己的意见而战，像只被激怒的山猫。从而一定是引起一场唇枪舌剑——咬文嚼字的大战随后跟至，既无益，又充满火药味。为什么呢？就像奥斯锥博士说的：“它们是他的意见，他珍贵而不可或缺的自尊受了威胁，他的骄傲已岌岌可危。”

骄傲既然是人性中一个基本而易爆的特性，聪明的做法，是否应该让一个人的骄傲为我们所用，而不是与它作对呢？如何来做呢？照巴利的样子，展示给我们的对手看，让他感觉到，我们所主张的与他已经相信的某些事情其实很相似。这样便会使他易于接受，而不至拒我们的主张于千里之外，这样便会避免相反或对立的意念在他脑海里产生，从而破坏了我们演讲的效果。

巴利细致地展示了他对人性的尊重。然而大多数人都缺乏这种细致的本领，能够与一个人手挽手地进入对方信仰的城堡中。他们误以为，要攻占城堡，就必须从正面对它猛攻，把它夷成平地。结果会怎么样呢？敌意一旦产生，就会像吊桥高挂，大门紧闭，身披盔甲的弓箭手拉开长弓——文字之争和头破血流之战就会上演。这样的逞强斗狠，最后总是以平局结束，没有哪一方能够说服对方一星半点。

这种方法，其实在很早的时候便为圣徒保罗所采用。他在马斯山上对雅典人所作的著名演讲里就使用了它——用得那样圆熟，即使经历了 19 个世纪，仍为我们赞叹不已！他受过完全的教育，在改信基督之后，凭借着自己强有力的、机敏的辩才，成为基督教的主要拥护者。一天，他来到了雅典——伯利克里之后的雅典，那是已经过了光荣巅峰，正走下坡的雅典。圣经上说到这个时期的它：“所有的雅典人和寄居该地的异乡人，都将全部时间用在传述和打听新事物之上。”

没有电报，没有通信新闻稿，没有收音机，这段日子里的雅典人不得不在每日午后东拉西扯地抓点新鲜事来谈论。保罗适时而至，可有了新鲜事啦！他们挤在他的四周，觉得很好奇、很好玩、很尽兴。他们将他带到艾罗培哥斯，对他说：“我们能不能知道你所说的新教义是什么？因为你为我们带来了新奇的事物；因此，我们想知道这些东西究竟是什么意思。”换句话说，他们这是请他发表演讲。保罗毫不犹豫，一口答应。

事实上，他正是为此而来的。或许他是站在拍卖台上或一块石头上，像所有的优秀演讲家一样，一开始时有点儿紧张，也许双手还干搓了几下，并且开口前把喉咙先清一清。

然而，他却不能完全地赞同他们请求他演讲的措辞：“新教义……新奇的事物”，这是毒药。他必须把这些概念连根铲除。他不希望把自己的信仰当成新奇的、奇怪的事情来陈述。他要将它和他们已经相信的事情相联系、相比较，这样才能遏止异议。但是从哪儿着手呢？他想了一会儿，想出了一个绝妙的计划，然后便开始了他千古不朽的演讲：

"你们非常具有宗教热忱。"这样较好、较精确。他们信奉多神，非常虔诚，并以此为荣。保罗先称赞他们，让他们欢喜。雅典人立刻对他感到亲切起来。高明的演讲术里有条法则，就是以例证支持论述，保罗就是这么做的："因为，当我路过这里，亲眼见到了你们的虔诚。我看见一处神坛，上面写着'献给不知名的神'。"

你瞧，这就证明了他们非常虔诚，他们非常害怕忽略了任何一位神灵，因此竟为不知名的神建立神坛，有点像多项目的保险，对一切未察觉的疏忽与无意的遗漏全部提供保险。保罗提到这一特别的神坛，就是要指出自己不是在奉承；他说明了，自己的评论乃是观察之后出于真心的赞赏。

现在，就可以做这最恰当不过的开场了："你们对所崇拜的神一无所知，现在由我来将它告知你们。"

对"新教义……新奇的事物"保罗只字未提。他在那儿只是解释有关一位神灵的一些事实，这位神灵则是他们早已供奉而不自知的。你看，把他们原本不相信的事情和他们已经狂热接受的事情相比拟——这便是他绝妙的技巧。

他宣传自己救赎与复活的教义，引述了一些希腊诗人的诗句，这样他就讲完了。虽然听众里有人嘲笑他，但其他的人却说："我们要再听听你讲的事。"

◎成功的演讲计划

我曾去参加纽约扶轮社的聚餐。在席间，有一位政府要员演说。自然，他的尊贵地位，给了他一种威信，当时的人们都是乐意听他演说的。他答允和参加聚餐的人们谈谈他供职机关的工作情形，这是每一位纽约的商人都愿意知道的。

当然，他十分明了他的题目。而且他演说的时候，绝不能把他所知道的完全说出来；可是，他却不曾把他的演说计划一下。他对材料没有加以选择，而且也不安排先后的次序，他靠着一股勇气，不顾一切地开始演说，自己不知道将说到什么地方去，只是一味地向前乱闯。

他的心中是一团混乱的东西，所以他给我们知识的飨宴，也只是一盘杂碎。他像是先给人们一杯冰淇淋，然后再来一盘汤，接着来了鱼和水果；他又好像给了人们一种汤和冰淇淋以及熏鱼的杂拌儿。

他本来想在席间作一篇有声有色的演说，然而现在是绝望了。他从衣袋里取出一卷演说稿，虽然没有人问到他关于演说稿的问题，但他先承认这是他的助理代写的。这卷演说稿也是杂乱无章的东西，所以他茫无头绪地翻阅着，看了这一页，想在这一个原野中去求得一条出路。他一面这样做，一面又想说话，就是做不到。所以只好向大家道歉，要了一杯水喝，想借这救一下急；但是，他的手颤动着举杯喝了一口水，说了几句更是凌乱不堪的话，于是又重复着翻他的演说稿。时间一分钟一分钟地过去，他也显出更无救、更困难、更混乱、更窘迫的情态。他急得额上流下汗来，颤颤地拿出手帕来擦拭。听众眼看着他这样的惨败，产生了同情心，情绪也被困扰了。他的固执胜过了他的聪明，他并不因此而停止了他的演讲，他一面指手画脚，一面还是翻他的演说稿，向人家道歉和喝水。每一位听众都可以看出，这是一次失败的演说。最后，他总算停止挣扎而坐下来了，听众也松了一口气。对此，卡耐基说："我不论在什么地方和什么时候都不曾见到这样差劲的演说家。"这段故事的寓意就是："一个人的思想没有次序的时候，那么，他有的思想愈多，头绪也愈乱了。"这是霍勃·斯宾塞的一句名言。

没有计划的造屋，这不是头脑清醒的人所干的。那怎么能在一些大概的纲要或是程序都没有便开始演说了呢？一篇演说，就等于一段有目的的航程，非有航行图表不可。

我曾希望在世界各地的我的演说训练班门口，都能够把拿破仑的"打仗的艺术是一种科学，如不是深思熟虑，是绝对不会成功的"这句名言，做成霓虹灯的大广告去警惕大家。

演说和射击一样。然而，演说的人，他们能够懂得这一点吗？即使懂得，是不是都能够照着去做？其实，人们是不会这样去做的。事实亦是如此。

一串意见，最好而最有效的排列方法是什么？在没有把这一串意见研究明白之前，是没有人能够晓得的。它永远是每位演说者都要问的一个新问题，虽然没有方法决定毫不错误的规则；但是，我们终可以用实在的例子，来表明什么是有条理的排列。

毕菲粹兹是美国参议院的议员，他写过一本公开演说的艺术，此书虽短，但是很实用。这位大政治竞选家说："演说的人，必须对自己的题目很有把握，就是把所有的事实都搜集起来，然后再加以整理、研究而使它融化。不要采用单独一方面的材料，各方面的材料都要搜集、选择，并且这些材料都得是确切的事实，不是假设或是未曾证实的臆说，不要说你以为这是这样、那样。

“每项事情都要加以证实，这需要经过十分辛苦的探究；但是，为什么要这样呢？你不是准备向大家有所报告、陈述和劝导吗？你不是想使你所说的话成为一种权威吗？

“把一切的事实搜集而加以整理之后，你必须自己去想解决的方法，那你的演说才会有创造性和个人特有的力量，才有了‘你’在里面。然后，你可以把你的意见，尽量明白而合理地写出来。”换句话说，就是先提出各方面的事实，然后再去寻求出确切的结论来。

1. 康惠尔的演讲计划

几乎没有一个万无一失的法则，来解决演说资料最好的排列问题。所以要使大多数的演说能够有适合的图样表格和规律实在是不现实的；但是，这里有几种演说的方法，在许多地方都是十分有用的。已故的著名传道家康惠尔博士，他是《遍地黄金》的作者，他说他的许多演说辞的构成，大都是根据了下面的几条纲要：

（1）先把事实讲出来。

（2）再把这些事实用来加以辩论。

（3）劝人们去实践。

对于这个方案，学习演说的人感到很有用，而且还具有一种鼓励性。

（1）先指明一切事情的错误。

（2）再说出可以去补救错误的方法。

（3）请求别人去合力地做。

或者可以换一种说法。

（1）这里有一种需要补救的事情。

（2）我们对这件事应该这样、那样地去做。

（3）因为种种的理由，你应该去帮助。

2. 演讲前的准备

曾经有人向威尔逊总统请教演说的方法，他回答：“我起初把要讲的题目都写在一张纸上，再把它们列成自然的顺序——就是把这些事做骨干而加以构架，然后再用速记写出来，我惯用速记写，因为我感到方便。写完之后，我再用打字机打出，同时再修饰词句和增删材料。”

罗斯福总统预备演说的方法又是自成一派的。他征集了一切的事实，然后再加以审查、评价、决定他自己的结论，并且感觉他自己的结论是确切而难于动摇的。然后他再把一册打字纸放在前面，一面讲一面很快地打字，因而可以显出一种自然的精神来。他把打字的稿子再读一遍，用铅笔做好记号，加以增删，再打成一篇清样。他曾说："我一切的成就，在事前都有过最确切的判断和计划。"

他常常请批评家听他读演说稿，他希望别人告诉他应该怎样说，不是说什么。他不去和别人争辩，因为他的意志已经坚定而不许再修改了。他一再在打字机上把他的演说稿增删润色，然后送到报纸上去发表。当然，他不能把他的演说辞完全记住，所以他实际讲出来的常和演说稿不一样。但是，他的预备方法是十分可取的，因为他已对自己的材料十分熟悉，这比用别种的方法，更能使演说流畅。

奥利福·罗兹男爵是英国的大物理学家，他曾对我高声述说他的讲话。像是我对着听众一个样子，结果我发现，这是一种最好的预备和练习的方法。许多受作者训练的人，用这种方法都获得了很好的效果。

把你所有的材料都写出来，这样可以减少你心理上的犹豫，改善你词句上的修饰，使你去思想，使你的意思清楚，使你的记忆牢固。

◎成功演讲范例

有一位在我的演说班上听过课的学生，他曾在全国地产协会第 13 届年会席上发表过一篇演说，是在 27 个大城市代表的演说中名列第一的。这篇演说，讲述费城的情形，把许多的事实极生动而流利地讲述出来，全篇富有精髓，结构很好，是值得一读的。现在介绍如下：

"主席，诸位先生：

"美利坚合众国这一个大国家，在 200 年之前就降生于我们的费城了，所以我们这一座城市，有着这样的历史纪录，自然就有十分深厚的美国精神。不但成为全国的工业中心，而且还变为全世界最美丽的城市之一。

"费城的人口，约有 200 万。全市的面积，约相当于密尔沃基、波士顿、伦敦、巴黎四城的面积之和。在全面积 130 万平方英里之中，我们建筑了美丽的公园、广场和林道，约有 8000 英亩。所以费城的居民，不愁没有正当的休息和娱乐的地方以及高尚的美国人士所应有的适当环境。

“诸位，费城不仅是一个广大、清洁、美丽的城市，而且还被公认为世界大工厂区之一。因为本城有 40 万工人，在 9200 所工厂中工作，工作 10 分钟，可以制造价值 10 万元的日用品。而且据某著名统计家的统计，不论在美国哪一个城市所出产的毛织品、皮革品、呢帽、金属器、工具、蓄电池、轮船以及其他的许多制造品，都不能像费城的产量那么多。铁路机车的制造，是每两个小时制造一辆；有全国一半以上的人所乘的公共汽车，大都是本城所制造的；在一分钟之内，费城可以制造出 1000 支雪茄；去年，费城 115 家的制袜工厂，替全国的男女老幼各制袜两双；费城的地毯和毡类的产量，比英格兰和爱尔兰两地的产量还要多。在事实上，费城工商业交易额很大，上年银行结算，达到 370 万美元的数目。

“诸位，我们除了对本城的工业发展而感到光荣外，本城又是全国最大的医疗、美术和教育的中心，这也是十分光荣的。但是，我们感觉到最荣耀的，就是费城私人住宅的数目，比世界上不论哪一个城市都要多。费城有市民的小住宅 39.7 万所，如果这些住宅，每所占地 25 平方英尺，那么，把它做成一条长线，可以从费城起经过现在我们开会的萨斯城而到达丹峨市，长约 1881 英里。

“但是，我要特别提出而诸位应该加以特别注意的，就是这些住宅当中，有几万所是本城的劳工阶级所有的产业。住宅既大半为工人所有，当然绝不会再有房东和房客的争端；同时，社会主义和布尔什维克主义也不易来扰乱工人们。

“费城绝不是欧洲虚无党滋长的沃土，因为我们住的处所有我们的教育机构和巨大的工业，我们大都降生在费城而受着我们祖宗所遗传的真正的美国精神所影响。费城是美国的生母，而且是美国人自由的源泉。第一面美国的国旗是在费城制造的；第一次美国的国会是在费城召开的；独立宣言也是在费城签立的；费城的自由钟，启示了所有的美国男女老幼，协力散播美国的精神，使自由的火焰，永远在熊熊地燃烧。”

下面让我们来分析一下这篇演说的结构和达到的效果。首先，这篇演说有始有终，具有一种我们想象不到的价值。他从一个出发点，像大鹏一样的向前直飞，并不停留或浪费时间；他有丰富的事实，一段段的条理分得十分清楚，既不重复，也没有前后错乱——这尤其是演说中最重要的一个条件。把生动的事实讲完之后，再用动人情感的美国独立运动和争取自由等的话来激起听众的情绪，使大家的情绪到达了顶点，于是忽然结束。这样有活力有神髓的演说，自然要得到“芝加哥杯”的第一名了。

另一篇是莎士比亚的精彩演说。

莎士比亚的名剧《恺撒》，中间有一段是马克·安东尼在安葬恺撒大将时的演说，这是最圆润而妥善的一个典型，是莎士比亚借了剧中人物所讲的一篇最著名的演说。

在当时，恺撒是一位罗马的独裁者，所以难免有政敌的妒忌，想把他推倒而夺他的大权。于是，在布鲁塔斯和贾苏斯的领导之下，有数十人联合起来把他刺死了。马克·安东尼曾做恺撒的国务大臣，而且是一位名作家兼名演说家，他在国家的政权方面，可以完全代表政府，所以恺撒对之十分倚重。在恺撒被刺后，暴徒对安东尼会怎样呢？也把他杀了？不，他们以为流血已够，再牺牲他也没有什么意思。倒不如把他拉到自己的阵线上来，借他伟大的势力和动人的口才来加强自己的能力。这个主张似乎很有理，于是他们就照此主张去试办。他们找到了安东尼。为了得到他的帮助，所以还允许他与恺撒的尸体说几句话。

古罗马市场的演讲台前躺着恺撒的尸体，疯狂的群众都对布鲁塔斯和贾苏斯以及杀人犯表示同情，对那踏上讲台的安东尼，反而怒气冲天。安东尼的目的，是想把崇敬布鲁塔斯和贾苏斯的人们反过来变成极度的愤恨，并且要煽动平民暴动起来杀掉那些凶手。他举起了双手，全场喧哗声完全静止了，于是，他开始演讲。我们来看看，他的开端是怎样的巧妙呢？他对那些杀人犯赞誉着：

“因为布鲁塔斯是一位有荣誉的人，

他们都是的，都是有荣誉的人们——”

他不与群众争辩，他慢慢地、细心地把恺撒的事迹说出来。他说恺撒怎样用俘虏赎身的钱来充实国库，穷人号哭时，恺撒也流泪；恺撒怎样拒戴王冕，恺撒怎样立遗嘱，把私产作为公有。他所提出的不是新证据，乃是群众忘掉的：“所有要说的都是你们已经知道的事。”

他用魔术式的口吻，引起了群众的怜悯，激起了群众的情绪，燃烧起群众的愤怒。安东尼的机智，完全表露出来了。随你怎样的搜集，我相信你绝不会找到半打儿和这篇同样完善的演说。可以说，凡是熟读莎士比亚作品的人，在不知不觉之中，都会使自己文章的修辞得到了不少的美化。

在说服人或使人印象深刻的演讲中，我们的问题只是在于：一味想把自己的意念植入人们心里，却反而使相反和对立的意念不断地滋生。善于说服别人的人，说起话来威力无穷，深深影响着他人。这就是前面那些法则可以派上用场之处。

在生活当中，你会在讨论某一题目时与和你意见相左的人谈论。你不是常常在家里、办公室里，在各式各样的社交场合想获得人心、使他们与你思想一致吗？你是如何开始的呢？你的方法是否仍有改进的余地呢？利用的是林肯和麦克米兰的智巧吗？如果是这样，你真是一位罕见的外交人才，是一位思维审慎严密的高人。好好记住伍德罗·威尔逊的话："如果你来对我说：'我们坐下来谈谈吧。'假使我们意见不合，让我们了解彼此为何不合，发生问题的究竟是哪些地方？我们即刻便会发觉彼此根本相距不远，发觉我们不合之处很少，而相合之处却很多；并发觉我们只要有耐心、有诚意，有寻求一致的欲望，我们就终会达成一致。"

赢在谈判桌

◎杠杆原理，移动对方

谈判的目的，就是使对方往管理者所期望的方向“移动”。应用物理学中的杠杆原理，便可以帮助管理者实现谈判的目的。只需要找到一个支点和一根木棍，就可以移动或撑起巨大而笨重的物体，这就是力学中的“杠杆作用”。要“移动”对方，就得看管理者是否能制造出可以“移动”对方的足够长度与强度的杠杆。杠杆如果够长也够强，所发挥的作用力则愈大；杠杆的作用力愈大，便意味着谈判力愈是强大有劲。

假设现在有人委托你以高价出售一块土地，而另外你的谈判对手也正在搜集有关这块土地的资料，以做工厂扩迁用地。据管理者所知，这名有意承购土地的谈判对手，正在两块工厂用地中做最后的决策；而其中之一，就是管理者受托以高价出售的这一块。在这个时候，管理者的杠杆还不够长也不够强。管理者只知道对方正在两块土地中做选择，他并不一定会购买管理者所代理的这块土地；即使有意购买，所提出的价钱，未必适合于自己的理想。所以，仅仅掌握这一信息，杠杆作用还是无从发挥的。那么，假定此时管理者又获得了一个更新的信息：对方似乎比较中意于你所代理出售的那块土地。因为这块土地附近的公共设施非常完善、劳动力来源充足、种种生活条件也相当不错，而邻近又有学校、休闲中心，十分适合于设立工厂。此时，在种种令对方满意的设厂条件之外，管理者又获知了一项最新的信息：此地就要建立一所可能是全国最进步、设备最完整的医疗中心。而对此消息，对方显然尚未获知。现在，正是良好的时机，可以把杠杆原理应用在谈判上了。但是要如何应用呢？对方之所以中意于管理者所代售的那块土地，是看上了它优越的外围环境。因此，在谈判时，管理者便应该将重点集中在土地周围的公共设施如何充实、文化环境如何优秀等。事实上，这些事实如果能成为对方所关注的焦点，那么，谈判结果便对自己有利了，自己就能以高价将土地脱手。

使对方的注意力集中于有利于自己的条件上，是杠杆作用有效利用的方法之一。不过，你的目的在于以高价卖出土地。因此，此时此刻，你最好还是暂时按兵不动，不要直接提出有关医疗中心的兴建计划。所以，若是仅运用双方所共同了解的事实，便能达到目的的话，就大可不必再亮出最后的“王牌”了。把“王牌”乱用于不必要的问题上，除了引起一阵无谓的混乱外，别无他用。然而，如果谈判已进入最后阶段，只要再稍加一把劲，双方便能达成协议的话，你就可以使用杠杆，也就是掀开王牌——医疗中心兴建计划了。你必须让对方了解，一旦医疗中心成立，对于工厂及员工的健康将带来莫大的益处。在谈判即将达成协议的前一刻，适时地提出有力的最新事实，杠杆的作用力则将发挥至最大。

◎“54街奇迹”：满足他人的要求

在谈判开始的时候，和缓地说明你的情况，搔搔你的头，承认你可能出错。记住：“犯错是人，宽恕是神。”要毫不犹豫地说：“在这个问题上我需要你的帮助，因为我不懂。”你应该给人以天鹅绒般柔软温和的印象，而不是像砂纸一样粗糙不平。

一旦有机会，大多数人愿意做一个亲切而易于打交道的人，并扮演提供给自己的角色。换句话说，人们愿意按你希望他们表现的方式来表现自己。因此，要用得体的方式与对方交谈，维护他们的尊严。即使对方有令人反感的、消极的和执拗乖张的名声，他们也会被一种明确传达的期望态度所感染并消除敌意。

要从他们的观点或参照系来看问题。他们说话时，要聚精会神地听，这会阻止你去进行对立的争论。不要引起摩擦，因为你如何表述某件事，经常决定着你得到的反应。在回答他们的时候，要避免用绝对的词语。要学会用“我想，我听到你说的是……”作为你回答的开场白。

这种“润滑剂行为”将使你的话变得婉转温和，使你的行动神圣不可侵犯，使摩擦减至最低限度。遵从这些指导，将使你们双方变成同盟者，共同寻找可以接受的解决问题的方法。

下面向你展示一下这种方法在我的一次简短遭遇中，是怎样发挥作用的：

我到曼哈顿出差。那天上午，在第一个约会之前还有一些时间，我和同事就从容地去吃早饭。点完菜之后，同事出去买报纸。过了10分钟，他空着手回来了。他摇着头，含糊不清地低声咒骂着。

“怎么啦?”我问。

他回答道：“这些该死的家伙！我走到马路对面的那个报亭，拿了一份报纸，递给那家伙一张10美元的票子。他不找钱，而是从我腋下抽走那份报纸。我正在纳闷，他开始教训我，说他的生意不是在高峰期给人换零钱。”

饭后，我们开始讨论这一插曲。同事认为这里的人傲慢无礼，他的敌人就是这种“爱发脾气的家伙”。他们绝不会给人兑换10美元的票子。我则接受挑战，在朋友的注视下穿过马路。他在餐馆门口看着。

当报亭主人转向我时，我怯生生地说：“先生……对不起……不知道你能不能帮我一个忙。我是外地人，需要一份《纽约时报》。我只有一张10元的票子，我该怎么办?”他毫不犹豫地递给我一份报纸，说：“嗨！拿去吧。找开钱再回来!”

同事摇着头目睹了这一幕，这就是我后来常说的“54街的奇迹”。

事情办得好坏，完全取决于方法。

当人们相互视为对手的时候，他们就相互疏远，甚至通过第三方来打交道。这是一种不幸的隔阂。从这种隔阂出发，他们互相提出要求和反要求，宣布结论，冲动地下最后通牒。由于每一方都想增加自己的相对优势，双方都将对谈判有意义的数据、事实和信息秘而不宣。人们的感情、态度和真实需要被隐藏起来，以免被对方利用。

显然，在这种气氛中，为满足双方的需求而谈判实质上是不可能的。然而，应该认识到，人类的独特之处，就在于人们各自的目标是可以并存的。在这种认识下，人们就可以坦诚相待，互相信任，可以交换看法、事实、个人感受和需要。通过这种无拘无束的交往，人们可以找到使双方都成为赢家的创造性解决方法。

例如，20世纪40年代中期，霍华德·休斯制作了一部影片《亡命徒》。该片由简·拉塞尔主演。拉塞尔是个漂亮的、肤色微黑的女人，她那高耸的乳峰给人们留下了深刻的印象。这部影片也许会被忘记，但是这个电影的大幅张贴广告令人难忘。那个画面是简·拉塞尔仰面朝天地躺在干草上。那时，休斯非常欣赏拉塞尔，所以和她签订了一个年薪100万美元的合同。

12个月以后，拉塞尔认真地表示：“我想依据合同要我的钱。”霍华德解释说此时没有“流动资金”，但是有很多财产。女演员的态度是，她不要借口，她要她的钱。休斯继续向她说明他现金周转暂时有问题，并请求她等一等。拉塞尔一直指着法律合同，上面清楚地要求年底付款。

双方的需要似乎不可调和。他们互不让步，相互斗争，通过律师来处理问题。以前那么亲密的工作关系已经变成了一场斗争。一时间，谣言四起，人们传闻这件事将以诉诸公堂而告终。要知道，霍华德是那种愿意在随后的关于指控环球航空公司的官司中花1200万美元诉讼费的人。如果这种对抗诉诸法律，谁会赢？也许唯一的赢家是律师！

这场冲突如何解决？实际上，休斯明智地对拉塞尔说：“你看，我和你情况不同，我们有不同的目标。让我们看看能不能在相互信任的氛围中分享信息、感受和需要。”他们恰恰是这样做的。然后，作为合作者，他们找到了创造性的解决方案。这种方案解决了他们的问题，满足了双方的需要。他们将原来的合同转换成一份20年的协定，每年支付5万美元。这份合同包含同等额度的钱，只是它现在的实现形式有所不同。

这样一来，休斯解决了他的“现金周转”问题，保住了本金的利息。另一方面，拉塞尔通过将其必须纳税的收入分摊在一段时期，可能减少她的税款，从中受益。由于得到相当于为期20年的年金，她解决了日常财务问题。

演员的职业通常是很不保险的。但是，她不仅“挽回了面子”，而且赢了！记住，当你和类似于霍华德·休斯这样的怪人打交道时，尽管你是对的，你也可能会输。从个人需要来看，拉塞尔和霍华德都是大赢家。

◎建立信任，越快越好

记住，谈判与说服的本质手段是通过“说”和“听”的交替过程来实现目的，而这种说与听的交换方式即为“沟通”。所以，如果为达目的而以金钱收买对方，或采取权力强制及暴力威胁的手段，这根本上就与谈判、说服不符。

在沟通的过程中，首先应掌握当时的状况，同时确定对方听懂你的话语。因为即使发出声音，假如不能让人听懂，也无法达到沟通的目的；此外，即使你自认确实很认真地讲话，但对方却开始就没有聆听的意思，或根本就把你的话当耳边风，此类情况也不可能实现良好的沟通。所以，在开口说话之前，必须预先考虑对方所处的状态——尤其是周围情况。最常见的谬误是，当对方正在为工作忙得不可开交时，你却仓促地介入他的环境，说完必要的话之后随即转身离去，根本不顾及对方究竟听懂多少，这势必造成不必要的危机。当问题发生后，你怒气冲天地质问对方时，他的回答必然是："我没有听到你的话。"结果演变成"说了"与"没有说"的无聊争执，甚至必须从头展开谈判与说服的难分难解局面。为避免发生此种情况，除了应考虑对方所处的状态外，在谈话中也应时时注意确认重要部分，并在必要时加以重复。

不能低估在竞争性的社会中培养信任感的难度。在一种长期的关系中，你给予对方的信任越多，他们就越会对得起你的信任。对他们的诚实和可靠表示信任，他们将不辜负你的这些期望。

不这样做，后果会如何呢？从怀疑和不信任出发，你将自食其果。所以，避免出现最坏结果的唯一方法就是与对方建立最佳关系。

最佳关系就是信任关系，在这种关系中，每一方都坚信另一方诚实可靠，双方相互信赖，结成一种解决不可避免的争执的潜在同盟。这奠定了互相信任、良好合作的基础。

这种相互信任是合作性双赢谈判的主要动力。现在让我们看看，怎样和什么时候能建立这种关系。

首先是准备阶段。正如你回想起的一样，我们认为情况的发展——就是准备阶段——总是要经历一个很长的时期。这段时间总是先于正式事件，如精神病人被确诊患有精神病之前，其病情早已发展了一段时间。一场谈判也应该被看作一种终止于双方正式接触的持续不断的过程。所以，如果我们说："谈判将于 10 月 15 日上午 8 点开始"，我们只是指正式谈判。

谈判过程的最后一步通常采用各方人员面对面会谈的形式，但是也可以用书面通信甚至电话的方式。大多数人坚信最后阶段才是谈判。但是，每个正式结果出现之前总是有几周或者几个月的准备阶段。

明白正式结局只是一个漫长过程的终点，这在日常生活中非常重要。无论是做一个精美的自制蛋糕，还是参加一次期终考试，事情的成功取决于事先策划和及时行动。

为了进一步说明，这里作一个假设：

你的儿子和未来的儿媳希望举行正式的教堂婚礼，然后办一个大型宴会。作为新郎的父母，你同意为此做准备，并为之付账。尽管正式活动只有 7 个小时，然而要花费 6 个月的时间去准备。

谈判的最终结果是由主观努力而不是由运气决定的。人们说命运厚爱幸运者，但是幸运者之所以受惠，是因为他们有效地利用了过程中的准备时间。无论是烤制蛋糕、参加考试，还是准备婚礼，早期的努力决定了最后的结果。命运不是偶然形成的——它们是由准备过程中的作为或者更常见的不作为引起的。也就是说，比实际谈判重要的是：形成看法，树立信心，提高期望。如果谈判中发生争吵，那么争吵的种子可能在准备阶段已经播下并培养起来。正如本杰明·狄斯累利所说："我们创造了自己的运气，却认为它是命运所赐。"

所以，命运垂青于那些利用准备阶段播撒信任种子的人。这种信任会在正式事件发生时，使你得到回报。是否具有未雨绸缪的能力，决定是否有不同的结果。

冲突形成之前的时间，是你对对方施加影响的最有效时间。一旦电视摄像机的红灯亮起，对方常常就开始警惕，而且对于显示自己弱点的事情吞吞吐吐，犹豫不决。

在从准备过程进入正式谈判之前，你的所作所为看上去是自然的。可是一旦结局明朗，你所做的任何事都常常被当作某种计谋、诱惑或策略，在竞争性环境中尤其如此。

简单地说，在正式谈判之前，某些行为会给人正常、友善和信任的感觉。然而，在敌对的气氛中，那些同样的行为将会起副作用，导致愤怒和不信任。所以，你必须有效地运用谈判的准备过程，不能一味等待实际冲突或事情发生。用准备时间来分析和判断发生潜在争论的原因。冲突可能是因为我们有不同的经历、信息或我们所处的角色不同。

在正式谈判之前采取行动，从上述几个方面来缩小观点差距，建立信任。始终牢记，你要创造那种相互信任和解决问题的氛围，这种氛围有利于进行最后谈判和采取措施解决问题。我们的世界就像一个患轻度妄想症的人，而信任就是万用良药。除非人们对你充满信任感，否则没有人会告诉你任何有价值的事情；除非人们信任你，否则没有人愿意与你达成协议。所以，你要利用准备阶段与对方建立相互信任的关系。

其次，是正式谈判阶段。一旦建立了信任关系，这种关系就会使双方认识到各自的弱点，防止发生冲突，并鼓励双方共享信息。发展这种关系，将使双方改变态度，影响预期目标，并将使问题变得容易解决。如果在准备阶段实现这种转化，各方就会在正式谈判中寻求满足各自需要的解决方法。

在正式谈判开始的时候，要继续寻求共同点，发展相互信任关系。一开始就采用切实而富有建设性的方法，将使各方直接达成一致。如果谈判形式是小组会议，你可以说："女士们、先生们，我们可以在我们讨论的问题上达成一致吗？让我们共同寻找一个公正的解决方法，达到我们大家都满意的结果，好吗？"你们认为怎么样？……显然，你并不要求反馈，但是你提出的问题或目标一定会得到赞同。为什么呢？因为你的说法相当于问饥饿的孤儿们要不要来一份有苹果派、薯条和汉堡包的午餐！

如果你能让每个人都看到最终结果，他们就会投入精力，发挥创造力，探讨各种可供选择的方案和新方法，以满足各方的需要。讨论的焦点最初总是应该放在使大家一致同意的概括性陈述上面。

反过来，如果你以"我的方法与你的方法大相径庭"这种态度为出发点，来谈论解决问题的途径或可供选择的方案，从这个点开始，接着就是要求和反要求，再下一步就是谈判各方两极分化成赢者和输者。你很快就会陷入纷争的泥潭，寸步难行。

所以，通过强调结果而不是手段，使那些参与者从纷争进入一致同意。这将消除敌意，减少焦虑，鼓励自由交换事实依据，交流感情和了解对方需要。在这种创造性的气氛中，新的、范围广泛的、可供选择的方案得以发展，每个人都能实现自己的愿望。

一般说来，哪里存在长久的关系，哪里就有充分的谈判前的准备时间可以利用——在准备阶段你可以培养信任感。

然而，在生活中经常有这样的情况，你不能或没有预料到的一场谈判突然出现在你的面前。由于缺乏事先预计和准备，突然遭遇挑战，不免手忙脚乱。在这种情况下，你能树立那种产生双赢结果所要求的信任和信心吗？如果你正确估计形势，回答是肯定的。即使没有准备过程，你也可以利用谈判本身寻找信息，建立一种有利于双方的关系。你也许注意到，许多人为爱情翻脸，却很少有人因为喜欢而闹崩。实际上，一旦确立了信任关系，人们就倾向于容忍。在缺乏信任的地方，你就要在流沙区奠定达成协议的基础。举例来说，你也许看到过政治上的竞争者在全国性政治会议的最后阶段，欣欣然地达成协议。若缺乏信任的基础，这些谈判框架就会轰然倒塌。所以，如果你想获得一个双边协议，最初的步骤就是建立信任。越快越好！

◎技巧性开场

开场进行的一切活动，一方面能够为双方建立良好的关系铺路，另一方面又能够了解对方的态度、特点和意图。因此，在这个阶段，必须十分谨慎地对所获得的对方印象加以分析。不仅如此，还要立刻采取一些重大措施，用自己的方式对他们施加影响，并使这些影响贯穿于谈判的始末。管理者最好把准备工作做得既周密又灵活。当坐下来转入正式谈判前，应该充分利用开始阶段从对方的言行中所获得的信息。在这个阶段中，能够很快地掌握对方洽谈人员两个方面的信息，即他是否有丰富的谈判经验和技巧，以及他的谈判作风。

对方谈判经验和技巧无须语言就可以反映出来。比方说：他的姿势、表情以及他“入题”的能力。如果他在寒暄时不能应付自如，或者突然单刀直入地谈起生意来，那么可以断定，他是谈判生手。谈判高手总是留心观察对方这些微妙之处。对方的谈判作风，同样的可以在开场阶段的发言中反映出来。一位经验丰富的谈判人员，为了谋求双方的合作，总是在开始时讨论一般性的题目。另一种具有不同洽谈作风的人员，虽然他的经验同样丰富，但其目的是为了对谈判产生影响，他显然会采取不同的措施。一进入谈判，他就极力探求双方的优势和劣势，探听哪些是自己必须坚持的原则以及在哪些问题上可以让步；他不仅要了解“自己”的情况，甚至对每一个己方人员的背景、价值观以及每一个人有把握的和担心的事以及是否可以加以利用等问题，都要搞得一清二楚。这些信息，对于那些玩弄花招的，以牺牲对方利益而谋取自己利益的人来说，是至关重要的。这些信息能成为他在以后的谈判中使用的武器。如果把谈判比作游戏，而且彼此商定，游戏以一方的胜利而告终，那么他的举动是无可非议的。当管理者一旦察觉到谈判中间将会发生冲突，就必须万分小心。虽然，管理者还无法判定谈判将会怎样展开，但是已经看见了“黄灯”。虽然，这并不等于表示“进攻”的“红灯”，但起码已显示出对方有些神经质或是经验不足，或是对谈判有些不耐烦了。也许对方十分好战，“黄灯”真正转成“红灯”，但对管理者来讲，这就极易作出相对的反应了，披上管理者的战袍，投入战斗。

如果在这个阶段，管理者对对方这些行动的意思还没弄清楚，而管理者在谈判开始时，所采取的是与对方“谋求一致”的方针，这时就应该引导对方与自己协同合作，并进一步给对方机会，使他们能够适应自己的方针。同时，自己也应该有更充裕的时间和机会，把对方的反应判断清楚。

这时，管理者施展技巧的目的是努力避开锋芒，使双方走向合作。管理者应不间断地讨论一些非业务性话题，并更加关注对方的利益。下面是这段开场对话：

“欢迎你，见到你非常高兴!”

“我也十分高兴能来这里。近来生意如何?”

“这笔买卖对你我都很重要。但首先我对你的平安抵达表示祝贺。旅途愉快吗?”

“这个问题也是我们这次要讨论的，在途中饮食怎么样？来点咖啡好吗?”

注意这并不是一个漫无边际的闲谈，虽然表面上它与将要谈判的问题不相干。但是，如果对方在这段谈话之后，仍坚持提出他的问题，管理者就可以认为“黄灯”有变为“红灯”的危险。如果能够接受这种轻松的聊天，虽然这并不能改变“黄灯”仍然亮着的事实，但它告诉管理者它有转为“绿灯”的可能。在这个阶段，管理者最容易犯的错误，是过早设定对方的意图。因为无论如何，自己已经掌握了一些信息，对于这些信息，管理者还要随着洽谈及实质性谈判的过程，作出更深入的分析。

谈判的内容通常牵连甚广，不只是单纯的一项或两项。在有些大型的谈判中，最高纪录，议题便多达七十项。当谈判内容包含多项主题时，可能有某些项目已谈出结果，某些项目却始终无法达成协议。这时候，你可以这么“鼓励”对方：“看，许多问题都已解决，现在就剩这些了。如果不一并解决的话，那不就太可惜了吗?”这就是一种用来打开谈判僵局的说法，它看来虽稀松平常，实则却能发挥莫大的效用，所以值得作为谈判的利器，广泛地使用。

牵涉多项讨论主题的谈判，更要特别留意议题的重要性及优先顺序。譬如，在一场包含六项议题的谈判中，有四项为重要议题，另两项则不甚重要。而假设四项重要议题中已有三项获得协议，只剩下一项重要议题和两项小问题，那么，为了能一举使这些议题也获得解决，你可以这么告诉对方：“四个难题已解决了三个，剩下的一个如果也能一并解决的话，其他的小问题就好办了。让我们再继续努力，好好讨论讨论唯一的难题吧！如果就这么放弃，大家都会觉得遗憾呀!”听你这么一说，对方多半会点头，同意继续谈判。

而当第四个重要议题也获得了解决时，你不妨再重复一遍上述的说法，使谈判得以圆满的结束。

打开谈判僵局的方法，除了上述“已经解决了这么多问题，让我们再继续努力吧”、“只剩下一小部分，放弃了多可惜”等说话的技巧外，尚有其他多种做法。不过，无论所使用的是哪一种方法，最重要的，是要设法借着已获一致协议的事项作为跳板，以达到最后的目的。

◎不要孤立地观察一个人

没有任何个人是真正孤立地存在的，每一个与你打交道的人都受其周围人的影响。即使所谓的领导者，不管是国家领袖，还是一家之主，都有一个组织在其背后影响着他们的决定。事实上，领导常常只是对已经作出的决定加以认可。

假设你需要上司批准才能得到你想要的东西。在试图说服他的过程中，你得出结论，认为他出奇的固执。你自言自语地咕哝："这家伙生性多疑，不近人情。跟他谈话就像对着一只坏损的电话话筒说话一样。他的遗传基因也许有什么毛病吧！"解决问题的办法或许不是轻易地服从上司的权威，也不是带他去做基因检查，或者与他继续大吵大嚷一通。答案也许在于找出对老板来说至关重要的人，并让这些人帮助你去影响老板。得到这些人的支持，就会产生奇迹——即使对最固执的上司亦如此。

每个人都属于一个组织，除了隐士和遁世者之外，对你如此，对你的上司也如此。如果我考察你的来龙去脉，就会看到你处在某个关系网中。组成关系网的这些人，无论是在单位还是在家里，你都愿与他们倾心交流。你有朋友、下属、同僚、合伙人和熟人，你对他们很在乎。从而你重视他们的看法，尊重他们的意见。他们都有各自的重要性，因为你以后可能需要他们。在这个网络构成的组织中。你也许是中心或核心，这个组织环绕着你，并影响着你的行为。

如果别人能支配你的组织，组织成员的行动也许会使你偏离你原来的方向。请想一想：你为什么会做某件事情？你为什么开某个特殊型号的车？是你独自一人作出这些决定，还是你的组织——不管其成员如何——影响了你的行为？如果你对自己开诚布公，你就会承认你的许多选择——至少部分——已经由别人作出了决定。你也许经常受这个法则的引导。

爱默生曾经说过："掌权的家伙控制着人类。"其实并不尽然。"几年前，我住在伊利诺伊州北一个名叫自由谷的社区。我有 6 公顷连绵起伏的土地、高大的橡树和一栋房子，家里的 10 间屋子是订做的。我一直觉得我住在那里确实很幸福——直到有一天早晨，我妻子向我抱怨我们并不那么惬意。她说：'这里的人们所持的观念不适合我们。不仅没有公共交通，更重要的是，孩子们在当地学校受不到合适的教育。'我摸了一会儿下巴，然后喝完咖啡：'我们决定搬家。'

“由于我要离家很长时间，找房子的任务落在了我妻子的肩上。当她亲自认识到7年间房地产的变化多么大的时候，找房的任务变得沉重了。看到突飞猛涨的价格是一回事，亲自面对它们是另外一回事。

“尽管感到沮丧失望，我妻子仍然进行了两个月无益的搜寻。在她备受磨难的时候，我一直保持乐观——因为不是我本人在找房子。在周末，为了提高她的士气，我就这么说：‘坚持下去，必有厚报！’以及‘及时处理，事半功倍！’

“不知怎的，这些格言警句无助于我们的关系。作为对我这种应付性态度的反应，她决定让我接受敏感性训练。为了使我对现实的市场状况有所觉察，一到周末，她就拉着我去看那些‘被抛弃’的房子。

“每个星期五我很晚才回家，瘫倒在床上，希望足足地睡上一觉。但这种想法不可能实现。天刚亮，我的妻子就把我叫醒，给我一杯咖啡，整个星期六带着我东跑西颠地看房子。星期天她又重复这一过程，直到我要启程去飞机场。我连着三周经历了这种可怕的安排。

“最后，由于两脚酸疼，胸藏怒火，我突然发作说：‘瞧！你说过要自我实现，自主行动，自己负责。你可是一位解放了的妇女啊！你为什么不自己做主买房子呢？买的时候，告诉我一声就得了。然后捎个信，我就会高高兴兴地和你以及孩子们一块搬进去！’我停顿一下，反省了一会儿，继续说：‘我实际上根本就不知道自己为什么要跑来看房子，因为我甚至不怎么在家里住。’

“在接下去的两周里，我知道她继续满世界看房子。那只令她烦恼，不关我的事——因为我不在家。就这样，一直到那要命的一周。

“在途中，我每天晚上都给家里打电话。要知道我不是一个善于在电话中聊天的人。多年来，我在电话交谈中总是墨守成规，我的开场白总是同样的：‘嗨，一切都好吗？’而我最喜欢得到的回答总是：‘很好！’然后我就问：‘有新情况吗？’我最希望的回答总是：‘没有！’

“现在我们接近那个不祥的一周了。我的零零碎碎、难以记录的对话在星期一、星期二和星期三的晚上重复着——每次都重复标准问题和优选的回答。星期四晚上，我打通电话，再一次问：‘嗨，一切都好吗？’

“我妻子回答：‘很好！’

“‘有新情况吗？’我继续问。（哪会有什么新情况呢？我昨天晚上刚刚和她谈过）

“她回答：‘我买了一幢房子。’

“‘什么？再说一遍。’

“‘哦，我买了一幢房子。’她小心翼翼地说。

“‘喂，’我插话说，‘我想你大概没有把话说清楚。你可能是想说你看到了一幢你喜欢的房子吧？’

“‘对呀，’她说，‘而且，我买下来了。’

“我的喉咙里好像堵了一块东西似的。‘不，不，你是说你看中了一幢房子，而且为这幢房子提出了订约条件吧。’

“‘是的，’她说，‘他们接受了它，而我们得到了它。’

“我努力抑制自己的强烈感情：‘你买了一幢房子？整个一幢房子？不可能吧！’

“‘哦，是的，’她干巴巴地说，‘这实际上很容易……你会爱上它的。它是一幢英国式建筑，有15间房，55年前建的，可俯视密执安湖。’

“一阵剧痛穿过肩膀并延伸到我的左臂。我结结巴巴、反反复复地说：‘你买……买……买了一幢房子。’

“‘是的！’我的妻子加强语气说道。

“最后，由于认识到我处于紧张状况，她降低声音说：‘我确实在合同上写明了购房一事最后要由你批准。’

“我左臂的疼痛莫名其妙地减退了。‘你是说，如果我不同意，你可以撤回它，是吗？’

“‘当然可以，’我的妻子向我保证，‘在星期六上午10点钟以前，我们还有时间。如果你不喜欢这个方案，我们可以撤回。当然，这就意味着我必须将找房工作从头至尾再来一遍。’

“我星期五晚上很晚到家，第二天又早早起来穿戴整齐。妻子和我要去看她觉得已经买下的那幢房子。然而，只有我——法律意义上的一家之主，才能亲临现场做最后决定。

“行驶途中，我问妻子：‘顺便问一句，有什么人知道你快要买这幢房子了吗？’

“‘有啊。’她说。

“‘谁会知道呢？这事刚发生！’

“‘很多人。’她回答。

“‘谁？’我追问。

“‘哦’，首先，我们所有的邻居和朋友都知道。实际上，今晚他们正准备为我们举办一次盛大的告别晚会。’

"我的嘴部肌肉发紧。'你是说首先？还有谁知道呢？'

"'哦，我们的家人知道。实际上，我妈妈已经为起居室定做了窗帘。我打电话把尺寸告诉她了。'

"'还有谁知道？'

"'哦，还有孩子们知道。他们告诉了他们的朋友和老师；他们挑选了他们想要的卧室。沙伦和史蒂文在商场给各自的新房间订了家具。'"

出现了什么情况？这个组织正在游离它的领导，就是怎么回事！这是组织行为学中的"之"字形转弯理论所涉及的问题。所有的组织成员肩并肩一起出发，每个人的步伐都紧密配合——每个人都在一起。突然，没有警告，这个队伍急转弯，然后改变了行进方向。

出现这种情况的时候，领导者会一筹莫展地待在原来的地方咕哝道："出了什么事？他们都要到哪里去？人在哪里？"这种现象被叫作孤独——一点预兆也没有。

我这个法律上的、挂名的领导现在孤独地待在"之"字形转折点，而他的队伍已经做之字形转弯离开了。你认为在这种处境下，这个法律意义上的、挂名的——现在是孤独的——领导者可以做什么呢？你说得很对。他只好认可已经作出的决定，以保留那个法律意义上的挂名的领导头衔。

一定不要孤立地观察某个人。要从前后关系中看你希望说服的那个人，将他看作是一个其他人围着转的中心点。去获得那些人的支持，你就能左右形势，移动焦点。

◎解开对立僵局

在条件交换的策略里，我们掌握某项对方重视的问题，以在这方面的让步来使对方交换另一项对我们重视问题的让步。当然，其前提在于并非一切条件对全部当事人而言都同等重要，但事实上，极少如此。

日常生活中有数不清的类似这样的例子，人们固执于某些其实对他们并不重要的主题。

让我们来看看下面的例子：

办公室大楼的房东宣布租金上涨。你虽然了解这次涨价是随着房地产的上升而涨，却依旧表示反对，原因是你对房东有一些别的不满，例如你不喜欢房东把你上次提出的抱怨交给秘书办，而不是亲自处理等等。

邻近一带的屋主协会主席为了一项附近的开发计划，而游说会员支持他们的计划。你对这件事情抱着可有可无的态度——事实上你甚至不知道反对或赞成的理由何在，但事实上却是因为你不喜欢主席的为人。

一个大量输出某产品的欧洲国家对于相同产品的输入对美国设下关税壁垒。美国的该产品制造业者通过公会团体要求予以撤销。其实如果真的撤销这些壁垒，恐怕该国就不会从美国进口任何该项产品，因为当地的产量供给既丰富又便宜，并且较适合其国民的喜好。然而，该国为了取悦国内厂商而维持这项不必要的贸易障碍，美国企业界人士虽然明知（或应该知道）此举无利可图，却依然主张撤销。

这种交换方式的关键在于掌握某些项目来换得对自己重要的项目的让步。譬如，假设上述最后一个例子的产品是酒。实际上，20 世纪 80 年代，酒类的确是美国和欧洲某些国家之间的争议对象。当欧洲酒类在美国市场占有率节节高升时，美国的国内酒业仅能维持极低的销售增长率。因此，美国制酒企业要求政府干预，阻止输入，除非欧洲国家降低对美国酒类的关税。

对欧洲国家而言，这件事情应该是非常轻而易举的，反正它们的国民也不会去购买这些酒类。况且，解除对美国酒类的武装，正好替它们赢得在与美国进行别的贸易关系交涉时的有利筹码。（“瞧！各位，我们已经给你们酒类的通行证，尽量卖给我们的人民吧！现在我们希望你们在别的方面，如：磷酸肥料、汽车、新鲜水果……给予帮助。”）

可惜欧洲国家不够聪明，未能如此处理，反而把一项原可在弹指之间解决的问题长年拖延，直到目前仍在继续纠结中。

如果你认识到每个人都是独特的，其需要是可以调和的，那么，你就能实现自己的愿望。同时，绝不要忘记，你的行动和行为方式决定了你的大多数需要是否能得到满足。使双方满意应该是你的目标，而达到这一目标的方法则是合作性的双赢谈判。

愉快沟通的细节

◎站在对方的立场看问题

记住，许多人做错事的时候，自己并不这么认为。所以，别去责怪这些人，只有傻子才会这么去做。要想办法去了解这些人。当然，这也只有聪明、有耐心而且具有超俗思想的人才会这么去做。

人会有独特的想法或做法，总有其特别的理由。把这个理由找出来，便可以了解他为什么要这么做。甚至，这理由还可以帮你了解此人的性格。

要真诚地站在此人的立场看事情。

告诉自己：假如我是他，我会怎么想？我会怎么做？这么一来，不但可以节省时间，也会减少许多不快。因为，“假如你对事情的原因感兴趣，通常对其所具有的影响也一样感兴趣”。更何况，这还可以大大增进你对人际关系的了解。

肯尼斯·谷迪在其著作《点石成金》一书中说道：“且预留几分钟，先度量一下自己对本身事务感兴趣的情形，还有对一般事务关注的程度——两者相比较之后，你或许会了解，举世众人也大概都是如此。”

我们再由林肯和罗斯福等人的处世方法当中，学习处理人际关系的基本原则。那就是：站在别人的观点去看事情。

住在纽约的山姆·道格拉斯夫妇，四年前刚迁入新居的时候，由于道格拉斯太太花了太多时间整理草地——拔草、施肥、每星期割两次草——但是，整片草地看起来也只不过和他们搬进去的时候差不多。于是，道格拉斯先生便常劝太太不用那么费力气，道格拉斯太太为此颇感沮丧。而每次道格拉斯先生这么说的时候，当晚家中的宁静气氛便被破坏了。

道格拉斯先生参加了训练班课程之后，深觉多年来的做法不对。他从没想过，或许他的太太本就喜欢园艺工作，她需要的是赞赏而不是指责。

一天傍晚，用过晚餐之后，道格拉斯太太又准备到庭院除草，并且问道格拉斯先生愿不愿意陪她一道去。道格拉斯先生本不太感兴趣，但一想到那是太太的嗜好，最好是不要拒绝，便急忙答应愿意帮忙。道格拉斯太太十分高兴，那天傍晚，他们除了用心除草之外，还谈得十分愉快。

自此以后，道格拉斯先生便常常帮太太整理庭院，也常常称赞太太把庭院整理得多么好。结果：他们的家庭生活大为改进。由于道格拉斯先生能站在太太的立场看事情——虽然只是除草这一类的小事——事情便能获得圆满解决。

吉拉德·奈伦保在其著作《与人交往》一书中评论道："在你同别人谈话的时候，假如能表现出十分重视对方的想法和感受，便可赢得对方的合作。所以，你应该先表明自己的目的或方向，然后倾听对方发言，再由对方的意见决定该如何应答。总之，要敞开心灵接受对方的观点，如此，对方也相对的会比较愿意接受你的看法。"

多年来，我常到离家不远的公园中散步、骑马，以此作为消遣。我很喜欢橡树，所以每当我看见一些小树及灌木被人为地烧掉时，就非常痛心，这些火不是由粗心的吸烟者所致，它们差不多都是由到园中野炊的孩子们摧残所致。有时这些火蔓延得很凶，以致必须叫来消防队员才能扑灭。

公园边上有一块布告牌，上面写道：凡引火者应受罚款及拘禁。但这块布告牌竖在偏僻的地方，儿童很少看见它。有一位骑马的警察在照看这一公园，但他对自己的职务不大认真，火仍然是经常蔓延。有一次，我跑到一个警察那边，告诉他一场火正急速地在园中蔓延着，要他通知消防队。他却冷漠地回答说，那不是他的事，因为不在他的管辖区中！我急了，所以从那以后，当我骑马的时候，我担负起保护公共绿地的义务。最初，我没有试着从儿童的角度来看待这件事。当我看见树下起火时就非常不快，急于想作出正当的行为来阻止他们。我上前警告他们，用威严的声调命令他们将火扑灭。而且，如果他们拒绝，我就恫吓要将他们交给警察。我只在发泄我的情感，而没有考虑孩子们的观点。

结果呢？那些儿童遵从了——怀着一种反感的情绪遵从了。在我骑过山后，他们又重新生火，并恨不得烧尽公园。

多年以后，我增加了一些有关人际关系学的知识与手段，于是我不再发布命令了，甚至威吓他们，而是向他们说道："孩子们，这样很惬意，是吗？你们在做什么晚餐？……当我是一个孩童时，我也喜欢生火——我现在也很喜欢。但你们知道在公园中生火是极危险的，我知道你们不是故意的，但别的孩子们不会是这样小心，他们过来见你们生了火，所以他们也会学着生火，回家的时候也不扑灭，以致在干叶中蔓延烧毁了树木。如果我们再不小心，这里就会没有树林。因为生火，你们可能被拘捕入狱。我不干涉你们的快乐，我喜欢看到你们感到很快乐。但请你们即刻将所有的树叶扫得离火远些，在你们离开以前，你们要小心用土盖起来，下次你们取乐时，请你们在山丘那边的沙滩中生火，好吗？那里不会有危险。多谢了，孩子们，祝你们快乐。”

这种说法产生的效果与之前有很大区别！它使孩子们产生了一种同你合作的欲望，没有怨恨，没有反感。他们没有被强制服从命令。他们保全了面子。他们觉得好，我也感觉很好，因为我处理这件事情时，考虑了他们的观点。

在澳州的伊丽莎白·诺瓦克，她的汽车分期付款已迟了 6 个星期。她在报告中说道：“某个礼拜五，我接到一通十分不客气的电话，就是处理我分期付款账号的人打来的。他告诉我，假如我不能在星期一早上付清 122 元的欠款，公司就要进一步采取行动。我实在没有办法在周末筹到那笔钱，所以，星期一早上电话铃响的时候，我的心里早有准备。我不准备向他抱怨或诉苦，相反的，我试着站在他的角度看事情。首先，我真诚地向他道歉，因为我时常不能如期付款，想必给他增添许多麻烦。听我这么一说，他的语气马上改变了。他表示，我还不是最麻烦的顾客。有好几位顾客才真使他头痛，他举了好几个例子，说明有些顾客如何无礼，又如何会撒谎、耍赖等等。我一直没有开口，只静听他把所有不愉快的事情倾泻出来。最后，不等我提出意见，他就先表示我可以不用马上付清欠款，只要在月底以前先缴 20 元，然后等方便的时候再慢慢付清全额。”

所以，明天，在你开口要求别人熄火、购物或认捐任何款项之前，请先闭上眼睛，试着从别人的角度来思考事情。问问自己：“他们为什么要这么做？”不错，这可能要花点时间。但却可因此避免制造敌人，减少摩擦，并可达到最好的效果。

在哈佛商业学校的狄恩·唐璜说道：“我宁可在面谈之前，在办公室踱上两个钟头，也不愿意毫无准备地走进办公室。我一定要清楚自己想要讲什么，更重要的，是根据我对他们的了解——他们大概会说些什么。”

这点十分重要，所以我要把这段话再重复一遍：

“我宁可在面谈之前，在办公室前踱上两个钟头，也不愿毫无准备地走进办公室。我一定要清楚自己想要讲什么，更重要的，是根据我对他们的了解——他们大概会说些什么。”

假如，读完本书之后，你只得到了一样东西——能够从旁人的角度去思考、去看事情，那么，虽然这只是你由本书所得到的唯一东西，却很可能是你一生事业的踏脚石。

◎保持把球传递下去

交谈就像传接球，永远不是单向的传递。如果其中有人没有接球，就会出现一阵难堪的沉默，直到有人再次把球捡起来，继续传递，一切才能恢复正常。

一些青年学生常常向我诉说：他们在约会的时候老是不能保证交谈生动有趣。其实，这本来是一个非常易于掌握的技巧问题：问一些需要回答的话，这样谈话就能持续不断。

但是，如果你只问："天气挺好的，是吧？"对方用一句话就可以回答了："是啊，天气真不错！"有一回，马克·吐温一天之中听了12遍完全相同的问题，"天气真好，是不是，马克·吐温先生？"最后，他只好回答说："是啊，我已经听别人把这一点夸到家了。"

"天气真好，是不是？"这也许是一个会产生僵局的提问，但是回答却不一定都会导致僵局。不管怎么说，大家还是关心天气的，否则电视台的新闻节目也不会花上好几分钟来播放预告，而且还要用图表来说明。如果感觉到很难让你的谈话对象开口畅谈，不妨用下列问句来引导：

"为什么……"

"你认为怎样才能……"

"按你的想法，应该是……"

"价钱怎么正好……"

"你如何解释？"

"你能不能举个例子？"

"如何"、"什么"、"为什么"是提问的三件法宝。

当然，如果回答还是个僵局，那就和提问是僵局一样，交谈仍然无法进一步展开。你必须尽一切努力把球保持在传递中，而不使它停在某一点。

有时，你的谈话对象一开始不同你呼应，那也许是他还有些拘束，也许是他太冷漠，或者太迟钝，或者根本没有接触到他感兴趣的话题。

在参加聚会之前，如果能够从男主人、女主人那里打听到一些邻座客人的情况，一定会对谈话有所帮助。不过，即使如此，也未必能确保对方一定开口，打破矜持的气氛。也许在用餐时，你不得不和一位骆驼般高傲的律师同座，而你想方设法使他开口却没有办到。那也不要灰心，接着再试试。你提到非法越境进入美国的墨西哥人问题，他可能无动于衷。但你谈起潜水，也许他就很有兴趣，或许，你还可以提提鲸鱼的生活习性呢！

耐尔·柯华爵士曾经这么说过："我对于世界的重要性是微乎其微的，但从另一方面讲，我对于我自己却是非常重要的，我必须和自己一起工作，一起娱乐，一起分担忧愁和快乐。"

这完全正确，人类总是以自我为中心的。

如果你对这个最基本的人类本性已不再感到震惊，你就会懂得如何调节自己适应谈话了。坦率地说，和对方谈他们感兴趣的话题，实际上对你自己也是有益的，尽管他们所爱好的和你所爱好的可能不尽相同。你可以先满足他们的自尊心，然后再满足你自己的。

这是一种自嘲吗？完全不是。

如果你能够谦恭诚恳地对待你的亲人和朋友，想象着他们对于你有多么重要，你就会发现他们在你生活中的意义的确不容忽视，同时，你还会发现你自己对于他们也变得越来越重要了。我们大家都期望能得到别人的赞扬，而且还会因此更加追求上进。总有一天，你会欣喜地认识到这样一个事实：任何一个看上去有缺陷、不聪明或反复无常的人身上都存在一些美好的东西。

心理分析专家认为，精神病患者一旦开始对别人及其他自我之外的事物产生兴趣，就说明他已进入健康阶段了。

如果说关注自我到了一定程度就是疯狂的表现，那么可以说没有一个人是绝对正常的。然而，我们愈是同他人交往——给予而不是索取，那我们就会愈接近正常了。除此之外，你还会有一个收益：你越关心别人，别人也就越关心你；你越尊重别人，你也能更多地受到别人的尊重。

◎让他"金口常开"

多数人使别人同意他们的观点时，总是费尽口舌，其实，这种人得不偿失，因为话说多了，既费精力，又可能稍有不慎，伤害到别人；另外，他们无法从他人身上吸取更多的东西，当然问题不在于别人吝啬，而是他不给别人机会。让对方尽情地说话！他对自己的事业和自己的问题了解得比你多，所以向他提出问题吧，让他把一切都告诉你。

如果你不同意他的话，你也许很想打断他。不要那样做，那样做很危险。当他有许多话急着要说的时候，他是不会理你的。因此，你要耐心地听着，抱着一种开阔的心胸，诚恳地鼓励他充分地说出自己的看法。

这种方式在商界会有所收获吗？我们来看看某个人被迫去尝试的例子：

几年前，美国的一家汽车制造公司正在洽购一年所需要的布匹。三家厂商已做好了样品，并都经那家汽车公司的高级职员检验过。汽车公司发出通知说，在一个特定的日子，三家厂商的代表都有机会对合同提出最终的申请。

其中一家厂商的代表抵达的时候正患着严重的咽炎。“轮到我去会见那些高级职员的时候，”这位先生在训练班上叙述事情的经过时说，“我嗓子已经哑了。几乎一点声音也发不出来。我站起来，努力要说话，但只能发出吱吱声。

“汽车公司的几位高级职员都围坐在一张桌边，这时，我只好在一张纸上写着：‘诸位，我的嗓子哑了，说不出话来。’

“‘我来替你说吧！’汽车公司的董事长说。于是，他展示我的样品，代替我称赞它们的优点。一场热烈的讨论展开了。讨论的是我那些样本的优点。而那位董事长，因为是代表我说话，在讨论的时候就站在我的一边。我听着他们的讨论，只是微笑、点头、做几个手势而已。

“这次特殊会议的结果，使我得到了合同，50万码的坐垫布匹，总值160万美元——我所得到的一笔最大的订单。

“事后我想，如果自己不是哑了嗓子，就不一定能这么顺利地得到这笔订单。这件事使我很偶然地发现，有时候让对方来讲话，可能得到预料不到的收获。”

法国哲学家罗西法考说：“如果你要树敌，就表现得胜过你的朋友；但如果你要得到朋友，那就让你的朋友胜过你。”事实上，即使是朋友，也宁愿对我们谈论他们自己的成就而不愿听我们吹嘘自己的成就。

如果有几个朋友聚在一起谈话，当中只有一个人口若悬河地滔滔长谈，其他的人只是呆呆地听着，这就不成其为谈话。每一个人都有着自己的发表欲。小学生见到先生提出一个问题，大家争先恐后地举起手来，希望教师叫他回答。即使他对于这个问题还不曾彻底的了解，只是一知半解，他还是要举起手来。成人们听着别人在讲述某一事件，虽然他们并不像小学生那样争先恐后地举起手来，然而他的喉头老是痒痒的，他恨不得对方赶紧讲完了好让他来发表一下自己的观点。

如果阻碍他人的发表欲，就容易引起他人的反感，从而不会得到他的同情。所以，不但应该让别人有发表意见的机会，还得设法引出让他谈话的时机，让他感觉到你是一位使人欢喜的朋友，这对你是只有好处而没有害处的。如果你愿意与人疏远，暗地里遭受着别人的白眼，你只需在和人说话的时候，专门讲述你自己的话，不要听他人所讲，而且，也不要给别人说话的机会。现实中这种人多得很，这样你将不会受人欢迎，大家以后见到你就会避开了。

著名的记者麦克逊说："不善于倾听，这是不受人欢迎的原因之一。一般的人，他们只注意自己应该怎样说，绝不管人家。须知世界上多半是欢迎专门听人说话的人，很少欢迎爱说自己话的人。"这几句话是确确实实的。

假如，一个商店的售货员拼命地称赞他的货物怎样好，而不给顾客说一句话的机会，未必就能做成这位顾客的生意。因为顾客认为你天花乱坠的说话，不过是一种生意经，绝不会轻易相信而就购买的。反过来，如果给顾客说话的机会，使他对货物有了批评的机会，你成为和他对此货物互相讨论的人员，你的生意就容易做了。因为上门的顾客，他早有选择和求疵的心理，他尽管批评货物不好，但选定了自然会掏出钱来购买的。你一味地只是夸耀自己的货物，或是对顾客的批评加以争辩，这无异于说顾客没有眼光，不识好货，这不是对顾客一个极大的侮辱吗？他受了极大的侮辱，还会来买你的货物吗？所以，与其自己唠唠叨叨地多说废话，还不如爽爽快快，让人家去说话，反而会得到意想不到的效果。

你如果能够给他人说话的机会，你就给人留下了一个好印象，以后，他们和你谈话绝不会见你讨厌而避开了。

查尔斯·古比里就在他的面试中运用了此法。在去面谈以前，他花了许多时间去华尔街，尽可能地打听有关那个公司老板的情况。在与公司老板面谈时，他说："如果能替一家你们这样的公司做事，我将感到十分骄傲。我知道你们在28年前刚成立的时候，除了一个小办公室、一位速记员以外，什么也没有，对不对？"

几乎每一个功成名就的人，都喜欢回忆自己多年奋斗的情形，当然，这位老板也不例外。他花了很长时间，谈论自己如何以450美元和一个新颖的念头开始创业。他讲述自己如何在别人泼冷水和冷嘲热讽之下奋斗着，连假日都不休息，一天工作16个小时。他克服了无数的不利条件，而目前华尔街生意做得最好的那几个人都向他索取资料和请教。他为自己的过去而自豪。他有权自豪，因此，在讲述过去时十分得意。最后，他只简短地询问了一下古比里的经历，就请一位副董事长进来，说："我想这是我们所要找的人。"

古比里先生花了很大工夫去了解他未来老板的成就，表示出对对方感兴趣，并鼓励对方多说话，从而给人留下了一个很好的印象。

想要赢得朋友，这也是一个很好的方法。

纽约的亨丽耶塔便是例子。她是一家经纪公司的雇员。上班前几个月，她在公司里交不到一个朋友。原因何在？因为每天她总要向同事吹嘘自己赢得多少生意，开了多少户头，还有种种其他的成就，等等。

“我深以自己的工作绩效为傲，”亨丽耶塔说道，“但我的同事并没有兴趣分享我的成就，反而显得极不高兴。我也希望在公司里受到欢迎，与大家成为好朋友。来训练班上过几堂课之后，我发现了自己的问题所在，便改变了待人的方式，尽量少谈自己，而多听别人讲话。别人也有许多事情想吹嘘一番。这比只听我个人吹嘘有意思多了。现在，只要一有聊天的机会，我都要求他们把自己的欢乐拿出来分享，而我只在他们提出要求的时候，才谈一点自己的成就。这样一来，大家便开始与我接近，因而很快我就交了许多朋友。”

◎适当地表现出沉默

不指责对方的失败和错误，而是采取沉默的态度，等于是给对方提供了扪心自问、冷静反思的机会。

一位高中棒球队的教练曾经讲过这样一个故事：有一次，一个选手未经教练许可，擅自离队去看电影。后来，事情被发现后，他想这次一定会受到教练的严厉斥责，结果出乎他的意料，教练一句话也没说。从此以后，那个选手再也没有逃脱过训练。当教练在选手们的聚会上见到了已经步入社会的他时，他深切地说：“那时，虽然教练没有批评我，但那比批评还难受。”

像这样不指责对方的失败和错误而是采取沉默的态度，是一种极具效果的说服术。这样就等于是给对方提供了扪心自问、冷静反思的机会。

一家著名的电机制造厂召开管理员会议，会议的主题是“关于人才培养的问题”。会议一开始，瑞恩斯董事就用他那特有的声音提出自己的意见：

“我们公司根本没有发挥人才培训的作用，整个培训体系形同虚设，虽然现在有新进职员的职前训练，但之后的在职进修却成效不显。职员们只能靠自己的摸索来熟悉自己的工作，很难与当今经济发展的速度衔接在一起，因而造成公司职员素质水平普遍低下、效益不高。所以我建议，应该成立一个让职员进修的训练机构，不知大家看法如何？”

“你所说的问题的确存在，但说到要成立一个专门负责培训职员的机构，我们不是已经有职员训练组织了吗？据我了解，它也发挥了一定的作用，我认为这一点可以不用担心……”

“诚如总经理所说，我们公司已经有职员训练组织，但它是否发挥实际作用了呢？实际上，职员根本无法从中得到任何指导，只能跟着一些老职员学习那些已经过时的东西，这怎么能够将职员的业务水平迅速提升呢？而且我观察到许多职员往往越做越没有信心、越做越没干劲。所以还是坚持……”

“瑞恩斯，你一定要和我唱反调吗？好，我们暂时不谈这个话题，会议结束后，我们再做一番调查。”

就这样，一个月后公司主管们重新召开关于人才培训的会议。这次总经理首先发言：

“首先，我要向瑞恩斯道歉，其次我错怪了他。他的提案中所陈述的问题确实存在。这个月我对公司的职员培训进行了抽样调查，结果发现它竟然未能发挥应有的功效。因此，今天召集大家开会是想讨论一下应该如何改变目前人才培养的方法。请大家尽量发表意见吧！”

总经理的话一出口，大家就开始七嘴八舌地提出建议，但令人奇怪的是，这一次瑞恩斯董事却始终一语不发地坐在原位，安静地聆听着大家的意见，直到最后他都没说一句话。

会议结束以后，总经理把瑞恩斯董事叫进社长办公室晤谈，“今天你怎么啦？为什么一句话也不说？这个建议不是你上次开会时提出来的吗？”

“没错，是我先提出来的。不过上次开会我把该说的都说了，其实那无非是想引起总经理您对这个问题的重视罢了，现在目的已经达到，我又何必再说一次呢？还不如多听听大家的建议。”

“是吗？不错，在此之前我反对过你的提议，你却连一句辩解也没有。今天大家提出的各种建议都显得很空洞，没有实际的意义，反倒是你的沉默让我感到这个问题带来的压力。这样吧，这件事就交给你去办好了！今天起由你全权负责公司的人才培训工作。请好好努力吧！”

“是，谢谢您对我的信任，我一定会努力把这件事做好！”

◎从一致的话题上擦出火花

不论对方持有什么样的先入之见或偏见，也不论他的主观认识与你的观点有多大的差异，大多数情况下两者之间总会有一些相同之处。

跟别人交谈的时候，不要以讨论不同意见作为开始，要以强调而且不断强调双方所同意的事情作为开始。不断强调你们都是为相同的目标而努力，唯一的差异只在于方法而非目的。

在建立良好关系的过程中，实现双方兴趣上的一致是很重要的。只要双方喜欢同样的事情，彼此的感情就容易融洽，这是合乎逻辑的，推而广之，对其他许多事情，彼此也就愿意合作了，说服也不例外。

每一个人都有某个方面的兴趣。兴趣可分为两种：一种是对有关系的事物的兴趣；一种是对无关系的事物的兴趣。所谓有关系的事物，是指与你和别人共同发生兴趣的事物。利用这种兴趣，常常可以在彼此之间建立良好的关系。

一般人都有许多不同的兴趣，有的特别喜欢，有的会比较淡漠。如果可能的话，你应尽量找出他们最感兴趣的事，然后再从这方面去接近他。倘若没有机会，或者这种机会不容易得到，那么也该尽可能地去选择他最大的兴趣供你利用，主要的目的是要使他对你发生兴趣，从而接受你的说服。

欲与别人的特殊兴趣建立一种特殊关系，单单说一句很感兴趣的话是不够的，在对方的询问下，你不能掩饰你真正的兴趣，免得弄巧成拙。必须把你的真实的兴趣表现出来。

问题在于你怎么能使他人了解你对某件事情的确和他有同样的兴趣。因此，你必须对这个问题具有相当的知识，足以证明你是有过相当研究的。越是值得接近的人，你就越应该努力对他所感兴趣的事情做进一步的了解，使你能够应付他，使他乐意提供你所想知道的事情。

就像幼儿园的教师，有许多办法去哄小朋友，把一群哭哭闹闹的小孩训练得高高兴兴。这当然有她们成功的门道，其原因是由于她们能放弃自己的个性去迎合小朋友的兴趣和思想。

罗伯特的女儿几年前就已经结婚了，但是当年订婚时，却是利用了“仅有的一点共同之处”进行说服后，才成就了这桩美满的姻缘。罗伯特是以非常开明的态度来对待女儿的终身大事的，但是其妻子却一直坚持很严格的条件，她心目中的女婿在学历、家庭条件、年龄等各方面都应当是相当好的青年。

但是，姑娘却不在乎这些，这与女主人的愿望完全相反，女主人当然反对，作为姑娘的父亲罗伯特当时也面带难色。

不久，提亲者前来做夫妇俩的说服工作。但是夫妇二人表示感谢后，还是婉言拒绝了。他们说“这件事太麻烦您了，不过考虑到小女将来的幸福，我们还是不同意这桩亲事”。

于是，介绍人说：“在考虑姑娘的幸福这一点上我们是相同的”，并且利用这一共同点进行了劝说。他说：“如果你们站在姑娘的立场上考虑她的幸福的话，就请你们重新考虑这桩亲事吧。”

夫妇俩经过认真考虑之后，认为很有道理。他们认为，如果一定坚持自己的标准，追求“理想中的女婿”，那么女儿恐怕要终身独守空闺了。因此，夫妇二人改变了态度，收回了自己的意见，终于答应了。后来罗伯特苦笑着说：“那位介绍人真是一语惊醒了梦中人。”

当然，这两个年轻人能终成眷属，还有很多因素，但是，如果不是介绍人那句“姑娘的幸福”这一“相同之处”，这桩亲事恐怕就不可能美满。

像这样，找到自己与持先入之见者的共同之处并加以扩大、利用，是说服对方时很有效的办法之一。相反，表示出和对方的“不同之处”，在说服对方时也具有良好的效果。因为这两种方法都能使对方有机会客观认识自己的先入之见。

当我们的意见、感受、观点遇到不同时，可以用诚恳的语气说：“在这里我们有不同，让我们一起来想出我们两人都满意的方法”，或“让我们一起想出最有利的解决策略”。

语词上，强调的是“我们”，而不是“你”“我”的对立。不但没有任何贬抑的用语，反而只有诚意的邀请，邀请对方一起来解决问题。

重点是要找出“我们两人都愿意”的可能性与可行性，把协调视为“寻找交集点”“扩展思维”的过程，而不是“制造敌人”的过程。

甚至，要认清双方的不同不是敌对，只是不同而已。因此，切勿心存“打倒”对方的偏激想法，只求赢得个人主观的世界。

不只如此，协调时应积极地视分歧为拓展人际影响范围的关键时刻，也就是培育个人恢弘气度，建立人际关系的时刻。

在有分歧的时候，说服的过程便成为了协调的过程。对于一个成熟的说服者而言，分歧就是人际关系需要“重组”的信号，甚至是调整关系、培养关系的契机，也是说服的最好契机。

在分歧中，必须先明确对方真正诉求的主题。到底是单纯寻求问题解决的可能性；或只是抒发个人的不满、牢骚、愤怒；或是纯为鸡毛蒜皮的小事无理取闹；又或是一味玩其个人游戏，借此以引起注意；或是对方的自我困惑与矛盾。

分歧，就是了解的时候；是探索对方需求的时候，而不是自我表达的时候；是帮助对方理清困扰及指引方向的时候。

要想成为一位成功的说服者就切勿落入对方情绪的漩涡里，跟着团团转。

“执拗的人自以为拥有看法，其实是看法拥有了他！”这句话很值得深思！

遇有观点差异或困扰时，便要强调人性化的互动，而不是权威的屈服或强悍的抗拒。因为，赢得一时的争论，却换得每日上班见面时的痛苦，又有何益！任何协商，并非为所欲为，一吐为快，必须依规则来进行。

人性化的互动，至少包括五个内容：

第一，表达诚意。千万不要玩游戏或要手段。有的人只要不合乎其意，就颠倒是非一味抹黑；或赌气冷战；或制造小圈圈，丧失应有的诚恳，使得办公室成为战场。

要拿出诚意来与人沟通，这绝不是流于一种口号——说说而已。两个都赢是强调先把个人解决问题的诚意，让对方了解，要确实使对方感受到你的诚意。

第二，保持礼貌。说服时，仍需保持应有的礼貌风范，或体制中应遵循的规则，而不是自以为是地兴师问罪，咄咄逼人，藐视或刻意挖苦他人。

“进退得宜”不只解除他人的防卫，而且给予对方思考的空间，如此反而强化其说服力！

第三，维护尊严。有尊严，才能真正的沟通。没有尊严的维护，就谈不上沟通，而尊严必须包括双方的尊严。

每次在协调时，上司总是口无遮拦、冷嘲热讽，或以高傲的语气贬损他人，借以突显其观点，结果只能酝酿更大的纷争或愤恨。

在协调过程中，每个人的尊严都必须被维护，不得有人身攻击。不论是冷嘲热讽的字眼，轻蔑鄙视的挑衅式肢体语言，还是咆哮怒吼的争吵方式，都必须被禁止。

第四，平等尊重。当别人尚未说完，上司不仅频频打断话题，抢先发言，更以其不屑的语气，用食指数落别人，这种“威权”的作风，令下属们深感不是滋味。

在说服过程中双方要轮流发言，并且不可有强势与弱势之分，或威迫、恫吓等不平等待遇。若有违反此规则，便可运用暂停法，终止协调的进行。

第五，营造气氛。有分歧，就是需要“放松”的时候。观点不同时绝不能带有肃杀之气，应该努力营造愉快的气氛，这不只是一种人格成熟的表现，也是一种高度领导能力的象征。

说服不是在于解决问题而已，在协调过程中，还需懂得运用幽默来营造气氛。

一个过分严肃的说服，只会造成下次分歧时更大的敌意表现。气氛的营造，非常重视以柔性化的自我，表达出诚挚、礼貌的态度。在语气及肢体上，充分地传送善意给对方，如此，便使得双方减少不必要的防卫，能在轻松愉快的气氛下，创造出协调的高度艺术。

在说服艺术中，你和对方辩难，开头应讲一些你和对方都同意的事，然后再提出对方所乐于得到解答的一些合适的问题，那不是比较有益得多吗？你提出了问题之后，再去和对方共同地探讨着答案，就在这探讨之中，你把你观察得十分清楚的事实提示出来，那对方便会不自觉地接受了你的结论。他会对你十分的坚信，因为他觉得这些重要的见解是他自己所发现的。

和对方气势汹汹地辩论，这是一种近乎不正当的行为，这只能让对方更加强硬，不易使你获取胜利。威尔逊总统说：“凡是交涉的问题，如果你紧握着两个拳头而来，我会把拳头握得比你更紧一些；如果你很和善地走来说：‘让我们坐下来商议一下吧，要是我们的意见不同，我们可以研究一下不同的原因是什么，主要的矛盾在那里？’这样，我们商谈下来，大家的意见是不会相差得很远的，只要我们彼此有耐心，肯诚意地去接近，就是相差一点，也不难完全解决。”“最佳的辩论好像是解说。”真的，我们与其涨红了脸去和他人辩论，为什么不用解说的态度、商讨的方法去解决呢？所以，我们即使和人家辩论了，你还是要平心静气，去找出共同点来商讨，切不可紧握了拳头，这是要注意的。

任何冲突的意见，不论双方的意见是怎样的严重和远离，我们总可以找出一些共同之点来讨论的。甚至银行家的领袖摩根，他在美国银行学会演讲或是辩论，也可以寻出一些双方相同的信条以及听众共有的相同的希望。这句话你不相信吗？你不妨看看下面的例子：

“贫穷向来是社会上最最残酷的问题之一。我们的人民常常感觉到我们的责任是不论在什么地方，什么时候，只要可能的话，便要去解救穷人们的痛苦。我们是一个慷慨的国家，在历史上，我们并不能找出别的民族也和我们一样慷慨而不自私地捐钱去扶助那些不幸的人们。现在，让我们保持和过去一样的精神上的慷慨和不自私来一同研究一下我们工业界的生活情况，并看看我们是否可以找出一些公平正当且为各方都接受的办法，去防止并减轻那些穷困的罪恶。”

上面这一大段话，有谁能够加以反对呢？就是银行家领袖的摩根，他也是点头同意的。我们在他人点头同意之后，再慢慢地把他们引向我们的主张，我们自己并不脸红势盛，然而我们获得了胜利。这一个辩论的机制，我们是应该采取的。

其实，人与人之间，由于观点不同，信仰各异，性格有别等等原因，存在分歧，应该是完全正常的事情。遇到这种情况，必须透过一方或双方的让步，取得大的原则、方向上基本一致（即求同），在枝节问题上不纠缠（即存异），达到互谅互惠的目的。

究竟该如何做到求同存异呢？一是要设法找出双方的共同点。即使是很小的共同点，也可以使双方的距离越拉越近，共同点越多，双方的感情就会越来越亲密，也会很容易说服对方。即使双方固执己见，似乎毫无什么共同点可言，你还是可以强调双方都有解决问题的热忱等来寻求共同的途径。由于你一再强调共同点，对方自然而然就会慢慢地开启他的心扉。二是要设法使双方的心理“共同”。人与人之间或多或少存有“共同”的心理，当双方利害关系发生冲突时，这种“共同”心理就被掩盖了；当双方利害关系趋于一致时，这种“共同”心理就会明显地呈现出来。要使双方的心理“共同”显现出来，便要设法营造这样的氛围。例如，有两家厂商为了生意上的竞争，互相杀价，此时突然听到消费者在一旁幸灾乐祸地戏谑，于是这两家厂商顿时停止了杀价竞争，而共同谋求新的解决办法。三是要提出对方容易接受的大前提，而不要纠缠一些细节问题。因为商场交易，双方所关注的问题不尽相同，有的是从大前提着想，有的则是在细节上推敲。我们首先要提出大前提，这是双方能否达成一致的焦点，非常重要。例如，你可以说：“我们的这笔生意可不可能做?”对方如说“可能做”，“可能做”就是大前提。至于怎么做的一些细节问题，你可以说：“细节问题我们稍后再谈。”如果大前提双方都接纳了，此生意就成功一大半了。如果首先就在细节问题上纠缠，则很容易引起争论，更别提大前提了。

当然，有的人十分注意细节问题，一定要坚持先谈细节，这也是对方发出的一种“共同”信号，你则要灵活一点，将重点转移到细节上，然后再逐步回到大前提上来，问题就更容易解决了。

◎建议而非命令

用“建议”而不是“命令”，不但能保护对方的自尊，而且能使他乐于改正错误，并与你合作。

我最近有幸和美国最有名的传记作家塔贝尔小姐坐下来吃饭。我说我目前正在写作一本有关人性的书，接着我们就围绕“如何为人处世”展开讨论。她显然对这个题目也深有体会，她说她当初为了写欧文的传记，专门拜访了与欧文共事了三年的朋友。他们说，欧文在三年内从来没有说过要做什么、不要做什么的话，他都是以尊重的口吻问别人，比如“你可以考虑一下这件事吗?”或者是“你觉得这样做合适吗?”他在让别人替他做速记后都要问，“你觉得怎么样?”如果哪里写得不是很好，他会说:“假如我们把这一句改成这个样子，你觉得会不会好一点?”他总是让别人尝试着自己去动手。他不会命令别人该怎么样，他希望大家都自己动手，有错误了就从错误中学习。这样的方法反而能让别人积极地处理问题，因为这是一种尊重的体现，当人们的自尊心得到认可的时候，他希望与你合作，而不是反抗你。

反之，即使别人确实有错误，而你声色俱厉地指责别人，那产生抵触甚至愤怒的情绪是非常正常的事，他甚至能够生气很长时间。而如果这样的粗鲁行为和言语来自一个有一定权威的人，那后果也很不好。桑塔尔是威名市的一位职校老师，他班上的一个学生因为没有按照规章制度停车，给学校的一个入口带来麻烦。学校的一位老师为此怒气冲冲地来到班上狂吼:“是谁把车停在过道上?”车主举手应答。那位老师又转向他大吼:“你赶快把它开走，否则我就用铁链把它捆起来拖走。”

那位学生是犯错了，他把车放在那里，妨碍了交通。但是结果呢，不但那位车主没有理会他，其他人也把车停在那里，以增加他的不便。事情原本不用这样。假如他换一种方式来说话，假如他平和友善地和班里的人说:“请问堵住门口的那辆车是谁的，你好，如果你能把它移开，别的车就方便通过了，麻烦您帮个忙，谢谢啦!”

那位同学听到这样的话肯定乐意把车开走，心里还会有些歉疚，其他人下次也会小心。

一个疑问句就能有这样的作用，因为这包含了尊重的前提。在企业里少一些命令，多一些提问，往往会激发员工的积极性和创造力。麦克是约翰内斯堡一家小工厂的老板。一次他有机会获得一张大订单，但如果签了，货期不一定能跟上，除非工人们加班加点地工作。他没有发出强制性的命令，而是把大家召集到一起，先谈了这个大订单对整个公司的意义，然后用诚恳地语气问大家："我们是不是能想出办法来完成这张订单，有没有好的办法来处理时间和工作量的分配问题，大家想想办法，如果实在不行我们就不接这个订单了。"

工人们听到这样的话马上要求接下订单，然后一起讨论办法。他们的态度只有一个，就是"我一定能办得到"。

最后在所有人共同的努力下，他们接下了单子，保证了货期。而这一切，是强制所不能带来的。

掌控交谈的最佳倾听术

◎先做个静听的人

有一次，我在一个朋友的桥牌晚会上，与一位女士聊起天来。这位女士知道我刚从欧洲回来，于是就对我说："啊，卡耐基先生，你去欧洲演讲，一定到过许多有趣的地方，欧洲有很多风景优美的地方，你讲给我听听好吗？要知道，我小时候就一直梦想着欧洲旅行，可是到现在我都不能如愿。"

我一听这位女士的开场白，就知道她是一位健谈的人。我知道，让一位健谈的人长久地听别人的长篇大论，心中一定憋着一口气，而且很快就对你的讲话失去兴趣。刚进晚会时我就听朋友介绍过她，知道她刚从南美的阿根廷回来。阿根廷的大草原景色秀丽，到那个国家去旅游的人都要去看看的，她肯定会有自己的一番感受。

于是我对那位女士说："是的，欧洲有趣的地方可多了，风景优美的地方更不用说了。但是我很喜欢打猎，欧洲打猎的地方就只有一些山，很危险的。就是没有大草原，要是能在大草原上边骑马打猎，边欣赏秀丽的景色，那多惬意呀……"

"大草原，"那位女士马上打断我的话，兴奋地叫道，"我刚从南美阿根廷的大草原旅游回来，那真是一个有趣的地方，太好玩了！"

"真的吗，你一定过得很愉快吧。能不能给我讲一讲大草原上的风景和动物呢？我和你一样，也梦想到大草原去的。"

"当然可以，阿根廷的大草原可……"那位女士看到有了这么好的一个倾听者，当然不会放过这个机会，滔滔不绝地讲起了她在大草原的旅行经历。然后在我的引导下，她又讲了布宜诺斯艾利斯的风光和她沿途旅行的国家的风光，甚至到了最后，变成了她对自己这一生去过的美好地方的追忆。

我在一旁一直耐心地听着，不时微笑着点点头鼓励她继续讲下去。那位女士一直讲了足足有一个多小时，直到晚会结束，她才余意未了地对我说："卡耐基先生，下次见面我继续给你讲，还有很多很多呢！谢谢你让我度过了这样美好的一个夜晚。"

我在这一个小时中只说了几句话，然而，那位女士却向晚会的主人说："卡耐基真会讲话，他是一个很有意思的人，我非常愿意和他在一起。"

我知道，其实像她这样的人，并不想从别人那里听到讲些什么，她所需要的仅仅是一双认真聆听的耳朵。她想做的事只有一样：倾诉。她心里真想将自己所知道的一切全都讲出来，如果别人愿意听的话。

还有一次，我在一位植物学家身上运用了同样的方法，我专注地坐在椅子边沿倾听着他谈论大麻、印度以及室内花园。他还告诉我有关马铃薯的一些惊人事实。

需要提一下，我们是在一个晚宴上，在场的还有十多个人。但是我违反了所有的礼仪，忽略了其他所有的人，只顾听那位植物学家讲话，听了好几个小时。

午夜来临了，我向每一个人道了别，走了。那位植物学家接着转向我们的主人，说了几句赞美我的话。说我是"最有意思"的人。他最后说，我是一个"最有意思的谈话家"。

说我口才好，让我很惊讶。我记得当时几乎什么都没说。即使想说，因为对植物学完全没有概念，又没有转变话题，所以找不到谈话的材料，而代替讲话的方法就只有听了，而且是很专心地倾听。于是我就转换成听众了，而对方也觉得很高兴。那种专注的倾听，就是我们所能给予别人的最高赞词了。

一次成功的商业会谈的秘诀是什么？注重实际的学者以利亚说："关于成功的商业交往，没有什么秘密——把注意力集中到讲话的人身上。没有别的东西会如此使人开心。"其中的道理很明显，是不是？你无须在哈佛读上四年书才发觉这一点。但你我也知道，有的商人租用豪华的店面，橱窗陈设动人，为广告花费千百元钱，然后却雇用了一些不会静听他人讲话的店员，中止顾客谈话、反驳他们、激怒他们，甚至几乎要将客人驱出店门。

乌顿的经验可谓是极好的一例。他在我班中讲述过这么一个故事：

在近海的新泽西，他在一家百货商店买了一套衣服。这套衣服令人失望：上衣褪色，把他的衬衫领子都弄黑了。

后来，他将这套衣服带回该店，找到卖给他衣服的店员，告诉他事情的情形。

他想诉说此事的经过，但被店员打断了。“我们已经卖出了数千套这种衣服，”这位售货员反驳说，“你还是第一个来挑剔的人。”

正在激烈辩论的时候，另外一个售货员加入了。“所有黑色衣服起初都褪一点颜色，”他说，“那是没有办法的，这种价钱的衣服就是如此，那是颜料的关系。”

“这时我简直气得起火，”乌顿先生讲述他的经过时说，“第一个售货员怀疑我的诚实，第二个暗示我买了一件便宜货。我恼怒起来，正要骂他们，突然间经理踱了过来，他懂得他的职责。正是他使我的态度完全改变了。他将一个恼怒的人，变成了一位满意的顾客。他是如何做的？他采取了三个步骤：

第一，他静听我从头至尾讲经过，不说一个字。

第二，当我说完的时候，售货员们又开始要插话发表他们的意见，他站在我的观点与他们辩论。他不但指出我的领子是明显地被衣服所污染，并且坚持说，不能使人满意的东西，就不应由店里出售。

第三，他承认他不知道毛病的原因，并率直地对我说：‘你要我如何处理这套衣服呢？你说什么，我都可照办。’”

“就在几分钟以前，我还预备要告诉他们留起那套可恶的衣服。但我现在回答说：‘我只要你的建议，我要知道这种情形是否是暂时的，是否有什么办法解决。’”

“他建议我这套衣服再试一个星期。‘如果到那时仍不满意，’他应许说，‘请您拿来换一套满意的。使你这样不方便，我们非常抱歉。’”

“我满意地走出了这家商店。一星期后这套衣服没有毛病。我对于那家商店的信任也就完全恢复了。”

始终挑剔的人，甚至最激烈的批评者，常会在一个忍耐、同情的静听者面前软化降服，这位静听者即使在气愤的寻衅者像一条大毒蛇张开嘴巴吐出毒物一样的时候也要静听。

纽约电话公司数年前应付过一个曾咒骂接线生的最险恶的顾客。他咒骂，他发狂，他恐吓要拆毁电话，他拒绝支付他认为不合理的费用，他写信给报社，还向公众服务委员会屡屡提出申诉，并使电话公司引起数起诉讼。

最后，公司一位最有技巧的“调解员”被派去拜访这位暴戾的顾客。这位“调解员”耐心倾听，使这位好争论的老先生发泄他的大篇牢骚，他表示十分同情他的“遭遇”。

“他继续发泄，我倾听了差不多三个小时，”这位“调解员”在我的班里叙述他的经验时说，“以后我再到他那里，再听他发牢骚，我拜访过他四次，在第四次拜访结束前，我成为他正在创办的一个组织的会员，他称之为‘电话用户权益保障委员会’。我现在仍是这一组织的会员，但据我所知，除了该先生以外，我是唯一的会员了。”

“在这几次拜访中，我倾听，并且同情他列举的任何一点。他从未与电话公司的人做过那样的谈话，他几乎变得友善了。我要见他的意图，第一次访问时没有提到，第二、第三次也没有提到，但在第四次，我结束了这个案件！他付清了所有欠账，在他与电话公司交涉的过程中，他第一次撤消了他对公众服务委员会的投诉。”

无疑，此先生自认为为公理而战，保护公众的权利，使他们不受电话公司的无情剥削，但实际上他要的是自重感。他挑剔、抱怨，以得到这种自重感，但当他从公司代表身上得到自重感时，他的不切实际的怒气立即消失了。

多年前的一个早晨，一位愤怒的顾客闯入德弟茂毛呢公司创办人德弟茂的办公室，这家公司后来成为世界最大的毛呢公司。

“这个人欠我们 15 元钱。”德弟茂先生对我解释说。

“这位顾客不承认，但我们知道是他错了，所以我们公司信用部坚持要他付账。在接到我们信用部职员的几封信以后，他衣冠楚楚来到芝加哥，匆匆忙忙地奔进我的办公室，告诉我说，他不但拒绝支付那笔欠账，并且永远不再购买德弟茂公司 1 分钱的货物。”

“我耐心地倾听所有他要说的话。几次我忍不住要打断他，但我知道那不是上策，所以我让他尽情发泄。最后当他沉住气的时候，我平静地说：‘我要谢谢你到芝加哥来告诉我这件事。你已经帮了我一个大忙，因为如果我们信用部得罪了你，他们也可能惹怒其他顾客，那就更糟了。你可以相信我，我要听到这些比你要告诉我这些还来得急切。’”

“他怎么也没有想到我会说这种话。我想他肯定有一点失望，因为他到芝加哥是为了和我吵架。但我在这里感谢他，不与他争论。我明确地告诉他，我们要在欠账中取消那笔 15 元钱的账款并把这件事忘掉。因为他是一个很细心的人，只需打理一份账目，而我们的业务员却要管理几千份，所以他比我们不容易弄错。”

“我告诉他我十分了解他的感觉，如果我处在他的境地，无疑，我也同他的感觉完全一样，因为他不想再买我们的货物了，所以我推荐了几家别的毛呢公司。”

“再后来，每当他来芝加哥时，我们常常共进午餐，那天我请他吃午餐，他勉强地同意了，但当我们回到办公室的时候，他订了比过去都要多的货物。他以平和的态度回去了，为了对待我们同我们待他的那么好，他检查了他的账单，找出一张他以前放错了地方的账单，于是，他寄给我们一张 15 元的支票和他的道歉。”

后来他妻子生了一个男孩，他为他的儿子取名“德弟茂”，他成为这家公司的一位永久的朋友和顾客，直到他去世的时候。

多年前，有一个贫苦的从荷兰移居来美的儿童，在学校下课后，为一家面包店擦窗，每星期赚半美元。他家非常贫寒，他平常每天到街上用篮子捡拾煤车送煤时落在沟渠里的碎煤块。那个孩子叫宝克，一生仅受过六年的学校教育，但最后竟使自己成为美国新闻界一个最成功的杂志编辑。他是怎么成功的？说来话长，但他如何开始，我们可以简单地叙述。因为他采用的正是本章所提出的原则作为他的开端。

他 13 岁离开学校，在西联做童工，每星期工资 6.25 美元。但他从未放弃寻求教育的意念。他不坐车、不吃午饭把钱省下积攒起来，直到足够买一部《美国名人传全书》。他读了名人的传记，写信给他们，请他们寄来有关他们童年时代的补充材料。他是一个善于静听的人，他鼓励名人讲述自己的故事。他写信给那时正在竞选总统的加菲大将，问他是否真的在一条运河上做过拉船童工，加菲给他写了回信。他写信给格莱德将军，询问某一战役，格莱德给了这位 14 岁的孩子一张地图并邀请他吃晚饭，和他谈了一整夜。

他写信给爱默生并希望爱默生讲述关于他自己的情况。这位为西联送信的小孩不久便和全美最著名的人通过信：爱默生、勃罗克、夏姆士、浪番洛、林肯夫人、爱尔各德、秀门将军及戴维斯。

他不只与这些名人通信，并且在他们假期的时候去拜访过他们中间的好多位，成为他们家里受欢迎的一个客人。这种经验，使他产生了一种无比的自信心。这些名人激发了他的理想与志向，改变了他的人生。而所有这一切，只是因实行了我们所讨论的这一原则而已。

马可先生大概算得上世上最优秀的名人访问者，他说许多人不能让他人对自己产生好印象，因为他们不注意静听。“他们只关心自己下面要说什么，他们不懂得用耳朵。一些大人物曾告诉我，他们更喜欢善于静听者而非善于谈话者，但能静听的能力，好像比任何其他好性格都少见。”不只大人物要求他人善于静听，平常人也如此。《读者文摘》中曾写道：“许多人之所以请医生，他们所要的只不过是一个静听者。”

在美国内战最紧张的时候，林肯写信给在伊利诺伊的一位老朋友，请他到华盛顿来商讨一些问题。这位老朋友到白宫拜访，林肯跟他谈了数小时关于释放“黑奴”的问题。谈论数小时以后，林肯与他的老朋友握手道声晚安，送他回伊利诺伊，竟然没有征求朋友的意见。整个谈话中所有的话都是林肯说的，那好像是为了舒畅他的心境。“谈话之后他似乎稍感安适。”这位老朋友说。林肯没有要求得到建议，他只要一位友善的、同情的静听者，使他可以发泄苦闷。那是我们在困难中都需要的，那常是愤怒的顾客所需要的，一些不满意的雇员、感情受到伤害的朋友也都是这样。

如果你想让周围的人躲避你，背后笑你，甚至轻视你，这里有一个最好的办法，就是决不静听别人说话，不断地谈论你自己。如果在别人谈话时，你有自己不同的意见，别等他说完，他没有你伶俐。为什么浪费你的时间去听他无谓的闲谈？即刻插嘴，在一句话当中打断他。

那些讨厌的人就是为自私心及自重感所麻醉的人。那些只谈论自己的人，只为自己设想。而只为自己设想的人，哥伦比亚大学校长巴德勒博士说“是无可救药的缺乏教育者”。“他确实没有教育，”巴德勒博士说，“无论他如何受人教导。”

所以如果你希望成为一个善于谈话的人，那就先做一个注意静听的人。要使人对你感兴趣，那就先对人感兴趣。问别人喜欢回答的问题，鼓励他谈论自己及他所取得的成就。不要忘记与你谈话的人，对他自己、他的需要、他的问题，比对你及你的问题要感兴趣一百倍。他的牙痛、肚子痛是件天大的事，胜过任何其他的世界大事。

◎解析听的秘密

“听”有很多特征：

（1）听是一种复杂而独特的感官功能。听是一种选择性的过程，即我们从周围的刺激中，选择适合自己的需要和目的的东西。听的发展分为三个层次，我们之所以会注意去听某些刺激，是因为它们的“突然”、“强烈”和“对比”；也有些刺激是我们训练自己或强迫自己去听；而有些刺激，我们则会很自动地去听。

曾经有一个故事说：一位灯塔看守员，看守一座灯塔。该灯塔除了打信号之外，还有一枝枪会定时自动发射，以警告那些正要靠近这个多岩石海岸的船只。有一个傍晚，那枝枪失灵了，灯塔看守员突然醒来，并问道：“怎么回事？”

（2）听是一种连续不断的移动过程。那种心不在焉的收听技巧，时常发生在我们身上。成年人往往无法将自己的注意力在数秒内一直集中在某一刺激上，我们的知觉是在瞬间之中不断审查外来的刺激，以寻找那些对我们重要的情报。所以，事实上我们对一项刺激所付出的注意力，都是很短暂的。有时候讲话的人会对听众说："请注意我这里!"但要提高听众的注意力，并不是强迫即可。不管一个信息对我们有多重要，除非我们努力排除其他的思想进入心智，否则难以专心收听。

（3）人的动机和感受对听的效果会产生影响。在所有的沟通情况中，我们的动机和情绪等，都会对沟通效果产生影响。但是，此项因素对"听"的影响尤为显著。当我们能事先决定想从对方的信息中得到何种情报时，对所听到的信息内容，就会觉得更有价值。如果我们具有真正的需要而以诚挚的态度去听别人说话，一定可以促使听的能力显著进步。比如，"失火了！我知道出路，跟我来!"是一种生死关头我们最需要去听的信息，我们将不会错过其中的任何一个字。

当我们发现自己不能把注意力集中在某件事上时，这就是我们内在的感觉或动机的一种反应——我们对目前的刺激并不满意。另一个不能专心听的理由，可能是我们只希望听到某种情报，而不打算听其他的事情。我们必须把握自己的需要所在，而在听的时候，即使其内容是反调的或令人厌烦的，也应该留意去听，以获取有用的情报。

让"听"和回馈相结合是很有益的。如果我们想要沟通，就应该常常注意我们的听众是否真的在听我们讲话。运用回馈来进行改正，是增进听的能力的好方法。例如，你若认为对方在你说话时会很生气，那么不管他说话的口气如何，你都很可能听到他以生气的口吻说话。因此在你有所反应之前，你必须对对方回馈，了解他的话中含意为何，并且确定他是否真的在生气，而不仅仅是你的感觉而已。

◎听的多个层次

在企业内部，倾听是管理者与员工沟通的基础。但是在现实中，很多人并没有真正掌握"听"的艺术。

著名的咨询大师——史蒂芬·柯维博士认为，倾听主要有五种层次，并且这五种层次是连续的。

第一个层次是完全不用心倾听，我们可以用忽视某人来形容，心不在焉，只沉迷在自己的世界；

第二个层次是假装在倾听，你可能会用身体语言假装在听，甚至重复别人的语句当作回应；

第三个层次是选择性地倾听，你确实是在聆听，“哦，我记起来了，让我告诉你……我也有同感……对呀，你刚才说的我完全明白，我也曾有过类似的经验……这个我不太清楚。”你确实能够了解对方，但你过分沉迷于你所喜欢的话题，只留心倾听自己有兴趣的部分；

第四个层次是留意地倾听，你能全心全意地凝神倾听，要专心聆听确实要花费不少精力，可惜你始终从自己的角度出发；

第五个层次是运用同理心倾听，就是说撇下你自己的观点，进入他人的角度和心灵。假如我们吸走这个房间的空气，这对我们会有什么影响？在有空气时，空气会刺激我们呼吸吗？当没有空气时，是什么推动我们？缺氧才是刺激我们呼吸的原因。有空气便如同感到被理解，这是人类心灵最深层的饥渴，给予他人心灵的氧气，便会使人对你难以抗拒。具体而言，想要有效运用同理心倾听，做好同理心回应可遵循以下五个步骤：

（1）重复句子。

（2）重整内容：即把别人的字句意思用新的字句说出来，但必须忠于原意。

（3）反映感受，受伤、痛苦、挫败、快乐、宽慰，你只是用心和眼睛来倾听，重视运用肢体语言，你需设身处地，站在对方的立场。

（4）重整内容和反映感受。

（5）保持静默：对方可以感受到你和他在一起，当你有信心使他感到被了解，而你也知道你了解他，你才采取这种做法。

其他应遵循的原则还有：

（1）对对方提供的各种信息保持充分的兴趣与敏感性，不要妄自评断，不要以自我为中心，你自己是妨碍有效倾听的最大障碍。不知不觉被自己的兴趣和想法所缠住，而漏失了别人想透露的东西。

（2）不要预设立场。如果你一开始就认定对方很无趣或已有答案，你就会不断从对话中设法验证你的观点，结果你所听到的都会是无趣的。抱定高度期望值会让对方努力表现出他（她）良好的一面。好的倾听者不必完全同意对方的看法，但是至少要认真接纳对方的话语。点头并不时说：“原来如此”、“我本来不知道”，说不定他（她）说的是正确的，你或许也可以从中获益。

（3）注重肢体语言。有资料显示，在良好的沟通中，话语只占7%，音调占38%，而非言语的讯号占55%。眼睛注视对方，不时点头称是，身体前倾，微笑或痛苦的脸部表情等都是用肢体语言来表达你的意思。

◎如何巧妙插话

在倾听过程中，如何插话才有助于我们达到最佳的倾听效果呢？一般来说，我们应根据不同对象，采取不同的方法。当对方在同你谈某事，因担心你可能对此不感兴趣，显露出犹豫、为难的神情时，你可以伺机说一两句安慰的话："你能谈谈那件事吗？我不十分了解。""请你继续说。""我对此也是十分有兴趣的。"此时你说的话是为了表明一个意图：我很愿意听你的叙说，不论你说得怎样，说的是什么。这样能消除对方的犹豫，坚定他倾诉的信心。当对方由于心烦、愤怒等原因，在叙述中不能控制自己的感情时，你可用一两句话来疏导："你一定感到很气愤。""你似乎有些心烦。""你心里很难受吗？"说这些话后，对方可能会发泄一番。因为，这些话的目的就是把对方心中郁结的一股异常情感"诱导"出来，当对方发泄一番后，会感到轻松、解脱，从而能够从容地完成对问题的叙述。值得注意的是，说这些话时不要陷入盲目安慰的误区。你不应对他人的话作出判断、评价，说一些诸如"你是对的"、"你不应该这样"一类的话。你的责任不过是顺应对方的情绪，为他架设一条"输导管"，而不应该"火上浇油"，强化他的抑郁情绪。当对方在叙述时急切地想让你理解他的谈话内容时，你可以用几句话来综述对方话中的含义："你是说……"、"你的意见是……"、"你想说的是这个意思吧……"这样的综述既能及时地验证你对对方谈话内容的理解程度，加深对其的印象，又能让对方感到你的诚意，并能帮助你随时纠正理解中的偏差。

以上三种倾听中的谈话方法都有一个共同的特点，即不对对方的谈话内容发表判断、评论，不对对方的情感作出是与否的表示，始终处于一种中性的态度上。有时在非语言传递信息中，你可以流露出你的立场，但在语言中切不可流露，这是一条重要界限。如果你试图超越这个界限，就有陷入倾听误区的危险，从而使一场谈话失去了方向和意义。

三分钟说服的秘密

◎间接说服法

有一次，我受一家公司委托，请求某位学者帮忙。起初工作进展得好像很顺利，但是不久之后，公司的负责人给我打来了一个令人不解的电话，说不知道为什么，学者的态度突然变了，弄不好会拒绝工作。我对他进行了各种协调，仍无济于事，即使承诺可以改善工作报酬、放宽日期也未能打动他的心。

我想见他一面，听听情况。于是，当天晚上，我陪公司负责人拜访了那位学者。听完学者所说的话之后我感到非常意外，他提到担心公司方面是否能履行有关合同，和公司配合得不够默契，等等。

在这种情况下说服也是不起作用的，因此在回家的途中，我向与他同路的公司负责人建议说："我不知道究竟是什么原因造成了这样的结果，也许是一些不重要的小事引起了他对公司的不信任，现在说服他是没有用的。为了打破僵局，你应该尽快向对方表示出公司的诚意和热情。"

第二天早上天刚亮，公司负责人就兴高采烈地打来电话说，"先生，他又愿意接受工作了"。原来，那天夜里我们分手以后，他又回到学者家附近，在那里拦了一辆出租车，等待着次日要搭第一趟火车去旅行的学者，并把他送到了火车站。他又说："我一直祈祷着学者能乘坐我准备好的出租车，因为他坐不坐这辆车是事情能否成功的关键。"听他这么一说，那位学者的不信任感也该冰消瓦解了。

相信很多读者也可能被对方这样拒绝过。当不知道对方为什么会拒绝接受你的说服或建议时，如果你发现对方持有前面讲到的各种态度，也应该首先考虑到对方对你可能有强烈的不信任。我之所以会感到那位学者拒绝工作的原因可能来自对公司的不信任感，也可能是因为在他的言行中发现了具有不信任感的人所具有的特征。

如果对人不信任，通常就会产生强烈的疑心。因此，一般人不认为是什么大问题的事情他却会觉得非常严重。例如，反复叮咛对方要守约、保守秘密、互相尊重人格等这些做人最基本的原则，或是将互相信任的人之间用来开玩笑的事情，视为了不得的大问题。而且由于担心自己不知何时被不信任的对方所“出卖”，因此，总是表现出拒绝对方接近的态度。

例如，说话带刺，或是你说一句，他却反驳两三句。不过，这些表现尚属初期的症状，一个怀有根深蒂固的不信任感的人，或认为反驳对方也无济于事的人，往往会采取没有反应、装作没听见或不搭理的拒绝方式。尽管与说服者对面而坐，往往表示出与所谓敞开胸襟的态度完全相反的别扭态度。有时虽然自己不开口，却想窥探说服者心中的细微变化，因此，眼神中会充满冷漠的寒光或将视线移向别处。

前面那位学者就表示出了对工作合同的不安，对公司方面一些细微言行的批评，并且话中带刺，在很多方面都表现出了持有不信任感的人所具有的特征。

如果发现对方持有不信任感，对他使用了不适应他心理的说服方法，反而会加厚对方的心理屏障。因此，首先要搞清楚对方产生不信任感的原因，然后再根据它将会怎样发展下去这种心理结构，进行进一步的说服。

信息不足是人们产生不信任感的起因。在洛克希德事件中，日本国民对政府、商社、航空公司的不信任感之所以那么强烈，大概就是由于有关人士都用几乎要成为行话的“记不清了”、“我不知道”等语言来搪塞，使国民无法了解真实情况所致。国民们深切感到，政府官员们在政治、经济的舞台背后干了些什么他们一无所知，他们被置于局外人的地位。因此，他们强烈地呐喊：“事实真相究竟是什么?”“我们不知道你们背着我们干了些什么。”众多有识之士也异口同声地说“一旦产生了不信任，就不那么容易消除。至少要在公正严明的法庭上公布事情的真相，做出国民们能够接受的判决。只有这样，才能阻止国民们对政治产生的不信任感的蔓延”。也许是出于对这种不信任政治的反省，有些地方采取了某市的做法，在市政府设立一个“咨询科”，建立起与市民的沟通渠道，回答市民们的疑问或感到不满意的问题，同时及时让市民们知道有关市政的情况。据说市长还亲自开放市长室，有什么活动时市长主动深入到群众中去，积极与群众交流情况。结果这里产生了其他地方根本看不到的相互信赖的干群关系，这个市的市长被推荐去参加知事竞选，在大家的支持下他果然当选了。

的确，只要让对方充分了解情况，就不容易产生莫名其妙的不信任。如果让对方充分了解情况后，他仍怀有不信任感，那么就表示你这里有使他产生不信任感的原因。如果不是无端的不信任，他的不信任感是有缘由的，那么，也只有纠正你自己的不是了。

一般情况下，不信任感容易产生在我们未给予对方充分的信息，让对方怀疑你对他隐瞒了什么时，因为双方掌握的信息量有出入，对方会担心自己处于不利的状态。如果不消除对方这种心理状态，就想让他做什么事情，他会担心你在利用他的无知，因此就会对你产生不信任感。

在这种情况下，有两点必须引起我们的注意。首先是不要认为对方可能已经知道了某件事情，就不再告诉他。这时“因为他没问，所以我没说”这种说法是行不通的。缺乏信息的对方往往会因为以下两种原因而不去主动询问。第一，不知道自己的不明之处，也就是说，不知道自己在哪方面缺乏信息。第二，因为不知道，所以担心对方知道自己不知道。

所以，为了防止因信息量的差距而产生不信任感，或是已经产生了不信任感想加以消除，你应该把你认为“他应该知道”的事情详细告诉对方，以缩小这种信息量的差距。

其次必须注意的是，在给予对方信息时，如果都是你这一方的信息，反而会招致对方对你的不信任。因此，你应该告诉对方自己可以确认那些信息是否可靠的办法。例如，你可以对他说，“你去问某某，就更清楚了”。另外，运用在说服的同时讲明消极信息的做法也是消除不信任感的好方法。

处于信息不足状态中的对方会极力想获得自己所需要的信息，所以对于有关信息特别敏感，有时甚至想通过不可靠的“百事通”来获得信息。结果由于相信了不可靠的信息，对说服者本人及其所说的内容产生误解。因此，信息不足可以引起对方的不信任，而混杂在这种信息不足状态中的“错误信息”则会加深对方的不信任感。

由此可见，不仅仅是产生不信任感的信息数量上的差别，信息质量上的差别更会使事情变得严重起来。

为了避免这类事情的发生，当然应该将自己所知道的信息毫无保留地全部告诉对方。而对于已经对你产生了不信任感的对方，如果你认为这种不信任感可能是由于信息不足而产生的，则应该认真地将以前未曾提及的信息告诉给他。

在这种情况下，干脆先放弃说服，而应努力地去做向对方提供正确、充分的证据的工作。也就是说，如果对方认为你是“狡辩”也毫无办法，要告诉对方有关事实，客观地将与误解有关的情况向对方和盘托出，并希望他尊重事实。如果对方是位明理之人，一定会从你提供的情况中，发现消除误会的材料，与你恢复原来的信任关系。

另外，我们还应了解一下通过第三者的说服，即被称之为“间接的说服”，间接的说服之所以会产生效果，是由于说服者的不同，接受的方法也就有所不同之故。因此第三者是谁并没有多大关系，重要的是在于间接说服时所采取的方法怎样。

总之，在说服人的方法上，没有比信赖更有用的。因此，说服者在平日就该努力培养对方对自己的信任。被所有的人信赖是困难的，就是在领导位置上的人也不可能被所有的部下所信任。

信赖依其对象，可分为好几种。在商品的宣传上借用权威人士的名字，也属间接说服的一种。这与为使自己的发言更有权威性而说是“××说的”方法是一样的。头衔也很具权威性，因此借用头衔也可说是间接说服法。

对接触密切的人不容易感受出他的权威而对他产生信赖，因此若只凭上司的头衔，未必会让人信赖，需要有相称的实力，方能受人信赖。拥有头衔和实力但未被部下所信赖的原因，则是在于部下不信赖他的人格，相反，也有人因这个人不负众望、诚实可信等美好的人格而信赖他。这种信赖感才是最强大的。所以说服受阻时，可以找个对方尊敬而信任无疑的第三者出面进行“间接的说服”。

大部分人都会很容易对能够满足自己要求和欲望的人抱持好感，对他所说的话也较会言听计从。我们可以看看以下的这个例子：

某公司职员平时工作积极认真，而且人际关系良好，尤其难得的是，他总能在公司需要的时候提出好的建议，为公司创造了很大的效益，而且这些建议都是别人很难想到的。于是上司对他的话言听计从，非常信任，而且厚爱有加。但他并没有因此而趾高气扬，还是像往常一样，认认真真地做好每一件事，因而更是让上司称赞不已。

有一天，这个职员想就一件事与上司谈一谈。

“科长，不知您今天下班后是否有空？我有事想与您商谈，可以吗？”

“当然可以，我们下班后就到公司附近的那间咖啡馆去吧！”

从科长的角度看来，职员一定是在工作上又有什么建议了，因此感到很高兴，下班后欣然赴约。

“你有什么事要说吗？之前你所提的兴建厂房、扩充业务的计划为公司带来了很大的效益。如果你又有任何新计划，我一定会呈报总经理，请他采纳你的建议。”

“承蒙您的关照，实在太感谢你了，不过这次我想说的不是这些。”

“不是这些？那是什么？说吧！”

“前几天我从人事部的同事口中得知今年到美国留学的相关手续与制度，我想到美国去留学。我没有别的意思，一直以来我对现在从事的工作有很大的兴趣。因此，我想到美国再进一步深造。所以这次我听了有关留学的事宜之后，心中的愿望就更强烈了。科长，这件事千万拜托你了！”

“什么！留学……这件事有点难办呢！你要知道，失去了你，对公司可是一大损失哟！你真的很想去留学？不再考虑一下吗？”

“很抱歉，我真的很想去！不管是从年龄还是人事安排上考虑，这次都是一个极好的机会，请您务必帮我完成这个心愿！”

“这该如何是好？你的决心这么强烈！但你这一走公司的损失真是难以估计呀！”

“拜托您了！”

“嗯，我明白了！你之前为我争了不少光，而为了你以后的前途，我也认为你应该出去留学比较好。毕竟这也是为了公司的将来。好吧！我帮你向上级主管说一说！”

“那就太谢谢您了！”

这位职员的说服当然获得了很大的成功。一般来说，越是自己倚重的部属，自己越不会轻易放他走。因为每个上司都需要自己的幕僚留在身边为自己出谋划策。但为什么这位上司要放走自己的爱将呢？原因还得要溯及以往。过去这位部属对上司是有求必应，为上司挣足了面子，于是使得他的话对上司的说服力也在无形之中提升了许多，因而才能让上司轻易地说“是”。

因此，我们平时在日常生活中，不要老是向有求于自己的人说“不”。在可能的情况下，为了以后有求于别人，应尽可能地说“是”，这样等有朝一日换你想说服他时就会轻松许多。对方会因信赖而接受你的劝说，这也就是这位上司之所以答应部属出国留学的原因了。

如果你现在已有想要说服的对象，那你应从最基本的阶段着手，尽量去满足他的欲望，在他陷入困境时，伸手拉他一把。久而久之，他一定会对你产生信任感，对你的说服、劝说也会较能接受。

◎瞬间说服法

一个参赛的棒球运动员，虽有良好的技艺、强健的体魄，但是他没有把握住击球的“决定性的瞬间”，或早或迟，棒就落空了。同样，一个人说话的内容不论如何精彩，但如果时机掌握不好，也无法达到说话的目的。因为听者的内心，往往随着时间的变化而变化。所以要对方愿意听你的话，或者接受你的观点，就应当选择适当的时机。

所以，时机对说服者来说非常宝贵。但何时才是这“决定性的瞬间”，怎样才能判明并抓住它并没有一定的规则，主要是看当时的具体情况，凭经验和感觉而定。但这里有一个“切入”话题时机的问题。

交际场合往往会出现这种情况：有的人口若悬河，滔滔不绝，十分健谈；而有的人即使坐了半天，也无从插话，找不到话题。讲话要及时“切入”话题，首先必须找到双方共同关心的基本点。

杰克新买了一台洗衣机，因质量问题连续几次拉到维修站修理，都没有修好。后来，他找到商场经理诉说苦衷。

经理立即把正在看侦探小说的年轻修理工汤姆叫来，询问有关情况，并提出批评，责令其速同客户回去重修。

一路上，汤姆铁青着脸不说一句话。杰克灵机一动，问道：“你看的《福尔摩斯》是第几集?”对方答道：“第一集，快看完了，可惜借不到第二集。”杰克说：“包在我身上。我家还有不少侦探小说，等一会儿你尽管借去看。”

紧接着，双方围绕着侦探小说你一言我一语，谈得津津有味，开始时的紧张气氛消除了。后来，不但洗衣机修好了，两个人还成了好朋友。

切入话题除了要注意双方所关心的共同点，还要考虑在什么时候最好。

研究证明：在讨论会上，最好是在两三个人谈完之后及时切入话题，这样效果最佳。这时的气氛已经活跃起来，不失时机地提出你的想法，往往容易引起别人的关注。而要是先发言，虽可以在听众心中造成先入为主的印象，但因过早，气氛还较沉闷，人们尚未适应而不愿随之开口；若是后讲，虽可进行归纳整理，井井有条，或针对别人的漏洞，发表更为完善的意见，但因太晚，人们都已感到疲倦，想尽快结束而不愿再拖延时间，也就不想再谈了。

让我们来看一个例子。电冰箱老化了，制冷效果很差。丈夫几次提出再买一个新的，都因妻子不同意而没有实行。

中午，妻子对丈夫说："今天真热，你把冰箱里的冰棒给我拿一支来。"

丈夫打开冰箱说："冰棒都化了。"

"这个破冰箱!"妻子骂道。

"还是再买一个新的吧。"

"那就买一个吧。"妻子欣然同意了。

到了商店，看中了一个冰箱，一问价格，要2000多元。

"太贵了，还是不买吧。"妻子说。

"端午节快到了，天气这么热，咱们买的肉和鱼往哪儿放?"丈夫说。

售货员这时插了一句："这个冰箱虽然贵些，但耗电省，容积大，从长远看还是合算的。"

"那好，就买这个吧。"妻子终于同意了。

这位丈夫捕捉了说话的时机，终于达到了目的。同时，售货员也因为插话及时，而得以成功地把电冰箱售出。

在说服人的时候，要特别注意把时机选在对方心情比较平和的时候。因为一些人由于劳累、不顺心或正把注意力集中在其他事情上，是没有心情来听你说话的。

你一定听过夫妇之间这样的抱怨：

妻子说："他回到家来，独自喝茶，坐下来埋头看报。要是我问他个什么，他就含糊地答一句。要是我想和他聊聊，他的心就早离得远远的，也许还挂着办公室的事。我整天陪着孩子，真渴望能有点精神调剂，可是他却不理睬我。"

而丈夫也一肚子怨气："我还没有来得及关上门，她就忙不迭地向我唠叨起来，什么菜的价钱又贵了，孩子把杯子摔了，隔壁的老太太又说了她几句了。烦死了……"

人们白天忙了一整天，下班可以说是带着一天的劳累回到家中的。如果这时家中的人不体贴这种困苦，一开口就是诉苦、告状，再有耐性的人也难免会顶撞。因此，为尊重对方，考虑什么时候谈话才令对方有较大兴趣，这是必需的。

相反，先把这些"苦"搁在一边，温和地说："公共汽车太挤了吧，辛苦了，先休息一下吧。"等安静下来，才把家里的事情说出来，这样，才会得到对方的同情和支持。

你不妨牢记住母亲在你儿时讲的一句话："有什么事，等你父亲吃饭以后，再去请求他……”这真是金玉良言。那是因为饭后的心情稳定。

尽管场合、时机都与人的心境有关，但是，把人的心境单独提出来，作为一个独立因素仍然是必要的。开口说话之前，应先看看对方的脸色，看了脸色，才决定说什么话。这种所谓“脸色”，不过是心境在脸部的一种表现而已。在人心境不好时，“无所不愁”，心境好时，“无所不乐”。当你与人说话时，必须把这作为一个前提来考虑。

可以说，不信任感是由微小的事件的累积而形成的一种多层次的情感。因此，前面所叙述的那些消除不信任感的方法，就是为了将这种重叠了多层的不信任感的原因一层一层剥除。

其实，无论多么严重的不信任感，其原因大多数都是极其微小的。但是，不论它多么微小，如果有了不信任的萌芽，又任其发展，那么在以后和各种场合中，往往只听得进那些加强不信任感的信息，并让它逐渐成长发展起来。每个人都是一个多面的个体，即使对同一个人，感觉也不完全一样，有时有好感，有时又有厌恶之意。一旦对某人产生了不信任感，好感便完全抹煞掉，只留下坏印象。

如果把那种使最初出现的不信任感的“核”不断增大的因素称为消极“养分”的话，那么，人们的“诚意”就是消除这种“养分”、阻止不信任感继续扩大的积极“养分”。前面讲过的各种方法就是这种诚意的不同表示方法。可是，从不信任感的发展过程来看，表示这种诚意的时机是否合适，效果有很大差别。

不信任感的发展阶段不同，其解决的方法也各有差异。这种差异并不是不信任感念头产生之后的时间差，确切地说应该是已经发展为根深蒂固的不信任感与尚未达到这种程序的不信任感的差别。

对于刚开始萌芽、处于发展中的不信任感，应该尽早消除，这才是最有效的办法。这就如同刚生长出来的杂草一样，刚出土时芽很嫩，容易受到外界的影响。所以，对于处在萌芽状态中的不信任感，只要你满怀诚意，一般都能迅速地将其消除。我们前面所提到的学者例子就是其中的典型。公司方面的负责人一发现对方产生了莫名其妙的不信任感，便通宵不睡觉，第二天一大早就与对方接触，表示出自己的诚意。在公司这种既迅速又充满热忱的态度面前，学者对公司方面的不信任感也一定消失得无影无踪了。

与此相反，当怀有强烈的、根深蒂固的不信任感的人对说服者采取充耳不闻、视而不见的蔑视态度时，如果采取说服，不会有什么效果，仅仅靠迅速和诚意是无法消除的。从运用时机的技巧来说，情况虽然已经很严重，但是，这时正需要深入人心的具有诚意的方法。

在这种情况下，有必要利用“冷却期间效果”这一技巧。所谓“冷却期间”并不是在对方对你产生强烈的不信任之后，在一段时间内完全放弃与对方的接触。当然，作为你来说会有一种急于解决问题的焦躁感，而对方也许会有“不想见到你”的心理，同时他又会觉得，如果完全拒绝和你见面，你会认为他是个不明理的人，会进一步加深不信任感。

我们想说的是，当不信任感已是根深蒂固时，不要期待着在短时间内有什么说服效果。如果是你的不是，情况应另当别论。但是在对方的情绪非常激动时，你最好还是采取谦恭的态度。这样，过一段时间，等对方情绪稍微冷静下来后，再进一步接触。例如，在交通事故的调解中就常看到这种最典型的例子。

一个懂得人心理的调解人员，即使事故的责任主要在于受伤者，也不能马上对因家人受重伤而处于悲愤之中的家属进行调解。不论是挨骂还是受到冷落，都要以谦恭的态度给以安慰，满怀诚意地前去看望，以等待对方有关的人情绪稳定下来。即使对方的情绪稳定下来之后，他的不信任感本身也并未消除。因此，这时充满诚意的交涉态度才会收到较好的效果。要掌握好表示这种诚意的时机也是不可忽视的一个重要问题。

当我们在因尚未获得对方认同时说“很好”而一筹莫展的时候，再试一次的结果却还是无法顺利被接受的情形常有。但是只要再过些时间，有适当的时机，还是可以顺利成功的。

总之，即使是说服同一个人，也有所谓的容易被接受、被说服的时机。

如果能够知道对方目前的精神状态，将有助于说服的进行。但是对方的内心并不是那么容易就能够看穿，尽管表面上是一副冷静的模样，内心却有可能非常汹涌澎湃。所以说，无法敏锐地察觉出适合说服的时机，是无法说服成功的。

那么，怎样做才能观察出适合说服的时机呢？只有从说服对象的特性、工作的性质等方面考虑，才能找到恰当的时机。

所谓容易说服的情况，会根据对方的性格，对事物的看法、立场等不同而有所改变。时机不恰当的话，即使能谈妥的事也会搞砸。

那些业绩不错的推销员，必须完全了解这一点才能行动。首先，很有必要做一张访问时刻表。根据职业的不同，调查出拜访对象较忙碌的时间和较空闲的时间，据此做一张访问时刻表，根据表上的适合时间做访问。

零售的小商人，一大早为了开店的准备而忙碌，根本没有说话的时间，中午之前的时间就较适合做拜访。比如，餐厅是××时候、医院又是××时候等，收集这些资料，做一份最有效率的访问计划表来实行。

总而言之，当你完全掌握了对方工作的流程，切实把握最适宜说服的时机而行动时，说服成功的几率当然提高。

有很多人感叹“好几次的查访都未能见到面”，相信这些人都是因为没有掌握到适当的时机，才会有如此的结果。

在脑中随时反映出什么时候是说服这个对象的最佳时刻，希望你自己也能试着做一份有效率的时刻表。这样一来，就能够很轻易地找出对方易于被说服的时机，这也是说服的一大重要因素。

◎挑战说服法

对有些事情，当我们靠批评惩罚或者表扬的手段解决不了的时候，我们可以考虑这样一种策略——给他人提出一种挑战，然后让他们自我面对。这也许比我们手拿鞭子紧随其后的效果要好得多。因为他们更清楚自己眼下的处境，更明白自己应该怎么去做。

史考伯说：“要使工作能圆满完成，就必须激起竞争，提出挑战，激起超越他人的欲望。”

史考伯是这么说的，也是这么做的。

有一次，查尔斯·史考伯到下面一家工厂去，工厂经理来反映他的员工一直无法完成他们分内的工作。

他说：“我向那些人说尽好话，我又发誓又诅咒，我也曾威胁要开除他们，但一点用也没有，还是无法达到预定的生产效率。”

当时日班已经结束，夜班正要开始。史考伯要了一根粉笔，然后，他问最靠近他的一名工人：“你们这班今天制造了几部暖气机?”

“6 部。”

史考伯不说一句话，在地板上用粉笔写下一个大大的阿拉伯数字 6，然后走开。

夜班工人进来时，他们看到了那个“6”字，就问这是什么意思。

“大老板今天到这儿来了，”那位日班工人说，“他问我们制造了几部暖气机，我们说 6 部。他就把它写在地板上。”

第二天早上，史考伯又来到工厂。夜班工人已把“6”擦掉，写上一个大大的

“7”。

日班工人早上来上班时，看到了那个很大的“7”字。原来夜班工人认为他们比日班工人强，是吗？好吧，他们要向夜班工人还以颜色。他们热烈地加紧工作，那晚他们下班时，留下一个颇具威胁性的“10”字。情况显然逐渐好转。

不久，这家产量一直落后的工厂，终于比其他工厂生产得更多。

如果没有人向他提出挑战，西奥多·罗斯福可能就不会成为美国总统。当时，这位义勇骑兵队的一员刚从古巴回来，就被推举出来竞选纽约州州长。结果，反对党发现他不是该州的合法居民，罗斯福吓坏了，想退出。但这时，托马斯·科力尔·普列特提出挑战。他突然转身面对罗斯福，大声喊道：“圣璜山的这位英雄，难道只是一名懦夫？”

罗斯福在这一激将之下继续奋斗下去，其余的事情就已成历史了。一个挑战不只改变了他的一生，而且也影响了一个国家的命运。

挑战的巨大力量，史密斯也知道。

当史密斯担任纽约州州长时，就遇到过这样一个问题。猩猩是一个最负恶名的监狱，没有狱长，许多黑幕及丑恶的谣言在狱中汹涌传出。史密斯需要一位强有力的铁一般强硬的人去治理猩猩，他召来了劳斯。

“去照顾猩猩如何？”当劳斯在他面前的时候，他愉快地说，“他们那里需要一个有经验的人。”

劳斯窘了，他知道猩猩的危险，那是一个不讨好的差使。受政治变化的影响，狱长一再更换，有一位任职只有3个星期，他在考虑他的终生事业。那值得他冒险吗？

史密斯看出了他的犹豫，往后一倚，微笑着说：“青年人，我不怪你害怕，那不是一个太平的地方，那里确实需要一个大人物去治理。”

史密斯提出了这样一个挑战。劳斯喜欢尝试需要一个大人物的工作的意念。所以他去了，并成为在那儿任职最久的、最著名的狱长。他所著的《在猩猩的两年里》售出了几十万册。他曾应邀在电台讲话，他在猩猩生活的故事被拍成了数十部电影。他给罪犯“人道化”的做法造成了许多监狱改革的奇事。

那是任何成功者都喜爱的一种竞技，一种表现自己的机会；那是证明自身价值、争强斗胜的机会。光用薪水是留不住好员工的，还要靠工作本身的竞争。每个成功的人都喜爱竞争和自我表现的机会，以证明他自己的价值。

◎幽默说服法

并非所有人都具有很强的攻击性，而有的人只不过是想要获得别人的注意。有时候只是为了让别人发笑，得到赞美，另外，他们会采用嘲弄的策略来引人注意。

有时候这种称之为“奚落的幽默”反而能增加彼此的友谊。让我们先来看下面一个实例。

达伦和杰伊同是工程师，而且又都在一家高科技公司任职。达伦的年纪比杰伊长5岁，而在公司的工龄也比杰伊多3年，众人都认为达伦升迁机会可能性大。但是杰伊为人随和，工作努力，做事主动，并且有丰富的创造力。后来，他的努力终于获得上级的赏识而且得到回报了：他被提升为地区业务经理。

上任之后的一个星期，有一回杰伊在停了车走向新办公室的时候，看到整班的人马都围着达伦站在走道上，他们似乎对达伦所说的每句话很在意，而且笑得很开心。但是当杰伊走近这群人的时候，他们的笑声却“戛然而止”，不过杰伊却可以清楚地听到达伦对他恶毒的狙击，达伦注意到他的听众不再笑了，于是把头转过来，结果看到杰伊狼狈的表情，“噢，原来是来了个大人物！”

“我怎么会遭到这样的待遇？”杰伊自问，而又想着对这位“狙击手”的攻击该怎样回应？

狙击行为背后的动机各有不同。有些人对事情发展感到愤怒，会对阻碍计划的人怀恨在心而采取狙击行为；有些人会利用狙击来打击任何可能阻碍他们计划的人；有些人狙击的目的只不过是想引起喜爱的人的注意。

想要做完事情的人，如果遇到事情没有照计划进行，或是遇到可能受到他人阻挠的情形，可能会通过狙击的手段来消除异己。为了避免遭人报复，狙击手常常会采取暗中行动。暗暗地使用一些无礼的批评、讽刺的幽默、尖酸刻薄的口气和运用眼神的流转。狙击手也会说一些“张冠李戴”、风马牛不相及的话，使人摸不着头脑而出尽洋相，也就是说，他会把令人困惑当成是一种武器。

如果有让狙击手愤怒的行为出现，“别发怒，但是要摆平！”

以达伦和杰伊的例子来说，达伦生气的原因就是因为自己没有获得升迁，而且把这件事怪到杰伊身上。

如果你不喜欢被嘲弄，而且容易受到狙击的伤害，那么其实你非常容易成为狙击手的目标。一旦这种个性被传出去，就会有人利用你的个性去狙击你了。如果你是那种无法忍受狙击的人，对方会利用你的弱点而变得毫无禁忌。如果你还没有学会以幽默的方式来对难缠人物说些令人不快的事，那么结果一定会失败。因此你最好勇敢地面时狙击，要停止狙击，最好先学会与他们和平共处。因为如果你没有反应，狙击便变得毫无意义。对付狙击手要先培养出好奇的态度，采取旁观者的姿态来看这样的行为。如果狙击手攻击你，不要把它当成是针对自己而发的，希望你有足够的好奇心，把注意力放在狙击手身上，而不是自己的身上。因为狙击行为的出现可能是缺乏安全感，你大可把头痛人物的行为看成是缺乏安全感的小学生行为。也许你还记得对讽刺最好的反应是："我知道你是这样，而我呢?"，其次是"我们两个半斤八两，那么骂我和骂你是一样的"。这样会很有帮助，虽然令人难以置信，不过确实有惊人的力量，说出来也具有同样的力量。

玛丽有个同事叫罗恩，总喜欢在会议的时候狙击她。有一天，在受到狙击之后，她以天真的口气说："我知道你是这样的人，而我呢?"会议上除了罗恩，每个人都对他们的对话内容大笑不已。玛丽以幽默的方式让气氛轻松起来，不但化解了自己的不快，也从这句简单的话中让人看出了狙击手的幼稚。罗恩显然觉得自讨没趣，以后就再也没有对她发动狙击了。

◎激将反攻法

巧言激将，就是在某些特定的环境和条件下，当有些人的自尊心受到自我压抑，或者由于遭受挫折、犯了错误以及其他种种原因而产生了自卑感，我们用其他方法不能使他振作起来，接受我们的意见和主张时，我们就故意贬低他、刺激他，从而把他的自尊心、自信心激发起来。

俗话说："请将不如激将。"在交谈中正确运用巧言激将法，一定能出奇制胜，收到积极的效果。

巧言激将，一定要根据不同的交谈对象，采用不同的激将方法，才能收到满意的效果。犹如治病，对症下药，才有疗效。

"激将法"的用法很多，这里略举几种：

1. 直激法

就是面对面直出直入地贬低对方，刺激之、羞辱之、激怒之，以达到使他“跳起来”的目的。

2. 暗激法

就是有意识地褒扬第三者，暗中贬低对方，激发他压倒、超过第三者的决心。

暗激法的巧妙，就在于它是通过“言外之意”、“旁敲侧击”的说法，委婉地传递刺激信息。人们都希望别人尊重自己，而有人在自己面前有意夸耀第三者，显然会对他起到一种暗示性刺激。

3. 导激法

激言有时不是简单的否定、贬低，而是“激中有导”，用明确的或诱导性语言，把对方的热情激起来。

例如，某校一个调皮学生，学习成绩很差。一次，他打了一位同学，还自夸是拳击能手。老师叫住他说：“打架，算什么英雄？有本事你跟他比学习。你期末考试如果赶上人家，那才是真正的英雄呢！”一句话激得这个调皮学生发奋学习，后来，他果然有了明显进步。

要成功运用激将法，必须注意以下几个问题：

首先，要看对象。被激的一方必须是那种能激起来的人物，还要有强烈的自尊心，方能收到效果。另外，激将法是在双方较为熟悉的情况下进行的，对陌生人不宜采用。

其次，要看时机。如出言过早，时机不成熟，“反话”容易使人泄气；出言过迟，又成了“马后炮”。因此，要注意恰到好处。

此外，还要注意分寸。运用激将法，不痛不痒的语言当然不行，但言词过于尖刻，也会使人反感。

◎讥讽回敬法

讥讽，在交际性语言中是一种有较强刺激作用和感情色彩的表达方式。

讽刺性语言具有含蓄、幽默、风趣、辛辣的特点，是一种“攻式”语言。它通过比喻、夸张、反语等修辞手法，来表达说者的轻蔑、贬斥、否定的思想感情，能收到揭露丑恶、戏弄无知、回击挑衅等的交际效果。

在交际场合，人身攻击之类的不愉快事件是难免的。如果你不想吃哑巴亏，讽刺将成为你防身的盾牌。

战国时，齐国使臣晏子出使楚国，楚王设宴招待他。酒兴正浓时，只见两个差役捆着一个人走到楚王面前，楚王故意问：“这人是干什么的?”差役答：“是齐国人，犯了偷窃罪。”很显然，这是楚王有意羞辱晏子。晏子并没有辩驳，郑重地说：“我听说过这样一件事，橘树生长在淮河以南，就是橘树；生长在淮河以北，就成了枳树。橘树和枳树叶子相似，果子味道却完全不同，这是水土不同的缘故。现在，老百姓生长在齐国不做贼，一到楚国就偷窃，莫非楚国的水土使老百姓惯于做贼吧!”

反唇相讥必须藏中有露、露中有藏，尽藏则不知所云，尽露则赤膊上阵了。

萧伯纳的《卖花女》准备上演了，他派人给丘吉尔送去两张票，并附一张短笺：“亲爱的温斯顿爵士，奉上戏票两张，希望阁下能带一位朋友前来观看拙作《卖花女》的首场演出，假如阁下这样的人也会有朋友的话。”

丘吉尔回复道：

“亲爱的萧伯纳先生，蒙赐戏票两张，谢谢。我和我的朋友因为有约在先，不便分身前去观看《卖花女》的首场演出，假如你的戏也会有第二场的话。”

一个嘲讽政治家只有对手，没有朋友；一个反讥戏剧家的戏剧可能短命，不会长寿。讥中含趣，乐中有戏。

对于生活中的蓄意挑衅，也可以运用讥讽维护自己的尊严。

有这样一个故事：英国作家萧伯纳一次坐在沙发上沉思，他身边的一位美国金融家说：“萧伯纳先生，如果您让我知道您正在思考什么的话，我愿意给您一美元。”

“我的思考一美元也不值。”萧伯纳看了他一眼。金融家感到很得意。萧伯纳话锋一转说："我所思考的正是你。"金融家本想戏弄萧伯纳，没想到自讨没趣。

当然，讽刺要掌握分寸。讽刺之言是不宜随意使用的，需要区别对象、场合。

讥讽之言就其动机来说，有善意与恶意之分。对敌人的讽刺要针锋相对，不留情面；而对一般人的讽刺，则应是善意的。通过讽刺之言，意在引起对方警觉，绝不是出对方的洋相，拿对方取乐。

更不要以为自己会讽刺，就到处挑战，稍不如意，就对别人挖苦讥笑、恶语中伤。这样不但伤害了别人的感情，而且也使自己孤立，或成为众矢之的。

要记住，讽刺像一把双刃剑，它可以使你受益，也可以使你受损。用得恰当，它是利器，用之不当，便会成"惹事牌"。

获得他人认同的秘诀

◎搭桥牵线，结识挚友

世界上没有人能够完全离群而独居，人总是要过群体生活的。在人类社会中，每一个人都像葡萄藤上的一根枝杈，其生命完全依赖在主藤上。枝杈什么时候脱离它的主枝，什么时候就要萎缩枯干。一簇葡萄之所以能味美色香，完全是因为依在葡萄的主枝上，单单靠分枝是无能为力的。假如要把分枝从主枝上剪断下来，那么分枝上的葡萄就要枯萎。

我们社会中有许多依靠朋友力量而成功的人，假如能把他们成功过程一一研究起来，是一件很有意义的事情。一位作家说过这样的话："现代社会人们完全靠一个规模庞大的信用组织在维持着，而这个信用组织的基础却是建立在对人格的互相尊重之上，任谁也无法单枪匹马在社会的竞技场上赢得胜利，获得成功。"为什么我们喜欢结交朋友呢？有些心理学家认为：朋友间能互相取长补短，因为朋友之间互相照顾，即使像帮对方从头发里拨出一只虫子这种小举动，也是互相关心与体贴的表现。确实，复杂、微妙却美好的人群关系是很难以简单数语就可以解释清楚，但千万不要忽略了其中一个因素：满足。为什么别人能吸引你呢？因为他们供给你快乐的源头。如果想在二人所形成的人群关系中发觉每样事物都尽合心意是不太可能的，但一个成功的相处关系必定存在着某种程度的互相满意。朋友扩大了你的生活圈与见闻，并且协助你探索这世界，引领你接近更多的想法及大自然的源头。就像一位朋友邀请你到他私人的俱乐部打网球，或是将全套的露营用具慷慨借给你，或是告诉你一些好玩的游戏或介绍你读些好书，或是带你到能以低价买到好酒及漂亮衣服的地方——也许他有些你能利用的技能或知识，也许他能教你一些做生意的窍门或是帮助你替孩子选择一所优秀的学校。

朋友之间本来就是以这种方式来互相教导与学习的，但归根结底友情的要素仍是感情的分享。有些有趣的朋友使我们无论在何时何地都开心不已，有些朋友则比较接近“同伴”型，我们和他们共同分享一些特别的活动——打球、工作或是参加研究会，与其他人共同分享感情诚然是一件有趣的事。但也有一些感情是必须通过合作才能具有的。如同一位总统候选人必须搭配另一位副总统候选人，彼此联手才可能赢得大选。恋爱也必须由二人共同分享才能称为恋爱。除了分享彼此能力之外，朋友还能鼓励你上进，支持你自我发展的决心，所有的益处都一点一滴地回馈于你的身上，并且制造更多的快乐。

关于友谊，爱默生说过一句最经典的话：“一个真挚的朋友胜于无数个狐朋狗友。”确实，除了自己的力量之外，再也没有别的力量能像真挚的朋友一样，帮助你去实现成功。一个思想与我接近、理解我的志趣、了解我的优势和弱点、能鼓励我全力以赴地干每一件正当的事、能消除我做任何坏事的不良意念的好友，不知道会增加我多少的能量、多少的勇气，他们常常能使我禁不住下更大的绝心——不达成功绝不罢休。

那些不管在何种环境下都能与任何人交上朋友、能建立起真挚友谊的人，朋友对他生存竞争的帮助、对他事业发展的巨大价值往往是不可估量的。

好的朋友在精神上可以慰藉我们，让我们的身心可以得到更大的快乐，勉励我们道德上的提高。如果除去这些不谈，就单单从经营事业的角度考虑，好的朋友对一个人帮助的价值也是巨大的。

有一次英国伦敦的一家报社悬赏征文对“朋友”一词的诠释，其中一个参赛者送去的解释是：“当所有人都离我而去时，仍然在我身边的那个人。”这个解释虽然不够典雅和严格，可谁还能说出一个更好的呢？

当一个商人经济上遇到困难，或遇到出人意料的重大变故，或遇到别的不幸，正当万分焦急、手足无措时，突然有位朋友过来帮助他、支持他，从而力挽狂澜，让那位商人有了喘息之机，得以重新振作，这样的朋友是多么感人、多么宝贵啊！

有些刚跨人社会的人，因为结交了很多朋友，而在工作和事业上得到了极大的帮助。但可惜的是，当今的人际关系好像完全陷于交易和金钱方式，结果使得真正的友谊越来越难以找到。

结交朋友是一件非常重要的事情，而绝不是随便玩玩就可以了，可大多数人并没有认识到这一点。

有很多人，老的朋友常常任意失去，新朋友却又不去交结，那朋友就越来越少了。

我看见过不少冷酷无情的人。一次，有一个人带着满腔热忱和喜悦去看望他一个多年不见的老同学，不想那同学正忙着做他的生意，只不过冷冷淡淡地和他敷衍了十分钟。原来，那人有一条坚定不移的原则："生意第一，友谊第二。"这种人也许可以发一点小财，可是以牺牲友谊为代价，未免太不值得了。

一个见识过人、能力很强也很聪明、比他现在的朋友发展得更快的人，假如交不到什么新朋友，那么不管他目前有多大的收入，他不能说有真正的进步，因为"一个人是否成功很大的程度上取决于他择友是否成功"。

那么，我们怎样才能赢得让自己受益终生的友谊呢？

首先，应尽可能结交优于自己的人，并朝这一目标而努力。结交卓越的人士，便能见贤思齐；反之，若结交程度远逊于自己的朋友，自己难免同流合污。一如前面所述，人类往往是近朱者赤、近墨者黑。

当然，我这里所谓的"卓越的人士"，并非是指家世显赫、地位超绝的人，而是指有内涵、让世人所称道的人物。

"卓越的人士"大体上可区分为以下两大类型：一为立身于社会主导地位的人们，其次则是指那些有着特殊才华的人们，例如长袖善舞，对社会有着杰出的贡献，才能特出，或是学识渊博的学者，才华横溢的艺术家，等等。此种杰出绝非凭一个人的喜好所界定，而需经由社会上的认同方可获得。当然，其间或许有些例外。总之希望你能结识这些人才。

至于怎样与这些人结交，没有成形的办法，也许是厚着脸皮毛遂自荐，或是经由知名人士的大力引荐，当然也可以加入群英聚会的团体里去寻觅朋友。居于其间，仔细去观察拥有不同人格、不同道德观的人们，不仅是件赏心悦目的乐事，更对你有所助益。

身份地位高的人们所聚集的团体，并不见得便是人们所称道、喜爱的。因为，即使身份高高在上的人群里，也有脑袋不灵光、不懂得人情世故、一无可取的人。集结学识渊博者的团体，就不免有这种现象。这些人虽然已经获得人们衷心的尊敬，但却称不上是交往的绝佳对象。这些人往往不知道快乐是什么，不清楚世间为何物，只是一味地埋头于学问的钻研中。若是你参加此种团体，就必须不时地警惕自己，经常性地探出头来看看圈外的世界。如此一来，你的判断能力也能日渐提高。然而，一旦你紧密地参与其间，成为不知世事的学者，那在你重新踏入鲜活的社会时，就很难步履轻快了！

其次，切莫仓促地一头栽进，使自己深陷其间，此为重要的交友之道。

几乎所有的年轻人，均渴望能和才华横溢的人物成为知交。总认为假使自己也小有才气，那更是如鱼得水。即使达不到此目的，也能满足自己与其共荣的心理。然而，即使是和这些才气纵横、魅力十足的人物交往，也不可不顾一切地全身心投入。不丧失判断力，才是最适当的交往方法。

并非每个人均能心悦诚服地接受才智这种东西。相反，它往往会令人产生恐惧的心理。一般说来，在众目睽睽之下，人们每每对锋锐的才智感到惧怕。这就似妇人女子一见着枪炮便会害怕的道理一样。恐惧对方会突然扣动扳机，子弹便"咻"的一声朝自己飞了过来。但是，认识这些人，继而亲近、了解这些人，确实是件有意义、令人欢欣的事。只是，不论对方多么有魅力，如果自己就此终止和其他人的交往，单和这群人往来，那将会得不偿失。

最后，别亲近赞扬缺点的人们。

但是，我之所以要求你避免与程度低的人交往，乃是由于我觉得这些全是必须具备的观念。因为，我看过太多具有判断力而且社会地位牢固的大人们，在结识了这种人后，信用扫地，沉沦堕落，最后身败名裂。

最叫人头痛的问题，莫过于虚荣心的作祟。由于虚荣心的蒙蔽，人类往往铤而走险、作奸犯科。因此，无论从何种角度来看，结交程度不如自己的朋友，便是虚荣心作祟的一种表现。人们总希望自己能独占鳌头于群体之中。急盼能获得同僚的称许、受人尊敬、领导群众。

为了求取这种名不副实的赞扬，他们甚至不惜与不如自己的人们结交。如此将导致何种结果呢？是的，不久你就将变得与他们层次相当，从此再也不愿结交出色的朋友了。我愿不厌其烦地提醒你，人们往往会遭伙伴同化，不管这样做是使自己的层次提高了，或是降低了，其结果必然一样。你应该依交往的对象，仔细加以判断。

◎时时尊重，满足对方

人类行为有一项重要的法则，如果你承认并遵循它，就能给自己带来快乐；如果你否认并背弃它，就会使自己因此陷入无止境的挫折中。这条法则就是："尊重他人，满足对方的自我成就感。"诚如杜威教授所说："人们都希望自己能受到别人的重视。"我也曾一再强调，就是这股力量促使人类创造了自己的文明。

如果，你希望满足自己被人喜欢的愿望，那么就让我们自己首先来信守这条箴言：你希望别人怎么待你，你先怎么对待别人。

有一次，我在纽约的一个邮局里排队等候寄一封挂号信。那位负责收寄邮件的办事员显然对这份单调而机械的工作感到不耐烦，他们日复一日地称重、撕邮票、找零钱、写收据，这种单调、机械的工作有时的确会让人情绪失调。我对自己说："我可以让那位办事员喜欢我。"而要让他喜欢，我显然必须说些关于他的好话。称赞眼前的这位职员似乎并不让我感到困难，我马上就找出了可以称赞的话题。

在他称我的信的重量时，我真诚地对他说："我真希望能有你这样的好头发。"他抬起头，吃惊地但马上脸上溢出了微笑："哦，它早已不像以前那么好啦！"他谦虚地回答。我告诉他，虽然它可能已没有原来的好，但仍然非常漂亮。他十分高兴，和我谈了一会儿，最后说道："许多人都说我的头发好看。"

我敢保证这位先生出去吃午饭的时候，一定满面春风，晚上回家的时候，一定会将此事告诉他的妻子，他会照着镜子对自己说："这头发多么好看！"

我在一次演讲的时候提起这件事，有人问我："你想从那人身上得到什么？"我想从那人身上得到什么？我想从那人身上得到什么！假使我们真是这么自私，这么功利，向来都吝啬于给别人带去一点快乐，一旦不能从他人身上得到好处，就不对他人表示一点赞赏或表达一点真诚的感谢。如此我们的灵魂比野生的酸苹果好像大不了多少，我们的心灵会变得日益枯竭。

是的，我确实想从那个营业员身上得到一点东西。但那东西是无价的，而且我已经在真诚赞美的同时得到了。我得到了助人的快乐，这种感觉在多年之后，会永远闪烁在我记忆的天空。

与人相处有个极为重要的法则，这一法则就是：时时让别人感到重要。我们遵从这一法则，至少不会为我们惹来什么麻烦，还可以同时得到许多的快乐和永恒的友谊。如果我们无视这项法则，就难免在人际交往中出现障碍。哈佛著名心理学家威廉·詹姆斯说："人类本质中最殷切的需求是：渴望得到他人的重视。"我也曾一再指出，就是这种渴望使得人类和其他动物有了实质的区别。也正是因为有了这种渴望，才产生了丰富的人类文化。

所以，让我们诚实地遵循这一永恒的定律：你希望别人怎么对待自己，那你就应该怎么对待别人。如果你要问，我们应该什么时候去做？在什么地方去做？很简单，不论什么时候，不论什么地方。

比方说吧，如果你在餐馆里点了一份炸薯条，而女服务员却给你端上一盘马铃薯的时候，让我们说：“对不起，麻烦你了，但我还是比较喜欢我点的炸薯条。”女服务员可能会回答：“别客气，一点也不麻烦。”而且她还会愉快地把马铃薯换走。因为我们已经对她表示了敬意，让她感到自己的重要。

让我们来看一位康涅狄格州律师的故事，因为他亲属的关系，他不愿意让人知道他的名字，我们称他为K先生。

在参加我的培训课程以后不久，他同他的妻子驾车到长岛拜访她的几位亲属，她留下他同她的一位老姑母谈话，而独自跑开去拜访她的几位比她年轻的亲属。因为他要做一个演讲，讲述他如何实际运用欣赏的原则，他想，他就从这位老太太开始，所以他向房子的四周观看，看看有什么他可以真诚赞赏的。

“这间房子建造在1890年前后，是不是?”他问道。

“是的，”她回答道，“正是那年造的。”

“它让我想起我出生的那间房子，”他说，“非常美丽，建筑质量非常好，很宽敞。你知道，现在，人们不再建造这样的房子了。”

“你说得对，”老太太附和说，“如今的年轻人不在乎美丽的房子了，他们要的，不过是一所小公寓和一台电冰箱，然后外出，在汽车中闲游。”

“这是一所充满理想的房子，”她用颤抖的、温柔的声音回忆说，“这间房子是用爱情建造起来的，我的丈夫和我，在建造房子以前，梦想了许多年。我们没有请建筑设计师，都是我们自己亲手设计的。”

然后她引导他参观这间房子，他对她在旅行时搜集的、终身爱护的宝藏，表示真诚的赞赏：派斯莱披巾、一套古式英国茶具、凡其胡瓷器、法式床椅、意大利油画和曾一度悬于法国封建时代宫堡内的一件丝帷。

“在引导我参观房子后，”K先生说，“她带我到汽车间。那里摆放着一辆别克汽车，几乎是全新的。”

“在他去世前不久，我丈夫买了这部车，”她轻轻地说，“在他死后，我从未坐过……你会欣赏好的东西，我要把这部车送给你。”

“啊，姑母”，他说，“你让我不知如何是好了。我当然感激你的盛意，但我不能接受，我又不是你的直系亲属。我有一辆新车，你的许多亲属都喜欢那辆别克汽车。”

“亲属!”她大喊着说，“是的，我有亲属正等着我死，以便他们可以得到那辆汽车，但他们永远得不到!”

“如果你不愿意把它送给他们，你可以把它卖给一个二手车商，这很容易。”他告诉她。

"卖出去?"她嚷了起来,"你以为我愿意卖这部汽车吗?你以为我能忍受生人坐在那辆汽车里,在我丈夫为我买的汽车中在街上来往吗?我做梦也不会想卖。我要送给你,你会欣赏美好的东西。"

他竭力避免接受这辆汽车,但他不能不接受,为了不伤她的感情。

这位老太太同她的派斯莱披巾、法国古董及她的回忆独自留在一间大房子中,正在渴求着一点他人的赏识。她曾一度年轻、貌美且被人追求;她曾建造一所漂亮房子,充满爱情的温暖,而且从欧洲各国搜集了珍品使之美观。如今在老年的孤独和冷漠中,她渴望一点点人情的温暖,一点点真诚的欣赏——却没有人给她。当她找到时,就如同在沙漠中找到了甘泉,如果用比一辆别克汽车更少的礼物,她的感激无法完全表达出来。

我们再来看一个例子。

麦克马亨公司总监,一位园艺师,讲述了这样一件事:

"在我听了'如何交友及影响他人'的演讲以后不久,我为一位著名法官的别墅布置园艺。这位主人出来给我提了几个要求,如在什么地方他要栽植什么等。

"我说,'法官,你的业余爱好很好,我正在欣赏你别墅的美丽景色。我听说你在麦迪生公园每年举行的大规模宠物狗展览会上得到许多奖状。'

"这点小小欣赏的表示,效果极其惊人。

"'是的。'法官回答说,'对于狗,我的确很感兴趣,你要不要看看我的狗呢'?

"他费了差不多一个小时工夫,给我看他的狗和它们得的奖品。他甚至拿出它们的系谱,讲解漂亮和聪敏的血统原因。

"最后他转向我问道:'你有没有小男孩?'"

"'是的,我有。'"我回答说。

"'好,他喜欢小狗吗?'"法官问道。

"'嗨,是的,他非常喜欢。'"

"'很好,我要送他一只,'"法官宣布说。

"他开始告诉我如何喂养小狗,然后他停下来。'我这样口头告诉你,你会忘记的,我要写下来。'"接着这位法官走进室内,将系谱和喂养方法,用打字机打好,给了我一只价值100元的小狗和他1小时又15分钟的宝贵时间。这其中大部分要归功于我对他的爱好和成就表示真诚的赞美。"

你我应从何处开始实行这种欣赏的奇妙试验?为什么不从家庭里开始?我不知道还有别的地方更需要的,或更被忽略的。你的夫人一定有些优点,至少你曾认为她有，不然你不会娶她。但从上次你对她的优点表示欣赏到现在已有多久了呢？

几年前，我曾在纽勃伦斯维克的蜜莱河上游钓鱼，我被暴风雨封锁在加拿大森林里的帐篷里，无法外出，我能找到的唯一读物就是一张乡间报纸。我把报纸上所有内容都读过了，连广告和狄克斯的婚姻指导在内，狄克斯的文章写得很好，所以我剪下保存起来。她对人们屡屡在婚前教导新娘有点不耐烦了，她宣称，应该有人把新郎拉过一边而给他以下建议：

不会甜言蜜语，不要结婚。在结婚前称赞女人是一件势在必行的事情，但在结婚后称赞她，更是必需的事情——为了你自己的安全。

婚姻不是愚昧的诚实场合，而是灵巧的外交场所。

如果你要每天生活安适，永远不要指责你夫人的治家水平，或将她与你的母亲做“招怨”的比较。但是，反过来，永远称赞她的治家能力。公开地恭贺你自己娶了唯一兼有维纳斯美貌和美国“第一夫人”治家水平的女子。就连肉片烧焦，变成了皮革，面包变成了渣烬，也不要抱怨。只要说饭菜没有达到她平日完美标准，她一定尽力达到你对她的理想要求。

不要无缘无故地突然开始赞美，否则她会疑心。

但今晚或明晚，给她买些鲜花或糖果。不要只说：是的，我应当那样。实际去做！再给她一个微笑和温暖的情话。

如果有更多的夫妻这样做，我想我们不致有那么多人离婚——据说每 6 对夫妻即有一对要离婚。

◎提升自我，赢得荣耀

渴望得到别人的赞美、追求、重视，是人与生俱来的一种特性。它促使人不停的奋斗，在别人的赞赏中得到自重感。但是，我们大部分人所想的都是有关荣耀的报偿，而不是如何努力去赢得这份荣耀。

别人为何要喜欢你呢？这世界并没有法律规定非要喜欢你或我，或任何一个人。无论是工作或社交的过程中，除非我们具有他们所要的东西，否则，他们没有必要特别注意到你我。

孔子曾经说过：“最重要的，不是别人有没有爱我们，而是我们值不值得被人爱。”要想赢得别人的友谊或感情，必须先不要去担心别人是否喜欢我们，而是要用心去改善自己，增进能让别人喜欢你的优良特点。

玛丽安·安德森曾经很感人地描述她早期的生活——她那时事业失败，整个人意志消沉，差点儿要告别舞台。后来，她才慢慢恢复勇气和信心，准备继续为自己的事业奋斗下去。有一天，她兴高采烈地向母亲说道：“我要再唱下去！我要每个人都喜欢我！我要创造完美!”

母亲对她说：“那是个迷人的目标，要知道，人在成就伟大的事业之前，必须先学会谦卑。”玛丽安听了，深有感触，于是下决心在音乐造诣上追求十全十美，而不是“想要”完美。“谦卑先于伟大。”这是母亲给她的忠告。

好莱坞有个小女孩在试镜的时候，十分紧张，几乎没有勇气出场。导演告诉她：“不要把心思放在试镜的结果上，纯粹为了跳舞的乐趣而跳，为上帝而跳吧。”

结果，那女孩放松下来不再紧张，并且试镜之后效果奇佳，最终，获得录用。

赢得别人注意的最好方法，就是不要去担心结果如何，不要太在意别人是不是喜欢我们。只要我们开始采取行动，努力去实践那些将会激发爱和友情的事。我们不妨细心体会一下威廉·奥斯勒爵士所说的话：“不用为朦朦胧胧的未来担忧，只要实实在在地为现在而努力即可。”

作家荷马·柯罗伊是我的一个好朋友，他很有人缘。和他接触过的每一个人——不论是清洁工还是百万富翁，不管男人、女人还是小孩——在与他在一起待 15 分钟之后都会感受到一种温情。因为他们都感到荷马·柯罗伊能让人迅速知道他是喜欢他们的。

小孩子都喜欢跟他亲近，朋友家的佣人愿意极力为他施展厨艺。如果主人说：“荷马·柯罗伊要来!”就没有人会感觉不快。而回到家里，荷马·柯罗伊也深受他太太、女儿和孙子的爱戴。

他如此受欢迎的秘诀说起来很简单——那就是真诚地爱别人。这个人是什么身份、做什么工作与他的哲学无关，他们属于人类这个事实本身已经足够。每次与一个陌生人相遇，他都能立即就结交上，不是靠标榜自己，而是靠询问那个人的一切——那些听起来很琐碎的问题。他并非琐碎的人，而是因为他确实对每一位新结识的人都感兴趣，真心想了解他们。

我曾见过一些倔强的玩世不恭者在经过这种接触之后像见到阳光的花儿一样盛开。这就如同约瑟夫·格洛大使所说：“外交的秘诀可以概括为一句话：‘我想要喜欢你。’”

荷马·柯罗伊从来没有为交朋友的事情烦恼过，他把每一个人都当做朋友，别人是否喜欢他这样，他并不在意，他只会集中心思喜欢别人，而不浪费精力去思考会产生什么样的结果。

一个有经验的推销员懂得对自己能否成功推销产品的担心会给心理造成障碍，这样会影响他适当地介绍他的产品。通用制造公司的董事长哈瑞·布利斯在大学期间靠推销缝纫机为生，他总结说："要想在推销员这个岗位上取得成功，就要忽略自己渴望销售出去的数量，而应该集中心思向客户介绍自己能提供什么样的服务。"

如果一个人将精力用在为他人服务上，就会变得充满难以抗拒的力量。你怎么会拒绝一个企图帮你解决问题的人呢？

"我对推销员们说，"布利斯先生说，"如果他们一天到晚想的都是'我今天要尽力多帮助一些人'而不是'我今天要尽力多卖出一些产品'的话，就会发现接近买主不是那么困难了，然后销售业绩会出奇的好。能够帮助同胞获取快乐、轻松生活的人，是最高级的推销员。"

打高尔夫球时，会有人叮嘱我们不要让眼睛离开球；向成年人传授说话技巧时，我们告诫学生要集中心思在他想要传达的信息上。紧张、害怕都是担心结果的表现，这是不可取的。

几年前，我准备发表一次演讲，据说当时的听众相当难缠，我难免流露出紧张的情绪。我忧心忡忡地问一位朋友，"假如他们不喜欢我，该怎么办？"

"是啊，"朋友回答道，"他们为何要喜欢你呢？你能为他们干什么？你认为自己要讲的内容很重要吗？"

我承认在我看来我讲演的内容很重要。

"不错，"她接着说，"我倒觉得听众喜不喜欢你并不重要，重要的是你有没有把想讲的内容讲出来。至于他们喜欢或讨厌你，又有什么关系呢？你已经胜利完成你的任务。"

朋友的这番话改变了我对演讲的整个看法。我谦卑地体会到自己只不过想传达某些信息，而不是要刻意显露自己的学问或风采。同样，我们的目的是要带给听众一些鼓舞性的思想，以期对他们的生活有所帮助。

得到友谊的最佳方法，是必须注重施予，而不是获得——但应该是亲自赢取得来，而不是靠一时的吸引或哄骗。赢取朋友的能力跟勾肩搭背、与人攀谈、动作滑稽或讲些逗趣的笑话等等的能力没有关系。这是一种心态，是一种愿意把自己的爱、兴趣、注意力及服务精神献给他人的生存理念。

为了得到友谊和情爱，我们必须先认清本末先后，要想赢得爱，先要值得被爱；要想赢得朋友，先要表示友善；要想赢得别人对我们感兴趣，就得先要对他们发生兴趣。

爱是推动人类进步的动力，也是我们与他人交往的基石，更是衡量一个人是否成熟的依据。我们必须感受到他人的感受，要有“人饥己饥，人溺己溺”的敏感，这就是“同理心”，是我们与他人“同在”的一种感觉。假如我们想与他人维持成熟的人际关系，同理心可说是基础。

要让别人喜欢你，先得使自己值得让人喜欢。

◎温和问题，换来肯定

奥弗斯基教授在他的《影响人类的行为》一书中说：“一个否定的反应，是最不容易突破的障碍。当一个人说‘不’时，他所有的人格尊严，都要求他坚持到底。事后他也许觉得自己的‘不’说错了；然而，他必须考虑到宝贵的自尊！既然说出了口，他就得坚持下去。因此，一开始就使对方采取肯定的态度而非否定的态度，是最为重要的！”

善于交际的人，都在一开始就力求得到对方的一些“是的”反应，这样就把对方心理导入肯定的方向。就好像一粒撞击的小球运动，从一个方向打击，它就偏向一方；要使它从反方向回来的话，则要花更大的力。

从生理反应上说，当一个人说“不”，而本意也确实否定的时候，他的整个组织——内分泌、神经、肌肉——全部凝聚成一种抗拒的状态，通常可以看出身体产生了一种收缩或准备收缩的状态。反过来，当一个人说“是”时，身体组织就呈现出前进、接受和开放状态。因此，开始时我们越多地造成“是，是”的环境，就越容易使对方接受我们的想法。

这是一种非常简单的技巧——但是它却被许多人忽略了！在某些人看来，似乎人们只有在一开始就采取反对的态度，才能显示出他们的自尊感。因此，激进派的人一跟保守派的人碰到一块，就必然要愤怒起来！事实上，这又有什么好处呢？如果他只是希望得到一种快感，也许还可以原谅。但假如他要达成什么协议的话，那他就太愚蠢了。

正是这种使用“趋同”的方法，使得纽约市格林尼治储蓄银行的职员詹姆斯·艾伯森，挽回了一名青年主顾。

艾伯森先生说："那个人进来要开一个户头，我照例给他一些表格让他填。有些问题他心甘情愿地回答了，但有些他根本拒绝回答。"

"在我研究为人处世技巧之前，我一定会对那个人说："如果拒绝对银行透露那些材料的话，我们就不让他开户。"我很惭愧过去我就采取那种方式。当然，像那种断然的方法会使我觉得很痛快。我表现出谁才是老板，也表现出银行的规矩不容破坏。但那种态度，当然不能让一个进来的开户头的人，有一种受欢迎、受重视的感觉。"

"我决定那天早上采用一下学到的技巧。我决定不谈论银行所要的，而谈论对方所要的。最重要的，我决意在一开始就使他说'是，是'。因此，我不反对他。我对他说，他拒绝透露的那些资料，并不是绝对必要的。"

"'但是，'我接着说，'假如你把钱存在银行一直等到你去世，难道你不希望银行把这笔钱转移到你那依法有权继承的亲友那里吗？'"

"'哦，当然。'"他回答道。

"我继续说：'你难道不认为，把你最亲近亲属的名字告诉我们是一种很好的方法吗？万一你去世了，我们就能准确而不耽搁地实现你的愿望。'"

"他又说：'是的。'"

"当他发现我们需要的那些资料不是为了我们，而是为了他的时候，那位年轻人的态度软化下来——改变了！"

"在离开银行之前，那位年轻人不但告诉我所有关于他自己的资料，而且在我的建议下，开了一个信托户头，指定他的母亲为受益人，同时还很乐意地回答所有关于他母亲的资料。"西屋公司的推销员约瑟夫·阿立森也有类似的经验："在我的区域内有一个人，我们卖给了他几个发动机。如果这些发动机不出毛病的话，我深信他会填下一张几百个发动机的订单。这是我的期望。"阿立森向大家介绍道。

"我对我们公司的产品很有信心。3个星期之后，我再去见他的时候，我兴致勃勃。但是，我的兴致并没有维持多久，因为那位总工程师对我说：'阿立森，我不能向你买其余的发动机了。'"

"'为什么？'我惊讶地问，'为什么？'"

"'因为你的发动机太热了，我的手不能放上去。'"

"我知道跟他争辩不会有什么好处。因此，我说：'嗯，听我说，史密斯先生，我百分之百地同意你。如果那些发动机太热了，你就不应该买。你的发动机热度不应该超过全国电器制造商公会所立下的标准，是吗？'"

“他同意地说：‘是的。’我已经得到我的第一个‘是’。‘电器制造公会的规定是：设计的发动机可以比室内温度高出华氏 72 度。对不对呢？’‘是的，’他同意，‘的确是的，但你的发动机热多了。’”

“我还是没有跟他争辩。我只是问：‘厂房有多热呢？’”

“‘呵，大约华氏 75 度。’他说。”

“我回答道：‘那么，如果厂房是 75 度，加上 72 度，总共就等于华氏 147 度。如果你把手放在华氏 147 度的热水塞门下面，是不是很烫手呢？”

“他又必须说‘是的’。”

“‘那么，不把手放在发动机上面，不是一个好办法吗？’我提议说。”

“‘嗯，我想你说得不错，’他承认说。我们继续聊了一会儿。接着他叫他的秘书过来，为下月开了一张价值 35 万美元的订单。”

“我花了很多钱，失去了好多生意，才知道跟人家争辩是划不来的，懂得了从别人的观点来看事情使他说‘是的，是的’才更有收获和更有意思。”

被誉为世界上最卓越的口才家之一的苏格拉底，做了一件历史上只有少数人才能做到的事：他彻底地改变了人类的整个思潮。而现在，在他去世 23 个世纪后，这个方法依然如此行之有效。

他的整套方法，现在称之为“苏格拉底妙法”，以得到“是，是”为根据。他所问的问题，都是对方所必须同意的。他不断地得到一个同意又一个同意，直到他拥有许多的“是，是”。他不断地发问，到最后，几乎在没有意识之下，使他的对手发现自己所得到的结论，恰恰是他在几分钟之前所坚决反对的。

以后当我们要自作聪明地对别人说他错了时候，可不要忘了苏格拉底妙法，应提出一个温和的问题——一个会得到对方的“是，是”反应的问题。

◎诱饵钓人，促发渴望

每年夏天，我都会去梅恩钓鱼。我喜欢吃杨梅和奶油，然而基于某些特殊原因，我发现水里的鱼爱吃水虫。

所以在钓鱼的时候，我就不做其他想法，而专心一致地想着鱼儿们所需要的。

我也可以用杨梅或奶油做钓饵，和一条小虫或一只蚱蜢同时放入水里，然后征询鱼儿的意见——“嘿，你要吃哪一种呢？”

为什么我们不用同样的方法来“钓”一个人呢?

有人问到路易特·乔琪，何以那些战时的领袖们，退休后都不问政事，唯独他还身居要职呢?

他告诉人们说，“如果说我手掌大权有要诀的话，那得归功于我的心里明白，当我钓鱼的时候，必须放对鱼饵。”

我们怎么会扯到这上面来，那是无知的，不近情理的?世上唯一能够影响别人的方法，就是谈论人们所要的，同时告诉他，该如何才能获得。

明天你希望别人为你做些什么，你就得把这件事记住，我们可以这样比喻：如果你不让你的孩子吸烟，你无须训斥他，只要告诉孩子，吸烟不能参加棒球队，或者不能在百码竞赛中夺标。不管你要应付小孩，或是一头小牛、一只猿猴，这都是值得你注意的一件事。

有一次，爱默生和他儿子想使一头小牛进入牛棚，他们就犯了一般人常有的错误，只想到自己所需要的，却没有顾虑到那头小牛的立场……爱默生推，他儿子拉。而那头小牛也跟他们一样，只坚持自己的想法，于是就挺起它的腿，强硬地拒绝离开那块草地。

这时，旁边的爱尔兰女佣人看到了这种情形，她虽然不会写作文章，可是对于这些，她颇知道牛马牲畜的感受和习性，她马上想到这头小牛所要的是什么。

女佣人把她的拇指放进小牛的嘴里，让小牛吸吮着她的拇指，然后再温和地引它进入牛棚。

从我们来到这个世界上的第一天开始，我们的每一个举动，每一个出发点，都是为了自己，都是因为我们需要而做。

哈雷·欧佛斯托教授，在他一部颇具影响力的书中谈到，“行动是由人类的基本欲望产生的……对于想要说服别人的人，最好的建议是无论是在商业上、家庭里、学校中、政治上，在别人心念中，激起某种迫切的需要，如果能把这点做成功，那么整个世界都属于他的，再也不会碰钉子，走上穷途末路了。”

明天当你要向某人劝说，让他去做某件事时，未开口前你不妨先自问，“我怎样使他要做这件事?”

这样可以阻止我们，不要在匆忙之下去面对别人，最后导致多说无益，徒劳而无功。

在纽约银行工作的芭芭拉·安德森，为了儿子身体的缘故，想要迁居到亚利桑那州的凤凰城去。于是，她写信给凤凰城的 12 家银行。她的信是这么写的：

敬启者：

我在银行界的10多年经验，也许会使你们快速增长中的银行对我感到兴趣。

本人曾在纽约的“金融业者信托公司”担任过许多不同的业务处理工作，现在则是一家分行的经理。我对许多银行工作，诸如：与存款客户的关系、借贷问题或行政管理等，皆能胜任愉快。

今年5月，我将迁居至凤凰城，故极愿意能为你们的银行贡献一己之长。我将在4月3日的那个礼拜到凤凰城去，如能有机会做进一步深谈，看是能否对你们银行的目标有所助益，则不胜感谢。

芭芭拉·安德森谨上

你认为安德森太太会得到任何回音吗？11家银行表示愿意面谈。所以，她还可以从中选择待遇较好的一家呢！为什么会这样呢？安德森太太并没有陈述自己需要什么，只是说明她可以对银行有什么帮助。她把焦点集中在银行的需要，而非自己。

但是仍然有许多销售人员，终其一生不知从顾客的角度去看事情。曾有过这样一个故事：几年前，我住在纽约一处名叫“森林山庄”的小社区内。一天，我匆匆忙忙跑到车站，碰巧遇见一位房地产经纪人。他经营附近一带的房地产生意已有多年，对“森林山庄”也很熟悉。我问他知不知道我那栋灰泥墙的房子是钢筋还是空心砖，他回答说不知道，然后给了张名片要我打电话给他。第二天，我接到这位房地产经纪人的来信。他在信中回答我的问题了吗？这问题只要一分钟便可以在电话里解决，可是他却没有。他仍然在信中要我打电话给他，并且说明他愿意帮我处理房屋保险事项。

他并不想帮我的忙，他心里想的是帮他自己的忙。

亚拉巴马州伯明翰市的霍华德·卢卡斯告诉我，有两位同在一家公司工作的推销员，如何处理同样一件事务：

“好几年前，我和几个朋友共同经营了一家小公司。就在我们公司附近，有家大保险公司的服务处。这家保险公司的经纪人都分配好辖区，负责我们这一区的有两个人，姑且称他们做卡尔和约翰吧！

“有天早上，卡尔路经我的公司，提到他们一项专为公司主管人员新设立的人寿保险。他想我或许会感兴趣，所以先告诉我一声，等他收集更多资料后再过来详细说明。

“同一天，在休息时间用完咖啡后，约翰看见我们走在人行道上，便叫道：‘嗨，卢卡斯，有件大消息要告诉你们。’他跑过来，很兴奋地谈到公司新创了一项专为主管人员设立的人寿保险（正是卡尔提到的那种），他给了一些重要资料，并且说：‘这项保险是最新的，我要请总公司明天派人来详细说明。请你们先在申请单上签名我送上去，好让他们赶紧办理。’他的热心引起我们的兴趣，虽然都对这个新办法的详细情形还不甚明了，却都不觉上了钩，而且因为木已成舟，更相信约翰必定对这项保险有最基本的了解。约翰不仅把保险卖给我们，卖的项目还多了两倍。

“这生意本是卡尔的，但他表现得还不足以引起我们的关注，以致被约翰捷足先登了。”

这是个充满掠夺、自私自利的世界，所以，少数表现得不自私、愿意帮助别人的人，便能得到极大益处，因为很少人会在这方面跟他竞争。欧文·杨是个著名律师，也是美国有名的商业领袖。他说过：“能设身处地为他人着想，了解别人心里想些什么的人，永远不用担心未来。”

许多推销人员，每天踏破铁鞋，疲累沮丧，所获却并不多。为什么呢？因为他们心里想的都是自己的需要。他们不知道你我并不想买什么东西，如果想的话，也一定会自己出门。顾客总喜欢主动采买——而非被动购买。

“注意别人的观点，引起别人的渴望”，这并不能解释为“操纵别人，使他去做对你有益，而对他却有害”的事。而应该是说：“双方都能因为此事而获利。”在安德森太太发给凤凰城12家银行的信里，在约翰向卢卡斯推销人寿保险的交易行为当中，双方都因处理事务的方式得当而彼此获利。

我曾为一些大学毕业生开讲《有效谈话》的课程。这些毕业生刚进入“开利公司”工作，其中一名学生想利用休息时间打打篮球，于是他便这样去说服其他人：“我要你们出来打篮球。我喜欢打篮球。但是，前几回我到体育馆的时候，人数总是不够。我们当中的两三人，一直把球传来传去——我还被球打得鼻青脸肿。希望你们明天晚上都过来打，我喜欢打篮球。”

这名学生谈到别人的需要吗？我想，假如别人都不愿去体育馆的话，你也不一定不会去的。你不会在意那名学生想要什么，你也不想被打得鼻青脸肿。

这名学生有没有办法让你们觉得，假如你们到体育馆去，可以得到许多东西。像更有活力、会更有胃口、脑筋更清醒、得到许多乐趣等等。

我们再重复一遍欧佛斯托教授充满智慧的忠言：“要首先引起别人的渴望，凡能这么做的人，世人必与他在一起。这种人永不寂寞。”

训练班有名学生，一直为自己的小儿子操心不已。他的小男孩体重过轻，而且不肯好好吃东西。这对父母用的是大家最常用的方法——责备和唠叨。“妈妈要你吃这个和那个。”“爸爸要你以后长得高大强壮。”这个小男孩听得进多少这类的要求？这就好像把一撮沙子丢到海滨沙地一样。

只要你对动物还有一点认识，你就不会要求一名 3 岁小孩，对他 30 多岁父亲的看法会有什么反应，更不要说完全依照父亲所期待的去做，那是荒谬无理的。这名学员后来也发现错误，便告诉自己：“我的儿子想要什么？我如何能把自己的需要和他的需要联结起来？”只要这位父亲一开始想，问题就变得容易多了。

小男孩有一部三轮车，他最喜欢在自家门口附近骑着到处跑。但是街的另一头住了一个喜欢欺负弱小的大男孩，常常把小男孩从车上拉下来，然后把车子骑走。自然，小男孩会哭叫着跑回家去，然后妈妈便会跑出来，先把大男孩从三轮车上赶开，再让小男孩骑着车子回家。这事几乎每天发生。所以小男孩想要什么，这并不需要侦探福尔摩斯来回答。

小男孩的自尊、愤怒和渴望具有重要性——所有他性格中最强烈的情绪——都促使他要采取报复行动，最好能一拳把那大男孩的鼻子打扁。这时，这位父亲就趁机向小男孩解释，假如他能把妈妈所给的食物吃下去，终有一天能够强壮得把大男孩狠揍一顿。此法果然奏效，小男孩从此不再有饮食方面的问题。他肯吃菠菜、泡菜、腌鲭鱼——凡是可以让他快快长大的食物都吃。因为他实在太渴望早日把那个大男孩狠揍一顿，好一解长久以来所受的怨气。

解决了这个问题之后，这对父母又得处理另一个问题：原来小男孩一直有尿床的坏习惯。小男孩与祖母同睡，每天早上，祖母醒过来发现被单是湿的，便会说：“强尼，看，你昨晚又尿床了！”小男孩就会回答：“不是我，是你自己尿床。”

责备、处罚、取笑或一再警告，所有能用的方法都用遍了，就是无法让他改掉这个坏习惯。那么，如何才能让孩子自己想要不尿床？

小男孩调皮地回答，他想要一套像爸爸一样的睡衣，而不是现在所穿的睡袍，那看起来像祖母穿的。老祖母早已受够小男孩尿床的坏习惯，所以很乐意买一套那样的睡衣送给他。他还想要一张自己的床。祖母也不反对。

小男孩的母亲也带他到家具店去。她先对店里的女店员眨眼示意，然后说道：“这位小男士想要买些东西。”

“年轻人，我可以帮什么忙吗？你想要什么东西？”

这话使小男孩深觉自己的重要。他尽量站得使自己看起来高些，然后回答：“我要给自己买张床。”

女店员便带小男孩看了好几张床。等男孩的母亲示意哪一张比较合适，女店员便说服小男孩把它买下来。

第二天，床送来了。当天晚上，父亲回家的时候，小男孩就赶紧拉着爸爸到楼上看他的床。

父亲看了那张新床，然后真诚而慷慨地发出赞美之言，“你不会把这张床尿湿吧，会吗？”

“哦，不会的，不会的，我不会再把床尿湿了。”小男孩果然遵守诺言，因为这里面有他的尊严，而且，这是他自己买的床。他现在穿着和父亲一样的睡衣，完全像个小大人了，所以他也要举止行为像个小大人一样。

另一个电话工程师，他无法叫 3 岁大的女儿吃早餐，无论怎么责备、哄骗或要求，都无济于事。这个小女孩喜欢模仿母亲，喜欢觉得自己已长大成人。所以，有天早上，这对父母就把小女孩放在椅子上，让她自己准备早餐。果然小女孩弄得十分起劲，一看见父亲进到厨房便叫道：“爸爸，看，今天早上我自己调麦片!”她吃了两份麦片，完全不用哄骗，因为这不但使她兴趣盎然，更使她觉得“深具重要性”。她完全在调制麦片的过程当中，找到了自我表现的途径。

自我表现是人类天性中最主要的需求。我们也可以把这项心理需求用在商业交易上。当我们想出一个好主意的时候，别让其他人以为那是我们的专利。不妨让他们自己去调制那些观念，他们会认为那是自己的主意，也会因特别喜爱而多摄取了好些的分量。

我们应记住：要首先引起别人的渴望。凡能这么做的人，世人必与他在一起。这种人永不寂寞。

◎汲取力量，提升交际

一个人从别人那里所吸收的能量愈大、质量愈好、种类愈多，则其个人的力量愈大。假使他在社交上、精神上、道德上同他的同辈有多方面的接触，那么他一定是个有力量的人。反之，假使他在人我之间断绝关系，那么他一定会成为弱者。

人类需要各种精神食粮，而这各种精神食粮，只有在同各种各样的人们相处相交中得来。这就像枝头上葡萄累累、色汁液的甜蜜，其色香的醇美，都是从葡萄藤的主藤上来的一样。树枝本身不能生存，把树枝从树干上砍掉，树枝定会萎黄枯死。个人的力量也是从“人类树干”中得来的。

在同一个人格坚强伟大的人相面对、相接触的时候，常常能觉得自己的力量会突然增加几倍，自己的智慧会突然提高几倍，自己的各部分机能会突然锐利了几分，仿佛自己以前所梦想不到的隐藏在生命中的力量，都被他解放了出来，以至使自己可以说出、做出在一人独处时、在没有同他接触时，所决不能说出、不能做出的事情。

演说家的演讲可以唤起听众的同情，因而发出伟大的力量。但是假使他在“没有人”或者和个别人的情况下讲话，则他绝不能生出这种大力量来，正像化学家绝不能使分贮在各只瓶中的药品发生化学作用一样。新的力量、新的影响、新的创造，只有在“接触”和“联系”中才能得来。

常能同他人相处相交的人，仿佛永远在他的“发现航程”中能发现自己生命中的新的“力量岛屿”，而若是他不常同别人接触，这种“力量岛屿”是会永远埋没无闻的。

只要他愿意探取，凡他结交的每一个人，都能告诉他若干的秘密，若干闻所未闻却足以辅助他的前程、加强他的生命的东西。没有人能孤独地发现他自己，别人总是他的发现者！

我们大部分的成就总是蒙受他人之赐。他人常在无形之中把希望、鼓励、辅助投入我们的生命中，在精神上振奋我们，使我们的各种能力趋于锐利。

我们生命的生长，都依靠我们的心灵从四处吸收营养，而这种营养，我们的感觉是不能觉察、测量的。从表面上看，我们是从耳目中吸收进“力量”的，但在事实上，这种力量的吸收绝不是取道于官能的视觉、听觉神经的。

一幅名画中最伟大的东西，不在于画布上的色彩、影子或格式上，而是在这一切背后的画家的人格中——那黏着在他的生命中，那为他所传袭、所经历的一切的总和所构成的一种伟大力量！

大学教育的大部分价值，都是从师生同学间感情的交流、人格的陶冶中所得来的。他们的心相摩擦，刺激起各人的志向，提高各人的理想，启示新的希望、新的光明，并将各人的各种机能琢磨成器。书本上的知识是有价的，然而从心灵的沟通中所得来的知识是无价的。

假使你不能同别人的生活发生密切的关系，不能培养起你的丰富的同情心，不能在别人的事上发生兴趣，不能辅助别人，不能分担别人的痛苦、共享别人的快乐，则不管你学问怎样好、成就怎样大，你的生命仍是冷酷的、无友的、孤独的、不受欢迎的。

试着常同比你优越的人交往。这并不是说，你应当和比你更有钱的人交往，而是说你应当同人格、品行、学问、道德都胜过你的人交往，因为这样你就能尽量吸收到种种对你的生命有益的东西，就可以提高你自己的理想，可以鼓励你趋向于高尚的事情，可以使你对事业激起更大的努力来。

脑海与脑海之间，心灵与心灵之间，有着一种伟大的“感应”力量。这种“感应”力量，虽无法测量，然而它的刺激力、它的破坏及建设力是十分巨大的。假使你常同比你低下的人混在一起，则他们一定会把你拖陷下去，一定会降低你的志愿和理想。

错过与一个胜过我们自己的人相交往的机会，实在是一个很大的不幸，因为我们常能从这个人身上得到许多益处。只有从“交往”中，生命中粗糙的部分才可以擦去，我们才可以琢磨成器。同一个能够启发我们生命中的最美善的部分的人相交的机会，其价值远胜过于发财获利的机会，它能使我们的力量增加百倍。

第六篇

《卡耐基写给女人一生幸福的忠告》

呵护爱情的箴言

◎婚姻为什么会出现裂痕

当你的婚姻出现裂痕时，你是意气用事、大吵一顿，还是心平气和地问问自己“为什么婚姻会出问题?”

狄克斯是关于婚姻问题的美国第一权威，他宣称50%以上的婚姻是失败的，他知道这么多罗曼史的梦，会在离婚的石上撞碎的一个原因，就是因为批评——令人心碎的批评，是无用的。所以如果你要保持你的家庭生活快乐，记住不要批评。除了批评，事实上我们还有更多的事情要做。

美国杂志在1933年6月份刊出艾麦特·克鲁西一篇叫做《婚姻为什么出问题》的文章。下面那些问题，就是从这篇文章中转载过来的。当你答复这些问题的时候，你或许会发现这些问题很值得一答。如果每个问题你的答复是“是”的话，一题就可得十分。

问丈夫的问题：

1. 你是否还在“追求”你的太太，如偶尔送她一束花，记住她的生日和结婚纪念日，或出乎她意料的殷勤，非她所预期的体贴?

2. 你是否注意永远不在他人面前批评她?

3. 除了家庭开支以外，你是否还给她一些钱，让她随意使用?

4. 你是否花精神去了解各种女性方面的情绪问题，并帮助她度过疲倦、紧张和不安的时期?

5. 你是否至少空出你一半的娱乐时间，跟你太太共度?

6. 除了可以显示她的长处，你是否机智地避免你太太的烹调手艺和理家本领跟你母亲或某某人的太太相比较?

7. 对于她的知识生活、她的俱乐部和社团、她所看的书，和她对地方行政的看法，你是否也有一定的兴趣?

8. 你是否能够让她和其他男人跳舞，和接受他们的友谊照顾，而不会说些吃醋的话?

9. 你是否经常注意找机会夸奖她，和你对她的赞赏?

10. 关于她为你做的小事情，如缝纽扣、补袜子、把衣服送去洗，你是否会谢谢她?

问太太的问题：

1. 你会让丈夫在处理他自己的工作方面有完全的自由吗? 比如尽量不去议论和他交往的人，他选的秘书，给他一定的自由时间等。

2. 你是否使家庭更有情趣?

3. 你是否在做饭时，经常注意调节搭配?

4. 你是否对你丈夫的事业有一定的了解，能和他作良性的探讨?

5. 你是否能勇敢地、愉快地面对家庭财政出现的危机，而且不会抓住他的错误不放，或用不满的态度把他和成功的人作比较?

6. 你是否尽力地和他的母亲或其他亲戚很好地相处?

7. 你在买衣服时，是否考虑他对颜色和样式喜不喜欢?

8. 你是否会为了家庭和睦，而不那么固执己见?

9. 你是否培养对丈夫的爱好的兴趣，能和他一起玩得很高兴?

10. 你是否注意社会上新的信息，以便能和丈夫有趣地交流?

◎在婚姻中寻找幸福的影子

“爱与被爱都是世界上最美好、最幸福的感觉。”19 世纪俄国最伟大的作家托尔斯泰曾这样说过。

霍尔姆斯说：“美是伟大的，但是衣物、房子和家具之美仅仅是用于衬托家庭之爱的装饰，即使把世界上所有华丽的东西堆积起来都比不上一个美好的家庭。因此，我将对自己的家庭更多地付出我的真爱，哪怕一点点，也胜过很多的家具和世界上所有的设计师能够提供的最华丽的物品。”

杰勒米·泰勒则说："步入婚姻的殿堂比单身生活使人更有安全感，尽管两人生活不一定更舒适，但它确实更令人感到安全。婚姻可能使你更快乐，也可能使你更感悲伤；婚姻可能使生活有更多的欢乐，也可能使生活有更多的痛苦；婚姻会使你背负更重的担子，但是同样会以爱和宽厚的力量来支撑你。无论如何，婚姻仍然令人感到非常愉快。同样，婚姻也是人类之母，使人类延续，使国家强大。"

一位思想家曾说过，女人是来自于天堂的珍贵礼物，带着连无所不能的上帝都无法给予的伟大的爱；她会净化、抚慰和照亮我们的家庭、社会和国家；很少有人能意识到女人的这些价值，除非那个人的母亲与他共同生活了相当长的时间，才会使他明白；或是因为发生了一些重大的人生变故，当他连续失意、遭到所有人的抛弃时，他的妻子却坚定地站在他的身边，使他重新树立了对生活的全新信念，才会使他明白。

稳固的婚姻，使男女之间建立了一种在两性之间无法用其他方式建立的情感和兴趣的联系。

拉法耶特将军在美国时认识了两个年轻人。"你结婚了吗?"拉法耶特将军问其中一个。"是的，长官。"这位年轻人回答说。"你是个幸福的男人。"拉法耶特将军说。随后，他用同样的问题问了另一个年轻人，得到的回答是："我还是一个单身汉。""多么不幸的家伙啊!"将军说。这就是对婚姻问题的最好评论。

对于一个由于对婚后生活心存顾虑而逃避婚姻的男人来说，他事实上是由于对微不足道的烦恼的恐惧，而与一生的幸福擦肩而过。这种人和那些为了免除鸡眼带来的疼痛而将整个脚或手切除并且还沾沾自喜的人不相上下。

有一些男人从来没有结婚，而且按通常的标准来衡量，他们的生活是成功的。但是，那些了解他们或者详细阅读过他们资料的人会感到，这样的人生尽管成功却算不上完整。

"'家'这个词包含着许多内容，"一位诗人说，"它可以唤醒我们心中最美好的情感，不仅仅是给予你'家'的亲人们才会使你感到亲切，而且从小居住地周围的小山、岩石、小溪也会使人迷恋。弹起悠扬的竖琴，唱起'家，甜蜜的家'，这是多么自然而然的感觉。"饱含感情的路德在谈及他的妻子时说："只要和她在一起，即便再怎么清贫，我也甘之如饴；如果失去她的话，万贯家财对我也毫无意义。"

家庭是社会的细胞，是幸福的温床、神圣的乐园。很多人把家庭当成自己成功的动力，事实确实如此，如果一个人有一个幸福美满的家庭，那么他在自己的工作上也容易取得很大的成就。反之，如果整天困扰于家庭纠纷之中，就很难把工作做得出色。人人都需要并追求一个幸福的家庭，以爱情为基础的婚姻是家庭幸福的基础，美满的家庭能使人享受天伦之乐。

家庭的建立以婚姻为前提。婚姻是男女两性之间的一种特殊社会关系，家庭既体现着以两性关系为特征的社会关系，又体现着以血缘关系为特征的社会关系。婚姻是家庭赖以存在的前提，家庭是婚姻的必然结果。

无论社会怎样发展，家庭作为人类情感的避风港这个职能在当今社会越来越受到重视。高质量的家庭——以爱为基础的、幸福美满的家庭是当今社会人们的共同奋斗目标。

家庭是幸福的温床，但它又不是静止的，而是变动的。它是随着社会的发展而变化的。当今，世界上科学技术的巨大进步和生产力的发展、社会的深刻变革给家庭这座亘古以来便给人以慰藉的快乐宫殿带来了巨大的冲击：离婚率上升、少年犯罪增多、代沟裂痕扩大、未婚同居、遗产、家庭暴力等现象越来越严重。这些使人们不由得想到这样的问题：什么样的家庭才算美满幸福的家庭？如何才能得到一个美满幸福的家庭？探讨这些问题，必须与社会的变化对家庭的影响相联系。

第一，家庭幸福需要相互了解。

要幸福，就要了解别人。要认识到别人不会和你完全相同。他不可能和你一样思考，他所喜欢的东西不一定就是你所喜欢的东西。当你认识到这一点时，你更易于发展积极的心态，更易于做一些事情，使得别人能做出称心的反应。

磁铁相反的两极互相吸引，而具备相反性格特点的人们也是这样。一个有进取心、有雄心、有信心，并且具有巨大的内驱力、能力和毅力的人，与一个易满足、胆怯、害羞、机智和谦逊，还可能包括缺少自信心的人在一起时，经常会互相吸引，互相补充、加强和完善。他们联合以后，便可融合他们的性格，这样，每个人的缺点也就互相抵消了。

假如你同一个性格恰好与你相同的人结了婚，你会感觉幸福和受到鼓舞吗？你如果做出真实的回答，那也许是“不”。

同样，父母和子女之间也应当通过互相了解，增进沟通。家庭中许多不幸正是因为孩子们不了解、不尊重他们的父母所造成的。但这是谁的过失呢？是孩子的？还是父母的？或者是双方的？

不久以前，在一次培训课结束之后，我曾和一位大企业的总裁单独做了一次交谈。这位大企业家因为工作卓越，大名曾出现在美国各大报纸显要的版面上，但是，在我见到他的那一天，他却满脸忧愁，无精打采，事业上的风光并不能掩盖他生活中的失败。“没有人喜欢我！甚至我的孩子们也恨我！这是为何呢?”他问道。

实际上，他是一个心地善良的人。他给了孩子们金钱所可以买到的所有东西，为他们创造了安逸的生活。但是，他阻止孩子们取得某些必需品，这些东西曾经迫使他在童年时代取得力量，从而发展为一个成功的人。他力图使孩子们远离生活中那些对他来说丑陋的东西。他灭绝了孩子们奋斗的必要性，让他们不再像他过去那样必须进行奋斗。当他的儿女还是孩子的时候，他从未要求或盼望他们尊重他，而他也从未得到过尊重。然而他确定，孩子们了解他，并不需要努力去探索。

事情本来会与此迥然不同，假如他真的教育孩子们要尊重人，并且至少部分地依靠艰苦奋斗，依靠自己的力量安排自己的生活。他给了孩子们幸福，却没有教育他们使别人幸福，因而使自己更幸福。假如在他们成长的时候，他就信任他们，并且告诉他们，为了他们的利益，自己曾历尽坎坷，或许他们早就更加了解他了。

可是，这位企业家，或者和他处在同样境况中的任何人，没有必要依然处在不愉快中。他能把他法宝的积极的心态那一面翻过来，尽力使自己为他亲爱的人所熟悉和了解。

假如他能表明他热爱孩子的方式是同他们分享他自己的优点，而不是只给他们提供那些物质的东西；假如他能同他们自由地分享他的优点，正像分享他的金钱一样，他就会体验到孩子们由于爱和了解所回报的丰富报酬。

第二，用语言浇开幸福之花。

无论你是谁——你都能够是一个绝妙的人！但是某些个别的人可能不是这样想。假如你觉得他们对于你所说的话、所做的事反应不当，并含有不应有的对立，你对这事就要采取一些措施。他们，正与你一样，也是通情达理的。

别人对你做出的令人不快乐的反应，可能是因为你所说的话以及你说这些话的方式或态度不当。话音经常能反映说话人的语气、态度和心中潜在的思想。你要认识到过失在于你，这可能是困难的，当你认识到过失确实在于你时，你要采取主动，改正错误，这或许是同样困难的——可是你能做到这一点。

假如别人说的话或者说话的方式使你的感情受到伤害，那就很可能是因为你自己说了什么错话或者说话的方式不对而冒犯了别人。断定了你的感情受到伤害的真正原因，你才能避免使得别人做出同样的反应。

假如你发觉某人对你说话的声调和态度不大喜欢，你就应该避免使用这样的声调和态度，以免冒犯别人。

假如某人用一种发怒的声音向你叫喊而使你感觉十分不快，你就要想到假如你用那种声音对别人叫喊，也会使别人感到不快——即便他是你5岁的儿子，或者很亲密的亲戚。

假如一个人误解了你的好意，你就该表明你的真心，以消除误会。假如你喜欢受到称赞，假如你喜欢人家记住你，如果你得悉某人在怀念你，你就觉得愉快。你应该确信：假如你称赞别人，或者写一封短信，让他们了解你在想念他们，他们一定会很高兴的。

第三，利用书信增进幸福。

彼此分离的人，假如常有书信往来，反而会觉得更亲密。有许多分居两地的人之所以举行了婚礼，就是因为在分别之后，他们的爱情通过书信反而变得更深厚的缘故。

通过书信交流，双方能够增强理解。每个人都能在信件中表达自己真正的内心思想。表达爱情的信件不必、也不应当因结婚而中止。马克·吐温天天都给他的妻子写情书，甚至当他们都在家的时候，也是如此，他们在一起过着确实幸福的生活。

你要写信，就一定得思考，把你的思想提炼在纸上。你能够借助回忆过去、分析现在和展望将来发挥你的想象力。你越是常写信，你就越对写信感兴趣。你写信时最好采用提问的方式，这样，易使收信人给你回信。当他回信的时候，他就成了作者，你就能够体验到收信人的欢乐。

你的收信人是依据你的思路进行思考的。假如你的信是经过周详考虑写下的，它就能使收信人的理智和情绪沿着你指引的路径前进。收信人读你的信时，信中令人鼓舞的思想被记录在他的下意识心理中，将不可磨灭地深印在他的记忆里。

第四，乐在知足。

有一位作家写过一篇文章，它的标题是《满足》。我觉得它可能会给你带来一定的启发，下面是我对其中一些精辟见解的摘录：

> 全世界最富有的人住在“幸福谷”。
>
> 他富有历久不衰的人生理想，富有他所不能失去的东西，这些东西可以给他提供满足、健康、宁静的心情和内心的谐和。
>
> 以下是他的财产清单，它们本身明确了他是怎样获得这些财产的：
>
> 我获得幸福的办法就是帮助别人获得幸福。

我获得健康的办法就是生活有节制，我只吃维持我的身体健康所必需的食物。

我不怨恨任何人，不嫉妒任何人，而是热爱和尊敬全人类。

我从事我所喜爱的劳动，我还把游戏与劳动相结合，所以我很少感到疲劳。我每天祈祷，不是为了更多的财富，而是为了更多的智慧，用以认识、利用、享受我所已经拥有的诸多财富。

我不应用辱骂的语言。我不要求所有人的恩赐，只要求我有权把我的幸事分享给那些需要帮助的人。

我和我良心的关系良好，所以它总是指导我正确处理一切事情。我所拥有的物质财富多于我的需要。由于我清除了贪婪之心。

我只需要在我有生之年能用于建设的那部分财富。

我的财富取自分享了我的幸事而受益的那些人。

我所拥有的"幸福谷"的资产当然是不能课税的。

它主要以无形财富的形式存在于我的心里，这种财富无法估计价值，也不能被占用，除去那些能接受我的生活方式的人。我用了一生的时间，尽力观察自然的规律，形成了遵循自然规律的习惯，因而创造了这种财产。

"幸福谷"中的人的成功信条是没有版权的。这些信条也可以给你带来智慧、宁静和满足。

宾斯托克在他的著作《信任的力量》中谈到幸福的问题时说：人类是一起诞生的，整个人类原是一个整体。正是人类所形成的世界把人类分开了。多么愚蠢的世界！多么虚伪的世界！多么恐惧的世界！假如人类有了信任的力量，就可让人类重新聚集到一起——信任他自己，信任他的同胞，信任他的命运，信任他的上帝。那时，仅有那时，人类才能真正成为一个整体。那时，仅有那时，人类才能找到幸福和宁静。

◎在小地方表现体贴

自古以来，花就被认为是爱的语言。它们不必花费你多少钱，在花季的时候尤其便宜，而且常常街角上就有人在贩卖。但是从一般丈夫买一束水仙花回家的情形之少来看，你或许会认为它们像兰花那样贵，像长在阿尔卑斯山高入云霄的峭壁上的薄云草那样难以买到。

为什么要等到太太生病住院，才为她买一束花？为什么不在明天晚上就为她买一束玫瑰花？你是喜欢试验的人，那就试试看会有什么结果。

乔治·柯汉在百老汇那么忙，但他每天都要打两次电话给他母亲，一直到她去世为止。你是不是会认为每次他都能够告诉她一些惊人的消息？没有。这些小事的意义是：向你所爱的人表示你在想念着她，你想使她高兴，而你心里非常重视她是否幸福快乐。

女人非常重视自己的生日和结婚周年纪念——为什么这样，这将是永远没有人明白的女性神秘之一。一般的男人虽然不记得许多日子，但仍然能够凑合着过一生，但有些日子他还是必须记住的：1492 年哥伦布发现新大陆，1776 年美国独立，他太太的生日以及他自己结婚的年月日。不然的话，他甚至还可以不管前面那两个日子——但绝对不可以忘记后面这两个！

太多的男人低估在这些日常而又小的地方表示体贴的重要性。正如盖诺·麦道斯在《评论画报》中一篇文章所说的："美国家庭真需要弄一些新噱头。例如，床上吃早饭，就是大多数女人喜欢放纵一下的事情。在床上吃早饭，对于女人，就像私人俱乐部对于男人一样，有很大的功效。"

这就是长久婚姻的真相——一连串细琐的小事情。忽视这些小事的夫妇，就会不和。艾德娜·圣·文生·米蕾在她一篇小的押韵诗中说得好：

"并不是失去的爱破坏我美好的时光，

但爱的失去，尽都是在小小的地方。"

这是值得记下来的一节好诗。在雷诺有好几个法院，一星期有六天为人办理结婚和离婚，而每有十对来结婚，就有一对来离婚。这些婚姻的破灭，你想究竟有多少是由于真正的悲剧呢？我敢向你保证，真是少之又少了。假如你能够从早到晚坐在那里，听听那些不快乐的丈夫和妻子所说的话，你就知道"爱的失去，尽都是在小小的地方"。

拿出一把小刀来，把下面一段话割下来，然后贴在帽子里面或贴在镜子上面，好让你每天早上刮胡子的时候都可以看到。

"凡事一逝不可追，因此，凡是有益于任何人，而我又可以做的事情，或是我可以向任何人表示亲切的事情，我现在就去做。不可因循，不可疏忽，因为凡事一逝不可追。"

大多数的男人，忽略在日常的小地方上表示体贴。他们不知道：爱的失去，尽都是在细微之处。

◎培育成熟之爱

爱是世界上谈论最多，却也是最不易弄清楚的一个课题。它激发了艺术家的灵感，是婚姻和家庭的基础——失去或缺乏爱，会使人格破碎或阻碍人格的正常发展。

我们大多数人往往对爱具有狭窄、单向的概念，而且完全从家庭或性关系的角度来理解它，同时将它和占有、自负、姑息、依赖等混淆在一起。

直到最近，爱才被认为是一个严肃的科学课题。许多心理学家、医生和科学家给予爱更多的思考和研究，将它视为人类的基本需要以及还未加以探索的人类事务中一大影响和力量的源泉。基于这些发现，我们可能要将对于爱的一些传统观念加以修正和扩充。

爱和成熟有什么关系呢？罗洛·梅伊博士回答了这个问题。在他最近出版的《人的自我追寻》一书中写道："能够付出和接受成熟的爱，是一个符合我们为完全人格所定的标准的人。"

梅伊博士同时断定大多数人都不知道如何付出和接受爱，一般人对爱的观念既矫情又幼稚。例如，一个将一生完全奉献给自己的丈夫和子女，以致与世界其他一切完全隔绝的妈妈，她的占有欲就胜过于她的爱。真正的爱不是局限，而是扩展。一个崇拜女人到无法找到任何可以与之相比的境地的男人，不该被看作是"有爱心的"男性的模范——他是感情发展受到局限，仍然停留在婴儿时期依赖心态的一个案例。依恋和爱是两回事儿。

也许先弄清楚什么不是爱，再来肯定那种使得人格增强、成熟的爱比较容易些。

首先，爱与我们经常在电影中看到的那种男女相会、玫瑰与香槟式的罗曼史，或小说家偏爱的那种性剥削的激情少有相关之处。爱不限于年轻美貌的人。

泌尿科专家和美国婚姻顾问协会主席亚伯拉罕·史东博士告诉我们，当我们说"我爱"时，其真正的意思大多是"我要"、"我想要拥有"、"我从……得到满足"、"我利用"甚至"我感到罪恶"。这是科学家所谓的"假爱"。

许多父母用"爱"作为放纵子女的借口。实际上，他们是在以溺爱来推卸自己的责任，并不是在帮助子女成长。纽约杜布斯波克的儿童村，是一个致力于重新训练需要指导的问题儿童的机构。理事史泰龙说："每一天我们都在解除将爱与姑息混淆的父母所造成的伤害。"

成熟之爱的观念是耶稣所说"爱邻如爱己"时心中所抱持的那种观念；是柏拉图在"对话录"中所分析的那种爱——从个人的关系开始，扩展到全人类和宇宙。爱的要素都是相同的，不管是夫妻之间的爱、父母与子女之间的爱或个人与全人类之间的爱。

人类之间的真爱不会阻碍人的成长，它肯定人的其他方面的人格，促进其成长发展。

我认识好多父母常常对女儿的婚姻愤愤不已，只因为女儿企图嫁到某个遥远的地方。记得有一个母亲曾悲叹说："为什么简就不能找一个本地男孩结婚？我们也好经常见到她了。我们为她奋斗了一辈子，而她却这么报答我们，去嫁给一个把她带到千里之外的地方去的人！"

如果你说她这样做并不是爱自己的女儿时，她一定会很吃惊。她是将占有和满足自我跟爱弄混淆了。

爱的真谛不是紧紧守住自己所爱的人，而是放手任他（她）走。成熟的人不会占有任何人的感情，他让所爱的人自由，就如同让自己自由一样。这就像其他的创造性力量一样，爱存在于自由之中。

作家普瑞西拉·罗伯逊在《竖琴家》杂志上为爱下过这样的定义："爱，就是给你爱的人他所需要的东西，为了他而不是为了你自己。想想别人把你所需要的东西送给你时的感受。爱包含给予孩子他们所需要的独立，而不是那种所谓的'家长主义'的剥削和专制。爱包含各种性关系，但不是对自负或青春的狂乱追求的那种性格的利用。我的定义还包括你给予那些曾经让你明白自己是哪种人、你会成为哪种人的少数几个人——老师和朋友。它也包含善良——对全人类的关怀，它不是给一个需要面包的人投以石头，也不是在他需要理解时给他面包。"

"我们认识好多总是自作聪明的'善心'人，他们把我们不想要的硬塞给我们，而愚蠢地留住我们需要的东西。我认为这些人不应归入有爱心的人的行列，而且我想心理学家们也会得出他们无用的爱心不经意地制造了敌意的结论。"

没有什么比"爱是盲目的"这句老话更能误导一个人了。只有擦亮爱的眼睛，我们才能看清身边的人们。我们体内有一个随意或冷漠的自我，一个我们怕招致伤害或误解而宁愿隐藏起来的敏感、封闭的自我。我们采用各种姿态或伪装保护它——沉默、害羞、进取、坚强等等，内心却又一直希望有人会帮助我们发掘内在的真正自我。爱可以透视人心，具有特殊的洞察力，它能为“她爱他什么”这个永恒的问题提供答案。

关怀我们所爱的人的成长和发展，肯定和鼓励他们个性化的存在，尊重他们的本来姿态，创造自由和温情的气氛，这些都是想要学会爱所应持的态度。爱为他人提供了可以在爱中成长的土壤、环境和营养。

嫉妒是一种经常与爱混为一谈的感情。事实上，它是我们对自己激发情爱的能力缺乏自信的结果以及一种占有、俘虏他人的欲望。用付出来取代这种占有的欲望就可以克服嫉妒。在此举一个克服嫉妒学会爱人的女人的例子。她说：我曾陷入嫉妒中无法自拔。我活在怕失去丈夫的恐惧之中。并不是他给了我嫉妒的任何理由，如果是这样，我反而会少受一点痛苦，因为这样一来，就可以避免那些恐惧和因神经质而自我想象出来的羞辱感。我偏执得像卡通电影里那可笑的妻子一样搜丈夫的口袋，查看汽车烟灰缸里的东西。我常常哭着入睡，白天却生出一些新的疑心。

有一天，我照镜子。我看见一个不可爱的人——我自己。头发散乱、没有化妆、面容憔悴——而我穿的衣服看起来就像套在扫帚柄上的一个大袋子一样！“海伦，”我对自己说，“你怕失去丈夫。如果你真的失去了他，你能怪他吗？你想怎么办？”我决心实行一个计划。我开始减少擦地板和家具的时间而多留心自己的仪表。我每天下午都休息，增加了一些非常需要的体重。而且找到一份卖化妆品的工作，学习使用它。当我开始显得比较好看，感觉上也比较舒服时，我发现自己的态度慢慢地改变了。丈夫也感觉到我的变化，他的反应扫除了我心中的疑云。我利用原来浪费在嫉妒上的精力，使自己成为我丈夫理想中的妻子。

这个女人一旦了解到爱不是命令而是肯定时，她便获得了爱的能力。

当我们发现占有、嫉妒和支配这些异质的因子进入我们心中时，对他人真实的爱便逐渐消失。如果让野草肆意蔓生而不加以清除的话，世界上最美的花园都会荒芜。

家庭关系的悲剧之一，是因为我们经常不知不觉地以爱的名义给他人造成伤害。过分严厉的父母告诉自己说之所以那样做是“为了小孩好”；溺爱纵容的父母说他们是为了子女的“幸福”着想。俄亥俄州哥伦布的S. P. 艾伦太太讲述了有关这方面难题的一个动人故事。几年前，艾伦太太在和她丈夫离婚之后，发现自己面临着照顾自己和两个小孩的重任，她被母兼父职的责任压得喘不过气来。她感到为了培养好他们必须要严厉的管教。

“我订下法规，”艾伦太太说，“不接受任何借口。我不和小孩商量或者费心地去听他们的意见——而且还严格告诉他们什么时候必须做什么事。他们没有独立思考的机会，只有一套必须遵守的规则。”

“我们家起了微妙的变化。刚开始，小孩们一见到我就躲开。他们躲避我任何示爱的企图。最后我了解到他们怕我，怕他们的妈妈！”

“我反省了一下自己，得出结论，我的所作所为的出发点根本不是为孩子着想，不过是我把因离婚产生出来的压抑情绪发泄在他们身上。我在让孩子无形中承担我个人过错造成的苦难。难怪他们做出明显的反应，虽然他们还不了解。”

“我开始破除这种压在他们身上的无形的压力。我向上帝求援，试着从新的角度发现孩子，首先把他们作为人，而不是作为负担或责任看待。我放下一些家务，抽时间多跟孩子在一起，陪他们玩游戏或到一些有趣的地方去。我学会了指导他们而不是只会下命令。”

“当我的心情放松下来时，欢笑和歌声又重新回到了我们中间。爱、温情与快乐在我和孩子们的身上互相反映，我们的关系得到恢复进而增强。有了这样的气氛，所有问题都变得简单而容易解决了。”

艾伦太太学到的是爱，而且学会了用爱去治疗家庭生活的创伤。

爱的能力，不仅决定着我们与家人的亲密程度，而且也决定了我们与他人的关系。我们对朋友、工作、住地以及世界的态度，大多由我们对家庭所付出和接受的那种爱来决定。

心理学家米尔顿·格林布拉特说：“如果一个孩子能接受爱的教育，那么他懂得了自爱和爱他的家人，直至以利他主义者的胸怀真诚地爱所有的人。”

亚希莱·孟德斯博士在他的《人类发展的方向》一书中指出，几乎所有的宗教都认为，生活和爱其实是同一个概念。他总结道：“现在看来很明显，人类能够依赖指引他们未来发展方向的主要原则只能是爱。”

只把爱留给家人和亲近朋友的观念是错误的。我们越是爱别人，就越容易获得爱的能力。爱充满在整个人格之中，爱是散布光辉在一切活动上的重大能源。有爱心的人总是对工作、同胞和生命充满热情。他们健康而长寿。

拥有成熟的爱的观念对我们每一个人来说都是非常重要的事。在美国，每一年都有 40 万对夫妻离婚，而且还有成千上万的婚姻岌岌可危。就世界来讲，世上一直存在着国家分裂、种族对抗、国与国的对立和战争的现象。人类如果想继续存在下去，就必须学会和谐相处。

◎给私语加点甜蜜

人们常说，情人的话是最不值钱的，又是最值钱的。不论是一见钟情的少男少女，还是同舟共济几十年的老夫老妻，绵绵情话总是说了又说，讲了又讲。每每听到爱人说“我爱你”，总是能激起万般柔情，千种蜜意。恋爱总离不开交谈，这似乎是经验之谈，对初次相见的男女来说尤其如此。

我认为已婚夫妇也需要交谈，虽然说情感的交流是多渠道的，但语言交流是到什么时候也淘汰不了的。

艾莉结婚刚进入第三个年头，就和丈夫分居了。她对律师说：“他一定是有问题。每天回家很少和我说话，吃完饭就一下躺到沙发上看电视，再也不想起来，一直到深夜。看完最后一个电视节目，就爬上床，也不问我是否劳累，是否有兴趣，就要求做爱，一句多情的话也没有，仿佛情话都在结婚以前说完了，实在让人难以忍受。”

艾莉需要的并非什么奢侈品，只是丈夫那柔情蜜意的私语。

亲密的私语是恋爱中的男女所不可缺少的。尤其是在进餐或是放松时的亲密交谈，可以称得上是爱情的一种“情感增效剂”。

美国加州医学院精神与心理临床研究专家巴巴克说：“对许多妇女来说，恋爱与感受到爱远比性交更重要。尤其对那些忙于家务、整天带孩子的妇女来说，更是如此。那种巧妙的、带刺激性的私语往往使她们获得真正的快慰。”

42 岁的卡克与达娜已结婚 8 年，他记得曾一度羞怯于向妻子倾吐自己满腔的爱。“有一天晚上，我深吸了一口气后，滔滔不绝地向她倾诉了对她的柔情，对她的爱恋。我告诉她：‘对我而言，你是世界上最不平常的女子。’我这番热情洋溢的话使她万分激动，连我自己也感动不已。现在，我一有机会便向她表露衷肠，而我每次都觉得感情比以前更为炽烈。”

可是，应该说什么呢？怎样说才能使说的人不至于做作，听的人不觉得肉麻呢？当你感到一股穿堂风吹过或觉得闷热时，你说些什么呢？你会脱口而出：“真凉快!”或“真热!”无须多想，也用不着长篇大论，爱的语言就是这样。如果你正和爱人待在一间屋里，你觉得能和她在一起真高兴，那你就对她说：“和你在一起我真高兴”

大家所熟悉的大文豪马克·吐温常常把写有“我爱你”、“我非常喜欢你”的小纸条压在花瓶下，给妻子一分意外的惊喜。这种习惯伴随他们的一生。可见，甜言蜜语绝非多此一举，而是恋人及夫妻们增进感情的一个良好途径。

◎真诚地欣赏对方

“多数男子寻求自己的伴侣时，他们不是像在寻找高级职员，而是寻求一个对自己具有诱惑并情愿奉承他们的虚荣心，使他们感到优越的人。”如果一位女办公室主任应邀吃一次午餐，但她总是将大学时代的那些哲学思潮作为谈话的内容，甚至坚持自付餐费，那最后的结果只能是，自此以后独自吃午餐了。

“反过来说，即使一个未进过大学的打字员，应邀吃午餐的时候，她能温情地注视着她的男伴，仰慕地说：‘再给我讲些有关你的事。’最后的结果可能是，他会告诉别人：‘她不是十分美丽，但我从未遇见过比她更会说话的人。’”

每个男人都需要女性的欣赏和支持。“每一个男人事实上都是两个人，”查士德·斐尔爵士写道，“一个是他真正的自己，另一个是理想中的自己。”

如果一个人本来是羞怯的，他就想要勇敢些。如果他并没有广受欢迎，他就想要被大众所喜爱。如果他缺乏信心，他就渴望成为毫不惧怕的人。

妻子的职责，就是帮助她的先生成为他理想中的那个人。

做妻子的人，永远不可以对她的丈夫说“你失败了”，玛格丽特·芭宁在写给四海杂志的一篇文章里如此劝告我们。“如果他真的失败了，他的老板将会毫不迟疑地告诉他。但是在家里，在早餐的时候，在床上，人们应该勉励他，人人都可以成功的，向丈夫说‘你无论如何也不会成功’的妻子，只会使这句话更快实现而已。”

这是千真万确的。一个女人说出的经过明智选择的话，可以改变一个男人对自己的整个看法，使他变得更好，使他对生命有个全新的看法。拿汤姆·强森的例子来说——他是个年轻的二次大战退伍军人。

汤姆·强森在战争中受了伤，他的一条腿有点残废，而且疤痕累累。幸运的是，他仍然能够享受他喜欢的运动——游泳。

有个星期天，在他出庭以后不久，他和他的太太在汉景顿海滩度假。做过简单的冲浪运动以后，强森先生在沙滩上享受日光浴。不久他发现大家都在注视他。

从前他没有在意过自己满是伤痕的腿，但是现在他知道这条腿太惹眼了。

下个星期天，强森太太提议再到海滩去度假。但是汤姆拒绝了——说他不想去海滩而宁愿留在家里。他的太太的想法却不一样。“我知道你为什么不想去海边，汤姆，”她说，“你开始对你腿上的疤痕产生错觉了。”

“我承认了我太太的话，”强森先生说，“然后她向我说了一些我将永远不会忘记的话，这些话使我的心里充满了喜悦。她说：‘汤姆，你腿上的那些疤痕是你的勇气的徽章，你光荣地赢得了这些疤痕。不要想办法把它们隐藏起来，你要记得你是怎样得到它们的，而且是骄傲地带着它们。现在走吧——我们一起去游泳。’”

汤姆·强森去了，他的太太已经除掉了他心中的阴影，甚至将会有更好的开始。

再看看艾礼·卡柏森的例子。他是个杰出的桥牌手。有一次，卡柏森先生在访问中告诉我，说他 1922 年刚到美国的时候，不管做的什么事都完全失败，甚至是个最差劲的桥牌手。但是，当他娶了一位名叫约瑟芬·狄伦的桥牌老师以后，他的运道改变了。她说服他，使他相信自己是个很有潜力的桥牌天才。他太太的鼓励，终于使他选择桥牌作为职业。

是的，真诚的赞美和激赏，是值得尝试而能使男人发挥出最大能力的有效方法。我们完全尽力了吗？没有人知道。有一天我们将会失去两个丈夫里头的一个，而只剩下一个保留着——那个他想要变成的人。

同样，像强森太太一样，男性对于女性追求美观及装束得体的努力应表示欣赏。所有的男人都忘了，如果他们经过觉察的话，将知道女性是如何注重自己的衣着。例如，如果一男子同一女子在街上遇见另一男子同一女子时，这女子很少看那男子，她却会不时地留意看另一女子穿的衣服怎么样。

我的祖母在 98 岁时去世。她去世前不久，我给她看一张她自己在 30 多年前所摄的相片。她的老花眼已看不清相片，但她问的唯一问题是：“那时我穿着什么衣服？”试想一想！一位处于她生命最后岁月的老太太，虽然年事已高，卧床不起，记忆力衰弱得几乎不能辨认她自己的女儿了，还注意自己 30 多年前穿的什么衣服！

对很多男人来讲，他们也许想不起自己 5 年前穿的什么衣服，什么衬衫，他们也丝毫没有意思去顾及它们，但女人则不同。法国上等社会的男子都要接受训练，对女人的衣帽表示赞赏，而且一晚不止一次。5000 万的法国人不会都错的！

有一次，我在剪报的时候发现过这样一个故事，我知道不是真的，但它证明了一个真理。

有一位农家妇女，经过一天的辛苦以后，在她的男人面前放下一大堆草。当他恼怒地问她是否发狂了，她回答说："啊，我怎么知道你注意了？我为你们男人做了20年的饭，在那么长的时间里，我从未听见一句话，使我知道你们吃的不是草！"

莫斯科与圣彼得堡的那些养尊处优的贵族曾有很好的礼貌。上层人有一种风俗，当他们享受过丰美的菜肴时，坚持将厨师召入食堂，接受他们的恭贺。

为什么不同样体恤一下你的妻子？下次她烧鸡烧得很嫩，你就这样告诉她，使她知道你欣赏她的手艺——你不是在吃草。或像格恩常说的："好好地捧一捧这位小妇人。"因为她们都喜欢被人这样。

当你正要做出这样的表示时，不要怕她知道她对你的快乐是如何的重要。狄斯累利这位英国伟大的政治家，正如我们所知，他就不羞于使世界都知道他对他的"小妇人沾光多少"。我有一次浏览杂志时，看见这么一段话，那是从埃第康德的访问中得来的："我沾光于我夫人的多于世上其他任何人。我在儿童时，她是我最好的朋友，她帮助我勇往直前。在我们结婚以后，她节省每一镑钱，然后进行再投资，她为我储存了一个家当。我们有五个可爱的孩子。她一直为我建造一个美丽的家庭，如果我有成就应归功于她。"

在好莱坞，婚姻似乎是一件冒险的事，甚至伦敦的劳慈保险公司也不愿打赌，在少数快乐婚姻中，巴克斯德是一个。巴克斯德夫人以前叫勃莱逊，她放弃灿烂的舞台事业而结婚了，但她事业上的牺牲并没有使之失去他们的快乐。"她失掉了来自舞台成功的鼓掌称赞，"巴克斯德说，"但我已尽力使她完全感觉到了我的鼓掌称赞。如果一个女子完全要在她丈夫那里求得快乐，她必须在他的欣赏与真诚中得到。如果那欣赏与真诚是实际的，那他的快乐也就得到了答案。"

现在你应该明了，如果你要保持家庭生活快乐，一个重要的原则便是给予对方真诚的欣赏。

◎拥抱着面对一切

许多女人都认为，丈夫应该肩负所有的责任，不管时机是好是坏。她们忘了，有时候为了拖出陷在泥塘里的车子，当妻子的也需要付出额外的帮助。

约瑟夫·艾森保在一家洗衣店当了25年的送货员，突然间被解雇了。

一个没有受过特殊训练的人，想要找个职位是很困难的，对中年人来说尤其不容易。当艾森保夫妇正在为找不到工作发愁的时候，正好有一家面包店要出售。价钱还算合理，但是却必须把他们所有的积蓄都投资进去。

这只是开始而已。艾森堡太太知道，在生意还没有做稳以前，他们是没有能力雇人帮忙的。于是她便积极地努力拓展这个新行业。那时候，除了做家事以外，她还必须在面包店里长时间工作，以便招待客人。除了打扫、洗刷、做饭，她每天还要在面包店里站上8—10个小时。这些劳苦已经足以使任何一个人感到泄气了。

“但是，”珍妮·艾森保说，“我高高兴兴地做着这些事，因为我知道，这是我丈夫重新闯天下的一个机会。”

“现在，面包店已经开业五年了，生意相当好。我们的经营很成功，而且一直扩展到足够应付一切需要。我们能够以自己的努力建立了这个事业，实在很值得骄傲。”

有许多家庭在碰到了像艾森堡先生失业的这种难题以后，由于妻子不愿意帮助丈夫挽救这个情况，整个家庭经济就会开始走下坡路。

许多女人都认为，丈夫应该肩负所有的责任，不管时机是好是坏。她们忘了，有时候为了拖出陷在泥塘里的车子，当妻子的也需要付出额外的帮助。这儿还有另一位女士的故事，她也是在必要的时候付出自己所有的能力。威廉·R. 柯门太太，她不仅帮助她丈夫做生意，同时还有自己的职业，使他们的家庭有了很好的经济基础。

柯门太太是一名护士。当她在1936年嫁给比尔·柯门的时候，比尔白天工作，晚上到夜间部上课，以便取得高中的毕业证书。为了使比尔不至于放弃夜间部的学业，柯门太太婚后仍然继续做护士。她很希望她丈夫保持不缺课的纪录，所以在她生下小女儿的那个晚上，她仍然坚持她丈夫送她到医院以后赶去上课。在六年中，比尔从没有错过夜间部的一堂课。终于在他的母亲、妻子和女儿骄傲的注视中，得到了他的毕业证书。

当比尔得到了示范推销不锈钢厨具的工作以后，他的妻子海伦就充当他的助手。他们一起举办示范餐会，由海伦做菜，而由比尔推销。

后来比尔的父亲去世了，比尔和他的兄弟得到一家印刷厂，比尔和海伦·柯门便从比尔的兄弟那儿买下了这家印刷厂。这时候他们必须向银行借一笔钱。于是海伦·柯门又去当护士，帮助偿还这笔债款。而每个晚上和周末，她都在印刷厂里当他的助手。

“我很高兴，”她写道，“如果我们能够继续健康地工作，五年以内，我们将可以付清房款和生意上的债款。然后我将辞掉工作，为比尔和孩子们做好家务。”柯门太太，是一个能够在危难时候和丈夫一起工作以及为丈夫工作的好妻子，就像艾森堡太太那样。由于这种助手只是临时的，她们的效率都特别高。

家庭生活里的某些危机，例如欠债、疾病，或是丈夫的失业，常常需要妻子更多的工作。这种帮忙是广义的夫妇搭档的一种行动——因为妻子是在为家庭的幸福工作，而不是想以拥有自己的事业来达到自我满足。这是一种所谓的“紧急措施”。

我认识一位女士，她在这种情况下做得很好，甚至为整个家庭创造出新的生活意义。她就是强纳生·威特·史坦太太。她和她的丈夫与五个小孩住在新泽西州。

史坦先生是个推销员。好几年前，一场重病使他无法全力工作。为了养活这个大家庭——三个小孩和一对双胞胎，他妻子就碰上这个难题了。

史坦太太很快地复习了一下她拿得出的本事。她对于办公室的工作没有经验，也没有才能。她做得最好和最喜爱做的事情，就是特制餐点：小孩子的生日点心、结婚蛋糕、宴会甜饼。从前她常常替朋友们做一些特别的餐点，但那只是因为她喜欢做而已。玛格丽特·史坦把她心里的想法告诉了一些人，于是她的朋友开宴会的时候，都特地请她去做。她做的精致而不寻常的餐点，都是那么可口，很快得到了赞赏。更多的订单便源源而来，使她必须训练助手来帮助她。由于所有的餐点都是在她自己的厨房做的，她的丈夫和孩子们就都来帮助她。后来，生意愈做愈大，玛格丽特就成为一个专办酒席餐点的人，并且做了宴席顾问。

现在，她的生意已经发展到必须雇请一位长期帮手的程度了。她把自己最著名的开胃菜包装后，送到冷冻食品市场去卖，并且为周围 50 里内的宴会准备餐点。

玛格丽特·史坦的紧急措施是如此的成功，史坦先生现在已经全天上班做个营业经理了，他和他的妻子有最完美的合作。“我讨厌价钱、成本和开账单，”史坦太太说，“我忙于创造新的方法，来准备供应我的特制餐点。让我的丈夫来照料所有生意上的细节可真是一项最伟大的事。”

我们大家都无法预料将来会发生什么意料之外的困难，使得我们的经济来源突然中断，迫使我们必须亲自去赚取部分或全部的家庭开支。为什么你现在不马上寻找出可以应用的才能，来看看如果发生意外的时候，你是否有足够的准备，去面对这个紧急变化。

真正的幸福源自细节

◎时刻见证爱情的成长

“小孩子觉得没有人爱他，这是少年犯罪的主要原因之一。”纽约市少年家庭董事会秘书、社会工作专家艾西尔·H. 怀特先生在社会工作讨论会上说了这样的话。

我丈夫和我发觉这种说法是正确的，我们曾经在俄克拉何马州艾尔·雷诺的联邦少年感化院，对少年犯们讲授有关人际关系的课程。

渴望爱心，似乎是所有这些不幸的孩子们的普遍问题。有个少年说，他的母亲从不给他回信，后来他写信告诉他母亲，说他正在上一些课，这些课程使他觉得已经把自己的外貌改变得比以前好多了。不久他母亲写信给他，说她认为没有东西能够对他有好处——监狱是他最适合去的地方。

另一个男孩，19 岁男孩汤米，他的生命里有 10 年以上的时间是在孤儿院和感化院度过。他说：“我们最需要的，就是有人来爱我们。但是从来就没有人爱我或要我。在我 16 岁以前，我没有得到过一件圣诞礼物。”

毫无疑问，这些忍受着情感缺乏的孩子们，常常会开始犯罪，以补偿这种基本的缺陷——就像一个饿昏了的人，当他找不到食物的时候，他也会吃下对身体有害的杂物的。

爱是一种最适当的食粮，我们的精神靠着它生存和成长，如果没有爱情，我们的道德心就会弯曲变质。

“一个普通人所能说的最正确的话就是，”心理学家高登·W. 沃尔波特说，“他从来不会觉得，他的爱或是别人给他的爱已经使他满足了。”

真的，爱在人类社会里的潜力，就如同原子能那样大。爱情能够产生，而且的确每天都产生了奇迹。你给你丈夫的爱，是他成功的基本因素——因为，如果你真心爱他，你就会心甘情愿地尽你所能去做每一件事，使他快乐或成功。

你给了你丈夫哪一种爱情，也会影响到子女的幸福。保罗·柏派诺博士是美国家庭关系协会会长，他在全国教师家长联谊会上讲演说："教师家长联谊会，如果愿意在年会里完全不谈小孩子的事情，而讨论如何使丈夫和妻子更加相爱，也许对小孩子的幸福会有更大的贡献呢。"

那么，我们怎样做才能提升爱情的深度呢？以下有一些特殊的建议：

1. 每天都要表现出爱心

最可悲的事情，就是在事情过了以后才发觉自己曾经享受过人生最珍贵的东西。

许多女人碰到危机的时候，都能够高明地应付自如，可是，很可悲地，她却很少知道带给丈夫最渴望的每天的爱情面包。假使丈夫失业了、患上结核病或是被关进监狱时这位小女士都能够像直布罗陀海峡的岩石那么坚强，不断地帮助丈夫。但是，当生活正常平稳地进行的时候，妻子就忘了告诉我的丈夫：你在自己的心目中是何等重要。

大部分的女人相信，她们是应该被爱护的、听人讲些甜言蜜语的。因而通常会抱怨自己的丈夫忽略她们、不知道赞扬她们的女人，往往也吝于对丈夫赞赏示爱。她们时常挑剔和批评错误。她们的丈夫把自己的存在看作理所当然，从来就不赞美她们，或注意她们身上所穿的衣服，或是给她们任何在外表看得出来的爱的表示。但是，这些女人对待她们丈夫的态度也是同样冷淡，然后，她们才感觉奇怪，为什么自己的丈夫会追求那些懂得称赞他们英俊、雄伟、健壮的迷人的女人。爱情的饥渴并不是女性专有的一种疾病。男人也会患这种病的。

曾经有人把夫妻间对爱情的冷淡叫做"精神食粮不足"。这是一个很恰当的比喻。因为，男人不是只靠面包就活得下去；有时候，他也需要一块爱的蛋糕——还要在上面加一点糖霜。

2. 培养一种好心情——把事情看开一点

有责任心的妻子，常常会患有一种完美主义者的毛病。孩子们的行为总是要管教好；晚餐要做得美味可口；家里要一尘不染。完美主义者常常过分注重细节，而忽略了重要的大事。事情发生的时候，要以好的心情去接受，不要把小事搅得天翻地覆，这样就可增强夫妇间的爱情。

3. 要有宽大的胸怀

没有其他的事情，能够像互相深爱的人结婚那么迷人。爱情就是给予，要给得丰富与慷慨。有些妻子愿意在许多事情上面做出牺牲，但是却常常在许多小地方缺乏精神上的慷慨——例如，嫉妒丈夫从前的女朋友。

如果你的丈夫无意间提及他今天碰见了一个过去的女友，而如果你问他，那个女孩子是不是还扎着辫子说着不成熟的话，那你就太吝啬太不够慷慨了。你应该赞美她的好处，如果你能够想出一些；如果你想不出来，也应该编造一些。

4. 对于每一件小事，都要表示谢意

男人在结婚以后，带妻子到戏院过了一个愉快的晚上，送给妻子一束紫罗兰，甚至只是每天早晨倒个垃圾，他也很希望听到妻子的道谢的。如果他所做的每件事情，妻子都视为理所当然而不加致谢，无疑地，这个丈夫就会停止取悦他的妻子了。

我们之中有些人，不知道丈夫每天为我们做了多少小服务，这只是因为我们习惯于让丈夫为我们做这些工作。一位妻子曾经认为她丈夫没有帮过她什么忙。她以为要他去弄杯水来喝，也是个大工程，他不会换小孩子的尿布，或是弄紧一个漏水的水龙头。然而，有个夏天他到欧洲去了，她才很惊讶地发现，他每天都为我做了许许多多的琐事——她却没有向他说过一声谢谢——现在她必须自己去做那些事了。

5. 要互相谅解和体贴

当丈夫想要换上拖鞋休息一会的时候，我们却穿好衣服想要出门，这是不行的。具有深挚爱心的妻子，应该先了解她丈夫每天在外面工作后的需要，然后才跟着盘算自己的需要。

上面说的这些，是不是就像许多妻子所做的、没有报酬的努力？妻子在一生中慷慨地奉献给丈夫的爱情，难道丈夫会不知道感谢吗？

打赌丈夫会感谢的！我就看过一个十全十美的妻子，得到了丈夫的敬爱。安格斯先生所说的话，也是为其他许许多多幸福的丈夫们说的："很可能因为我娶了这个女孩子，所以我才比大部分的男人更加幸福。我所能给她的最大赞赏就是对她说，如果我能够回到 32 年前，而且了解我现在了解的事情，我仍然愿意再和她

结婚——只要她愿意再嫁我！我所获得的任何成功，都直接来自于这位可爱的妻子的陪伴。”

如果没有爱情，成功又有什么意思呢？缺乏爱情，财富和权势也就等于废物和灰烬了。如果你的丈夫从你深挚的爱情里得到了安心和幸福，那么，他带给你更高的生活水准的机会也就大大地增加了。

◎为婚姻献“礼”

美国杰出的演说家、曾做过总统候选人的詹姆斯·布莱恩，把他的女儿嫁给了瓦特·杜鲁芝。小两口的婚姻在以后的日子里都非常的幸福。他们难道有什么要诀吗？

杜鲁芝夫人说：“我们夫妻婚后可以说是相敬如宾，我希望年轻的夫妻们，也要做到以礼相待，不管怎么说，蛮不讲理总是一件让对方头疼的事情。”

蛮不讲理会让爱情生病的。人们明白这点，但常常忽视它。很多时候，人们对待陌生人，比对待家人更有礼貌。

人们不会随便把陌生人的说话打断，人们不会不经允许偷看别人的信件，而对于家人，人们却常常这样做。

桃乐丝·狄克斯的话还可以用在这里：“这让人吃惊，但却是事实，说伤害我们的话最多的人，就是我们的家人。”

亨利·克劳也说过礼貌对于婚姻和家庭的重要性：“礼貌是婚姻的润滑剂。”

奥利佛·哈姆斯在他的《早饭的独裁者》这本书里写的情景，可能存在于所有家庭，可其实他自己的家里却不是这样。事实上他太为别人着想了，他从不让他的家人看他的脸色，即使他心情不好的时候，他也自己一个人忍着。

哈姆斯是这样做的，可一般人呢？一般人要是在工作上遇到麻烦，往往就会回家冲家人发火。

在荷兰，你要把鞋子留在玄关外面，然后才能走进屋里。根据哈利爵士的意见，我们应当跟荷兰人学一学，在进到屋子之前，把一天工作上的麻烦，脱下留在外面。

威廉·詹姆斯曾写了一篇文章，叫做《人类的某种盲目》。这篇文章值得你专程地跑到图书馆去阅读。“本论文所要讨论的现代人的盲目，”他写着，“就是不了解动物和人的感情。这种盲目使我们都遭受了痛苦。”

对顾客，或生意上的伙伴尖声讲话，许多人都会很后悔；但对太太大吼，却不以为然。然而，在个人的幸福快乐方面，婚姻比事业更加重要、更加切身。一般人假如有快乐的婚姻，就远比独身的天才生活得更快乐。俄国伟大的小说家屠格涅夫受到整个文明世界的赞誉，可是他说：“假如在某个地方有某个女人对我过了吃晚饭的时间还没有回家，会觉得十分关心，我宁愿放弃我所有的天才和所有的著作。”

幸福快乐婚姻的机会，究竟有多少呢？如我曾经提到过的桃乐丝·狄克斯认为，半数以上的婚姻都是失败的；但保罗·波皮诺博士的看法相反。他说：“男人在婚姻上取得成功的机会，比他在任何行业上获得成功的机会都大。进入商界的男人，40％会失败；而步入结婚礼堂的男人和女人，40％会成功。”

对于这件事情，桃乐丝·狄克斯的结论是如此的：

“跟婚姻相比，”她说，“在我们一生中，命只是一支插曲，死更是一件小事。”

“即使，有一位满足的太太、一个和睦而愉悦的家庭，对一个男人来说，比赚100万元还显得重要；但是100个男人之中，还找不到一个慎重地想过，或真诚地试过使他的婚姻成功。他把一生中最重要的事情交给了命运，成功或失败就看幸运之神是否照顾他。当钞票都在丈夫的口袋里，能够用柔和的方式而不需要强力的手段时，为什么他们不和婉地对待太太？这点真令太太们不了解。

“每个男人都知道，用奉承的方式可使他的太太情愿做任何事情，而且什么也不顾地去做。他知道，假如他只夸奖她几句，说她家庭管理得如何得好，说她如何地帮助了他而不必花他一个钱，她会把她的每一分钱都赔上了。每一个男人都知道，假如告诉他太太，说她穿上去年的某件衣服她将会是多么的美丽可爱，她就会宁愿不买从巴黎进口的最新款式。每一个男人都知道，他能够把太太的眼睛亲得闭起来，一直亲到她像蝙蝠般瞎了；他只热情地吻一下她的嘴唇，她就会像虾子一样地变哑。

“每一个太太都明白她丈夫了解这些事情，由于她早已把如何对待她的方式完全告诉了他。但他宁愿不顺从她的意思，反而花钱吃不好的东西，把钱浪费在为她买新衣服、新型豪华轿车上，而不去花精神来奉承她一点，不情愿以她所要的方式来对待她。她真不知道该喜欢他呢，还是讨厌他。”

于是，假如你要维持家庭生活的幸福快乐，请注意要殷勤有礼。

◎聪明女人让丈夫更受欢迎

P. T. 巴南自称是“欺骗大王”——他以愚弄大众而出名。有一次他大肆宣传他有一匹头尾倒生的怪马，每人收费两角五分，吸引了一大群观众前去观看。这头怪物其实只不过是一只普通的马，它的尾巴绑在马槽这头，倒退着走进马厩里。

又有一次，巴南很成功地怂恿一群头脑简单的家伙去看“一只樱桃色的猫”。这只猫是黑色的，但是，巴南却解释说，有些樱桃也是黑色的。

已故的弗朗兹·齐格菲，曾经是一位出色的艺人。他不用怪物吸引观众，但他自称可以使女孩子变得漂亮，能够使任何一位身材美好、仪态高雅的女士在使用了他的设备后，变成迷人的美女。在演出的晚上，他总是送一捧花朵给剧场里的每一位表演女郎。他如此使女士们觉得漂亮——她们受到如同美女一般的对待，自然就会焕发出光彩。

如果表演人员能够用普通的猫和马吸引大家，或是把一个女孩变成维纳斯，也许，聪明的太太就可以用他们的方法，使她的丈夫受到大家的普遍喜爱。

妻子很少有机会在工作业务上帮助丈夫进展，但是她只要尽力，就能使丈夫在社交上受到重视。

社交接触常常会产生出有价值的商业伙伴，因为大部分人都最喜欢和朋友合作共事，而不喜欢和陌生人在一起。不管他是卖贝壳、鞋带或保险、开飞机或是经营小生意、为名人写专栏或是主持一家大公司，一个人只要受到别人的喜爱，就会得到更多受益。

我们怎样做才能帮助丈夫结交朋友，并且受到大家普遍喜爱呢？以下有 3 个方法：

1. 我们可以使丈夫受人喜爱

几年前的一个晚上，我丈夫和我到后台去探访牛仔歌星吉尼·奥特利，那时候他正在艾逊广场花园主唱。在演出休息时，我们正要和吉尼以及他美国的太太伊娜一起去吃晚餐，可是，有一群年轻小伙子在出口处把我们挡回来了，他们要吉尼的签名。晚餐的时间很短，但是吉尼很乐意地向年轻人打招呼，在他们的节目单上签名。

我向奥特利太太看了一眼，以为她可能会因为这个耽搁感到懊恼。她看到了我眼神里的抱怨，就笑着说："吉尼从不对任何人说'不'——尤其是年轻小伙子们。"

伊娜·奥特利脱口而出的话，比起一大堆新歌迷杂志和图书所介绍的语句更能表达出她丈夫的天性，这句话总结出她丈夫和善、热心和亲切的优点。

吉尼·奥特利当然是受欢迎的。如果一个男人并不受人欢迎，他妻子的态度能够对他有所帮助吗？我想这是可以的。我认识一个女人，她的丈夫在社交上并不受欢迎，只是因为他的妻子有好的风度，大家才接纳他。这个男人傲慢自大，喜好争辩，缺乏耐心。但是，当他的太太把他不愉快的童年生活说给我听以后，我对他的厌恶感，就转变成同情心了。他是个孤儿，从这个亲戚家被转送到那个亲戚家，没有人要，也没有人爱，一直受到轻视和压制。

知道这个原因以后，我就能理解他的行为了。虽然他的妻子无法使他受人喜爱，但是她至少有替他的缺点创造出同情心的耐性。

一个人如想成功，就更需要一个善意的妻子，使他看起来很有人性和受欢迎。"你看他妻子注视他的眼神，就知道他的本性绝不会是这种坏蛋了。"这句话曾经把许多摇摇欲坠的公司主管从社交危机中解救出来。

2. 使丈夫展现出他的才华

有些女人以为，炫耀丈夫的方法，就是要炫耀自己——例如，如果可能的话，她们就想穿貂皮大衣来炫耀。聪明的女人知道使用其他更好的方法。

使丈夫引起别人的兴趣和注意力，最简单的方法就是在自己家里举行宴会，安排让丈夫表现他所拥有的任何特殊才华，如果这些才华能够使别人得到乐趣的话。每天待办的业务工作，使人很难有机会展现出压倒大众的才能——但是宴会却是最完美的机会。

加州格连载尔城有位亲切、聪敏的卡蒙隆·西普。他是个著名的舞台和银幕人物的传记作家，卡蒙隆天生喜好和朋友交往。通常，他的妻子卡莎琳总在他们的院子里宴请朋友。在这儿，卡蒙隆可以用木炭烤架烤他最出名的牛排，并且在不做作的非正式场合之下，说一些机智的笑话。

纽约的约瑟夫·福来斯，是一位成功的小儿科医师，同时也是一位天才的业余魔术师。来到福来斯家里的宾客，常常会受招待观赏一场即兴的魔术表演。约瑟夫是表演明星，而他的妻子玛丽琳就充当助手——有时候他们的两个小儿子也帮忙和助阵。

这些有吸引力的男人，很幸运地拥有这种妻子，愿意隐藏自己，让社交场合里的注意力完全集中在她们丈夫身上。她们把自己压抑下来，使丈夫出人头地。她们情愿扮演次要角色，结果造成了家庭的和谐，这比起他们两人同时要表现出各自的优点，得到了更深更远的美满。

3. 改变话题，使丈夫表现出最大的优点

在业务上受人器重的人，到了社交场合就哑口无言了，这种事情是常会发生的。他没有谈天的经验，也不知道应该从何说起。一个机灵的妻子就是这种男人最好的朋友了，她能够很自然地引领自己的丈夫参加谈话，使丈夫毫无困难地接着说下去。“那使我想起了上个星期吉姆和一个顾客在一起谈的事。他告诉你什么呢，吉姆?”这是一招好棋，可以使吉姆很自然地说下去。

即使是世界上最害羞的人，如果谈起了他最感兴趣的事情，也不会再畏缩了。

有位年轻女士曾透露过，她如何改变她的丈夫从一名男性“墙花”变成一个喜爱参加宴会的人。“华尔特一向是个热心、受人喜爱的人，”她说道，“但是，只有他亲近的朋友才知道，他很少主动去认识新朋友。他的自我意识，使他看起来冷漠而毫不开心。我希望人们会喜欢和重视他。”

“提醒他注意到这种情况，只会使他更加难过而已。所以我想出了一个计划，要在他不知情的时候帮助他。不管我们到哪里去，我就想办法找个喜爱摄影的人。摄影是华尔特的嗜好，我把这个人介绍给华尔特，让他们成为按快门的好友。

“谈论互相醉心的嗜好，很容易地就能使华尔特忘记了他自己，他能够表现出他真正的个性。逐渐地，当他想谈其他话题时，也会感到容易多了。

“我时常把他将要碰到的新朋友做个重点提示，使他有些谈话线索。‘史密斯夫妇刚刚从波特兰搬到这儿，他做的是木材生意。’

“由于我做了这些小努力，华尔特的整个社交外貌都改变了。现在他很喜欢参加宴会，认识新朋友。家人们认为这是一项奇迹。当人们告诉我‘你知道，你丈夫实在了不起’的时候，我觉得骄傲和快乐。”

◎不当性爱的文盲

美国社会卫生署总干事戴维斯博士，请1000名已婚妇女，坦白地回答一系列切身问题。结果令人惊讶——这是对一般美国成年人性生活不快乐的一种令人惊讶的真实评价。

看过她收到的这1000对已婚妇女的回答以后，戴维斯博士毫不犹豫地发表她的观点：国内离婚的一个主要的原因，是生理上的不和谐。

海密尔顿博士的调查也证实了这个结论。

海密尔顿博士花费4年时间，研究100个男子和100个女子的婚姻。他分别询问这些男女近400个有关他们性生活的问题，并深入地探讨他们的问题，非常的详细，以致整个调查耗时四载。这项工作被认为在社会学上极为重要，所以这个调查由许多著名慈善家资助。你要知道这项实验的结果，可读一读海密尔顿博士与马克哥文所著的《婚姻的症结是什么》一书。

那么，婚姻失败的症结是什么呢？

海密尔顿博士说："只有很偏见、很不谨慎的精神病专家，才会说多数婚姻冲突，不是由于性的不和谐造成的。无论如何，由其他困难产生的冲突，许多时候可以化作无有，如果夫妻性关系本身是满意的话。"

洛杉矶家庭关系研究所的主任鲍本诺博士考察过数千例婚姻，他是美国关于家庭生活的一位最著名的专家。按鲍本诺博士的说法，婚姻的失败常因四种原因所致：

(1) 性生活的不和谐；

(2) 关于休闲的意见不同；

(3) 经济困难；

(4) 心理的、身体的或情绪的反常现象。

注意，性生活居第一；并且很奇怪的是经济困难只居第三。所有婚姻的专家，都同意性的配合是绝对的必需。例如，数年前，辛辛那提家庭关系法庭的郝门法官——一位曾听过数千个家庭悲剧的人——宣称："离婚者中的9/10是因为性生活的毛病。"

"性，"著名的心理学家沃森说，"众所公认的是生活中最重要的问题。无疑的，那是造成男女欢乐破裂原因的东西。"我听过许多行医的医生在我的班中演讲，说的大概是一样的话。那么，在20世纪，有众多的书和教育，但因对这种重要的天然本能的无知，却导致婚姻破裂，生活毁灭，岂不可怜？

白德费尔牧师做了监理会牧师18年以后，放弃了他的传教事业，去担当纽约市家庭辅导服务处主任，他大概为青年们举行婚礼比谁都多，他说："根据我早年做牧师的经验，我发觉到，即使有恋爱及善意，很多到结婚台来的男女都是婚姻的文盲。"

婚姻的文盲！

他接着说："当我们将婚姻调适的艰难大部分交付给机会时，我们的离婚率只有16%，这是一件惊人的事。而处在这个惊人数目中的夫妇实际上并没有真正地结了婚，仅仅是没有离婚而已：他们差不多在过着地狱般的生活。"

"欢乐的婚姻，"白德费尔特牧师说，"很少是机会的产物。"多年来，白德费尔特牧师坚持，凡由他证婚的男女，一定同他坦白讨论他们未来的计划。就是由这些讨论所得的结果，他得出结论：很多急于结合的人，是"婚姻的文盲"。

"性，"白德费尔特牧师说，"不过是在结婚生活中的多种满意的一种，但除非性关系适当，没有别的事会适当的。"但怎样使之适当呢？

"碍于情面的不言语，"我仍在引证白德费尔特牧师的话，"必须代之以客观言论的能力，并有结婚生活的超然态度。获得此种能力，没有比去从一本认识合理、情趣良好的书籍得到这方面的知识更好的方法了。"

几年前，哥伦比亚大学与美国社会卫生协会联合邀请著名教育家来讨论大学生的性欲和婚姻的问题。在那次会议中，鲍本诺博士说："离婚现在减少了，其中一个原因是人们现在多读了有关性生活和婚姻的优秀书籍。"

所以我诚实地感觉到我无权完成"如何使你家庭生活更快乐"一章，如果不介绍几本坦诚的而且科学的书籍的话。

所有这类书籍中有三种我以为最适宜于一般夫妇读的：赫顿的《结婚的性爱技巧》；爱克纳的《结婚的性生活》；拉德的《结婚的性因素》。

幸福的忠告

◎将爱贯穿始终

西奥多·帕克先生结婚时，夫妇两人进行了结婚旅行。在新婚期间，帕克先生列出了一些有用的建议来解决婚姻中可能出现的问题和矛盾：

第一，除非有特殊的理由，绝不要违背妻子的意愿；

第二，按照妻子的意愿，相互履行义务；

第三，从来不要责备妻子；

第四，从来不要轻视妻子；

第五，从来不因为妻子的要求而抱怨；

第六，鼓励妻子柔顺的品质；

第七，分担妻子的压力和负担；

第八，宽恕妻子的缺点；

第九，永远珍爱妻子，保护妻子；

第十，记住，永远为妻子祈福，这样上帝就会为我们赐福。

帕克为自己列出的这些建议就像犹太教的十诫一样，都可以理解为一个字——爱。爱在犹太人的教义里无处不在，而爱也贯穿于整个婚姻过程中。

萨克雷对他的儿子说："在所有的事情中，最为重要的就是找一个快乐的妻子，我亲爱的孩子。"

要想有一个幸福快乐的家，夫妻两个必须志趣相投，有共同的追求。如果丈夫是一个粗俗不堪的男人，而妻子是一个很有教养的女人，他们在一起就不会有多少欢乐可言。

“一个在男友追求她时就不断挑剔缺点的女孩，婚后会变本加厉地责怪他；而一个婚前就努力讨人欢喜的女孩，婚后会更加努力地做到这一点。”

约翰逊博士说：“在男女恋爱期间，双方竭力掩盖自己的弱点，常常会成为他们相互了解的障碍，他们通过刻意的顺从和有意的伪装，来掩饰他们本来的样子和真实的欲望。从他们开始恋爱起，他们就常常在对方面前戴着面具，但后来一旦有些东西被揭穿，每个人便都会觉得有理由怀疑对方是否发生了变化，如果发生一次严重的争吵或者冲突，就容易导致两人劳燕分飞，各奔东西。”

对未来的新郎和新娘，我想说：“要互相坦诚，保持平和的心态，在热恋的时候就应该把缺点和不足暴露给对方。如果在婚前隐瞒的话，婚后一旦发现对方的性格或条件存在某些缺陷，就会对婚姻生活产生很大的负面影响。坦诚一些总比隐瞒要好得多，因为缺点和不足与优点一样，终归会在婚姻生活中显现出来。自然一些，一开始就表现出你的本色!”

从某种程度上讲，年轻人应该从实用的角度看待婚姻。一个好的妻子是一大笔财富。她以一种优雅的方式使你拥有比以前多得多的东西。为了使你更加精力充沛、迅捷高效地工作，她会表现出你所需要的品格。譬如，她会在你发达的智力中注入一些情感因素，而这些情感因素是使智力更好地发挥作用所不可或缺的。为了获得真理，需要心和脑的协同联合。我们不能断言，男人是天生冷酷的无情无义之人；我们同样也不认为，可以把女人想象成没有任何头脑的感情用事者。心灵和大脑、情感与理智在各自发挥作用的方面同样地宝贵。

一个女人，只要不被想成为一个强人的那种雄心壮志所感染，她就能够成为由夫妻双方组成的婚姻股份公司中的一员，并通过其特有的在情感方面的投资为公司的资本积累做出贡献。一些女人可能会讨厌这种说法，但是我要警告年轻的男士们，不要把美好的婚姻方案寄托在那些可能讨厌婚姻本身的女人身上。如果你想要的是一个妻子，而不仅仅是一个家庭主妇的话，你必须睁大你的眼睛，仔细寻找那种温柔体贴、甜美可人的女性特质。正如冬日里壁炉的熊熊火焰可以为你驱走身上的寒气一样，这种女性特质也会在你精神上施加无穷无尽的有益影响——就像一股温暖宜人的清风抚慰着你的灵魂，驱逐你思想中的僵硬、情感中的冷酷，并使得你的生活井然有序、融洽和谐。

◎男人不是用唠叨来套牢的

林肯一生的大悲剧，也是他的婚姻，而不是他的被刺杀。请注意，是他的婚姻。布斯开了枪以后，林肯就不省人事，永远不知道他被杀了；但是几乎23年来的每一天，他所得到的是什么呢？根据他律师事务所合伙人荷恩所描述的，是“婚姻不幸的后果”。“婚姻不幸”说的还是婉转呢！几乎有1/4世纪，林肯夫人唠叨着他，骚扰着他，使他不得安静。

她老是抱怨这，抱怨那，老是批评她的丈夫；他的一切，从来就没有对的。他老伛偻着肩膀，走路的样子也很怪。他提起脚步，直上直下的，像一个印第安人。她抱怨他走路没有弹性，姿态不够优雅；她模仿他走路的样子以取笑他，并唠叨着他，要他走路时脚尖先着地，就像她从勒星顿孟德尔夫人寄宿学校所学来的那样。

他的两只大耳朵，成直角地长在他的头上的样子，她不喜欢。她甚至还告诉他，说他鼻子不直，嘴唇太突出，看起来像痨病鬼，手和脚太大，而头又太小。

亚伯拉罕·林肯和玛利·陶德，在各方面都是相反的：教育、背景、脾气、爱好以及想法，都是相反的。他们经常使对方不快。

举一个例子来说，林肯夫妇刚结婚之后，跟杰可比·欧莉夫人住在一起——欧莉夫人是一位医生的遗孀，环境使她不得不分租房子和提供膳食。

一天早晨，林肯夫妇正在吃早饭，林肯做了某件事情，引起了他太太的暴躁脾气。究竟是什么事，现在已经没有人记得了。但是林肯夫人在盛怒之下，把一杯热咖啡泼在她丈夫的脸上。当时还有许多其他房客在场。

当欧莉夫人进来，用湿毛巾替他擦脸和衣服的时候，林肯羞愧地静静坐在那里，不发一言。

林肯夫人的嫉妒，是如此的愚蠢、凶暴和令人不能相信，只要读到她在大众场合所弄出来的可悲而又失风度的场面——而且在70年以后——都叫人惊讶不已。她最后终于发疯了。对她最客气的说法，也许是说，她之所以脾气暴躁，或许是受了她初期精神病的影响。

这样的唠叨、咒骂、发脾气，是否就改变了林肯呢？在某方面说，的确使林肯有所改变。确实改变了他对她的态度。确实使他深悔他不幸的婚姻以及使他尽量避免和她在一起。

当时春田镇的律师一共有11位之多，要赚取生活费并不容易；因此，当法官大卫·戴维斯到各个地方开庭的时候，他们就骑着马跟着他，从一个郡到另一个郡。这样，他们才能在第八司法区所属各郡郡政府所在的各镇，弄到一些业务。

每个星期六，其他的律师都想办法回到春田镇，和家人共度周末。可是林肯并不回春田镇——他害怕回家。春天3个月，然后秋天再3个月。他都随着巡回法庭留在外面，而不走近春田镇。

他每年都是这样。乡下旅馆的情况常常很恶劣；但尽管恶劣，他也宁愿留在旅馆，而不要回到自己家里去听他太太的唠叨和受她暴躁脾气的气。

75年前，法国皇帝拿破仑三世，伟大的拿破仑·波拿巴的侄子和于金尼·德伯女伯爵——世界上最美丽的女人，产生了爱情——并与她结了婚。他的顾问们反对说，她不过是一位不重要的西班牙伯爵的女儿。但拿破仑回答说："那又如何?"她的优雅、她的年轻、她的美貌、她的魅力，使他充满幸福。他甚至向全国的民众宣称："我已经爱了一位我喜欢的女人。"他宣布，"她是我知心的女人。"

爱情的圣火从未发出比这更光亮的光芒。

但很可惜，圣火不久就熄灭了，炽热很快变冷了——直至成为灰烬。拿破仑可以使于金尼成为皇后，但倾美丽法国的全部所有，或皇帝的全部爱情力量，或皇帝的最高权力，都不能使她停止喋喋不休。

由于嫉妒和猜疑，她蔑视他的命令，她甚至不允许他拥有一点点私人秘密。当他处理国家大事的时候，她闯入他的办公室，阻挠他召开最重要的会议。她拒绝让他独处，永远害怕他与别的女性交往。

她常常到她姐姐处抱怨她的丈夫。

抱怨、哭泣、喋喋不休，有时还有恫吓。她强行进入他的书房，向他发作、谩骂。拿破仑，虽然是富丽堂皇宫殿的主人、法国的皇帝，却不能找到哪怕一个小橱子，他可以在里面定一定心。

于金尼用这些方法得到的是什么?

这里是答案。

我现在从莱茵哈德的精心著作《拿破仑与于金尼：一个帝国的悲喜剧》摘录下来："后来，拿破仑常常在夜里，从一个侧门偷偷溜出去，他戴一顶软帽，将眼睛遮住，只由一名亲信随从，到等待他的美女那里去，或像古时骑士似的遨游于这座大城市里，经过的街市，都是皇帝在神仙故事以外见不到的，因为只有在那里，他才可以呼吸些新鲜空气。"

这就是喋喋不休给于金尼带来的恶果。

是的，她坐在法国的皇位上；是的，她是世界上最美丽的妇人。但在喋喋不休的毒气中，皇位与美貌都不能保证爱情的生存。于金尼可以像古时的乔波那样高声呼喊："我最怕的事来到了我身上。"来到她身上吗？她是自找的、可怜的妇人，因为她的嫉妒和喋喋不休而得到的。

在所有烈火中，地狱魔鬼发明的毁灭爱情的一切方式中，喋喋不休是最致命的，因为使用者得到的永远都是失败。

维吉尼亚大学教授沙姆·W. 史蒂文博士在一次讲演中，呼吁丈夫们应该享有四种新自由：免于被唠叨、挑剔的自由，免于被呼喊使唤的自由，免于消化不良的自由以及可以在一天的繁忙工作后换上旧衣服轻轻松松的自由。

为什么女人要对她们的丈夫唠叨不停？理由真不少。有时候，唠叨是一种身体不舒服的征兆。时常找医生做健康检查，可以使我们身体健康，这就好像时常检查我们的汽车能够使它们维持良好的驾驶状况那样。

长期的疲乏，常常会转变成一种唠叨的倾向。治疗的方法是，把这个人的生活安排得更有效率些；找出造成疲乏的原因，并且消除它。

心理学家说："受到压抑的打击，常会造成唠叨。"婚姻问题，性的挫折，爱的失落，内心对生命的不满——这些都是典型的打击，它们常常以唠叨、埋怨或诉苦的方式发泄出来。分析一个人的心理，找出这些打击，并且引导它们发泄出来，做一些有关这方面的事情，这就是消除它的最好方法。以唠叨的方式来发泄，只不过是火上浇油而已。

有时候，甚至法律也把唠叨当成减轻刑罚的依据。

在佐治亚州最高法院的一个案例里，如果丈夫为了躲避妻子的唠叨而把自己锁在客房里，那是无罪的。法庭的说法是，"所罗门王说过，'住到阁楼上的角落里，总比在大厅里受着女人的闲气要好过多了。'"

如果你现在相信唠叨对男人的工作和成功是如此大的阻碍，那是不是也想知道，有没有什么补救的方法？

是的，如果爱唠叨的人能够了解它所带来的痛苦，并且真心想要改过的话。

除非你知道自己有这种毛病，否则你是无法治好它的。唠叨是一种破坏性的心理疾病。如果你不知道自己有没有这种毛病，快去问一下你的丈夫。如果他竟然告诉你，你是一个爱唠叨的人，请不要马上愤怒地否认——这只是证明他的看法没错而已。相反，你要立刻采取办法改正这个情况。以下是六个可能对你有益的建议：

1. 取得你丈夫和家人的合作

每当你快要发怒、下严格的命令，或是就某一细节问题喋喋不休的时候，请他们罚你五块钱。

2. 训练你自己把话只讲一遍——然后就忘掉它

如果你必须很不耐烦地提醒你的丈夫六七次，说他曾经答应过要去洗碗，想必他大概不会去洗了，为什么你还要浪费唇舌？唠叨只不过使他更想拒绝，下定决心绝不屈服而已。

3. 想办法使用温和的方式达成目的

“用甜的东西抓苍蝇，要比用酸的东西有效多了”，我们的老祖母常常这么说。其实，这句话到今天还是很正确的。“如果你愿意去割草，亲爱的，我将烘好你所喜爱的水果饼让你晚饭时吃。”或者是，“亲爱的，真高兴看到你把我们的草地修得这么整齐——艾莲·史密斯说过，她真希望她的丈夫能够像你这样勤快呢。”这些方法以及其他类似的方法，将使你的希望更容易达成。

4. 培养出一种幽默感

幽默感将会使你常常保持良好的心情。只有傻子才会在悲伤的时候傻笑。经常因芝麻小事不高兴的人，早晚会精神崩溃的。有些太太在催丈夫到浴室去拿浴巾的时候，竟然也大动肝火，严重的程度令人吃惊。从没有一个有理智的女人会浪费到对一件便宜衣裳付出法国名牌专卖店的价钱；然而我们之中有些人却常常浪费精神，紧绷着一张脸，为了一些不值一提的小事，把爱情转变成怨恨。

5. 冷静地讨论重大的不愉快事件

发生不愉快事件的时候，想办法在纸条上写下来。在发生的时候不要说什么话。然后，当你和你的丈夫都很冷静的时候，再把这些事情拿出来讨论。如果是微小和不重要的事情，你一定会不好意思再提起。人们必须有理智地、不意气用事地讨论引发怒气的主要原因，看看能不能利用相互的信任和合作来消除它们。

6. 你可以对自己不唠叨就能达到目的

就像一首歌唱的那样，你不能用一把枪套牢一个男人——当然也不能用唠叨的话来套住他。那样做，只会破坏他的精神，毁灭你自己的幸福。

学习和掌握人际关系的艺术。学习激励别人去做你想要的事，而不要驱使别人。根据查尔斯·史考伯的说法，这就是操纵男人的秘诀。当然，他的话是不会错的——因为这种能力，才会有人付给他 100 万美元的年薪。

◎男人向左，女人向右

19 世纪 70 年代，我的祖父查理士·劳勃特森在堪萨斯州的农庄长大。他想要移居到印第安·奈里特利去，看看自己能够在这个边界殖民区里做出什么事业。于是他和他的妻子哈丽特就将他们的行装整理好，放进一辆敞篷马车里，带着孩子们往未知的前途出发。他们在锡马龙的河岸定居。这个地方，就是现在的俄克拉何马州东北。我的祖父建造了一座木屋，用篱笆围起一片自己的土地。不久，他借了一些钱在这个小乡村开了一家小店，那就是现在奥克拉荷马州的杜尔沙市。

我的祖母哈丽特日子过得很艰苦，她要照顾九个小孩，身体不太好，而且生活很不方便。那里没有医生，只有一家一间教室的教会学校供小孩子念书。艰苦的生活、债务、寒冷的冬天和炎热的夏天，这就是他们全部的写照了——但是以边疆的生活标准来说，查理士·劳勃特森成功了。哈丽特活着看到她的丈夫变成一个成功的、受人敬重的居民，她的儿女们也都幸福地结婚了，而印第安·奈里特利也变成联邦政府的一州。

联邦政府这些州的发展，不仅由于有像查理士·劳勃特森这种男人的眼光——他们开拓了新的天地并且扩展疆界——而且也因为有了这些勇敢的妻子，就像哈丽特，她们勇敢地去尝试新机会。这些女人信仰上帝，信仰她们的丈夫，而且信仰她们自己。她们勇敢地面对着危险、困苦、疾病和死亡。当她们朝西部前进的时候，有没有怀念过她们离开的舒适的家？有没有后悔过离开了朋友、双亲、财富以及现在所面对的物质缺乏、害怕和劳苦的生活？如果她们没有后悔过，她们就是没有人性了。

但是就是这样，拓荒的人们跟随着自己的丈夫来到这些荒凉地区，写下了美国历史上光辉的一页。他们留给自己的儿女一笔巨大的遗产，包括一片土地、城市以及一种不屈不挠的勇气和无法动摇的信心的光荣传统。

盼望丈夫成功的妻子，必须发扬我们的拓荒前辈的刻苦精神。妻子必须心甘情愿地让自己的丈夫去做他最喜爱的任何事情，纵然他的做法是很冒险的。不管遭到了什么挫折，他必须有深信丈夫的勇气，而且毫不畏惧地支持他。能够不顾一切地努力实现进取心和创造心的人，更不会为了其他的原因而退缩了。

例如，我认识的一个男人，在他所不喜欢的职位上工作了一辈子，只因为他的太太宁愿牺牲任何代价，来保住安定的生活。

开始的时候他是个记账员，后来他赚够了钱，可以开自己的汽车修理厂了，这时候他结了婚。而他的太太认为在他们还没有买下房子以前，他最好不要辞去工作。等到他们有了房子以后，他们正要生下第一个孩子，这位男士的妻子使他觉得，开创自己的事业将是一件多么辛苦的傻事——于是日子就这样过去了。他的薪水已经足够家庭开销，还有保险金可以供应孩子的教育费用。有必要开创自己的事业吗？太可笑了！如果失败了怎么办？他可能会失去在公司里的年资、公司的退休金、疾病津贴以及一份中等而固定的薪水。于是这位男士就失去了创业的机会，因为他的妻子不愿意给他尝试的机会。

现在，他是个对生活感到厌倦的、庸庸碌碌的中年人，他把空闲的时间用来修补自己的汽车。他有张失意的脸孔，患有胃溃疡，此外再也没有什么东西可回想了。生命就这样过去了。他生命绝大部分的时间都用来压抑他对于工作的不满，他对自己的工作没有真正的兴趣，没有热心，没有完成的野心——这都是因为他的太太不愿意给他尝试的机会。

如果他放弃了不喜欢的工作，努力尝试去做自己选择的工作而失败了，事情又会怎样？至少他将会因为已经做过自己想要尝试的工作而感到满足，而且如果他尝够了失败的滋味，他就真的会成功了。

然而，使人感到兴奋的是，这种类型的妻子似乎只是少数而已。在雪佛酿酒公司最近的一项调查里，有6000名各种年龄的家庭主妇接受了访问。其中有一个问题问到，如果她丈夫想要从一个他不太喜欢的安定工作，转到另外一个较不安定而且薪水较低，但是却能够使丈夫感到高兴的工作上去，太太们是不是会赞成。接受访问的太太们只有25%说，她们不愿意让自己的丈夫改行。

我曾经替一位叫做查尔斯·雷诺兹的人做过事，他是俄克拉何马州杜尔沙市一家大石油公司的财务助理。他是个活泼、能干又讨人喜欢的年轻人，看来一定可以一帆风顺地往上爬。他有太太、3个小孩以及光辉的远景。

空闲的时候，查尔斯·雷诺兹喜爱绘画。他的许多风景油画，都悬挂在公司办公室的墙上。有时候他也把画卖给公司外面的人。

虽然雷诺兹先生喜欢自己的工作，但是他更渴望有更多的时间来绘画。他一向很喜爱新墨西哥州的陶欧斯城，那儿是艺术家的乐园，他想要放弃自己的工作，永久移居到那边去。当他和他的太太露丝谈到去开一家绘画用品店时，他太太鼓励他说："我们也可以卖画框，我照顾店面，你就可以画画了。我相信我们一定可以成功的。"

由于太太热心的鼓励，查尔斯·雷诺兹就下定决心辞掉工作，专心绘画了。他们全家人都有了开创新事业的精神，年轻的小查尔斯放学以后也会帮忙店务。他画得非常好。终于成为西南部最成功的画家之一。他的作品曾经在整个美国展览过；他也曾经在许多画廊举办过个人画展。现在，他是欧斯城画家协会的会长；在新墨西哥州陶欧斯城闻名的济特·卡森街上，他还建造了自己的画廊和画室。这都是因为他和他的妻子有勇气去尝试一个机会。

这种冒险的成功并不值得惊讶——胜算的可能性是很高的。如同范狄格里夫特将军经常在战前对他的军队所说的："上帝偏爱那些勇敢和坚强的人。"

最适合于某个人的工作，或能够使他感到快乐的工作，并不一定就会使他富有或是过上好日子。然而除非一个人的工作能够带给他内心的满足，否则就不算是真正的成功了。当妻子的需要有精神上的耐力，才能够让她的丈夫自由自在地做他所喜爱的工作，而放弃他所不满意的、不高兴的、薪水较好的职位。

许多伟大的成就，可能都是因为不自私的妻子愿意尝试一个机会——而且愿意放弃物质享受，因此她们的丈夫才能够从事适合于他们个性的工作。

救世军不只是它伟大的创始者威廉·布斯的活纪念碑，而且也是威廉最具爱心的妻子凯瑟琳·布斯的活纪念碑，因为她曾奉献那么多的精力来推广这个运动。

威廉·布斯把传道当成自己的天职，他在伦敦的贫民窟对穷人、残废人和流浪汉讲道。他、他的妻子和孩子们都忍受着寒冷、饥饿和嘲笑。他努力帮助穷人，以至于损害了自己的健康。他的妻子也从小就很瘦弱。凯瑟琳·布斯患有脊柱弯曲症，必须使用脊柱支柱。她还受着肺痨的威胁，晚年又受到了癌症的折磨。她临死前说，"我从来就不知道有哪一天不是生活于痛苦之中的。"

然而这位孱弱、瘦小而多病的妇人，不只要做饭、洗衣和照顾他们的 8 个子女，还要帮助她的丈夫，为那些比他们更加穷困的人奉献出他们慈爱的努力。她也传教讲道。到了晚上，在白天的劳累之后，她还要到贫民窟去帮助那些饥饿、生病或是遭遇困难的人。她为那些怀有私生子而未出嫁的姑娘准备饭菜，找寻安身的处所。她和那些小偷、流浪汉与妓女说话。

你一定会想（难道你不这样想吗?），凯瑟琳·布斯只要有适当的机会，一定会想离开这个悲惨的地方的。这种机会也曾出现过，有一次牧师会议被布斯的真诚感动，就在一个比较富裕的地区，留给他一个舒服的讲道工作——这样他就可以放下他在贫民窟的工作了。

他们忽略了威廉的妻子。凯瑟琳·布斯马上站起来叫道："不要！不要！"

多亏她不怕艰难和有坚定的信心，现在才有救世军在各处工作。我真希望凯瑟琳能够活得更久一些，亲眼看到她为丈夫所做的贡献所得到的结果。我真希望她现在已经知道，在威廉·布斯的葬礼之中，当他的灵柩经过的时候，伦敦街头拥挤着65000多人向他表示敬意。伦敦市长也在他葬礼的行列中送行。欧洲的宫廷和美国总统也都送来花圈。在他的灵柩后面，有5000名年轻的救世军跟随着，并唱着赞美诗歌颂他们伟大的领袖。我宁愿相信凯瑟琳已经都知道了——这位瘦弱的女人完全不顾自己的安全，加入她丈夫献身的伟大工作。

帮助丈夫获得成功，这本身就是一个需要专业精神的工作，除非你相信帮助丈夫是一件非常重要而必须付出你所有注意力的事，否则你就没有办法帮助你丈夫了。

以下是个迷人女孩子的真实故事，她本来认为自己的职业比较重要——直到后来有件事情改变了她的想法。美丽、碧眼金发的彩泰·威尔斯，是著名的探险家卡维士·威尔斯的太太，当她认识未来的丈夫的时候，自己已经拥有非常着迷的职业。

彩泰是个成功的广播讲演的经纪人，在业务上与许多名人的接触使她得到了乐趣。卡维士·威尔斯也是因业务关系和她认识的，卡维士爱上她并且和她结婚——依照彩泰的条件，她可以继续从事使她着迷的工作，而且可以自由独立。

婚礼在三月举行。六月，卡维士·威尔斯要动身前往苏俄和土耳其，去爬阿拉拉特山。彩泰本来希望留在家里工作，但是等到时间接近的时候，她竟然没有办法使自己独自留下来。"只这一次和你去就好。"她说。于是他们就出发去探险了，那是一个艰难和挫折的梦魇——虽然这次历险使卡维士写出了那本畅销的书——《卡普特》。

当彩泰回到自己的工作岗位以后，发觉这些工作和这次的探险经验比起来，真是太没有味道，她曾经和卡维士共享过出生入死的经历啊。于是在一年半以后，她又和卡维士一同前往墨西哥，去爬帕帕卡提白特尔山。这又是一次严苛的体能考验。彩泰大部分的时间都在寒冷、饥饿、疲惫和极度的惊吓之中度过。但是她同时也感到非常兴奋。

那座山峰上冰凉的冷风，吹走了彩泰坚持要独立的最后一丝念头。她了解到，身为卡维士·威尔斯的妻子，是比在自己的工作上所可能得到的任何程度的成功，都要更有价值的。当他们从墨西哥回来以后，彩泰就关闭了自己的办公室。她现在有时间跟着她的丈夫到地球最远的一端了——而这也正是她所做到的事。马来半岛的丛林、非洲、日本、冰岛、喀什米尔山谷——游历各地的威尔斯夫妇，他们的生活就像是一部游记。

彩泰·威尔斯说："那时候我认为，拥有自己的事业是很重要的，我很奇怪自己那时候怎么会那么孩子气。和我与卡维士共享的这些丰富经历比起来，我自己的生活是多么的无味和狭小啊。我把我的兴趣和他的合并起来，和他共享胜利和成功，而当失望和麻烦来临的时候，我们就一起面对它们。"

"我想，我所曾经接受的最大的嘉勉，就是卡维士在他那本《卡普特》书上所写给我的题献辞：'献给我最好的朋友——我的妻子，彩泰。'从没有人给我的赞赏像我的丈夫给我的爱之献语这样，使我感到这么大的成功和满足。"

彩泰·威尔斯是在很戏剧化的情况之下改变心意的，但是，许多女人发觉，增进她们所爱的丈夫的幸福与最大的利益，就是使得任何一个妇女感到最有价值的职业生涯了，彩泰就是一个典型的例子。

我并没有忽略许多由于环境的驱使，而离开家里到外头工作的妻子们和母亲们。我要以最深的尊敬，向她们致意。我相信妇女们应该有能力，以她们自己的努力来赚钱维持自己，可能会在什么时候变成负担家计的人，要负责家庭的食物、房租以及衣物。生病、死亡、失业和灾祸可能捣毁原先最好的计划。

但是，因为我们正在讨论妻子帮助丈夫成功的各种方法，我们不可以忘记，帮助丈夫就是一个很大的工作，这件工作本身大得需要妻子全心全力去做。一个妻子如果尽责任地把她的努力放在自己的职业上面，她就不会有额外的能力为她的丈夫效力了。当然，每一件事情都有例外，仅是观察和经验使我相信，如果夫妇双方的目标和兴趣是一致的，丈夫与婚姻成功的机会就更大了。

是的，成功的真正意义，是找出你所热爱的工作并努力去做——在奋斗的途中必须不顾自身的安全与幸福，有时候只有这样做，才是获得我们真正想要的东西的唯一方法。

"上帝啊，请赐给我一个年轻人，他必须有足够的胆识去做别人心目中的傻事。"罗勃特·路易斯·史蒂文生说。

莎士比亚则是这样说："疑虑是我们心中的叛逆者，由于害怕去追求，将会使我们失去我们通常能够赢得的东西。"

上帝的确是偏爱勇敢和坚强的心灵。如果我们希望我们的丈夫，在他们觉得最有成就的工作之中成功，我们就该鼓励他们去尝试每一个机会——而且要有足够的勇气来共同克服危机。

◎掌控好家庭的“财政”

预算是一张有效蓝图、一个经过筹划的办法，用以帮助你从你的收入中获得更大的好处。对于金钱，一种易赚易花、毫不看重的乐观派哲学，曾经在书本上和戏院里带给我们很多非常有趣的笑料。在《你无法把钱带在身边》里，我们都会取笑那位老绅士，他绝不相信个人所得税，而且拒绝缴付其他相关款项。当大卫·科波菲尔德要教他的年轻妻子朵拉按照收入计划预支开销的时候，朵拉就噘起小嘴唇撒娇——她也是个非常可爱动人的角色。我们也喜爱不朽的《与爸爸一起过日子》里所描写的母亲节，由于在妈妈每个月把家庭预算弄得一团糟而引起的争战里，爸爸在母亲节那天表现了最良好的风度。狄更斯笔下浪费成性的麦考柏先生，也是文学上最使人感到有趣的角色之一。

的确，在小说里，迷人和不负责任经常会同时出现在一个特别的人身上。但是，在实际生活中，没有其他事情会比财务问题的失误更让人灰心或是讨厌了。入不敷出的人无法使人开心——他是个不负责任的冒险家。脑筋糊涂、奢侈浪费的妻子，也不会美丽动人，她是缠绕在丈夫脖子上的一个重重的担子。

如今，我们的钱所能兑换的东西，比十年前甚至是五年前都要少得多了。女士们面对着一个不合常理的挑战，必须充分利用手里的那些钱。价格上涨，生活水平提高了，我们的小孩所需要的教育费用越来越复杂、越来越高。

大家都以为，只要我们的收入增多一些，我们所有的忧虑就会烟消云散，这是一个普遍存在的错误观点。据这方面的专家们说，事实并非如此。艾尔西·史泰普来顿曾经担任华纳莫克和吉姆贝尔百货公司职员的财务顾问。他确信，对大部人来说，增加一些收入只是造成更多的花费。我同意他的看法，这种做法根本就没有好好处理一个人的收入。他的话里有一种动人与毫不在乎的意思，使我们想起小说里那些迷人的处理金钱极其随便的人——等到我们静下心里想想他话里的含义，才发觉事实真是不容乐观。

乱花钱就等于让每个人——包括肉贩、面包商和烛台制造商——都来瓜分你的收入——除了你自己以外的所有商人。而有计划的花费，就能够保证你和你的家人从收入里得到公平合理的分享。

杰里·吉果斯在他所著的《钱爱》一书中提出的一种观点就是，你可以把借来的钱当做自己的收入。如果你一时还无法接受这种观点，是因为你觉得用自己的钱才能心安理得，才能真正轻松自在，那么你必须达到经济独立，即通过合理的财务预算，使自己不至于出现入不敷出的局面。事实上，要达到真正的经济独立以享受自在的生活，其实并不像人们通常想象的那么难，这并不是以庞大的财力为基础。

要想过悠闲轻松的快乐生活，并不一定要住大厦、开名车、穿金戴银。重要的是，你拥有什么生活态度。如果有了健康正确的心态，你即使靠着借来的钱，也能舒舒服服、痛痛快快地享受人生。

我认为，一个人要实现入不敷出，可以不用增加财产或收入，你所要做的只是改变自己的想法，重新想想什么是入不敷出，什么不是入不敷出。为了明确你对入不敷出的认识，你可以看看下面的几项选择中哪一个是达到入不敷出的重要因素。

（1）中了百万元的奖券？

（2）有一大笔公司退休金再加上政府的养老金？

（3）继承有钱亲戚的巨额遗产？

（4）和有钱人结婚？

（5）找财务顾问来协助做正确的投资？

我曾做过一项调查，我发现，将要退休的人最关心的事，以重要性依次排列是：财务保障、身体健康和可以共同分享退休生活的配偶或朋友。然而，有趣的是，这些人退休之后不久通常就改变了想法。健康成为他们最关注的头等大事，而经济状况则下降到了第三位。很明显，虽然他们所预期的收入还是不变，但他们对经济的看法却已经改变了。

调查结果显示，人们退休之后实际生活所需比他们原先想象的少得多，钱对高品质的生活没有那么大的影响和作用，同时，这个结果也证明了上述的几项因素没有一个是真正入不敷出的必要条件。

多明奎兹，1940 年生于美国科罗拉多州一个富豪之家，从小过着优裕的生活。然而随着年龄的渐渐增长，他不愿再依赖家里。18 岁的时候，多明奎兹靠着一份极其微薄的薪水实现了经济独立。在其他人尤其在他家里人的眼中，这样的收入比贫民还不如。但多明奎兹觉得，只要自己愿意，不管收入多少，都可以达到经济独立。不要以为百万富翁才具有经济独立的能力，一个月 500 美元或者低于 500 美元就可以达到经济独立。如何能够？他说：“真正的经济独立无非是量入而出，如果你每个月只挣500元，但能够把开支控制到499元，你就是经济独立了。”多明奎兹多年来每个月就靠500美元生活，并拒绝家里人的援助。到1969年他29岁的时候，就经济独立地退休了。退休之前，他是华尔街的股票经纪人，看到许多人虽然社会地位颇高，收入丰厚，但却活得艰辛劳苦，一点也不快乐，这使他感到这种生活一点也没有意思。多明奎兹决定脱离这种工作环境，于是他设计了个人的财务计划，过一种简化的生活方式。他的生活舒适轻松，而且从来没有什么负担和压力，但一年却只需要6000美元，这是他把积蓄投资在国库债券的利息。由于多明奎兹的生活中没有过多的物质需求，他把从1980年以来主持公开研讨会“扭转你和钱的关系并达到真正经济独立”的额外收入以及在《新生活杂志》上发表指导人们正确运用金钱的文章时获取的稿费，全数捐给了慈善机构。

生活中，我们其实不需要那么多物质和财富，对于金钱，只要使我们能吃饱肚子、有水喝、有衣服取暖再加一个可以遮风避雨的地方足矣。现代人大都过着奢侈的生活却不自觉。两套以上的替换衣服可以算是奢侈，拥有一幢房子也是奢侈，一台电视机是奢侈品，一辆车也是奢侈品。很多人会大声疾呼这些都是必需品，但它们并不是必需品，如果它们是，在还没有这些东西出现的古代，人们是不是无法生活了，至少也是无法快乐。显而易见，事实并不是这样。

当然，这并不是要每个人的思想都必须有180度的大转弯，只维持最起码的需求，更不是要人们都去当清教徒、苦行僧。我自己在过去几年来也时常收入低微，生活里还是保持着某些奢侈享受，而且不愿放弃。重点是在于，一般人至少可以减少一些花费。许多奢侈品其实没有任何意义，只能带给人们虚伪的自我膨胀。招摇阔绰地展示奢华和富有是一种浅薄的手段，想要借着炫人的财富——大过所需的房子、移动电话、豪华轿车以及最先进的音响——在别人面前，尤其是比较没有钱的人面前，证明自己高人一等。这种行为显示出缺乏自尊的内在本质。

人们那种追求金钱、炫耀金钱的虚荣心态实在该改一改了，疯狂地攫取金钱，买一些只能说是垃圾的东西，目的就是展现给别人看，以此来显示自己的价值，而实际上却失去了生命中更为宝贵的东西：本质、自尊以及真实的生活。

住在阿巴达锁镇阿巴达街的莫瑞德夫妇，有两个小女儿，他们是一个真正经济独立但并不富裕的家庭。他们靠着一份差不多只有一半的收入，就过着很好的生活。莫瑞德夫妇都是只受过专业训练的学校老师，如果他们想，一年加起来可以挣十多万美元，可是只有丈夫布兰特在工作，而且是一份半职的工作，他们一家四口，一年只用不到3万美元就过得很舒服，因为他们学会了聪明地花钱，所以能够达到经济独立。莫瑞德一家过去十年来都过着简单的生活，他们说这种生活一点都不难过，他们觉得自己很好，因为他们对环保尽了一份力量。事实上，他们的哲学已经变成了“少就是多”。他们的收入虽然比一般人低，但却买到了一个珍贵的东西，很多收入比他们高上十倍的人却还买不起这个东西。这个珍贵的东西就是大量的休闲时间，他们可以用来做自己想做的事情。

一项统计表明，只要稍微谨慎一点用钱，大多数人都能减少可观的花费，人们如果能充分运用创造力和机智，不花什么钱，都可以过上逍遥快活的生活。

可喜的是，现在已有一部分人逐渐认识到了他们内在的真正价值，开始寻求平稳的生活步调和较少的物质享受。

要实现经济上的独立，不再为捉襟见肘的经济困境而犯愁，我们就应该做好财政上的预算，量入而出。

预算并不是一件束缚行动的紧身衣，也不是毫无目的地把花掉的每一分钱都做个记录。预算是一张蓝图、一个经过计划的方法，用以帮助你从你的收入中得到更大的好处。正确的预算方式，将会告诉你如何达成目标——你自己的家——你家小孩子们的大学教育费用——你老年的保险金——你梦想中的假期。

预算开销将会告诉你，可以删减那些比较不重要的项目，去填补你想要做的大花费。

如果你从没有做过预算，就应该马上开始学习如何处理家庭财务。帮助丈夫成功的一个最重要方法，就是要知道如何使他的收入发挥最大的效用。如果他会赚钱但是不会节省，你就可以帮助他管紧钱包。如果他本来就节省，你可以在用钱方面表现出相同的看法，为他增加信心。

如何才能使你自己成为家庭财务的专家？这里有个好消息：你家附近的银行可能有一种预算或咨询服务，他们将会告诉你如何做好预算计划，以适应你特殊的需要和收入。

《妇女时代》杂志对于家庭的经济知识，是一个很好的来源。它将会告诉你如何缝补旧衣服，如何烹调有营养而价格低廉的餐点，甚至还告诉你如何制造自己的家具。

不可以依赖你无意中发现的、任何一种已经印好的预算计划表。为了要显得更有价值，一个预算计划必须是专门为你订做的，不适合于其他任何人。没有其他的家庭会和你们家庭完全相同，你的经济问题就像你的脸孔和身材那样，是完全不同的，是独具特色的。

以下有些想法，可以帮助你完成你自己的家庭预算计划：

1. 记录每一件开销，使你对于支出情形有个清楚的了解

除非我们知道错在哪里，否则我们就无法改进任何情况。如果我们不知道在何处删减，为什么要删减以及删减什么，节约就是毫无意义的事。所以，我们应该在一段示范期间，记录下所有的家庭开销——例如，记录 3 个月看看。

亚尔诺德·白尼特和约翰·D. 洛克菲勒都是无可救药的记账专家。我也是这样。虽然我都以开支票的方式付款，我仍然喜欢按月把我的花费记录成一张整齐的单子。每年一次，我把这些每月花费加起来。结果呢？我能够很精确地告诉你，于某某年我们在食物方面花了多少钱——或燃料费、水电费、娱乐费，等等。我还可以使用这些记录，查出我家的生活费增加的情况。一旦你知道你的钱花到哪里去以后，就不必再做这种记录了。但是，我很喜欢手边有这种资料。例如，如果我怀疑我花太多钱买衣服了，我只要瞥一眼我的记录就知道真相了。

我认识的一对夫妻，当他们开始记录花费情形以后，很惊讶地发现他们每个月花掉大约 70 美元去买酒！然而，他们并不是酒鬼——只不过是一对热情的夫妇，很欢迎自己的朋友在兴致好的时候就"到家里来喝一杯"——这种事情时常会发生。他们做了一个明智的决定，认为他们不能再开免费酒吧了，于是，那 70 美元就用于更好的项目开支。

2. 根据家庭的特殊需要，设计出自己的预算

首先，把你这一年里固定的开销列出来——房租、食物预算、利息、水电费、保险金。然后计划你其他的必要开销——衣服、医药费、教育费、交通费、交际费，等等。

每个人都知道，这是件不容易的事情。拟定计划需要决心、家庭合作，有时候还需要严谨的自制力。我们不能买下每一件东西——但是我们可以决定什么东西对我们最重要，而牺牲掉最不重要的东西。你愿意拥有一个舒适的家而放弃买昂贵的衣服吗？你宁愿自己做衣服，将节省下来的钱买一台电视机吗？显然，这些决定必须由你和你的家人自己来做——印制好的预算表都列上了固定的百分比，对于你个人的需要是没有帮助的。

3. 至少要把每年收入的 10%储蓄起来

规定你自己——也就是说，你的家庭——一个固定开销：至少要把 1/10 的收入储蓄起来，或拿去投资。也许你还可以想办法建立一笔额外资金，拿来做特殊用途，譬如买房子或汽车。

财务专家说过，如果你能节省你丈夫收入的1/10，虽然物价高昂，不到几年你也就可以获得经济上的舒适。

我认识一个女人，她嫁给一个顽固、保守的新英格兰人。她的丈夫宁愿在中央车站广场脱光了衣服，也不愿放弃节省1/10薪水的计划。这位太太告诉我，在经济不景气的那几年，她们可真吃足了苦头，她先生的薪水被删减得太多了。她买日用品的时候，必须想尽办法节省每一毛钱——她丈夫每天要步行20多条街，以省下公共汽车费。但是，节省1/10薪水的老习惯，仍然照样进行。

“有时候，”这位女士承认，“当我们非常需要钱用的时候，我十分后悔还要把钱搁在一边。但是，我现在很高兴我们维持了储蓄计划。节约的结果，使我们到中年的时候拥有了自己的家和一些享受。”

4. 准备一笔意外或紧急用途的资金

大部分的预算专家都劝告每一个年轻家庭，至少要存下1～2个月的收入，用于紧急事件。

但是，这些专家警告说，想要存太多钱的人，会发觉很难办到，结果根本就存不了钱。与其要断断续续地隔几周才一次存5元，倒不如每周固定地存下2.5元，效果会更好。

5. 使预算计划成为全家人的事

预算顾问相信，预算计划必须得到全家人的合作。经常举行家庭预算讨论会，往往可以减除情绪上的不和——因为我们大家对于金钱的态度，都会受到自己的经验、气质与教育程度的影响。

6. 要考虑人寿保险的问题

玛莉昂·史蒂芬斯·艾巴利，是人寿保险协会妇女部的主任。对全国的女士来说，她所说的话就是人寿保险专家的看法，具有独特的权威性。当我访问艾巴利女士的时候，她建议当妻子的人应该自问以下这些问题：

你可知道，经过人寿保险，你的家庭能够得到什么基本需要？你可知道，一次付款和分期付款有何不同——而且各有各的好处？你可知道，关于付款的方法有许多不同的选择？你可知道，现代人寿保险具有双重目的？如果一个男人过早去世了，人寿保险就可以保护这个人的家庭；如果他活着要享受余年，人寿保险就可以供给他独立的基金。

这些问题以及其他许多相似的问题，对于你的家庭非常重要。只让你的丈夫知道所有的答案，这还不够，你也应该知道这些答案。有一天也许你会变成寡妇——有关人寿保险的知识，可以解除你的困难和忧虑。

贾得生和玛丽·南狄斯，在他们合写的《建立成功的婚姻》一书中告诉我们，家庭收入的花费，往往是婚姻生活里必须调节、适应的主要地方。

金钱并非万能，这句话可真不错。但是，如果知道如何聪明地处理我们的金钱，就可以带给我们的丈夫和家庭更多心境的安宁、幸福与利益。

所以，我们不可幻想着自己的丈夫能够像我们本来能嫁、但是后来没嫁的那个男人那样，带回来一大袋薪水，这只会浪费我们的时间，损毁我们的青春。我们的工作就是使自己变成财务能手，好好处置他赚回来的钱——如果我们想要激励他赚更多的话。怎么做呢？只要依照以下的规则去做：

（1）记录每一件开销，使你了解花费的情形。

（2）以一年做单位，设计出一个预算计划。

（3）储蓄家庭收入的1/10。

（4）准备一笔意外事件资金。

（5）使预算计划成为全家人的事。

（6）要考虑人寿保险的问题。

◎给花钱来个刹车

一个人要是想获得财富，首先要善于克制自己的花钱欲望，自我克制的力量必不可少。在我们开创的事业中，资本往往有赖于自己往日的储蓄和积累。

英国著名文学家罗斯金说："一般来讲，人们觉得节俭这两个字的真正含义应该是省钱的方法。其实不对，节俭应该解释为学会用钱的方法。也就是说，我们应该学会怎样去采购必要的生活用品；怎样把钱花在刀刃上；怎样合理安排自己的衣、食、住、行的花费和娱乐等方面的花费。总的来说，我们应该把钱用在最应该用的地方，而且一定要产生良好的效果，这才是真正的节俭。"

托马斯·利普顿爵士曾经说："有许多人向我请教成功的秘诀，我告诉他们，对一个人来说，最重要的就是养成节俭的习惯。成功者大都有储蓄和积累的好习惯。任何好朋友对他的帮助和雪中送炭，都比不上一张薄薄的小存折。只有储蓄才是一个人成功的基础，才具有使人站稳脚跟的力量。储蓄能够使一个青年人挺立在事业和生活的风雨中，能使他鼓起巨大的勇气，振作精神去战胜困难，拿出力量成就人生。”

有很多年轻人由于挥霍无度的恶习，竟然把自己的前途都抵押出去了。他们全身的服饰都要装成贵族绅士的模样，而且要紧跟服装的时尚。他们整天考虑的事情就是怎样去花钱，随后，他们就有了这样的念头：怎样用非法手段去尽快地弄些钱来。结果，他们不但债台高筑，而且常常会丢掉好的职位。因此，他们原本更有意义的生活——似锦的前程、快乐的享受和高尚的理想，一切都像明日黄花一样，悄悄逝去。那些不愿意量入为出的年轻人经常还要掩掩饰饰，自欺欺人。他们不了解，这样的习惯会使他们成功的基础毁灭殆尽，而且将来也决计无法挽回。你不考虑眼前的问题，认为将来可以从头做起吗？你认为今年将田地荒废不顾，明年仍然可以重新耕种吗？你认为过了今天还有明天吗？时间老人是毫不留情的，你一旦造成了错误，他绝不会再给你一个从头开始的机会。未来的收获都得看你年轻时播的种子怎样；假如你播的是杂草，将来也休想收获丰硕的果实。

当然，节俭不等同于吝啬。但是，即便是一个生性吝啬的人，他的前途也仍然大有希望；但假如是一个挥金如土、毫不珍惜金钱的人，他们的一生可能将因此而断送。不少人尽管以前也曾经刻苦努力地做过很多事情，但至今依然是一穷二白，主要原因就在于他们没有储蓄的好习惯。

如果每个年轻人都有储蓄和积累的习惯，世界上就不知要少多少个伤天害理、坑蒙拐骗的人。晚年的约翰·阿斯特先生说，如今他赚十万元比以前赚一千元还容易，但是，如果没有当初的一千元，他也许早已饿死在贫民窟里了。

很多人只因为用钱一点也不算计，没有计划性，所以就在不知不觉中花完了身上所有的钱。如果一个青年养成了花钱入账的好习惯，能把每次的花费都清楚地记在账本上，能够仔细核对计算、细心筹划，这对于他未来的事业发展和家庭生活，一定有不可估量的帮助。这样不但能使他学会记账，还可以使他熟悉金钱往来的各种手续和流动的规律，从而获得宝贵的个人生活经验。

这种账本最好能够随身携带，以便你能随时随地的把自己的每一笔花费记在本子上。这样坚持下去，对改正挥霍无度的坏习惯一定有很大的帮助。账本能够明确无误地告诉你，过去的钱都花在哪些地方，什么地方是完全可以节省的，什么地方是非要用不可的。

一般来讲，农村的孩子要比城市里的孩子要懂得节俭得多。最重要的原因是城里充斥着各种各样专门引诱小孩去消费的商品，质量低劣的玩具和缺乏卫生保证的糖果食品都在吸引他们去购买。但乡下的孩子就不同了，他们更看重金钱，也没有受到这么多东西的诱惑，他们往往不会像城里的小孩那样花起钱来毫不考虑。他们会非常珍惜自己口袋里不多的几个钱，不时地从口袋里拿出来数弄着，决不舍得花钱去买那些流行的玩意，以博得自己一时的欢喜。等到他们积累到一百块时，就非常兴奋，甚至欢呼叫喊着。这些乡下小孩的父母们时常细心地教导他们，使他们明白储蓄和积累的好处，还鼓励他们把钱存放到银行里存起来，不要放在身上。而城里的孩子们往往不大把钱当做一回事，他们一有了钱就要把它们立刻花掉，否则很不舒服。

就像很多城里的孩子宁愿把钱放在口袋里，方便使用，也不愿存在银行里一样，有很多青年人也习惯把所有的钱都带在身上，这样往往就使他们养成了随随便便花钱、胡乱挥霍、毫无节制的坏习惯。虽然把钱存到银行里以后，用起来就没有在身上的口袋里那样方便，但是后者太不清醒了，因为习惯把钱放在身上的人基本上都会失去节制，动不动就翻口袋买东西。

所以，节俭最重要且有效果的办法就是把所有的钱全部放到银行里，而且最好存到一家离你住的地方远一点的银行。这样一来，等你心急火燎要用钱时就必须到那家很远的银行去取，这时你就会考虑要花的钱是否值得？能否省下来？

富兰克林说："致富的唯一方法就是支出低于收入。"他还说："如果你不想因有人讨债而心虚气短，想避免饥饿和寒冷的痛楚，那样你最好和'忠'、'信'、'勤'、'苦'四个字交朋友。并且，不要让你辛苦赚得的任何一分钱从你的指缝间轻易地溜走。"

以前有一个小伙子到印刷厂里去学习基本的技术。其实，他的家庭经济状况挺不错的，他爸爸却要求他每晚必须在家里睡，不许乱跑，但是他每月要付给家里一笔住宿费。一开始，那个年轻人觉得父亲这样太苛刻了，因为他每月的收入，基本就能够支付这笔住宿费，他没有任何其他的零花钱了。但是，几年以后当这个年轻人想创办一个印刷厂的时候，他的爸爸把他儿子叫到面前，对他说："好孩子，现在你可以把你这几年付给家里的住宿费拿回去了。我之所以这样做，是为了能够让你把这笔钱保存起来，并非真的向你索要住宿费。好啊，现在你可以拿这笔钱去发展你的事业了。"那个年轻人至此才明白爸爸的良苦用心，对爸爸的智慧感激不已。如今，那青年人已经当上了美国的著名印刷厂的总裁，而他当年的小伙伴却因毫无节制地花钱，如今仍然挣扎在贫困线上。

以上所述是一个富有教育意义的真实故事。它给你的启示是：唯有养成储蓄和积累的习惯，将来才有希望享受到成功与财富。

有位作家的一段话说得非常好，他说，在我们的社会中，“浪费”两个字不知使人们失去了多少快乐和幸福。浪费的原因不外乎三种：第一，对于任何物品都想讲究时髦，比如服饰、日用品、饮食都要最好的、最流行的。总之，生活的一切方面都愈阔气愈好。第二，不善于自我克制，无论有用没用，想到什么就去买什么。第三，有了各种各样的嗜好，又缺乏戒除这些嗜好的意志。总结起来就是一个问题，他们从来没有考虑过要修养自己的性格，克制自己的欲望。造成如今社会上事事追求浮华虚荣的最大原因就是人们习惯于随心所欲、任性为之的做法。

很多年轻人往往把他们本来应该用于发展他们副业的必备资本，用到雪茄烟、香槟酒、舞厅、戏院等等无聊的地方。假如他们能把这些不必要的花费节省下来，时间一久一定大为可观，能够为将来发展事业奠定一个资金上的基础。

不少青年一踏入社会就花钱如流水一般，胡乱挥霍，这些人似乎从不明白金钱对于他们将来事业上的价值。他们胡乱花钱的目的仿佛是想让别人说他一声“阔气”，或是让别人感到他们很有钱。

当他与女友约会时，即便是在隆冬季节，他也非得买些价格很贵的鲜花，或各种糖果、小玩意儿不可。他却从来不曾想到，要这样费心机、花费钱财追来的老婆，将来绝不会帮他积蓄钱财，而一定是花钱如流水、挥金如土。

如此的年轻人一旦用钱把场面撑起来后，一切烦恼苦闷的事情就会接踵而至。为了顾全面子，他们就再也不能过节俭日子了。他们也不会认识到自己已经沦落到怎样的地步了。有些人入不敷出以后，就开始动歪脑筋，挪用公款来弥补自己的财政缺口。久而久之，耗费越大亏空也就越多，渐渐地就陷入了罪恶的深渊，难以自拔。到了这时，他才想到自己不该胡乱花费，不该为此干那违背天理良心的事情，不该挪用公款，可是为时已晚！为了满足这种喜欢花架子、空排场的恶习，不知有多少人到头来要挨饿，甚至有许多人因此丢了性命，更有无数人因此而丧失了职位！

正如一句谚语中所讲到的，金钱能买到一条不错的狗，但是买不到它摇尾巴。挥霍无度的恶习恰恰显示出一个人没有抱负，没有希望，甚至就是向失败自投罗网。

◎不要轻易说出令人心碎的批评

狄克斯，婚姻问题的美国第一权威，宣称婚姻的50%以上是失败的。她知道，使这么多罗曼蒂克梦，在离婚的礁石上撞碎的一个基本原因就是因为批评——无用的、令人心碎的批评。

狄斯累利在公众生活中最激烈的对手是格来斯东，这两个人几乎在每个问题上，都要发生冲突，但他们有一件相同的事：即他们私生活的无上快乐。

格来斯东夫妇共同生活了59年，差不多60年时间拥有持久的相互忠诚。

我喜欢想到格来斯东——英国最尊贵的首相，握着他妻子的手，踏着炉前的地毯起舞，唱这支歌：

> 一个褴褛的丈夫与一个粗鲁的妻子，
> 在生活的一起一伏中，我们跳动并摩擦着。

格来斯东在公众场所是一个令人可怕的敌手，在家中却从未批评过人。当他早晨下楼吃早餐时，发现家中别的人都还在睡觉，他有一种温柔的方法，表示他的责备。他提高嗓门使屋中充满了神秘的声音，他是在提醒别人：英国最忙的人，独自在楼下等候他的早餐。他有外交手段，体恤他人，竭力避免家庭中的批评。

凯瑟琳也常常这样做。凯瑟林曾统治世界上一个最大的帝国，她对数百万的国民操有生杀之权。在政治上，她是一个残忍的暴君，她把她的几十个仇人判处死刑，并用射击队杀戮。但如果厨师将肉烤焦，她什么也不说，微笑着吃下去，这种忍耐，值得一般美国丈夫效法。

◎不要试图改造对方

“我一生或许会犯许多的错误，”英国著名政治家狄斯累利说，“但我永远不打算为爱情结婚。”

事实上，他在 35 岁以前真的没有结婚。

后来，他向一位有钱的寡妇求婚，一位比他大 15 岁的寡妇，尽管也才 50 岁，但头发却已苍白。是爱情吗？嗨，不是，她知道他不爱她，她知道他为她的金钱娶她！所以她只要求一件事：她请他等一年，给她一段时间研究他的品格。

到限期的那天，她们结了婚。

听起来很平凡、很商业化，是不是？也够矛盾的，狄斯累利的婚姻，是被玷污的爱情中，最生动的成功例子。

狄斯累利所选择的有钱寡妇既不年轻，也没有美貌，也不聪明——比平常人差远了。她的说话充满了令人发笑的错误。例如，她“永不知道希腊人和罗马人哪一个在先”。她对服装的品位是古怪的；她对屋舍装饰的品位是奇异的，但她是一个天才，一个真正的天才。她的天才表现在婚姻中最重要的事情上：处置男人的艺术。

她没有用她的智力与狄斯累利对抗。

当他整个下午与机智的公爵夫人们勾心斗角地谈得筋疲力尽以后回家时，恩玛莉的轻松闲谈使他松弛，家庭使他日增愉快，成为他获得心神安宁温存的地方。

那些与他的年长夫人在家度过的时间，是他一生最快乐的时间。她是他的伴侣、他的亲信、他的顾问。每天晚上他从众议院匆匆回来，告诉她白天的新闻。而最重要的无论他从事什么，恩玛莉简直不相信他会失败。

30 年来，恩玛莉为狄斯累利而生活，她尊重自己的财产，因为那能使他的生活更加安逸。反过来说她是他的女英雄，在她死后他才成为伯爵；但在他还是一个平民时，他就劝说维多利亚女王擢升恩玛莉为贵族。所以，在 1868 年，她被封为毕根菲尔特女爵。

无论她在公众场所显示出如何没有意识，或没有思想，他永不批评她，他从未说出一句责备的话；而且，如果有人敢讥笑她，他即刻起来猛烈忠诚地护卫她。恩玛莉不是完美的，但 30 年来，她从未厌倦谈论她的丈夫，称赞他。结果呢？“我们已经结婚 30 年了，”狄斯累利说，“她从来没有使我厌倦过。”

“谢谢他的恩爱，”恩玛莉习以为常地告诉他与她的朋友们，“我的一生简直是一幕很长的快乐。”在他俩之间有一句笑话。“你知道的，”狄斯累利会说，“无论怎样，我不过为了你的钱才同你结婚。”恩玛莉笑着回答说：“是的，但如果你再重新选择一次，你就要为爱情而与我结婚了，是不是？”而他承认那是对的。

正如詹姆士所说的：“与人交往，第一件应学的事情就是不要干涉他们自己快乐的特殊方法，如果那些方法与我们不相冲突的话。”

◎为丈夫营造一个舒适的港湾

一个太好的家庭主妇，常叫人受不了，因为她认为一尘不染的地板比什么都重要。

你的丈夫忙碌了一天以后，回到家里看到的是一种怎样的气氛呢？哪一种家庭才能使他在每个早晨提高工作兴趣、恢复精神去努力呢？这些问题的答案和你丈夫事业的成功或是失败比你所想象的关系更密切。

“家庭对你的丈夫和小孩具有什么意义，这就要看你的表现了。”克里福特·R. 亚当斯博士在《妇女家庭》杂志的专栏“如何创造婚姻幸福”里写道：“丈夫和小孩当然也有责任，但是决定性的影响就要看你创造出来的环境，你所培养出来的气氛以及最重要的，你所呈现出来的榜样。”

为了使丈夫能够以最高的效率工作，丈夫的家庭必须供给他一些基本要素。

1. 轻松

不管一个男人多么喜爱他的工作，他的工作总会带给他某种程度的紧张。在他回家以后，如果这些紧张能够消除，他就能够为他心理的、身体的和情感的动能加油打气，好在第二天开始娴静热忱的生活。

每个女人都想做个好的家庭主妇，但是有时候男人在家里得不到休息和放松，因为他的太太是个太好太好的家庭主妇。我小的时候，我的邻居就有这么一个女人。她的孩子不可以把朋友带回家——小孩子们可能会弄脏她一尘不染的地板；她的丈夫不可以在家里抽烟——可能会使窗帘沾上烟味。如果她的丈夫看完一本书或报纸，就必须准确地放回原处。精神病症状？也许是。但是这种情况比我们所了解的要更加普遍得多。

乔治·凯利所写的《克莱格的妻子》是在几年前获得普立策奖的戏剧。它之所以会普遍受到欢迎，主要是由于事实上有许多女人都很像哈丽莱特·克莱格。哈丽莱特生活的主要重心，就是保持家里绝对的干净，她甚至连放错了坐垫也无法忍受，朋友们来访并不受欢迎，因为他们会把东西搞乱。而她认为她那正常、不拘小节的丈夫是个破坏专家，因为她的丈夫会扰乱了她所创造出来的冷酷的完美。

当我们的丈夫把星期天的报纸、烟屁股、眼镜盒和其他各种东西随便乱丢在我们辛勤收拾干净的客厅里的时候，我们当妻子的常常都有一种冲动，想要拿一把利器去对付他。但是，在大骂他是个毫不体贴的莽汉以前，我们应该记得，家是他能够放松的、变成他本来任性的、可爱的自己的唯一的地方。

2. 舒适

由于装饰和布置家庭通常是妻子的工作，她必须记住，舒适是男人最大的需要。细长的桌椅，过于精致的毛织物以及一堆堆的小装饰品，在女人的眼里也许是迷人的，但是这些东西令一个疲倦的男人讨厌，他需要一个地方去搁脚，放烟灰缸、报纸与烟斗。

你想知道男人所喜欢的布置方式吗？不妨研究一下单身汉整理房间的情形。

我们的家庭医师路易斯·C. 派克医师，最近又重新装饰了他的办公室。他的办公室是他的家的一部分。那天我在那儿，一些在候诊室的男病人都颇感兴趣地羡慕着他那覆盖着皮革的、实木的桌子、宽敞的沙发、巨大的铜灯以及笔直地下垂着、没有一点皱折的窗帘。

另一位擅长布置自己房子的单身汉——华特尔·林克，是新泽西州标准石油公司的地质学家。林克先生的工作使他必须跑遍全世界最偏远的角落，而他在纽约城拥有一间超现代的公寓。他利用旅行带回来的纪念品装饰这个房子——爪哇的手工染布、刚果的木雕和东方的象牙雕塑品。林克先生的公寓由于明亮、宽敞和舒适以及富有个性的趣味而显得特别迷人。

难怪这些有结婚资格的家伙仍然做单身汉了——很少有女人能够使他们像自己服侍自己那样舒适。

当我们布置的时候，常常会忽略男人对于舒适的要求。一位女士曾经从巴黎买了一些可爱的、古式的小瓷器烟灰缸回来。知道丈夫怎么做吗？他到廉价商店去，买回好几个大型玻璃烟灰缸，而且分别把它们放在楼上楼下使用。当客人来访的时候，他们也都用他那廉价商店的产品。这些烟灰缸尽到了他们本来的功用，而且看起来相当好——可是那精致的法国小东西就没有人要用了。

如果你的丈夫对于你辛苦布置好的家似乎会带来破坏，这很可能是因为你布置的方式有点错误了。他把报纸满地乱丢吗？可能是茶几太小，或上头堆满了装饰品，他根本就找不到地方放报纸。

他的烟灰“到处乱弹”，使你无法忍受吗？为他买个最大型的烟灰缸——而且要多买几个。他常常把脚搁在你心爱的、精致的脚凳上吗？把这个脚凳拿到客厅去，另外替你丈夫买个坚固的，塑胶做的脚垫。

他有个特定的地方放他的照相机、烟斗、收藏物、书本和报纸吗？——或是他只能把这些东西放在阁楼的小角落，和其他废弃物在一起？

让一个男人在家里感到舒适，是使他留在家里的最好方法。

3. 有秩序和清洁

大部分男人宁愿住在一间收拾整齐的帐篷里，也不愿住在凌乱不堪的漂亮房子里。开饭很少准时，早餐的盘子到了吃晚饭的时间还放在水槽里不洗，浴室里堆满废弃物，卧室不加整理，这些现象以及其他混乱的情形，会使男人跑到球场、酒吧以及妓院去。对男人来说，除了自己的凌乱以外，似乎没有办法忍受任何人的不整洁。

一位女士的丈夫告诉她，他曾经打消了向一个漂亮的女孩子求婚的念头，只因为有一天他到她的公寓去找她，发觉她房间里杂乱的情形，就像刚刚被洗劫过。

我上面所说的是长期的不整理。任何一个有修养的丈夫，对于偶然发生的过失，都是能够体谅的。他会在清扫日愉快地吃着剩菜，当我们碰到一些不寻常的问题必须应付的时候，他也会帮忙或是为我们解决——只是这种情况不是时常发生就好。

4. 一种愉快、安详的气氛

家里的气氛，是女人的主要责任。你的丈夫在工作中的表现，将会受到你所创造的家庭环境的影响。

1951 年，《福布斯》杂志曾做了一项有关公司生活的调查研究。他们引述一位总经理的话说："我们控制一个人在工作上的环境，但是等他一回到家里，这些控制就失效了。"

作为女人，我们不希望我们的丈夫完全被他们的工作占据，或是身体和精神完全被工作控制。但是，我们又希望他们在这些工作上有最好的表现。我们如果能创造一种快乐而安详的气氛，等着他回到家来，我们就能够使他在这两方面都受益。

保罗·柏派诺博士是洛杉矶家庭关系协会会长。他相信，家庭应该是男人的避难所，使男人从业务的麻烦里得到安宁。"在现代商业或工业世界里的生活，"他说，"并不像野餐那样轻松愉快。他必须整天和对手竞争，在各种情况下都是，当下班铃响的时候，他就渴望着安详、和谐、舒适、爱情……"

“在公司里头，大家都只看到——或是想办法要找出他错误的一面。这位天使不会把她自己的困扰加到她先生身上，也不会替他制造一些新的困扰。她恢复了他的能力，保护着他的精神，在情感上使他愉快，使他在隔天早晨充满精神和热心地出门。”

“在家里创造出那种气氛的妻子，”柏派诺博士做结论说，“她能够在丈夫的生活里尽到妻子的责任，可以说是最了解自己职责的人了！”

5. 要觉得家庭是丈夫的，也是妻子的

丈夫觉得在家里像个国王，而不是在娇艳的女性王国里当个笨拙的破坏专家，这种努力是很值得的。

当你的家需要添件新家具或是重新装饰的时候，你应该询问他的意见，共同决定，不要只是把付款单交给他而已。为了买下你丈夫想要的摇椅，你必须放弃你心爱的古典式沙发。也许你会埋怨，但是，通常你会发觉，他对家的喜爱和你是同样深的——而且，如果他对于发生的事情拥有更多的决定权，家对他的意义将会更加重大。

如果他想亲自下厨做菜，不妨在星期天晚上让他在厨房里自由发挥——虽然他会留下堆积如山的锅子和碟子，让你为他清洗。

男人对于家庭的关心，和你是同样大的。他需要一种感觉，觉得家庭没有他就不是完整的了。

还是举一个女孩子的例子，她擅长花费很少的钱来装饰屋子，所以她的房子充满精致、迷人、近于完美的味道：柔软温和的色调，易碎的摆饰器，精巧设计的风格。可是，这个女孩子却嫁给了一个高大的、浓眉粗发的、烟斗不离口的标准男性。她的丈夫在这个女性化的仙境里，就完全格格不入。他爱他的妻子，但是他在自己的家里觉得非常不自在，所以他招待他的朋友和同事去钓鱼，或是到他可以表现自我的森林小屋里去玩。这个女孩子抱怨这种生活情况，但是她仍然坚持要把家布置得只适合于她自己的口味。

我们不可陷进庞杂单调的家务里，忘了家事的真正目的：为我们心里最爱的丈夫创造出一个充满爱情的、安全的和舒适的小岛。

◎你我来自不同的星球

葛丝莉告诉我说："以前我总认为当我老公没有回应我时，他是个白痴；现在我知道他只是陷入自己的思考中——虽然他可能真的坐在椅子上看着杂志，至少那绝对比我质疑他为何不将垃圾拿出去倒来得有趣多了。几年前，倘若我央求他帮忙倒垃圾，便会被骂'滚开'，最后只好亲自出马处理，接着我会大声朗读一年中他一共有多少天没倒垃圾。如今我可以察觉到男女间不同的关注点，对他而言，或许垃圾尚未达到要倒的标准吧！

"或许我只能忍受一周一次让海鸟在我头上排泄，这是我的标准。不过，书上并没有这方面的指引。

"我也知道男人对质问回应的反应十分直接，因为他们的属性是'目标取向'以及'直截了当'，女人则恰好相反。女人们喜欢探索、细查，以迂回转折的方法来达到同样的目标。"

我的一个朋友向我讲述了她和她丈夫的一些事情。"上周查理问我正在办理离婚的友人艾伦近来可好？我以'不错'作为回应的开头，接着问查理是否曾后悔结婚？然后又问他是否觉得倘若我们没有结婚反而比较好？以及假使不要那么早结婚是否会对孩子产生不同的影响？最后，我问他如果我们彼此都没有结婚，是否会比较苗条？他无法置信地看着我，说：'你到底在讲些什么？'显然他无法理解，我告诉他早知道他会如此回应，因为毕竟他根本不在意我的感受，我继续批评他可能从未关心过我。

"又有一次他目光呆滞地说：'这究竟怎么了？'我加强语气问：'如果你不关心我，那么你关心什么？''嗯，'他回答说，'我会留意家里杜鹃花要用什么肥料才好以及和车厂约定更换机油的时间，还有公司内部库存货的清单。''我就知道你从未关心过我。'随后我哭了。鲍伯出乎意料地走到外面，我摆出要人领情的姿态问：'你要去哪里？''到五金店去，'他说，'去买肥料。''你竟敢这样？老是不承认自己的过错？''随你怎么说，亲爱的，'他回道，'我几分钟后就回来。'

"我当下就打电话给好友蜜拉，她完全了解我的感受，支持我并向我保证这只是单纯的男性行为罢了。对我而言，其他男人的特征就比较明显，例如，我的继父只要外出旅行，就会安坐在车子里，从未要求停下来吃东西、喝水或上厕所，一切的目标就只是抵达目的地，我不认为如果玛丹娜一丝不挂地站在路旁会影响他，他所在意的只有到达目的地。”

巴纳姆先生说：“婚姻中的许多冲突来自于女人不理解这样一个问题：为什么她丈夫的许多想法和情绪中有时会忽略了她的存在？但如果妻子们能够意识到这一点，宽容这一点，接受事实，就会避免发生许多不快。”

对于男人来说，尤其是对于一个好男人来说，爱是他生命中十分重要而美好的东西，也是不可或缺的东西，但绝不是他生命的全部。对于一个女人来说，如果爱——对她丈夫的爱——戒了她所有的一切的话，也是一种不幸，她将失去自我——和这份爱再也不能有短暂的分离，爱时刻影响着她的想法和情感，左右着她的行动。

而男人则不是这样，他会一连几个小时一直专注于某件事情，而不受到他心爱的妻子的任何影响，就好像她根本不存在。当然，这并不是背叛；这是一种无意识的行为。然而，困惑于男人此种个性特征的女人就会感到很苦恼，认为这不可思议。妻子常常责备丈夫没有一个好的品性，丈夫有时候会静静地听着，有时候则可能是不屑于或疲于和妻子发生争吵，而妻子经常这样做就会使丈夫生厌。丈夫可能会时不时地保持沉默，或专注于自己的事务，但这并不意味着他对自己的妻子漠不关心，或者对她非常厌烦；他可能会感到一点点不快，但不会认为结婚对他来说是一个错误；他可能会吹毛求疵地感到烦躁不安，但不会迁怒于他的妻子。

我无意于免除男人应该关心他的女人的责任，也不想为男人经常忽略家庭生活的礼仪进行辩护，但出于为妻子的利益考虑，我只想使她们相信，这些事情常常只是一种表象，其实他们之间根本没有出现内在的分歧，因此，作为一个妻子如果为此感到忧伤是不明智的。

“没有一对婚姻能够得到幸福，”安德瑞·摩里斯在《婚姻的艺术》这本书里面说，“除非夫妇之间能够相互尊重对方的差异。更深一层说，如果希望两个人有相同的思想、相同的意见和相同的愿望，这是很可笑的想法。这种事情是不可能的，也是不受欢迎的。”

所以对妻子来说，让丈夫有个私人的天地去做他的工作，譬如集邮，或是其他任何喜爱的事情是明智的做法。在你看起来，他的嗜好也许傻里傻气，但是你千万不可嫉妒它，或是因为你不能领会这些事情的迷人处你就厌恶它。你应该迁就他。

写威尔·罗杰斯传记的荷马·克洛伊，当他在写威尔的电影剧本的时候，经常住在加州圣塔蒙尼卡罗杰斯的农场里。克洛伊先生告诉我，有一次当他住在农场的时候，威尔·罗杰斯突然想要一把大刀——一种外形丑陋、杀伤力很强的南美大刀。

罗杰斯太太不了解她的丈夫为什么要这件东西，她的第一个反应是劝他不要去买。如果他有了这么一把大刀，到底他想要拿来做什么呢？可能只是拿来看一两眼就把它搁到一边忘了吧。

想了一会儿以后，罗杰斯太太决定迁就威尔。她甚至还走了一段很远的路来到城里，亲自为他买回这把大刀。这使得威尔高兴得就像是要过圣诞节的小孩子那样。

在威尔心爱的牧场里，有一带长满了多刺的矮树丛。他经常带着这把大刀，在这个矮树丛砍伐几个小时，清理出可供马匹和行人通过的小路。在那儿大砍特砍是完全而彻底的自我消遣。过了一段时间以后他回家了，全身流着大汗，而他的困难解决了，他的牧场也更漂亮了。

他时常说，那把大刀是他所曾经接到的最好的礼物之一。罗杰斯太太想起她那时的反应，总是感到非常高兴。

你能不能想出另一种活动，比威尔·罗杰斯拿着那把大刀在牧场工作，更加健康和更能发泄紧张？那就是一种嗜好所带给男人的好处了：让他能够神清气爽，冷静而热心地回到自己的工作上。

承认并接纳两人之间的差异性，不仅能使男人得到好处，通常妻子也可以因而获得助益。

妻子如果能够接纳丈夫与自己的差异，就不必担心他去追求别的女人了。只有那些在生活里感到厌倦的丈夫，才会掉进女狐狸精的陷阱里。

我认为时机已成熟，我们知道无法借由两性间的各说各话，来支配彼此的行为、改变彼此的个性，我们真的需要好好阅读、研究、教育自己，了解男女间的差异。然而我们必须同意，如果凡事皆要依照书上的指示去做，我们一天 24 小时将忙个不停，累死在这样的关系里。

作为一对伴侣，我们能够贡献的、最值得向往的是共同欢笑的能力。当我们与自己的丈夫年岁渐增后，我们学到了凡事放松，无忧无虑地、轻松愉快地笑自己、笑彼此；或者因为我们已经疲惫，也了解我们是真心地喜爱彼此，最后终于将性别差异抛到一旁。

◎成为丈夫的忠实粉丝

回想 19 世纪末，密西根底特律的电灯公司以月薪 11 元雇用了一名年轻的技工。他每天工作十小时，回家以后，还常常花费半个晚上在屋后一间旧棚子里工作，想要设计出一种新的引擎。

他的父亲是个农夫，确信他的儿子正在浪费自己的时间。邻居们都说，这位年轻技工是个大笨牛。每个人都在取笑他，没有人认为他笨拙的修补能够造出什么东西来。

除了他的太太，没有人相信他了。当白天的工作做完以后，他的太太就在小棚子里帮助他研究。冬天，天色很早就暗了，他太太提着煤油灯，使他能够工作。他太太的牙齿在寒冷中颤抖着；手冻成了紫色。但是她相信他先生的引擎有一天会设计成功，所以她先生称呼她“信徒”。

在旧砖棚里艰苦工作三年以后，这个异想天开的稀奇玩意终于成功了。1893 年，在这个年轻人 30 岁生日的前几天，他的邻居们都被一连串奇怪的声音吓了一大跳。他们跑到窗口，看到那个大怪人——亨利·福特——和他的太太，正乘坐着一辆没有马的马车，在路上摇晃着前进。那辆车子真的可以跑到转角那么远而又跑回来呢!

一个新工业在那天晚上诞生了——一个将会对这个国家有很深影响的工业。如果亨利·福特是这个新工业之父，当然福特夫人这位“信徒”，就有权利被叫做新工业之母了。

50 年以后，福特先生，这位相信灵魂轮回再生的人，被问到他下一次出生时希望变成什么。“我不在乎，”福特先生说，“只要能够和我太太在一起。”他终生都称他的太太为“信徒”，而且希望永远和她在一起。

每一个男人都需要一个信徒，一个在环境顽抗的时候，护卫着他的女人。当什么事情都不对劲的时候、当处境危急的时候、当他失败的时候，男人需要一个建立起他的抵抗力和信心的太太，让他知道没有任何事情能够动摇她对他的信任。如果连他的妻子都不信任他，还有谁会信任他呢?

信任是一种主动的特质。它不会承认失败，它会继续恢复失去的信心。

西孟·洛克曼尼诺夫，这位伟大的俄籍音乐家，在 25 岁的时候就是个成功的作曲者；由于过分自负，他写了一首很不成功的交响曲。结果，他觉得十分泄气，度过了许多失望的日子。最后他的朋友带他去看尼可拉斯·达尔医师，一位心理专家。达尔医师一次又一次地反复告诉他这个想法："你的身上潜藏着伟大的东西，等待着你向全世界宣示。"

这个想法渐渐在洛克曼尼诺夫心里生根，终于唤起他对自己的信心。在第二年还没有过完以前，他已经完成了那首伟大的C小调第二协奏曲，并且把这首曲子献给达尔医师。当这首曲子首次公演的时候，听众们都热烈得发狂。于是洛克曼尼诺夫再次回到成功之路了。

是的，鼓励对于男人，就像燃料对于引擎那么重要。鼓励使得男人的引擎继续发动，使人们心理和精神的电池充电，将失败转为成功。

运气有时候会挫败我们每个人的锐气，严重的打击似乎还会使我们挺不起腰来。但是如果有我们所喜欢的人告诉我们："别放在心上。像这样的事情是打不倒你的。我知道你一定会赢!"那么事情就不一样了。

这就是有信心的妻子们对于她们的丈夫的一种信任。她们以一种特殊的视觉，看到了别人看不出来的特质。她们用眼睛去看，也用内心的爱去看。

但是如果信心没有用言语表达出来，也就毫无作用了，妻子必须运用技巧表达对丈夫的信心，以鼓励、赞美与爱的语言和行动去表达。

罗勃·杜培雷的经验也是个好例子。

罗勃·杜培雷一直想要做个推销员。1947年他的机会来了，他开始招揽保险。但是不管他多么努力，事情都没有好转。他有点忧虑——对没有卖出的保险感到担忧。他紧张而痛苦，最后，他觉得必须辞职以免精神崩溃。我面前有一封杜培雷先生的信，他告诉我这个故事。

"我觉得我完全失败了，"罗勃·杜培雷写道，"但是桃乐丝——我的太太，坚持这只是个暂时的挫折。'下一次你将会成功，'她不断告诉我，'不要担心，罗勃。我知道你有办法成为一个成功的推销员。'"

罗勃在一家工厂里找到工作，桃乐丝也是。但是她不让罗勃忽略衣着和谈吐。"在接下去一年半之中，"罗勃说，"桃乐丝不断地赞美我的美好气质，并且指出我具有适于推销工作的天赋才华——一些甚至我自己都不知道我有的才华。如果不是她持续不停的鼓励，我可能已经放弃再试一次看看的想法了。桃乐丝不愿意我放弃。'你具有这种能力，'她告诉我，一次又一次，'只要你努力就能够办到!'

"我怎能违背她这么深切的信任？她成功地在我身上建立了她对我的信心。我离开工厂而回到推销工作上，这一次我信任自己了——因为我身旁有了个信徒。

"我仍然有一段长路要走。但是，谢谢桃乐丝，至少我已经上路了。她已经使我深信，只要我真想达到我就能够达成。”

如果我要雇用推销员，我会认为一个有个像桃乐丝·杜培雷这种太太的男人，是最值得试试的。这种信徒不会让她们的丈夫承认失败。她们在一次失败以后，会适当地鼓舞她们的丈夫，清除掉他们的晦气，然后把他们送回激烈的竞争中。

◎有一对敏感而善解人意的耳朵

1950年12月，一个叫做比尔·琼斯的人，在芝加哥从五楼楼顶上跳下来。他跳楼的原因是忧虑和害怕。他那曾经很兴盛的事业遭到危机了，因为他扩展太快——债权人正在催逼他——他的许多支票在银行里都无法兑现。最糟的是，他觉得他不能和他的太太一起承担这些灾祸。他的太太一直都以他的成功为荣，他没有勇气告诉她这些事，因为他害怕这些事会使她从幸福掉进羞耻和绝望的深渊中。

比尔·琼斯的困境使他走上了他自己仓库的屋顶。他迟疑了一下——然后跳进了空中。他跌下五层楼，穿过底楼窗上的遮阳篷而掉落在人行道上。从地心引力和常识来判断，他是死定了；但是，使人不敢相信的是，他受到的最大伤害只是摔破了大拇指的指甲。最可笑的是，他所穿破的遮阳篷是他唯一一件完全付清款项的东西。

比尔·琼斯意识清楚地醒过来，发觉自己还活着时感到很兴奋。和这个奇迹比起来，他从前的麻烦没有一件看来是重要的了。五分钟以前，他还觉得他的生命是一种毫无用处的污秽——现在他因为活着而感到激动。他赶忙回家把整个事情说给他太太听。他太太似乎慌乱了一会儿——但只是因为他从前没有把他的麻烦告诉他太太而已。她开始坐下来想办法为他解决困难。好几个月来，比尔·琼斯第一次放松心情做一些正确与有用的思考。

现在，比尔·琼斯在稳定的步骤下有了成功的事业，不再有他没法付的欠债了，更重要的是，他已经学会如何和他的太太一起分享困难，就像一起分享胜利那样。然而，比尔·琼斯也极可能只是因为不知道自己的太太也能和他一起渡过难关而丧失了自己的生命。

比尔·琼斯的故事告诉我们，如果丈夫不信任自己的太太，不能完全算是太太的错误。有些男人，譬如以前的比尔·琼斯，对于用事业上的忧虑来麻烦自己的太太有个错误的看法。他们想带给太太所有美好的东西，想成为把成功的事业和上等的毛皮大衣带回家的大男人。当事情不顺利的时候，他们想办法瞒住自己的太太，以免她们的小脑袋里装满害怕与不安。他们耻于承认自己是会被征服的。他们从没有想到，不管好坏也应该让他们的太太一同来解决这些难题。

可是，更常看到的，是一些男人们很想把他们的困扰说给太太听，但是太太们却不想或是不知道如何去听。

1961年秋天，福星杂志刊出了一篇对公司员工的妻子所做的调查报告。他们引述一位心理学家的话说："一个男人的妻子所能做的一件最重要的事情，就是让她的先生把他在办公室里无法发泄的苦恼都说给她听。"

能够尽到这个职责的妻子，被描述为"安定剂"、"共鸣板"、"哭墙"和"加油站"。

这个调查研究也指出，男人要的是主动、灵巧地听讲，他们通常不想听劝告。

任何一个自己曾经在外面工作过的女人都可以了解到，如果家里有个人可以谈谈这一天所发生的事情，不管是好的或坏的，都是很值得安慰的。在办公室里，常常没有机会对发生的事情发表意见。如果我们的事情特别顺利，我们也不能在那儿开怀高歌；而如果我们碰到了困难，我们的同事也不想听这些麻烦事——他们已经有太多自己的困扰了。结果，当我们回到家，我们觉得自己必须大声地发泄一番。

最常发生的事情是这样的：比尔回家，有点上气不接下气地说道："老天，梅白儿，这真是个伟大的日子！我被叫进董事会里，去告诉他们有关我所做的那份区域报告。他们要我把建议说出来，而且……"

"真的吗?"梅白儿说着，一点也不用心的样子。"那真好，亲爱的。吃点酱肉吧。我有没有告诉过你那个早上来修理火炉的人？他说有些地方需要换新的了。你吃过饭后去看一下好不好?"

"当然好，亲爱的。噢，像我刚才说的，老索洛克蒙顿要我向董事会说明我的建议。起初我有一点紧张，但是我终于发觉我引起他们的注意了。甚至连毕林斯都很感动，他说……"

梅白儿说："我常认为他们并不够了解他、重视你。比尔，你必须和老幺谈一谈他的成绩单。这学期他的成绩太糟了，他的老师说如果他肯用功的话，一定可以念得更好。我已经没有办法劝他了。"

到了这个时候，比尔发觉他在这场争夺发言权的战争之中已经失败了，于是他只好把他的得意和酱牛肉一起吞到肚子里，然后做完有关火炉和老幺成绩单的任务。

难道梅白儿自私得只希望她的问题有人听就好了吗？不是的，她和比尔同样都有找个听众的基本需要，但是她把时间搞错了。其实她只要全心全意地听完比尔在董事会里所出的风头，比尔就会在自己的情绪发泄完了以后，很乐意地听她大谈家事了。

善于听讲的女人，不仅能够给自己的丈夫最大的安慰和宽心，也同时拥有了无法估计的社会资产。一个文静的女人对别人的谈话着了迷，她所发出的问题显示她已经把谈话中的每个字都消化掉了，这种女孩子最容易在社会上成功，不只是在她先生的男友群里成功，而且也在她自己的女友群里成功。

闻名而机智的杜狄·摩尼，把一个懂礼貌的男人描述成“当他自己最清楚了解的事情被一个完全不懂的门外汉说得天花乱坠时，他仍旧很有兴趣地听着”。大部分的女人也都适合于这个描述。

怎样才能成为一个真正的“好听众”？至少要有下列三个条件——有三件事是好听众必须做到的。

1. 使用眼睛、脸孔、整个身体——而不是耳朵

专心的意思是每一种功能的集中。如果我们真正热心地听别人说话，我们就会在他说话时看着他，我们会稍微向前倾着身子，我们脸部的表情会有反应。

玛乔丽·威尔森是魅力的权威，她说：“如果听众没有什么反应，很少人能够把话讲得好。所以当一句话打动你的心，你就应该动一下身体。当一个主意适时地感动你的时候，就像你心里的一根弦被震动了，你就该稍微改变一下坐姿。”

如果我们想要成为好听众，就必须做得好像我们很感兴趣——我们必须训练我们的身体机敏地表达。

注意那只在老鼠洞外等待着老鼠的猫，如果你想要知道如何才能有表情地听讲的话。

2. 擅长诱导性问话

什么是诱导性的问题？诱导性问题是，在发问中灵巧地暗示着发问人内心已有的一个特殊答案。直截了当的问题有时候显得粗鲁无礼，但是诱导性的问题可以刺激谈话，并且继续推动话题。

“你如何处理劳工和主管的问题？”是个直截了当的问法。“史密斯先生，你难道不觉得，让劳工和主管在某些范围里获得相互的妥协是很有可能的吗？”则是诱导性的问法。

诱导性的问话，是任何一个想要成为好听众的人所必备的技巧。如果要聆听丈夫的谈话，而且不直接提出他不想要的劝告，则诱导性的问话就是一个不会失

败的技巧。我们只要像这样发问，“你认为，亲爱的，做更大的广告可能会增加你的销路，或者将是一种冒险吗?”提出问题并不是真的在给他劝告，但是这种问法常常会得到相同的结果。

当我们碰到陌生人时，正确的发问方法是克服羞怯，或打破要命的沉闷的最妙工具。当人们开始谈到自己的想法，而不谈天气、谈棒球，和谈某某人的疾病时，人们就会说得忘我了。一个想法可以引导出另一个想法。

3. 永远、永远不可泄露秘密

有些男人从来不和他们的妻子讨论事业问题的一个原因是：这些男人无法相信他们的太太不会把这些事情泄露给她的朋友或美发师知道。他们讲给自己太太听的每一件事情，都从她们的耳朵进去而又从她们的嘴巴出来。“约翰希望在维吉先生退休以后，马上得到公司里的经理职位。”这是在桥牌桌上随便说出口的话，但是第二天就有人打电话给约翰对手的太太了。于是约翰就在完全不知道原因和真情之下，被暗中排掉了。

我访问过的一个总经理告诉我，他在家里谈论公司里的问题，竟也会流传得使他的职员丧失信心。“我很厌恶在超级市场或鸡尾酒会里大谈公司的业务。那些女人真是太多嘴了!”他轻蔑地说道。

甚至还有一些女人会利用丈夫的信任，在以后的争论中拿出来打垮他。“你自己亲口告诉过我，你只因为一纸契约，而买下那些过量而不必要的剩余物品。而现在你说我浪费太多钱去买衣服。难道只有我奢侈？哈!”

像这样的场面发生几次，这位女士就不会再受到她先生向她大谈业务的骚扰了。她先生将会发现一个事实，自己只不过是给一些打倒自己的话柄而已。

成为一个好的听众的最佳条件是：妻子不必以为了解先生工作的细节，才能使他得到满足。如果她的先生是个绘图员，他就不会希望他太太了解如何画蓝图。

当他工作的时候，她对于发生在他身上的事情要有同情心，有兴趣，而且提高注意力。

真的，一对敏感而受过训练的耳朵，将会使女人更加可爱，使她有了一张比特洛伊城的海伦还要美丽的脸孔，而且也为她的丈夫带来更多好处。

再重申一下，以下就是可以帮助你成为好听众的三个条件：

(1) 用脸部表情和身体姿势来表达注意力。

(2) 学习问些智慧的问题。

(3) 永远不要泄露秘密。